Les justices de village

Collection « Histoire »
dirigée par Hervé Martin et Jacqueline Sainclivier

Derniers titres parus :

Annick TILLIER,
Des criminelles au village. Femmes infanticides en Bretagne (1825-1865), 2001, 456 p.

Gilbert NICOLAS (dir.),
La construction de l'identité régionale. Les exemples de la Saxe et de la Bretagne XVIIIe -XXe *siècles*, 2001, 214 p.

Martine MESPOULET,
Statistique et révolution en Russie. Un compromis impossible (1880-1930), 2001, 344 p.

Nicole BELAYCHE (dir.),
Rome, les Césars et la Ville, aux deux premiers siècles de notre ère, 2001, 420 p.

Claude GESLIN (dir.),
La vie industrielle en Bretagne. Une mémoire à conserver, 2001, 276 p.

Noël-Yves TONNERRE,
Chroniqueurs et historiens de la Bretagne du Moyen Âge au milieu du XXe *siècle*, 2001, 248 p.

Daniel PICHOT,
Le village éclaté. Habitat et société dans les campagnes de l'Ouest au Moyen Âge, 2002, 402 p.

Juan Pablo FUSI,
Espagne. Nation, nationalités, nationalisme, 2002, 280 p.

Philippe HRODEJ,
Jacques Cassard. Armateur et corsaire du Roi-Soleil, 2002, 320 p.

Stéphane BOISSELIER (dir.), Monique BOURIN,
*L'espace rural au Moyen Âge. Portugal, Espagne, France (*XIIe-XIVe *siècle)*, 2002, 232 p.

Thierry LE ROY,
Les Bretons et l'aéronautique des origines à 1939, 2002, 532 p.

Jean-Christophe FICHOU avec la collaboration de Françoise GUICHENEY,
Gardiens de phares, 1798-1939, 2002, 254 p.

Claire TOUPIN-GUYOT,
Les intellectuels catholiques dans la société françaises, 2002, 374 p.

Jean-Clément MARTIN (dir.),
Napoléon & l'Europe, 2002, 174 p.

Jean-Yves LE DISEZ,
Étrange Bretagne. Récits de voyageurs britanniques en bretagne (1830-1900), 2002, 500 p.

Sous la direction de

François Brizay, Antoine Follain et Véronique Sarrazin

▲

Les justices de village

Administration et justice locales de la fin du Moyen Âge à la Révolution

▼

Actes du colloque d'Angers des 26 et 27 octobre 2001

Collection « Histoire »

Presses Universitaires de Rennes
2002

Colloque « Justice seigneuriale et régulation sociale » organisé par l'HIRES (université d'Angers) et l'Association d'histoire du village, avec la participation du conseil général de Maine-et-Loire et du département d'Histoire de l'université d'Angers. Actes édités avec la participation...

du ministère de la Culture
et de la Communication
(DRAC des Pays-de-la-Loire)

du conseil général
du département de Maine-et-Loire

de l'HIRES
Centre d'histoire des régulations et des politiques sociales de l'université d'Angers
UPRES EA 1710

et de Villanelle
Association d'histoire du village

UHB Rennes 2 – Campus La Harpe
2, rue du Doyen-Denis-Leroy
35044 RENNES Cedex

www.uhb.fr/pur

imprimé en France

Dépôt légal : décembre 2002
ISBN : 2-86847-754-2
ISSN : 1255-2364

Liste des auteurs

ANTOINE Annie	Professeur d'histoire moderne, CRHISCO, université Rennes II (6, av. Gaston Berger, 35043 Rennes Cedex)
BRIZAY François	Maître de conférences d'histoire moderne, université d'Angers, Maison des sciences humaines (2, rue Fleming, 49066 Angers Cedex 01)
BRUNET Michel	Professeur émérite d'histoire moderne, université Toulouse II (5, allée Antonio Machado, 31058 Toulouse Cedex)
CHARBONNIER Pierre	Professeur honoraire des universités (60, rue Beausoleil, 63100 Clermont-Ferrand)
CORNU Laetitia	Docteur en histoire, université Lyon II, secrétaire de « Villanelle, association d'histoire du village » (rue du Lavoir, 43800 Lavoûte-sur-Loire, lpcornu@club-internet.fr)
DIEDLER Jean-Claude	Docteur en histoire, université de Franche-Comté (61, Le Haut du Mont, 88460 Xamontarupt, jeanclaude.diedler@free.fr)
DONTENWILL Serge	Maître de conférences honoraire, université « Lumière » Lyon II (86, rue Pasteur, 69007 Lyon)
FERRIÈRES Madeleine	Professeur d'histoire moderne, université d'Avignon et des pays du Vaucluse (74, rue Louis Pasteur, 84029 Avignon Cedex 01)
FOLLAIN Antoine	Maître de conférences d'histoire moderne, président de « Villanelle, association d'histoire du village », université d'Angers, Maison des sciences humaines (2, rue Fleming, 49066 Angers Cedex 01, antoine.follain@laposte.net)
FOURNIER Patrick	Maître de conférences d'histoire moderne, université Clermont-Ferrand II (29, bd Gergovia, 63037 Clermont-Ferrand Cedex)
GALLET Jean	Professeur émérite d'histoire moderne, université de Picardie « Jules Verne » (Chemin du Thil, 80025 Amiens Cedex 1 ; 4, rue de la Monnaie, 54000 Nancy)
GARNOT Benoît	Professeur d'histoire moderne, université de Bourgogne, UMR Georges Chevrier (5605) (21, rue Vauban, 21000 Dijon, benoit.garnot@u-bourgogne.fr)
GASPARINI Éric	Professeur à l'université de Franche-Comté, UFR des Sciences juridiques, économiques, politiques et de gestion, section Histoire du droit (av. de l'Observatoire, 25030 Besançon Cedex)
HAYHOE Jeremy	University of Maryland, College Park (USA) (hayhoe@wam.umd.edu)
JARNOUX Philippe	Maître de conférences d'histoire moderne, Centre de recherche bretonne et celtique, université de Bretagne occidentale, Faculté des lettres Victor Segalen (20, rue Duquesne, 29285 Brest Cedex, philippe.jarnoux@univ-brest.fr)
JOUNEAUX Olivier	Docteur en histoire, université Paris X – Nanterre (12, rue Alain Fournier, 91400 Orsay, olivier.jouneaux@ac-versailles.fr)
MAILLARD Brigitte	Professeur d'histoire moderne, CEHVI, université de Tours (3, rue des Tanneurs, 37041 Tours Cedex)
MATHIEU Isabelle	Étudiante en doctorat d'histoire, université d'Angers, Maison des sciences humaines (2, rue Fleming, 49066 Angers Cedex 01)
PITOU Frédérique	Maître de conférences d'histoire moderne, Laboratoire d'histoire anthropologique du Mans, université du Maine (av. Olivier Mesiaen, 72085 Le Mans Cedex 9)

ROLLEY Francine	Centre de recherches historiques EHESS (54, bd Raspail, 75270 Paris Cedex 06)
SARRAZIN Véronique	Maître de conférences d'histoire moderne, université d'Angers, Maison des sciences humaines (2, rue Fleming, 49066 Angers Cedex 01)
SOLEIL Sylvain	Professeur d'histoire du droit, université Rennes I (9, rue Jean Macé, 35042 Rennes Cedex)
ZINK Anne	Centre de recherches historiques, Paris, Maison des sciences de l'homme (54, bd Raspail, 75270 Paris Cedex 06)

Justice seigneuriale, justice royale et régulation sociale du XVe au XVIIIe siècle : rapport de synthèse

Antoine FOLLAIN
Maître de conférences d'histoire moderne,
université d'Angers, Maison des sciences humaines

> « La Justice des Villages est très mauvaise parce qu'elle est rendue par des gens de peu, sans honneur, sans conscience, gens qui de leur jeunesse n'ayant appris à travailler ont fait état de vivre aux dépens et de la misère d'autrui, gens accoutumés à vivre en débauche aux tavernes qui changent tous les jours de personnage, parce que celui qui est aujourd'hui Juge en un Village est demain greffier en l'autre. Quand ils seraient gens de bien (ce qui arrive assez rarement) ce sont gens non lettrés ni expérimentés. La Justice des Villages ne peut faire autrement qu'elle ne soit mauvaise, parce que ces petits Juges dépendent entièrement du pouvoir de leur gentilhomme, qui les peut destituer à sa volonté et en fait ordinairement comme de ses valets, n'osant manquer à ce qu'il commande, ce qui est fort dangereux en tout… »
>
> Extraits de Charles Loyseau, *Discours de l'abus des Justices de village…*

Le Centre d'histoire des régulations et des politiques sociales de l'université d'Angers comprend une équipe « Justice » engagée dans un programme « justice de paix ». Cette juridiction a été instituée dès les premiers temps de la Révolution, alors que disparaissait tout le système judiciaire d'Ancien Régime – et en premier la justice seigneuriale. Le colloque des 26-27 octobre 2001, organisé avec nos collègues Véronique Sarrazin et François Brizay, est venu équilibrer en histoire moderne ce qui apparaît comme spécialement important dans la recherche angevine : la justice de proximité.

Sur certains aspects, nous avons été précédés par les journées 1997 de l'Association française pour l'histoire de la justice[1], par le 31e congrès de la Société des médiévistes[2] et par plusieurs colloques d'histoire judiciaire organisés à Dijon par Benoît Garnot[3]. Dans le courant de l'année 2001, s'est également tenue la table ronde des 16-17 mars

---

1. *Journées régionales d'histoire de la justice, Poitiers, 13-15 novembre 1997*, 1999. Voir HILAIRE, « La recherche dans les sciences juridiques et la justice de proximité » ; DUMA, « Aristocratie et justice seigneuriale au XVIIIe siècle » ; GUILLEMET, « Proximité de la justice et justice de proximité dans les îles du Ponant aux XVIIe et XVIIIe siècles… » ; GUYON, « Proximité des procédures et proximité des peines dans la justice pénale de l'ancien droit ».
2. *Le Règlement des conflits au Moyen Âge…*, 2001, actes du congrès tenu à Angers en juin 2000. Voir GAUVARD, « Avant-propos », p. 7-9, et « Conclusion », p. 369-391.
3. Cf. section « Colloques et ouvrages collectifs » de la bibliographie. Nous tenons particulièrement à remercier Benoît Garnot pour l'élégance de sa participation au colloque d'Angers puisque le Centre d'histoire des régulations sociales de notre université a une thématique assez proche de celle du Centre Georges Chevrier de l'université de Bourgogne : « Ordre et désordre dans l'histoire des sociétés », spécialement en ce qui concerne les deux domaines d'investigation « Droit et justice, juristes et justiciables » et « État et pouvoirs, territoires et sociétés ».

organisée au Centre de recherche historique de l'EHESS sur le thème des officiers « moyens » royaux *et seigneuriaux*[4] et après la journée du 2 mai organisée par l'UMR Telemme (Temps, Espaces...) de l'université de Provence : *Police champêtre et conflictualité au village, 1500-1850*[5]...

Préparés en même temps et donnant lieu à des participations croisées (Follain à Aix, Ferrières et Fournier à Angers), la journée *Police champêtre* et le colloque *Justice seigneuriale* avaient des exigences communes et spécialement la volonté de ne plus accorder autant d'importance à la « grande criminalité », aux violences très graves et très perturbatrices[6] pour s'intéresser de préférence aux litiges qui ne remettaient pas radicalement en cause l'ordre public, aux procédures mises en place pour intégrer les conflits dans la normalité et, en d'autres termes, aux modalités de la « régulation sociale ». Mais ce faisant, nous projetons sur les XVe-XVIIIe siècles nos propres jugements de valeur sur la gravité des actes[7] et même sur la qualification des actes « civils » ou « criminels[8] ». Pour le comprendre, concentrons-nous sur ce qui pose problème à partir du XVe ou du XVIe siècle, à savoir la confrontation entre une justice criminelle *ancienne* « réparatrice et négociée » et une justice criminelle *nouvelle* et d'inspiration royale. La première et la plus archaïque était centrée sur la victime et fondée sur la négociation et l'accommodement. Selon le résumé qu'en donne Marie-Sylvie Dupont-Bouchat, cette justice ne connaissait pas de « crimes » mais seulement des « faits », pas de « coupables » mais seulement des « auteurs », pas de « peine » ou de « châtiment » mais seulement une « réparation des dommages causés à la victime », pas de « juges » mais seulement des « arbitres » qui amenaient les parties à négocier pour rétablir la paix et éviter le déchaînement de la vengeance privée. La conception qui s'affermissait depuis les XIIIe-XIVe siècles et qui commençait à vraiment peser au XVe siècle, était celle d'une justice « imposée », centrée sur « l'homme-criminel » et fondée sur la condamnation, puis la

4. *Les Officiers « moyens » (II)...*, 2001. Le rapport introductif de la table ronde a été placé en 5e position : CASSAN, « Officiers moyens, officiers seigneuriaux : perspectives de recherche », 2001, p. 71-83.

5. Ajoutons que la même année 2001 a vu la parution des actes d'une Journée de Flaran consacrée en 1998 à *La Coutume au village...* Voir HILAIRE, « Le village, la coutume et les hommes » ; DESPLAT, « La coutume et la régulation de la violence pastorale... » (spécialement l'historiographie du « carnau » et la réfutation de la thèse d'une origine seigneuriale, dans le contexte très particulier que l'on sait : « les vallées montagnardes étaient de toute évidence une zone de résistance maximale à la justice seigneuriale ; elles souhaitaient la paix, mais elles revendiquaient les moyens de l'établir et de la maintenir », p. 151) ; BRUNET, « Les criées générales en Roussillon : pouvoir seigneurial ou autogestion municipale ? » ; et ASSIER-ANDRIEU, « La formation historique du concept de coutume... ».

6. Thèmes privilégiés dans les décennies 1960-1980. Voir les repères successifs donnés par Nicole et Yves Castan au début des années 1980, par *Les Archives du délit, empreintes de société...*, 1990, par plusieurs publications de Robert Muchembled (spécialement : MUCHEMBLED, *La Violence au village...*, 1989), par les actes de *Douze ans de recherches sur l'histoire du crime et de la justice criminelle...*, 1991, et finalement par les publications de Benoît Garnot. Le sujet n'est pas épuisé, cf. les actes du colloque de Brest de mars 1999, « Violence et société en Bretagne et dans les pays celtiques », édités dans le n° 13 de *Kreiz* (non référencé en bibliographie car il porte essentiellement sur les XIXe-XXe siècles).

7. Voir en section « Pièces justificatives » les raisons pour lesquelles sont pendus les deux voleurs jugés en 1474 et 1484.

8. Aujourd'hui, le rôle de la justice « civile » est de faire appliquer le droit privé qui régit les rapports des particuliers entre eux. Le rôle de la justice « pénale » est de faire appliquer les lois et les textes répressifs, punir les infractions et infliger les peines. Une distinction a été faite en 1789-1790 entre les trois degrés de la « police », du « correctionnel » et du « criminel ». Pour *hier* nos réflexions sont inspirées d'une synthèse récente (DUPONT-BOUCHAT, « Le crime pardonné. La justice réparatrice sous l'Ancien Régime », *Criminologie*, 1999) et fondées sur GAUVARD, *Crime, État et Société en France à la fin du Moyen Âge*, 1991 ; MUCHEMBLED, *Le Temps des supplices. De l'obéissance sous les rois absolus...*, 1992 ; ROUSSEAUX, « Existe-t-il une criminalité d'Ancien Régime ? Réflexions sur l'histoire de la criminalité en Europe », 1992, « Entre accommodement local et contrôle étatique. Pratiques judiciaires et non judiciaires dans le règlement des conflits... », 1996a, et « De la négociation au procès pénal : la gestion de la violence dans la société médiévale et moderne (500-1800) », 1996b. Sans oublier ELIAS, *La Civilisation des mœurs*, 1973, et FOUCAULT, *Surveiller et punir...*, 1975.

punition et/ou le pardon. La justice *moderne* articulait ces deux actions complémentaires dans une stratégie du maintien de l'ordre. Elle « fabriquait » le criminel dont elle obtenait l'aveu par la procédure inquisitoire et elle le punissait de châtiments corporels montrés au public, à moins que le souverain voulût manifester sa générosité. Mais comme le nouveau modèle criminel était focalisé sur les seuls actes « abominables » transgressant l'ordre du roi et l'ordre religieux, les crimes « ordinaires » allaient continuer d'être jugés (ou arbitrés) en fonction des coutumes, où d'ailleurs les délits et les crimes étaient confondus.

D'où la coexistence, au moins jusqu'à l'ordonnance criminelle de 1670, de deux conceptions du crime et deux modes de régulation des conflits, celui diffusé depuis le sommet de l'appareil judiciaire, et celui caractéristique du bas de l'appareil, où nous trouvons bien sûr nos *Justices de village*. Ces juridictions ont probablement été les conservatoires des anciennes pratiques de négociation et de conciliation que l'État a vigoureusement combattues aux XVIIe et XVIIIe siècles... pour finir par supprimer la justice des seigneurs (en 1789) en même temps qu'il instituait la justice de paix – étant entendu que nous reviendrons sur le lien entre elles [9] – spécifiquement chargée de la « conciliation » pour les petits litiges et de la juridiction des petits délits. Cette justice de paix fut elle-même supprimée en 1958 mais l'on sait que le ministère de la Justice est aujourd'hui fort préoccupé par le rétablissement d'une justice de proximité et diverses sollicitations émanent du corps social. Autant dire qu'avec ce colloque et les diverses opérations citées au début de notre rapport, nous avons les uns et les autres touché à quelque point sensible [10].

Pour la paix du royaume et la paix du village

La plupart d'entre nous seront d'accord pour considérer – une fois exprimées quelques réserves – que la justice de paix a pris la place de la « justice ordinaire », « inférieure », « subalterne » ou encore « de base », c'est-à-dire éventuellement de la justice royale et très certainement de la justice seigneuriale. Mais davantage que de place dans le système judiciaire, c'est de compétence et d'utilité sociale qu'il nous faut parler.

Régler des litiges pour éviter des meurtres

Il existe en effet une petite délinquance et une litigiosité, notamment dans la société rurale, qu'il n'a jamais été raisonnable de porter devant de hautes juridictions et qui concernait la réputation et la famille, la propriété et l'exploitation, les rapports entre

9. Voir un article qui est comme la 4e partie de la présente synthèse : FOLLAIN, « De la justice seigneuriale à la justice de paix », 2002b.

10. Nos expériences historiques ne prétendent pas servir directement nos contemporains – c'est du moins le point de vue des historiens de la société : *infra* CORNU et FOLLAIN, « Guide bibliographique. Justice seigneuriale et justice de proximité en France... », section « Historiens du droit et de la société : deux pratiques professionnelles et parfois deux conceptions de l'Histoire ». Nos collègues historiens du droit ont une approche différente et ils trouvent dans l'histoire des repères et des expériences de justice qui doivent prévenir le législateur et le juriste du XXIe siècle de certaines difficultés, et ainsi dessiner les contours d'une nouvelle justice « immédiate et locale ». Nous hésitons à les rejoindre sur ce terrain inhabituel. Si nous le faisions, nous pourrions imaginer que notre colloque contribue à expliquer à quoi servaient les *Justices de village* et souligne l'impossibilité d'avoir auprès des populations une justice qui soit comme une antenne locale de la justice des palais. Aux *Justices de village* (et peut-être bientôt de quartier) il convenait (et il conviendra peut-être) d'associer d'autres juges et un autre droit (ou des conciliateurs et des règles propres...).

propriétaires et locataires, les dettes, les usages agraires et tout simplement le « vol de bûches et la divagation des chèvres » qui, selon Laetitia Cornu, faisaient « le quotidien du tribunal de paix » dans le Velay des XVe-XVIe siècles. Maintenir la paix, c'était concilier les plus petites oppositions avant qu'elles dégénèrent. C'était donc prévenir assez tôt l'envenimement des choses, sans trop compter sur la maîtrise d'eux-mêmes que pouvaient avoir les gens, en les incitant à se décharger de leur rancœur entre les mains de la justice.

Prenons l'exemple d'une plainte déposée à Martin-Église en Normandie en 1767 [11]. Nous lisons que le juge a été avisé qu'au cours d'une altercation, pour éviter le pire, le plus énervé des deux s'est retenu *in extremis* et pour éviter de frapper son interlocuteur, s'en est pris à une pauvre bourrique : « les boïaux percés par un coup de faucille ». Les dossiers de procédures confirment parfois ce que l'on soupçonne – et qui est toujours plus évident dans les actes du XIXe siècle –, à savoir la complexité des altercations entre gens des campagnes. Bien souvent, lorsqu'une telle bagarre a éclaté, l'enquête part du coup de sang et remonte à des querelles anciennes. Dans un autre exemple, en 1763, en voulant arrêter les chevaux conduits par un particulier et « les empescher de passer sur ses fruits », un fermier a frappé les animaux à coups de gaule « tant sur la teste qu'autres parties, tellement qu'il auroit cassé la gaule au bout de laquelle il y avoit un croc de fer [12] ». Le conducteur des chevaux accuse aussi le fermier de l'avoir ensuite frappé, mais il n'a pas de blessures sérieuses à montrer. La confrontation des parties révèle que, 17 mois auparavant, le conducteur des chevaux a fait détruire la haie et combler le fossé qui servait de clôture à une pièce de terre exploitée par le fermier. Nuitamment, pendant l'été, il a ensuite « affecté de faire divasguer ses bestiaux sur la pièce de terre » du fermier. L'altercation est donc replacée par le juge comme un épisode dans un conflit qui remonte à loin. Et elle n'est même pas le dernier des épisodes connus. On apprend qu'un mois après l'altercation, le mauvais voisin « voyant qu'il y avait beaucoup de fruits sous les arbres [du fermier] s'est avisé de faire conduire son troupeau sous lesdits arbres et de les y faire garder jusqu'a ce que tous les fruits fussent consommés ». Les coups seront-ils toujours détournés sur une pauvre bête ? Il est déplorable que le juge des lieux n'ait encore rien fait, alors que nous saisissons ces affaires au moment où, peut-être, il est encore possible d'accorder les parties ou de les menacer toutes les deux des foudres de la justice. À défaut de quoi, les mauvaises querelles annonçant les mauvais coups, le sang finira par couler et ce ne sera plus celui d'une pauvre bourrique.

À qui revenait d'assurer la paix du royaume ?

Plutôt que de citer des juristes et leurs traités ou donner la parole à l'un des plus célèbres natifs d'Angers, Jean Bodin, auteur des *Six livres de la République* (1576), allons à la source [13]. En 1523, dans un édit où l'introduction tient plus de place que le dis-

11. Arch. dép. Seine-Maritime, 85 BP 3, justice et village de Martin-Église : Seine-Maritime, ar. Dieppe, c. Dieppe-Est. Nous sommes donc exactement au niveau des *Justices de village*. Qu'il s'agisse de juridictions seigneuriales ou royales, les dimensions ont leur importance. C'est pourquoi nous avons demandé à nos contributeurs d'indiquer au moins la localité éponyme de chaque juridiction et si possible sur combien de « paroisses » ou de justiciables s'étendait le ressort.
12. Arch. dép. Seine-Maritime, 53 BP 48, justice de Préaux : ar. Rouen, c. Darnétal.
13. Voir également GAUVARD, *Crime, État et Société...*, 1991 (pour l'image du roi justicier), les diverses *Histoires de la justice...* aux noms GARNOT, LEBIGRE, MARTIN (François-Olivier) et ROYER (avec une bibliographie générale p. 18-21)

positif, François Ier déclare à ses sujets tout l'amour qu'il a pour eux et tout le sens qu'il a de ses responsabilités :

> « Specialement pour la conservation, sublevation et defense de l'estat commun et populaire, qui est le plus foible, le plus humble et le plus bas et par ce plus aisé a fouler, opprimer et offenser : et naturellement et raisonnablement a plus grand besoin que tous autres de bonne garde, support et defense, et singulierement le pauvre commun peuple de France, qui tousjours a esté doux, humble et gracieux en toutes choses, et obsequieux a son prince, et seigneur naturel [...] tellement qu'entre les rois de France et leurs subjets y a tousjours eu plus grande conglutination, lien et conjonction de vraye amour, naïfve devotion, cordiale concorde et intime affection qu'en quelconque autre monarchie. [...] Or le vray moyen par lequel les roys peuvent et doivent conserver, perpetuer et augmenter cet amour, consiste en justice et en paix : en justice, la faisant rendre et administrer pure, bonne, esgale et briefve [...] faisant vivre le bon homme soubs l'aisle et protection de son roy, en bonne, seure et amoureuse paix, manger son pain et vivre sur le sien en repos, sans estre vexé, batu, pillé, tourmenté ne molesté[14]... »

Depuis le XIIIe siècle peut-être, et en tout cas sous l'Ancien Régime, la théorie du pouvoir donne au roi la tâche de conserver la paix et la justice.

Les juridictions candidates à l'administration et justice locales

De fait, il revenait seulement au roi de « *faire* rendre et administrer bonne justice » et non de la rendre lui-même. Les juridictions candidates à la « justice des lieux » ou à la « justice immédiate et locale » étaient les juridictions royales « inférieures » telles que les prévôtés, les vicomtés et les vigueries. Mais leur autorité s'étendait sur 50, plus souvent sur 100, voire sur 200 paroisses et communautés. À parcourir leurs archives, on les voit très accaparées par la police et justice de la ville où elles avaient leur siège. En Anjou, elles n'avaient d'ailleurs autorité que sur une très modeste « quinte » de 5 à 25 paroisses[15]. Beaucoup plus nombreuses étaient les justices seigneuriales, et susceptibles par conséquent de quadriller très étroitement les campagnes de tout le royaume[16]. Un certain degré de juridiction était presque universel, inhérent à toute seigneurie – nous y reviendrons. Les juges des « hauts justiciers » avaient sensiblement les mêmes attributions civiles que les lieutenants des prévôtés, tandis que la question a toujours été plus complexe au criminel. On comprend donc l'importance que pouvait avoir la

---

ainsi que les histoires générales et institutionnelles aux noms ZELLER, DOUCET, ELLUL, MOUSNIER, et pour les nouvelles références : BARBICHE, *Les Institutions de la monarchie française...*, 2001, et CARBASSE, LEYTE, et SOLEIL, *La Monarchie française...*, 2001.

14. *Edit qui enjoint de courir sus aux pillards et mangeurs de peuple...*, Lyon, le 25 septembre 1523. Soulignons au passage le fait que des principautés, dont le territoire fait partie de la France actuelle, n'ont pas toujours été sous l'autorité des rois de France. Elles nous font entrevoir une autre réalité. Exemple : CARRIER, « Une justice pour rétablir la concorde : la justice de composition dans la Savoie de la fin du Moyen Âge (fin XIIIe-début XVIe siècle) », 2001. Voir également les contributions de Jean Gallet et Jean-Claude Diedler.

15. Dans les juridictions royales, il peut y avoir un étage inférieur et rural, certes inhabituel, qui représente donc, sous le prévôt ou son lieutenant, une vraie justice de proximité comparable à la *Justice de village* seigneuriale. Il s'agit de petits « sièges secondaires » et de certaines petites châtellenies. Voir FOLLAIN, « Les juridictions subalternes, 1 », 1987, et ZINK, *Clochers et troupeaux...*, 1997. Mais le plus souvent, la justice royale voit les choses d'un peu haut et la justice de proximité est, par essence, seigneuriale.

16. Une estimation circule : 70 000 à 80 000 justices seigneuriales. Elle nous paraît aussi peu fondée que les statistiques des « communautés » et des communes, cf. FOLLAIN, « Les communautés rurales en France. Définitions et problèmes (XVe-XIXe siècle) », 1999b. En pratique, nous nous heurtons à une distinction entre les droits de justice et l'exercice de ces droits, avec fonctionnement régulier d'un tribunal, prouvé par des actes et des archives. Éludons la question : elle est insoluble.

justice seigneuriale dans le dispositif de maintien de la paix du royaume et du village – ce qui ne veut pas dire qu'il n'y avait pas du tout de prévention ni d'autorégulation des conflits par les collectivités.

Une situation ordinaire pour le royaume : l'Anjou

Lors de la journée d'études *Police champêtre...* nous avons tenu à distinguer « juger » et « policer » – c'est-à-dire réglementer en pensant qu'une bonne police évitait le recours à la justice[17]. Nous avons centré notre communication sur les questions de pâture en Anjou et nous nous sommes demandé, de l'Ancien Régime au XIXe siècle, quelle était la part des communautés puis des municipalités et la part des juridictions et des autorités administratives et politiques dans la régulation des conflits. En Anjou, sous l'Ancien Régime, les communautés n'ont jamais eu le droit de « policer » elles-mêmes. Une partie des « coutumes » est venue du Moyen Âge. On suppose aussi que les « procureurs » de fabrique et de communauté et les syndics au XVIIIe siècle, avec les « principaux habitants » des villages, ont exposé les usages locaux aux juges qui les ont mis en formules[18]. Mais les « ordonnances de police » ne pouvaient être promulguées que par un juge sur réquisition du procureur fiscal ou royal du siège. Ce n'est qu'à partir de la Révolution, et surtout au XIXe siècle, que les maires ruraux, avec des notables et certains cultivateurs, ont pris des initiatives et surtout ont été invités à composer des assemblées pour rédiger leurs usages sous couvert de l'autorité préfectorale. La décision de composer les *Recueils d'usages locaux* sanctionna ainsi l'échec d'un *Code rural* qui eût été monstrueux et obligé de prévoir quantité d'exceptions. Ces recueils contiennent une partie de ce qui n'a pas été prévu dans les lois générales. Leurs articles n'ont évidemment pas été inventés à partir de 1790. On n'a fait que mettre en forme ce qui était appliqué depuis des siècles par les « juges des lieux ». C'était coutumier, dispersé, en partie oral et en partie écrit, mais tous les usages et toutes les pratiques sociales, toutes les conventions pratiquées localement, avaient force de loi dans les tribunaux[19]. Un particulier n'aurait pas dérangé une barrière ou des bâtons disposés, selon l'usage, à l'entrée d'un herbage, sans se voir opposer une quasi-loi rurale qu'il fallait aux juges articuler avec leurs autres références normatives. Quant à juger soi-même, il n'en a jamais été question en Anjou sous l'Ancien Régime. C'était l'affaire de juges que l'on souhaitait, au village, les plus proches possibles, tant par la localisation de leur siège que par leur affinité avec les justiciables. En dehors de cette justice, nous pouvons deviner une autorégulation et des formes d'arbitrage qui impliquaient, comme « apaiseurs », les notables, les syndics et les curés. Les choses n'ont changé, là aussi, qu'après 1790. Les maires ont alors reçu une compétence à la fois administrative et judiciaire. Ils l'ont perdue (an III), puis retrou-

17. FOLLAIN, « Policer et juger soi-même... les questions de pâture en Anjou, des communautés aux municipalités et des juridictions d'Ancien Régime à celles de la France contemporaine », 2003.

18. FOLLAIN et PLEINCHÊNE, « Règlements pour les communaux... », 2000, p. 238-239.

19. Prenons un exemple dans le comté de Laval, où la Coutume du Maine est très proche de la Coutume d'Anjou. Le fermier qui quitte une terre doit ensemencer en sortant et reprendre ses « avances » l'année suivante, après la récolte effectuée par son successeur, c'est-à-dire l'équivalent des semences fournies. Or en octobre 1715 les juges doivent se prononcer sur le cas d'un fermier nouveau qui refuse de livrer toute sa récolte à l'ancien fermier qui réclame tous les blés noirs en soutenant « que c'était l'usage de la paroisse et des autres circonvoisines ». Les juges commencent par repousser l'exigence de l'ancien fermier... jusqu'au moment où l'un d'eux atteste que « l'usage était tel en ladite paroisse et celle de Chémeré ». Il est d'ailleurs curieux que les juges découvrent cet usage local en 1715. Voir PITOU, « Les magistrats et les causes des gens de campagne », 2002a.

vée (an VIII) mais autrement définie. Cette situation confuse a d'ailleurs été analysée par Loiseau, commentateur de la nouvelle *Justice de village* ou au moins de canton [20]. Les maires usaient-ils de leur magistrature et jugeaient-ils ? Nous les voyons plutôt hésitant à juger leurs administrés et se déchargeant de la résolution des conflits sur les juges de paix établis aux chefs-lieux des cantons – ou sur le cabinet du préfet pour les usages de pâture et autres questions très délicates intéressant toute la collectivité et induisant l'affrontement d'intérêts forcément contradictoires.

Un exemple marginal *pour le royaume : la Provence*

La journée provençale *Police champêtre...* prolongeait aussi les réflexions entamées depuis plusieurs années par nos collègues sur les « statuts communaux » propres à un bourg ou un village : de très longs et parfois très anciens règlements, ou plutôt des inventaires de délits puisqu'il ne s'agit jamais de donner la norme, mais de prévoir la sanction des écarts [21]. Ces statuts nous interpellent, car d'où venait un tel droit de se « policer » soi-même et de prévoir les sanctions ? Quelle était la part de la communauté d'habitants et la part des juges dans l'établissement de la « norme champêtre » ? Comment l'appliquait-on effectivement ? Qui avait l'initiative et faisait évoluer la norme ? Qui avait la responsabilité de la dénonciation et de la sanction ? Ce n'est pas tant le contenu des statuts qui nous étonne. En effet, l'équivalent se retrouve partout au XVIIIe siècle dans des ordonnances de police seigneuriales, et au XIXe siècle dans les *Recueils d'usages locaux* dont nous avons dit qu'ils étaient la mise en forme de pratiques et d'une jurisprudence [22]. Ce qui nous étonne vraiment, en Provence, c'est le fonctionnement du système et la position respective des justiciables et des communautés – très actives – et des juges [23]. D'où l'importance, dans notre programmation, de la communication de Madeleine Ferrières et de Patrick Fournier et l'intérêt de leurs sources : « statuts » (édités ailleurs), « dénonces » fondées sur les statuts (éditées dans nos pages par Patrick Fournier) et enfin procédures *(id.)*. D'où, aussi, notre satisfaction à les voir réintroduire dans leur problématique davantage de seigneurie.

Cette mission de paix était-elle assumée par les juges seigneuriaux ?

Il n'est pas sûr que la justice seigneuriale ait eu vocation à remplir une mission d'intérêt général ou plus exactement, il n'est pas sûr que l'aspect « service public » de la justice seigneuriale ait été aussi fort et évident à la fin du XVe siècle qu'il l'était à la fin du

20. Non plus le Charles Loyseau du XVIIe siècle mais un certain Victor, avocat et maire d'une commune rurale, et auteur d'un ouvrage « destiné aux habitants de la campagne », cf. LOISEAU, *De la juridiction des maires de village [...] avec des formules claires et faciles...*, 1812.
21. Voir aux noms DUHAMEL, TOUBERT, DERLANGE, CHASSIN DU GUERNY (Yves), ZINK, et surtout *Les Statuts communaux, source d'histoire rurale...*, 1999, édités sous la direction de Madeleine Ferrières.
22. Les deux ne se recoupent pas tout à fait. Les statuts parlent de « police » et procèdent à partir du délit, tandis que les usages locaux parlent surtout de « droit privé » et de norme. Ils complètent les contrats d'exploitation et explicitent les sous-entendus. Les autres « lois rurales » coutumières ont été recouvertes par les lois de la Ire République, puis des différents régimes qui se sont succédé dans la première moitié du XIXe siècle. Sur les rapports complexes entre anciennes coutumes et *Recueils d'usages...* voir aux noms NEVEU-DEROTRIE, BOUTHORS, DAGUIN et ROSAPELLY. L'enquête collective *Une France coutumière, enquête sur les « usages locaux » et leur codification...*, 1990, est à compléter par la position décalée de l'un des membres de l'équipe, ABERDAM, « Les usages locaux : en user avec précaution », 1997.
23. Juges seigneuriaux, juges royaux ou juges d'Avignon et du Comtat qui représentaient un autre État que celui de France.

XVIIe et au XVIIIe siècle. Si nous posons tout de même cette question, il ne nous appartient pas d'y donner réponse pour tout l'Ancien Régime : les communications y pourvoient. Nous pouvons par contre nous demander si, vers la fin de son histoire, la justice seigneuriale était susceptible d'inspirer la réforme judiciaire qui était souhaitée de tous côtés. Pour donner cette inspiration, encore fallait-il que la justice seigneuriale fût en état. Or était-elle moribonde à la fin de l'Ancien Régime ou encore très présente et très occupée ? Question d'autant plus délicate que les réformateurs envisageaient de changer et d'uniformiser tout le système judiciaire du royaume, alors qu'il n'était pas partout dans la même situation juridique, ni les justices partout dans le même état ! Curieusement, les auteurs qui ont préparé l'avènement d'une nouvelle justice de proximité, ont rarement évoqué une *étatisation* de la justice seigneuriale et ils sont allés prendre ailleurs certaines références. Les constituants n'ont pas fait le lien entre les anciennes *Justices de village* et les justices de paix. Et les juristes du XIXe siècle, et plus tard les historiens, ont continué d'aborder la question de l'origine de la justice de paix comme une formule inédite dans le royaume et empruntée à des pays étrangers[24]. Nous pourrions tout de même nous demander si cette justice de paix n'a pas été la reprise par l'État d'une justice de proximité seigneuriale – une justice seigneuriale impossible à prolonger *en l'état*, dès lors qu'était abattue la seigneurie et qu'était regroupée *dans l'État* toute l'autorité politique, administrative et judiciaire. De plus, entre les propositions de réforme du premier semestre 1789 et les suivantes, qui ont plus directement abouti à la création des justices de paix, les évolutions ont été fortes. Fin 1788, début 1789, la justice seigneuriale était-elle inapte à fournir un modèle de justice de proximité ? Était-elle complètement pervertie, inefficace et « abusive », pour reprendre la condamnation formulée début XVIIe siècle par Charles Loyseau et reprise *in extremis* par divers donneurs d'avis des années 1780 ?

Justices seigneuriales et Justices de village

La plupart des historiens accordent à la justice seigneuriale un caractère plutôt rural. Elle le doit objectivement à l'emprise seigneuriale sur les campagnes. Elle doit aussi ce caractère à l'œuvre de Charles Loyseau et à ce que nous avons tous retenu de sa condamnation des *Justices de village*. Pour autant, la justice seigneuriale n'était-elle que rurale ? La question peut être discutée[25]. Sa concurrente la justice royale était plus présente en

24. Sur les origines, voir toute l'œuvre de Henrion de Pansey au XIXe siècle et, parmi les travaux d'historiens : TEN RAA, « De oorsprong van de kantonrechter. », 1970, et *Schikking en Verlichting, Conciliation et Lumières*, 1991 ; DELAIGUE, « Une justice de proximité : création et installation des juges de paix », 1995-1996; et HUMBERT, « Justice de paix et République en Flandres », 1993.

25. La seigneurie et sa justice étaient d'ailleurs présentes jusque dans Paris… dont l'extension submergeait toujours de nouvelles seigneuries. Les réunions de 1674 n'ont pas tout éliminé. La *Table des seigneurs qui ont droit de justice, fiefs et censives en la ville et fauxbourgs de Paris…* dressée par Henri Sauval dans son *Histoire et recherche des antiquités de la ville de Paris…*, 1724, t. II, p. 425-426, compte encore 25 seigneurs, presque tous ecclésiastiques, « qui ont leurs Juges et Officiers qui exercent la Justice envers leurs justiciables et […] cent vingt quatre seigneurs qui n'ont que simple Fief et censive sans Justice ». L'étendue de ces juridictions est estimée par rues et non par villages et hameaux. Exemple : « L'Abbé de la Sainte Trinité de Tiron appellé le Fief de Tirion, assis à Paris rue Saint Antoine, a pour maison seigneuriale la maison de la Trinité, dite l'hôtel de Tiron, Censives et toute Justice en trente-une rues. » Voir également NAGLE, « Présidial et justice seigneuriale au XVIIe siècle. Le Châtelet contre Saint-Germain-des-Prés », 2001, sur le rôle des justices seigneuriales « dans les villes [rôle] important, original et qu'il y a lieu d'évoquer dans l'ordre de la justice de proximité et la régulation sociale » (p. 11), et sur le conflit avec le Châtelet jusqu'à ce que la justice soit supprimée en 1674, ou plus exactement réduite à l'enclos de l'abbaye.

ville et moins dans les campagnes, où elle dégageait d'autant l'espace judiciaire. Dans les principales villes, les lieutenants généraux du roi et les corps municipaux[26] étaient quasiment *chez eux* et la confrontation était donc inégale. Mais il était courant de voir des justices seigneuriales prospérer dans les villes plus petites et il arrivait qu'une justice royale soit comme égarée à la campagne.

Des justices seigneuriales en ville...

Le premier cas est illustré par la contribution de Frédérique Pitou sur la justice du comté de Laval[27]. On y voyait défiler des paysans de 112 paroisses – *des* et non pas *les*. Avec Laval, seigneurie « titrée », nous ne sommes évidemment plus au niveau des *Justices de village* mais nous sommes encore face à une justice *de villageois*. Nous sommes aussi au sommet d'un système judiciaire seigneurial qui part de justices dispersées dans la campagne et qui va, en appel, jusqu'à la justice du comté. Or, dans tout le royaume, on trouvait de telles justices seigneuriales qui avaient pratiquement l'importance de sénéchaussées royales et qui étaient composées d'un certain nombre de justices rurales, dont elles géraient les sièges ou dont elles avaient déplacé les sièges à la ville chef-lieu. Ce sont les systèmes judiciaires qu'étudie Jean Duma et spécialement les duchés-pairies, obtenus du roi pour rationaliser et simplifier des rassemblements de seigneuries, où « il n'y a pratiquement plus qu'un seul seigneur – le duc et pair – qui ne dépend plus que d'un suzerain unique : le Roi » :

> « L'érection [...] en duchés-pairies permet d'avoir le contrôle le plus large et le plus rationnel possible de l'appareil judiciaire. Grâce aux justices seigneuriales, la grande noblesse dispose alors d'une justice de proximité essentielle, aussi bien pour elle-même – elle est juge et partie dans les contestations portant sur ses droits – que pour ses dépendants. Les pouvoirs de police dont elle dispose, le rôle de juge et recours dans les nombreux conflits qui marquent la vie des communautés lui donnent grâce à cette médiation un contrôle essentiel de la terre et des dépendants. À ce titre elle participe d'un certain démembrement de la puissance royale[28]. »

Jean Duma donne des preuves de l'attention portée aux intérêts seigneuriaux par les Conseils qui s'occupaient des affaires des Grands. On y veillait à l'indépendance des juges et spécialement lorsqu'une affaire prenait un caractère exemplaire. Ainsi, en 1697, dans le marquisat d'Albert :

> « Lû la lettre du Procureur fiscal d'Albert. Mande qu'on a pris un voleur qui avait volé deux chevaux et une charrue, que le cas estant prévotable il pourrait être envoyé au Prévost pour éviter les frais mais qu'il serait peut-être bon pour donner exemple et pour écarter un grand nombre de voleur dont le pays est rempli que cet homme fut jugé par la justice d'Albert, S. A. S. [le comte de Toulouse, fils illégitime de Louis XIV] étant obligé de procurer la tranquilité à ses vassaux et de faire justice des crimes qui se commettent sur ses terres[29]. »

---

26. La justice municipale est aussi, en quelque sorte, une justice seigneuriale. Anne Zink a d'ailleurs donné sur ce thème une communication à la table ronde *Les Officiers moyens (II)...*, *op. cit.*, et elle a tenu à conserver dans sa communication « Réflexions sur les justices seigneuriales... » toute une partie « municipale » pas tout à fait à sa place, sinon, comme faisant partie des « justices de base ».
27. Ch.-l. du département de la Mayenne. Cette puissance n'empêchait pas les juges seigneuriaux d'être partagés entre le souci de défendre leur juridiction et ses particularités, et (au XVIIIe siècle) le sentiment de l'inexorable déclin des sièges seigneuriaux devant le pouvoir royal. Un déclin qu'ils approuvaient presque !
28. DUMA, « Aristocratie et justice seigneuriale... », *op. cit.*, p. 59.
29. *Ibid.*, p. 68, délibération du conseil du 15 avril 1697. Albert : Somme, ar. Péronne, ch.-l. c.

... et des justices royales égarées à la campagne

Cette configuration est accidentelle. C'est l'exemple de la juridiction royale d'Arques, vicomté du bailliage de Caux, en Haute-Normandie, établie au meilleur endroit au Moyen Âge mais que le développement de Dieppe, dont le seigneur et haut justicier était l'archevêque de Rouen, avait complètement déclassé. Du XVIe au XVIIIe siècle, les juges royaux et les habitants de Dieppe firent tout pour rapprocher de leur ville les juges royaux et même pour installer le siège *intra muros*. Après une phase d'hésitation qui dura jusqu'en 1649[30], le « prétoire royal ordinaire » fut autorisé au faubourg de la Barre. Le bombardement anglais de 1694 ruina l'édifice et les juges ne firent manifestement rien pour le réhabiliter, le « mauvais estat et décadence du prétoire ordinaire » servant de prétexte pour pénétrer la ville. À partir des années 1720, le siège s'installa au prétoire royal du grenier et magasin à sel, rue du Haut-Pas, paroisse Saint-Jacques, mais d'autres lieux furent aussi utilisés, dont une salle du couvent des Minimes de 1760 à 1769, puis une partie de l'Hôtel de ville. La juridiction se qualifia elle-même de « bailliage de Caux au siège d'Arques *séant à Dieppe* » et les juges obtinrent confirmation de cette titulature en 1745. Une fois reconnus Dieppois, les juges royaux continuèrent à revendiquer leur supériorité. Un conflit de préséance les opposa de 1751 à 1753 aux officiers du Corps de ville puis à ceux de la haute justice. Ils obtinrent en 1753 un arrêt du parlement établissant leur supériorité. M. de Belmesnil avait par ailleurs solutionné l'opposition entre les offices de bailli haut justicier et de lieutenant général du roi en occupant les deux. En procession, marchait-il de front avec lui-même? D'autres juridictions royales demeurèrent établies dans de petites localités, comme Nonancourt[31].

Juges du roi, des seigneurs, ou « juges des lieux »?

Le rapprochement opéré avec nos collègues historiens du droit nous oblige à affronter une question que nous aurions volontiers évitée. Car est-il possible d'envisager une qualification juridique ou une typologie des justices seigneuriales sans s'embourber dans la définition de la seigneurie elle-même et nécessairement dans la question de ses origines? Vu d'en haut, le plus important pourrait être de faire valoir une évolution de « nos juges » (royaux) et des « juges des seigneurs » aux seuls « juges des lieux » indistinctement agrégés dans la justice du royaume[32]. Vu d'en bas la situation est plus complexe en raison des distinctions entre grandes et petites justices, basses, moyennes et hautes, féodales et justicières...

30. En 1593, le lieutenant général d'Arques, neveu du premier président au parlement de Rouen, obtint le déplacement de toutes les juridictions à Dieppe « à cause des troubles ». La paix revenue, les Dieppois s'efforcèrent de régulariser la situation et les habitants d'Arques d'y mettre un terme et ramener chez eux les juges. La juridiction resta à Dieppe jusqu'en 1633, puis fut rétablie à Arques jusqu'en 1649. À cette date, les habitants de Dieppe obtinrent une déclaration royale fixant définitivement le siège près de leur cité. Cf. FOLLAIN, *Les Juridictions royales subalternes en Normandie...*, 1989.

31. Eure, ar. Évreux, ch.-l. c. En 1721 on s'y plaint que « l'audience ne vaut pas la huitième partie d'une bonne, parce que souvent il n'y a qu'une ou deux causes qui se perpétuent le plus qu'on peut pour donner du pain aux avocats ». Tout cela relève de la problématique des « petites villes » à laquelle font référence Benoît Garnot et Serge Dontenwill.

32. *Infra* FOLLAIN, « De l'ignorance à l'intégration. Déclarations, édits et ordonnances touchant la justice seigneuriale aux XVIe et XVIIe siècles ».

Deux questions croisées : les origines et les degrés judiciaires

La question des origines a été posée par Jacques Flach dans son « Introduction » au livre d'Amédée Combier :

> « Je m'en tiens fermement, en ce qui me concerne, aux données que l'étude directe des documents du Xe et du XIe siècle m'a fourniées et que j'ai exposées dans le 1er volume de mes *Origines de l'ancienne France*. La justice seigneuriale, j'en ai la profonde conviction, n'est sortie directement ni de l'usurpation de la justice publique, ni de l'extension immédiate de la justice domaniale. Il y a eu une phase intermédiaire où a régné la justice *personnelle* ou familiale, la justice d'homme à homme, au lieu et place de la justice territoriale, et c'est de cette justice personnelle que sont sorties plus tard et la justice privée et la justice publique. S'il en est ainsi, il faut se défaire une bonne fois de ce vieux préjugé historique qui imagine la persistance ininterrompue, depuis l'époque carolingienne, d'une justice publique aux dépens de laquelle la justice privée se serait constituée. Tout à l'inverse, la justice publique elle-même a commencé par être une justice privé[33]. »

Les origines de la seigneurie et de sa justice, telles qu'elles sont racontées aux XVIe et XVIIe siècles, sont-elles une vraie question de droit et d'histoire ? Ou un argument pour établir la supériorité du roi et des juges royaux ? La justice seigneuriale a-t-elle été *volée* à l'État, a-t-elle été usurpée, ou est-elle issue organiquement de la structure seigneuriale – dont les origines font elles-mêmes débat – et de la société ? Cette question des origines appartient aux historiens du droit, ou aux médiévistes. Elle n'implique les modernistes qu'à travers les discussions des jurisconsultes. Ainsi, dans les premiers chapitres de son *Traité des seigneuries...* (1608) Charles Loyseau revient sans cesse sur le thème des origines qu'il croise systématiquement avec celui des différences entre les seigneuries[34]. Il adopte dans la première page du premier chapitre une posture connue : lancer à soi-même un défi apparemment insurmontable (« fonder en raison » la seigneurie) et briller en le relevant...

> « S'il est ainsi (comme le divin Platon a escrit) que ces mots *tien est mien*, qui ne concernent que la Seigneurie privee, dont la possession, est reelle & toute apparente, sont neanmoins cause des guerres, noises & proces : combien plus en doit causer & engendrer la Seigneurie publique, qui n'est qu'un droict intellectuel, & une authorité qu'on ha sur les personnes libres, & sur les choses possedees par autruy ? Que si la possession de ceste authorité est mal aisee a faire paroistre, son tiltre & son droict est encor'plus difficile a fonder en raison : par ce que les Seigneuries, ayant du commencement esté establies en confusion par force & usurpation, il a depuis esté comme impossible, d'apporter un ordre a cette confusion, d'assigner un droict a ceste force, & de regler par raison ceste usurpation. »

---

33. COMBIER, *Les Justices seigneuriales du bailliage de Vermandois...*, 1897, p. XII. Son *corpus* est constitué des archives de 210 justices seigneuriales (sur 350 ressortissant au bailliage royal de Laon), soit 130 dépôts aux Archives départementales et 80 fonds restés au tribunal civil de Laon. « Presque tous [...] étaient haut-justiciers ». Sur les caractères originaux de ce livre, *infra* « Guide bibliographique ».

34. *Traité des seigneuries, par Charles Loyseau...*, Paris, A. L'Angelier, 1608, *3e édition... corrigée et augmentée par l'autheur*, Paris, A. L'Angelier, 1610 : « Des seigneuries en général » (chap. I), « Des Seigneuries souveraines » et « Des droicts des Seigneuries souveraines » (II et III), « Des grandes seigneuries à sçavoir, Pairies, Duchez, Marquisatz, Comtez & Principautes » et « Des droicts des grandes seigneuries » (V et VI), « Des médiocres seigneuries, à sçavoir, Vicomtez, Vidamez, Baronies & Chastellenies » et « Des droicts des Seigneuries médiocres » (VII et VIII), enfin « Des petites Seigneuries ou simples justices » (X). Voir BASDEVANT-GAUDEMET, *Aux origines de l'État moderne, Charles Loyseau, 1564-1627, théoricien de la puissance publique*, 1977 ; DESCIMON, « Les paradoxes d'un juge seigneurial, Charles Loyseau (1564-1627) », 2001 ; et *infra* BRIZAY et SARRAZIN, « Le Discours de l'abus... ».

Quoi qu'il en dise, Loyseau ne renonce pas facilement à parler de la Seigneurie « prise *in abstracto* » pour parler « de la Seigneurie *in concreto* ». L'une de ses idées est d'étalonner « haute, moyenne & basse justice » sur une hiérarchie entre seigneuries, les degrés judiciaires n'étant « anciennement autre chose que grande, mediocre, ou petite seigneurie ». Lorsqu'il atteint les « Mediocres Seigneuries sçavoir Vicomtez, Vidamez, Baronies & Chastallenies » il adopte fermement l'idée d'usurpation :

> « Or fut il bien aisé aux Chastellains des villages ayans la force en main, & estans loin de leur Seigneur, d'usurper la proprieté de leur charge, & la Seigneurie de leur distroit : de sorte qu'a present presque par tout, le terme de Chastellain est un nom de Seigneurie & non pas d'Office [...] Chastellenie donc est proprement une espece de Seigneurie relevant d'autre que du Roy [...] ayant justice annexee : *laquelle justice de son origine n'estoit que basse justice ès villages, & moyenne ès villes : neantmoins les Chastellains apres s'estre faicts Seigneurs n'ont gueres tardé en plusieurs endroicts, d'usurper la haute justice de leur territoire*, pour la grande difficulté qu'il y a de discerner la moyenne d'avec la haute justice [...] laquelle usurpation de la haute justice faite par les Chastellains, s'est tellement establye en commun usage, que mesme Chastellenie [...] signifie souvent l'enclave & distroit de toute pleine & entiere justice voire la haute justice mesme. [...] Voyla l'origine & le progrez aussi jusqu'a present des quatre sortes de seigneuries mediocres[35]... »

La question de l'usurpation originelle pourrait paraître dépassée au XVIIe siècle, puisque depuis le XIVe ou le XVe siècle il y a face à face une justice seigneuriale et une justice royale, chacune solidement constituée. Mais cette question pèse sur les relations entre ces deux « membres » de la justice. Si celle-ci est « une » et n'a d'autre origine que le roi, la théorie de la concession doit permettre au souverain de « régler » la justice des seigneurs comme la sienne. Si la justice sourd du sol, découle de la puissance foncière, et si elle est patrimoniale, l'État a moins d'emprise sur elle. Autant que de droit et de « Titres », il s'agit là d'un rapport de forces[36].

Basses, moyennes et hautes, féodales et justicières...

Il est difficile d'accorder la seigneurie « moderne » avec la conception médiévale : un mode de possession de la terre et des monopoles constituant le soutien économique apporté à une activité militaire. De plus, ce qui relève des droits seigneuriaux, de l'autorité publique et spécialement de la justice, n'atteignait plus, à la fin du Moyen Âge, les seuls « vassaux » et « tenanciers » mais tous les habitants et tous les passants, confrontés à la justice des seigneurs dès lors qu'ils étaient sur leur territoire. La seigneurie moderne, résume Jean Gallet, « c'est de la puissance publique attachée à une terre, et tombée avec elle dans le domaine privé. C'est de la puissance en propriété[37] ». Mais il

35. *Traité des seigneuries...*, *op. cit.*, p. 160-161.

36. La sujétion est clairement manifestée à la fin du XVIe siècle, dans l'*Arbre des Estats et offices de France...* où Charles Figon n'a pas oublié de faire une place à la justice seigneuriale. Du tronc « Monseigneur le chancellier et Garde des S[c]eaux de France » partent les embranchements dont le principal est la « Cour souveraine de parlement », d'où sort une branche « Bailliz sénéchaulx & juges immédiats » et de là encore une branche « juges royaux » et plus haut « subalternes », cette branche étant encadrée par deux branches latérales : « eschevins, capito[uls] & consuls des villes » et « officiers des haults justiciers » (NB : il n'est pas question des autres juges seigneuriaux). Au-delà, il n'y a plus que les feuilles-sujets du roi. Cf. LE ROY LADURIE, « L'arbre de justice, un organigramme de l'État au XVIe siècle », 1985, et *L'État royal de Louis XI à Henri IV, 1460-1610...*, 1987, p. 247-254.

37. GALLET, *Seigneurs et paysans en France, 1600-1793*, 1999a, p. 128 (où la formule est attribuée directement à Charles Loyseau dans son *Traité des seigneuries...*, chap. 1, p. 25). Voir également une description générale de la seigneurie (p. 30-32) et sur la justice p. 127-137.

y a des gradations dans cette puissance et dans les droits des justiciers : toutes celles établies par les juristes de l'Ancien Régime, revisitées par les historiens du droit, et compliquées par l'exercice de la justice qui pouvait être abusif lorsqu'une juridiction faisait plus qu'elle n'aurait dû, ou modéré lorsqu'elle faisait moins qu'elle ne le pouvait ou devait (notamment au criminel)[38].

Une distinction floue à la fin du Moyen Âge

Laetitia Cornu nous rappelle dans la première communication que, dans les textes médiévaux, les intéressés ne s'embarrassaient pas trop des « termes trop précis de *merum imperium* et *mixtum imperium* » de même que « des notions de basse, haute et moyenne justice, trop contraignantes » et si, concernant son étude de cas, « plusieurs proclamations et quelques conflits de juridiction » renseignent un peu sur le domaine de compétence de son tribunal, « le meilleur témoin du domaine de juridiction, c'est avant tout le tribunal lui-même, et les affaires qu'il traite ». Même remarque sur la source de 1474-1484 éditée par Isabelle Mathieu : les grades du sénéchal, la pendaison et la prison nous situent la justice d'Hauterives qui, sinon, ne se donne aucun qualificatif particulier. Enfin, dans les coutumes, par exemple celles du Nivernais de 1490, nous avons bien les trois degrés de juridiction (Titre I, « Et premierement de justice et des droits d'icelle... », art. 12) mais sans distinction très précise, sinon entre des seigneurs justiciers ayant « droict de chastellenie » ou « de bailliage » et des seigneurs ayant « seulement garde de justice » (art. 8)[39]. Le degré supérieur a besoin de titres : « Nul ne peult dire ne maintenir avoir droit de chastellenie, qui en sa seigneurie [...] n'a tiltre vaillable dudict droit » (art. 11) alors qu'on ne demande aucune preuve au degré inférieur. Remarquons enfin que la répression du vol, par exemple, est prévue sans que l'on dise quelle est la juridiction compétente[40].

---

38. Dans sa thèse consacrée au Languedoc, Didier Catarina a fait beaucoup plus simple en distinguant à la fin du XVIIe et au XVIIIe siècle « trois types de seigneurie, la seigneurie foncière, la seigneurie banale et la féodale » et surtout 3 ou 4 « niveaux » de justice. Il distingue donc : le niveau du « 1er juge », qui est soit royal (viguerie), soit seigneurial, le niveau du juge de « 1er appel » exercé par les sénéchaussées et les présidiaux et parfois par une « cour d'appeaux » seigneuriale, le niveau du « 2e appel » exercé par le parlement. Il y avait 4 niveaux, dans le bas Languedoc seulement, lorsqu'une « justice inférieure » du roi ou viguerie avait « sous elle » une ou plusieurs justices seigneuriales – situation qui faisait d'elle le 1er niveau d'appel et qui signifiait que le « 1er juge » et le plus fréquenté pour les petites causes était toujours le juge seigneurial. Didier Catarina avance une hypothèse fondée sur l'histoire du domaine royal, hérité des comtes de Toulouse et agrandi par confiscations de la guerre des Albigeois. Dans le haut Languedoc, les juges inférieurs étaient royaux ou seigneuriaux et presque équivalents entre eux. Dans le bas Languedoc, les juges royaux n'avaient pu établir qu'une sorte de tutelle juridique sur des campagnes qui étaient déjà partagées entre les juges des seigneurs avant l'établissement des vigueries royales. Cf. CATARINA, *Les Justices ordinaires inférieures et subalternes de Languedoc...*, 1998.
39. Coutumes citées d'après le *Coustumier des pays de Nivernoys et de Donzioys faict à Nevers par assemblée des trois estats et par auctorité du Prince desdicts pays...* [rédigé en 1490] *in Nouvelle Revue historique de droit français étranger*, 1897, p. 764-820. Le vieux coutumier est comparé plus loin aux *Coutumes du pays et duché de Nivernais de 1534, avec les annotations et commentaires de M. Gui Coquille, sieur de Romenay*, Paris, chez Abel L'Angelier, 1605, in-4°, 2e éd., 1610. Voir également GOURON et TERRIN, *Bibliographie des coutumes de France...*, 1975 ; les actes de *La Coutume au village...*, *op. cit.* ; et aux noms CARBASSE et HILAIRE, ainsi que MORICEAU, *Guide d'histoire agraire...*, 1999, p. 40-41 et 129-135.
40. *Coustumier...* de 1490 : « Titre I. art. 5. Se aucun commet simple larrecin qui ne excede la somme de cent sols tournoys, pour la premiere foys il sera pugny selon l'arbitraige du juge, sans mort naturelle ou mutilacion de membre. Et s'il commet plus grant larrecin que de cent sols tournoys, pour ladicte premiere foys, il sera pugny corporellement selon l'exigence et qualité du cas et a l'arbitraige du juge... » De même en 1534 : « art. 8. Si aucun commet simple larcin, non excedent soixante sols, pour la premiere fois il sera puni selon la discretion et arbitrage du juge, jusques la mutilation de membres exclusivement ; et pour la seconde fois a la discretion du juge, jusques a mutilation inclusivement... ».

Les degrés judiciaires à l'époque moderne

À l'époque moderne par contre, la distinction est systématiquement faite entre basse, moyenne et haute justice[41]. Nos tableaux synthétisent les obligations et la compétence de chacun des degrés; étant entendu que tout degré supérieur inclut les obligations et la compétence du degré inférieur[42]. Nous avons attaché en note, pour illustrer et relativiser les choses, les articles correspondants des coutumes du Nivernais. Il revient à nos lecteurs de multiplier les comparaisons.

	Attributs et « lieux »	Personnel	Âge et grades
Basse justice	Siège, pilori et prison au Moyen Âge, restrictions ensuite[43]	Juge, greffier et sergent(s)	Néant
Moyenne justice	*Id.*, et prison « sûre et raisonnable »	Obligation et droit d'avoir en plus un procureur d'office (dit parfois « fiscal »). Geôlier	*Id.* haute justice?
Haute justice	« Lieu certain et prisons sûres » (Orléans, 1560). Fourches patibulaires de 2 à 8 piliers, potence, pilori ou carcan, etc.[44]	« Juge-bailli » (ou autre titre) et droit d'avoir un « lieutenant de juge » en plus du « juge en chef », ainsi que des assesseurs ou conseillers (au criminel). Procureur fiscal	Examen et réception par la juridiction royale (Orléans, 1560). Âge convenable (25-27 ans?). Licence en droit pour être juge en chef des juridictions ressortissant nuement au Présidial ou au parlement; sans obligation pour les autres[45]

Obligations et droits des basses, moyennes et hautes justices.

41. Cf. les coutumes du Nivernais de 1534 : « Titre I. De justice et des droicts d'icelle ». Compétence résumée dans les art. 13 (bas justicier) 14 (moyen justicier) et 15 (haut justicier).
42. *Ibid.*, « art. 16. Qui a la haute justice, il est fondé de la moyenne et basse : et qui a la moyenne, il est fondé de la basse : excepté en chacun desdits cas, s'il y a titre ou chose equipollente a titre au contraire ».
43. *Ibid.*, « art. 9. Desormais aucun ne pourra eriger ou construire de nouvel pilori, ou autre signe patibulaire, s'il n'a haute justice ».
44. *Ibid.*, « art. 10. Celui qui a haute justice ne peut lever signe patibulaire sans le congé et autorité du prince du pays; au refus ou delai duquel prince, ledit seigneur justicier aura recours au souverain seigneur; mais pourra ledit seigneur justicier, pendant ce, faire faire l'execution en sa justice, a un arbre, ou autrement en sadite justice… ».
45. L'obligation d'une licence en droit figure déjà dans la Coutume de Normandie (art. 190) et le juge royal a toute facilité pour « devancer » un juge seigneurial, bien avant que soit fermement établi le principe général de la « prévention ». C'est toute la différence entre les parties du royaume et spécialement entre son cœur (l'Île-de-France, la Normandie surtout) où l'autorité de l'État est la plus forte, et les parties successivement ajoutées.

	Profits et privilèges	Civil et matières féodales	Criminel ou pénal
Basse justice et justice foncière	Droits d'épave sur les bêtes divagantes, objets trouvés et héritage sans hoir, soit en entier, soit droits plafonnés comme les amendes	Toutes causes personnelles jusqu'à concurrence de 60 sols (parisis) à 75 sols (tournois) d'amende. Procès relatifs aux droits féodaux jusqu'à la même somme. Bornage des héritages du consentement des intéressés	Connaissance des simples délits (ex. : injures) jusqu'à une amende de 7 sols 6 deniers, 10 ou 12 sols, ou de même niveau qu'au civil. Arrestation et garde des délinquants en flagrant délit[46]
Moyenne justice	*Id.*	Toute action civile (*id.* haute justice) : tutelles et curatelles, scellés sur les héritages, inventaires, bornage entre les propriétés et la voie publique, etc. Inspection des poids et mesures. Toutes obligations féodales	Connaissance des délits et crimes dont la peine ne peut être qu'une correction corporelle modérée, un bannissement temporaire ou une amende jusqu'à 60 à 75 sols. En plus de l'arrestation et garde, 1re information et instruction jusqu'à la (1re) sentence ?
Haute justice	Droit sur toute « épave » trouvée ou sise sur le territoire et droit de confiscation des biens du condamné à mort. Obligation d'entretien des enfants trouvés. Obligation d'enregistrement et publication des actes royaux	Appel des basses et moyennes justices de leurs vassaux. Droit d'édicter la police. Connaissance de toutes causes « personnelles, réelles et mixtes » entre les sujets, juridiction « volontaire » et « contentieuse ». Connaissance des causes des nobles domiciliés, ou de leurs biens sur l'étendue de la seigneurie. Toutes sentences exécutoires	Appel des basses et moyennes justices de leurs vassaux. Tous crimes et toutes peines[47] exceptés les cas royaux et réservés. Appel obligatoire en cas de peine de mort

Compétence et profits des basses, moyennes et hautes justices.

Tous ces droits ont suscité les commentaires des juristes et dépendent des coutumes. Ainsi pour le droit d'« épave[48] » et les enfants trouvés[49] ou sur l'extension des « cas royaux[50] ».

46. *Coutumes du Nivernais…*, *op. cit.*, « art. 17. Les moyen et bas justiciers, s'ils ont un prisonnier duquel la connoissance ne leur appartienne, le doivent signifier au haut justicier, ou a ses officiers dans vingt-quatre heures, a compter de l'apprehension, pour le venir querir, et lui estre rendu en payant les frais raisonnables : et si ledit seigneur haut justicier delaye ou refuse de ce faire, lesdits moyen et bas justiciers ne seront tenus de garder ledit prisonnier que deux jours apres la notification ; et pourront avoir recours au superieur dudit haut justicier a son delai ou refus. »
47. *Ibid.*, « art. 15. Au haut justicier appartient la connaissance des cas et crimes punissables de mort, mutilation des membres, et autres peines corporelles ; comme fustiger, fouetter, piloriser, echeller, marquer, amende honorable et publique, bannissement hors sa terre et jurisdiction… ».
48. *Ibid.*, « Titre I. art. 1. Toute epave tant soit mouvante, qu'autre mobiliaire, apprehendee au territoire et justice d'aucun, appartient entierement au seigneur haut justicier du lieu. Et si la justice basse appartient a l'un, et la haute a un autre, ladite epave appartiendra au bas justicier jusques a soixante sols ; et le surplus, s'il y en a, appartiendra au haut justicier » ; « art. 2. La declaration, vente et adjudication de ladite epave compete et appartient au haut justicier qui recouvrera les frais sur le bas justicier entierement, quand l'epave vaut seulement soixante sols et au-dessous ; et si plus vaut, les frais se prendront sur lesdits seigneurs, prorata », etc. Nous retrouvons le même principe dans le titre suivant « Des confiscations. art. 2. Les biens confisqués, meubles ou immeubles, appartiennent au seigneur haut justicier, en la justice duquel sont trouvés lesdits biens au temps de la prononciation de la sentence. Et si ladite justice haute appartient a l'un, la moyenne et la basse, ou la basse seulement a un autre, le moyen et bas justicier, ou le bas seulement, ont soixante sols sur ladite confiscation, et le haut justicier le surplus : et si la haute justice de chose confisquee appartient au criminel, la confiscation appartient au seigneur du ressort immediat. »
49. Voir Bardet, « La société et l'abandon », 1991, sur l'évolution de la responsabilité morale et financière des enfants abandonnés, passant des seigneurs responsables des « fruits de la terre » aux communautés, et Arnaud-Duc, « La recherche des débiteurs de l'entretien des enfants abandonnés… », 1996. L'enfant « fruit de la terre » relevait plutôt du droit d'épave (droit et charge allant toujours de pair).
50. À défaut de liste, l'esprit : crimes contre le roi, sa majesté, ses intérêts matériels et financiers (sa monnaie, ses impôts),

Une juridiction introuvable : la basse justice

La moyenne justice étant comme une haute justice bridée, il n'y a de vrai problème qu'entre la basse et la haute, tant sur le plan juridique que pratique : le degré inférieur fonctionne-t-il ? Jean Gallet évoque les choses différemment et préfère passer par une distinction entre deux sortes de justice seigneuriale :

> « Le seigneur [...] avait le droit d'exiger le paiement de ses rentes et l'exécution des services qui lui étaient dus [...] il avait une *juridiction féodale ou fieffale* [qui] ne concernait que le contrat de fief (ou de censive, d'emphytéose, etc.). La juridiction féodale [...] embrassait toutes les contestations auxquelles pouvait donner lieu [...] le contrat de fief, elle était la justice propre à l'association qui existe entre le seigneur et les hommes du fief. Elle réglait donc la présentation des déclarations et des aveux, les hommages, le versement des rentes féodales et des casuels, l'exécution des corvées... Le seigneur plaidait contre ses vassaux, les vassaux contre le seigneur. [...] Entraient aussi dans la compétence fieffale, l'autorisation de vendre et de quitter la seigneurie, l'acceptation des nouveaux propriétaires, ce que faisaient des seigneurs avec leurs juges ou des groupes de propriétaires tenus aux plaids[51]. »

L'étendue de cette première sorte de justice recoupe ce qu'était la seigneurie elle-même, dans toute sa diversité géographique et son évolution[52] et nous n'avons pas là ce que nos collègues historiens du droit appellent « justice ». Jean Gallet termine d'ailleurs sa description en reconnaissant que le « seigneur de fief » ne pouvait pas faire exécuter une saisie « tant que sa décision n'était pas confirmée par un tribunal disposant de la *justice justicière* » qui avait la connaissance des délits et des différends entre particuliers. Jean Gallet rejoint donc nos collègues historiens du droit en établissant fermement la distinction entre deux justices seigneuriales. Il explique aussi, à partir du cas breton, la signification réelle de la maxime « fief et justice sont tout un » et ce qu'il y avait de prétentieux à revendiquer la juridiction sur son fief :

> « Un grand seigneur breton avait sur les nombreux manoirs de sa directe, en même temps que la juridiction féodale, la justice justicière. Mais lorsqu'un propriétaire d'un des manoirs déclarait à son tour que, dans sa directe, il avait trois rentes avec *fief et juridiction*, il s'agissait simplement de la juridiction féodale qui lui permettait de se faire payer ses rentes, sans plus[53]. »

Peut-on formuler l'équivalence : *basse justice = justice foncière* et *justice justicière = haute justice* ? Jean Gallet les distingue et il rencontre là Charles Loyseau qui, embarrassé par la définition de la « basse justice », distinguait « les basses justices personnelles »

---

contre les officiers dans l'exercice de leur fonction, les personnes sous sa protection, notamment les ecclésiastiques, crimes contre l'ordre public (vaste catégorie), le port d'armes, le rapt. En tels cas le juge des lieux a toujours été tenu d'intervenir, faire arrêter et informer tout en avertissant la juridiction royale.

51. GALLET, *Seigneurs et paysans...*, *op. cit.*, p. 115. NB : la notice « Justice seigneuriale » du *Dictionnaire de l'Ancien Régime...* est aussi de Jean Gallet. On peut par contre se reporter aux réflexions d'Annie Antoine.

52. GOUBERT, *L'Ancien Régime, tome 1, La société*, 1969, et « Sociétés rurales françaises du XVIIIe siècle : vingt paysanneries contrastées. Quelques problèmes », 1974. Ainsi, lorsque Jean Gallet présente comme des généralités le droit du seigneur et de son juge à agir dans certains domaines et à nommer des agents dont les attributions bousculent la communauté agraire, la paroisse, le décimateur, etc., il oublie de régionaliser son propos. Or, si notre collègue est bien conscient des différences entre provinces, ses lecteurs sont-ils toujours assez prévenus ? Fort différente de la Picardie (où Jean Gallet poursuivit sa carrière) et de la Lorraine (où il poursuit ses recherches), était la Normandie, où les seigneuries n'avaient pas de droits administratifs et politiques sur les communautés d'habitants. Sur les provinces à seigneurie forte, voir le guide bibliographique aux noms : BART, BRESSAN, CABOURDIN, CHARBONNIER, GALLET, ROOT, et SAINT JACOB.

53. GALLET, *Seigneurs et paysans...*, *op. cit.*, p. 128.

des « justices foncières, ou basses justices réelles[54] ». D'autres juristes confondaient les deux. Cette basse justice nous pose problème parce qu'elle est présente dans les coutumes et les titres des seigneurs comme s'il s'agissait d'une juridiction permanente. Mais fonctionnait-elle quelque part autrement que comme justice foncière, avait-elle besoin d'être permanente et un seigneur avait-il des raisons pour faire valoir continuellement ses droits de basse justice ? Sa compétence étant définie en argent et à « si peu que rien », on se demande bien pourquoi un seigneur aurait pourvu son droit de justice de tout ce qu'il fallait pour lui donner corps : « siège », prison (même sommaire), juge, procureur (d'office) et greffier.

Annie Antoine a justement choisi de nous montrer la justice seigneuriale « foncière », lorsque la juridiction n'agit directement que pour le seigneur et indirectement comme régulateur social et foncier[55]. Elle nous dit ce qu'il en est : le juge, appelé en l'occurrence sénéchal, le procureur fiscal, le greffier et le sergent sont bien là dans sa documentation, mais aucun n'en fait profession et « plusieurs seigneuries se partagent souvent le même personnel d'assises *puisque le phénomène n'est qu'épisodique* », c'est-à-dire répété seulement tous les 10 ans, 20 ans, voire à l'échéance de la 29e année après laquelle des droits seraient perdus. Pour exercer cette justice foncière, il n'était nul besoin d'une *vraie* juridiction qui eût fonctionné en permanence.

La *justice justicière* ou contentieuse, c'était tout autre chose. Il fallait, pour l'exercer, avoir un tribunal « réglé » devant lequel se présentaient ou étaient cités à comparaître les justiciables. Seule cette permanence permettait d'édicter des ordonnances de police, de suivre leur application et de participer à l'administration locale. Nous pouvons donc émettre l'hypothèse que la justice seigneuriale de plus bas degré ne devait, le plus souvent, fonctionner que comme *justice foncière*, sporadiquement et à intervalles éloignés, notamment pour tenir les fameuses « assises ». La justice seigneuriale ne devait vraiment fonctionner comme un tribunal régulier que lorsque ses droits lui permettaient d'aller assez haut dans les amendes et les peines, c'est-à-dire avec des droits de moyen et de haut justicier. Dans l'intervalle des assises, pour les justices inférieures, il importait seulement de faire respecter ses droits en recourant aux juridictions actives[56].

Des ressorts enchevêtrés

Nous sommes donc face à une justice seigneuriale difficile à circonscrire, difficile à subdiviser et à hiérarchiser, et difficile à articuler avec la justice royale. En théorie – c'est-à-dire selon les juristes – la justice seigneuriale était une justice déléguée, une concession octroyée par le roi du droit de juger et policer. C'est à la fois contestable et admis-

54. *Infra* l'analyse de BRIZAY dans « Le Discours de l'abus des Justices de village... ».

55. *Infra* ANTOINE, « Justice foncière et contrôle social... ». Voir également l'article que Jean-François Noël a consacré à une importante seigneurie bretonne, aux confins de l'Anjou et du Maine, la châtellenie de la Motte-de-Gennes, confirme l'absence du pénal (pas de sang, peu de vols, ni même de conflits...) et par contre l'importance des « procès » consistant en redditions d'aveux (40 % de tous les actes) et du coup la grande fréquentation du siège par les paysans qui sont près de 80 % des « plaideurs », cf. NOËL, « Une justice seigneuriale en Haute Bretagne à la fin de l'Ancien Régime... », 1976.

56. Si d'ailleurs nous revenons aux tableaux présentés plus haut et à l'annotation relative au Nivernais, nous pouvons imaginer que les droits des bas justiciers relatifs aux « épaves » et aux confiscations des biens des criminels exécutés ou bannis (c'est la même chose, cf. « Titre II. art. 1. Qui confisque le corps, il confisque les biens : qui est à dire, que qui est jugé et exécuté à mort par justice, ou banni à perpétuel, il confisque les biens sans autre déclaration de ladite confiscation... ») ne devaient plus être qu'une part des profits judiciaires à réclamer éventuellement à la haute justice.

sible, si l'on remarque que la justice dont discutaient les juristes était souvent réduite aux délits graves. La théorie de la concession pesait donc surtout sur la haute justice et n'intéressait guère les degrés inférieurs de la justice seigneuriale. Il y avait par contre des implications sur la compétence respective des juges seigneuriaux et royaux et une confrontation inégale sur le terrain.

Déterminer le ressort ou « détroit » n'est plus dans les préoccupations des historiens, qui s'en remettent en général aux *Dictionnaires...*, *Statistiques...* et autres *Annuaires...* constitués par des érudits aux XVIIIe et XIXe siècles. Pourtant les listes de paroisses, villages, etc., ne dispensent pas d'une vérification. S'il y a peu de raisons pour que la juridiction n'ait pas *des* droits là où elle le prétend, exercer *en telle paroisse* ou village ne veut jamais dire que *tout* le territoire relevait de la juridiction. Qu'il s'agisse d'un juge royal ou seigneurial, son emprise pouvait consister en une seule maison de telle localité. C'est pourquoi les justices pouvaient avoir des revendications superposées ou enchevêtrées entre elles et avec les justices royales. Les travaux les plus poussés doivent être ceux de Jean Gallet sur la Lorraine et ceux de Didier Catarina sur le Languedoc. Ce dernier a fiché chaque juridiction et déterminé la composition de chaque justice en communautés d'habitants, son emprise et la chronologie de cette emprise. Et pourtant, il n'a pas vraiment arrêté son étude à une statistique figée et définitive. Pour éclairer les situations, lorsqu'on ne dispose pas d'une enquête, la recherche doit être fondée sur des actes uniformes et les plus nombreux possibles dans une période la plus courte possible. Ces exigences font éliminer les liasses et dossiers de procédures et privilégier les registres en séries continues. Les affaires criminelles sont trop rares, les juges seigneuriaux y tiennent moins qu'aux affaires civiles et les juges royaux sont trop portés à les « prévenir ». La plupart des affaires civiles induisent en erreur puisque les deux plaideurs ou seulement un seul peuvent être du ressort. Il faut donc rentrer dans le détail des choses, identifier le demandeur, le défendeur et le litige. Ce n'est pas impossible mais laborieux. Nous avons conclu que le plus simple et le plus rentable était de recourir aux actes de tutelle et curatelle, aisément exploitables et produisant un *corpus* statistiquement valable[57].

Des juges complémentaires et concurrents

La justice seigneuriale n'était pas nécessairement opposée à la justice royale. Pour exercer la police et justice, les deux pouvaient être plutôt complémentaires : aux juges seigneuriaux les affaires de proximité et aux juges royaux les affaires plus importantes, à savoir au criminel les délits qui troublaient le plus l'ordre public et, au civil, les litiges que la 1re instance n'avait pas suffit à user. La complémentarité était aussi géographique. Didier Catarina a remarqué en Languedoc que des trois grandes sénéchaussées (royales) originelles, deux ont été subdivisées en huit (Carcassonne et Toulouse) pour une meilleure administration, tandis que Nîmes a résisté au démembrement jusqu'en 1780, sans que les officiers royaux exercent toutes leurs attributions jusqu'aux zones extrêmes de leur ressort – en particulier dans le Vivarais. Du coup, certaines parties du

57. FOLLAIN, « Les juridictions subalternes, 1 », 1997. Le pointage des lieux sur une carte dessine les ressorts des juridictions... mais il fait aussi rebondir sur une autre question : pourquoi la sous-représentation des paroisses les plus éloignées des sièges ? Il se pourrait que les juges aient « exploité » systématiquement les paroisses proches mais moins touché les autres. Les justiciables collaboraient forcément à cette pratique, recourant au tribunal le plus proche et ne faisant donc pas, entre les juges, les différences que nous nous attendions à trouver. Cette étude a des insuffisances mais il y aurait des avantages à la répéter ailleurs et à l'approfondir.

ressort nîmois auraient été des « zones de non-droit » s'il n'y avait eu là-bas des « juges inférieurs ».

C'est sur le principe qu'il importait au roi d'être, au-dessus de tout autre, le « plus haut justicier » de son royaume et celui au nom duquel était rendue « toute justice ». Mais l'État, c'était le roi *et ses officiers*, lesquels ne pouvaient se satisfaire d'une supériorité de principe. Acquéreurs de leurs offices, ils avaient l'obligation d'exercer leur magistrature et la tentation d'abuser d'un rapport de force qui était en leur faveur. On connaît les armes du roi et de ses officiers : l'appel, le droit de « prévention » et la réserve des « cas royaux ». La prévention ne fonctionnait partout qu'au criminel. Au civil, elle se concevait seulement dans les limites permises par les coutumes provinciales et locales. Sur le plan juridique, les historiens du droit sont unanimes pour affirmer qu'Ernest Perrot et Jean Riollot ont quasiment tout dit[58]. Quant aux abus, les archives des juridictions seigneuriales et royales conservent souvent de quoi approfondir la question.

L'opposition entre les deux justices et entre les deux sortes d'officiers existait bel et bien, mais l'incorporation de la justice des seigneurs à la justice du royaume pose encore de nombreux problèmes aux historiens. Schématiquement nous aurions, aux débuts de l'époque moderne, une justice seigneuriale en opposition et tout à la fin, dans le dernier quart du dernier siècle de l'Ancien Régime, une justice seigneuriale intégrée. Certes. Mais dans quelle mesure, depuis quand et sans doute aussi avec quelles différences régionales ?

Des juges seigneuriaux tout différents des juges royaux ?

La question a été posée par nos collègues du groupe de recherche « Officiers moyens » et elle a reçu de leur part certaines réponses, spécialement dans la contribution de Francine Rolley :

> « [...] les jurisconsultes distinguaient très clairement les droits, devoirs et prérogatives des officiers royaux de ceux des officiers seigneuriaux ; entre ces deux catégories leur discours traçait une nette ligne de démarcation : les premiers étaient seuls revêtus de la dignité attachée à l'exercice d'offices de plus en plus assimilés à des charges publiques. Les officiers royaux ont su naturellement s'emparer de cette qualité, la défendre et la mettre en scène jusque dans les modestes bailliages bourguignons que nous avons observés. À Semur-en-Auxois comme à Avallon, très petites villes où chacun était parfaitement connu, les officiers moyens veillaient au respect de leurs honneurs et prérogatives avec au moins autant de zèle que les officiers des cours souveraines défendaient les leurs sur de plus prestigieux théâtres[59]. »

Or son enquête sur la réalité sociale de ces officiers et leurs emplois, la reconstitution des carrières, des lignées et des parentèles fait perdre de sa consistance à la frontière entre officiers royaux et officiers seigneuriaux au XVIIe siècle. L'évolution fut accen-

58. PERROT, *Les Cas royaux, origine et développement...*, 1910, et RIOLLOT, *Le Droit de prévention des juges royaux sur les juges seigneuriaux...*, 1931. Sur les abus des juges royaux, voir FOLLAIN, « De l'ignorance à l'intégration... », déclarations royales de 1537 et 1556.

59. ROLLEY, « Une frontière introuvable. Officiers royaux et officiers seigneuriaux... », 2001. Voir également CORVISIER, « Un lien entre villes et campagne, le personnel des hautes Justices de Haute Normandie au XVIIIe siècle », 1982, et DESCIMON, « Les paradoxes d'un juge seigneurial... », *op. cit.*, notamment pour l'analyse des liens familiaux et professionnels et l'hypothèse que Loyseau et quelques autres qui en avaient tout à fait le profil, n'ont pas voulu faire carrière dans la magistrature royale pour des raisons idéologiques et religieuses, préférant donc rester au service de seigneurs et princes.

tuée par la coexistence de deux types d'officiers royaux : ceux issus de vieilles familles entrées au service du roi ou des ducs de Bourgogne avant le rattachement et ceux introduits par les créations d'offices. Les vieilles familles se portaient de plus en plus vers les Cours souveraines tandis que les créations d'offices amenaient à leurs côtés, puis à leur place de nouveaux officiers. Sur 24 officiers royaux dont la parentèle a pu être reconstituée, 12 étaient issus par leur père du milieu des justices seigneuriales. La prosopographie pose évidemment problème : « Où s'arrêter ? » écrit Francine Rolley [60]. La production d'« un nombre d'avocats pléthorique » ne pouvait être absorbée par les offices royaux et les offices seigneuriaux représentaient pour les familles et les individus le débouché « naturel et non dépourvu d'attraits », à savoir la gratuité de l'office, les gages, les privilèges « joints » et surtout le marchepied qu'ils pouvaient représenter vers les offices royaux :

> « En s'engageant initialement dans une justice seigneuriale, les jeunes gens pensaient très rarement faire là un choix définitif entre deux voies antagonistes séparées par une infranchissable frontière. Au contraire, loin d'exclure pour l'avenir la recherche d'un office royal, nombre d'entre eux voyaient dans l'exercice d'un office seigneurial la meilleure manière d'entamer une carrière. »

L'étude de Francine Rolley développe ensuite la nécessité de s'introduire « dans le cercle des *officiables* » et de le faire en passant par les meilleurs offices seigneuriaux. Elle montre que l'accès au service du roi ne rompait pas les liens avec les seigneurs puisque les familles « n'étaient nullement décidées à renoncer aux revenus et aux protections » que les offices seigneuriaux impliquaient :

> « Beaucoup d'officiers cumulèrent purement et simplement office royal et office seigneurial sans demander quelque autorisation que ce soit ; ils savaient pouvoir compter sur l'indifférence générale devant des pratiques si banales, sur le silence et la solidarité des autres officiers du corps, sur l'inaction du parlement de Bourgogne [au XVIIe siècle] [61]. »

Les conclusions de Francine Rolley sont que la justice du roi a été largement exercée au XVIIe siècle dans ces bailliages par des officiers issus des justices seigneuriales et sans rupture avec ce monde parallèle [62]. Si la frontière entre officiers seigneuriaux et royaux doit être relativisée, il demeure tout de même une gradation entre une élite de la magistrature et les autres, entre des licenciés parvenus, et une piétaille demeurée en bas du système. Francine Rolley n'a pu tout à fait arracher les « juges de village » du XVIIe siècle au dénigrement. Nous ne sommes pas non plus tout à fait d'accord avec la synthèse de Michel Cassan, dont nous approuvons (pour le XVIIIe siècle surtout) le concept de « métis sociaux » appliqué aux officiers seigneuriaux, mais qui propose trop

---

60. Résumons l'exemple de Jean Letors, acquéreur en 1697 de l'office de conseiller au bailliage et prévôté d'Avallon, qui était lié aux justices seigneuriales par son père, procureur fiscal du bailliage seigneurial de Noyers, puis bailli du bailliage seigneurial de l'Isle-sur-Serein et juge ordinaire de Quarré-les-Tombes, par son oncle paternel, juge seigneurial de Nitry et Lichères, par son épouse, fille de juge seigneurial, par sa mère, sœur du lieutenant général du bailliage de Noyers, et encore par sa belle-mère et par sa grand-mère…

61. Voir son analyse critique des jurisconsultes et des arrêts de règlement, dont seul l'arrêt du 12 août 1716 semble avoir eu « une certaine efficacité, au moins temporaire ».

62. Envisageant l'hypothèse d'une situation propre à la Bourgogne, Francine Rolley souligne l'importance des grandes seigneuries, la forte présence des Condé et le rôle des États provinciaux, tandis que le parlement était trop médiocre pour « constituer un pôle de référence pour les officiers ». Elle note cependant que son étude est recoupée par celles de GOUBERT, « Les officiers royaux […] dans la société française du XVIIe siècle », 1959, et de SOLEIL, « Le maintien des justices seigneuriales… », 1996.

fortement de dépasser les idées « d'étanchéité et de hiérarchisation ». *Certains* officiers étaient urbains *et* ruraux, juges du roi *et* juges de seigneurs, peut-être même juges du roi à la ville et de seigneurs à la campagne, mais les autres? Est peut-être en cause le concept même d'« officiers moyens » qui place la barre à un certain niveau.

Une dignité inférieure

Il est difficile de repousser tout le « portrait à charge » des juges seigneuriaux : médiocre capacité, piètre apparence et insuffisante pratique du droit, le juge seigneurial et de village était « mauvais en tout : l'être, le paraître et le faire [63] ». Cette réputation (méritée ou non, ce n'est pas *ici* la question) se retrouve à la fin du XVIIe siècle dans les positions occupées parmi les 22 classes de la 1re Capitation (1695) dont les paramètres, retrouvés par François Bluche et Jean-François Solnon, étaient la dignité proprement dite, le pouvoir, la fortune et la considération [64]. Ignorons les parlementaires et limitons-nous aux juges et procureurs les plus proches :

11e classe, 5e rang imposition de 100 livres	« Les lieutenants généraux, particuliers et criminels, procureurs du roi et greffiers en chefs des bailliages et sénéchaussées ressortissant aux parlements »
15e classe, 14e et 15e rangs imposition de 40 livres	« Les lieutenants généraux des bailliages qui ne ressortissent pas nuement aux parlements » et « Les chefs des prévôtés, châtellenies et autres justices royales qui ne ressortissent pas nuement aux parlements »
16e classe, 4e rang imposition de 30 livres	« Les lieutenants généraux, procureurs fiscaux et greffiers des duchés et pairies »
20e classe, 9e et 17e rangs imposition de 3 livres	« Les juges des justices seigneuriales » et « les procureurs fiscaux et greffiers des justices seigneuriales »

Juges royaux et seigneuriaux dans les tableaux de la 1re Capitation.

Les officiers des seigneurs ont donc été classés dans la 16e catégorie (pour les magistrats des duchés-pairies) et surtout dans la 20e et à des rangs assez médiocres : entre les archers de l'hôtel de ville de Paris (8e rang) et les avocats inscrits dans les justices royales (10e) pour les juges et entre les greffiers des rôles de taille (16e) et les huissiers et sergents des justices royales (18e) pour les procureurs fiscaux. Quant aux sergents seigneuriaux, ils ont été mis dans la 21e et avant-dernière classe au 4e rang, juste au-dessus des artisans des bourgs et des villages (5e).

***L'intérêt des situations* limites**

L'historien habitué à une justice royale dominante, structurée, omniprésente et sûre d'elle-même, peut s'étonner de certaines situations décrites par plusieurs de nos communicants postés aux marges du royaume et, en retour, mieux comprendre à quoi il a

63. Expressions utilisées par Michel Cassan lors de la table ronde de mars 2001.
64. BLUCHE et SOLNON, *La Véritable hiérarchie sociale de l'ancienne France...*, 1983.

affaire dans le Vexin *françois* ou la Touraine. Mais il existe des situations encore plus *limites* pour des raisons géographiques, chronologiques ou juridiques, des lieux et des moments privilégiés pour comprendre les rapports entre les justiciables et la justice seigneuriale ou royale. À savoir la Nouvelle France où l'État est (re)parti de rien au XVIIe siècle[65], donc à une époque où la royauté passe pour vouloir évincer les seigneurs de l'exercice de la justice, les îles du Ponant – espaces marginaux où l'État s'est tardivement avancé – et les aliénations de droits de justice à la fin du XVIIe et au début du XVIIIe siècle, qui pourraient faire penser que l'État absolutiste revenait en arrière.

La justice en « Nouvelle France » au XVIIe siècle

L'histoire judiciaire et administrative du Canada sous le Régime français peut se diviser en deux époques, avant et après l'instauration du Conseil souverain en 1663. Les seigneurs et gouverneurs ont d'abord exercé les pouvoirs judiciaires, s'inspirant d'un droit mêlé, dit-on, « de la loi naturelle[66] ». La Compagnie des Cent-associés, créée en 1627, reprit, avec la mise en valeur des territoires, la responsabilité de l'administration générale et de la justice, qu'elle conserva jusqu'à sa dissolution en 1663, lorsque le roi « eût mis en sa main le Canada ». En 1651 fut créée une sénéchaussée à Québec mais son autorité demeura limitée à la ville, tandis que le territoire restait sous contrôle des justices seigneuriales. La volonté des Cent-associés de les soumettre toutes à la sénéchaussée tourna court en 1661. En 1664, la nouvelle Compagnie des Indes occidentales fut établie avec le droit de nommer des juges pour « toutes affaires [...] tant civiles que criminelles » et la vacance judiciaire prit fin en 1666 avec l'institution de la prévôté de Québec. Or il s'agissait d'une juridiction seigneuriale (le seigneur étant la Compagnie) et non royale. Elle était d'ailleurs pourvue d'un « procureur fiscal ». En 1671, l'intendant Talon sollicita du roi une ordonnance qui eût mis la justice dans « l'ordre le plus naturel » en établissant la supériorité du Conseil souverain. La confusion demeura. En février 1673 par exemple, on se mit à qualifier le procureur fiscal de « procureur du roi ». La suppression de la Compagnie en 1674 n'amena pas aussitôt un nouvel aménagement de la justice, qui ne fut officiellement réorganisée qu'en 1677. Dans l'intervalle, la prévôté continua de fonctionner et de justice seigneuriale, elle devint progressivement une juridiction royale. Elle dominait toutes les justices seigneuriales, dont elle recevait les appels, mais n'avait sous elle aucune juridiction royale subalterne, d'où une action en 1re instance *et* en appel de ses propres sentences, sauf lorsque la justice des seigneurs intervenait comme juridiction de 1re instance, auquel cas le principe de l'appel était effectif. D'après les calculs de John Dickinson, « la moitié de la clientèle rurale de la prévôté » était en fait « appropriée » en 1re instance par les justices sei-

65. TRUDEL, *La Seigneurie des Cent-Associés...*, 1979-1983, et DICKINSON, « La justice seigneuriale en Nouvelle-France : le cas de Notre-Dame-des-Anges », 1974-1975, et *Justice et justiciables... à la prévôté de Québec*, 1982. En dépit de son nom, cette juridiction était, par sa compétence, plus proche d'un bailliage (ou alors de la *prévôté* du Châtelet de Paris).

66. C'est du moins la formule employée en 1744 par le père Charlevoix dans son *Histoire et Description Générale de la Nouvelle-France...* Il raconte (près d'un siècle après...) que les autorités pratiquaient systématiquement la conciliation et, de toute manière, la société était paisible, « il sembloit même que tous les bien fussent communs dans cette Colonie ; du moins on fut assez lontems sans rien fermer sous la clef, & il étoit inouï qu'on en abusât ». Charlevoix regrette ensuite « que les précautions qu'un Prince sage prit pour [...] faire régner la justice », à savoir l'instauration des nouvelles juridictions, ont « presque été » l'époque de la dégradation des mœurs. Cette description morale nous apprend davantage sur son auteur que sur son sujet.

gneuriales et le lieutenant général de la prévôté renvoyait lui-même les parties devant « leur juge naturel », y compris pour les meurtres. La supériorité de la prévôté consistait surtout en l'examen des officiers des seigneurs, le contrôle de l'honnêteté de leur activité et l'appel de leurs sentences. Le flou juridictionnel entre le « seigneurial » et le « royal » est spécialement intéressant dans toute cette histoire... à moins que la distinction n'eût guère de sens[67].

Un État présent sans y avoir de juges : les îles du Ponant

Ces îles avaient comme points communs leur armature seigneuriale et la discontinuité territoriale avec le royaume, et comme différences entre elles, leur superficie et l'occupation humaine[68]. Le pouvoir traditionnel était la justice seigneuriale à laquelle n'avait été surajouté que le pouvoir de l'Amirauté. Dans les petites îles, en l'absence de siège judiciaire – Groix relevait par exemple d'une justice sise sur le continent au faubourg de Quimperlé – « la société s'en remet à ceux qui exercent déjà une fonction de commandement » : le recteur (curé) et le gouverneur ou un gentilhomme. Par contre, Belle-Île, Noirmoutier et Yeu avaient chacune une juridiction seigneuriale, Ré en avait deux et Oléron avait douze justices, dont cinq moyennes et basses et sept hautes justices. Petites ou grandes, ces îles étaient caractérisées par une faible activité judiciaire, et très peu d'activité pénale. À lire les missionnaires du début du XVIIe siècle, l'explication tenait à l'absence de corruption des mœurs et de criminalité chez un peuple vivant « dans la parfaite union » et n'ayant « pas même l'idée du vice[69] ». De telles descriptions morales feraient croire que ces populations, tellement pacifiques, n'auraient nul besoin d'une justice institutionnelle. Or il s'agissait moins d'une question de litigiosité, ou de violence contenue, que de recours à d'autres modes de régulation sociale. L'insularité et le vide judiciaire impliquaient l'infrajudiciaire. Il n'empêche que les populations pouvaient aussi s'en plaindre à propos des actes civils. Les doléances des habitants de l'île d'Aix l'attestent en 1789 :

> « La mer empêche les officiers de justice de se transporter dans l'isle aussi fréquemment qu'il serait nécessaire, ce qui nuit à la bonne police et éternise les contestations. Et comme il n'y a ni huissier, ni sergent dans l'isle, le moindre exploit coûte aux habitants des sommes considérables, vu les frais de passage de ceux qui les apportent. »

---

67. D'où peut-être une erreur (pleine de sens) commise dans une étude de « psycho-histoire » canadienne, fondée sur une enquête menée en 1702 au sujet de brutalités commises sur un particulier, au lieu de Grignan (Drôme, ar. Nyons, ch.-l. c.). Les coauteurs se sont appuyés sur un conflit pour illustrer plus généralement les « efforts du juge royal pour asseoir son autorité » ou pour imposer ce qu'ils ont appelé « la justice officielle » par opposition à des modalités de résolution des conflits qu'ils qualifièrent de « traditionnelles » – à savoir « le règlement de comptes ». Or cette étude nous pose trois problèmes : l'idée selon laquelle, dans la *France profonde*, il n'y aurait pas d'autre modalité que le passage à tabac de celui qui perturbait la solidarité communautaire, l'idée selon laquelle appliquer « la justice officielle » suffisait à faire d'un juge un agent du roi, et surtout le fait que ce juge (longtemps indéfini dans l'article) qualifié de « royal » finisse par nous être présenté comme « nommé par le comte de Grignan » et exerçant « la justice seigneuriale » ! Alors pourquoi parler de « juge royal » ? L'explication est que le comte de Grignan était gouverneur de Provence et par conséquent intégré à l'appareil d'État. À ce compte, quel juge de quelle seigneurie eût échappé au titre de « juge royal » ? cf. HICKEY et PITRE, « Rendre justice dans une communauté rurale... », 1702.
68. GUILLEMET, « Proximité de la justice et justice de proximité... », *op. cit.*
69. Les habitants de Belle-Île seraient encore, au XVIIIe siècle, tout différents des autres bretons : « Ils n'ont point le défaut trop ordinaire aux autres paysans de la province, ils ne sont point brutaux et ne cherchent point querelle à se fendre réciproquement la tête ; ils n'ont point pour bâtons de ces massues meurtrières qui font sauter du premier coup la cervelle ; ce qu'on appelle le *toreben* leur est inconnu... » Description du père Le Gallen vers 1750, *ibid.*, p. 330. À rapprocher des élucubrations du père Charlevoix sur la bonhommie des Canadiens, écrites à la même date et dans le même contexte philosophique.

La présence de l'Amirauté était exclusivement fiscale et administrative et elle ne faisait sentir le poids de l'État (au XVIIIe siècle) qu'en cas de naufrage, heurtant de front les usages locaux relatifs au droit d'épave, qui profitait aux populations comme aux seigneurs. L'étude de Dominique Guillemet tend à démontrer que la justice seigneuriale assurait à elle seule tout le service judiciaire, sans s'opposer en rien à l'autorité royale, et qu'elle était le soutien et relais de l'État qui « s'avance masqué derrière les services de proximité de la justice seigneuriale » sans avoir à instituer par-dessus ses propres juges :

> « L'utilité de cette sénéchaussée [de Belle-Île] n'est donc pas dans les revenus qu'elle rapporte au seigneur, ni dans la défense des compétences féodales et de prérogatives menacées par les revendications des communautés d'habitants. L'absence de poursuites contre les fermiers endettés, de mesures vexatoires contre eux, prouve que la sénéchaussée n'a pas été l'instrument d'exploitation féodale que la confusion des rôles facilitait souvent, fonctionnant au seul bénéfice du seigneur [Guillemet fait ici référence au livre de Giffard]. Par contre nous avons bien là une justice de proximité, dispensatrice de services que l'isolement insulaire rendait très coûteux avec le déplacement sur le continent. De plus, la seigneurie ayant été peu contestée dans l'île, voire pas du tout, et la criminalité étant faible, la fonction de police du sénéchal l'a emporté sur celle du juge, sur la fonction de répression[70]. »

L'aliénation et l'engagement des droits de justice en faveur de seigneurs

Dernière de nos situations *limites* : l'abandon de droits de justice. Rien n'empêchait le roi d'« aliéner » son domaine, y compris dans sa composante judiciaire. Les garanties étaient apparemment étendues pour les bénéficiaires, mais les acheteurs finissaient toujours par se découvrir seulement « engagistes » de portions du domaine, lorsque quelques années plus tard étaient lancées des procédures de « réunion » au domaine. En pratique, les situations peuvent être complexes[71]. Mais le transfert de droits de justice était chose admise et relativement courante au Moyen Âge et au XVIe siècle.

Au XVIIe siècle, l'aliénation se pratiquait toujours. Entraînait-elle une « re-féodalisation de la justice » ? Le règne de Louis XIV a été marqué par des aliénations qui prêtent spécialement à réfléchir. Parmi ses « pièces justificatives », André Giffard a donné, pour la Bretagne, la déclaration du 22 novembre 1672 « pour l'aliénation des petits domaines » ou plus exactement l'engagement de leur revenu « comme aussi des justices et seigneuries des paroisses sans domaine[72] ». Les biens aliénables étaient plafonnés à

70. *Ibid.*, p. 344-345.

71. Exemple de Charleval en Vexin (Eure, ar. Les Andelys, c. Fleury-sur-Andelle), dans une zone entre la Normandie et la *France* où le Moyen Âge ne légua que des châtellenies, tandis que les vicomtés, caractéristiques de l'armature judiciaire normande, n'y furent établies que vers 1550. Charleval fut d'abord une juridiction seigneuriale étendue sur huit paroisses, acquise par Charles IX en 1573. La juridiction prenant les caractères d'un (petit) bailliage royal se trouva « ressortissante nûment » au parlement de Rouen. En 1577, la seigneurie fut cédée aux Faucon de Ry dans des conditions telles que les uns diront « sans sa justice », mais avec nomination « aux offices » par le seigneur, et les autres « avec sa justice ». Toujours est-il que la transaction laissa subsister une juridiction au statut tellement indéterminé qu'au XVIIIe siècle on ne savait toujours pas dire si elle était royale ou seigneuriale (ce qui paraît bien farfelu…) et – ce qui était le point vraiment litigieux – si les appels des sentences devaient passer par le bailliage de Gisors et le présidial d'Andely ou aller « nuement » au parlement, cf. TAUPIN, *Charleval au nom du roi, 1570-1792*, 1993. Cette étude probablement *définitive* n'a pu éclaircir la situation. Mais après tout, les présidents et conseillers du parlement n'y sont jamais arrivés non plus !

72. GIFFARD, *Les Justices seigneuriales en Bretagne…*, 1902, p. 322-323. Suivent deux autres textes relatifs à ces opérations. L'auteur a aussi consacré à ce thème tout le chapitre 1er de sa 2e partie : « La réformation du domaine royal en Bretagne », p. 162-191.

la valeur de 409 livres de rente annuelle. Il s'agissait peut-être moins d'aliéner des portions du domaine que de contraindre « tous ceux qui possèdent de hautes et moyennes et basses justices dans le ressort de notre parlement de Rennes » à présenter leurs titres aux commissaires et ainsi piéger « ceux qui seront convaincus d'avoir usurpé lesdites justices », donc obligés de les racheter au roi. Même chronologie dans le Languedoc étudié par Didier Catarina : des « campagnes d'engagements du domaine » l'ont dilapidé dès 1672. Au total, 66 % des « justices domaniales » auraient été aliénées dans le dernier quart du XVIIe siècle. Comme des justices seigneuriales de grandes dimensions furent également démembrées par leur seigneur, de nombreux villages passèrent sous l'autorité de nouveaux justiciers.

L'édit de mars 1695 « portant règlement pour l'aliénation des petits domaines du roi » devait permettre à n'importe quelle personne, « de quelque condition qu'elle soit » d'acquérir et posséder les domaines aliénés après trois publications et enchères dans la généralité et une ultime adjudication au Louvre. Les domaines engagés précédemment par le roi devaient être repris et ré-engagés avec des garanties pour 30 ans « pendant lesquelles nous ne pourrons les déposséder ». Cet édit promettait aussi bien des revenus que des droits de justice :

> « Voulons que par lesdits commissaires il soit procédé [...] à la vente et engagement, à faculté de rachat perpétuel, des terres et seigneuries de notre domaine, avec toutes les dépendances, tant en terres, prés, bois et autres revenus fixes, qu'en cens, rentes, lods et ventes, droits d'échanges, reliefs, rachats, et autres casuels, à l'exception seulement des bois de haute futaie [...] à l'exception aussi des hommages de nos vassaux, lesquels nous nous réservons pour nous être rendus aux bureaux de nos finances, ou en nos chambres des comptes en la manière accoutumée. Jouiront les engagistes desdites terres et seigneuries de la nomination aux affaires de nos justices ordinaires, ensemble du prêt et annuel des officiers, droits de résignation et vacans, conformément aux réglemens de nos revenus casuels [...] et leur appartiendront tous les profits desdites justices, amendes, confiscations et autres, à condition pour eux d'acquitter tous les frais de justice. [...] Voulons pareillement que par les mêmes commissaires il soit procédé à la revente, audit titre d'engagement, et à faculté de rachat perpétuel, de tous nos domaines et seigneuries qui sont actuellement engagés à quelques personnes que ce soit, pour en jouir par de nouveaux acquéreurs aux mêmes conditions que dessus, à la charge pour nous de pourvoir, ainsi qu'il appartiendra, au remboursement des anciens engagistes suivant les liquidations qui seront faites de leurs finances par nosdits commissaires. Et afin de donner moyen à ceux qui se rendent adjudicataires de nosdits domaines, d'y faire des établissements plus solides, nous avons dès à présent renoncé au pouvoir que nous avons d'y rentrer, et ce pour le nombre de trente années, pendant lesquelles nous ne pourrons les déposséder. [...] Et à l'égard des terres titrées qui nous appartiennent, et dont la valeur et l'étendue sont plus considérables, voulons, au cas qu'il ne se trouve d'enchérisseurs pour les porter à leur juste valeur, que le chef-lieu de chacune d'icelles nous soit réservé, et que par nosdits commissaires il soit procédé, en la même forme que dessus, à la vente, à titre d'inféodation et de propriété incommutable, de chacune des paroisses en dépendantes, avec tout le domaine utile, haute, moyenne et basse justice, et le droit d'instituer tous les officiers nécessaires, à la charge de tenir le tout en foi et hommage de nous, à cause du chef-lieu dont lesdits fiefs auront été démembrés, et de nous en payer les droits seigneuriaux suivant les coutumes des lieux. Et seront les appellations des sentences de leurs juges portées par-devant les officiers de la justice royale dudit chef-lieu ; ce qui pourra aussi être pratiqué à l'égard des terres de la même qualité qui sont actuellement engagées, et dont la revente sera faite en vertu du présent édit... »

Cet édit ne fut pas appliqué dans tout le royaume car la paix de Ryswick (1697) permit d'y surseoir. Le dispositif fut par contre réactivé au début du XVIIIe siècle et nous en avons vu les effets en Haute-Normandie, où l'on sut jouer d'une opportunité. Le domaine royal venait en effet de récupérer la haute justice du duché de Longueville, une importante juridiction qui avait « sous elle » plusieurs autres juridictions et « sièges secondaires[73] ». Or le dispositif imaginé en 1695 fut réactivé par un édit d'avril 1702[74]. Des aliénations du domaine furent rapidement accordées à plusieurs seigneurs désireux de pourvoir leur seigneurie de droits de haute justice. Pour le roi, il s'agissait d'un « engagement » et de rien d'autre qu'une opération financière. Faute d'acquéreur, Longueville, juridiction du chef-lieu, demeura royale. Les aliénations portèrent sur des « membres » et paroisses de l'ancien duché. Pour les seigneurs « engagistes », s'agissait-il d'acquérir une véritable autorité sur leurs « sujets » en ajoutant la « haute justice » à leurs autres droits seigneuriaux ? Ou s'agissait-il d'acquérir une sorte d'ornement de leur seigneurie ? La haute justice donnait en effet le droit de se dire « seigneur *du* village[75] ». Les acquéreurs ne furent pas n'importe qui : pour Auffay, avec des extensions dans cinq paroisses, Jean-Baptiste Beuzelin de Bosmelet, président au parlement de Rouen, pour Bacqueville et Brachy, Jean-Baptiste de Boivin, seigneur de Bonnetot, président en la Chambre des comptes, pour Bracquetuit et Les Innocens, Pierre Godard de Belbeuf, procureur général et pour Fresles, Bures, Pommereval et Maintru, le maréchal de Cœuvres[76].

Pour extraordinaire que puisse paraître ce processus observé tant en Bretagne qu'en Languedoc et en Normandie, l'évolution du XVIIe siècle et la situation au début du XVIIIe siècle, donc le passage d'une « justice des seigneurs » à une justice « une », exercée par les « juges des lieux » indifféremment royaux ou seigneuriaux, avait suffisamment changé la signification des aliénations pour que le roi n'ait pas à s'inquiéter. Les juges

73. Longueville devait être réunie à la Couronne en 1692 mais ne le fut que par arrêt du conseil du 9 mars 1694. Si l'on avait voulu revenir à la situation primitive, la juridiction de Longueville eût été réunie à la vicomté d'Arques. Mais la juridiction subsista un temps sous l'appellation de « bailliage royal et vicomtal » établi par édit de décembre 1696. Le bailliage d'Arques eut désormais sous lui deux vicomtés et non une seule : Arques et Longueville. Le duché était début XVIIIe siècle la zone la plus commode pour des aliénations car les officiers royaux d'Arques n'avaient rien à y perdre, n'ayant pas eu le temps de digérer la juridiction qui avait fait retour au domaine.

74. Édit d'avril 1702 « portant qu'il sera procédé à la vente et aliénation à titre de propriété incommutable des justices et domaine du roi », déclaration du 28 octobre 1702 « concernant l'aliénation des justices dépendantes des domaines du roi » et déclaration de septembre 1703 « sur l'édit d'avril 1702 portant règlement sur l'établissement des sièges des justices royales et les qualités requises pour la réception des juges ».

75. Dans un rapport d'inspection de la généralité de Tours en 1664, Charles Colbert de Croissy, frère de Jean-Baptiste Colbert, utilise le mot « décoration » à propos des droits de justice concédés à des seigneurs par le roi (cf. MARCHEGAY Paul, *Archives d'Anjou, recueil de documents et mémoires inédits sur cette province*, Angers, Labussière, 1843, p. 141). Sur les curieux rapports entre ces nouveaux seigneurs, spécialement bienveillants envers leurs « vassaux », au point de prendre à leurs frais des chantiers paroissiaux et doter les églises, voir FOLLAIN, *Les Solidarités rurales*…, 1993. Cette bienveillance ne leur valut pas toujours une grande reconnaissance de la part des communautés. Notre impression est que le nouveau « seigneur du village » essayait de restaurer des relations entre lui et les paysans qui devaient correspondre à un idéal quelque peu dépassé de la seigneurie.

76. Auffay (Seine-Maritime, ar. Dieppe, ch.-l. c.) : contrat du 15 février 1703 enregistré le 15 janvier 1704 au bureau des Finances; Bacqueville (*id.*, ch.-l. c.) et Brachy (*id.*, c. Bacqueville) : contrats des 11 octobre 1702, 15 mars 1703, 17 décembre 1705. Bracquetuit (*id.*, c. Bellencombre) : contrats du 14 octobre 1702 et 18 janvier 1703 enregistrés le 15 mai 1705. Fresles (*id.*, c. Neufchâtel-en-Bray), Bures (c. Londinières), Pommeréval et Maintru (*id.*, c. Bellencombre) : contrats des 14 et 28 février 1704 enregistrés les 18 janvier et 28 février 1706. Ces opérations furent prolongées par l'édit « portant aliénation des domaines des hautes, moyennes et basses justices, et création en fiefs des héritages tenus en roture et en franc-alleu et création d'inspecteurs vérificateurs des amendes dans toutes les cours et juridictions… » donné à Fontainebleau en août 1708 et la déclaration « portant règlement pour l'aliénation des domaines du roi et des justices qui appartiennent aux villes et communautés, en exécution des édits et de la déclaration des mois de mars 1695, 29 mai 1696, avril 1702 et août 1708 » donnée à Versailles en janvier 1712.

appliquaient de plus en plus le même droit et suivaient à peu près le même « style de procéder » – surtout pour exercer la *vraie* justice criminelle. De même, Jean Duma ne voit guère d'opposition judiciaire entre les enclaves que représentaient les duchés-pairies et la justice royale, du fait de « l'interpénétration des appareils administratifs et judiciaires seigneuriaux et monarchiques ». La justice des Grands défendait ses droits jusqu'aux plus bas niveaux mais elle agissait aussi en « relais de l'autorité royale » et il n'y avait pas – au XVIIIe siècle s'entend – de « contradiction » entre les intérêts des uns et des autres.

La justice seigneuriale en activité

Les justices seigneuriales ont une très mauvaise réputation. Les historiens du droit ont plutôt conforté le portrait brossé par Charles Loyseau[77]. La vision des historiens de la société se trouve aggravée par l'intimité de cette justice avec la seigneurie, dont personne ne saurait prendre la défense pour quelque raison que ce soit. Or les informations sont globalement insuffisantes, géographiquement inégales et chronologiquement décalées vers la fin de l'Ancien Régime.

Une mauvaise réputation d'abord liée à celle de la seigneurie

Nous ne contestons évidemment pas l'iniquité de la seigneurie à l'époque moderne. L'évaluation des prélèvements a été réalisée dans de nombreuses études, les historiens s'inquiétant de savoir dans quelle mesure la seigneurie freinait le développement économique. Économiquement et socialement, on ne lui a jamais trouvé aucun avantage *général*. Or, s'il y avait quelque chose d'utile dans le système seigneurial à l'époque moderne, c'était peut-être sa justice et police. Assurément : rien d'autre. D'où l'éventualité que notre colloque tourne au procès en réhabilitation. L'acquittement est improbable mais la justice seigneuriale doit bien avoir des circonstances atténuantes.

Le dossier d'instruction de la justice seigneuriale

Le colloque d'Angers est venu combler une lacune sans toutefois remplir tous ses objectifs car notre programme présente des déséquilibres régionaux. Il oppose des cas de seigneurie prégnante et de seigneurie distante, et ne représente pas tout à fait le tableau que nous espérions brosser… À moins que ce tableau ait pris une signification et dessiné la géographie du sujet. Pour observer la justice seigneuriale en activité, nous avons réuni des collègues dont la liste a été arrêtée très tard car nous avons rencontré des difficultés peu habituelles et enregistré des forfaits qui s'expliquent, entre autres raisons, par une envie de communiquer sur le sujet mais le constat qu'il n'y avait finalement, soit pas grand-chose à dire, soit trop peu de sources. Plusieurs collègues, convaincus de l'intérêt des fonds judiciaires, ont dit avoir « regardé » les archives de telle ou telle justice. Mais sans y trouver ce qu'ils attendaient. Dans la géographie de notre programme le « Grand Ouest » doit être considéré à part puisqu'il est sur-représenté par les voisins et amis. Par contre, n'y a-t-il aucune raison au fait que nous ayons eu deux

77. Le cœur de la documentation est constitué de thèses d'histoire du droit qui sont institutionnelles et fondées sur les lois et règlements, avec des compléments trouvés dans les mémoires critiques, les dénonciations, etc. Ces thèses traitent de la compétence théorique, des rapports avec l'État, mais (surtout pour les plus anciennes) ignorent la réalité sociale des officiers et n'abordent que sommairement l'activité de régulation sociale.

contributions sur l'Auvergne (au sens large) et quatre sur les Bourgognes – le duché et la Franche-Comté (de Bourgogne) – et aucune contribution sur le cœur du royaume ? Ce n'est pas faute d'avoir voulu l'éviter et nous avons regretté l'absence d'Olivier Jouneaux, auteur de l'unique thèse française consacrée à plusieurs justices seigneuriales d'Île-de-France aux XVIIe et XVIIIe siècles [78]. La défaillance a été réparée : Olivier Jouneaux est là, présent dans nos actes, avec une contribution dont le thème et le ton contrastent fortement avec les communications consacrées au Centre, au Centre-Est et à l'Est [79].

Entre les communications consacrées à la fin du Moyen Âge et au XVIe siècle, et les communications consacrées au XVIIIe siècle, remontant parfois dans le temps pour prendre appui sur les grandes ordonnances de la fin des années 1660, mais guère sur les papiers des juridictions, nous avons comme un vide. Cette lacune n'est pas vraiment de notre fait. Elle tient d'abord aux archives. D'ailleurs, le manque de documents pour les années 1600 touche aussi les juridictions royales. Or les plus importantes questions sont de savoir si les justices seigneuriales ont été également actives pendant les quatre siècles étudiés et si, durant tout ce temps, elles ont fonctionné seulement comme le bras armé du prélèvement seigneurial ou aussi comme un service public. Savoir si le *Discours de l'abus...* du début du XVIIe siècle et certains reproches formulés dans les années 1770-1789 doivent être confirmés ou non. Savoir quelle contribution apportait la justice seigneuriale à l'ordre social (et à quel ordre ?) ainsi qu'à l'administration du royaume et spécialement de ses campagnes. Les réponses risquent d'être plus complexes que les questions : tout peut dépendre de la province voire du lieu, du siècle, de la manière d'envisager le fonctionnement de la justice seigneuriale et des exigences à leur égard. Tout varie selon qu'on adopte le point de vue des seigneurs – après tout : donnons-leur une place –, celui des justiciables, celui des juristes de « l'ancienne France », ou encore les préoccupations des historiens du droit et celles des historiens de la société.

Dans tous les cas, le lien avec l'économie seigneuriale est fort : si la justice des seigneurs n'était qu'une annexe de leur prélèvement, la condamnation de la seigneurie implique celle de l'annexe, et si la justice des seigneurs était – relativement – autonome et fonctionnait comme un service public judiciaire et administratif de proximité, la perspective est différente. Adoptons pour un temps celle de justiciables du Dauphiné vers 1580, dont l'opinion est entrevue à travers les actes d'une enquête relative à un « essai de constitution de seigneurie ». Tout vient de Claude de Virieu, sollicitant à son profit l'aliénation d'une partie de la châtellenie delphinale de Châbons avec « tout droit de justice, haute, moyenne et basse [80] ». Ayant procédé depuis les années 1570 à des achats systématiques autour de sa maison forte de Pupetières, Claude de Virieu entendait créer

78. JOUNEAUX, *Villageois et autorités locales aux XVIIe et XVIIIe siècles...*, thèse nouveau régime dirigée par Hugues Neveux, université Paris X, 1994.

79. Une analyse géographique des titres référencés *infra* avec Laetitia Cornu est édifiante sur la sur-représentation des mêmes régions. La Bourgogne a même accueilli un historien japonais. Shigaki Yoshio a publié dans sa langue, en 1974, dans la revue *Shigaku Yasshi*, un article dont le titre serait « Les institutions de la justice seigneuriale dans la Bourgogne du Nord sous l'Ancien Régime » (*Shigaku Yasshi*, n° 7 et 8, p. 41-74 et 27-53) puis en 1977, dans la même revue, un 2e article sur la criminalité d'après les archives des justices seigneuriales. Son mémoire a été édité aux presses de l'université de Kyushu en l'an 2000 (édition posthume, monsieur Shigaki étant décédé en 1997) sous le titre (traduit) *La Justice seigneuriale sous l'Ancien Régime en Bourgogne...*

80. Isère, ar. La Tour-du-Pin, c. Le Grand-Lemps. Cette châtellenie précédemment aliénée venait de revenir au domaine, cf. SOULINGEAS, « Un essai de constitution de seigneurie au XVIe siècle... », 2000. À l'issue de l'enquête contradictoire, la demande fut rejetée et les pièces copiées dans les registres de la Chambre des comptes de Grenoble. Mais en 1640, le fils de Claude de Virieu réalisa l'acquisition de la terre delphinale de Châbons.

une véritable seigneurie avec droit de justice sur le tout. Il pensait obtenir la partie de Châbons qui l'intéressait par échange contre des villages éloignés, dont la seigneurie lui appartenait. Le vibailli (royal) de Vienne n'eût plus été la juridiction de 1re instance mais d'appel. Ne disons rien des rapports des experts, choisis par Claude de Virieu, mais retenons les enquêtes et remarquons que, dans un premier temps, les représentants de la communauté de Châbons consentirent à (re)passer du domaine royal à l'autorité du seigneur. Inversement, les villages seigneuriaux qui devaient être donnés au roi firent opposition. Dans un second temps, la communauté de Châbons fit aussi opposition ou, plus exactement, une partie de ses habitants qui se voyaient perdants. Dans leur esprit, la partition aurait mis d'un côté les dettes de la communauté et d'un autre les droits d'usage dans la forêt de Boisvert, en même temps qu'elle aurait permis à des voisins, désormais réunis à la partie avantagée de Châbons, de prétendre à ces usages. De plus, les habitants de Châbons passés sous l'autorité du seigneur auraient eu un protecteur « immédiat » – c'est-à-dire un seigneur présent – tandis que ceux de l'autre partie, restés sous autorité royale, auraient supporté toutes les charges fiscales et militaires, « n'estant de près deffendus en personne, pour estre le roy trop loing ». Entre le roi et le seigneur, le *bon*, au XVIe siècle, n'était donc pas toujours celui que l'on imagine.

Rien que le bras armé du seigneur?

Que la justice seigneuriale fut le bras armé du prélèvement et du seigneur, n'est-ce pas une évidence? La vraie question [81] est de savoir si la justice seigneuriale n'était que cela et si les juges soutenaient scandaleusement leur seigneur. Dans leurs thèses d'histoire du droit, André Giffard, pour la Bretagne, et Pierre Villard, pour la Marche, ont tiré des conclusions opposées, le premier concluant à l'indignité des juges et à la dépendance totale envers les seigneurs et le second comprenant plutôt que les juges étaient assez indépendants des seigneurs. Curieuse divergence, admissible puisqu'il s'agit de deux provinces différentes, mais divergence qui constitue pour nous une première alerte. Posons des questions plus précises : où étaient jugés les litiges relatifs aux droits seigneuriaux et les seigneurs plaidaient-ils dans leur propre justice? La réponse est double : le seigneur ne pouvait tout simplement pas être « jugé » par sa cour – ni comme « défendeur », ni comme « demandeur » – quand il agissait comme particulier. Mais comme seigneur, la défense de ses intérêts relevait bien de sa juridiction et de son procureur fiscal et il est évident que sa propre justice servait en premier à soutenir ses propres droits, avec la menace d'une destitution pour le juge qui le trahirait [82]. Ceci dit, il faudrait connaître les facultés des justiciables à faire appel au degré supérieur. D'où deux situations apparemment fort différentes, selon que l'appel était porté devant une autre juridiction seigneuriale supposée sensible aux mêmes intérêts que la juridiction de 1re instance, voire aux ordres du même seigneur ou porté devant une juridiction royale *supposée neutre.* D'une justice seigneuriale à une autre, c'est le cas des seigneuries titrées et de la

81. Ce n'est pas que nous écartions cet aspect de la seigneurie. Mais l'articulation entre droits économiques et droits judiciaires était, bien avant notre colloque, l'aspect le plus étudié et par conséquent le moins intéressant à développer. Mieux valait attirer les communicants vers d'autres aspects de la justice seigneuriale, vers la compétence générale et vers les litiges effectivement soumis aux juges des seigneurs. Au risque, évidemment, de ne rencontrer que d'insignifiantes choses… Rien moins que la sûreté quotidienne des biens et des familles.

82. Exemples de partialité dans SALLMANN, *La Question des biens communaux en Artois…*, 1974, et « Les biens communaux et la réaction seigneuriale en Artois », 1976, ainsi que dans toute la bibliographie seigneuriale prérévolutionnaire.

justice « d'appeaux[83] ». La cause et les justiciables échappaient à la justice locale mais pour rencontrer le même seigneur au degré supérieur. En cas d'affrontement très grave avec le seigneur – improbable pour un paysan mais très envisageable pour une communauté – il n'y avait plus qu'à plaider jusqu'au Conseil du roi ou, ce qui était le plus probable, bifurquer vers l'intendant (du moins : après 1660). Atteindre tout de suite en appel une juridiction royale, était supposé avantageux. Soulignons tout de même que le « féodalisme » pouvait aussi bien être défendu par sa propre justice que par la justice d'un État qui peut être vu comme une « superstructure » du système et « mode de production féodal ». Jamais des juges royaux n'ont privé un seigneur de ses droits légitimes, tels que cens, champarts et banalités et il est probablement faux de dire que c'est la justice qui donne sa force à la seigneurie[84].

Quels intérêts représentaient les procureurs fiscaux?

Les officiers « en second » étaient les plus présents, voire les plus actifs du siège. L'éventuelle opposition entre les justices seigneuriales et royales, tant sur le plan juridique que pratique, ainsi qu'entre les intérêts seigneuriaux et l'intérêt public, peut être observée à travers ces hommes et leur action. Les référents des procureurs fiscaux étaient en effet les « gens du roi » composant le « parquet » par opposition au « siège » occupé par les « juges jugeants[85] ». L'évolution a fait de ces officiers domaniaux, tenus de veiller aux intérêts matériels de leur maître, les représentants d'un « ordre public ». Leur fonction était moins définie qu'on pourrait le croire, car tout juge étant « procureur général » de sa juridiction, les procureurs n'ont jamais eu, sous l'Ancien Régime, le monopole de la poursuite publique. Mais le partage des rôles existait bel et bien. Ces procureurs sont d'autant plus intéressants que, n'étant plus seulement les défenseurs des intérêts domaniaux (du roi ou d'un seigneur) ils représentaient en eux-mêmes la justice comme « service public[86] ». Sur ce plan, les procureurs fiscaux avaient les mêmes obligations que les procureurs du roi des juridictions royales subalternes, eux-mêmes « substituts » du procureur général du parlement. Or, « ils n'avaient pas bonne presse auprès des arrêtistes et juristes », résume Philippe Payen[87]. Les procureurs devaient faire

83. Juridiction peu étudiée en elle-même, mais les justices seigneuriales importantes sont toutes des cours d'appel. On peut voir : FAGE, *Une Ancienne Justice. La cour d'appeaux de Ségur*, 1880, et peut-être un travail inédit d'Éric GOJOSSO, *La Justice d'appeau de Martigues au XVIIIe siècle...*, mais toutes les grandes juridictions seigneuriales ont cette activité. La clé d'entrée de la bibliographie est plutôt Jean Duma.

84. Il était plus envisageable d'obtenir gain de cause si le seigneur abusait de ses droits ou si l'on s'opposait à propos des communaux. L'expression « légitime » n'implique aucun parti pris mais entérine le fait que le champart, par exemple, est le droit et la propriété du seigneur, dans les limites reconnues contradictoirement par lui et les tenanciers. De même les droits de justice étaient bel et bien une propriété. Pour déplacer tout cela hors de la protection de la loi et du droit fondamental à la propriété, il faudra rien moins que les décrets d'août 1789 et les suites chaotiques qu'on leur connaît!

85. Les « procureurs du roi » (et plus tard les « avocats du roi ») sont apparus fin XIIIe début XIVe siècle, en même temps que les « promoteurs de justice » des officialités. Sur leurs origines, leur statut, etc., voir *Histoire du parquet...*, 2000.

86. Selon la définition donnée par Joly de Fleury au XVIIIe siècle, le « ministère » du procureur « s'étend sur tout ce qui concerne l'ordre public : il veille à ce que les liens communs de la société soient entretenus par l'observation des loix qui les ont formés : il réprime tout ce qui pourroit tendre à rompre ces liens : il s'oppose à ce qu'aucun intérêt particulier puisse l'emporter sur le bien général : il secoure la foiblesse opprimée par la violence : en un mot, il embrasse tout ce qui peut intéresser directement ou indirectement le Roi, l'Église et le Public », cf. STOREZ-BRANCOURT, « Dans l'ombre de Messieurs les gens du roi... », 2000, p. 163. L'auteur montre par cette citation que même les substituts des procureurs faisaient valoir leur importance par assimilation à celui du procureur général du parlement de Paris. Voir SOLEIL, « Le maintien des justices seigneuriales... », *op. cit.*, p. 92-93.

87. PAYEN, *Les Arrêts de règlement du parlement de Paris...*, 1997, p. 229.

preuve d'intelligence, « de pureté », « de considération » et avoir « des moyens » (intellectuels). Mais selon les auteurs du *Nouveau Brillon...* des doutes pesaient sur les procureurs des justices seigneuriales :

> « S'ils sont tels que les peint Loyseau dans son *Traité des justices de village*[88] ; si ce sont des praticiens ignorans et avides; réduits à flatter le seigneur qui peut les destituer, et à ménager l'habitant riche; n'ayant pour administrer qu'une autorité précaire, et pour fonds, que les amendes, dont le seigneur s'empare souvent, même dans les terres du domaine du Roi; alors comment la police des campagnes sera-t-elle ordonnée et administrée? On vous parlera du juge principal, qui est ordinairement un avocat du bailliage voisin; et l'on peut ajouter que quelques parlemens, comme celui de Grenoble, font exercer dans chaque ville de bailliage, toutes les justices seigneuriales du ressort. Mais cet ordre des choses, qui prouve une certaine défiance des praticiens du lieu, n'est bon que pour la juridiction, et ne fait rien à l'administration. C'est toujours le procureur fiscal qui a l'œil; c'est toujours le châtelain qui instrumente [...] et c'est ainsi que nous rencontrons toujours la féodalité attaquant la justice, l'ordre, la paix, et la source même de la subsistance[89]. »

Nous avons intérêt à nous intéresser de près aux procureurs fiscaux.

Les vraies raisons des destitutions

Contrairement aux officiers royaux – qui se faisaient gloire d'être irrévocables et indépendants – les officiers des seigneurs étaient destituables et peut-être contraints de plaire en permanence à leur seigneur. C'est ce qu'écrivait Loyseau. C'est aussi l'accusation formulée en Bourgogne par Raviot : « Les seigneurs ne prennent [que des juges] complaisans ou qui sont presque toujours prévenus pour leurs intérêts[90]. » Mais fautil reprocher aux seigneurs d'avoir gardé la main sur leurs juges, sous prétexte que le roi avait trouvé commode de vendre puis de garantir (notamment en 1604) la vente des fonctions publiques, les officiers y trouvant ensuite une dignité spéciale? L'indépendance du magistrat dérive de la vénalité de l'office plus que des principes d'une *bonne* justice. D'autre part, s'il est vrai que les juges seigneuriaux étaient dans une situation plus fragile que les officiers royaux, étaient-ils facilement destitués? Les cas sont d'autant plus recherchés par les historiens qu'ils étaient extrêmement rares et motivés par des fautes graves[91]. On s'aperçoit alors que les seigneurs attendaient de leurs officiers l'exercice d'une justice satisfaisante pour les parties et la défense des droits de justice : rien ne leur était plus reproché que d'avoir reculé devant les « abus » de la justice royale ou « laissé surprendre la religion du siège » *(sic)*.

La justice seigneuriale appliquait-elle un droit particulier?

Posté aux marges du royaume, en Bresse et Bugey, Paul Cattin, rappelle dans son « Introduction » à l'inventaire des fonds d'archives des justices seigneuriales de l'Ain :

88. Confusion entre le *Traité des seigneuries* et le *Discours de l'abus des Justices de Village*.
89. *Dictionnaire de jurisprudence et des arrêts, ou Nouvelle édition du Dictionnaire de Brillon... par A.-Fr. Prost de Royer et Fr. Riolz*, 1781-1787, t. III, p. 557.
90. *Arrêts notables du Parlement de Dijon recueillis par M. François Perrier... avec Observations par G. Raviot avocat au Parlement et conseil des États de Bourgogne*, Dijon, 1735, question 9, p. 253 (cité d'après Francine Rolley). Il s'agissait là de condamner le fait que les juges et les officiers étaient « destituables à volonté ».
91. Voir en section « Pièces justificatives », à l'année 1727, un cas de destitution.

« Malgré certaines tentatives de codification amorcées dès l'époque de François Ier puis d'Henri IV, mais toujours restées sans suite, le droit employé est toujours apparu, même pour les contemporains, peu précis, et si le droit romain semblait prévaloir, des coutumes locales, généralement mal établies, venaient troubler les décisions des juges. Ce fut l'âge d'or de la jurisprudence[92]. »

Non pas un *droit pour le royaume, mais plusieurs*

Là où leurs collègues historiens du droit se meuvent avec aisance, les historiens de la société frémissent en songeant, par exemple, que Claude de Ferrière est l'auteur en 1684 d'une confrontation entre *La Jurisprudence du Code de Justinien...* et *les ordonnances royaux, les coutumes de France et les décisions des cours souveraines.* Ils s'étonnent aussi que l'on ait pu écrire de curieuses choses telles que « le Droit de France *éclairci* par les Monuments de l'Antiquité ». Mais puisque nos collègues historiens du droit n'en sont pas effrayés, suivons les grands juristes des XVIIe et XVIIIe siècles pour comprendre ce qui devait se passer au niveau des cours et des présidiaux... et gardons notre quant-à-soi sur la justice seigneuriale, reprenant à notre compte ce que répètent les historiens du droit eux-mêmes, à propos des coutumes : « Méfions-nous des mises en texte trop commodes », de la « volonté de systématisation » imposée d'en haut, et des réponses données à des questionnements venus d'ailleurs. Les affirmations sentencieuses des jurisconsultes peuvent se trouver en porte-à-faux avec la vie judiciaire locale (le « style de procéder ») et avec la vie juridique locale (la norme, les lois et « usages des sièges »).

Ce n'est certes pas en multipliant les études sur la justice seigneuriale *au XVIIIe siècle* que l'on obtiendra le plus de résultats. Nul doute qu'il existait dans le royaume, non pas *un* droit mais *des* droits et, aussi, que cette diversité était plus forte avant les ordonnances des années 1667 et 1670 mises effectivement en application au XVIIIe siècle. La chancellerie et les cours souveraines ont en effet diffusé de haut en bas un droit plus savant et fait évoluer les normes juridiques, tout en respectant certaines particularités provinciales. Tout en bas, la justice seigneuriale, la plus proche des populations, a peut-être contribué à faire durer les coutumes et les usages locaux. Inversement, nous pourrions nous demander quelle a été la contribution de la justice seigneuriale à « l'acculturation juridique » des ruraux. Le problème est de savoir si la législation royale concernait les justices seigneuriales, où, et à partir de quand? Comme on peut le voir *infra* dans notre contribution « De l'ignorance à l'intégration... », cette législation a longtemps ignoré la justice des seigneurs. Le droit appliqué dans ces juridictions ne pouvait être le même que dans les juridictions royales. Mais il faudrait distinguer entre, d'une part, le criminel, davantage encadré, et d'autre part le civil, où pouvait s'exprimer sans dommages toute la diversité coutumière du royaume, et distinguer aussi entre des matières spécialement graves et d'autres pour lesquelles l'important était d'appliquer une norme, bien sue et incontestée, même si cette norme était différente de celle de la province voisine, ou même des localités voisines.

---

92. *La Justice dans l'Ain sous l'Ancien Régime, répertoire de la série B... par Paul CATTIN*, Bourg-en-Bresse, Archives départementales de l'Ain, 1993, p. 22. Trois inventaires sont cités en exemple par la profession : celui de Paul Cattin, le *Répertoire numérique détaillé des justices seigneuriales du Lyonnais (1529-1791) sous-série 2 B, par Annie CHARNAY et Patrick FEILLENS*, Lyon, Archives départementales du Rhône, 1990, 210 p., et *Cours et juridictions de l'Ancien Régime. Répertoire numérique de la série B des Archives départementales de l'Eure, dressé par Michel LE PESANT, Claude LANNETTE, Bernadette SUAU, et Marie-Christiane DE LA CONTÉ*, Évreux, conseil général de l'Eure, 1999, XXXII-438 p.

L'incorporation de la haute justice par le droit

La haute justice, spécialement dans ses attributions criminelles, a nécessairement subi en premier les exigences royales. Nous retrouvons là – au niveau juridique et non plus au niveau de l'administration judiciaire – le thème de l'incorporation. Au XVIe siècle, les actes royaux mis en forme par la chancellerie étaient adressés aux « cours », principalement aux parlements dont les magistrats étaient « nos juges » – entendons : ceux du roi. Les actes utilisaient la formule « autres justiciers » pour désigner les sénéchaussées et bailliages. L'évolution sémantique révèle l'incorporation de la justice seigneuriale. L'expression « nos juges » a de plus en plus compris les magistrats des cours, bailliages et sénéchaussées et l'expression « autres juges » a glissé vers le bas pour désigner plutôt les juges des seigneurs. Au XVIIe siècle, jusqu'aux années 1660, des textes relatifs aux justices royales furent parfois suivis de « déclarations interprétatives » qui étendaient le dispositif aux « justices des seigneurs ». Dans une deuxième étape, les textes – spécialement les grandes ordonnances de 1667, 1669, 1670, etc. –, qui concernaient l'exercice de la justice en général, précisèrent parfois que la justice seigneuriale n'était pas à part, mais c'était le plus souvent implicite : l'ordonnance civile de 1667 était applicable en son entier, quitte à examiner au cas par cas si la norme locale devait être prise en compte. Dans une troisième étape, on ne fit plus de différences entre les « juges des lieux » ou les « officiers de justice des lieux ». Toute cette évolution fait dire à Jean Gallet :

> « Les styles et usages qui étaient particuliers à chacun des seigneurs furent anéantis en 1667 : pour toutes les cours, l'ordonnance abrogeait toutes coutumes, lois, statuts, règlements, styles et usages différents ou contraires, indiquait, dans le détail, comment faire les ajournements, fixait les délais des procédures, abrogeait les enquêtes d'examen à futur et les enquêtes par turbes touchant l'interprétation d'une coutume ou d'un usage. [...] Les seigneurs avaient perdu toute indépendance. La seigneurie avec sa coutume, ses usages, son style... était morte[93]. »

Formule qui a pour mérite d'être claire et de convenir à l'esprit synthétique du livre mais qui est peut-être trop abrupte ou qui risque d'être mal lue. Si l'ordonnance de 1667 contenait dans sa lettre la « mort » de certains aspects de la seigneurie, encore fallait-il en obtenir toute l'application. En droit : notre collègue a raison. Mais avec quelle chronologie ?

Un État qui finit par descendre jusqu'à d'insignifiants faits de police ?

Pour aller au bout de cette évolution, les institutions royales ont effectué une étonnante descente vers les justiciables, jusqu'à prétendre tout « policer » de leur existence[94]. S'il est arrivé, aux XVIe-XVIIe siècles, que le Conseil royal ou le parlement puisse avoir à régler en appel des questions locales, ni le roi ni les cours souveraines n'ont légiféré sur la police rurale autant qu'ils l'ont fait au XVIIIe siècle, par la voie des « arrêts sur procès »

93. GALLET, *Seigneurs et paysans...*, *op. cit.*, p. 179.

94. Il est possible que l'institution des « lieutenants de police » dans les principales villes du royaume en 1699, pour enlever certaines affaires aux tribunaux ordinaires qui étaient réputés pour les négliger, ait fortement contribué à cette évolution. Ces offices nouveaux, même acquis par les « corps de ville », étaient soumis à l'attention des cours et du Conseil royal, impliqués par ce biais dans tous les domaines touchant à la vie quotidienne urbaine. Voir MARTIN, « Un observatoire privilégié de la petite délinquance en milieu urbain au XVIIIe siècle : les papiers des lieutenants généraux de police », 1998 ; NEUFVILLE, *Ville, État et police. L'exemple de Limoges, vers 1630-1730*, 1997 ; et CRÉPIN, « Une juridiction de proximité : le siège de police sous l'Ancien Régime », 1999. Ainsi bien sûr que le *Traité de la police...* de Delamare.

et par celle des « arrêts de règlement[95] ». On ne peut qu'être étonné par l'accumulation d'actes relevant d'une police rurale qui, précédemment, n'intéressait ni le roi, ni les cours, et qui faisait par contre le quotidien des *Justices de village*. On voit aussi des ordres donnés directement aux syndics et gardes-messiers des paroisses, ainsi qu'aux officiers et cavaliers de la maréchaussée, ou des injonctions adressées aux syndics « de veiller à l'exécution de l'arrêt ». Un exemple entre mille : un arrêt du Conseil royal est rendu en avril 1782 pour confirmer aux habitants de Talmay, localité bourguignonne, leur droit de couper des liens pour les gerbes et pour organiser la cueillette sous la responsabilité de leur syndic et d'un des principaux habitants nommé dans une assemblée, à charge de seulement « notifier au seigneur et aux juges des lieux » la prise de leur droit…

Que penser de tout cela ? Que l'entourage du roi, la chancellerie et les parlements ne faisaient là qu'assumer une totale prise de contrôle du système judiciaire et une régulation désormais étendue à tout le royaume et toute la société ? Ou que la machine à produire des arrêts s'était emballée pour rien ? Il faudrait être sûr de l'opposition entre les XVIe-XVIIe siècles et le XVIIIe. Or les parlements ont toujours eu le droit et le devoir de prendre des « arrêts de règlement ». La question est : dans quels domaines le faisaient-ils ? Deux historiens du droit ont approfondi la question : Philippe Payen sur les arrêts du parlement de Paris au XVIIIe siècle, et Virginie Lemonnier[96]. Le premier évoque « l'appréciation par le parlement de sa propre compétence » et constate qu'en dépit « de sa vocation à régir une universalité de choses », le parlement de Paris connaissait ses limites qui étaient « le droit de l'Église, le droit du roi, celui d'autrui » et l'impossibilité de généraliser et tout uniformiser. Dans le domaine de « l'économie rurale » et des « habitudes des populations », la doctrine aurait été flottante : « tantôt l'usage apparaît comme une barrière intangible » et le parlement n'y dérogeait pas, « tantôt il est négligé » et le parlement réglementait[97]. Pas question, pour Philippe Payen, de déduire « une ligne de conduite » d'éléments « trop variés » : il n'y avait pas de doctrine. Le second livre a l'avantage de nous faire remonter le temps et l'inconvénient de nous faire passer du parlement de Paris à celui de Rouen. À lire ces pages, spécialement lorsque l'auteur s'interroge sur « l'autorité » puis sur la « valeur » de l'arrêt de règlement, et enfin sur le « domaine d'intervention », on est conduit à différencier les textes très mûris et très longs « rentrés dans la Coutume[98] » et qui concernaient le droit de la famille et des

95. L'arrêt sur procès « élargit la solution d'un contentieux vidé en parlement ». Les deux types d'arrêts constituent « une législation déléguée et subordonnée », cf. PAYEN, *Les Arrêts de règlement…*, *op. cit.*

96. PAYEN, *Les Arrêts de règlement…*, *op. cit.*, et *La Physiologie des arrêts de règlement du parlement de Paris au XVIIIe siècle…*, 1999 ; LEMONNIER-LESAGE, *Les Arrêts de règlement du parlement de Rouen…*, 1999. Le corpus est constitué des arrêts de règlement de la seconde moitié du XVIe siècle (a/c de 1547) et du XVIIe siècle (1699 : terme choisi « pour appréhender le XVIIe siècle dans son intégralité »). Une 3e thèse d'histoire du droit (université Rennes I) encore inédite porte sur les arrêts de règlement du parlement de Bretagne. Autre point de vue : CHÊNE, « L'arrestographie, science fort douteuse », 1985.

97. Philippe Payen donne en exemple un échange entre l'intendant de Paris et le procureur général en 1783, le premier voulant que l'on interdise les tas de fumiers dans les cours des fermes et le second approuvant l'idée qu'il s'agissait de « foyers de matières infectes qui empoisonnent l'air que ces malheureux respirent » mais finissant par répondre : « On ne peut donner d'arrêt […] parce que c'est l'usage dans les pays de vignoble comme Champagne et autres. » Même attitude et même sorte de réponse au procureur du roi du bailliage de Châteauroux, en mars 1783, à propos de la manière de lier les gerbes avec des liens de bois au lieu de paille : ce n'était pas au parlement d'interdire ces pratiques. Or il y a de multiples exemples d'interventions sur des questions très comparables et l'on a aussi la preuve de discussions entre les magistrats. Telle pratique relevait-elle de l'intérêt des particuliers (qui ne regardait pas les parlementaires) ou de l'intérêt de la société ? *Grave* question mille fois posée…

98. Comme l'arrêt Cerisey de 1583 sur le mariage, l'arrêt des « placités » de 1666 (152 articles sur les tutelles, décrets, successions, etc.) et les arrêts de 1671 et 1673 sur les tutelles (80 articles).

biens, et les arrêts de règlement qui lui font dire que « rien n'échappait » au parlement. Or toute la réglementation donnée en preuve porte sur la ville de Rouen, éventuellement sur d'autres villes, mais non sur la province et spécialement sur ses campagnes. Même en tenant compte des « arrêts sur procès », que l'on n'exhume qu'en brassant quantité de papiers, l'exemple rouennais fait penser que le parlement, aux XVIe et XVIIe siècles, veillait effectivement à l'administration de la justice, mais ne publiait des arrêts que sur les aspects fondamentaux de la vie civile. Le parlement serait descendu seulement au XVIIIe siècle jusqu'à d'insignifiants faits de police. Mais comme nous mettons bout à bout une étude normande et une parisienne, il est clair que nous avons besoin d'autres études pour savoir qui dictait le droit aux localités et en quoi consistaient les activités respectives des cours et des *Justices de village*.

Il reste à dire que tous ces arrêts étaient peut-être promulgués *pour rien* car le roi et le parlement pouvaient toujours publier des arrêts sur le partage des biens, la salubrité publique ou les incendies, c'était toujours aux « juges des lieux » qu'il appartenait de faire établir et respecter les « décrets d'héritage », enlever les « boues » et inspecter les cheminées. Le faisaient-ils ? Remplissaient-ils avec l'exactitude souhaitée l'ensemble de leurs missions ? Si non, était-ce en raison de toutes leurs insuffisances morales ?

Les juges et procureurs seigneuriaux étaient-ils indignes ?

Rappelant que l'analyse « classique » s'est largement fondée sur des sources produites par des magistrats royaux, Vincent Meyzie fait reposer la critique abusive...

> « [...] sur un triple substrat : une méconnaissance généralisée de la réalité des justices seigneuriales, une manipulation volontaire des faits pour en critiquer le fonctionnement ou le fondement, et l'influence d'un discours juridique fondé sur une perception dévalorisante et héritée de Loyseau. Par leur origine sociale bien définie et par leur caractère orienté, elles sont plus révélatrices des représentations que les officiers moyens ont des officiers inférieurs, que de leurs relations véritables avec ces mêmes officiers[99]. »

Le plus grand reproche adressé aux officiers seigneuriaux était leur rapacité. Or il n'est pas difficile de renvoyer dos à dos les juges royaux et seigneuriaux : la rapacité était le vice de tous les robins[100]. Des sources non-judiciaires et spécialement les comptabilités villageoises, lorsqu'elles prennent la forme d'un journal de la vie publique, confirment ce que disent les comédies[101] et certains mémoires, qui ne faisaient pas de dis-

---

99. MEYZIE, « Officiers moyens et inférieurs de justice... », 2001, p. 23. Voir son analyse d'un procès opposant un juge seigneurial et le lieutenant criminel de Sarlat (Dordogne, ch.-l. ar.).

100. Voir DURAND, *Cahiers de doléances des paroisses du bailliage de Troyes pour les états généraux de 1614*, 1966, p. 105 (cahier de la châtellenie de Chacenay, art. 12) et p. 281 (cahier de Pont-sur-Seine, art. 3 et 4) ; FOLLAIN, « Les juridictions subalternes, 2 », *op. cit.* ; et la bibliographie relative aux « grands jours » où apparaissent les plus graves dérapages.

101. Attaquer la Justice, les avocats et les juges, est un ressort de la comédie. Racine consacre à ce thème *Les Plaideurs* écrits et joués en 1668, après que Colbert eût fait prendre au roi l'ordonnance civile « touchant la réformation de la Justice » (1667) et dans le temps où il faisait préparer l'ordonnance criminelle (1670). L'action n'est qu'un prétexte pour introduire les figures des plaideurs (la comtesse de Pimbesche et Chicanneau) et du juge Dandin. Racine joue sur trois ressorts comiques pour le personnage du juge : son appétit d'argent (« Et mes vacations, qui les paiera ? » ; « Crois-tu qu'un juge n'ait qu'à faire bonne chère, Qu'à battre le pavé comme un tas de galants, Courir le bal la nuit, et le jour les brelans ? L'argent ne nous vient pas si vite que l'on pense ») sa rage de juger et le ridicule du personnage (« Caton de basse Normandie, soleil d'équité qui n'est jamais terni : *Victrix causa diis placuit, sed victa Catoni* » ; « La cause du vainqueur a pour elle les dieux, mais celle du vaincu a pour elle Caton », cf. Lucain, *Pharsale*, I, 128). Signalons également les figures du juge Brid'oye chez Rabelais (*Le Tiers Livre...*, 1546, chap. XLI, où l'on trouve déjà un « apointeur de procès » nommé Dendin), du juge Belastre chez Antoine Furetière (*Roman*

tinction entre les justices des seigneurs et du roi. Les étapes officielles de la procédure étaient en effet doublées par des visites au domicile des juges, des contacts pris avec leurs relations, le tout accompagné de cadeaux qui, de la part des villageois, étaient souvent en nature. Il s'agissait de « se faire considérer » au détriment de la partie, d'accélérer la procédure ou, au contraire, de la freiner, d'obtenir des informations et mettre de son côté l'huissier, le greffier et le juge. L'avidité a également été dénoncée par Arlette Lebigre à partir d'une information ouverte en 1609 contre « un mauvais juge » de Nogent-le-Roi dont certaines pratiques pourraient être courantes, comme faire « avancer les épices par les parties » avant de juger, « prendre et exiger plus grandes sommes que celles [...] auxquelles les sentences sont taxées ». L'exemple est savoureux mais pas forcément représentatif car les actes reprochés à cet Alexandre Leriche *(sic)* étaient énormes :

> « Interrogé. [...] Si pour élargir des prisonniers il compose avec eux à la somme de douze livres. [...] Si l'un des habitants de Villemeux, ayant été accusé par-devant lui d'avoir tué et jeté le corps de sa femme à la rivière, s'étant adressé au répondant, il auroit disactionné les poursuites moyennant une somme d'argent. [...] Si pour tirer salaire de ses sentences il a quelquefois prononcé deux jugements, l'un en faveur du demandeur et l'autre du défendeur, et ce faisant prononcé et absolution et condamnation en un même procès[102]... »

Olivier Jouneaux a aussi trouvé des dénonciations entre magistrats. Ainsi, dans le bailliage [seigneurial] d'Argenteuil, il fallut l'intervention du seigneur pour mettre fin à un différend entre le bailli et son lieutenant sur le partage des revenus du siège, tous « perceus par le greffier et après distribuez et partagez par moictié entre lesdits bailly et lieutenant ». En 1673, le procureur fiscal dut faire cette requête au bailli contre le lieutenant :

> « Depuis que Mr Pierre Prévost vostre lieutenant a esté mis en pocession de la dite charges, loing de garder la religion du juge [il] l'a journellement polüé par des exactions extraordinaires et perceu des droicts non deubs mesme avant l'ordonnance de l'année 1667. [...] Il va luy mesme dans les maisons demander des droicts de licita[ti]ons et autres actes faicts depuis plus de dix ans qu'il faict des menaces à ceux qui ne luy donnent pas ce qu'il leurs demande et quoy qu'ilz luy fassent entendre qu'ilz ont payé lesd[its] droits au greffier qui estoit lors en charge, il ne délaisse de les presser de luy donner de l'argent ou quand ilz n'en ont poinct de passer des promesses pour lesd[ites] sommes. »

L'accusation est donc fournie en pièces contre *des* officiers seigneuriaux. À la défense de rappeler l'action des honnêtes juges et de trouver des circonstances atténuantes aux mauvais.

L'économie de la justice

Malhonnêtetés mises à part, sait-on bien ce que gagnaient les juges, s'ils touchaient des gages et s'ils avaient acheté leur charge ? Car c'est la vénalité qui, du côté des juges royaux, *excusait* le souci de rentabiliser son investissement. Les juges des seigneurs étaient-ils dans la même situation ? *A priori* : non. Les « lettres de provision » données par le seigneur étaient accordées à titre gratuit – et lorsque c'était à titre onéreux, on

bourgeois..., 1666) et du juge Don Guzman Brid'oison chez Beaumarchais (*Figaro...*, 1784), tous trois imbéciles et vénaux. L'œuvre de Beaumarchais était elle-même inspirée de la comédie de Voltaire *Le Droit du Seigneur* (1762).

102. LEBIGRE, *La Justice du roi...*, 1988, « Annexes ».

pensait utile de le spécifier. L'ordonnance d'Orléans (art. 40) et celle de Blois (art. 101) ont interdit la vénalité des offices seigneuriaux de judicature mais d'autres décisions royales l'ont tolérée dans certains cas, ou bien ont interdit aux seigneurs de destituer sans raison leurs officiers pourvus à titre onéreux (ordonnance de Roussillon, art. 27). C'était reconnaître que la chose se pratiquait. Mais dans quelle proportion des offices et à quel prix ? Sur les gages par exemple, Pierre Villard dit qu'ils n'étaient pas en usage dans la Marche et sur la vénalité, Jean Bastier dit qu'elle n'était pas en usage dans le Toulousain [103]. Francine Rolley pense qu'au XVIIe siècle, en Bourgogne, les seigneurs ne pratiquaient pas la vénalité des offices de justice [104]. Elle était même interdite pour les offices de justice par un arrêt de règlement du parlement de Dijon datant de 1559 (arrêt du 24 janvier, art. 7). Les lettres de provision présentaient toujours la concession de l'office comme récompense de services rendus ou attendus. Notre collègue n'a « rien trouvé dans les archives locales » qui puisse attester de la vénalité et les quelques destitutions d'officiers seigneuriaux ne mentionnent aucun remboursement d'office [105]. L'absence de rémunération par le seigneur était peut-être la situation la plus courante, et approuvée par les commentateurs. Lorsque la fonction était rémunérée, l'avantage qu'avait représenté la gratuité de l'office lors de l'entrée en fonction, impliquait des gages faibles et payés irrégulièrement. En témoignent des plaintes déposées par des juges seigneuriaux devant les bailliages. Francine Rolley cite un curieux accord [106] d'où elle a tiré un exemple de gages annuels, pour les officiers de la seigneurie de Tharoiseau en 1683, à savoir 21 livres par an pour le juge, 20 pour le procureur d'office et 26 pour le greffier. Nous avons là des indications assez rares.

Olivier Jouneaux, dans son chapitre sur la plainte et « l'utilisation de la justice », donc sur la « valeur » symbolique que représente « l'acte de plainte », s'est indirecte-

103. BASTIER, *La Féodalité au siècle des Lumières...*, 1975, p. 105-110.

104. Exception notable : en 1614 fut aliéné à J. Daubenton l'office de bailli de toutes les terres et seigneuries de l'abbaye de Bèze « moyennant la finance par lui faite de 400 livres », mais dans des conditions qui paraissent exceptionnelles. L'abbaye aurait emprunté l'argent nécessaire à des réparations et remboursé par la concession des profits de la justice. De plus, Daubenton fut remboursé en 1632 et remplacé par un juge qui ne versa aucune finance.

105. Francine Rolley conclut « Bien d'autres signes viennent renforcer les doutes concernant la vénalité des offices de juges seigneuriaux. On ne les voit en particulier jamais mentionnés ni dans les dots ni dans les successions ; ils ne faisaient à aucun titre partie du patrimoine de leur détenteur. » Il y a tout de même des exceptions et un fondement aux décrets des 31 août et 18 octobre 1792 qui, du fait de la vénalité des offices seigneuriaux, ont réglé (pour rien d'ailleurs) la question du remboursement des officiers pourvus à titre onéreux, notamment par le séquestre des biens des seigneurs émigrés et par un dédommagement national dans le cas des seigneuries ecclésiastiques.

106. Nous avons obtenu de Francine Rolley des précisions sur l'accord passé le 22 novembre 1678 entre la dame de Tharoiseau et les habitants du village de Tharoiseau, accord par lequel la communauté s'était engagée à payer elle-même les gages des officiers. Ce village faisait partie du bailliage d'Avallon et de l'élection de Vézelay et la mention a été repérée au cours d'un dépouillement systématique des registres des audiences du bailliage d'Avallon aux Archives départementales de l'Yonne. Le registre indique que le 13 février 1683 fut évoquée devant la cour la plainte déposée par trois officiers seigneuriaux de Tharoiseau : Philippe Jacob, avocat et juge de la seigneurie, Charles Gourlet, procureur d'office et Claude Garnier, greffier. La plainte visait les échevins de la communauté pour obtenir le paiement de quatre années de leurs gages. Or l'accord pose un autre problème : pourquoi était-ce à la communauté de salarier le personnel du siège ? Il n'est pas certain que l'organisation de la justice et les traitements des officiers constituaient l'objet central de l'accord de 1678. Le texte n'en a pas été retrouvé. Peut-être la communauté avait-elle réglé tout autre chose avec le seigneur et celui-ci aurait greffé sur l'accord la prise en charge de certaines dépenses. Francine Rolley émet par exemple l'hypothèse d'une concession d'usages que le seigneur aurait monnayée contre le paiement des officiers. Mais nous pouvons aussi nous demander dans quels rapports se trouvèrent dès lors la communauté et les juges des lieux. Dans l'esprit de la dame de Tharoiseau, payer les gages ne devait peut-être pas donner à la communauté un quelconque pouvoir sur les juges... sauf si la communauté interrompait le versement des gages. Autre hypothèse plus excitante : l'organisation de la justice et les traitements des officiers auraient constitué l'objet central de l'accord et la communauté avait envisagé de payer les gages qui lui garantissaient au village même la présence de *son* juge.

ment intéressé à la valeur non-symbolique donc au coût de la justice. Il confirme que procéder revenait relativement cher. Ainsi, le 23 avril 1684, le journalier Pierre Dotteau reconnaît avoir déboursé 11 livres 10 sols pour une seule information en la châtellenie d'Issy[107]. Les mémoires de frais montaient facilement à des sommes conséquentes, eu égard à l'état social des plaignants devant les *Justices de village*. Déposer une plainte ne coûtait rien (quelques sous) mais aller plus loin représentait d'autres frais. Olivier Jouneaux cite d'ailleurs le cas d'Antoine Milcent, sergent au bailliage (seigneurial) de Nogent, opposé en 1683 à un autre sergent, Robert Crétin, contre lequel il avait déjà « rendu plainte mais qui n'a point esté poursuivie » parce que « le suppliant qui est chargé d'enfants n'a pas eu le moyen de poursuivre[108] ». La plainte déposée, il fallait en effet la mettre « en formules » et surtout faire assigner à comparaître. Au total, procéder pouvait revenir fort cher si les magistrats se mêlaient de « se donner de la pratique » et si la partie adverse contrait systématiquement le plaignant, mais moins cher devant un juge seigneurial que devant un officier du roi.

Le cumul des charges et la non-résidence

C'était la deuxième marque d'indignité des juges seigneuriaux, soit parce que résider en un lieu impliquait l'absence ailleurs, soit parce que les officiers ne résidaient dans aucun des lieux où ils exerçaient. Exemple normand : la justice de la baronnie (à partir de 1549) puis du marquisat (en 1648) d'Annebault qui avait normalement un siège à Annebault et un à Tricqueville, avait deux séries de plumitifs au XVIIIe siècle, les uns « tenus à Annebault *et Pont-Audemer* » et les autres « à Tricqueville *et Pont-Audemer* » et l'on n'est pas très sûr que les juges faisaient beaucoup acte de présence dans les deux sièges éponymes[109]. La non-résidence étant en partie induite par le cumul des charges, Jacques-H. Bataillon a fait d'intéressants croisements dans le Vexin français : pour 36 justices seigneuriales induisant 108 fonctions principales de juge, procureur et greffier, il n'y avait que 30 personnes : 8 se partageaient toutes les fonctions de juge, 13 celles de procureur fiscal et 14 celles de greffier, certains individus occupant des charges différentes selon les juridictions, et d'autres formant une triplette qui se retrouvait telle quelle dans trois sièges, quatre sièges pour une autre équipe, et même cinq sièges[110]. Les his-

107. JOUNEAUX, *Villageois et autorités locales…*, *op. cit.*, p. 237. Dans la même juridiction, en 1711, le boucher Jean Gouret, blessé par un autre, présente un mémoire de ses dépenses : « Pour avoir faict assigner quatre témoings par le sieur Dénoyers huissier au Chastelet de Paris, pour ce sept livres dix sols, pour le rapport du chirurgien […] trois livres, plus donné à monsieur le greffier […] deux livres 10 sols, plus donné aux sieurs Sanson huissier de la prévosté d'Issy pour la signification de l'adjournement personnel […] une livre trois sols… » Les autres frais réclamés à sa partie concernent ses soins et logement. Autre décompte de frais de procédure en 1714 : « Pour la requête de plainte, 15 s. Pour l'audition des 5 tesmoins, au juge, 3 l. Pour le greffier, 2 l. Pour les conclusions du procureur fiscal, 1 l. 10 s. » (*id.*, p. 131).

108. L'auteur s'est beaucoup intéressé aux « objectifs des plaignants » et à la plainte comme « moyen de pression », cf. son article « Villageois et autorités », 1990. La plainte ne serait qu'un élément d'une stratégie destinée à obliger la partie à composer : une analyse qui est partagée par beaucoup d'historiens, tant du droit que de la société. Mais il a poussé plus loin son travail en se demandant si la justice peut être « rentable pour les plaignants », cf. sa thèse, p. 245-250. Ses plaideurs réclament, en plus d'une « réparation d'honneur », une compensation financière qui, dans les années 1760, serait en moyenne de 200 livres… ce qu'il compare à la moyenne de la cote de taille dans les localités étudiées (25 à 30 livres) et au montant maximal des amendes infligées par les juridictions (50 livres). Des dommages de 200 à 300 livres sont exorbitants mais ils correspondent à l'idée que l'on se fait de soi et de sa position dans la société et il s'agit de commencer un marchandage à partir d'une somme la plus haute possible.

109. Pont-Audemer : Eure, ar. Bernay, ch.-l. c. ; Triqueville, *id.*, c. Pont-Audemer ; [Appeville-]Annebault, *id.*, c. Montfort-sur-Risle.

110. BATAILLON, *Les Justices seigneuriales…*, 1942, p. 166-167.

toriens ayant systématiquement cherché à prendre en défaut les juges seigneuriaux, il paraît acquis, dans toute la bibliographie, que la prescription de résider était universellement et délibérément négligée par les juges, mais moins gravement par les procureurs fiscaux et encore moins par les auxiliaires de justice. Si nous synthétisons les tableaux d'Olivier Jouneaux, la situation n'apparaît pas catastrophique dans sa petite région, sinon pour les trois lieutenants sur quarante qui résidaient à Paris [111].

	Lieutenants résidents	Procureurs fiscaux résidents
Bailliage d'Argenteuil	Argenteuil : 1 sur 5 Autre : 2; Inconnu : 1	Argenteuil : 5 sur 6 Inconnu : 1
Bailliage de Nogent	Nogent : 1 sur 14 Autre : 6; Inconnu : 8	Nogent : 18 sur 18
Prévôté de Vanves et Vaugirard	Vanves : 3 sur 9 Autre : 3; Inconnu : 3	Vanves : 9 sur 10 Vaugirard : 1
Prévôté de Vanves	Vanves : 4 sur 7 Autre : 2; Inconnu : 1	Vanves : 10 sur 11 Autre : 1
Prévôté et châtellenie d'Issy et Vaugirard au siège d'Issy	Issy : 5 sur 5	Issy : 6 sur 8 Inconnu : 2

Juges et procureurs fiscaux résidents et absentéistes.

Après tout, ne pas résider était-il un *vrai* problème? Plutôt qu'un juge rapace, très présent mais très médiocre, correspondant aux revenus promis par le siège, ne valait-il pas mieux qu'un avocat d'une ville voisine occupât dans les villages plusieurs postes de juges? L'économie de la justice ne peut être dissociée du cumul des charges, ni faire oublier l'exercice d'un autre métier [112]. Plus ennuyeuse est l'hypothèse d'un « embourgeoisement ». C'est une tendance signalée en plusieurs provinces – peut-être même était-ce partout le cas. Les seigneurs procéderaient à des rassemblements institutionnels et topographiques, d'où des confusions de plusieurs tribunaux seigneuriaux en un seul et des glissements des villages vers les centres urbains. Cette évolution se produirait en même temps que les fonctions de sénéchal, bailli, et même celles de procureurs seraient de moins en moins occupées par des petits nobles ruraux et de plus en plus par une bourgeoisie qui n'aurait jamais eu l'intention de s'établir à la campagne, où se trouvaient à l'origine les auditoires. Est-ce l'évolution sociale qui a entraîné le glissement ou l'inverse? Il faudrait aussi nous interroger sur les conséquences de cette évolution des *Justices de village* [113].

111. JOUNEAUX, *Villageois et autorités...*, *op. cit.*, tableaux p. 94-104.

112. Le procureur fiscal de Calvinet (Cantal, ar. Aurillac, c. Montsalvy) avait un double métier : « procureur et tisserand; lorsqu'une personne venait le demander, chez lui, la femme du cumulard avait soin de s'informer tout d'abord si elle venait en qualité de plaideur ou comme pratique du tisserand. Dans ce dernier cas, elle appelait son mari par son nom de baptême seulement : "Pierre, on te demande!" Mais si c'était un plaideur, elle s'écriait : "Maître Pistre, on vous demande!" Et le procureur se hâtait de rejeter sa navette, de se dépouiller du tablier professionnel, de prendre sa robe et sa perruque... » (cité d'après le *Dictionnaire statistique du Cantal... de M. Déribier du Chatelet*, Aurillac, Impr. de Picut, 1824, art. « Calvinet »). Nous trouvons aussi dans *Le Droit du Seigneur* (1762) parmi les méchancetés de Voltaire une définition qui peut être retournée : « Je suis le magister d'ici, je suis bailli, je suis notaire, et je suis prêt, dans mes trois caractères, à te servir dans toutes tes affaires. » Or, avoir à domicile un écrivain public, un juge arbitre et un tabellion, nous paraît plus avantageux qu'ennuyeux, étant entendu que les justiciables auront si nécessaire recours à un *vrai* juge.

113. Philippe Jarnoux parle *infra* d'une « prise de distance culturelle avec le monde rural ».

L'absence de formation des juges

La législation royale a fait grand cas des grades universitaires. *A contrario* Anne Zink émet l'hypothèse que la formation était faite « sur le tas » et rappelle que le droit était plus profondément ancré dans la culture qu'à notre époque [114]. Indépendamment de leurs diplômes, imaginons quelle « pratique » avait été accumulée chez les Alloués :

> « 1ère génération renseignée, Antoine Alloués, bailli du marquis de Nerestang dans les années 1670-1680 avec sous son autorité son frère Laurent Alloués, juge d'Aurec de Nerestang. 2e génération, Antoine Alloués fils, juge de la juridiction de La Séauve fin XVIIe et premier quart du XVIIIe siècle. 3e génération, Jean-Baptiste Alloués, qui après des études de droit à Avignon, est juge de La Séauve et lieutenant de juge de Saint-Didier. 4e génération, Christophle Alloués, étudiant en droit à Toulouse dans les années 1750 et juge en 1761 du lieu de Saint-Didier et du marquisat de Nerestang, et aussi de deux autres justices seigneuriales qui sont la justice de Saint-Romain-Lachalm (à partir de 1776) et celle de l'abbaye de La Séauve-Bénite qui lui donne la "juridiction ordinaire" sur plusieurs sièges et villages (à partir de 1784) [115]. »

Entre la capacité en droit réclamée par la législation et la connaissance des usages, où était l'efficience du juge ? Sur la faiblesse de la formation universitaire et une certaine absence de professionnalisation, l'attaque venait comme à chaque fois des juges royaux, de plus en plus exigeants et réticents face aux hommes et face à leur pratique judiciaire et notamment la pratique des « accommodements ». Or la charge peut être retournée : les grades universitaires risquaient d'aboutir à une espèce de surqualification en droit savant, en même temps qu'à une inaptitude à comprendre les litiges ruraux. Il est vrai que les juges, même passés au moule universitaire, avaient nécessairement, en tant que propriétaires, une expérience de la vie rurale, mais cela suffisait-il ? Quant aux praticiens de village sous qualifiés en droit savant, ils en connaissaient peut-être bien assez pour exercer une justice de proximité et de voisinage fondée sur des usages connus de tous et réexaminés au cas par cas en recourant au « sens commun ».

L'absence de pluralité des avis

Un reproche beaucoup plus sérieux opposait la collégialité de la justice royale à l'exercice solitaire de la justice seigneuriale par un officier trop peu savant. Cette justice ne pouvait être que mauvaise. Or nous touchons encore à la dimension économique de la justice, donc peut-être à l'inadaptation d'une coûteuse machine royale à la justice de proximité, tandis que les coûts de fonctionnement plus modérés de la justice seigneu-

114. Francine Rolley a repoussé pour les officiers royaux et seigneuriaux bourguignons l'idée qu'ils sortaient tous de « la marchandise », l'ayant « quittée depuis plusieurs générations » ou jamais connue. Ils étaient issus de famillles où l'on trouve des avocats et des procureurs. Professionnellement, ils avaient « une formation initiale [...] approfondie ». De plus, surtout à partir de 1680, ils eurent moins de diplômes de Toulouse, d'Avignon et d'Orléans, universités réticentes à introduire l'enseignement du droit français. Les étudiants bourguignons se tournèrent davantage vers Paris, cf. ROLLEY, « Une frontière introuvable... », *op. cit.*

115. BÉCHARD, *Inventaire des archives de la famille Alloués... dans le Velay/Forez,* 1998. L'abbaye avait une quinzaine de juridictions : Aurec-Nerestang, Oriol et Saint-Ferréol, Saint-Romain-Lachalm, Saint-Pal-de-Mont, Dunières, Monistrol, Sainte-Ségolène (villages de Cublaize et de La Tour), La Chapelle-d'Aurec, Beaudiné et La Tour Varente, Tence, Clavas, La Faye et Marlhes, Feugerolles, Chambon et Cornillon, etc. Un « détroit » étendu et complexe... Dans les faits, ces différentes *Justices de village* étaient associées par deux ou trois, et plus encore si l'on considère que le même juge allait d'un siège à l'autre. On n'y jugeait que du civil et rien que des affaires de biens et de familles : dots, successions, tutelles et baux.

riale lui donnaient un avantage : soit un seul juge seigneurial sur place, soit plusieurs juges royaux à la ville. Pour autant, le juge seigneurial était-il toujours seul ? En matière criminelle, la législation exigeait un nombre d'assesseurs défini et il fut interdit au XVIIIe siècle de rendre une sentence hors de la présence d'au moins deux assesseurs. Dans les faits, que se passait-il ? Les archives montrent que dans la Marche le juge était seul au civil et entouré de deux assesseurs pour le criminel. Dans le Velay, le juge était parfois entouré d'assesseurs dans des affaires non criminelles. Ce point reste à éclaircir.

L'absence de « distinction » pour les juges et de « suffisance » pour les lieux

Le juge seigneurial méritait encore qu'on lui reprochât l'absence de distinction et de « robe ». Sans avoir les mauvaises intentions des juges royaux, soucieux de dénoncer leurs collègues et de se rehausser en « délivrant par effet de miroir le portrait du parfait magistrat », nous pourrions effectivement traquer les indices concernant le port de la robe et celui de souliers ou de sabots, signes d'absence de « distinction » et, partant, d'incitation à l'irrespect [116]. Le portrait à charge des juges de village évoque davantage un notaire qu'un *vrai* juge mais tout dépend de l'idée que l'on se fait de la justice et des affaires à régler et tout dépend aussi de ce que l'on accepte de pardonner à un juge itinérant.

Par ailleurs, les juristes comme Loyseau, Jacquet, Fréminville, Guyot, Jousse et autres, étaient d'accord pour considérer que la justice devait être dans ses murs et meubles : table, sièges, et crucifix au mur. Il faudrait donc repérer les lieux de justice et relever tous les éléments permettant d'en faire la description. L'enjeu est de savoir... si les juges de village, déjà indignes dans leur tenue, tenaient en plus séance à la taverne. Quelles justices étaient dans leurs propres murs ? Quels juges étaient complètement itinérants et effectivement obligés de s'établir à l'auberge ? L'absence de lieu de justice et de mise en scène était-elle si regrettable ? Ou était-elle impliquée par l'itinérance du juge et par la commodité que représentait, pour les justiciables villageois, le passage de ce juge nécessairement un peu crotté ? Peut-on discerner des différences entre le XVe et le XVIIIe siècle ? Des dessins et des photographies d'édifices bretons ont été publiés [117]. Mais le lieu le plus caractéristique serait plutôt la halle avec un auditoire aménagé dans les parties hautes ou un édifice accolé aux étals [118]. On peut rencontrer un moulin-auditoire, une école-auditoire, une grange-auditoire, toutes configurations qui soulignent que nulle part *au village* on n'avait l'usage permanent d'un lieu de justice. Dans la Marche, de nombreuses justices n'ont jamais eu d'auditoire, à proprement parler, mais des « maisons accoûtumées à faire actes de justice » et parfois encore « au grand air [119] ». L'aspect le plus sensible a été prévu (et interdit) par la législation royale : la distinction

---

116. Cf. Michel Cassan lors de son introduction de la table ronde de mars 2001. Voir dans la contribution d'Olivier Jouneaux l'attaque menée contre l'un des procureurs de la justice d'Argenteuil dont la perruque « étoit retournée de puces et sa redingote étoit mangé de vers ».

117. PLESSIX-BUISSET, *Le Criminel devant ses juges...*, 1988, cahier central. L'ouvrage collectif *La Justice en ses temples...* ignore les temples de village. Il n'est donc pas référencé.

118. Exemple : « *Item* mes halles étant au milieu de madite ville dans lesquelles sont plusieurs boutiques [...] sous lesquelles halles et à un bout d'icelles est l'audience édifiée pour ma juridiction. » Aveu rendu au roi pour le marquisat de Lassay (Mayenne, ar. Mayenne, ch.-l. c.) en 1743, cité par Annie Antoine dans le recueil de textes *Terre et paysans en France...*, Gap, Ophrys, 1998, p. 109-114.

119. Voir les exemples donnés par Laetitia Cornu. Les revues locales signalent des justices rendues « sous l'orme » et à Corbeil sous le « poirier plaideur » (Oise, ar. Beauvais, c. Méru).

entre l'auditoire et la résidence du seigneur[120]. Pensons à relever ces informations dans les descriptions des halles et des châteaux.

Avoir une prison était une obligation toujours formulée en même temps que celle de l'auditoire. Ces prisons ont donné lieu à des descriptions pittoresques[121]. Peu sûres et surtout mal gardées, parce que servant trop peu, ces prisons pouvaient ne plus du tout servir grâce à des accords passés entre sièges seigneuriaux et royaux. Les plus importantes justices seigneuriales pouvaient aider les autres à fonctionner. Ainsi, les prisons de l'abbaye de Saint-Germain-des-Prés enfermaient, au XVIe siècle, des délinquants condamnés par le siège mais aussi des prisonniers relevant d'autres seigneuries rurales et de villages qui n'étaient pas du ressort[122].

Les juges seigneuriaux rendaient-ils une justice approximative et inefficace?

Nous sommes obligés de prendre en compte cette autre indignité des juges seigneuriaux[123] et nous pouvons nous demander si telle sentence était conforme au droit, si le *duo* juge-procureur faisait appliquer ses propres règlements ou manquait de foi à leur égard, et s'il veillait à faire appliquer ses requêtes et sentences. Des entorses ont souvent été pointées et injustement reprochées aux juges seigneuriaux et procureurs fiscaux. Car s'il était facile au parlement de prendre un arrêt relatif à la fréquentation des tavernes, l'application relevait des pouvoirs locaux et non des présidents et du procureur général. Cette excuse formulée, l'enquête sera tout de même à approfondir. Il faudrait également évaluer la part des affaires à l'instigation du « ministère public » et les cas où les officiers ne bougeaient que sur sollicitation d'un « demandeur[124] ». Mettre en branle est une chose, mais juger c'est punir. Quelles étaient les sanctions? Étaient-elles conformes au droit? Étaient-elles appliquées? Étaient-elles prononcées pour être appliquées? Élie Pélaquier note qu'au criminel...

> « Le règlement spontané de ces problèmes passe par l'insulte, le coup de poing ou de pied, le bâton... très rarement par l'usage de l'arme blanche ou de l'arme à feu. La plupart des affaires se terminent devant le juge seigneurial dont la sentence se limite le plus souvent à l'accord d'une modeste compensation, destinée à réparer les dégâts causés aux biens, les blessures faites aux chairs et les atteintes portées à l'honneur[125]. »

120. Il y a donc contravention au bourg de Saint-Didier (Haute-Loire, ar. Yssingeaux, ch.-l. c.) en 1628, où « la salle basse du château [est le] lieu pour l'exercice de la justice ». Tout près, à Aurec et à Saint-Férréol, au XVIIIe siècle, n'était mentionnée qu'une « chambre des plaids » dont on ignore le lieu. Au milieu du XXe siècle, un érudit a complété la description : le « palais » de Saint-Didier comprenait des caves voûtées, un rez-de-chaussée et deux étages réunis par un escalier à vis en pierre, chaque étage avait « deux salles et deux cachots entre de gros murs ». Mais quelles parties concernaient le « palais » des XVIIe et XVIIIe siècles et la résidence? BÉCHARD, *Inventaire... op. cit.*, p. 73-74.

121. L'un des sujets judiciaires préférés des revues locales, avec les faits divers sanglants, d'où des articulets de 2-3 pages que nous n'avons pas référencés *infra*. La prison du marquisat de Lassay (cf. l'aveu cité plus haut) n'est pas exactement située mais elle est décrite après l'article relatif à l'« ancien château [...] consistant en huit grosses tours rondes toutes massicolisées ».

122. BIMBENET-PRIVAT, *Écrous de Saint-Germain-des-Prés au XVIe siècle...*, 1996.

123. À deux réserves près. Que les sentences rendues par les juges seigneuriaux aient été justes ou iniques, c'est une interrogation hors de propos, et discuter de la dureté d'une peine – y compris de la peine de mort! – relève à tous égards de l'anachronisme. Assez loin de notre sujet (et non référencé en bibliographie) on peut voir de Michel Porret, *Le Crime et ses circonstances. De l'esprit de l'arbitraire au siècle des Lumières...* (1995), et le recueil *Beccaria et la culture juridique des Lumières...* (1996). Dans son ouvrage fameux, *Des délits et des peines...* (paru en italien en 1764), Beccaria a proposé que la peine ne soit pensée qu'en terme d'utilité sociale et non comme une vengeance. Sur ces questions, voir les travaux de Jacques-Guy Petit.

124. Sur les 64 affaires « criminelles » examinées par Olivier Jouneaux, 46 découlent de plaintes déposées par des villageois et (seulement?) 18 des remontrances du procureur fiscal.

125. PÉLAQUIER, « Les chemins du contrôle social... », 1997, p. 35.

Une justice si rapide nous rapproche du thème de « l'infrajudiciaire ». Tous les conflits ne se réglaient pas officiellement : soit la justice paraît complètement occultée, soit le dépôt de la plainte et même la première comparution n'étaient là que pour montrer à la « partie » le sérieux de l'affaire et la détermination du plaignant, pour emprunter immédiatement les voies de la conciliation. Comment articuler l'infrajudiciaire avec la justice seigneuriale ? La « para-justice » était-elle à part du système ou intégrée ? La législation royale a plusieurs fois institué des formes d'arbitrage ou au moins des « sentences arbitrales » rendues immédiatement, sans procédure contraignante ni productions. En de multiples occasions, les rois ont donné des consignes pour les « délais et abréviations des procès » et par exemple ordonné que « tous différens qui ne requerront ample connoissance et expéditions seront vuidez par les juges des lieux sur-le-champ, sans avocat ou procureur » (art. 57 de l'ordonnance d'Orléans, janvier 1560). Lorsque le magistrat royal ou le *juge de village* « vuide » très vite une cause, qui ne laissera qu'une ligne et deux noms dans les registres, ou même aucune trace, sommes-nous dans le judiciaire (parce qu'il est juge) ou dans l'infrajudiciaire (parce qu'il juge en dehors de toute procédure) [126] ?

Activité réelle et difficultés à élaborer des statistiques

L'activité réelle peut être inférieure à la compétence. On le dit beaucoup à propos du criminel. Elle peut aussi dépasser cette compétence, les juges seigneuriaux et les justiciables se permettant de faire plus qu'ils ne devraient. Ce n'est donc pas qu'une question de droit. Les études de cas ont leur intérêt mais on sait que les procès de sorcellerie nous apprennent davantage sur les juges que sur les sorciers [127], que les lettres de rémission sont une sorte de *genre littéraire* et que les *factums* des avocats sont tissés de mensonges. D'où la nécessité d'établir une autre sorte de faits.

Pour une histoire « quantitative » de la justice

Pour disposer de statistiques il y a un énorme travail à faire sur les sources. Donc un double obstacle à franchir : paléographique et juridique. Préalablement, il faut décider si l'on veut travailler sur les plaintes déposées ou les « introductions de cause » (suffisantes pour étudier la litigiosité et les justiciables mais insuffisantes pour étudier la justice) ou sur les causes « rapportées » (permettant cette fois de voir la justice en action mais sacrifiant les causes qui n'ont pas dépassé le stade de la plainte) ou sur les procédures complètes et terminées par une sentence « définitive » (sous réserve d'appel à une

126. Voir l'introduction de François Billaçois à *Porter plainte…*, *op. cit.*, p. 7-10, et surtout *L'Infrajudiciaire du Moyen Âge à l'époque contemporaine…*, 1996, d'où nous tirons : « Il apparaît que […] les observations sur l'évolution de la criminalité et de la répression ne sont pas fiables, quelle que soit l'époque envisagée. En effet le traitement qu'en fait l'historien, même s'il a une apparence scientifique (chiffres, graphiques…) ne fait que reproduire les opérations de filtrage des institutions repressives » (GARNOT, « Présentation », p. 15). Disons par exemple qu'au XIXe siècle la « petite conciliation » est quasiment inexistante dans les archives des justices de paix tant que son enregistrement n'est pas obligatoire, or la mesure fait exploser la statistique… Pour l'époque moderne, en plus de ce colloque, voir dans le « Guide bibliographique » aux noms : ARNAUD-DUC, DELASELLE, DESAIVE, GARNOT, PIANT, QUÉNIART, ROUSSEAUX, SALVADORI et SOMAN.

127. Voir le « Guide bibliographique » à CASTAN, DIEDLER, MUCHEMBLED et ZÉMON-DAVIS, sans oublier les travaux de Robert Mandrou, plutôt fondés sur l'étude des mentalités des parlementaires. Plus généralement, voir les colloques *Les Archives du délit…*, 1990 ; *Histoire et criminalité…*, 1992 ; *Histoire de la violence…*, 1998 ; et *Le Règlement des conflits…*, 2001.

autre juridiction). Nous voudrions au moins connaître l'intensité de l'activité judiciaire seigneuriale, c'est-à-dire la fréquence des audiences de telle justice, le nombre des plaideurs et la durée des procédures. Nous voudrions surtout mettre en face des « assises » et des ordonnances de police la véritable activité de régulation sociale des *Justices de village*. De tous nos auteurs, Pierre Charbonnier s'est le plus engagé dans cette voie statistique, soutenue par une importante réflexion méthodologique. C'est une pièce de plus, mais le résultat global demeure en pointillés. Nous voudrions aussi connaître la part de la justice seigneuriale à l'activité globale de la police et justice dans son ensemble – tant en proportion qu'en type de litiges et délits [128]. Le plus facile est de nous en tenir aux plaintes ou aux sentences introductives des causes. Le cheminement pose davantage problème.

Nous n'ignorons pas les difficultés des études quantitatives fondées sur des sources piégées : que représentent les « causes » et les « sentences » qui nous sont connues, par rapport à toute l'activité judiciaire et para-judiciaire ? À quel endroit nous poster et en prenant quels risques de sur ou sous-évaluation ? Des études ont été faites [129] et certains les ont critiquées sur le fond [130]. Pour autant, faut-il renoncer à compter ? Non, bien sûr. Encore faudrait-il s'accorder sur la qualification et la typologie des actes. L'hésitation majeure porte sur une typologie par « type d'affaires » ou par « type d'actes » qualifiés par les juges eux-mêmes de « civils » ou « criminels », sauf si le magistrat dit se prononcer comme « juge civil criminel et de police ».

La qualification des actes

Il est possible d'entériner les anciennes qualifications mais nous risquons de trouver des choses différentes entre le bas du système, où l'on « accommode » plus volontiers, et

---

128. Il manque aux modernistes la base qu'ont les contemporanéistes avec le *Compte général de l'administration de la justice criminelle en France*, établi à partir de 1826. Voir SCHNAPPER, « Pour une géographie des mentalités judiciaires : la litigiosité en France au XIXe siècle », 1979 ; FARCY, « Peut-on mesurer l'infrajudiciaire ? », 1996 (comprend 8 cartes mettant en valeur les contrastes départementaux et par conséquent les « régions » qui, s'écartant des moyennes, pourraient indiquer celles « davantage portées à regler leurs différends de manière interne ». L'auteur précisant : leur « seule utilité est d'orienter la recherche vers des études locales seules aptes à donner une appréhension de ce phénomène », p. 119) ; et les actes du colloque d'Angers *Histoire contemporaine et usages des archives judiciaires...*, 1998.

129. Il n'y a plus d'étude sans quelque statistique. Mais nous n'avons rien de synthétique sur la justice seigneuriale et les historiens quantifient plus volontiers le criminel que le civil. Voir au niveau d'un parlement le travail de Nicole et Yves Castan (CASTAN, *Honnêteté et relations sociales...*, 1974 ; *Justice et répression...*, 1980a ; et *Vivre ensemble...*, 1981) qui, même vu de haut, laisse entrevoir le fonctionnement de l'infrajustice avant la Révolution. La plus grande entreprise statistique concerne le présidial de Caen au XVIIIe siècle (voir à GUILLEMINOT). Diverses études ont été menées au même niveau (voir par exemple les actes du colloque de Poitiers d'octobre 1992, *Violence et relations sociales dans le Poitou et les Pays charentais de la fin du Moyen Âge au début du XXe siècle...* non référencé dans le guide car aucune contribution ne descend plus bas que le présidial).

130. Sur les limites de la statistique : GARNOT, « Une illusion historiographique : justice et criminalité au XVIIIe siècle », 1989, et « L'ampleur et les limites de l'infrajudiciaire dans la France d'Ancien Régime (XVIe-XVIIe-XVIIIe siècles) », 1996. Quand on y réfléchit, le pire endroit (la juridiction) où se poster est sans doute un parlement ! Un exemple : celui d'une étude sur la criminalité dans le bailliage royal de Château-Gontier. Sur 646 crimes commis en une quarantaine d'années, seulement 80 se sont terminés par des sentences mentionnées dans les liasses. La proportion d'affaires « terminées » serait de 12,38 % et l'évaporation en cours de procédure de 87,62 %. Quant aux affaires examinées en appel à Paris (c'est-à-dire 3 en tout et pour tout), elles ne représentent que 0,46 % des causes et 3,75 % des 80 affaires terminées. Mettons sous les yeux de nos lecteurs la proportion inverse : 99,54 % des causes introduites en province étaient ignorées à Paris, où les historiens ont réalisé la plupart des études sur la criminalité ! Le *corpus* de cette étude ne comprend que les affaires « liassées » (il n'y a plus de registres). La répartition chronologique suffit à faire imaginer des disparitions (1 crime en 1675, 67 en 1676, 10 en 1677, aucun en 1678). Autant dire que nous savons peu de choses de ce qui se passait en province et qu'à Paris...

les parlements et présidiaux où les distinctions sont les plus rigoureuses. Et que dire des causes « civilisées » ou au contraire requalifiées en actes criminels ? On peut aussi décaler la qualification « criminelle » pour la réserver aux seuls actes de violence. Il est par exemple difficile d'admettre la qualification criminelle de toute la « police des champs » et notamment des délits de pâture, ou celle de la « criminalité forestière » puisqu'elle découle d'une (re)qualification abusive : les droits d'usage ne sont devenus des délits que du point de vue des magistrats. Autre exemple délicat : quel aspect du « mauvais gré » retenir ? Incendier la ferme dont le propriétaire vous chasse était certes une « coutume criminelle », mais la pratique était approuvée par les voisins car elle reposait sur un certain rapport des paysans à la terre et sur une norme différente de celle des magistrats [131].

Si chaque historien préfère établir ses catégories selon ses intérêts propres sans fournir des annexes assez précises [132], nous risquons d'obtenir des statistiques impossibles à comparer. Ainsi, lorsqu'Élie Pélaquier dresse en 1997 la statistique judiciaire de Saint-Victor-de-la-Cote il distingue 1 340 affaires venues en audience entre 1691 et 1789, dont 82 % pour « dettes », 12 % pour « questions familiales, successions, dots, etc. », 12 % pour « conflits de voisinage » et seulement 1,5 % d'affaires relevant *selon lui* du « criminel [133] ». On sait que des sondages bien pensés suffisent à nos études, la multiplication des fiches et la précision des statistiques finissant pas ne plus jouer que sur les décimales après la virgule. Dans sa thèse, Olivier Jouneaux s'est donc limité à un sondage sur les actes tirés des minutes du greffe du bailliage d'Argenteuil dans les années 1780. Or cette fois, les « procédures criminelles » montent à 19 % *selon la qualification judiciaire* alors qu'on y trouve par exemple des affaires de dettes et de familles [134].

À quoi était utilisée *la justice seigneuriale ?*

L'enjeu est ici de comprendre à quoi la justice seigneuriale servait aux justiciables. À réguler la violence ? Aux XVe-XVIIe siècles, sans doute pour tous les actes brutaux, depuis les coups susceptibles d'arrangement jusqu'aux actes les plus graves, également susceptibles d'arrangement – car il n'y avait pas vraiment de limite à cela – mais susceptibles aussi d'une initiative des juges au nom de « l'énorme » trouble causé à « l'ordre public ». Au XVIIIe siècle, par contre, là où nous n'avons pas affaire à une seigneurie titrée et de dimension comparable à un siège royal, les hautes justices ne sont probablement plus les juridictions où chercher du sang et des meurtres.

131. Bibliographie du « mauvais gré » dans MORICEAU, *La Terre et les paysans...*, 1999a, p. 168. Sur les différences de « morale », *infra* les contributions de Laetitia Cornu et Michel Brunet, et LAPASSET, « La morale en action d'une petite société rurale au XVIIIe siècle... », 1974.

132. Ainsi John Alexander Dickinson estime que le « civil » comptait pour 90 à 95 % de l'activité globale des officiers de la prévôté de Québec, mais selon sa propre appréciation des actes. Heureusement, l'auteur a adossé son travail à une comparaison avec le bailliage normand de Falaise entre 1668 et 1790 et l'élaboration de son livre correspond à l'époque où l'université de Caen était engagée, derrière Pierre Chaunu, dans une histoire sérielle de la justice. D'où les thèmes étudiés et les copieuses annexes : niveau d'activité de la juridiction, coût et durée des procès, sociologie des justiciables, identification des « gros plaideurs », litigiosité globale et différenciée, etc. : DICKINSON, *Justice et justiciables...*, 1982.

133. PÉLAQUIER, « Les chemins du contrôle social... », *op. cit.*

134. Les « procédures civiles » ne font que 38 % de l'activité mais si nous y ajoutons les scellés et inventaires (15 %), les procès-verbaux de levée de cadavre qui ne sont que des constats de décès (12 %), les enquêtes (7 %), les ordonnances et visites de police (3 %), diverses remontrances (2 %) et le ban de vendange (1 % car un seul acte annuel) nous pourrions tout aussi bien estimer à 78 % (et non à 38 %) la part des actes ne correspondant à aucune violence. Actes que nous dirions volontiers *non-criminels*, au risque de hérisser les historiens du droit qui utilisent des qualifications *juridiques* très précises là où nous introduisons du subjectif.

Le concept de « régulation sociale » convient par contre à toute l'activité repérée par exemple – pour poursuivre avec la même référence – par Élie Pélaquier [135]. S'interrogeant sur « la transmission des règles et des contraintes sociales », notre collègue a pu identifier les « rôles respectifs » joués par la famille, la communauté d'habitants et les autres institutions locales, parmi lesquelles la seigneurie. Selon cette étude, la famille languedocienne assurait sa propre reproduction autour d'un « pivot » qui était « l'héritier universel ». Élie Pélaquier note qu'avant 1650 le système avait encore une relative souplesse, plusieurs fils vivant en commun pouvant cohériter. Le système devint « strictement unilinéaire, l'aîné des enfants étant presque toujours favorisé » c'est-à-dire dans 95 % des cas. La vie sociale avait donc un aspect très contrasté. Une attention particulière était portée au seul héritier présomptif. Dans l'enfance, l'accès à l'éducation était inégal. Arrivé à l'âge de se marier, les meilleurs partis étaient réservés. La stratégie de reproduction familiale pouvait être dérangée mais on suppose que « les conflits sortaient rarement de la famille » et, s'il arrive qu'on en trouve écho, c'est justement dans les actes de la justice seigneuriale ou des notaires, notamment en cas de grossesse illégitime et de « demande de réparation [136] ». Le rôle de la *Justice de village* dans la reproduction familiale est amplement confirmé par Anne Zink dans son étude sur les successions en Haute-Auvergne. En Haute-Normandie, il s'agissait plutôt de faire entériner par les tabellions, et probablement avec le silence complice des procureurs fiscaux et des juges, des pratiques d'exclusion contraires à la lettre de la coutume, qui était d'esprit trop égalitaire pour des familles qui avaient besoin d'inégalité pour protéger leur patrimoine de la dispersion.

Les pouvoirs administratifs et politiques

Parmi les différences entre provinces, quant aux attributions de la justice seigneuriale, ses privilèges et l'étendue de sa compétence, figuraient sans doute au premier rang le gouvernement local, l'administration et la *petite* politique. Amédée Combier l'a montré dans les « Notes » de son livre avec un règlement du XVIIIe siècle en 56 articles :

> « Art. 1. Il est enjoint à tous les habitants des lieux de se trouver aux assemblées qui se tiendront pour les affaires de la communauté et à toutes celles que les officiers pourront convoquer, en peine d'amende arbitraire, dont personne ne pourra être dispensé, sinon en cas de maladie ou d'absence nécessaire. [...] Art. 3. Le sergent messier sera nommé par les habitants dans chaque communauté, à la pluralité des suffrages et tenu d'en exercer la charge et prêtera le serment par-devant nous ou devant les officiers qui seront par nous commis. Art. 4. Le sergent messier fera son rapport au greffe [...] Art. 5. Sera le salaire des messiers réglé par les quatre plus anciens habitants avec les officiers du lieu [137]... »

135. PÉLAQUIER, « Les chemins du contrôle social... », *op. cit.* Et pour plus de détails : *De la Maison du père à la maison commune...*, 1996. Voir également les contributions de Laetitia Cornu (XVe siècle), Pierre Charbonnier (XVIe-XVIIe siècles), Patrick Fournier, Éric Gasparini, Benoît Garnot et Brigitte Maillard (XVIIIe siècle).

136. Notre collègue précise qu'avec les tentatives de suppression de l'enfant, « On touche aux exemples les plus graves de déviation sociale accomplis dans le cadre familial qui puissent être traités localement, sans qu'intervienne la justice royale. » Et Pélaquier de donner l'exemple en 1692 d'une mère infanticide puis elle-même décédée. Un procès fut fait « à son cadavre dans le village même, un cardeur de laine étant commis pour assurer sa défense ».

137. COMBIER, *Les Justices seigneuriales...*, *op. cit.*, p. 150-156. Règlement de la justice de Cerny : Aisne, ar. Laon, c. Laon-Nord.

Toute la police champêtre, la voirie, etc., sont dans ce règlement qui mettait donc beaucoup d'attributions hors du champ d'action de la communauté et de ses propres mandataires, sans toutefois régler (du moins dans ce texte) leur nomination. Or nous avons là un aspect important de l'histoire comparée du village sous l'Ancien Régime.

Les pouvoirs administratifs d'après les coutumes et les terriers

Il est fort éclairant de comparer les droits seigneuriaux de provinces aussi différentes que la Bourgogne et la Normandie. Selon les *Coutumes générales du pays et duché de Bourgogne*... les paysans qui étaient « hommes de poëté » n'avaient pas le droit de se rassembler ni prendre seuls des décisions les concernant : « ne se peuvent assembler, ne faire gets, ne collecte sur eux ». Toute action hors du village était contrôlée puisque « ne [peuvent] faire ou passer procuration sans l'autorité et licence de leur seigneur haut justicier » ou si besoin est « doivent recourir au prince ou à ses officiers [138] ». Pas de droit à délibérer – au sens politique fort qu'avait ce verbe – et pas de droit à se cotiser sans la permission des hauts justiciers (voici que nous retrouvons *L'Argent des villages*...). Certes, ce n'était là *que* la coutume. Mais les terriers, établis contradictoirement et par conséquent acceptés par les communautés, disaient eux aussi que les habitants n'avaient pas le droit de se réunir « sans licence » du seigneur et de ses officiers et pas même en dehors de la présence de ces officiers. Pierre de Saint Jacob a cité par exemple un droit de 5 livres par habitant, réclamé au XVIIe siècle aux dépendants de la seigneurie et communauté de Change qui étaient « gens de poëté », ce droit étant dû « pour leurs droicts et permission de s'assembler pour deslibérer des affaires de leur communauté ». Mêmes dispositions à Decize et Paris-l'Hôpital, ainsi qu'à Sermesse et Verjux dans le terrier de 1692 qui donnait aux officiers la connaissance de « toutes les affaires publiques et communes » obligeant les habitants à « rendre compte devant [les officiers] du revenu de leurs communautés, tailles et autres affaires communes ». La comparaison avec les terriers normands est révélatrice car il ne s'agissait que de documents fonciers, des inventaires de droits économiques sans le moindre caractère administratif et politique.

Une question à approfondir :
l'exercice des droits administratifs et politiques

Les procès-verbaux des assemblées d'Epoissottes en Bourgogne, étudiés par Hilton Lewis Root, confirment que les officiers du seigneur étaient constamment présents et qu'ils surveillaient toutes les assemblées de village « même celles qui se réunissaient pour des transactions les plus triviales [139] ». Les droits possédés par la seigneurie bourguignonne multipliaient les occasions d'administrer la vie rurale, par exemple lors de l'attribution des lots de bois aux affouagistes. Jeremy Hayhoe relativise l'oppression seigneuriale et il dit, par exemple, n'avoir trouvé dans les fonds des quatorze justices seigneuriales étudiées « qu'un seul exemple de l'intervention d'un juge dans la sélection

138. BABEAU, *Le Village sous l'Ancien Régime*, 1879, p. 39-41 ; SAINT JACOB, *Les Paysans de la Bourgogne du nord au dernier siècle de l'Ancien Régime*, 1960-1995, p. 88-91 ; ROOT, « En Bourgogne, l'État et la communauté rurale, 1661-1789 », 1982, p. 288.

139. ROOT, *ibid.*, note 42, p. 301. Cette autorité, qui paraît structurelle, aurait cependant une dimension chronologique puisque Pierre de Saint Jacob a écrit que cette autorité sur la communauté villageoise était une innovation des XVIe-XVIIe siècles. D'où une opposition avec un *avant* qui aurait été plus libre pour les communautés et un *après* souligné par Saint Jacob et réexaminé dans nos pages par Jeremy Hayhoe.

des agents des villages[140] ». D'autres études seront nécessaires pour éclaircir ce point de l'histoire comparée du village en France. Si nous voulons savoir à quel point la justice et la police seigneuriale faisaient écran à l'autorité royale et mesurer la sujétion des communautés à l'autorité des seigneurs, il faudra examiner partout le « droit » des paysans à délibérer et à lever sur eux-mêmes un impôt local. Quant à l'impôt royal, il nous paraît spécialement important. Celui-ci ne devrait concerner que les communautés – ou « collectes » – et les officiers des institutions financières et fiscales (élections, généralités, états provinciaux...). Voir l'autorité seigneuriale interférer en ce domaine, c'est donc trouver, nous semble-t-il, la preuve de la plus grande sujétion de la communauté vis-à-vis de la seigneurie, en même temps que de la plus grande autonomie de la seigneurie par rapport au pouvoir royal.

Conclusion

Le sort des justices seigneuriales s'est joué dans les années 1770-1790, en même temps que leur image était fixée pour longtemps. Au croisement de la tradition historique et juridique, nous trouvons, fin XIXe siècle, Jacques Flach assassinant le sujet du 1er livre écrit sur la justice seigneuriale :

> « Par leur seule existence, comme première instance, les juridictions privées faisaient obstacle à la création d'une justice locale vraiment digne de ce nom, et qui n'obligeât pas sans cesse les plaideurs à aller chercher au loin, en appel, la justice du roi. Le mal, dans les justices seigneuriales, l'emportrait donc infiniment sur le bien, l'abus sur le service [...] l'on comprend sans peine quel soulagement durent éprouver nos pères quand la Révolution les délivra, suivant la forte expression de Taine, de l'*engeance noire des sangsues judiciaires*[141]. »

En pratique, les attributions des juges des seigneurs subirent diverses restrictions dans les dernières décennies du XVIIIe siècle[142]. Il semble que la chancellerie et les parlementaires aient perdu confiance dans les juges subalternes ou se soient persuadés (et aient voulu persuader le public ?) que les dysfonctionnements dans l'administration de la justice se trouvaient dans le bas de l'appareil.

L'édit de mars 1772

L'édit « concernant les frais de procédures en matière criminelle dans les justices seigneuriales » reconnaissait que « les frais qu'entraîne la poursuite des délits commis dans l'étendue des justices seigneuriales » étaient « une charge très pesante et quelquefois un motif de favoriser l'impunité ». Pour assurer tout ensemble « le repos de nos sujets, le maintien de l'ordre public et la punition des crimes » et garantir « aux seigneurs hauts justiciers leur avantage particulier », le roi allait contraindre les juges des seigneurs à faire au moins l'« information ». L'article 1er annonçait la prise en charge de « l'instruction

---

140. Notre jeune collègue ignore peut-être le double fond des affaires et s'en tient beaucoup aux apparences. Pierre Brunet, d'une autre génération et avec toute l'autorité que lui vaut sa pratique du Roussillon, fait mieux valoir la complexité des relations entre les consuls (municipaux) et les bailes (seigneuriaux), « Hommes tout à la fois des seigneurs, des villages et du roi » : BRUNET, *Les Pouvoirs au village...*, 1998, et *infra* « Conflits et complicités... ».

141. « Introduction » au livre d'Amédée Combier, *op. cit.*, p. XIV-XV.

142. Ainsi la déclaration « qui détermine les juges qui doivent connoître des contestations élevées à l'occasion des inventaires », donnée à Versailles en mai 1776, confirmait la compétence à « nos officiers seuls à l'exclusion de ceux des seigneurs ».

en première instance [...] à nos frais » et menaçait de la faire « aux frais desdits seigneurs » si du fait de l'inaction de leurs juges, les juges royaux étaient obligés de « prévenir ceux des seigneurs [143] ». Les seigneurs et leurs juges avaient donc tout intérêt, soit à enquêter immédiatement et mener toute la procédure, soit à dénoncer immédiatement le crime aux juges royaux pour mettre les frais judiciaires « au compte du roi », mais ils ne devaient surtout pas ignorer un crime. On ne sait pas très bien ce qu'il advint.

L'ordonnance de mai 1788

Avec l'ordonnance « sur l'administration de la justice... », le garde des Sceaux Lamoignon essaya de réformer tout le système. Ce texte nous intéresse par la place qu'il attribuait aux justices seigneuriales. Mais comme l'intention principale était d'abattre la puissance des parlements, toute la réforme échoua. Or pour la première fois dans toute l'histoire de l'État moderne une place avait été assignée aux justices seigneuriales [144]. Elles se trouvaient chargées « d'une justice immédiate et locale » et semblaient promises à devenir, au civil, une institution de conciliation ou d'arbitrage et, au criminel, une institution de police judiciaire chargée des constatations et des flagrants délits. De plus, au civil, les justiciables n'étaient pas obligés de recourir à elle et la prévention des juges royaux en matière civile était étendue. Les conditions matérielles et professionnelles innovaient sur deux points : l'extension de la procédure de réception au procureur fiscal, au greffier et au geôlier, et la résidence obligatoire pour tous. Une telle réforme n'aurait pas eu des conséquences uniformes. Une place était en effet assurée aux juges des seigneurs, mais une place à défendre. Du coup, les historiens qui ont une vision très négative de la justice seigneuriale ont prédit (en faisant l'impasse sur la fin que nous connaissons) une réduction très prochaine « à néant [145] ». Or pour quelle raison croire que ce texte-là avait plus de chance d'être appliqué que tous les autres ? Ainsi, « avoir auditoire, greffe, et prisons saines et sûres » était une injonction remontant au XVIe siècle. Pourquoi l'article 18 de l'ordonnance de mai 1788 aurait-il plus sûrement condamné la justice des seigneurs que tous les précédents ? Au civil, l'exercice de la justice seigneuriale eût été suspendu au choix des plaideurs entre juges seigneuriaux et juges royaux. Et pour quelles raisons ces derniers auraient-ils été systématiquement mieux considérés ? Pour tous les actes gracieux et pour la plupart des litiges, la justice seigneuriale ne conservait-elle pas des avantages ? Certaines juridictions pouvaient effectivement disparaître et d'autres pouvaient tirer avantage de leur coût moindre, de leur proximité et des habitudes des justiciables.

---

143. La juridiction fut en fait redéfinie dans l'édit de février 1771 (art. 14 et 15). L'édit de mars 1772 isola seulement de la réforme de 1771 les articles relatifs à la justice criminelle des seigneurs. On trouve l'édit de 1772 édité dans GIFFARD, *Les Justices seigneuriales...*, *op. cit.*, partie « Annexes ». L'esprit de cet édit se retrouve par exemple dans l'arrêt du parlement relatif à la pâture des bestiaux... donné en avril 1781. Si les « officiers des justices des lieux » n'y tenaient pas la main, les « poursuites convenables » seraient ordonnées par les « substituts du procureur général du roi des sièges royaux où lesdites justices relèvent » et exécutées « aux frais et dépens du domaine des dites justices ». Les études sur la justice seigneuriale vers 1770-1790 sont donc à éviter pour faire l'histoire de l'institution et de son action, sauf perspective volontairement pré-révolutionnaire.

144. Il y a dans cette ordonnance des incohérences et des restrictions imposées par les coutumes. Voir MARION, *Le Garde des Sceaux Lamoignon et la réforme judiciaire de 1788*, 1905.

145. On trouve cet avis dans les plus anciennes études : « Le siècle n'aurait pas pris fin, c'est probable, sans voir la justice royale dominant partout, en fait comme en droit, si la Révolution ne fut venue accomplir brusquement, en principe, mais non sans tâtonnements, dans l'exécution, ce qui eût été le résultat de la force des choses » (COMBIER, *Étude sur le bailliage de Vermandois...*, 1874, p. 313).

Les condamnations de 1789

Si les critiques féroces émises par les magistrats royaux avaient été toujours vraies, aucune justice seigneuriale n'aurait survécu à la réforme de 1788. Or ce que nous pouvons savoir ou entrevoir de l'opinion publique est moins tranché et pas systématiquement négatif. Pour connaître cette opinion et trouver commodément des réponses à certaines questions, les historiens se sont appuyés sur la documentation massive et simultanée que constituent les cahiers de doléances de 1789 [146]. Limitant notre recours aux cahiers au seul discours paysan de 1789 sur une *bonne* justice, nous remarquons qu'ils insistaient sur la proximité, la rapidité et la modération des coûts mais ne réclamaient ni docteurs en droit, ni multiplicité des juges, ni robes et rubans, et ne voyaient pas forcément des avantages à plaider devant des officiers royaux. Ce discours dessinait les contours d'une justice que l'on voulait diverse et hiérarchisée. En quelque sorte une *Justice de village* ou de plusieurs villages et une *Justice de ville*, avec une gravité des affaires étalonnée, entre autres, sur la distance à parcourir. Par ailleurs, des juristes préparaient le bouleversement de l'administration judiciaire et publiaient des brochures [147]. Dans l'une d'elles (anonyme) le postulat était que…

> « L'Administration de la justice dans les Campagnes devroit être aussi simple que leurs Habitans, aussi peu compliquée que les objets qui les intéressent sont peu considérables, quelque importans qu'ils soient pour eux. »

Une courte référence était faite au *Discours de l'abus…* mais « l'expérience nous en apprend encore davantage [148] ». Boucher d'Argis se référait beaucoup plus à Loyseau [149] et proposait un dispositif de régénération par regroupement des petites justices à plusieurs – un processus déjà en cours sur l'initiative des seigneurs, qu'il voulait donc systématiser. L'auteur anonyme voulait par contre instituer à côté ou sous les justices seigneuriales un nouveau « juge de paix & juge d'instruction » qui aurait absorbé leur activité. La référence au « juge de paix » ne doit pas étonner. Comme le résume Christaan Ten Raa : le nom et l'idée étaient « dans l'air de temps » et « ne manquait que la personne qui voudrait s'y prendre de manière radicale. Cette personne fut Thouret [150] ».

---

146. Voir GOUBERT et DENIS, *Les Français ont la parole…*, 1964. Les éditions de cahiers ont été recensées dans MORICEAU, *La Terre et les Paysans…*, 1999a, p. 48-55. La synthèse par la chancellerie des doléances judiciaires exprimées dans les cahiers se trouve dans SÉLIGMAN, *La Justice en France pendant la Révolution…*, 1901, vol. 1, p. 489-505.

147. MACKRELL, « Criticism of Seignorial Justice in Eighteenth-Century France », 1973, et HAYHOE, *Judge in their own cause…*, *op. cit.*, où doivent être référencées toutes les brochures relatives à la Bourgogne.

148. *De l'Administration de la justice dans les campagnes…*, s. l. n. d. (1790 ?), p. 6. BN LF23-54, numérisé sous la cote NUMM-42420.

149. *Cahier d'un magistrat du Châtelet de Paris, sur les justices seigneuriales et l'administration de la justice dans les campagnes [par André-Jean-Baptiste Boucher d'Argis]*, Paris, Clousier, 1789, in-8°, citations en note, p. 20-21. L'auteur cite tous les extraits du *Discours de l'abus…* les plus souvent repris dans nos livres d'histoire et d'histoire du droit : « à bien prendre les frais sont plus grands en ces petites mangeries de Villages », etc. Sa propre condamnation des « abus » était comme un décalque du *Discours.*

150. Cf. la traduction de TEN RAA, « De oorsprong van de kantonrechter », 1970, *in Les Origines de la justice de paix et la République…*, 1991. Voir également HUMBERT, « Des apaiseurs aux juges de paix… », 1995. L'activité des justices seigneuriales a-t-elle été brutalement arrêtée ? Leur activité dans la période charnière 1788-1790 témoigne pour elles, montre que les justiciables y avaient encore recours et que les officiers n'étaient pas résignés. Si l'on prend l'exemple d'une petite justice étudiée par Jacques-Henri Bataillon, le nombre de jours d'audience et de causes passa de 7 et 87 en 1788, à 6 et 116 en 1789 et à 4 et 70 l'année suivante, la dernière audience étant du 1er septembre 1790, cf. BATAILLON, *Les Justices seigneuriales…*, *op. cit.*, p. 170 ; FOLLAIN, « De la justice seigneuriale à la justice de paix », *op. cit.* ; et LAFON, *La Révolution française face au système judiciaire d'Ancien Régime*, 2001.

Vols de bois et divagations de chèvres…
Le quotidien de la justice seigneuriale en Velay, au XVe siècle

Laetitia CORNU

Docteur en histoire, université Lyon II

Les hasards de la conservation des archives font que l'on retrouve parfois les minutes d'une dispute pendant laquelle deux voisins se sont – oh ! malheur – traités de *layres* ou de *mesels*[1], alors que tant d'affaires beaucoup plus graves (meurtres, vols) n'ont laissé aucune trace. C'est ainsi que, par chance, ont été conservés pour le Velay plusieurs registres d'une Cour dépendant de la Commanderie des frères Hospitaliers : la Cour de Chantoin. Grange Templière, fondée en 1170 par un don du puissant seigneur de Polignac, transférée en 1312 aux Hospitaliers[2], Chantoin n'est plus guère qu'un lieu-dit où l'on ne trouve actuellement qu'une ferme, sise dans les anciens bâtiments de la Commanderie, de taille très modeste[3]. Chantoin est situé en Velay, et plus précisément dans le Devès, une chaîne de montagnes « à vaches », autour de 1 000 mètres d'altitude, dans la partie sud-ouest de l'actuel département de la Haute-Loire. Le tribunal qui y siégea fut un acteur important de la vie des villages vellaves. Ses minutes restituent tant bien que mal les heurts et apaisements de cette société paysanne de la fin du XVe siècle.

Un tribunal de paix

Le tribunal de Chantoin à la fin du XVe siècle a essentiellement en charge la basse justice, peut-être la moyenne justice également[4]. Plusieurs proclamations et quelques conflits de juridiction nous renseignent partiellement sur le domaine de compétence de ce tribunal[5]. Mais le meilleur témoin du domaine de juridiction, c'est avant tout le

1. Les deux termes signifiant « lépreux ».
2. Voir VIAL Pierre, « Les Templiers en Velay aux XIIe et XIIIe siècles », *Forez et Velay, questions d'histoire et de philologie, Actes du 98e congrès national des Sociétés savantes*, Paris, Bibliothèque nationale, 1975, p. 63-83.
3. Cf. *L'Ordre Souverain de Malte en Haute-Loire*, Société de l'histoire et du patrimoine de l'Ordre de Malte, Le Puy, 1989, 330 p. Chantoin : Haute-Loire, ar. Le Puy-en-Velay, c. Bains.
4. Les compositions et proclamations des XIVe et XVe siècles évitent généralement assez soigneusement d'utiliser les termes trop précis de *merum imperium* et *mixtum imperium*, de même que les notions de basse, haute et moyenne justice, trop contraignantes. Ils préfèrent s'en tenir à une définition plus pragmatique, définissant quelle sorte de crime doit être jugé par quel seigneur. Nous les suivrons sur ce terrain. Pour ces notions, se reporter à GIORDANENGO, *Le Droit féodal dans les pays de droit écrit. L'exemple de la Provence et du Dauphiné…*, 1988.
5. Comme le 6 mai 1448, proclamation (Arch. dép. Rhône, 48 H 1378, f° 16), le 16 septembre 1449 (Arch. dép. Rhône, 48 H 1378, f° 38 v°), le 23 août 1450 (Arch. dép. Rhône, 48 H 1378, f° 47) ou le 24 juin 1499 (*Cartulaire des Hospitaliers du Velay publié par Augustin Chassaing*, Paris, A. Picard, 1888, n. p.). Ces proclamations visent à rappe-

tribunal lui-même, et les affaires qu'il traite. La typologie des actes révèle tout un panorama de la petite délinquance : vols, petits ou grands, rixes, même si le sang est versé, fraudes, délais ou retards dans le versement des taxes et surtout, vols de bois et divagations de chèvres.

Géographiquement, la juridiction de Chantoin s'étend avant tout sur trois villages situés en Devès : Séneujols, Belvezet et Les Bineyres [6]. Dans le même registre, on trouve également les minutes de procès tenus dans le hameau de Boussillon [7], situé dans la paroisse de Saint-Germain-Laprade, entre Le Puy et l'Yssingelais, relevant de la Commanderie de Pébélit [8].

Nous avons la chance de posséder, au milieu du XVe siècle, une série de terriers concernant ces mêmes villages, ce qui nous permet de connaître un peu mieux nos justiciables. Ils sont 22 chefs de feu à Belvezet et dans les environs (dont 3 frérèches), 37 à Séneujols et aux Bineyres et les environs, dont 5 frérèches. À Boussillon, on ne compte que deux familles autour de 1450, davantage vers 1475, quand les enfants des premiers couples ont atteint l'âge adulte. Par le jeu des recoupements de personnes présentes aux procès, déclarantes ou apparaissant dans les ventes et confronts des terriers, nous pouvons restituer une petite population de tenanciers et justiciables de l'ordre d'une soixantaine de familles. La juridiction ne s'étend pas uniquement sur les personnes dépendant de la Commanderie, mais également sur les terres. Des personnes venant voler du bétail dans les terres communes de Belvezet, par exemple, seront jugées par la Cour de Chantoin, même si ces personnes dépendent originellement d'une autre juridiction [9].

Le personnel

Qui se charge de faire fonctionner ce tribunal ? Les documents sont essentiellement pratiques, et se soucient assez peu de nommer les uns et les autres. Les proclamations, heureusement, nous permettent d'entrevoir qui juge, qui punit, qui rédige les actes.

L'autorité sous laquelle justice est rendue est le Grand Prieur d'Auvergne, comme cela apparaît dans une proclamation en français de 1499 [10]. À l'échelon local, le procureur de la Commanderie de Chantoin nomme son juge qui, en retour, prête serment de fidélité. Le juge est le seul membre du tribunal à avoir une formation en droit. Licencié, dans le meilleur des cas, bachelier sinon. Mais le juge est-il toujours présent au tribunal ? Comme il n'est jamais mentionné dans les actes, il est permis d'en douter. Souvent mentionné, le bayle est ce que l'on pourrait appeler un homme de terrain, l'équivalent probable du lieutenant dans les justices auvergnates [11]. Généralement issu des communautés rurales qu'il est amené à diriger dans une certaine mesure, c'est à lui

ler les interdictions fondamentales que la Cour a le devoir de faire respecter : interdiction de blasphémer, de porter des armes, de prendre du bois vert ou sec, de blesser ou d'injurier, de laisser vagabonder des animaux sans garde… Notons également une composition entre le Prieur de Chantoin et le seigneur de Montlaur, en 1381, qui détermine la juridiction de chacun sur la partie des mandements de Mirmande et Montbonnet qui ressort de Chantoin. (Arch. dép. Rhône, 48 H 1382, f° 81).

6. Haute-Loire, ar. Le Puy, ch.-l. c. ; c. Saint-Jean-Lachalm ; et c. Bains.
7. Haute-Loire, ar. Le Puy, c. Saint-Germain-Laprade.
8. Cette dernière commanderie est juridiquement une annexe.
9. Pour plus de détails : CORNU, *Les Communautés rurales du Velay face aux crises de la fin du Moyen Âge*, 1998.
10. « L'om vous fay assaber, de part monsenhor lo grand priour d'auverny chavalier seneschal de Rodes de l'ordre de Sainct Johan de Jherusalem et a la requeste del procurayre de la court ordenarie de Sainct Johan et dos membres et deppendences… » (*Cartulaire des Hospitaliers du Velay…*, 1888).
11. CHARBONNIER, « Les justices seignauriales d'Auvergne à la fin du Moyen Âge », 1998.

que s'adressent, bien souvent, les requêtes et les suppliques. C'est également lui qui interroge et qui mène les débats contradictoires. Il n'a aucune formation en droit, mais est qualifié de « probe homme » ou de « vénérable » voire de « noble », dans un sens purement honorifique.

Descendons encore d'un cran dans la hiérarchie, et voilà le notaire. Les notaires sont des personnages importants, une sorte d'institution, en ces pays de droit écrit, où la parole tracée sur le parchemin a valeur sacrée[12]. Les notaires se relaient pour être présents à chaque session de la Cour. Sur place, ils prennent des notes, sur des rouleaux[13], puis, dans l'abri de leur maison, ils recopient, ils « grossoient » les actes. Au milieu du XVe siècle, les actes sont assez courts : un procès tient en une demi-page de petit format. On y trouve le nom du contrevenant, l'accusation qui pèse sur lui, deux mots sur l'affaire, puis la conclusion. Le nom des témoins est parfois indiqué, puis le notaire signe, s'il est d'humeur à cela. Autour de 1480, l'acte prend entre une et deux pages, davantage de détails sont donnés sur l'affaire, les témoins sont mieux identifiés, on connaît par exemple leur âge et leur parenté. À la toute fin du XVe siècle, début du XVIe siècle, l'acte est encore plus long, jusqu'à 5 ou 6 pages, et toutes les versions des témoins sont retranscrites. Notons que, si les notaires se relaient auprès de la Cour, le cahier où les actes sont retranscrits reste toujours le même.

Notaires, juges, bayles, tout le travail de ces grands personnages repose avant tout sur celui d'un seul : le sergent. Le sergent est celui qui court les forêts à la recherche des arbres fraîchement coupés et emportés. Celui qui intervient lorsque les villageois se jettent des noms d'oiseaux à la figure, celui qui sépare les lutteurs, à ses risques et périls. Celui qui rapporte à leur étable les bêtes égarées volontairement ou non dans le champ du voisin. Sergent et notaire sont tous deux issus des communautés rurales, des familles du cru. Le sergent est nommé par le procureur de la Commanderie; il est « proclamé » tel, en présence des hommes et femmes de sa circonscription, lors d'une cérémonie publique.

Son travail tient en trois mots : « saisir, arrêter, lever[14] ». « Saisir » est la plus rude de ses tâches, elle s'apparente à un travail d'huissier de justice. Le sergent « saisit » des gerbes de seigle dans des granges, en paiement de dettes, « saisit » les animaux qu'il a surpris à vagabonder, et ne les rend qu'après promesse par le contrevenant de se rendre devant la Cour. C'est la tâche dans laquelle il rencontre le plus de résistance, on le conçoit. C'est l'occasion pour lui de connaître l'éventail d'insultes de ses concitoyens, qui ne se privent généralement pas de faire savoir leur déplaisir. « Arrêter » n'est pas beaucoup plus facile. Le sergent n'a qu'une arme : la menace d'une amende. Il la brandit assez facilement et augmente le montant si le justiciable n'obtempère pas. Il est arrivé qu'un contrevenant se soit vu menacer d'une amende de 25 sous, puis de 50 sous, 60 sous, 100 sous, pour finir par la somme considérable de 25 livres[15]. Sans succès, d'ailleurs, de la part du sergent. Comme il n'y a pas de prison, les personnes « arrêtées »

12. À propos des notaires du Haut Languedoc : BRÉCHON, « Autour du notariat et des nouvelles pratiques de l'écrit dans les régions méridionales aux XIIe et XIIIe siècles », 1995.

13. Certains de ces rouleaux nous sont parvenus, ainsi, les Assises de l'Hôtel-Dieu au Vernet en 1492 : Arch. dép. Haute-Loire, fonds Hôtel-Dieu, 1 B 920.

14. Comme cela paraît dans la nomination de Jehan Aoust comme sergent de l'Hotel-Dieu du Puy, en 1381 : « *dantes et concedentes dicto serviens plenam potestatem sayziendum arrestandum ortandum acolandum capiendum et aliam faciendum que pertinent ad officium serviens* » (donnant et condédant au dit sergent le pouvoir de saisir, arrêter, lever, être logé, prendre, et autres fonctions qui appartiennent à l'office du sergent) (Arch. dép. Haute-Loire, fonds Hôtel Dieu, 1 B 907, f° 3 v°).

15. Procès d'André Garnaud des Bineyres, 1479 (Arch. dép. Rhône, 48 H 1379, f° 79).

sont laissées à la garde d'un autre villageois et, plus généralement, sous le régime de ce qui s'apparente à une liberté sous parole. Le terme « arrêter » ne signifie d'ailleurs pas toujours que la personne arrêtée doive cesser toutes ses activités mais, bien souvent qu'elle est sous le coup d'un procès, et qu'elle doit se rendre devant la Cour quand elle sera sommée de le faire. « Lever » concerne les taxes. Un leveur de taxes est désigné dans les villages, pour les impôts en numéraire, mais c'est le sergent qui s'occupe de superviser le prélèvement des taxes en nature. Il proteste parfois lorsque les gerbes destinées à payer le seigneur sont moitié moins grosses que les autres...

Ces quatre personnes forment à elles seules le tribunal. Mais il faut aussi à chaque séance quelques témoins (en plus d'un accusé...). Les témoins ne sont pas choisis au hasard, parmi les personnes présentes, comme on pourrait le croire hâtivement. Un examen des témoins montre qu'il s'agit généralement des personnes influentes du village. Les riches, les représentants des vieilles familles, ceux qui portent des titres : « maître », « honorable personne », « noble », sont plus souvent témoins que les autres.

Les lieux et la fréquence des réunions

Où se tient la Cour de justice? Le tribunal ne possède pas de salle, de lieu attitré. La plupart du temps, nous ne savons pas où le tribunal se réunit. Entre 1448 et 1493, sur 335 actes, 96 seulement indiquent les lieux de réunion. En cela, le Velay ne se distingue pas de l'Auvergne voisine et de ses « Assises ambulatoires[16] », ni de la Provence, où le juge se déplace à cheval en compagnie d'une petite troupe composée du notaire, des sergents, du clavaire, de serviteurs et parfois même du bourreau. Il est vrai que nous sommes là dans le cadre de la procédure criminelle[17].

Parmi ces 96 procès, 32 se déroulent à la Commanderie. Soit à la Commanderie même, sans précision, soit dans la *camera nova* de la Commanderie, soit dans la cour de la Commanderie. Il ne s'agit pas toujours de la Commanderie de Chantoin, la plus proche des justiciables, mais souvent l'une de celles du Puy : la Commanderie de Saint-Jean-de-Jérusalem ou celle de Saint-Barthélemy, toutes deux situées au Puy, ou celle de Pébélit, sur l'actuelle commune de Saint-Germain-Laprade. On rencontre même un procès qui se déroule dans un champ de la Commanderie, sans autre précision.

Quand le tribunal ne siège pas à la Commanderie, il prend ses quartiers dans un des villages, à l'extérieur, même en plein mois de décembre. C'est le cas dans 38 procès. Où dans le village? Devant une maison ou dans la cour d'une maison, 18 cas, dans le *couderc* ou *meses*, c'est-à-dire l'espace communal, au centre du village : 3 cas seulement. Dans le village, sans autre précision : 6 cas. À la porte du moulin : 3 cas. Dans un jardin ou dans un pré : 6 cas. Enfin, à deux reprises, la Cour s'est réunie sur le bord d'une route. Dans un de ces deux cas, c'était pour juger un contrevenant qui avait élargi son champ d'une « brachiée » de long en mordant sur le chemin public. Toute la cour a ainsi pu juger sur place du dommage[18]. Il faut qu'il fasse très froid ou qu'il pleuve pour que le tribunal se mette à l'abri. Et encore, ce n'est pas toujours dans les maisons : 26 fois, la Cour s'est réfugiée sous un toit, 17 fois vers des maisons accueillantes, toujours les mêmes, celle de Guilhem Masial de Séneujols, qui est l'une des personnes les

16. Charbonnier, « Les justices seigneuriales... », *op. cit.*
17. Gasparri, *Crimes et châtiments en Provence au temps du roi René...*, 1989.
18. Procès de Mathieu Pandrau, 2 mai 1481 (Arch. dép. Rhône, 48 H 1379, f° 105).

plus influentes de ce village, ou celle du bayle Baudouin. Une fois seulement, le tribunal a pris ses quartiers dans un *casal* appartenant à un particulier (un *casal* étant un petit bâtiment de peu de valeur). Deux fois dans une grange et 6 fois dans un four.

Quatre personnes s'assemblant devant une maison ou dans le four du village, pour en juger une cinquième, par l'accusation d'une sixième, sous les yeux de quelques badauds. Combien de fois cette étrange cérémonie se joue-t-elle dans nos villages ? Souvent. Entre 1447 et 1452, la fréquence des réunions varie entre 5 et 15 par an. Le cinq n'est d'ailleurs pas sûr, car plusieurs actes de cette année ne sont pas datés : 6 en 1447 (année que l'on prend en cours), 15 en 1448, 14 en 1449, 7 en 1450, 5 en 1451[19]. Entre 1476 et 1481, les réunions sont plus fréquentes encore : de 7 (1478, année creuse) à 26 en 1481[20]. Moyenne : 19 réunions par an ! Une quantité considérable de procès, si l'on considère que la juridiction s'étend sur trois villages et demi.

Ces réunions ne se tiennent ni à date fixe ni très régulièrement. Il arrive que plusieurs mois se passent sans aucune session du tribunal, par exemple entre mars et août 1450, mais c'est assez rare. Le plus souvent, le tribunal siège entre une et deux fois par mois. Généralement, les mois d'hiver sont des périodes paradoxalement creuses, et tout spécialement janvier et février[21]. Il n'y a pas non plus de jour fixe dans la semaine. Le tribunal se réunit parfois même le dimanche, même le 24 décembre (1492)[22]. Quand la nécessité presse la justice, le tribunal se tient deux jours d'affilée, mais jamais trois. Pendant l'été 1476, par exemple, la collecte de l'impôt sur l'herbe et la moisson a posé de nombreux problèmes. Les sessions du tribunal ont donc eu lieu le 8 juin, puis le 14 juillet, le 18 juillet, le 22 juillet et le 27 juillet, enfin le 3 et le 5 août, en divers lieux de la juridiction. Un nouveau procès est également l'occasion pour le tribunal de mettre la dernière main à des affaires plus anciennes, qu'il faut conclure : « soumission » d'un accusé, assignations à comparaître ou renvois à une date ultérieure.

Ainsi est la Cour de justice de Chantoin. Quatre hommes, pas de prétoire, pas de robe noire, pas de perruque, mais un semis de séances qui témoignent de la présence de la justice en tous lieux du terroir.

Les affaires

La Cour se réunit pour juger quantité de délits, qui vont de l'appropriation des biens communs, aux conflits sur les bornages ou des héritages. La Cour gère aussi les affaires purement du domaine seigneurial, comme les reconnaissances et les hommages rendus par les tenanciers à leur seigneur. En revanche, la plupart des affaires « civiles », c'est-à-dire les reconnaissances de dettes, les accords concernant des dots impayées, sont traitées par les notaires, sans intervention du juge. J'ai choisi ici de ne présenter que quelques types d'affaires. Les atteintes aux biens et droits seigneuriaux, d'une part, qui représentent les cas les plus courants, le maintien de l'ordre, d'autre part, où le tribunal tente de jouer son rôle de régulateur social.

---

19. Soit un nombre correpondant à ce que l'on retrouve à Murol, Vernines, Confolent, en Auvergne, pour la même époque. CHARBONNIER, « Les justices seigneuriales... », *op. cit.*
20. 18 en 1476, 16 en 1477, 7 en 1478, 23 en 1479, 15 en 1480, 26 en 1481.
21. Ce n'est pas le cas partout. Pierre Charbonnier signale qu'à Murol, au début du XVIIe siècle, la période de plus grande fréquence dans les tenues d'Assises est l'hiver, tandis qu'aux Martres, c'est le contraire. *Infra* sa contribution.
22. Procès de Jacme Martin de Vergezac et Vidal Payes de Liac, pour le vol de deux grands pins (Arch. dép. Rhône, 48 H 1380, f° 33 v°).

Les atteintes aux biens et droits seigneuriaux

Le vol de bois représente un cinquième de toutes les affaires traitées par le tribunal, que l'on compte en nombre d'actes ou en nombre de procès (un procès pouvant donner lieu à plusieurs actes). Il ne s'agit pas de cueillette de bois mort dans les forêts, et très rarement de vols de bûches, puisque le vol de bois sec, coupé et entreposé, s'apparente quasiment à un cambriolage. Non, le vol de bois, ce sont des coupes d'arbres illégales dans les forêts le plus souvent seigneuriales.

La région dans laquelle sont situés nos villages (le Devès) doit son nom aux monts du Devès qui lui font une sorte d'épine dorsale, recouverte de grandes forêts dont les noms reviennent sans cesse dans les actes : la Blacheyre, Montchalm. D'autre part, l'Allier coule dans des gorges très encaissées, aux flancs, eux aussi, recouverts de bois. C'est, avec le pays des Sucs, autour d'Yssingeaux, le grand réservoir d'arbres du Velay. Les arbres qui ont la préférence de nos maraudeurs sont, dans leur grande majorité des pins, mais on vole également des sapins, des chênes, des hêtres, comme bois de chauffage ou bois d'œuvre. Ces grandes forêts font partie du domaine des Commanderies, qui ont la difficile tâche de les préserver de l'avidité des voleurs de toute la région.

On voit des hommes venir, avec leur charrette, du Puy, à une bonne journée de marche, pour aller se ravitailler subrepticement dans les forêts des Hospitaliers, ou encore des hommes du lieu charger une jument de bois pour aller le vendre en ville[23]. Un ou deux sergents seulement les parcourent, en plus de leur travail habituel. Aussi, il semble que ce soit un jeu d'enfant d'aller dans les forêts et de scier un ou deux troncs… Un peu plus délicat est de ramener l'arbre jusqu'au village sans se faire repérer. N'allons pas non plus imaginer que ces pauvres gens sont poursuivis pour avoir pris un fagot de bois mort dans les immenses forêts seigneuriales. Il s'agit toujours au moins d'un arbre entier (un grand pin, un orme), d'une charretée, voire de plusieurs charretées, et parfois, comme dans le procès des Armand des Bineyres[24] en 1479, de 21 pins destinés à refaire la charpente de leur maison… La même année et dans le même village, c'est une des plus éminentes personnalités du lieu, André Garnaud, qui s'est rendu responsable du vol de 22 ou 23 arbres, entreposés tranquillement dans sa grange[25]. Rapporter un, deux ou trois arbres dans un village n'est pas toujours chose facile. C'est pourquoi il y a toujours une bête, au moins, le plus souvent une paire de bœufs et un attelage, impliqués dans l'action. Les deux bœufs sont liés ensemble, et traînent derrière eux les arbres. Ils laissent comme ça une piste tout à fait facile à suivre pour nos sergents médiévaux. Des enquêteurs qui ne savent plus ou donner de la tête, surtout en hiver, quand les forêts sont prises d'assaut par les pillards. De janvier à mars 1447, par exemple, se tiennent 6 procès pour vol de bois dans notre région, impliquant 12 hommes dont l'un sera, quelques années plus tard, sergent de la même cour de justice[26].

Des hommes qui abattent des arbres en groupe, qui les emportent avec une ou deux paires de bœufs et un char, qui les scient dans la cour de leur ferme, et les entreposent dans leur grange… le moins qu'on puisse dire c'est que le vol de bois n'est certainement pas furtif. Nous y reviendrons.

---

23. Arch. dép. Rhône, 48 H 1379, f° 95 v°.
24. Procès du 7 mai 1479 (Arch. dép. Rhône, 48 H 1379, f° 61).
25. Procès d'André Garnaud, 21 décembre 1479 (Arch. dép. Rhône, 48 H 1379, f° 79).
26. Procès de Vidal Chalm, 7 mars 1447 (Arch. dép. Rhône, 48 H 1378, f° 3 v°).

Quasiment à égalité avec les vols de bois, les divagations animales occupent assez largement les heures de loisir de nos sergents : 76 procès (sur 335), en moins de 15 ans d'exercice. Parmi ces procès, une majorité sont sur un modèle qui ressemble furieusement aux vols de bois : les pâtures seigneuriales, à l'image des bois seigneuriaux, sont vastes. Il est si tentant de laisser discrètement sa vache ou ses deux chèvres s'avancer un peu plus loin que la limite, et brouter l'herbe, toujours meilleure dans le pré du voisin ! Les plans-terriers dressés au XVIIIe siècle [27] montrent que les prés et pâturages de la Commanderie sont généralement très vastes, atteignant des surfaces de 100 à 300 quartonnées [28], alors que les pâtures des tenanciers peinent à atteindre les 6 ou 7 quartonnées. La multiplicité des procès tenus pour divagations animales pourrait laisser croire que la justice est très stricte sur la garde des animaux. Ce n'est pas le cas. Un procès n'est pas tenu simplement parce qu'une chèvre a passé sa tête très loin sous la clôture. En 1448, la femme de Jacme Mandin de Boussillon conduit ses 10 porcs dans le pré de la Commanderie de Pébélit, Prat Ferier [29]. La même année, deux hommes du petit village de Lic ont entièrement dévasté avec leurs bœufs le pré de Colonges, appartenant à la Commanderie, au moment le plus critique : au printemps, quand l'herbe est dite *mayencha* ou « de mai ».

Quand ce sont les terres de la Commanderie qui sont visées, les troupeaux maraudeurs sont généralement importants : 5 à 10 vaches ou bœufs, en moyenne, ou tout un troupeau de moutons. Il peut même s'agir, comme en 1450, des troupeaux de plusieurs villages, rassemblés à la garde d'un seul pasteur [30]. Les particuliers sont bien plus pointilleux avec leurs biens, et ils n'hésitent pas à faire un procès pour un malheureux veau sorti de sa pâture, comme celui de la femme de Pierre Fabre, accusée par Jacme Blacheyre en 1452 [31]. Mais, quand il s'agit de divagation dans des terres paysannes, nous entrons bien souvent dans un nouveau type de délit : la vengeance par bête interposée [32].

À ces délits très courants, dont le précepteur de Chantoin est le principal lésé, il faudrait ajouter quelques rapines, comme du vol de fumier, soit sur le tas (de la Commanderie), soit déjà épandu sur les terres (de la Commanderie). Vol de bois (seigneurial), pâture dans les pâturages (seigneuriaux), vol de fumier (seigneurial), procès pour non-paiement de redevances (seigneuriales) [33], ce type de délits, qui représente tout de même plus de la moitié de l'activité du tribunal, vise avant tout à défendre les droits et privilèges seigneuriaux. La tâche des sergents, si l'on s'en tenait là, pourrait s'assimiler à un travail de gardien des terres seigneuriales.

Mais il serait faux de réduire le tribunal à ce rôle-ci. De nombreux procès montrent que l'ordre, la justice et la régulation sociale – le maintien de l'ordre public – ne sont pas absents des préoccupations des juges.

27. Plan des terriers de Chantoin et Belvezet, 1779-1780 (Arch. dép. Rhône, 48 H 1395).
28. La quartonnée de Cayres vaut, selon les auteurs, entre 6,4 et 6,8 ares, soit une superficie d'à peine un demi-hectare pour les terres paysannes, allant jusqu'à 20 hectares pour les pâtures de la Commanderie, cf. *Les Anciennes mesures locales du Massif central...*, 1990.
29. Procès de Jehan et Jacme Mandin, 7 mai 1448 (Arch. dép. Rhône, 48 H 1378, f° 17).
30. Procès des hommes de Belvezet, Les Bineyres, Gourlong et Séneujols, samedi 30 octobre 1450 (Arch. dép. Rhône, 48 H 1378, f° 49).
31. Procès de « la femme de Pierre Fabre » de La Glutonie, mars 1452 (Arch. dép. Rhône, 48 H 1378 *bis*, f° 6).
32. Voir, à propos des animaux utilisés comme instruments de vengeance par les villageois les uns contre les autres, CORNU, « Conflits villageois au Moyen Âge en Velay : Boussillon [Haute-Loire] à la fin du XVe siècle », 1996.
33. Qui représente 4,5 % du nombre absolu d'actes.

Les atteintes à l'honneur

Les injures sont, dans la hiérarchie des délits, le troisième en nombre de procès (7 % du nombre de délits). Mais parmi les premiers en gravité. L'injure est une atteinte à l'honneur et à la réputation. C'est un délit sévèrement puni, et les proclamations ne manquent jamais d'interdire de blesser « tant en verbe qu'en fait[34] ». L'injure est un véritable accroc dans le tissu social, puisqu'elle crée une situation qui appelle une réponse ou une vengeance. Or, il apparaît que, plutôt que de laver leur honneur dans le sang de leur adversaire, les villageois ont facilement recours à la justice. Les rixes, qui sont souvent la conséquence des injures, représentent à peine 2 % des procès, soit 7 affaires seulement, portées devant la Cour[35]. C'est certainement le signe que la Cour de justice joue là son rôle de régulateur social, puisque, apparemment, un procès peut suffire à réparer l'offense, et clore l'affaire pacifiquement, par une amende.

La police des droits seigneuriaux

La lutte contre la fraude consiste surtout à vérifier que les gerbes dues au titre de l'impôt ne sont pas deux fois plus petites que celles destinées à être engrangées par le tenancier, que les reconnaissances n'aient pas été « oubliées », accidentellement bien sûr, que les champs cultivés n'aient pas été déclarés comme des friches... autant de petites ou grandes fraudes qui lèsent les intérêts de la Commanderie, et que les sergents traquent. Toutefois, la fraude a de multiples visages, et l'honnêteté des transactions est un garant important de l'ordre social. C'est sans doute la raison pour laquelle la Cour pourchasse avec zèle les possesseurs de mesures non authentifiées, par des vérifications, qui se concluent parfois par des procès. En 1492, le meunier Garnaud, est accusé de fraude : la mesure qu'il utilisait pour la farine avait été brisée, puis réparée d'une corde de chanvre. La corde conservait toujours dans ses fibres un peu de précieuse farine, qui n'était pas restituée aux utilisateurs du moulin. Ce peu lui vaut un procès en bonne et due forme[36].

Le vol et l'effraction

Les cas de vols sont rares, Un consensus réprobateur se fait autour du cambriolage. On ne rencontre qu'un seul cas de ce type dans nos actes de justice, mais il est traité de telle façon que le traumatisme que ce cambriolage crée dans les mentalités, aussi bien chez les autorités que chez les habitants, transparaît nettement. L'acte, qui date de septembre 1479, est plus long qu'à l'accoutumée. Les faits et gestes du sergent sont entièrement décrits, contrairement à la coutume, ainsi que les circonstances de la découverte du sac de vêtements, dans la maison de l'accusé[37].

34. Comme par exemple : « *nequis sit ausus iniuriare verbo vel facto* » (que nul n'ose blesser par le verbe ou en fait), proclamation, le 6 mai 1448 aux Pandraux (Arch. dép. Rhône, 48 H 1378, f° 16).

35. Sans préjudice des affaires qui auraient été réglées autrement. Les registres de notaires que nous possédons pour la région ne mentionnent jamais de règlements de conflits violents, mais des Cours de haute justice pourraient avoir été amenées à juger de cas plus graves que de simples rixes. Malheureusement, nous ne possédons pas les documents qui pourraient faire le lien entre la petite délinquance traitée par la Cour de Chantoin et les affaires plus graves, que les lettres de rémission dévoilent.

36. Procès d'André Garnaud des Bineyres, juillet 1492 (Arch. dép. Rhône, 48 H 1380, f° 18 v°).

37. Arch. dép. Rhône, 48 H 1379, f° 70 v°. Acte traduit dans la section « Pièces justificatives ».

Pourquoi le cambriolage est-il tellement répréhensible? Parce que, d'une certaine façon, c'est aussi une atteinte à l'honneur. L'acte de pénétrer dans une maison (non fermée à clef) pour s'emparer des vêtements qui se tiennent chaud dans la maie à pétrir, brise la confiance réciproque de la communauté d'habitants. La valeur des biens volés est, certes, un facteur aggravant, mais on rencontre des voleurs de bétail qui sont moins lourdement punis. Pour voler le bétail dans une pâture, ils n'ont pas brisé le « tabou » sur la maison.

Litiges

Le reste des délits fait apparaître une conflictualité essentiellement liée à la terre : on rencontre d'assez nombreux procès intentés pour délit de passage dans des terres sans autorisation, ce qui est nommé le délit de « nouveau chemin ». Quelques conflits autour de l'usage des communaux (les *meses*), d'appropriations indues de terres publiques ou privées, de déplacements de bornes. Ce type de litige, typique des sociétés paysannes, se retrouve dans d'autres lieux et régions [38]. Il s'y mêle toutefois une conflictualité plus spécifiquement montagnarde, liée à l'élevage : conflits sur l'ouverture des pacages, les droits de passage des animaux, la dépaissance. On retrouve ce type de conflits dans le Sabarthès, où l'on rencontre même des paysans venant faire paître *manu militari*, leurs troupeaux dans les pâtures des villages voisins [39].

Infrajustice

Quelques querelles parviennent devant la justice pour des ventes, ou des salaires non versés comme convenu. Mais il est à noter que, contrairement à ce qui se passe en Auvergne voisine, nombre de petits litiges concernant le paiement de dettes sont réglés par accord, devant notaire. Le Velay possède en effet un réseau de notaires, certes moins abondant que le Vivarais, mais suffisant pour absorber toute une partie de l'infrajustice. Les actes des notaires font apparaître toute une panoplie de quittances, « obligations » (reconnaissances de dettes), compromis, transactions, pactes et même « protestations ». Tel ce règlement de conflit de 1462, passé à Goudet [40], à deux pas des paroisses de Séneujols et Belvezet, et reçu par le notaire Vidal :

> « Comme un débat s'était élevé entre le notaire, habitant de Barges [discret homme maître Laurent Aybal] et les habitants de Monteils parce que ledit notaire disait avoir acquis du seigneur de Saint Vidal un pré à Monteil appelé la sanheta et en avoir été investi [...] les hommes de Monteil au contraire disaient que ce pré était de toute antiquité au couderc de Monteil, où ils pouvaient faire paître leurs animaux [41]... »

L'acte notarié mentionne ensuite que les habitants de Monteil et le notaire acheteur de la parcelle litigieuse se sont rencontrés, ont nommé des médiateurs, qui sont nommés : un notaire (ce qui porte le nombre de notaires intervenant dans ce conflit à trois, avec le défenseur et le rédacteur de l'acte) et un seigneur local. Ces médiateurs par-

38. La référence en la matière reste GUÉNÉE, *Tribunaux et gens de justice dans le bailliage de Senlis à la fin du Moyen Âge...*, 1963.
39. CAZENAVE, « La ronce et le grain... », 1994, p. 99.
40. Haute-Loire, ar. Le Puy, c. Le Monastier sur Gazeille.
41. Acte du 28 novembre 1462 reçu par maître Chaumin Vital (Arch. dép. Haute-Loire, 3 E 123 [1], f° 52 v° [traduction]).

viennent ensemble à un règlement du conflit, restituant l'usage du pré aux habitants de Monteil, mais imposant aux habitants le paiement d'une redevance pour l'usage du dit pré. Les parties en présence, habitants et notaire, promettent, sous peine d'une sorte d'amende de dix sous tournois, d'obéir à l'arbitrage.

D'autres exemples mettent en scène des « pactes » entre bergers ou entre maçons pour le partage de marchés selon des conditions les plus équitables possibles. Il s'agit là d'infrajudiciaire à son niveau le plus extrême : une façon d'anticiper les conflits pour éviter d'avoir à les résoudre.

Pour l'essentiel, donc, la Cour de Chantoin n'intervient qu'en cas de conflit avéré, d'une certaine gravité. Son rôle se partage entre une fonction de défense des intérêts de la Commanderie, de ses forêts, de ses pâtures, de ses droits seigneuriaux, et une fonction de maintien de l'ordre. Les deux fonctions, que l'on supposerait assez éloignées l'une de l'autre, sont assurées par les mêmes personnes, dans les mêmes lieux, au cours de mêmes séances.

Justice de village et régulation sociale

Sur quatre hommes siégeant devant les maisons ou sur le bord des routes, repose le poids du maintien de la Justice et de l'Ordre. Comment cette justice assume-t-elle ses multiples responsabilités ? Peut-on parler, à propos du tribunal de Chantoin, tribunal seigneurial, d'une fonction de régulation sociale ? Quel est son rôle, quelle est sa marge d'action ?

Et d'abord, de quelles armes le tribunal dispose-t-il ? Nous avons vu que le sergent ne portait pas d'autre arme que la dignité de sa fonction[42]. Le désigner sous le terme d'« agent de la force publique » serait totalement anachronique. Le tribunal fonctionne de la même façon. La première de ses armes est donc l'intimidation.

Faire peur : les proclamations

Régulièrement, la population des villages est rassemblée devant les portes d'une des Commanderies pour entendre les interdictions principales. Ces proclamations varient dans leur contenu. Une année, la chasse sera interdite, l'autre année, on veillera plus spécialement à pourchasser les vagabondages animaux ou assurer le paiement des leydes[43], une troisième année, ce seront les mesures non marquées ou le port d'arme qui seront dans le viseur des autorités. Chaque année, en tout cas, l'interdiction d'injurier et de blasphémer revient en première place. Les proclamations s'accompagnent surtout du « tarif » des peines, très dissuasif. Exemple, en 1450 :

> « Que nul n'ose blasphémer Dieu ou la Vierge, sous peine de 60 sous la première fois, 10 livres la seconde, perforation de la langue au fer chaud et mise au pilori la troisième. Que nul n'ose blesser[44] quelqu'un en fait ou en verbe, sous peine de : 60 sous (en verbe),

42. Les proclamations rappellent occasionnellement l'interdiction absolue de porter des armes dans toute la juridiction, et cette interdiction n'est pas levée pour les sergents. Exemple : proclamation d'août 1450, devant la porte de la Commanderie de Saint-Barthélemy (Arch. dép. Rhône, 48 H 1378, f° 47). Bien entendu, une interdiction souligne généralement le fait que la chose interdite est pratiquée en fait, mais il n'est jamais fait mention d'un sergent ayant porté une arme quelconque.

43. Taxe sur les ventes.

44. Dans le texte : *iniuriare.*

10 livres (en fait), et le reste, selon le jugement de la cour. Que nul n'ose porter d'armes à l'intérieur de la juridiction de Saint Barthélemy, sous peine de 60 sous et confiscation des armes. Que nul ne vende des biens sans s'être acquitté de la leyde sous peine de 10 sous. Que nul ne vende des biens divers à un poids ou mesure non marqués du signe des religieux et sans licence, sous peine de 60 sous[45]. »

Ces peines ne sont jamais appliquées[46], mais nous pouvons supposer que leur énoncé calme, pour un temps, les ardeurs belliqueuses de nos villageois.

Faire honte

Lors du procès, ensuite, la solennité est encore de mise. Solennité du vocabulaire d'abord. Tout est fait dans le texte pour donner à l'accusé une posture de pénitent. Le 13 juin 1446, par exemple, Vincent Gras de Séneujols est accusé d'avoir mené ses animaux paître dans la *clavaria*, l'espace protégé de Chantoin. L'acte est ainsi rédigé :

> « Qui, non content de ses propres biens et voulant les compléter par les biens des autres, a osé se rendre sans autorisation et malgré le délit commis, s'est permis de se rendre dans le pâturage de Pierre Jaussuy de Ramourouscle, de Sagne Redonde[47]. »

« Il a osé » *(sit ausus)* « sans autorisation » *(sine licentia)*, et malgré l'interdiction *(non obstis inhibitionem)*, sont couramment employés pour aggraver la honte de l'accusé. On souligne la cupidité d'un malfaiteur *(malefactor)* par un « *delatus facto* » (qui peut se traduire par « délit accompli ») ou « *furtum et rapniam comitendo* » (commettant vol et rapine). Des termes aggravants sont également employés : « furtivement » *(furtivum)* souligne la conscience de la faute. De nuit *(nocte)*, souligne la préméditation et la volonté de se cacher. Les amendes sont plus importantes pour les délits commis de nuit. Les témoins sont ensuite appelés. Bien souvent, leurs paroles ne sont pas consignées. Sinon, ils précisent certains aspects, ou rapportent les paroles qui ont été prononcées, ce qui, dans le cas d'un procès pour injures, est utile. Il n'y a pas de témoin « à décharge », et je n'ai jamais rencontré de témoin contestant la version des faits présentée au départ. La plus grande contradiction que j'ai vue était apportée par une femme qui disait n'avoir pas entendu les paroles que d'autres avaient rapportées. On ne peut pas appeler cela un « débat contradictoire ».

Réparation et soumission

Il n'y a pas d'avocat de la défense. L'accusé a le choix entre se défendre et se soumettre. S'il se défend, il s'expose à un jugement, et à une amende. S'il se soumet, il est alors « admis à composer » et peut espérer payer moins cher que l'amende. C'est la raison pour laquelle la plupart des accusés se soumettent dès la première comparution, à la seconde éventuellement[48]. Les accusés « admis à composer », « se soumettent », et

45. Arch. dép. Rhône, 48 H 1378, f° 47.
46. Dans le cadre, du moins, de la justice courante, et qu'il s'agisse des peines corporelles ou des fortes amendes. Cela jette une lumière particulière sur la réalité des châtiments de la haute justice. Exemple : FUHRMANN, « Punition de la violence par la violence : cruauté des sanctions dans le droit pénal médiéval en Allemagne », 1994.
47. « Quia, non obstantis edicto 60 solidos nequis sit ausus animalia abire sine licentia item hiis non obstantis delatus abire permisit in pasturale Petrus Jaussuy de Ramoroscle de Sanha Redunda » (Arch. dép. Rhône, 48 H 1378, f° 4 v°).
48. Il n'est pas possible de faire des statistiques à ce sujet, nous ne connaissons pas le dénouement de nombreux actes.

« sont absous ». Un vocabulaire religieux, de repentance, qui marque l'effacement de la faute commise.

Des amendes, nous ne pouvons pas dire grand-chose, les actes ne les mentionnant pas systématiquement. Un simple chiffre au bas ou au pied de la feuille indique qu'une amende a été prononcée. Les registres étant souvent endommagés, les amendes peuvent manquer de ce fait. Mais il est également possible que nombre d'affaires aient été classées sans suite ou que le notaire ait simplement omis de noter en marge le montant de l'amende. C'est pourquoi les quelques commentaires qui suivent sont de nature purement indicative. Tout au plus, nous pouvons dire que les 60 sous, qui sont l'amende généralement promise pour tout acte en dehors des lois, ne sont jamais payés, sauf une seule fois : Étienne Trenchacosta est condamné à payer cette somme pour avoir cambriolé la maison de ses voisins. Les délits les plus courants, comme le vol de bois, sont assez peu taxés : entre 5 et 10 sous[49]. Les animaux qui divaguent : 5 sous. Les injures, c'est plus grave : de 7 à 30 sous. Le vol : de 30 à 60 sous. Mais nous en sommes en pays occitan… les amendes se discutent avant d'être prononcées. Elles peuvent aussi se rediscuter après le prononcé de la sentence. L'amende paie la « faute morale » de l'accusé, et répare symboliquement son comportement auprès de la société, du village, de la seigneurie. Mais l'accusateur peut également faire valoir son préjudice particulier. Un système de « dommages et intérêts » apparaît parfois, en compensation de dommages subis.

La honte au front et la plaie à l'aumônière, le contrevenant, « soumis », « absous », a payé sa dette envers la société, et peut ainsi être symboliquement réintégré dans la communauté rurale. Les rouages de la régulation sociale sont en place. Sont-ils efficaces ? Ces actes de justice révèlent et soulignent le comportement de la société vis-à-vis de ses contrevenants. On perçoit une curieuse faille, voire un fossé, entre un certain nombre de délits punis comme tels, mais pas réprouvés par ce que l'on pourrait appeler une « morale des villages. » Et d'autres délits, fréquents ou non, mais qui semblent toujours frapper et ébranler la communauté rurale.

Une « Justice de village » équilibrée entre deux morales

Une « morale des villages » qui tolère ce que la loi réprime…

Dans le premier groupe, on trouve le vol de bois, et la divagation de chèvres. Les vols de bois, en particulier, concernent tout le monde. Ils sont parfois commis en groupe. Le plus souvent en plein jour (difficile de couper un arbre la nuit), il s'agit de grands arbres, en grand nombre… bref, ce sont des délits commis ouvertement. La persistance des vols de bois, malgré les amendes, malgré les mots intimidants employés par le tribunal, révèle une sorte de défi. Ces vols ne seraient-ils pas en réalité l'expression d'une revendication paysanne sur ces forêts et sur ces pâtures ? Une revendication sur laquelle le tribunal de justice se révèle impuissant à agir. Le ressort principal de la Cour est en effet la honte, mais si le délit n'est pas considéré comme honteux par la communauté rurale, que peut faire le tribunal ? Frapper à la bourse ? Les prononcés d'amendes montrent qu'il ne le fait pas… par sagesse, ou par adhésion à cette forme de « morale des villages ».

49. À la même époque, une chèvre est estimée à 20 sous (Arch. dép. Rhône, 48 H 1379, f° 50). En 1464, une maison est vendue 9 livres tournois dans un village voisin (*id.*, 3 E 123, f° 64).

... et qui réprime ce que la loi tolérerait volontiers

À l'autre extrême de l'échelle, on trouve les actes que les gens des communautés rurales eux-mêmes trouvent impardonnables : les injures. Les procès pour injures, nous l'avons vu, sont extrêmement nombreux. Ils accaparent les gens de justice, pour un travail que ces derniers trouvent secondaire. À tel point qu'en 1428, le sénéchal de Beaucaire, en visite au Puy, édicte un acte interdisant aux officiers de la *Cour Commune* du Puy et aux notaires de traiter des affaires d'injures, sauf s'il s'agit d'injures vraiment « atroces » ou de paroles diffamatoires[50]. Suivent deux listes : celle des injures courantes, celles dont on peut qualifier tranquillement ses voisins sans craindre les foudres de la justice : « truant », « ribaut », « murtrier », « falsaire », « palhart », « garso », « cognot ». Quelques phrases injurieuses du genre « hieu soy melhor home que tu » ou « vay pissar en ton visaige » comptent parmi les phrases anodines, du moins pas assez répréhensibles pour mériter l'intervention d'une cour de justice. En revanche, les termes de « meschant » ou « malastruc » ou même de « coqui », entrent dans le champ des graves insultes, comme des paroles telles que « laissa far », accompagnées d'un signe de la main[51].

Il serait faux de dire, à la lecture de cet acte très particulier, que les injures ne sont pas prises au sérieux par les autorités, et que l'on conçoive une différence de « civilisation » entre les habitants des communautés rurales et le législateur. Tous accordent un grand poids à la parole prononcée, qu'elle soit menace, diffamation, ou atteinte pure à l'honneur de l'offensé. Mais le législateur, qui n'est pas l'offensé, prône là une plus grande modération dans l'usage de la justice, dans un souci de limitation du nombre des procès, alors que, lorsqu'il s'agit des vols de bois, il prône, au contraire, une sévérité plus grande. Le succès de cette sentence de 1428 est mitigé. Tout au long du XVe siècle, des plaignants portent plainte pour avoir été traités de « mesel » et sont entendus par la justice, alors même que la sentence a classé cette injure parmi les « sans gravité ». Pour ce qui est des forêts, au contraire, même les pillages d'arbres en grand nombre ne donnent pas lieu aux amendes promises de 60 sous.

Une société violente ?

Face à une telle description d'une société rurale sinon paisible, du moins relativement tranquille, alors même que le Velay sort à peine d'années de guerres et de courses, on a quelque peine à souscrire à l'avis de Richard W. Kaeuper qui écrit :

> « Nous avons en fait de bonnes raisons de penser que la violence était partie intégrante de la société de la fin du Moyen âge. [...] Et, même quand un lieu échappait à l'emprise de la guerre, la vie quotidienne réservait toujours d'autres violences. Les actes de gouvernement eux-mêmes s'accomplissaient à travers la violence : châtiments et exécutions publics souvent terrifiants, n'en étaient que les plus évidents exemples[52]. »

---

50. Sentence du Sénéchal de Beaucaire et Nîmes portant défenses aux officiers de la Cour Commune et aux notaires du Puy de faire des informations en matière de contraventions sans gravité et d'injures légères non visées par la loi Cornelia, 7 décembre 1428 (Arch. mun. Le Puy, FF 7). La Cour Commune est la juridiction dépendant de la double autorité du roi et de l'évêque de la ville du Puy.
51. Les gestes sont parfois aussi injurieux que les paroles. Voir à ce sujet GAUVARD, *Une question d'État et de Société : violence et criminalité en France à la fin du Moyen Âge*, 1989.
52. KAEUPER, *Guerre, justice et ordre public...*, 1994.

Certes, c'est avec raison que Kaeuper signale l'impéritie royale en matière de justice, même s'il souligne peu après que, si la justice royale ne s'est pas davantage imposée en France, c'est que les justices seigneuriales occupaient le terrain et l'occupaient bien, malgré des conflits parfois sanglants, souvent violents. Certes, les chroniques et les récits mettent en avant des crimes effarants à laquelle répond la sauvagerie de la répression. Pour autant, doit-on prendre au premier degré les récits de miracles, les fabliaux et romans, où les violences apparemment gratuites se succèdent comme si l'auditeur, blasé, réclamait sa part de sang[53] ? Le jugement porté par l'historien sur les vagues de violence qui traversent le Moyen Âge comme d'autres époques, est bien souvent affaire, comme le reconnaît justement, Anne Zink, d'appréciation personnelle et de sensibilité[54]. Mais la vie quotidienne ? Peut-on réellement parler de société violente lorsque ce que nous considérerions aujourd'hui comme des incivilités sont portées devant le tribunal, qui, solennellement, condamne leurs auteurs ? L'examen de la vie quotidienne, de la conflictualité ordinaire, des procès et chicaneries incite au contraire à suivre Monique Bourin-Derruau lorsqu'elle écrit que « dans cette société villageoise, [le Bas-Languedoc] la violence semble plus verbale que physique[55] ».

Conclusion

Le tribunal de Chantoin dans ses deux aspects de *justice de paix*, au service des communautés villageoises, et de justice seigneuriale, vouée à la défense des forêts, des pâtures et des dîmes seigneuriales, peut-il prétendre à une grande efficacité en matière de régulation sociale ? La grande réussite de cette cour de justice, est évidemment sa proximité, et sa constante présence dans les villages[56]. Le délai entre le délit et son jugement n'excède jamais un an, et souvent, il s'agit de « comparution immédiate », quelques jours après les faits seulement. L'accès au tribunal est facile, même s'il n'est pas gratuit[57]. Les bayles, notaires et sergents sont connus. Les moyens employés par ce tribunal « en vrai » sont beaucoup moins terrifiants que ce qui est proclamé, à intervalles réguliers, à la porte de la Commanderie : si les peines d'amende et de perforation de la langue pour blasphème étaient réellement en cours, il n'y aurait pas un seul homme, en Devès, qui ne se lamenterait en chuintant devant sa bourse plate. La proximité est même poussée jusqu'à l'exagération, quand les hommes de nos communautés se servent et utilisent,

---

53. Comme cela a été fait lors du colloque *La Violence dans le monde médiéval...* du Centre universitaire d'études et de recherches médiévales d'Aix, de mars 1994. Décalons le propos : une des sociétés les plus sûres de l'histoire de l'humanité, le Japon de la fin du XXe siècle, fut aussi le plus grand pourvoyeur d'une littérature extrêmement violente, connaissant une très large diffusion...

54. Cf. sa contribution : « Comme je ne peux pas m'empêcher de voir le bon côté des sociétés que j'étudie, je répète sans cesse que les choses qui se passent bien, normalement, pacifiquement, ne laissent pas de traces dans les documents ; d'autres collègues, au contraire, sont contents lorsqu'ils pensent pouvoir parler de sensibilité à fleur de peau ou de brutalité [...] j'ai l'impression que la subjectivité des historiens, et tout d'abord la mienne, interviennent beaucoup en la matière. » Voir également la contribution de Michel Brunet, convaincu de « la violence de la société civile [...] dans la province du Roussillon », *supra* les réflexions d'Antoine Follain sur les violences détournées sur de « pauvres bourriques » et comme données objectives le 3e tableau de la contribution de Pierre Charbonnier « Les matières des procès en 1584 » devant la haute justice de Murol, où ne figurent que 5 cas de violences physiques pour 276 procédures relatives à l'endettement.

55. BOURIN-DERRUAU, *Villages médiévaux en Bas-Languedoc : genèse d'une sociabilité (X^e^-XIVe siècle)*, 1987, t. II, p. 182.

56. Notons que la constante présence de la justice dans une communauté d'habitants peut aboutir à l'inverse : une société minée par la peur et la délation, comme en Sabarthès des années 1320. Cf. CAZENAVE, « La ronce et le grain... », *op. cit.*

57. Les frais de justice ne sont pas mentionnés dans les actes, mais ils ne sont évidemment pas absents.

instrumentalisent presque la Cour pour la faire entrer dans leurs propres jeux d'influence, leurs propres guerres intestines[58]. Les moyens, enfin, qu'utilise ce tribunal, semblent de nature à rétablir rapidement la paix sociale. Délinquants facilement et rapidement reconnus, traduits en justice, menacés, puis réintégrés dans la communauté, après paiement de leur amende. Les accrocs au tissu social que sont les rixes, les vols, les fraudes et les injures sont pris au sérieux par le tribunal, qui n'hésite pas à siéger, même lorsque la cause semble mineure. Du simple point de vue de la régulation sociale, la réussite de ce tribunal villageois, de cette justice itinérante me paraît donc évidente. Mais cette cour est-elle au service de la justice ? Malgré son nom, on peut en douter. Pas de défense, pas de débat contradictoire… et l'intérêt du seigneur qui passe évidemment, avant tous les autres. L'Ordre, dans notre cour seigneuriale, est mieux servi que la Justice.

58. CORNU, « Conflits villageois au Moyen Âge en Velay… », *op. cit.*

Justice seigneuriale et régulation sociale à Moyemont : le plaid et le contremand (1490-1790)

Jean-Claude DIEDLER
Docteur en histoire, université de Franche-Comté

En Lorraine du Sud, les archives ducales comme celles des grands chapitres sont particulièrement riches. Elles permettent d'aborder l'étude des sociétés rurales à partir de sources dont l'intérêt principal est de former des ensembles importants et fréquemment cohérents et ceci dès le XVIe siècle. La plupart des dossiers sont des pièces comptables, souvent d'origine judiciaire, établies par les receveurs ducaux ou les gestionnaires des collégiales. Elles sont conservées, à la fois, dans les séries B et G des Archives de Meurthe-et-Moselle et dans la série G des Archives des Vosges[1]. Le classement en fonction d'une chronologie annuelle de la série B nancéienne pallie souvent les incertitudes de l'ordre alphabétique des communautés, adopté par la série G spinalienne et réciproquement[2]. Il devient alors possible de confronter des pièces de sources différentes qui permettent de suivre avec plus de certitude l'évolution des communautés d'habitants sur plusieurs décennies[3]. C'est le cas des archives de la mairie de Moyemont. Elles permettent d'observer sur trois siècles les comportements de groupes sociaux volontiers frondeurs, confrontés aux exigences du pouvoir capitulaire. Les habitants supportent difficilement que les contraintes seigneuriales viennent limiter leurs anciens droits forestiers, alors que la proximité du pouvoir ducal leur offre des opportunités. De 1490 à 1787, leur résistance a donné lieu à une succession de plaids annuels ou exceptionnels qui ont été l'occasion de nombreux tumultes et ont obligé les greffiers à une rédaction précise des actes. Le fonctionnement d'une justice seigneuriale est normalement abordé par le biais du discours institutionnel[4]. À Moyemont, il semble possible d'étudier l'im-

1. Pour le chapitre de Saint-Dié : Arch. dép. Vosges, G 464 à 802, auxquelles il faut ajouter les liasses G 2716 à 2719 qui concernent des pièces de procédure, récemment classées, et couvrant la période 1571-1662 ; *Inventaire sommaire des Archives départementales des Vosges, série G, par Francis de Chanteau, Gustave Guilmoto, et Paul Chevreux*, Épinal, 1868-1896 (11 tomes). Le tome I concerne le chapitre de Saint-Dié.
2. Pour les comptes des receveurs ducaux de Saint-Dié : Arch. dép. Meurthe-et-Moselle, B 8612 à 8764, 1494-1663. Manquent les seules années 1520, 1543, 1544, 1545 et 1551 ; *Inventaire sommaire des Archives départementales antérieures à 1790, par Henri LEPAGE*, Arch. dép. Meurthe-et-Moselle, Nancy, 1884-1891.
3. Pour la transcription, cf. GIRAUD Yves, « Protocole pour l'édition de textes imprimés en moyen français (1480-1620) », *Bulletin de la Société française des études seiziémistes*, n° 42, 1997, p. 37-40.
4. BONVALOT, *Histoire du droit et des institutions de Lorraine et des Trois Évêchés...*, 1889 ; DUMONT, *Justice criminelle des duchés de Lorraine, de Bar, du Bassigny et des Trois Évêchés...*, Nancy, 1848 ; CABOURDIN, *Terre et hommes en Lorraine (1550-1635)...*, 1977 ; et la contribution de Jean Gallet qui approfondit la question. Sur les difficultés liées à la compréhension du langage des XVIe-XVIIe siècles : MATORÉ Georges, *Le Vocabulaire et la société du XVIe siècle*, Paris, PUF, 1988, 379 p. (p. 13) ; RONZEAUD Pierre, *Peuple et représentations sous le règne de Louis XIV. Les représentations du peuple*

pact sur les habitants d'une régulation sociale, menée avec constance par les chanoines déodatiens pendant trois siècles. L'exemple choisi porte sur un territoire et une population restreints, conditions qui permettent de suivre l'évolution des familles sur plusieurs siècles et avec suffisamment de précision.

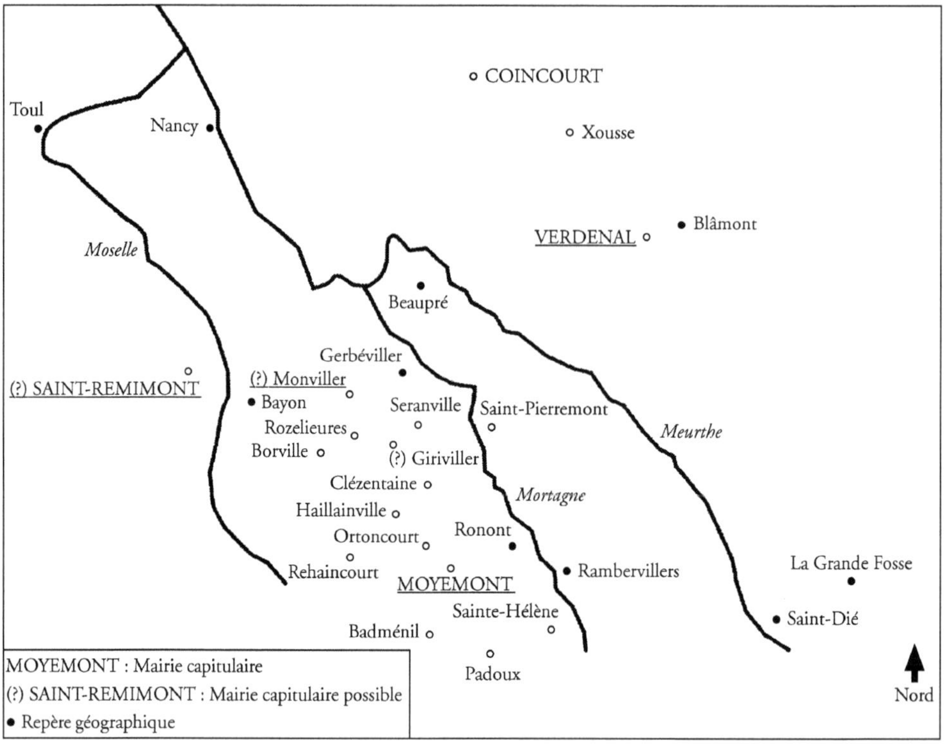

La prévôté du Chaumontois au XVe siècle.

La communauté d'habitants de Moyemont

Moyemont est à la fois le chef-lieu et l'une des trois mairies de la prévôté du Chaumontois[5]. Cette seigneurie du chapitre de Saint-Dié regroupe un ensemble de communautés situées sur la rive droite de la Moselle[6]. Ce sont les possessions capitulaires les plus excentrées. La mairie de Moyemont est située 40 kilomètres à l'ouest de Saint-Dié, siège du pouvoir. Le domaine est géré depuis la maison franche de Moyemont

dans la littérature politique en France sous le règne de Louis XIV, Aix-en-Provence, Publications de l'université de Provence, 1988, 420 p. (p. 40) ; DIEDLER, *Violence et Société. La haute vallée de la Meurthe…*, 1993, p. 204-224 et *Démons et Sorcières en Lorraine…*, 1996, « Le poids des mots » p. 70-81.

5. Vosges, ar. Épinal, c. Rambervillers. Moyemont est situé à 22 km au nord d'Épinal et à 8 km à l'ouest de Rambervillers.

6. BOUDET Paul, « Le chapitre de Saint-Dié des origines au seizième siècle », *Bulletin de la Société philomatique vosgienne*, t. 40 et 41, 1924 et 1925, p. 25-109 et p. 62-274 (p. 263) ; PERRIN Charles-Edmond, « Catalogue des chartes de franchise de la Lorraine antérieures à 1350 », *Annales de la Société d'histoire et d'archéologie lorraine*, n° 33, 1924, p. 269-413 (p. 322) ; PARMENTIER Damien, *Église et Société en Lorraine médiévale*, Paris, Messene, 1997, 238 p. (p. 92-101) : au XVe siècle la mairie de Moyemont perçoit les revenus des finages de Frizon, Rehaincourt, Tontigny (Moriville), Rozelieures, Clézentaine, Ortoncourt, Dossoncourt, à Borville et Haillainville, à Verdenal, à Coincourt et Moyenvic (voir carte).

où réside le chanoine, qui fait office de prévôt du Chaumontois, lorsqu'il se déplace dans sa juridiction.

Il est difficile de donner une image satisfaisante d'une communauté d'habitants, quand il s'agit de définir son emprise aux niveaux géographique, économique et démographique[7]. La question se pose tout particulièrement pour Moyemont au XVe siècle. En tant que siège d'une prévôté capitulaire, la mairie perçoit les revenus de 12 finages. Si on prend en compte le spirituel, la communauté paroissiale regroupe aussi les finages de Saint-Genest, Badménil et Ortoncourt[8]. Cet ensemble correspond également au ban, si on le réduit à l'espace contrôlé par les installations banales. Dans cette étude, on a opté pour le cadre juridictionnel, choisi par le pouvoir seigneurial pour régler les conflits qui l'opposent à sa communauté. Il coïncide avec la seule communauté d'habitants de Moyemont et son important finage forestier[9].

Cette limite définie, la population de Moyemont n'a jamais été très nombreuse[10]. Entre le début du XVIe siècle et la fin du XVIIe, le nombre d'habitants oscille entre 17 et 25 laboureurs[11]. Elle est tombée à 10 en 1650 qui semble le point d'étiage. La population augmente ensuite jusqu'en 1760 avec 57 laboureurs, à comparer aux 52 citoyens actifs de 1790. La communauté est installée sur un axe particulièrement exposé[12] et pourtant le finage de Moyemont attire.

Le donné juridique

À partir du VIIIe siècle et l'émiettement de l'autorité du premier âge féodal, l'intégrité des possessions capitulaires est peu à peu affectée comme ailleurs[13]. Il faut attendre la fin du Xe siècle (ou le début du XIe) et la *Littera antiqua rectidunum*, premier censier, pour connaître « les cens et droitures » de l'*atrium* du chapitre de Saint-Dié, dévolus à l'entretien des chanoines et de leur Église[14]. À partir de cette date, le chapitre tente de retrouver puis de maintenir ses prébendes et ses droits initiaux. La tâche est d'autant plus nécessaire que l'incendie de 1065 a fait disparaître les documents fondateurs. Sans

7. La communauté dans les mentalités : CHAUNU Pierre, *La Mémoire et le sacré*, Paris, Calmann-Lévy, 1978, 288 p. (p. 211) ; MUCHEMBLED, *Culture populaire et culture des élites dans la France moderne (XVe-XVIIIe siècle)...*, 1978, p. 54. Sur les hésitations de la terminologie désignant les communautés d'habitants : JACQUART, « Réflexions sur la communauté d'habitants », 1976, p. 157-182 ; GUTTON, *La Sociabilité villageoise...*, 1978 ; FOLLAIN, « Les communautés rurales en France. Définitions et problèmes », 1999b, p. 14-15. Sur les nouveaux villages en Lorraine à partir de la seconde moitié du XVIe siècle : PELTRE Jean, « Du XVIe au XVIIIe siècle : une génération de nouveaux villages en Lorraine », *Revue géographique de l'Est*, 1-2, 1966, p. 3-27. À noter que le mot *commune* est utilisé à Moyemont, dès le XVIe siècle.
8. Saint-Genest : Vosges, ar. Épinal, c. Rambervillers. Badménil : ar. Épinal, c. Châtel-sur-Moselle. Ortoncourt : ar. Épinal, c. Rambervillers.
9. Les habitants des autres communautés de la paroisse sont souvent cités comme témoins mais ils sont rarement partie prenante.
10. LORCIN, *Les Campagnes de la région lyonnaise aux XIVe et XVe siècles...*, 1974, p. 39.
11. CHEVREUX Paul, *L'Histoire communale : Moyemont*, Épinal, V. Collot, 1883, 28 p. (p. 25) ; CHEVREUX Paul et LOUIS Léon, *Dictionnaire historique et statistique des communes, hameaux, écarts, fermes, du département des Vosges*, Épinal, impr. de E. Busy, 1887-1889, 2 tomes, 384-420 p ; CABOURDIN, *Terre et hommes...*, *op. cit.*, p. 202 : la population peut être comprise entre 85 et 125 habitants.
12. Arch. dép. Vosges, G 617, pc. 16, 1557, lettre du bailli ducal à Nancy : « Les habitans de Moyemont m'ont faict supplier qu'en consideration de ces dangers de guerre, je leur vueille permettre de faire planter en leur villaige les panonceaulx aux armes de monseigneur et pour ce que ledit villaige est situé en mon bailliage leurs ay accordé. »
13. FOSSIER, *La Terre et les hommes en Picardie...*, 1968, t. I, p. 510.
14. PARMENTIER, *Église et Société...*, *op. cit.*, p. 93.

doute les « sonriers[15] » y parviennent-ils difficilement, ce qui explique que la *Littera antiqua* soit très certainement un faux, fabriqué *a posteriori*.

Quelques certitudes apparaissent au début du XIIe siècle. Pour caractériser la terre de Moyemont en 1114, un diplôme de l'empereur Henri V utilise l'expression « *Medium Montem cum appendiciis suis* [avec ses appartenances] », qui est le plus souvent réservée à la description d'un ensemble de « ménanties[16] ». On peut donc supposer que le finage de Moyemont a pour origine des tenures groupées autour d'une maison franche symbole du ban[17]. D'autres droits, qui se sont conservés, semblent aussi le confirmer : les droits de relief sur toute succession immobilière[18], de corvée[19] ou de prélèvement sur les forains nouvellement installés. Par ailleurs on peut ajouter que, bien loin d'avoir eu seulement cours dans le Val de Saint-Dié[20], la mainmorte a concerné l'ensemble du temporel capitulaire. C'est la seule explication qui puisse justifier le recours au contremand dans le Chaumontois.

Au début du XIVe siècle, le ban de Moyemont se constitue progressivement autour de la maison franche. Les terres, rattachées à l'établissement seigneurial, sont travaillées par des sujets corvéables[21]. En 1310, l'évêque de Toul confie aux chanoines le droit de patronage de l'église de Moyemont, ce qui leur permet de bénéficier des dîmes d'un certain nombre de communautés[22]. En 1323, Henri comte de Vaudémont vend au chapitre son droit de gîte et lui reconnaît le droit de régler la taille et d'exercer la haute justice sur l'ensemble du ban[23]. Le reste des droits est engagé en 1364 par un acte précisant que l'ensemble des biens est « franc-alleu sans être de fief ni de garde d'aucun seigneur[24] ». Il s'agit bien de la définition d'une terre noble et franche à cause de son caractère seigneurial, présomption invincible qui n'a besoin d'aucun titre formel. Ceci suffirait à expliquer l'absence de charte de franchise qui, par ailleurs, ne s'appliquerait qu'aux taxes portant sur la possession de la terre[25]. On pourrait se satisfaire de ce constat qui a aussi l'avantage d'expliquer l'organisation féodale d'une justice banale, modelée sur l'ancienne *curia*, qui est rendue par un collège représentant l'ensemble du domaine

---

15. Le chapitre de Saint-Dié confie la gestion de son temporel à des chanoines portant ce titre.
16. Arch. dép. Vosges, G 616, pc. 1 (copie du XVIIIe siècle) ; PERRIN, « Catalogue des chartes de franchise... », *op. cit.*, p. 298. Sur le temporel déodatien, la « ménantie » est une tenure paysanne au statut particulier car transmissible sous certaines conditions. Pour simplifier nous l'assimilerons au manse servile.
17. CHEVREUX, *L'Histoire communale...*, *op. cit.*, p. 3 : la première cession de droits seigneuriaux à Moyemont est le fait de Thierry Roille Malle, chevalier de Romont, en 1228.
18. L'héritier est tenu de payer 2 quartes de vin dans les 40 jours qui suivent le décès. À défaut de paiement la succession est acquise au chapitre.
19. Il est exigé annuellement de chaque habitant qui doit 7 journées de travail sur les terres du chapitre. Voir aussi Arch. dép. Vosges, G 615, pc. 1, 1399 : les dîmes portent le nom de « crowées ».
20. PARMENTIER, *Église et Société...*, *op. cit.*, p. 108. La condition de serf est évoquée, en ces termes, par les juristes du chapitre et ceci jusqu'en août 1711, date de l'édit du duc Léopold portant suppression du droit de main morte. Ce n'est pas une particularité lorraine, cf. BRESSAN, « La mainmorte dans la France du XVIIIe siècle... », 1996, p. 58-59.
21. Arch. dép. Vosges, G 623, pc. 4, copie du XVIIIe siècle : en 1366, le chapitre amodie la maison franche. Il laisse au preneur la moitié des menues dîmes de Moyemont, Saint-Genest, Ortoncourt et Badménil, avec un sixième des menues dîmes de Saint-Maurice. S'y ajoutent 5 réseaux d'avoine et les corvées trois fois dans l'année. Le chapitre reçoit 40 réseaux de froment et le droit d'hébergement des chanoines venant à Moyemont. L'hôpital de Saint-Dié perçoit 14 réseaux de blé.
22. Arch. dép. Vosges, G 613, pc. 1, 1310.
23. Arch. dép. Vosges, G 616, pc. 3.
24. Arch. dép. Vosges, G 623, pc. 9, 1703, f° 2 : Henri, sire de Joinville et sénéchal de Champagne engage au chapitre pour 300 florins d'or ses revenus à Moyemont en se réservant le droit de rachat (Ces actes seront soigneusement recopiés jusqu'au XVIIIe siècle).
25. GUYOT Charles, *Histoire d'un domaine rural en Lorraine*, Nancy, Berger-Levrault, 1887, 126 p. (p. 42).

rural. En réalité, il n'explique pas complètement les entreprises du chapitre ni la résistance des sujets.

La justification des prétentions des habitants tient peut-être au fait que, sur le territoire de la communauté paroissiale de Moyemont, se trouve une chapelle vouée à Saint-Genest qui est le siège d'un important pèlerinage curatif. Comme en d'autres endroits[26], les habitants de Moyemont peuvent avoir bénéficié de certaines franchises, liées à ce lieu de culte et faisant d'eux des « hommes le duc[27] ». Pourtant en l'absence d'un Titre précis, le chapitre préfère privilégier l'hypothèse qui lui est la plus favorable[28].

Le donné économique

Les terres du Chaumontois sont plus fertiles que les sables gréseux de la haute vallée de la Meurthe. Préservé de l'échaudage, le froment peut y être cultivé comme l'avoine. Taille et dîme sont assises sur ces deux céréales qui expliquent également une relative aisance des habitants[29]. La communauté de Moyemont occupe une zone de défrichement de la forêt ducale[30]. Les ressources forestières constituent une autre source d'enrichissement. Les habitants prétendent disposer d'une partie de la production de bois, ce que conteste le chapitre qui ne possède par ailleurs aucun titre de propriété :

> « La forêt de Moyemont leur appartient en totalité ; ils en doivent avoir un titre qu'il seroit à propos d'examiner, quoy que la propriété ne leur soit pas contestée par la communauté de Moyemont ; nonobstant ce touts les plaids annaulx qui se sont tenus à la reserve de ceux de l'année dernière [1702] portent precisement que les habitans ont droit d'usage dans la forêt, tant pour bois de batttiments, reparations, qu'afouages ; outre ce la moitié du produit des ventes ce qu'ils assurent[31]. »

Le contentieux entre les habitants et le pouvoir seigneurial est lourd. Tous les ans le chapitre procède à une coupe destinée principalement aux salines de Rozières. La communauté prétend y avoir un droit de prélèvement au prorata de la quantité de bois coupée :

> « Tous les arbres de batiments et ceux propres à faire des esseaux pour la couverture des maisons et autres reparations ; elle pretend en oultre tout le reste pour luy tenir lieu d'affouage ; que si cependant elle venoit à en abbandonner moitié et que les seigneurs la

26. Il est possible de se faire une idée plus précise en comparant avec le domaine de Grimauvillers, appartenant au couvent de Muraut (Damvillers : Meuse, ar. Verdun, ch.-l. c.). Une charte de 1217 le transforme en terre franche, en considération d'une chapelle élevée en l'honneur de Saint-Pancrace ; voir Guyot, *ibid.*, p. 7.

27. Le domaine de Moyemont reproduit la configuration retenue pour la cense de Saint-Pancrace : maison franche, terres non morcelées, plaine de Lorraine (Guyot, *ibid.*, p. 4).

28. L'incertitude des pouvoirs explique que les habitants de Moyemont fassent systématiquement appel à la justice ducale de leur propre chef au moins jusqu'en 1557, date où la communauté est rattachée au bailliage de Nancy ; voir aussi une liasse de documents non datés qui servent trop les intérêts du chapitre pour correspondre à une réalité : « L'an 1323, Henry comte de Vaudémont reconnoit qu'il n'a aucun droit d'empescher que le chapitre regle la taille de Moyemont à leur volonté et qu'il n'y peut rien demander ; que si quelque habitant dudit lieu quittoit le village pour aller demeurer ailleurs, le chapitre pourroit se saisir de ses meubles et heritages sans que ledit Henry ny ses heritiers le puissent empescher » (Arch. dép. Vosges, G 616, pc. 1, s. d. [XVIIIe ?], f° 1).

29. Au plaid de 1672, par exemple, les 22 chefs de conduit de Moyemont déclarent posséder 109 bovins et avoir engraissé 4 porcs chacun dans l'année. Arch. dép. Vosges, G 622, pc. 46, 1672, f° 2 et 3.

30. Actuellement forêt domaniale de Rambervillers.

31. Arch. dép. Vosges, G 623, pc. 9, 1703, f° 2. Le chapitre est parfois même obligé de s'appuyer sur la toponymie pour justifier ses droits : « Les Grands Bois de Moyemont sont qualifiez par nos anciens tiltres de Bois St Diey. En 1315, le chapitre fit l'acquest du bois de Fay, lequel bois mouvoit deja du fief appartenant à nostre chapitre. » De telles affaires paraissent fréquentes : FOLLAIN, « Une comptabilité villageoise normande du XVIe siècle », 1996, p. 128-129.

vendissent, elle veux s'en reserver encore moitié du produit, fondée sur la teneur des plaids annaulx sur une possession constante et plus que suffisante pour établir son droit; sur ce cisteme les seigneurs avoient une forêt considerable du produit de laquelle il ne leur reviendroit qu'un quart, ce qui parroit un peu dure. »

La question des bois est réglée en 1787 par un partage de la forêt de Moyemont entre la communauté d'habitants et le chapitre[32].

Le donné social

Les situations les plus contraignantes pour les habitants concernent les menaces sur leurs biens et leur origine est le plus souvent une rivalité économique. Ce sont les intérêts de la production ou du négoce qui poussent aux débordements et d'abord la crainte de perdre les moyens d'existence. De petites tracasseries quotidiennes, insignifiantes en apparence, perturbent profondément les communautés rurales et permettent d'expliquer des réponses disproportionnées avec leurs causes.

Il est indispensable de bien cerner le donné social pour comprendre le fonctionnement de la justice seigneuriale. Pour pérenniser les structures féodales d'un pouvoir fondé sur des relations individuelles, ses représentants s'appuient sur la violence latente qui structure les relations communautaires[33], au même titre que les solidarités[34]. Ils exercent des contraintes destinées à isoler les individus de leur groupe[35]. L'institution du plaid banal joue un rôle fondamental à ce niveau en introduisant des rapports de force perturbants entre les habitants. Chaque sujet doit se soumettre au jugement du groupe, redouté quand l'honneur est une condition de l'insertion sociale[36]. L'information sur le tumulte de 1583 est tout à fait caractéristique des perturbations liées au plaid. À cette date, Howat, qui a été plusieurs fois maire, occupe l'office de forestier. La procédure l'oblige à obtenir la nomination d'un doyen pour pouvoir percevoir les amendes de trois habitants qui appartiennent au clan du maire en place. C'est ce dernier qui témoigne :

> « Ledict commis Howat se vint représenter a luy et luy dit qu'il requerroit sans dire au nom de qui (fut de la commune en general ou de quelque particulier) de luy fournir ung doyen, autrement qu'il n'obeyroit plus a luy non plus qu'au simple enfant de la ville; disant en oultre par le sang Dieu que ledict Sr prevost ne luy ledict maire deposant n'avoient rien à luy commander ny à dominer sur la commune; sur ce survint Dieudonné Lhoillier qui s'adressa a luy deposant et luy dit : compere, vous nous faites tort; ce pendant plusieurs dudict village assemblez commencearent a murmurer et parler par forme

32. Les chanoines conservent 1 275 arpents de bois.

33. ZEMON-DAVIS, *Les Cultures du Peuple. Rituels, savoirs et résistances au XVIe siècle...*, 1979, p. 253-254.

34. MANDROU, *Introduction à la France moderne. Essai de psychologie collective...*, 1961, p. 111; STAUFFENEGGER Roger, *Église et Société. Genève au XVIIe siècle*, Paris-Genève, Droz, 1983-1984, 2 tomes, 1077 p. (p. 96) : « L'irrépressible solidarité, le genre obligé, la note quasi tautologique de toute vie sociale »; DURAND, *Les Solidarités dans les sociétés humaines...*, 1987, p. 269; FOLLAIN, *Les Solidarités rurales...*, 1993; DIEDLER, *Démons et Sorcières en Lorraine...*, *op. cit.*, p. 132-133.

35. « Violence » et « société » sont deux termes qui paraissent s'opposer. « Société » vient de *socius*, « celui qui fait cause commune », c'est-à-dire « celui qui a suivi de lui-même » pour se fondre en une *societas*, véritable communauté d'intérêts. Au contraire, le sémantème de *violentia* est *vis* désignant la force, la puissance aux influences individualisantes; MESNARD, « Introduction » au colloque *La Tolérance...*, 1986, p. 5 : « La tolérance desserre le lien qui unit l'individu au groupe »; DIEDLER, *Violence et Société...*, *op. cit.*, p. 100.

36. POITRINEAU, « Le paysan et l'adversité. Des calamités, des mentalités, des comportements », 1989, p. 115-116 : « Avec tous les gens qui se situent dans son cercle d'interconnaissance, chaque paysan sait à quoi s'en tenir et, en conséquence, comment se comporter. »

de mutinerie et ung nommé Demengeon Lhoillier (ne sçait il deposant pourquoy ne a quelle occasion) le print et le leva sur ses bras et l'emporta en sa maison [37]. »

Les fondements du pouvoir seigneurial sont respectés. L'intervention de Howat a lieu juste après le départ du prévôt. Pour contraindre le maire, on le transporte dans sa maison afin de ne pas violer la franchise de la maison seigneuriale. Par contre, une fraction de la population fait passer ce pouvoir, symbolisé par le maire et le prévôt, après la volonté commune. Le témoignage reste suffisamment imprécis pour ne pas nuire aux habitants influents, comme les membres de la famille Lhuillier. En Lorraine du Sud surtout, de telles contraintes ont abouti à une vague de violence institutionnelle, officialisée entre autres par les procès de sorcellerie [38]. Bien entendu dans ce cas, on ose à peine parler de régulation sociale [39].

La vie collective est réglée par une socialité qui accepte l'emportement comme l'exclusion. Son équilibre tient à l'inscription dans la durée des relations que chaque habitant entretient avec sa communauté. Pour répondre à une rivalité économique ou pour venger un honneur menacé, les actes de violence s'imposent le plus souvent [40]. Choisir cette voie est préférable au risque de perdre ses moyens ou son honneur en étant *repris* par la justice. La dernière solution est la fuite qui revient à avouer l'inadaptation à une situation. Il ne peut s'agir que d'un ultime recours lorsque toutes les possibilités de réponse ont été épuisées car l'exclusion est toujours ressentie comme un statut inacceptable. La perte des références collectives en fait une mort sociale pour l'individu. C'est pourtant cette voie qu'offre le contremand aux sujets du temporel capitulaire.

Le plaid et le contremand : deux instruments destinés à la régulation sociale

La justice seigneuriale emprunte ses méthodes au fonctionnement d'une communauté dont la cohésion est fondée par des gestes et des paroles admis collectivement. Ce sont, par exemple, les témoignages qui forment l'essentiel de la matière fondant une condamnation. La notion d'honneur est particulièrement mise en avant. C'est elle qui impose à chaque habitant de ne pas avoir été *repris* par la justice. Par exemple, un accusé ne peut nier des crimes s'ils sont « la pluspart verifiez par des gens de biens » mais surtout s'ils le sont par « ses plus grands amys [41] ». Il n'échappe pas non plus à la question (interrogatoire sous la torture) s'il a été maintenu « jusques au feu » par un supplicié, « en presence d'une grande multitude de gens assistans à son supplice [42] ». Un tel code de procédure apparaît bien comme un moyen de contrôle des communautés, dont il a la possibilité d'exploiter les dissensions claniques. En l'absence de toute enquête matérielle, à l'exception des affaires d'empoisonnement, la justice ne dispose que de la réputation de moralité d'un témoin pour valider ses dires. Or cette moralité ne peut que se trouver dans le clan soutenant le pouvoir seigneurial, celui dont les intérêts se confondent avec ceux du chapitre.

37. Arch. dép. Vosges, G 618, pc. 12, février 1584 ; DUMONT, Justice criminelle des duchés Lorraine..., 1848, t. II, p. 15.
38. DIEDLER, « Un procès de sorcellerie... », *op. cit.*, p. 134.
39. DIEDLER, *Démons et Sorcières...*, *op. cit.*, p. 108-115.
40. DIEDLER, *Violence et Société...*, *op. cit.*, p. 176.
41. Arch. dép. Vosges, G 707, pc. 1, 1585.
42. Arch. dép. Vosges, pc. 12, 1608, f° 4 v°.

Les justiciables ne sont pas dupes d'une procédure qui ne leur laisse aucune chance de défense. Il existe même une sorte d'entraide entre ceux qui, appartenant au même groupe, ont échappé à une condamnation. Ainsi l'un d'eux conseille à une femme de son entourage « que quant on luy confronteroit quelque tesmoings qu'elle dise qu'ils n'estoient gens de bien; aultrement que l'on adjousteroit foid et creance a leurs depositions[43] ». L'impression dominante est bien celle d'une justice qui encourage la dissolution des liens de solidarité, en isolant l'accusé et en le chargeant de la vindicte communautaire.

Contremand et rachat

Pour un accusé exclu de ses réseaux de solidarité, la tentation est grande de quitter les lieux. L'impression de richesse, que dégagent les seigneuries ultramontaines, attire les montagnards vivant sur les terres du chapitre. Leur départ est encouragé par une vieille coutume qui revient en usage au XVIe siècle après être tombée en désuétude, celle de « se contremander[44] ». Il s'agit d'une procédure archaïque autorisant sous certaines conditions un changement de seigneurie. La mention, implicite certes, apparaît au XIe siècle dans les titres capitulaires[45]. Le chapitre s'oppose fermement à sa remise en vigueur, dès le début du XVIe siècle[46]. La première apparition certaine du contremand à Moyemont concerne l'année 1549, date à laquelle une veuve demande justice pour son mari devant le tribunal ducal. À cette époque il semble que la procédure ne soit plus connue des échevins nancéiens[47].

Un ensemble de sources[48] permet d'étudier le contremand dont la pratique est attestée dans la plupart des seigneuries du temporel capitulaire[49]. Les archives de la mairie de Moriviller[50] et celles de la mairie de Meurthe[51] présentent des analogies confirmant une institution ancienne, parfaitement codifiée et généralisée, qui mêle l'expression d'une culture somatique et des notions juridiques. La coutume de Moriviller précise que les habitants ont « contremand les uns sur les autres ». Le finage de cette mairie du Chaumontois comprend trois bans, ce qui donne à chaque sujet deux possibilités de se contremander. La coutume de la mairie de Meurthe autorise les hésitations dans la mesure où elle reflète la parcellisation de l'espace montagnard. Chaque sujet peut se « contremander neuf fois le jour, de l'un des seigneurs à l'autre, sans amende faisant et sans garder nul droit de contremand au maieur, que le neuvieme retourne au seigneur qu'il est party ». Son contremand accepté, le nouveau sujet doit payer au maire le droit d'entrée dans sa nouvelle seigneurie. À Moriviller, il doit 6 deniers, alors qu'à la mairie

43. Arch. dép. Vosges, G709, pc. 1, 1610, f° 10.
44. LEPAGE Henri et CHARTON Charles, *Le Département des Vosges, statistique historique et administrative*, Nancy, Peiffer, 1845, 2 tomes, 1056 p. et 560 p. (t. II, p. 519); BONVALOT, *Histoire du droit et des institutions…*, *op. cit.*, p. 12.
45. Voir en section « Pièces justificatives ».
46. Arch. dép. Vosges, G761, justice de Sainte-Marguerite, pc. 6, 1523 : supplique de Dyon Raguey au chapitre « de ma donner grace de servitude et me vendre mes biens, affin que je vous puisse bonnement servir ma femme, mes enffans et vivre paisiblement soub vous, comme un bon subject, manans et residans ».
47. Arch. dép. Vosges, G617, pc. 9, 1549 : « Tort avoir esté faict à son mary par ceux de la justice [du chapitre] par ce que la coustume du lieu n'auroit esté observée comme du passé. »
48. Voir en section « Pièces justificatives ».
49. Mairie de Moriviller, ar. Lunéville, c. de Gerbéviller; mairie de Sainte-Marguerite, ar. de Saint-Dié, c. Est; mairie de Meurthe, ar. de Saint-Dié, c. de Fraize (actuellement Ban-sur-Meurthe-Clefcy).
50. Arch. dép. Vosges, G232, 1550, f° 172 et 173 et G233, f° 284.
51. Arch. dép. Vosges, G233, 1553, f° 282.

de Meurthe le montant semble avoir été oublié[52]. Ce droit est la contrepartie des services qui ne seront plus assurés dans la seigneurie d'origine.

Le contremand ne peut se faire qu'en des lieux bien précis. En août 1499, les chanoines détiennent en prison un de leur sujet de Sainte-Marguerite et sa femme. Son cas est exemplaire car il n'hésite pas à adresser une supplique au duc René II[53]. Le souverain envoie la requête à son Conseil à Nancy et leur « mande expressement entendre bien la matiere y contenue ». La justification envoyée par les juristes du chapitre prouve la fermeté d'un buffet seigneurial qui, à la fin du XVe siècle, n'entend pas céder aux exigences du pouvoir central :

> « Au resgard de la prinse et detencion d'ung nommé Nicolas Viney de Saincte Marguerée dessus ledict Sainct Diey et de sa femme touchant l'abus par luy fait, commis et perpetré sur ung pretend contremand qu'il avoit au prejudice de ladicte Eglise nouvellement attempté faire en lieu non pertinement dehu ne accoustumé. [Le chapitre le détient en prison] pretendans et gardans et soubstenans les anciens drois et usages d'icelle Eglise ; que ad cause dudit abus il estoit a eulx encheu et confisqué de son corps et de tous ses biens[54]. »

Le sujet qui n'a pas respecté l'ensemble des détails de la procédure retourne donc à la condition de serf. Il existe cependant une autre solution qui montre que le contremand peut être compris comme une forme de rachat, puisque...

> « [...] plutot que faire un contremand, si bon leur semble paier traict et taille ez deux seigneurs en an et jour durant ; au bout et jour de l'an il se peut tenir auquel seigneur bon luy semble, sans amende faisant ».

Le même principe de rachat est retenu pour l'élection du maire lors du plaid banal, si celui qui est choisi en dernier recours par les représentants du seigneur refuse la charge[55]. Dans la première moitié du XVIe siècle, l'amende exigée est importante puisqu'elle s'élève à 6 francs[56]. Une telle clause ne peut donc s'appliquer qu'à une fraction aisée de la communauté, celle des marchands et des laboureurs. Comme dans le cas de Nicolas Viney, la caution d'un ou plusieurs alliés est exigée dans le cas d'une procédure mal suivie[57]. Pour éviter la récidive, la justice capitulaire exige la comparution de l'individu concerné à la première requête, montrant par là l'intérêt qu'elle attache à conserver ces catégories sociales.

Dès le début du XVIe siècle, la multiplication des contremands illégaux contraint les chanoines à réaffirmer leurs droits sur la communauté de Sainte-Marguerite :

> « Les Venerables doyen et chapitre de Sainct Diey disent qu'il est vray que adcause de leur Eglise sont seigneurs sonriers au lieu de Saincte Margueree, devant Sainct Diey, y creant la justice et renouvellent chacun an on mois de may et non aultres, y tenans leurs plaitz bannalz ondit mois et ont aultres droitz seigneuriaulz ; auquel lieu de Saincte Marguerée a une maison anciennement et modernement appellee la maison du blanc maire, laquelle appartient a monseigneur le duc ; et si tant est que les hommes de leur-

52. « Si tant estoit qu'il voulut garder son contremand il faudroit qu'il aille à l'officier de là où il veult venir et luy donner le droit accoustumé. »

53. Arch. dép. Vosges, G 761, pc. 2 du 15 avril 1499.

54. *Ibid.*, pc. 1 du 2 août 1499. Le détenu et sa femme finiront par être libérés, un de leurs alliés ayant payé une importante caution.

55. BOUDET, « Le Chapitre de Saint-Dié... », *op. cit.*, p. 188.

56. Arch. dép. Vosges, G 761, pc. 6, juin 1523 ; DIEDLER, *Violence et Société...*, *op. cit.* : le coût journalier moyen de la vie est d'un demi-franc en 1558.

57. *Ibid.* pc. 3, septembre 1514.

> dite seigneurie se veullent contremander, ilz le doient faire en icelle maison et eulx contremander et advouer soubz mondit seigneur le duc et non soubz aultres ; avec ce doient observer les cerimonies pour ce accoustumee, le tout soubz peinne de confiscation des biens et le corps mis en perpetuelle servitude [58]. »

La contrainte de lieu est d'autant plus importante que le ban est ici partagé entre deux seigneurs, le chapitre et le duc, mais que les sujets choisissent plutôt les évasions ultramontaines. La procédure, qui répond parfaitement aux mentalités locales, découle des difficultés du pouvoir seigneurial, liées à des bans partagés à l'extrême. Les différents pôles du pouvoir banal sont cités par ce document qui confirme aussi que la procédure du contremand est intégrée au plaid banal. En outre, l'expression employée à Moriviller pour marquer l'aboutissement chronologique du contremand confirme l'enracinement de la coutume dans le droit médiéval [59].

Les sources associent le mot « contremand » à celui de « cérémonie », ce qui le relie à un moment important de la vie sociale. Pour l'individu concerné, le contremand est une forme de réponse palliant son inadaptation à une situation difficile. Destiné à changer l'orientation d'une vie sans trop de heurts, c'est une liberté, certes, mais étroitement contrôlée. De là tout ce rituel où transparaît la culture somatique du groupe et dont certains des rites révèlent les concepts sociaux archaïques qui fondent l'inconscient communautaire. L'essentiel de la procédure est en effet fondé sur un ensemble de connotations liées au foyer et à la vie domestique. Ainsi, par exemple, la validité du contremand est reconnue par le maire de la seigneurie d'origine qui « doit aller veoir la maison, s'il a bien fait son contremand [60] ».

Le respect de l'intégralité de ce qu'il faut bien appeler un rituel autorise la famille à s'établir dans la seigneurie de son choix « sans amende faisant ». À l'origine, le contremand est liée à la condition serve qui impose le devoir de « tenir feu et lieu ». Le sujet doit rester sur sa tenure et il ne peut la quitter que les mains nues. La procédure de la mairie de Meurthe peut sans doute éclairer l'appellation de « levants et couchants » désignant les serfs dans certaines régions [61]. L'obligation de demeurer le visage contre le sol jusqu'au soleil levant serait liée à l'asservissement à la terre. Le droit pour la famille de se coucher et de manger dans la maison est la contrepartie du travail fourni sur la tenure au cours de la journée. Il est la conséquence directe de l'acceptation de la servitude :

> « Un serf de cette nature ne peut rien avoir de propre, *qui enim in potestate alterius est, nihil fuvor* [*sic*] *habere potest* [celui qui de fait est sous la domination d'autrui ne peut jouir de rien] ; il acquiert d'ailleurs à son maitre et seigneur la propriété provenante de son labeur ; et c'est de cette servitude, *quoe nihil aliud est quam constitutio juris gentium quoquis domino alieno subjicitur* [qui n'est rien d'autre que la condition légale des sujets s'appliquant à quiconque se trouve sous la domination d'un seigneur autre que le sien], que la mainmorte a pris son origine qui n'etant autre chose qu'une subjection qui se contracte par la naissance et qui s'appelle *vitium natalium* [vice lié à la naissance] ; il résulte de là que le droit de poursuitte luy est inséparablement attaché ; pour plus grande

---

58. Arch. dép. Vosges, G 761, pc. 4, avril 1515.

59. Le « gaif » ou « guef » est un mot d'origine germanique qui désigne une chose perdue que personne ne réclame. Au XIVe siècle, « gaiver » signifie « céder au seigneur la jouissance d'une maison mouvante de la censive pour une année ». Cette cession a lieu durant le plaid qui correspond au moment où les « gais ont changé ». C'est le renouvellement des droits qui fixe le terme du contremand.

60. Voir en section « Pièces justificatives ».

61. LORCIN, *Les Campagnes de la région lyonnaise…*, *op. cit.*, p. 144.

> confirmation de cette vérité, la mainmorte etant une servitude et un vice de naissance, comme dit est, c'est par conséquent une charge personnelle *quod personam sequitur quocumque ierit* [parce qu'elle accompagne la personne partout où elle sera allée] et sans qu'elle s'en puisse affranchir ny liberer par le changement d'habitation hors de la juridiction du seigneur qui a droit de mainmorte[62]. »

Les statuts de l'église de Saint-Dié stipulent pourtant qu'il est...

> « [...] vray que les seigneurs qui ont droit de main morte dans le Val de St Diey peuvent suivre leurs sujets où ils se puissent etablir, pourveu que ce ne soit pas dans le même Val sous un seigneur qui ayt pareil droit de mainmorte[63] ».

La restriction finale confirme à la fois le droit de changer de seigneurie et le lien juridique existant entre la condition de mainmortable et la possibilité de recourir au contremand.

Au cours de le seconde moitié du XVe siècle et surtout au XVIe, la procédure est remise en vigueur dans des finages menacés de sténochoria par la croissance démographique[64]. À cette époque, le chapitre semble avoir perdu le souvenir du contremand qu'il qualifie de « novelleté » ou peut-être feint-il seulement pour tirer parti de la disparition de ses anciens *Titres*[65]. En tout cas, il lui faut absolument éviter que ses sujets ne se réfugient dans la seigneurie alsacienne des Ribeaupierre. Il paraît certain que le pouvoir seigneurial se sent menacé par les possibilités offertes par le contremand, même si la procédure est détournée comme à Moyemont où les habitants l'utilisent pour se rapprocher du pouvoir ducal. Dans le Chaumontois, les juristes recueillent tout ce qui peut en compromettre la validité. Par contre dans les seigneuries de la montagne, ils tentent de détacher le contremand de la condition de mainmortable[66].

Le plaid banal

Toute communauté s'individualise par ses propres formes d'exclusion et de cohésion, ce qui revient à affirmer l'importance, mais aussi la spécificité des cadres qui structurent les groupes sociaux[67]. Il faut entendre par là aussi bien les événements qui ponctuent l'existence quotidienne que les modèles qui la normalisent et, partant, les hommes qui en assurent le contrôle. Il s'agit de règles stéréotypées, d'attitudes culturelles acquises par imprégnation ou par conditionnements physique ou mental. Ces modèles comportementaux jouent le rôle de soupapes de sécurité. Ils permettent d'extérioriser par la parole et le geste les tensions qui angoissent les habitants[68]. Si la fête annuelle est

62. Arch. dép, Vosges, G 233, f° 459.
63. Arch. dép. Vosges, G 363, pc. 2, XVIIIe siècle, f° 3.
64. FOSSIER, *La Terre et les hommes en Picardie...*, *op. cit.*, t. I, p. 207 ; LORCIN, *Les Campagnes de la région lyonnaise...*, *op. cit.*, p. 146 ; LAPERCHE-FOURNEL Marie-José, *La Population du duché de Lorraine de 1580 à 1720*, Nancy, Presses universitaires de Nancy, 1982, 236 p. (p. 16 et p. 74).
65 . Arch. dép. Vosges, G 323, milieu du XVIIe siècle, f° 55 ; DUMONT, *Justice criminelle...*, *op. cit.*, t. I, p. 55 : la question semble réglée par l'ordonnance ducale du 1er juin 1595 sur l'homologation des coutumes générale, qui abroge toutes les coutumes particulières et locales. On constate cependant qu'après chaque période de conflit, le chapitre est obligé de réaffirmer cette abrogation. C'est le cas, par exemple, en 1662.
66. Arch. dép. Vosges, G 233, 1660, f° 472 : « Le lieu fortuit ou momentané de la naissance ne change pas la condition du fruit qui la prend du ventre car l'état de liberté ou de servitude vient de la mère et la dignité ou noblesse du père » ; GALLET, *Le Bon plaisir du baron de Fenestrange...*, 1990, p. 177 et 190.
67. DURAND, *Les Solidarités...*, *op. cit.*, p. 69.
68. POITRINEAU, « Le paysan et l'adversité... », *op. cit.*, p. 110-111.

bien la première des manifestations calendaires cohésives, le plaid banal vient en seconde position[69].

Un pouvoir éloigné de ses sujets doit mettre périodiquement en œuvre un rituel pour affirmer sa présence et rappeler ses droits sur les finages qu'il contrôle. Ceci explique l'ancienneté du plaid banal et sa présence dans la plupart des provinces, sous d'autres appellations[70]. Sur le temporel du chapitre de Saint-Dié, cette assemblée est annuelle, généralement placée entre les semailles et les récoltes, en mai ou juin. Elle peut aussi être placée à la fin de l'année-récolte, en octobre par exemple, si les circonstances en exigent la réitération. La réunion se tient sur l'usoir [au devant] de la demeure du maire sortant ou devant la maison franche, siège de la juridiction capitulaire. L'assistance de chacun y est requise et l'abstention punissable d'une amende. Le plaid est donc d'abord une contrainte seigneuriale. À Moyemont, il se déroule en quatre phases. Premièrement, un rapport de police fait par l'ancien maire aux représentants du pouvoir seigneurial, ici dans le Chaumontois, le prévôt assisté d'un chanoine délégué : il s'agit d'apprécier le montant des amendes et confiscations que le chapitre percevra dans l'année en sa qualité de haut, moyen et bas justicier de Moyemont. Deuxièmement, l'élection des représentants de la communauté aux offices de maire, d'échevin, de doyen et de forestier : les candidats aux différentes fonctions sont présentés aux représentants du pouvoir à partir d'une établie par la communauté. Trois listes successives peuvent être proposées pour chaque office. La décision finale est réservée au prévôt. Il n'est cependant pas habilité à choisir quelqu'un qui ne serait pas désigné par les habitants. Troisièmement, l'exposé des différends opposant les habitants aux autres communautés : ce sont souvent des affaires de pâture, de paisson ou de vente illicite de bois. Il s'agit de requérir du prévôt qu'il assume la fonction de procureur de la communauté, tout en permettant un rappel des droits du chapitre si litige il y a[71]. Quatrièmement, l'affermage des différentes taxes et impôts.

L'importance du plaid de 1560 tient à la situation particulière de Moyemont. Pour justifier la vente de bois sur pied à la verrerie de Hadigny, les habitants évoquent leur situation géographique particulière et leur ancienne coutume qui leur laissait la libre disposition des ressources forestières[72]. Pour le chapitre, c'est un grave mésus qui permet d'envisager l'influence d'un groupe d'enrichis désireux d'échapper au pouvoir seigneurial. Ce constat, encore implicite en 1560, devient tout à fait évident lors du plaid de 1583 où l'un des habitants déclare « où messeigneurs du chapitre vouldroient leur faire tort qu'il y avoit le souverain par dessus[73] ». Les suites données à cette insubordination permettent de comprendre comment la communauté s'organise pour affronter les exigences seigneuriales.

69. Bercé, *Fête et révolte. Des mentalités populaires...*, 1976, p. 13.

70. Cette présentation s'appuie sur le plaid de 1560 (Arch. dép. Vosges, G 617, pc. 20). Le document très complet semble être passé inaperçu car il est archivé sous la rubrique « rapport de police ».

71. Certains prévôts n'ont pas hésité à prendre le parti des habitants contre le chapitre. Voir Arch. dép. Vosges, G 623, pc. 9, 1703, f° 2 : « Vous pouvez juger sy le chapitre peut souffrir de la complaisance de quelques prevots du Chaumontois quy ont laissez prendre quelque portion des ventes des bois faittes à Moyemont quand elles ont esté considerables. »

72. Arch. dép. Meurthe-et-Moselle, G 339, prévôté du Chaumontois, coutume de Moyemont. Voir aussi Arch. dép. Vosges, G 233, 1662, f° 465 : « Ce seroit rendre les habitans de chaque village souverains s'ils pouvoient faire des coutumes qui sont des loix contraires aux generales. »

73. Arch. dép. Vosges, 1583, pc. 1, f° 1.

Au cours de la première phase du plaid de 1560, les deux représentants du pouvoir rapportent au maire :

> « Que messieurs les Vénérables doyen et chapitre de Saint-Dié ont donné trois pieces de bois à monsieur de Heddegney et que l'on en avoit encore donné trois davantage. [Ils ont alors…] interrogué ledit maire s'il avoit fait cela de son auctorité ou autrement[74]. »

Les décisions de la commune reposent sur un consensus, puisque le maire ne répond pas de son propre chef :

> « Sur ce ledit maire a demandé conseil ; disant ledit maire, apres son conseil ehu qu'il fit sergeanter la plus saine partie de la commune pour a la requeste dudit sieur de Heddgney et que pour un certain respect ladite commune luy ait accordé trois pieces de boys davantage. »

La solidarité s'affirme dans la mesure où *la plus saine partie* de Moyemont s'engage aux côtés de son maire. Il est autorisé par son conseil à préciser que :

> « […] lesquelles trois pieces lesdits maire et doyen dudit lieu, avec d'autres habitants dudit Moyemont, luy furent designer lesdites pieces de boys[75] ».

Le plaid banal parvient à désorganiser le groupe en distinguant quelques-uns de ses membres, bien que les habitants s'efforcent d'opposer des décisions collégiales[76]. Les représentants de la communauté sont rapidement amenés à collaborer, craignant l'effet de publication et l'importance accordée aux notions d'irréprochabilité et d'honneur. Par ailleurs, l'obligation faite au maire « d'assurer les dépenses et charges de son office » est déstabilisante car elle provoque la crainte de perdre les moyens d'existence. Par conséquent, comme le contremand, l'institution du plaid banal favorise l'individu et non un groupe.

Les effets de la régulation sociale à Moyemont

L'analyse de l'évolution des groupes sociaux de Moyemont est centrée sur l'information ouverte à la suite du tumulte de 1583. Le chapitre a exigé la présence de tous puisque deux personnes, qui n'habitent plus Moyemont, sont également ajournées[77]. La liste des 22 familles peut donc être considérée comme fiable. Un examen des patronymes restreint encore leur nombre et souligne l'importance des liens de parentèle[78]. Ensuite chacune des familles a été suivie sur deux siècles, à partir de la composition des mairies successives et des sources disponibles. Le tableau ci-dessous récapitule, à partir de la fin du XVe siècle, les antécédents des familles.

74. Arch. dép. Vosges, G 617, 1560, f° 1.
75. L'amende devient de droit. Elle doit être payée par le maire « dedans le lendemain de l'encheutte des dismes que se fera le diemanche apres la Sainct Piere et Sainct Paul ». Le prévôt précise « que quiconque sera maire soustiendra la despense des charges de son office ». La collectivité doit aussi acquitter une amende.
76. LORCIN, *Les Campagnes de la région lyonnaise…*, *op. cit.*, p. 161 : « Les seigneurs s'efforcent de maintenir en face d'eux des individus et ils évitent tout ce qui pourrait cimenter les communautés de paysans, *causa monopoli vitandi.* »
77. Arch. dép. Vosges, G 618, pc. 12, 1584, f° 1.
78. Ainsi sur le rôle de 1583 comportant 18 noms, 10 familles seulement ne semblent pas apparentées, ce qui ne permet pas non plus d'exclure des liens plus éloignés voire des relations de clientélisme. Voir aussi GALLET, *Le Bon plaisir…*, *op. cit.*, p. 102.

Familles ajournées en 1583	Antécédents conus et composition de la mairie de 1559-1560	Mairie de 1560-1561 : inscrits sur la liste de proposition de la commune/*choix du chapitre*	Composition de la mairie de 1573-1574 et de la mairie de 1582-1583
Anthoyne	–	–	–
Bailly	–	Pour maire	–
Bonhomme	–	Pour forestier	–
Bouxel	Maire en 1548 (opposé au chapitre)	Pour maire, doyen ou forestier	–
Barthelyme	–	Pour doyen ou forestier	–
Chosat	Maire en 1559-1560	Pour maire	Échevin en 1582-1583
Collatte	_? en 1498 (opposé au chapitre)	Pour doyen ou forestier	–
Colin	–	Pour maire	–
Curé	–	–	Lieutenant de prévôt en 1582-1583
Girard	–	–	Doyen en 1573-1574
Grantdidier	–	–	–
Howat	Maire en 1559-1560 (affaire des bois)	Pour maire	Maire en 1573-1573; peut-être forestier en 1582-1583
Jacquatte	–	Pour maire/ *choisi pour maire*	–
Liégeois	–	–	–
Lhuillier	Doyen en 1559-1560	Exclu	Échevin en 1573-1574; doyen en 1582-1583
Mathiatte	–	Pour doyen ou forestier/ *choisi pour doyen*	–
Maurice	–	Pour doyen ou forestier	–
Mengenat	–	–	–
Mengin	Forestier en 1559-1560	Pour doyen ou forestier *choisi pour forestier*	Forestier en 1573-1574
Morlat	–	Pour doyen ou forestier	–
Perrin	–	Exclu	–
Pierre	–	Pour maire	–
Plaict	–	Exclu	–
Poirat	–	Exclu	–
Remey	Maire en 1499	Exclu	–
Salmer	–	Exclu	–
Thiery	–	Exclu	Commis doyen en 1582-1583
Thomas	–	Pour maire, doyen ou forestier	–
Vincent	–	Pour maire ou échevin/ *choisi pour échevin*	Maire et lieutenant de prévôt en 1582-1583
Villermain	Échevin en 1559-1560	–	–
Wierion	–	–	–

Antécédents des familles qui ont participé au tumulte de 1583.

Pourvoir les offices locaux revient à élire les titulaires d'une cour rurale, chargée d'appliquer une justice, mal ressentie car venue d'ailleurs. Cependant si les alternances dans la composition des mairies permettent d'éviter la pérennisation d'un pouvoir local, elles servent aussi certains clans familiaux comme les familles Vincent ou Howat. Par ailleurs, le plaid banal provoque de nouvelles dissensions ou en révèle d'anciennes. Autour du maire et de son échevin ou « lieutenant de maire » – le doyen est plutôt chargé de l'application des sentences – semblent se cristalliser les oppositions au pouvoir seigneurial. Les propos lancés par Nicolas Howat, lors du tumulte de 1583, prouvent que la communauté se partage entre partisans du maire en place et adversaires, composées des familles qui s'opposent au chapitre[79]. À partir de cette date, le maire représente plus un pouvoir qu'une communauté et sa famille devient rapidement la cible de ses adversaires. On en veut pour preuve l'assassinat, par un « jeune fils » de Moyemont, de Gaspard Howat habitant Badménil, en 1594. Le beau-père du meurtrier est Didier Thiery[80].

Même s'il est mal ressenti, le plaid n'est pas remis en question car il est bien intégré dans la vie communautaire. Par les possibilités qu'il offre, il sert l'ascension sociale de certaines familles de laboureurs. En 1499, par exemple, Jean Colin requiert l'assistance du procureur général du duché de Lorraine pour poursuivre le maire Poirel devant la justice capitulaire au motif suivant :

> « Ledit maire Poirel avoit dit et publié en plusieurs lieux que Brabain tenoit la femme dudit Jean Colin ; laquelle chose reddondoit au grant deshonneur et diffame dudit Jehan Colin et de sadite femme[81]. »

La famille Poirel ne fournira plus de notable à la communauté bien qu'elle reste dominante. Elle se marginalise au début du XVIe siècle. En contrepartie, plus aucun membre de la famille Colin ne sera choisi par les représentants du chapitre, alors que Mengeon Colin figure sur la liste de la commune au plaid de 1560. De même la famille Thiery, alliée aux Colin par mariage, fait partie des exclus. Le chapitre craint un groupe dont le rang social et l'importance économique sont prouvés par ses possibilités de rechercher des appuis auprès du pouvoir nancéien. Le chapitre choisit par contre de favoriser Nicolas Vincent qui est pourtant sous le coup d'une plainte déposée par Jean Colin[82].

Le choix final des officiers locaux, réservé au chapitre, est sans doute une contrainte importante pour la communauté. Elle est cependant tempérée par le fait que les représentants du pouvoir seigneurial n'effectuent pas de choix en dehors de la liste proposée par les habitants ni ne changent les fonctions qui leur sont soumises en regard des noms. Cette condition laisse à la communauté ses propres possibilités d'exclusion. Le vol est un motif comme le montrent les déboires de la famille Lhuillier. Durant 14 ans aucun de ses membres n'a été inscrit sur les listes du plaid, depuis que Didier Lhuillier a été surpris en train de voler des poires en 1559. Son fils Dieudonné finit pourtant par se retrouver échevin en 1573. La participation de ce dernier à la révolte de 1583, aux côtés de son frère, confirme sa réinsertion sociale. Il est vrai que ce Dieudonné est le filleul de Nicolas Vincent dont le clan a toujours les faveurs du chapitre.

La date de 1583 marque, pour une autre raison, une rupture importante dans les relations de la communauté et de l'ancien pouvoir seigneurial : les habitants s'opposent au chapitre en utilisant les ressources du tribunal ducal[83]. Pourtant les échevins

79. Arch. dép. Vosges, G 618, pc. 12, 1584, f° 18. Howat répond à un membre de la famille Vincent qui essaie de défendre son frère, le maire en place « qu'il eust à se taire, qu'il empireroit plustot sa besogne que de l'amender ; car du temps que mon frere a esté maire je ne me suis guiere advancé pour le deffendre ».

80. Arch. dép. Vosges, G 618, pc. 18, 1594.

81. Arch. dép. Vosges, G 617, mai 1499; DUMONT, *Justice criminelle…*, *op. cit.*, t. I, p. 198.

82. Arch. dép. Vosges, G 617, pc. 20, f° 1. En octobre 1560, lors du siège de justice tenu sur l'affaire des bois, c'est Jean Colin qui s'oppose au prévôt.

83. Depuis l'arrêt de 1557, Moyemont fait partie du bailliage de Nancy.

nancéiens, qui constituaient l'ultime recours pour les habitants, ont prononcé une peine sévère contre eux[84]. À cette date le pouvoir central ne peut pas désavouer complètement le chapitre sans remettre en question les structures de la société féodale.

La révolte de Moyemont correspond au moment où les procès de sorcellerie commencent à envahir les archives judiciaires[85]. À partir 1613, la communauté voit se développer un ensemble d'informations aux rebondissements multiples. Barbe, la femme de Jean Remy Colin est inquiétée. On l'accuse d'avoir fait mourir une vache appartenant au maire Jean Vincent mais surtout d'avoir empoisonné Nicole, la femme de Thomas Vincent. À cette date, la famille Colin est complètement marginalisée par les autres clans, particulièrement celui qui s'est constitué autour de la famille Vincent. Barbe Colin finit par avouer tout ce que veut la justice criminelle de la mairie, où elle a retrouvé le maire, son échevin et le doyen :

> « A confessé que pour aller à la place qu'elle occupoit à l'eglise de la paroisse dudict Moyemont, elle debvoit passer au devant d'une nommée Nicolle femme à Thomas Vincent, laquelle pour sçavoir lire, portoit des heures ; sy qu'estante accupée à y regarder, l'empeschoit le plus souvent de passer librement ou failloit attendre qu'elle fut levée pour ce faire[86]. »

À la rivalité économique, qui a débuté vers la fin du XVe siècle, s'est ajouté un décalage culturel à l'origine d'une haine tenace. Pour preuve, tous les gens que Barbe Colin accuse d'aller au sabbat en sa compagnie sont des membres du clan qui s'oppose aux Vincent. Dans l'information, le Diable porte même le nom du maire en place. Par effet de concaténation, un arrêt de bannissement sera rendu contre Claudette Poirel, inculpée pour des motifs identiques[87]. La famille Poirel est toujours aisée puisque l'énoncé de la sentence mentionne que l'accusée demeurera libre de disposer des moyens qu'elle peut avoir à Moyemont. L'acharnement de ses adversaires a été aussi important que sa résistance physique, comme le montrent les trois informations pour sorcellerie qu'elle subit en 1613, 1618 et 1619. Ces affaires en disent long sur les déchirements de la communauté de Moyemont !

Par ses jugements, le buffet du chapitre ne fait qu'entériner une situation de violence qu'il a provoquée en opposant les clans respectifs. Pour maintenir ses droits, au moment où ceux-ci sont menacés par l'emprise grandissante de l'État ducal, il divise les communautés et dresse les groupes les uns contre les autres. À partir de 1620, la hiérarchie de la communauté de Moyemont semble fixée autour de la famille Lhuillier. Au plaid de 1634, Gérard Lhuillier est maire[88]. Par contre lors du plaid de 1669, Claudon Colin est le seul à ne pas savoir signer, ce qui peut laisser croire à une régression sociale de la famille. En 1672, Goery Lhuillier prend à ferme les dîmes de la mairie. En 1790, les propriétés de deux émigrés de Moyemont sont confisquées en tant que biens nationaux. L'une d'elles appartient à un certain Jean-Dominique Lhuillier.

---

84. Une amende de 50 francs pour chacun des trois principaux responsables, plus s'ils ont la faculté de payer et les dépens pour un tiers chacun. La communauté est condamnée solidairement à une amende de 100 francs.
85. DIEDLER, *Violence et Société…*, *op. cit.*, p. 399, et *Démons et Sorcières…*, *op. cit.*, p. 134.
86. Arch. dép. Meurthe-et-Moselle, B 4077, procès de Barbe Colin, 1613 ; DUHAMEL Louis, *Documents rares ou inédits de l'histoire des Vosges*, rassemblés et publiés au nom du Comité d'histoire vosgienne, Épinal, Vve Gley, 1868, t. I, XX-388 p. (p. 146) 1er volume, consulté parmi les 11 tomes en 4 volumes de l'édition reliée de la Bibliothèque municipale d'Épinal, 1868-1896.
87. Arch. dép. Vosges, G 2719, pc. 1, 1619.
88. Arch. dép. Vosges, G 622, pc. 1, 1634.

Conclusion

De 1583 à 1787, tous les plaids banaux de Moyemont ont été sources de conflit entre la communauté et le pouvoir seigneurial. Les rapports des habitants de Moyemont entre eux sont aussi complexes et généralement aussi conflictuels que ceux qu'ils entretiennent avec le chapitre. On peut se demander si cette complexité constitue une particularité qui limiterait alors la portée de cette réflexion. En réalité elle paraît plutôt due à la richesse des archives de Moyemont. Dans d'autres mairies du Chaumontois, des sources lacunaires esquissent des situations semblables sans pouvoir les approfondir. En outre, la situation de Moyemont, mairie très excentrée par rapport au siège du pouvoir capitulaire, a certainement conduit les chanoines à maintenir une pression particulière sur des sujets non mainmortables.

Les habitants du Chaumontois, géographiquement trop proches du pouvoir central ou trop liés à lui par des intérêts économiques, ont exploité les ressources du contremand et du plaid à leur profit pour se rapprocher du pouvoir ducal. Les ressources en bois des forêts du finage de Moyemont étaient indispensables aux maîtres des salines ou des verreries bénéficiant de la protection ducale. Pourtant, le contremand et le plaid annuel sont bien, à l'origine, des instruments au service de la régulation sociale car ils offrent un espace de liberté aux sujets tout en favorisant le contrôle seigneurial. Ils ont aussi permis la fixation des populations sur des finages quelquefois peu propices à l'homme. Plus qu'ailleurs peut-être, le pouvoir seigneurial est responsable de l'occupation humaine des espaces montagneux. À Moyemont, il est cependant difficile d'associer l'idée de régulation sociale à l'action du pouvoir seigneurial. Il faudra attendre le début du XVIIIe siècle et l'instauration définitive de l'État de justice et de finances pour pouvoir envisager une société rurale mieux policée.

Les justices seigneuriales de village en Auvergne et Bourbonnais du XVe au XVIIe siècle

Pierre CHARBONNIER
Professeur honoraire des universités

À partir du XVe siècle l'existence d'une documentation satisfaisante permet d'envisager une approche quantitative du fonctionnement des justices seigneuriales. Il faut convenir cependant que les travaux sont restés peu nombreux sur ce sujet. C'est que le dépouillement d'un registre de justice est un travail long et souvent ardu en raison de l'écriture cursive du greffier et de l'emploi d'abréviations quelque peu ésotériques. Cette difficulté est dénoncée à bon droit par Bernard Guénée auteur d'une thèse sur la situation judiciaire dans la région de Senlis à la fin du Moyen Âge [1]. Encore n'a-t-il pas dû affronter les registres du XVIe siècle beaucoup plus rébarbatifs comme on pourra s'en rendre compte à travers quelques exemples reproduits avec cet article et dans la section « Pièces justificatives ». Pour ces raisons, l'auteur n'a pu procéder, pour les fonds de justice dont il disposait, à une exploitation aussi large qu'il l'aurait souhaitée.

On commencera par une présentation du fonctionnement des cours de justice, puis on étudiera le contenu des registres tenus par elles, en s'appuyant sur quelques extraits. On s'efforcera d'en dégager une problématique. Puis on suivra l'évolution au fil des siècles de quelques justices seigneuriales villageoises d'Auvergne et du Bourbonnais : Busset [2], La Cheyre [3], Les Fontêtes [4] Les Martres-de-Veyre [5], Murol [6] et Tallende-le-Mineur [7].

L'auteur remercie Monsieur Louis de Rohan Chabot pour lui avoir permis d'accéder librement aux archives du fonds de Murol que lui avaient déjà ouvert Monsieur le comte Guillaume de Chabrol et sa sœur Mademoiselle Isabelle de Chabrol.

1. GUÉNÉE, *Tribunaux et gens de justice dans le bailliage de Senlis...*, 1962.
2. Son ressort correspond vraisemblablement à la commune de Busset (Allier, ar. Vichy, c. Cusset) en zone de plaine. Fonds déposé aux Archives de l'Allier, série B. Très bel ensemble pour les XVe et XVIe siècles.
3. Cette justice couvrait quelques villages de la vaste paroisse d'Aydat (Puy-de-Dôme, ar. Clermont-Ferrand, c. Saint-Amant-Tallende) en zone de montagne. Elle relevait de la baronnie de Latour. Arch. dép. Puy-de-Dôme, B0 10012 pour 1614-1616 et B0 10016 pour 1667-1668.
4. Cette justice appartenant au Chapitre cathédral couvrait trois hameaux de la paroisse de Saint-Ours-les-Roches (Puy-de-Dôme, ar. Clermont-Ferrand, c. Pontgibaud) en zone de montagne. Arch. dép. Puy-de-Dôme, 3G supplément 192 pour l'année 1614 et 3G supplément 202 pour les années 1653-1668.
5. Puy-de-Dôme, ar. Clermont-Ferrand, c. Veyre-Monton. Cette justice appartenait aux Beaufort-Canillac. En 1609 elle couvrait les localités des Martres et de Monton. Dans la seconde moitié du XVIIe siècle Monton est dissociée des Martres. Zone de plaine et vignoble. Arch. dép. Puy-de-Dôme, B0 10243 à 10246.
6. Puy de Dôme, ar. Issoire, c. Besse. La justice au XVe siècle couvre la petite paroisse de Murol et quelques autres villages des paroisses de Saint-Victor et Chambon. Au XVIe siècle, les justices des trois seigneuries de Murol, Chambon et Varennes (hameau de la paroisse de Chambon), ayant le même seigneur, sont réunies en une seule cour, ce qui

Quelques définitions

Toutes les justices prises en considération dans cette étude sont des justices qualifiées de « haute, moyenne et basse », ce qui signifie qu'elles pouvaient prononcer une peine de mort et l'appliquer. Mais en fait elles sont confinées par les progrès des justices royale et princière au domaine civil et dans le criminel aux petits délits tels qu'injures et coups *sans* blessure.

Un territoire et des hommes

Comment se définit une justice seigneuriale ? C'est l'espace sur lequel s'étend l'autorité du seigneur justicier, mais c'est surtout en termes de personnes qu'il faut la délimiter, c'est-à-dire qu'elle comprend ceux qui habitent dans la seigneurie et sont sujets du seigneur. En effet en théorie les procès civils se plaidaient devant la justice de l'accusé alors qu'au criminel, c'était le lieu du délit qui déterminait la cour responsable. Mais en fait le critère des personnes était prépondérant même au criminel. L'habitant d'un village n'entendait relever que de la justice de celui-ci. S'il a commis une faute dans les limites d'une autre justice, cette dernière ne parviendra pas à le faire venir dans sa propre cour. C'est pourquoi si des bêtes sont prises en pâturage illicite, bêtes dont le propriétaire relève d'une autre justice, ce dernier ne peut en obtenir la restitution avant procès qu'en donnant des garants relevant de la justice où la faute a été commise. On comprend l'intérêt pour les cours de tenir des « assises générales » pendant lesquelles était effectué le contrôle de tous ceux qui relevaient d'elle. Ainsi définies, les limites des justices ne semblent pas avoir connu de changements au fil des siècles, en dehors de regroupements quand deux justices se sont trouvées réunies dans les mains d'un même seigneur (cas de Murol et Chambon), ou inversement de division en cas de partage successoral (cas des Martres et Monton).

Trois situations entretenaient toutefois un certain flou dans les espaces judiciaires. Il s'agissait d'une part d'habitats juxtaposés comme dans le cas des deux Tallende. C'est sans doute pourquoi le Chapitre cathédral détenteur de la justice de Tallende-le-Mineur avait réalisé un dossier de pièces prouvant ses droits[8]. Une autre difficulté concernait logiquement les espaces inhabités. C'est là qu'on plantait des bornes pour éviter les conflits entre seigneurs. À ces deux cas correspond le fait que certaines cours tiennent leurs assises dans des lieux différents pour y affirmer dans chacun le droit du seigneur. Enfin la dissociation entre la seigneurie directe[9] et la seigneurie justicière, situation qui, pour ne pas être la règle, n'était cependant pas exceptionnelle, fragilisait les droits du justicier. C'était le cas de la justice des Fontêtes dont on suivra l'évolution.

correspond à un accroissement d'un tiers par rapport à la seule justice de Murol. Zone de montagne et haute montagne. Archives privées de la famille de Chabrol actuellement à Riom.

7. Cette justice qui appartenait au Chapitre cathédral ne concernait que le hameau de Tallende-le-Mineur, moins peuplé que l'autre hameau de la paroisse appelé Tallende-le-Majeur (Tallende : Puy-de-Dôme, ar. Clermont-Ferrand, c. Saint-Amant-Tallende). Zone de plaine et vignoble. Arch. dép. Puy-de-Dôme, 3G supplément 167.
8. Arch. dép. Puy-de-Dôme, 3G supplément 201.
9. On entend par là les espaces soumis au partage de propriété entre le seigneur qui a la directe et le tenancier qui a le droit utile.

Les lieux de justice et les assises

Cet aspect ambulatoire est facilité par le fait que, pendant longtemps, la justice n'a pas eu de bâtiment propre, du moins apparemment car les registres se contentent en général d'indiquer la localité où se tiennent les assises mais non leur emplacement précis. Encore au début du XVIIe siècle, les assises de la justice de La Cheyre se déroulent en plein air en divers points d'Aydat le 23 août 1615. Cependant la progression des actions placées hors de l'assise rendait nécessaire l'existence d'un bâtiment propre à la justice. À Murol, en 1587, un document pour une fois précis mentionne qu'une procédure hors assise se passe dans la « boutique du greffe ».

Beaucoup de justices rurales ne disposent pas non plus d'une prison. Il est vrai qu'à cette époque une prison sert essentiellement à tenir quelqu'un à la disposition de la justice et ne joue pas un rôle de sanction. Elle peut aussi, dans les affaires d'argent, servir de moyen de pression sur les débiteurs. Si à Murol ils vont « tenir l'arrêt au château », dans les justices sans prison, ils sont envoyés chez quelqu'un commis à cet office.

Le temps d'une justice seigneuriale est rythmé par les assises. Chacune durait longtemps, toute la journée en général, ce qui permettait à des défendeurs d'abord mis en défaut de se présenter à temps pour obtenir leur « rabat ». Toutefois des actions judiciaires pouvaient être portées dans les registres en dehors des assises [10].

Le personnel

Quelle est la composition en personnel de la cour de justice ? Le seigneur lui-même n'y participe plus. Pour juger il a délégué ses pouvoirs au châtelain, souvent remplacé par un lieutenant, tandis que ses intérêts sont défendus par le procureur d'office. Mais dans la mesure où la procédure inquisitoire est désormais admise, celui-ci dispose en outre d'une large initiative pour promouvoir des actions d'intérêt public telles que la lutte contre les empiétements sur les espaces communs ou la mise en tutelle des orphelins. Dans cette même optique d'intérêt public il pouvait aussi, de lui-même ou à la requête de l'intéressé, s'adjoindre à un demandeur privé, par exemple en cas de violence. Le greffier est le troisième personnage nécessaire. Il est à la fois la plume et la mémoire de la cour. Enfin la force exécutive de celle-ci repose sur les sergents. Les fonctions de ces derniers sont d'ailleurs plus proches de celles des huissiers que de celles des gendarmes. Mais comme ils ne savent pas écrire, leurs actions restent du domaine verbal.

L'économie de la justice

En revanche les circuits financiers liés à la cour restent imparfaitement connus. À Murol le juge recevait un traitement de la part du seigneur. Son montant, autour de 6 livres au XVe siècle, semble modeste, mais il faut penser que le cumul de plusieurs charges était très possible, ce qui permettait d'atteindre une rémunération assez élevée. En revanche, ni le procureur ni le greffier ne figurent dans les comptes seigneuriaux. Le premier devait cependant recevoir des indemnités sous une forme ou une autre de la part de son employeur. Le greffier devait, lui, tirer ses revenus des justiciables, soit

---

10. À ce sujet on notera que Murol n'est pas une zone de migrations temporaires. Ces dernières pourraient logiquement interférer avec l'activité judiciaire.

du paiement des expéditions des jugements effectuées à leur demande, soit plus régulièrement en obtenant une part des dépens.

En effet, outre parfois une amende ou normalement la simple « clame », communément fixée à 3 sous, les plaideurs devaient généralement acquitter les dépens du procès. Ces dépens sont très rarement indiqués dans les registres. Ils n'étaient toutefois pas négligeables. Les dépens de la cour de Murol représentaient en moyenne 8 livres par an autour de 1450, les dépenses de nourriture de la cour étant couvertes par les clames et défauts. Comme il y avait alors une quarantaine de procès par an, on a un coût moyen de 4 sous pour les dépens d'un procès. Ce n'est pas une somme négligeable en face des 2 sous que gagnait alors un simple manœuvre. Surtout, si la clame et le défaut étaient des tarifs coutumiers et donc fixes, au contraire, les dépens étaient taxés par la cour et susceptibles d'évoluer. De fait dans la seconde moitié du XVIIe siècle, les dépens aux Martres, où ils sont indiqués assez souvent, tournent autour de 15 à 20 sous, c'est-à-dire qu'ils sont désormais au triple du salaire de base ayant progressé plus vite que ce dernier. Au total, pour les justiciables, recourir à la justice reste une opération accessible mais quelque peu onéreuse. En se plaçant du côté du seigneur on constate que sa justice est à peu près neutre pour lui du point de vue financier, ni bénéfice, ni déficit.

Cette présentation générale s'est appuyée sur les données générales des registres des cours. On va maintenant examiner de plus près ces documents.

Les registres d'assises

Que trouve-t-on dans ces registres ? On prendra comme modèle un texte tiré des registres de la cour de Murol [11] en 1584 :

> « [3e procès] Du 20e jour de juing 1584 assise tenue au Pont de Murol par Monsieur Maître Anthoine Meyrand lieutenant général.
>
> Relation Dubroc. Jehan Flagel demandeur p. p. … contre George Feneyr p[résent] p[ersonnellement] et Merchadier. A fere la requête. Petit 42 sous à cause des restes de la vente et dellivrance d'ugne vache à luy vendue et deslivree puis deux moys en ça, laquelle somme de 42 sols tournois ledit deffendeur promist dès lors payer audit demandeur au jor et feste saint Mary [12] dernièrement passé, au payement de laquelle somme ledit demandeur conclud et aux despens. Deffault contre ledit defendeur affaulte de comparessance. Et apres comparaît. Re confesse. Condampné a paier, a la clame et aulx despens.
>
> Clame Re 3 sous [13]. »

Chaque assise constitue en quelque sorte un chapitre. Comme dans cet extrait, le greffier de la cour note pour chacune, en en-tête, l'indication de sa date, de son lieu et le nom de celui qui tient l'assise inséré entre sa qualité et ses titres à savoir grade universitaire et fonction, bailli, châtelain ou simple lieutenant.

Un paragraphe est consacré à chaque procès. Il est surmonté par l'indication du sergent (ici : Dubroc) qui a ajourné les parties et relate les faits. Ce sergent peut intervenir pour attester que le défendeur a bien été convoqué [14].

---

11. Plusieurs « procès » de 1584 à 1587 figurent dans la section « Pièces justificatives ». Les notes suivantes y font référence.
12. Le 8 juin.
13. En marge.
14. Voir le 8e procès, du 2 septembre 1587 dans la section « Pièces justificatives ».

Le greffier a préparé d'avance les procédures qui vont être instruites en marquant le nom du sergent, les parties et la matière, d'où l'existence de blancs dans la présentation des parties ou inversement le mélange de deux procédures [15].

Le déroulement est inscrit ensuite, parfois d'une écriture différente [16] ou en deux temps [17]. Quand la place manque, le greffier utilise les blancs en mettant des renvois [18]. Dans certaines pages ces renvois sont très nombreux et le déchiffrement d'un tel puzzle est très difficile !

Au début intervient la présentation des parties, demandeur et défendeur, pour lesquelles sont conservés parfois les termes latins d'« actor » et « reus » abrégés en « ac » et « re ». Cette présentation est malheureusement sommaire. Elle ne comporte pas l'âge des protagonistes, rarement leur domicile, même en zone d'habitat dispersé. Mais, précieuses indications, la qualité ou avant-nom et le titre qui suit éventuellement ce nom, sont notés, ce qui permet un tri social fort intéressant entre divers groupes.

Dans l'ordre hiérarchique on a d'abord les gens d'église qui ont droit au qualificatif de « messire », parfois précédé de « vénérable personne ». Malheureusement une confusion est possible au niveau des abréviations entre « messire » et « maître » car ces deux qualités sont abrégées en « Mre ». Toutefois l'adjonction d'éléments comme « vénérable personne » permet de trancher [19]. Les « noble homme » ou tout simplement « noble » n'apparaissent que rarement.

Le troisième groupe est celui des notables. On y trouve deux éléments, hommes de loi et bourgeois. Les premiers sont dits « maître », indication parfois complétée comme dans l'en-tête du chapitre par « Monsieur » ou par « Honorable homme ». Ces deux appellations introduisent un classement à l'intérieur du groupe des gens de loi car elles ne sont appliquées qu'aux plus prestigieux. Elles sont aussi attribuées à des hommes dont le titre est souvent « bourgeois ». Un bourgeois est alors un homme riche qui vit de ses rentes et de ses domaines, augmentant son capital par des prêts qui lui valent d'apparaître dans les registres de justice quand il poursuit un débiteur récalcitrant [20]. « Honnête femme » est le pendant féminin d'honorable homme [21].

Le quatrième groupe social ne bénéficie pas toujours de la mention d'une qualité qui serait « sieur » ou « sire » et doit parfois se contenter d'un simple titre professionnel [22]. Ce petit groupe est celui des artisans et commerçants du village. Parmi ceux-ci les « hôtes » apparaissent assez fréquemment pour avoir servi à crédit à boire et à manger.

Il reste ceux qui n'ont pas de qualité, ni de titre, et qui représentent la majorité des intervenants [23]. Ce sont les paysans plus ou moins aisés selon qu'ils sont plutôt débiteurs ou créanciers.

Le déroulement de la procédure implique que les parties soient présentes. Ce fait est donc naturellement mentionné par des abréviations telles que « p.p », « présent personnellement » :

---

15. Voir les 5ᵉ et 6ᵉ procès, du 3 juillet 1587.
16. C'est le cas pour le 2ᵉ procès, du 11 avril 1584.
17. Cf. le 7ᵉ procès, du 3 juillet 1587.
18. Comme à la fin du 7ᵉ procès.
19. Guillaume Marmeysse dans le 4ᵉ procès n'est que « Messire » mais dans le même registre on rencontre « Vénérable personne Messire Guillaume Poyrin prebtre et curé de Murol ».
20. Sans doute est-ce le cas des demandeurs des 2ᵉ et 7ᵉ procès, même s'ils ne sont pas qualifiés de bourgeois.
21. « Honnête femme » figure dans le 2ᵉ procès.
22. Comme le Guillaume Martin du 8ᵉ procès.
23. À ce groupe correspondent 11 parties sur les 16 figurant dans les textes édités.

« Relation Dubroc. Jehan Flagel demandeur p[résent] p[ersonnellement]... »

Ici, un blanc avait été laissé pour l'insertion éventuelle du nom du procureur du demandeur, comme dans la suite concernant le défendeur :

« George Feneyr p[résent] p[ersonnellement] *et Merchadier.* »

Les parties peuvent être remplacées ou assistées : Merchadier est un praticien opérant en la cour de Murol. D'autres procureurs interviennent[24]. Les choses ont été plus compliquées que l'indique la phrase car le défendeur, Feneyr, d'abord absent comme le dit plus bas le passage relatif à son défaut, s'est finalement présenté, d'où la mention « p. p. ».

La présence du demandeur va de soi. Il arrive cependant exceptionnellement qu'il soit absent ce qui vaut congé au défendeur. Le défendeur bien qu'ajourné est parfois absent et tombe en « défaut ». Il peut toutefois ne s'agir que d'un retard et le défaut est alors « rabattu » comme ici :

« [...] Deffault contre ledit defendeur affaulte de comparessance. Et apres comparaît[25]... »

Le demandeur est invité à « faire la requête »

« Petit 42 sous à cause des restes de la vente et dellivrance d'ugne vache à luy vendue et deslivree puis deux moys en ça, laquelle somme de 42 sols tournois ledit deffendeur promist dès lors payer audit demandeur au jor et feste saint Mary dernièrement passé, au payement de laquelle somme ledit demandeur conclud et aux despens. »

Il s'agit de préciser l'objet du procès dont la nature a toutefois été indiquée précédemment : par exemple « en action personnelle[26] ». Il arrive parfois que celui-ci reste inconnu, en particulier quand l'affaire est réglée dès l'assise où elle a été introduite[27]. Quand ce n'est pas le cas, la procédure est à suivre d'une assise à l'autre. Les « causes vieilles » sont traitées normalement en début d'assises. L'existence des causes vieilles complique l'établissement du nombre des procédures qui ne peut se résumer en un simple comptage des paragraphes du registre. Il faut établir une fiche par procès. Du moins, cela permet de définir la durée des procès qui est un élément intéressant à prendre en considération.

Les méthodes employées dans la procédure sont un autre point à considérer. Dans les extraits présentés dans la section « Pièces justificatives », qui sont des affaires simples, le défendeur accepte souvent la demande ou est condamné par défaut. Les parties peuvent aussi se mettre d'accord en dehors de la cour. Un autre procédé simple, le serment décisoire, est également utilisé[28]. Des documents écrits peuvent être produits[29]. Dans les affaires d'injures ou de coups, le demandeur doit présenter des témoins alors que dans les contestations de propriété il est souvent fait appel à des arbitres. Au total le juge n'a que rarement à juger. La solution apparaît en principe dans la marge. Le plus souvent c'est la « clame » :

« Condampné a paier, a la clame et aulx despens.
Clame Re 3 sous. »

24. Comme Pagenel dans le 2e procès et Rouget dans le 7e procès.
25. Même situation dans le 4e procès. L'absence peut être aussi volontaire comme sans doute pour le 8e procès où l'enjeu du procès est minime.
26. C'est le cas dans le 8e procès.
27. Cf. le 1er procès.
28. Voir le 5e procès.
29. Comme dans les 5e et 7e procès.

Le paiement de la « clame » incombait au perdant, à moins qu'en cas d'accord elle soit payée en commun. Il faut reconnaître que certaines affaires s'évaporent sans que leur conclusion soit exprimée dans le registre. Dans d'autres cas on se heurte à la seule indication qu'il y a eu « règlement » sans que celui-ci soit explicité. En dépit de telles lacunes, les registres ne laissent pas d'apporter de précieux renseignements qu'on va s'efforcer d'exploiter.

Problématique

Le rythme des assises permet une première approche de l'importance de la justice en tenant compte en outre des procédures se déroulant en dehors des assises. Mais pour atteindre une appréciation quantitative sérieuse il faut évidemment connaître le nombre de procès traités, ce qui suppose, comme il a été dit, de trier les causes anciennes[30]. Au fil du temps, on pourra, pour la même justice, faire d'intéressantes comparaisons. En revanche, pour comparer entre elles deux justices il est indispensable de mettre en rapport le nombre des procès avec la population concernée, ou plus exactement avec les chefs de famille concernés car leurs femmes et leurs enfants passent par eux devant la justice. On définit ainsi un « taux procédurier ». Mais comment connaître le nombre de ces chefs de famille ? En dehors de l'existence opportune d'une assise générale apportant une solution interne, il faut disposer d'une documentation complémentaire. Les terriers pour les XVe et XVIe siècles sont ainsi d'utiles auxiliaires. En d'autres temps ou d'autres régions on peut penser aux rôles de taille.

Les « taux procéduriers »

Dans un précédent travail sur les justices seigneuriales on a distingué trois variétés de taux procédurier[31]. Le « taux procédurier global » est le rapport entre le nombre de procès annuel et le nombre de chefs de famille[32] en retenant pour celui-ci deux variantes selon la façon de compter les communautés. Le « taux procédurier participatif » consiste à voir quel est le pourcentage des chefs de famille qui ont participé au moins à une procédure. Enfin, quand on ne dispose pas du nombre des justiciables, on peut tout au moins calculer le « taux procédurier individuel » qui consiste à voir combien de fois un plaideur a été partie devant la cour, soit comme demandeur, soit comme défendeur, les actions du procureur n'étant prises en compte que pour son adversaire.

Un phénomène qui contribue au gonflement des taux procéduriers, se rencontre assez souvent, du moins aux XVe et XVIe siècles : c'est celui du procès « en contre », c'est-à-dire que si X fait comparaître Y, à la même assise Y porte plainte contre X. Est-ce par irritation ou habile manœuvre pour un éventuel marchandage ? Encore ne faut-il pas faire comme un contre-attaquant de Busset qui, accusé, par un de ses parents, porte plainte contre lui mais « ne lui sut que demander » !

30. Un problème est posé à ce sujet par l'existence de procédures parallèles ou un même demandeur fait citer plusieurs défendeurs pour le même objet. Elles pourraient déséquilibrer quelque peu les statistiques qui ne portent pas sur de grands nombres. On ne les a donc comptées que pour une seule quand elles sont inscrites dans le même paragraphe.
31. CHARBONNIER, « La paix au village… », 2001.
32. Pour certaines cours, notamment au XVe siècle, il faudrait tenir compte des communautés familiales, mais ce n'est pas le cas pour celles retenues dans le tableau.

Autres questions

Un problème intéressant, celui du rythme des procédures dans l'année, n'a pu être réellement tranché[33]. Il faudrait d'autres observations.

L'appréciation quantitative ne peut être dissociée de l'appréciation qualitative. Il conviendrait sans doute de retenir pour celle-ci les critères qui étaient ceux des hommes du temps. Mais quels étaient-ils ? La rapidité du jugement évitant de mettre en jeu de gros dépens était-elle préférée à des formules plus savantes et plus lentes ? Ces dernières peuvent aussi être évaluées en se basant sur le recours par les parties à un procureur, c'est-à-dire à un homme disposant de connaissances juridiques.

Une critique souvent formulée à l'égard des justices seigneuriales est d'être essentiellement au service du seigneur lui-même. Ce point est assez facile à vérifier à travers les demandes formulées par le procureur fiscal en prenant soin d'écarter les plaintes de ce dernier formulées dans l'intérêt public et non dans celui de son maître.

Plus ou moins liée à la précédente est l'accusation de partialité. Certes on peut constater quelques différences de traitement dans la fixation de dépens selon les classes sociales, mais quant aux jugements eux-mêmes il est difficile de se prononcer. L'attitude des plaideurs fournit toutefois une réponse selon qu'ils s'estiment lésés et font appel ou qu'ils se contentent de la décision. En principe ces cas d'appel sont notés dans les registres. Toutefois il serait préférable de disposer des archives de l'échelon supérieur, c'est-à-dire de la sénéchaussée, pour contrôler ces appels à l'arrivée. Malheureusement elles ont disparu pour les XVe et XVIe siècles et sont peu accessibles pour le XVIIe en l'absence d'un inventaire détaillé.

Enfin l'examen d'un registre de justice ne peut être séparé de son contexte économique et social. Il y a en fait un éclairage croisé car les registres apportent aussi des éléments à la connaissance de leur contexte soit pour des points de détail comme des chiffres de prix et salaires, soit d'une manière plus globale par la place tenue dans les matières des procès par les affaires de dette, soit pour faire reconnaître la dette, soit pour la récupérer. La répartition des demandeurs selon leur qualité ainsi qu'il a été dit plus haut introduit au cœur de la société villageoise. On pourrait aussi suivre les mouvements du personnel judiciaire. Il y a, semble-t-il, un cursus qui mène du rôle d'assistant des parties à la charge de juge, mais ce point n'a pas été approfondi.

Évolution, du XVe siècle...

Dans un récent travail auquel on renvoie pour plus de détails[34] on a confronté les conclusions de Bernard Guénée basées sur l'examen de la justice de Chaalis (Oise) avec celles qu'on peut tirer des justices auvergnates et aussi de celle de Choisy-le-Temple[35], très proche de celle de Chaalis. Comme Chaalis, le lieu de Choisy est avant tout un domaine, mais sa justice incorpore le village voisin de Charny. Alors que Bernard

33. Y a-t-il des périodes plus chargées en procédures que d'autres ? Une étude portant sur trois années judiciaires à Murol au début du XVIIe siècle montre que la période la plus chargée se situait en hiver et correspondrait donc à l'allégement des travaux agricoles, mais ce n'est pas le cas aux Martres à la même époque.

34. CHARBONNIER, « La paix au village... », *op. cit.*

35. CHAVAROT Marie-Claire, *Le Registre des causes civiles et criminelles de la justice de Choisy-le-Temple : 1475-1478*, Paris, Centre d'étude juridique, 1992, 198 p. (voir le « Guide bibliographique » à : *Registres des justices de Choisy-le-Temple...*, 2000).

Guénée se montre très sévère pour les « justices de village[36] », le fonctionnement des justices que j'ai étudiées, apparaît très satisfaisant.

L'activité de la justice de Choisy dépasse sensiblement celle des auvergnates avec un grand nombre d'assises et de procédures entamées hors assise et plus généralement par un nombre élevé d'affaires par habitant comme en témoignent les taux procéduriers. L'explication de cet écart tient vraisemblablement au fait qu'il y était possible de se retirer sans frais d'une procédure alors qu'en Auvergne il convenait de toute façon de payer la « clame » de 3 sous. Mais Choisy rejoignait les justices auvergnates sur le plan de la rapidité puisque la majorité des causes étaient réglées en une ou deux séances. En fait, les justices villageoises du XVe siècle recouraient fréquemment pour preuves au procédé du serment lequel n'était toutefois pas dépourvu de valeur puisque certains refusaient de le prêter. En revanche l'écrit n'y jouait qu'un rôle très secondaire au point qu'il suffisait qu'il soit question de « bailler la cause par écrit » pour que les parties parviennent à un accord. Très souvent en effet le juge n'avait pas à trancher et se contentait d'entériner la solution adoptée par les parties. Au même caractère de simplicité se rattache l'absence de procureur aux côtés ou à la place des parties.

Si l'on considère les matières des procès deux constats s'imposent. D'une part les affaires seigneuriales n'occupent qu'une place modeste sans rapport avec le cas de Chaalis. On peut donc rejeter l'accusation d'une justice au seul service du seigneur. D'autre part les affaires de dette occupent une place importante, notamment à Choisy essentiellement sous la forme d'une demande de reconnaissance de dette pour des montants faibles qui ne justifiaient pas l'existence d'un contrat écrit et qui d'ailleurs ne correspondaient pas toujours à un prêt mais plutôt à un salaire non versé ou une marchandise non livrée ou non payée. Dans les justices auvergnates les affaires de dettes sont cantonnées au-dessous de 50 %, l'écart avec Choisy s'expliquant vraisemblablement par une moindre ouverture de l'économie.

Mis à part le procureur d'office et quelques ecclésiastiques, car c'est alors en Auvergne la grande époque des communautés de prêtres, les protagonistes des cours de justice tant en Auvergne qu'à Choisy, sont essentiellement des « sans qualité, ni titre ».

Enfin l'extrême rareté des appels est une garantie de la qualité des jugements rendus.

... au milieu du XVIe siècle

Sur certains points on n'observe qu'un léger glissement par rapport au milieu du XVe siècle, par exemple l'apparition des procureurs aux côtés des parties. Mais ils sont encore essentiellement des remplaçants et non des avocats. C'est ainsi que dans une procédure de Busset le même procureur intervient d'abord pour le demandeur, puis pour le défendeur à l'assise suivante. Parallèlement on note la place plus grande tenue par les « maîtres » dans les affaires.

---

36. Il leur reproche l'incompétence des juges, la rareté de leurs sessions, le petit nombre des affaires traitées. À ses yeux, et il est rejoint sur ce point par la plupart des auteurs, la justice seigneuriale sert principalement à « garantir la seigneurie ». En fait ses conclusions reposaient sur le seul cas de la justice de l'abbaye de Chaalis qui s'étendait essentiellement sur le domaine de l'abbaye et n'avait comme habitants que les travailleurs du domaine ce qui suffit à expliquer la forte part des affaires seigneuriales et aussi la faible activité de cette justice. Au milieu du XIXe siècle le hameau de Chaalis, écart de la commune de Fontaine-Chaalis ne comptait que 79 habitants.

Le phénomène le plus marquant est évidemment l'accroissement du nombre des procès avec en corollaire l'augmentation du nombre des assises et le développement des procédures hors assise. L'écart dans le nombre des procédures est déjà très important à Busset où il y a presque multiplication par 5, sans que rien puisse faire penser à un agrandissement du territoire de la justice.

À Murol l'accroissement est en partie lié à l'adjonction des justices de Chambon et de Varennes, mais même dans les limites du XVe siècle il est encore plus fort qu'à Busset. Une conséquence de cette multiplication des affaires est le partage de l'enregistrement de l'activité de la justice entre trois séries de documents. Il intervient peu après 1550. Déjà dans le registre qui a été étudié, les actions non contradictoires du procureur n'étaient pas notées. Elles devaient figurer dans un autre document. Par la suite l'ensemble des actions du procureur vont être regroupées dans le « registre du procureur », même celles où il n'intervient que comme adjoint à un particulier[37]. En face il y a le registre des « causes ordinaires ». Mais il éclate bientôt entre les « causes nouvelles », c'est-à-dire les procédures qui sont lancées à l'assise considérée, et « les causes vieilles » où rentrent à l'assise suivante les affaires qui n'ont pas été réglées le jour de leur présentation.

On ne possède malheureusement pas de documents à valeur démographique permettant de calculer le taux procédurier global. En tout cas le taux procédurier individuel a progressé par rapport à celui du XVe siècle et la combinaison de cette hausse avec la nette augmentation de la population constatée d'une façon générale dans la première moitié du XVIe siècle, permet d'expliquer la multiplication des procédures. La hausse de ce taux est liée au gonflement des affaires relatives aux dettes.

Les dettes et la justice

Alors qu'au milieu du XVe siècle la situation des paysans en Auvergne et en Bourbonnais pouvait être considérée comme satisfaisante, progressivement au XVIe siècle l'augmentation de la population qui n'est pas compensée par une hausse parallèle de la production, crée une situation malsaine. La moindre mauvaise récolte contraint les paysans à s'endetter. Ils ont ensuite beaucoup de mal à éponger cette dette sinon en vendant des terres, mais cela aggrave leur situation sur le long terme.

En conséquence à la différence du XVe siècle il y a dédoublement des procédures pour dettes. D'un côté il y a la demande de reconnaissance de ce qui est dû, parfois appelée « action personnelle[38] ». Elles restent nombreuses car, pour de petites sommes, on répugne à passer une obligation devant notaire. D'autre part apparaissent des formules de récupération qui prennent une place grandissante dans la mesure où cette récupération est de plus en plus difficile :

« L'adjudication » – Autrement appelée « adjudication de pris », demandée par le créancier, elle visait à ce que lui soit adjugé un objet saisi sur le débiteur défaillant. Il arrivait d'ailleurs que l'objet en question soit difficile à négocier comme « une robe à

37. Déjà en 1520 un registre de la justice de Durtol est réservé aux seules actions du procureur (Arch. dép. Puy-de-Dôme, BO 10007). Durtol était un village proche de Clermont dont la seigneurie appartenait à une famille bourgeoise de cette ville, ce qui peut expliquer la précocité de la séparation des affaires alors que leur nombre n'était pas très important.
38. Voir le 8e procès de 1587 dans la section « Pièces justificatives » (*idem* pour les autres références).

usage de prêtre » ! Le 5e procès de 1587 est consacré à une adjudication de pris concernant deux chèvres, mais il se révèle que ces animaux étaient tenus à cheptel et ils échappent donc au demandeur.

« L'arrêt et adjudication » – Il obligeait le défendeur à dire tout ce qu'il avait d'un débiteur du demandeur, soit en dépôt de ce débiteur ou en matériel remis pour transformation, ou encore ce qu'il devait lui-même à ce débiteur afin que ces valeurs soient adjugées au demandeur créancier (2e procès de 1584).

« La contrainte » – Elle était demandée contre le gardien de gages du débiteur pour qu'il les remette au demandeur créancier.

« La déclaration d'héritier » – Elle visait à obliger le fils d'un défunt endetté, à dire s'il acceptait ou refusait cette succession. Dans le 7e procès de 1587 la dette était énorme et logiquement la fille du défunt refuse la succession.

« La déclaration d'h*y*pothèque » – Elle était plus rare et visait à connaître si un bien était hypothéqué à un autre créancier.

« La demande d'arrêt personnel » – Elle était le recours suprême contre un débiteur récalcitrant qui était condamné à tenir prison s'il n'avait pas payé dans un bref délai. L'ordonnance royale de Moulins en 1566 considérait ce procédé comme normal pour forcer le règlement des dettes. Certes, l'arrêt personnel pouvait viser à obtenir seulement la présence du défendeur, par exemple pour voir un lieu contentieux. Quand il était spécifié que le défendeur « tiendra l'arrêt au château », le doute n'était plus permis et il s'agissait indéniablement d'une affaire de dette.

« La confirmation de vente » – Elle pouvait aussi être liée à une dette. Le créancier entendait se garantir contre une réclamation de l'ancien propriétaire du bien vendu après saisie.

« La cancellation de lettres obligatoires » – C'est-à-dire l'annulation de l'acte garantissant une dette, représentait inversement une libération du débiteur. En Auvergne en effet les notaires remettaient au créancier l'original de telles lettres. Cette dernière procédure n'était évidemment pas à mettre sur le même plan que les actions précédentes même si elle était liée au processus d'endettement. On ne l'a donc pas comptée dans la colonne consacrée aux dettes. Elles étaient d'ailleurs très minoritaire.

Murol à la fin du XVIe siècle

La documentation du fonds de Murol est assez complète[39] pour les années de la décennie 1580 qui sont précisément d'un grand intérêt. On observe en effet des changements assez significatifs par rapport au milieu du siècle avec notamment un nouveau gonflement du nombre des affaires.

La justice de Murol en 1584

Le fonctionnement de la justice de Murol à la fin du XVIe siècle est à considérer d'abord dans une année qu'on peut considérer comme calme, celle de 1584, à en juger notamment par le prix du blé qui reste sage à 4,5 livres le setier de froment. Elle présente aussi l'avantage qu'on peut y disposer des trois registres, au moins pour le début

39. On ne dispose toutefois pas des trois registres (nouvelles, anciennes et procureur) pour une même période sauf pour le début de l'année 1584.

de l'année. En 1584, donc, il y a eu 22 assises, chacune traitant généralement les trois types de causes (nouvelles, vieilles, causes du procureur). Le nombre des jours d'assises est donc proche de celui de 1550 qui était de 18, mais la justice a siégé aussi d'autres jours, 32 au titre des causes nouvelles, mais ne concernant qu'un total de 51 affaires et 2 fois pour les seules causes du procureur.

On compte au moins 597 procédures entamées cette année-là devant la cour de Murol, soit 560 causes nouvelles et 37 procédures inscrites dans le registre du procureur[40]. En utilisant le dénombrement des justiciables réalisé lors des Assises générales du 8 mai 1586, soit 237 présents, on obtient un taux procédurier global de 2,518 très supérieur à la moyenne des taux auvergnats du XVe siècle. On vérifie donc que le gonflement du volume des affaires dépasse l'augmentation de la population laquelle est sans doute entrée alors en stagnation, voire même a pu diminuer depuis 1550. Beaucoup d'affaires ne sont malheureusement pas explicitées. Pour celles dont la matière est connue dans les registres du procureur et des causes nouvelles, la répartition est la suivante :

Violences physiques	5 cas	1,2 %
Violences verbales	6	1,4 %
Vols	5	1,2 %
Faux abus	3	0,6 %
Atteintes à l'autorité seigneuriale	4	1,0 %
Pâturages illicites	17	4,2 %
Problème de propriété	12	2,9 %
Demandes de décharge de cens	7	1,7 %
« Actions possessoires »	12	2,9 %
Demandes de taxation de dépens	19	4,7 %
Demandes de documents ou de comptes	9	2,2 %
Demandes de droits seigneuriaux	11	2,7 %
Demandes de reconnaissance de dettes[41]	122	29,8 %
Procédures de récupération des dettes[42]	150	36,6 %
Cancellation de lettres d'obligation	4	1,0 %
Arrêts personnels[43]	24	5,9 %
Total	410	100 %

Tableau 1. – *Les matières des procès en 1584.*

En 1584 les procédures relatives à l'endettement totalisaient, sans les arrêts, 276 actions sur un total de 410 soit en pourcentage : 67,3 %. Leur part dans l'activité de la cour est donc devenue prépondérante.

40. C'est-à-dire que le total de 597 ne comprend pas quelques causes inscrites directement dans le registre des causes vieilles. Le registre des causes vieilles qui est parvenu, ne couvre d'ailleurs que le début de l'année.

41. Y compris les « actions personnelles ».

42. Dont 16 « Arrêt personnel et adjudication », 4 « Contrainte », 13 « Déclaration d'héritier », 49 « Adjudication de pris », 66 « Tiendra l'arrêt au château » et 2 « Confirmation de vente ».

43. On a compté à part les arrêts personnels pour lesquels il n'est pas mentionné que le défendeur tiendra l'arrêt en prison car l'arrêt pouvait en effet viser une autre action, tel le fait de devoir se rendre en un lieu contentieux.

Ordonnance générale	1
Fixation de la valeur des grains	1
Mises aux enchères générales des revenus seigneuriaux[44]	1
Mises aux enchères des fruits de biens saisis	2
Remplacement d'un sergent	1
Demandes de mortaille[45]	2
Mises en tutelle	6
Vestisons[46] avec paiement des lods	59
Mises aux enchères des fruits de biens en tutelle	2
Total	75

Tableau 2. – *Actions non contentieuses menées par le procureur en 1584.*

La justice de Murol en 1587

Le mouvement ascendant des procédures va encore s'amplifier. Les causes nouvelles de 1587 sont au nombre de 953 sans les causes du procureur dont le registre manque pour cette année. Même réduites aux seules causes nouvelles elles ont augmenté de plus de 100 % par rapport à l'année 1584. Le nombre des assises est, lui, resté le même mais les réceptions de causes en dehors des assises se sont multipliées au point que l'on peut admettre qu'il y a fonctionnement continu de la cour de Murol[47].

La multiplication des procédures tient avant tout à la crise économique qui sévit alors dans le pays. Elle se traduit par une forte hausse du prix du blé. En effet la valeur du setier de froment fixée par la cour atteint 16 livres en 1586 contre seulement une moyenne de 4,5 livres dans les quatre années précédentes. De mauvaises récoltes se combinent en effet avec une épidémie de peste. La cour de Murol prit d'ailleurs une ordonnance le 28 juillet 1586 pour tenter d'enrayer la propagation du mal. En vain semble-t-il car le registre du procureur de cette même année a enregistré 20 mises en tutelle contre 6 seulement en 1584. Dans ces conditions l'endettement atteint un niveau insupportable : 87 % des affaires de 1587 sont liées à la reconnaissance ou à la récupération d'une dette selon une des formules étudiées précédemment.

L'étude de la justice de Murol souligne ainsi la crise très profonde qui secoue les campagnes de la France centrale. Ruinés, les paysans doivent vendre leurs terres et l'on voit surgir un peu partout des domaines dont beaucoup sont aux mains des praticiens des cours de justice seigneuriale. Les registres de justices seigneuriales témoignent en effet de l'ascension de ce groupe social. D'une part on assiste à une généralisation du recours aux procureurs. Alors qu'à Murol en 1550 il ne concernait guère plus de 10 % des parties, en 1584 le taux des procès avec procureur est de 26,3 % dans les causes nouvelles et de 55,8 pour les causes anciennes, c'est-à-dire les plus complexes, différence donc logique. D'autre part la place des « Maîtres » et assimilés, parmi les demandeurs, approche les 14 % et dépasse celle des gens d'Église. En effet les familles aisées placent désormais leurs fils de préférence dans les carrières judiciaires. Ces maîtres sont très rarement défendeurs car leur situation financière est prospère.

44. Seigneuriaux ou domaniaux (dîme, prairies, montagnes, droits banaux, etc.).
45. Le droit de mortaille s'appliquait au profit du seigneur quand un défunt n'avait pas de descendance.
46. C'est-à-dire entérinement des droits du nouveau tenancier.
47. Il est vrai que la peste a désorganisé le fonctionnement, le juge et son lieutenant s'abstenant de venir.

La situation au début du XVIIe siècle

Le changement de gestion de la seigneurie de Murol qui va être affermée, provoque l'arrêt de la conservation des registres de justice. On a étudié ceux d'une des dernières années, 1622, où l'on possède les trois registres[48]. L'année 1622 est une année calme avec le blé conseigle à Clermont à 3,5 livres le setier contre plus de 10 livres en 1586 et sans aucune tutelle nouvelle à Murol. On a par ailleurs effectué quelques sondages dans trois autres justices, celle des Martres-de-Veyre, celle de La Cheyre et enfin celle des Fontêtes. Ces trois justices présentent l'avantage d'avoir aussi des registres situés chronologiquement après 1650. Grâce à leur relais on couvre ainsi une période de trois siècles de justice seigneuriale.

Une comparaison entre Murol 1584 et Murol 1622 fait d'abord ressortir la diminution du nombre des affaires par rapport à 1584 sans parler de 1587, tendance qui se poursuit puisque les causes nouvelles (les affaires contentieuses du procureur étant peu nombreuses, 14 en 1622) sont 446 en 1622, 396 en 1623 et 388 en 1624. En revanche la cour tend à devenir permanente, la notion d'assise s'estompant, puisqu'à côté des 18 assises on ne compte pas moins de 70 autres jours où une procédure est notée.

Cette diminution des causes ne s'explique pas par une baisse du nombre des plaideurs potentiels puisque les chefs de famille sont passés entre les Assises générales de 1586 et celles de 1622 de 237 à 310. C'est donc du côté des matières des procédures qu'il faut chercher.

Violences physiques	7 cas	3,7 %
Violences verbales	2	1,1 %
Vols	0	0
Faux abus	0	0
Atteintes à l'autorité seigneuriale	0	0
Pâturages illicites	1	0,5 %
Problème de propriété	23	12,1 %
Demandes de décharge de cens	1	0,5 %
« Actions possessoires[49] »	14	7,4 %
Demandes de taxation de dépens	10	5,3 %
Demandes de documents ou de comptes	2	1,1 %
Demandes de droits seigneuriaux[50]	2	1,1 %
Demandes de reconnaissance de dettes[51]	66	34,8 %
Procédures de récupération des dettes	40	21,1 %
Cancellation de lettres d'obligation	2	1,1 %
Arrêts personnels[52]	20	10,5 %
Total du dépouillement	190	100 %

Tableau 3. – *Répartition des matières contentieuses en 1622*[53].

48. Le dépouillement concernant les matières a porté sur la période du 1/1 au 23/5 du registre des causes nouvelles et des affaires contentieuses du procureur, d'ailleurs peu nombreuses.
49. Et contre occupations de commun.
50. Il faut ajouter ici que le procureur entreprend cette année-là une poursuite des droits de lods non payés. Pour cela il entame des requêtes en « exhibition de titres » contre de nombreux habitants. Il fait une requête parallèle auprès de notaires extérieurs leur demandant de présenter les contrats concernant la terre de Murol. Il semble en effet que les acquéreurs passaient leurs actes au loin pour éviter le paiement des lods.
51. Elles relèvent désormais toutes de la rubrique « actions personnelles ».
52. *Supra*, note 43.
53. « Causes nouvelles » et « procureur ».

Effectivement les affaires liées à l'endettement y compris les arrêts personnels, accusent un repli sensible. On note aussi que les demandes de reconnaissances sont plus nombreuses que les procédures de récupération. On peut en déduire que celle-ci est désormais un peu plus facile.

Le mouvement ascendant de la place des maîtres et bourgeois dans les affaires s'est poursuivi. Ils représentent plus d'un tiers des demandeurs. En revanche on ne peut se prononcer sur le rôle des praticiens comme avocats, car le registre n'indique pas qui représente les parties.

Les trois autres cours étudiées confirment et complètent ces conclusions. Le taux procédurier est au même niveau aux Fontêtes qu'à Murol. On reste à un taux élevé d'affaires liées aux dettes mais avec là aussi supériorité des demandes de reconnaissance sur les opérations de récupération. Ces cours permettent de plus de remarquer que la présence d'un procureur en sus ou à la place des parties est désormais de règle. Il y a par ailleurs une nette discordance entre Les Martres et La Cheyre d'un côté et Les Fontêtes de l'autre car si dans les premières les affaires sont généralement rapidement réglées, en revanche elles ont tendance à traîner aux Fontêtes où la cour semble avoir du mal à y apporter une solution.

La situation à la fin du XVIIe siècle

L'individualisation des justices se fait plus marquée notamment pour la tenue des registres car ceux des trois justices prises en considération ont suivi une évolution différente. On peut cependant distinguer quelques traits communs. On tend vers un fonctionnement continu correspondant à la disparition des assises hormis quelques réunions exceptionnelles. D'autre part les procédures sont presque toujours limitées à une séance ce qui va de pair avec la généralisation des défauts. Mais il est possible que ce soient les registres qui aient un horizon limité et non les justices elles-mêmes. C'est ainsi que dans le registre des Fontêtes pour le procès de François Sandouly réclamant son salaire à Claude Sauve le 20 octobre 1654, il est écrit dans la marge « jugé le 27 octobre 1654 ». Or rien n'est mis à cette date dans le registre. Peut-être l'affaire a-t-elle été tranchée par la Cour générale du Chapitre siégeant à Clermont.

Pour La Cheyre on ne possède qu'un fragment de registre baptisé « registre des causes nouvelles et vieilhes » couvrant la période du 11 juin 1667 au 10 mars 1668. C'est celui qui est resté le plus proche du style défini au XVe siècle. Certes les assises ne sont plus marquées dans le registre mais elles semblent encore exister car certains jours le nombre des affaires traitées est nettement plus important. Quelques affaires sont reconduites d'une séance à l'autre. Pendant cette période 154 affaires ont été traitées. Il n'y a donc pas recul quantitatif. Pour les matières les reconnaissances de dette ne sont plus qu'à 34,9 % et les récupérations à 14 %. On est donc sorti de la prépondérance de ce problème. Du point de vue social les « maîtres » marquent encore une certaine progression et sont presque autant de fois demandeurs que les paysans.

Aux Martres la présentation des affaires n'est plus celle qui a été observée dans toutes les cours vues jusqu'alors. En effet après l'indication du jour qui comme à La Cheyre témoigne d'un fonctionnement quasi continu, les procès commencent par la mention « Défaut » ou plus rarement « Congé ». En effet chaque procès comporte une décision au profit du demandeur quand il est marqué « défaut », et du défendeur en cas de

« congé ». Ces défauts ne sont donc pas toujours de vrais défauts car, si de fait beaucoup de défendeurs sont absents, il en est de présent ou plutôt de représenté par un procureur. L'ordonnance royale de 1667 rend d'ailleurs obligatoire le recours à ce dernier sauf pour les matières sommaires dans lesquelles rentraient en fait les affaires traitées dans ce registre. Peut-être les affaires complexes étaient-elles inscrites dans un autre document ?

Pour les Fontêtes l'impression essentielle est celle de la décadence. C'est ainsi qu'aux assises générales de 1665 pour 38 appelés il y a 20 défauts, et à celles de 1668 on compte 28 défauts pour seulement 9 présents. C'est la preuve que les justiciables ne se sentent plus guère concernés. Or en 1653 ils étaient encore 31 présents contre seulement 5 défauts. D'autre part il n'y a plus guère d'affaires et la plupart sont laissées sans solution. Toutefois les procédures liées à l'endettement restent nombreuses, ce qui constitue une différence avec les deux autres justices étudiées.

Conclusion

Apportant une décision rapide avec un coût pas trop élevé, les *Justices de village* ont connu en Auvergne et en Bourbonnais une grande activité au cours des trois siècles pris en considération, portant témoignage de la vitalité de la seigneurie dans cette région. Le nombre des affaires passe par un maximum au XVIe siècle en liaison avec la montée de l'endettement des paysans, alors qu'au XVIIe apparaissent des signes d'essoufflement en dépit d'un effort d'adaptation. Mais comme celui-ci entraîne une augmentation des frais pour les plaideurs, il n'est pas forcément favorable à l'activité de la cour.

Les registres tenus par ces justices représentent un outil intéressant pour la connaissance de la société rurale, notamment dans une région dépourvue de minutes notariales. Par exemple le décalage constaté en 1550 entre Busset et Murol quant aux procédures relatives aux dettes, semble correspondre à la dépossession plus grande des paysans du Bourbonnais qui deviendra une terre de métayers. Il paraît donc souhaitable que des travaux parallèles à celui-ci soient entrepris en dépit des difficultés présentées par le dépouillement des registres.

Le *Discours de l'abus des justices de village* : un texte de circonstance dans une œuvre de référence

François Brizay et Véronique Sarrazin
Maîtres de conférences d'histoire moderne, université d'Angers, Maison des sciences humaines

La fortune éditoriale de Charles Loyseau

Le *Discours de l'abus des justices de village* et le *Traité des seigneuries* de Charles Loyseau sont généralement utilisés par les historiens comme des références sur les justices seigneuriales à l'époque moderne. Ils ont fait l'objet d'analyses de juristes [1], et, plus récemment, Robert Descimon les a mis en perspective par rapport à la carrière professionnelle de Loyseau, au service à la fois de la justice royale et de la justice seigneuriale [2]. En effet, fils d'un avocat au parlement de Paris, Loyseau y est lui-même reçu avocat, mais s'en retire dès 1588, en raison des troubles politico-religieux, pour poursuivre ses études. En 1593, il serait lieutenant particulier au bailliage et présidial de Sens, où il participe à la soumission de la ville à Henri IV. En 1595 et 1597, il publie ses premiers traités de droit privé, le *Traité de la garantie des rentes* et celui *du déguerpissement et délaissement par hypothèque*. En juillet 1600, il est bailli de Châteaudun pour la duchesse de Longueville et y reste jusqu'en 1610. C'est pendant cette période qu'il rédige l'essentiel de son œuvre, le *Discours de l'abus* (1603-04), puis ses grands traités de droit public, celui *des seigneuries* (1608), celui *des Offices* (1610) et celui *des Ordres*, paru seulement en 1613, mais rédigé parallèlement aux deux autres, comme l'indiquent les renvois intérieurs [3]. Après 1613, il ne publie plus rien de nouveau : revenu à Paris, il se consacre à une carrière d'avocat au parlement, dont il est bâtonnier en 1620, jusqu'à son décès en 1627.

Son œuvre est donc quantitativement limitée et resserrée dans le temps, et le thème de la justice seigneuriale n'en représente qu'une partie. Pour mieux en saisir la portée, il conviendrait de mesurer ce que ses travaux ont représenté pour les contemporains, théoriciens et praticiens du droit, et la place qu'y tient la réflexion sur la justice seigneuriale. Faute de pouvoir retrouver des témoignages critiques dans la presse, les correspondances ou les mémoires [4], on peut au moins évaluer le succès et la circu-

1. Basdevant-Gaudemet, *Aux origines de l'État moderne, Charles Loyseau, 1564-1627, théoricien de la puissance publique*, 1977.
2. Descimon, « Les paradoxes d'un juge seigneurial, Charles Loyseau (1564-1627) », 2001.
3. Voir Basdevant-Gaudemet, *Aux origines de l'État moderne…*, *op. cit.*, p. 83.
4. Seul témoignage, négatif : Pierre de l'Estoile qui se fournit régulièrement chez L'Angelier et signale son décès, n'évoque aucune œuvre de Loyseau.

lation de ses textes. Quel rang occupe-t-il dans l'édition juridique et dans les bibliothèques ? Quelle est la place éditoriale et intellectuelle du *Discours de l'abus* dans son œuvre ?

Le principal éditeur, Abel l'Angelier

Un premier indice est l'identité de son éditeur [5]. À l'exception de ses deux premiers traités, tous ses travaux paraissent chez le libraire parisien Abel l'Angelier, qui d'ailleurs réédite, à partir de 1601, ses titres antérieurs.

L'Angelier est, depuis la fin du XVIe siècle, un des principaux éditeurs juridiques parisiens. Libraire depuis 1572, il a repris la boutique tenue par son père et son oncle au « premier pilier de la grand'salle du Palais », c'est-à-dire à l'intérieur même du palais de justice. Il est donc bien placé pour éditer les textes des robins et ceux qui intéressent les robins.

Pourtant, jusqu'à la fin des années 1580, il a surtout publié des textes littéraires, notamment traduits de l'italien, et quelques ouvrages pratiques et traités de civilité [6]. En 1590-1591, rallié à Henri IV, il s'exile de la capitale. Dès son retour en 1594, il infléchit son activité éditoriale vers le droit, avec une double orientation idéologique : la restauration de l'autorité monarchique [7] et la défense du gallicanisme [8]. Les travaux de Loyseau qui traitent de la légitimité et de l'autorité (subalterne) de la justice seigneuriale par rapport à la justice royale, qui établissent le droit des offices et théorisent la société d'ordres au service de la monarchie, s'intègrent dans cette perspective.

Paraître chez l'Angelier a sans doute assuré aux titres de Loyseau une immédiate et assez large notoriété. La localisation de la boutique assure une publicité rapide, et le catalogue de l'éditeur réunit quelques-uns des principaux jurisconsultes contemporains et des « ténors » du parlement : Loisel, Pasquier, Louet, Bacquet et Coquille. Loyseau n'est qu'un juriste parmi d'autres dans ce fonds, mais il en apparaît aussi comme un article des plus solides, puisque pratiquement tous les ans, de 1601 à 1614, l'Angelier puis sa veuve éditent ou rééditent un ou plusieurs de ses titres. En 1614, on atteint la 3e édition des traités *des Ordres* et *des Seigneuries*, la 4e de ceux *des Rentes* et *du Déguerpissement.* Même si l'absence de chiffres de tirages ne permet pas d'estimer la diffusion quantitative, la régularité des rééditions montre qu'on veille à l'approvisionnement des stocks, indice d'un écoulement continu.

Rééditions postérieures : fluctuations du succès

Après le décès de la veuve l'Angelier, la fréquence des rééditions diminue, ce qui peut s'expliquer par le changement d'éditeur. Faute d'un héritier masculin, le fonds est partagé, et notamment les titres juridiques. Claude Cramoisy, qui a repris l'enseigne et la boutique de l'Angelier, édite Loyseau et Louet, ainsi qu'une partie du fonds italien,

5. Pour l'étude éditoriale, on a consulté les éditions mentionnées dans la liste en annexe.
6. BALSAMO Jean, « Abel l'Angelier, libraire italianisant (1572-1609) », *Bulletin du Bibliophile,* 1991-1, p. 85-104, et « Abel l'Angelier et ses dames », *Des femmes et des livres, France et Espagne, XIVe-XVIIe siècles*, Paris, École des Chartes, 1999, p. 117-136.
7. Par exemple : LOISEL, *Remontrance faite en la Grand'Chambre*, 1594, à l'occasion de la réduction de Paris, ou *Homonœ ou de l'accord et union des sujets du Roy soubs son obéissance*, 1595.
8. Par exemple : les *Plaidoyers pour l'université de Paris... contre les Jésuites*, par Pasquier, 1594.

mais se spécialise peu à peu dans l'édition religieuse [9]. Le ralentissement est peut-être aussi dû à la forme prise désormais par les rééditions. En effet les textes de Loyseau sont réunis en *Œuvres*, montrant que celui-ci a acquis un statut d'auteur de référence. On repère à Paris, des éditions en 1620, 1640, 1660, 1666 et 1678 [10], et à Lyon en 1701 [11]. Ces *Œuvres* se présentent sous la forme d'un lourd volume in-folio de 800 à plus de 1100 pages selon la qualité de l'édition, alors que les éditions antérieures se faisaient en traités séparés, généralement de format in-4°. Sachant que le simple passage au format supérieur peut doubler le prix, et qu'il faut y ajouter l'augmentation du nombre de pages par compilation, leur acquisition représente désormais une lourde dépense qui peut entraîner un ralentissement de l'écoulement.

Il paraît peu probable en revanche que la raréfaction des éditions traduise immédiatement une baisse d'intérêt pour les œuvres de Loyseau, car elle est nuancée et peut-être compensée par l'existence d'éditions étrangères, probablement des contrefaçons moins chères. On repère à Genève une édition des *Offices* en 1613, et une des *Œuvres* en 1620. Ces éditions parallèles datent de la première moitié du XVIIe siècle, puis disparaissent apparemment, soit par manque de rentabilité, étant donné les frais d'édition, soit que le nombre de coéditeurs en 1660 et 1666 limite les tentations d'une concurrence illégale. Plusieurs d'entre eux éditent aussi d'autres jurisconsultes contemporains de Loyseau [12].

L'édition de 1660 comblait sans doute un manque : elle est rapidement épuisée et remplacée par celle de 1666. En revanche, on ne repère aucune édition entre 1666 et 1678, puis entre 1678 et 1701. Le délai entre ces deux dernières parutions, mais surtout le changement de régime entre elles est, cette fois, significatif d'un déclin du marché. L'édition de 1701 paraît à Lyon, sous une permission sans durée, ni protection juridique. Jusqu'ici le privilège [13] des œuvres de Loyseau était aux mains d'éditeurs parisiens, souvent éminents : Couterot en 1678 est syndic de la communauté. Si l'édition était encore vraiment rentable, il (ou son successeur) n'aurait pas abandonné le privilège, et même s'il l'avait cédé aux lyonnais, ceux-ci l'auraient fait renouveler sous la même forme, et non comme une simple permission ponctuelle, qui suggère qu'on n'espère pas de rééditions et qu'on ne craint pas de concurrence. Ce déclin pourrait être interprété comme un effet de la conjoncture de crise que traversent en général l'édition et la librairie en France à la fin du règne de Louis XIV [14]. Mais le succès parallèle d'autres ouvrages de droit (les *Loix civiles* de Domat, le *Traité de la police* de Delamare, les œuvres de Ferrière) et l'absence apparente d'édition postérieure des *Œuvres* de Loyseau suggèrent que c'est bien cet auteur qui intéresse moins.

---

9. Voir MARTIN Henri-Jean, *Livre, pouvoirs et société à Paris au XVIIe siècle (1598-1701)*, thèse lettres, université de Paris, 1969, 2 vol., 556-1091 p., et le Catalogue général des Imprimés de la BNF ; *Histoire de l'édition française, sous la direction de Henri-Jean MARTIN et Roger CHARTIER*, Paris, Fayard, 1990, t. II, 909 p. ; MARION Michel, *Recherches sur les bibliothèques privées à Paris au milieu du XVIIIe siècle*, Paris, Bibliothèque nationale, 1978, 256 p.
10. Paris, C. Cramoisy et J. Bessin ?, 1620 ; Paris, A. Estienne, 1640 ; Paris, 1660, A. Estienne, P. Rocolet, P. Ménard, J. Guignard, P. Lamy, Ch. Du Mesnil, E. Couterot et G. De Luynes ; Paris, 1666, *ibid.* et veuve Aubouyn et F. Mogé ; Paris, 1678, E. Couterot.
11. Lyon, Compagnie des libraires, 1701.
12. Guignard édite Bacquet, Coquille, Loisel ; Dumesnil édite Choppin ; Rocolet édite Louet ; P. Ménard et G. de Luynes éditent Pasquier.
13. Permission royale de publier, garantissant un monopole d'impression et de vente d'une certaine durée à son détenteur. Elle rend toute édition concurrente illégale et permet de faire saisir et poursuivre en justice.
14. MARTIN, *Livre, pouvoirs et société à Paris au XVIIe siècle…*, *op. cit.*

Ainsi, après le succès des premières éditions, les travaux de Loyseau réunis en *Œuvres* constituent un article de fonds de l'édition juridique jusqu'à la fin du XVIIe siècle. La rapidité avec laquelle l'édition de 1660 est écoulée prouve l'existence d'une demande forte, et, en obtenant en 1677 un très long privilège de 20 ans, Couterot démontre à la fois son poids personnel et l'importance de ce marché éditorial. Pourtant, il ne l'a exploité qu'une fois, puis l'a laissé se périmer. L'édition de 1701 apparaît ainsi comme la dernière, destinée à satisfaire un public de plus en plus restreint. Les indices sur la diffusion des œuvres de Loyseau confirment-ils cette impression ?

Les œuvres de Loyseau dans les fonds de librairies

Aucune source systématique ne permet d'évaluer la diffusion des ouvrages de Loyseau. On peut seulement émettre des hypothèses à partir d'indices, comme les catalogues de libraires, catalogues de bibliothèques et exemplaires conservés. Dans tous les cas, on ne dispose que d'un échantillon restreint par les aléas de la conservation.

L'étude des catalogues de libraires [15] permet d'évaluer à quel point les œuvres de Loyseau restent cantonnées à un public professionnel. Les libraires proposent généralement deux types d'articles : les livres « de fonds », qu'ils ont édités entièrement ou partiellement, et les « assortiments », dont ils n'assurent que la vente au détail. Ils n'inscrivent dans leur catalogue que les assortiments dont la vente est régulière, ceux qu'ils ne peuvent guère se dispenser d'avoir à disposition pour satisfaire la clientèle, comme l'*Imitation de Jésus-Christ*, les *Comptes-faits* de Barrême, le *Parfait notaire* ou le *Parfait maréchal*. La présence de Loyseau dans d'autres catalogues que ceux de ses éditeurs serait significative.

On n'a pu repérer les ouvrages de Loyseau que chez quatre libraires du XVIIe siècle, entre 1641 et 1696 [16], dont trois n'en sont que détaillants. Ceux-ci cependant affichent tous plus ou moins une spécialité en droit, par l'intitulé de leur catalogue *(Libri utriusque juris)*, leur localisation (au Palais) ou l'importance de leur fonds de livres de droit, placé en tête du catalogue et offrant un éventail complet des grands jurisconsultes (Cujas, Du Moulin, Choppin, Bacquet, Coquille, etc.). Parallèlement, on note l'absence de Loyseau chez les libraires non spécialisés, même lorsqu'ils résident au Palais comme T. Jolly (catalogue vers 1669-1676, spécialisé en histoire et littérature), ou qu'ils affichent un court chapitre de « livres du Palais », comme G. Méturas en 1669, qui offre surtout des textes législatifs et réglementaires commentés.

Après 1730 [17], on ne trouve plus trace de Loyseau chez des libraires, même ayant un important choix de droit [18]. Certes, la dernière édition est déjà ancienne, cependant, même Briasson qui propose des éditions du XVIIe n'a pas Loyseau. Parmi ses contemporains, seuls ceux qui sont encore réédités, comme Louet ou Bacquet, sont annoncés. Une nouvelle génération d'auteurs fait désormais référence (Domat, Ferrière, Montesquieu), et de nouveaux types d'ouvrages aussi, comme les dictionnaires, les pratiques et les *Causes célèbres*, qu'on trouve chez des libraires non spécialisés [19].

---

15. 50 catalogues consultés, en majorité du XVIIIe siècle.
16. Catalogues de T. Blaise, 1641 ; E. Couterot, 1668 ; F. Léonard, après 1677 ; T. Girard, avant 1697.
17. Une lacune dans la série des catalogues entre 1700 et 1730, surtout à cause d'un recueil qui « manque en place » à la BNF.
18. Comme les catalogues de Cl. Robustel vers 1730 ; Durand, 1754 ; Bauche, 1757 ; Briasson, 1757 ; Guillyn, après 1757.
19. Voir les catalogues à dominante religieuse de Desprez et Cavelier, 1751, ou Dehansy, 1754 ; ceux à dominante littéraire de Ganeau, 1756 ; Prault et fils, 1757 ; Duchesne, 1758.

Les œuvres de Loyseau dans les collections privées

On peut recourir aux inventaires de bibliothèques pour repérer des possesseurs et voir dans quelles collections Loyseau s'intègre. L'étude porte sur un échantillon de 66 catalogues. La proportion de ceux mentionnant Loyseau n'est pas significative, car, faute de temps pour dépouiller les milliers de pièces conservées, j'ai effectué un tri en repérant les détenteurs d'offices et de charges administratives. J'ai donc *a priori* consulté des catalogues susceptibles de le contenir.

Sur 40 possesseurs répertoriés, on enregistre une large majorité de professionnels du droit, avocats avant tout (40 %), mais aussi officiers de justice à différents niveaux (lieutenant général, conseiller en parlement, maître des requêtes, etc.). Il faut y ajouter quelques officiers de finance (intendant de finance, trésorier de France) et quelques ecclésiastiques (plusieurs évêques), peut-être intéressés par la gestion de leurs seigneuries. Un exemplaire du *Discours de l'abus*, avec l'*ex libris* des Augustins déchaux de Paris, est annoté aux passages sur la seigneurie ecclésiastique[20]. Enfin on trouve des titres de Loyseau dans de grandes collections à vocation exhaustive, comme celles de Melchisédech Thévenot[21] ou de Nicolas Bachelier[22].

Toutes les œuvres de Loyseau ne semblent pas rencontrer le même succès. Les deux titres les plus fréquents sont le *Traité du déguerpissement* et celui des *Offices*, présents chez plus du tiers des possesseurs, jusque vers 1710. Le *Discours de l'abus* et le *Traité des seigneuries* sont rares (quatre occurrences chacun), et celui des *Ordres* quasiment absent. Cependant, ces deux derniers traités sont annexés aux *Offices* dès 1610, sans être toujours mentionnés sur la page de titre. Ces fréquences confirment cependant la hiérarchie des œuvres esquissée dans la préface de l'édition de 1701, qui met en avant les *Offices*, traité « *méthodique et plein de recherches curieuses* » et le *Déguerpissement*, « *son chef-d'œuvre* ». À partir de la seconde moitié du XVIIe siècle, Loyseau apparaît de plus en plus sous forme d'*Œuvres* (chez la moitié des possesseurs), notamment dans les éditions parisiennes de 1640 et 1666. Loyseau n'est pas alors classé à son nom comme Cujas, mais à *Œuvres*, aux côtés de Bacquet, Coquille, Choppin, etc. Chez les libraires comme dans les bibliothèques, il se présente alors en grands volumes, associé aux autres jurisconsultes de référence. Les versions parallèles en grand et petit papier font de lui plus qu'un usuel, un monument du droit français.

Au XVIIIe siècle, sa présence dans les bibliothèques enregistre un recul, d'abord chez les administrateurs (officiers de finances, évêques), chez les juristes. Ce recul s'inscrit dans une évolution générale des titres possédés vers l'utilitaire. L'étude des bibliothèques des robins dans les villes de l'Ouest au XVIIIe siècle[23] confirme cette tendance : la culture juridique livresque évolue, en devenant accessible à de nouvelles catégories (avocats, procureurs), qui cherchent moins la théorie que des outils de travail, dictionnaires, collections d'arrêts et de coutumes commentées, modèles de pratique. Les grands jurisconsultes du début du XVIIe siècle sont globalement victimes de cette évolution, sauf les *Arrêts* de Louet. Les exemplaires de Loyseau dans des collections postérieures à 1730

20. Ex. à la BNF, Impr. Lf-23-24 (B) de l'édition de 1628.
21. Fondateur de l'Académie des sciences, voyageur, diplomate et garde de la Bibliothèque royale ; catalogue de 1694, 249 p., in-12.
22. Chanoine de l'Église de Reims, catalogue de 1725, 540 p., in-4°.
23. Voir QUÉNIART Jean, *Culture et société dans les villes de l'Ouest au XVIIIe siècle*, Paris, Klincksieck, 1978, 591 p.

témoignent sans doute d'un héritage, peut-être d'un achat d'occasion, d'autant qu'il s'agit d'éditions du XVIIe, celle de 1701 n'apparaissant pas.

Les travaux de Loyseau sur les justices seigneuriales connaissent-ils le même sort que l'ensemble de son œuvre, et qu'en est-il notamment du *Discours de l'abus*, aujourd'hui un de ses textes les plus cités par les historiens ? Dans les exemplaires comme dans le jugement des préfaces, celui-ci n'arrive pas au premier rang. Peut-on préciser son inscription matérielle et intellectuelle dans l'œuvre de Loyseau ?

Le **Discours de l'abus,** *un texte à part...*

Le *Discours de l'abus* (avec sa *Suitte...*) se distingue d'abord par son genre – un discours et non un traité – qui se traduit par un ton plus polémique. Il se présente donc moins comme un ouvrage de référence, appuyé sur tout l'arsenal de la jurisprudence antérieure, que comme une analyse plus personnelle et peut-être moins définitive. Cette relative modestie des objectifs se reflète dans la forme éditoriale.

Le *Discours* est un texte bref, qui n'occupe pas plus de 30 pages dans les gros in-folios des œuvres complètes. Cette brièveté ainsi que son statut textuel différent, expliquent que ses premières éditions ont une forme matérielle modeste. Alors que tous les traités paraissent en format in-4° ou in-folio, format normal des textes juridiques destinés à prendre place dans une bibliothèque pour une lecture d'instruction et de consultation, le *Discours* et sa suite paraissent en in-8°, un format moins solennel, et parfois imprimés à la va-vite[24]. Le texte est destiné à la lecture immédiate plus qu'à perdurer, et semble bien compris ainsi par ses possesseurs. Les exemplaires repérés[25] ne sont d'ailleurs reliés qu'en parchemin, voire cartonnés : une protection minimale, qui n'est pas destinée à orner une bibliothèque.

C'est aussi un texte auquel Loyseau attache apparemment peu sa réputation, ou sur lequel il n'ose l'engager. La première édition du *Discours de l'abus* est anonyme, même si Loyseau ne dissimule pas vraiment son identité. La page de titre comme la dédicace n'affichent que des initiales : C.L.P. et C.L.P.S.D. Certes, l'auteur a publié anonymement ses deux premiers traités, mais leur reprise en 1601 chez l'Angelier affiche son nom. Ses autres traités paraissent sous son nom, accompagné de diverses qualifications : « sieur de La Noue », « avocat en parlement » ou « parisien ». Le *Discours* ne paraît sous son nom que dans la réédition posthume de 1628, qu'il a préparée mais dont on ne peut savoir si la page de titre est de sa responsabilité ou de celle de l'éditeur.

La dédicace distingue aussi le *Discours*. Tous les traités de Loyseau sont dédiés en français à des notabilités. Celui *des Seigneuries* l'est à la duchesse de Longueville, pour le compte de qui Loyseau exerce ses fonctions de bailli. Les autres le sont à des hautes personnalités du monde de la justice, conseiller, président au parlement, voire chancelier (Forget, Harlay, Brûlart de Sillery). C'est une démarche traditionnelle, consistant à se placer sous la protection d'un grand personnage, à en afficher l'approbation en même temps qu'on lui rend hommage. La dédicace s'adresse autant au lecteur qu'au dédicataire. La dédicace du *Discours* est rédigée en latin et adressée à Louis Servin, et

24. Ex. de l'Arsenal, 8° J 4039 : papier médiocre, empreintes digitales encrées, marges mal rognées.
25. 2 à la BNF, 3 à l'Arsenal, et 1 précisément décrit dans le catalogue de la bibliothèque Boullenois, 1778.

Jacques de La Guesle, Simon Marion, tous trois gens du Roi au parlement, et le dernier réputé pour sa liberté de parole. L'adresse semble ici plus personnelle, un discours offert à des collègues éminents, une proposition à débattre.

... mais cohérent avec l'œuvre

Ainsi, par le genre, par le ton comme par certains aspects formels, le *Discours* et sa suite se distinguent dans l'œuvre de Loyseau et apparaissent comme une publication de circonstance. Le texte était en effet destiné à alimenter le débat ouvert par les projets d'Henri IV de réformer les justices seigneuriales. Ce caractère circonstanciel et l'abandon final du projet de réforme peuvent expliquer qu'il ne soit pas réédité autant que les autres textes de Loyseau, puisqu'il n'est repris par l'Angelier qu'une seule fois, l'année suivante.

Il reparaît aussi en 1628, chez Cramoisy. C'est apparemment le seul ouvrage de Loyseau à faire, à cette date, l'objet d'une publication isolée. Sa forme suggère là encore une publication de circonstance. Certes, c'est une réédition « revue et corrigée par l'auteur avant son décès », mais c'est une copie fidèle de la première, au point que non seulement le texte est conservé, mais aussi la mise en page, l'ouvrage restant folioté, alors que la pagination est désormais usuelle et que les autres œuvres de Loyseau ont adopté ce dispositif de repérage plus pratique. On note quelques corrections typographiques, comme la suppression d'abréviations issues de la tradition manuscrite et qui ont perduré dans l'imprimerie jusqu'au début du XVIIe siècle[26], mais si l'une d'elle entraîne un décalage formel avec l'original, il est rapidement rattrapé dans les feuillets suivants. Le nom de l'auteur s'affiche en page de titre, mais pas au titre de départ, qui suit à la lettre l'original. Enfin, ce volume paraît sans privilège, alors que le précédent est périmé, ce qui suggère que Cramoisy n'a pas l'intention de le rééditer. On peut se demander si cette réédition n'est pas à mettre en rapport avec la préparation du Code Michaud, dont de nombreux dispositifs concernent la justice.

Cependant, malgré ces distinctions formelles, le *Discours* s'inscrit bien intellectuellement et éditorialement dans l'œuvre de Loyseau. Son titre complet est *Discours de l'abus des justices de village, tiré du Traité des Offices de C.L.P. non encore imprimé* et la dédicace reprend cet argument. Il apparaît donc comme la prépublication partielle d'une œuvre, avec le double enjeu de s'insérer à temps dans un débat en cours[27] et de produire un effet publicitaire en faveur de recherches plus austères. Malgré ce caractère provisoire de la publication, elle est importante aux yeux de l'Angelier, car le *Discours de l'abus* est protégé par un privilège royal d'une durée de 10 ans, comme les autres œuvres de Loyseau, éditées ou rééditées par ce libraire. Si l'entreprise éditoriale est moins lourde, elle reste importante pour le libraire, qui protège ses intérêts et prévoit des rééditions éventuelles. Le *Discours*, ou plutôt sa *Suitte* moins polémique, qui envisage « la manutention des justices légitimement introduites », est finalement intégré en 1608 au *Traité des seigneuries*, dont elle forme les chapitres 13 et 14. Loyseau choisit ainsi d'émousser son *Discours*, et de le faire disparaître en tant que texte autonome. Il ne le conserve pas en tant que tel, comme un élément de son œuvre.

26. f. 2b, *côtentiô* devient *contention*.

27. *Infra* la contribution d'Antoine Follain : « De l'ignorance à l'intégration... ».

La forme et la place du *Discours* dans les *Œuvres complètes* renforcent cette impression d'un texte de circonstance, devenu secondaire en s'intégrant à l'ensemble. Les *Œuvres* ne sont pas classées par ordre chronologique, mais selon leur importance aux yeux des éditeurs et sans doute des lecteurs. Le *Discours* est toujours relégué en fin de volume, et peu à peu dépouillé de ses annexes. Ainsi, dans l'édition de 1666, chaque traité est doté d'une page de faux-titre et reproduit avec l'ensemble des dédicaces, éloges et portraits qui accompagnaient la première édition, alors que le *Discours* est réduit à son seul contenu principal. On relève aussi des différences formelles en 1678 et 1701. C'est donc un texte formellement mis en retrait, sans doute parce qu'il est considéré comme intellectuellement secondaire. Il n'est pas en effet celui que les juristes ont retenu : nombre de traités qui au XVIIIe traitent de la seigneurie évoquent les travaux de Loyseau, mais c'est surtout au traité *des Seigneuries* qu'ils renvoient, éventuellement à celui des *Ordres* ou des *Offices*, sur le rapport entre fief et justice, ou sur le statut des juges seigneuriaux, très rarement au *Discours*, peut-être parce que la dénonciation des abus de la justice seigneuriale n'est plus d'actualité. On notera cependant que Boucher d'Argis, dans son *Cahier d'un magistrat [...] sur les justices seigneuriales...* en 1789, se souvient du *Discours*[28].

Loyseau, qui connaît un succès apparent dès le début du XVIIe, est devenu, à la mi-XVIIe siècle, un auteur de référence. À côté d'autres jurisconsultes contemporains, il forme la base des bibliothèques des professionnels du droit. Sans disparaître au XVIIIe siècle, il semble moins indispensable, d'autant que les praticiens du droit s'orientent vers des ouvrages plus utilitaires. Ses réflexions sur les fondements de la justice seigneuriale sont intégrées aux nouveaux traités sur le sujet, mais son discours critique semble s'effacer. Le *Discours de l'abus* dont la réédition en 1605 atteste le premier succès, passe rapidement au second plan. Mais si ce texte en lui-même n'occupe finalement que peu de place dans l'œuvre de Loyseau, cela ne signifie pas pour autant que la question des justices seigneuriales soit secondaire dans sa pensée, et ses positions à ce sujet seulement circonstancielles.

Charles Loyseau : de la critique des justices seigneuriales à leur légitimation

Charles Loyseau fut un praticien et un théoricien du droit. À Châteaudun, entre 1600 et 1610[29], alors qu'il était bailli du comté de Dunois, il rédigea un ouvrage polémique et les deux grands traités dans lesquels il évoque les justices de village : le *Discours sur l'abus des justices de village*, le *Traité des seigneuries*, et les *Cinq livres du droict des offices*[30]. Madame Brigitte Basdevant-Gaudemet[31] a montré que ces ouvrages formaient une œuvre logique dont elle a souligné l'unité : ils comportent de nombreux renvois d'un traité à l'autre, car l'auteur conseille souvent au lecteur de se reporter à un chapitre ou à un développement d'un autre traité.

28. Voir la section « Pièces justificatives » à l'année 1789.

29. Le 9 juillet 1600, Catherine de Gonzague, duchesse de Longueville, veuve d'Henri d'Orléans-Longueville, donna à Loyseau les provisions de bailli du comté de Dunois.

30. Pour l'étude du thème des justices seigneuriales, on a consulté les éditions suivantes : *Discours de l'abus des iustices de village*; et la *Suitte du discours*, 1628; le *Traicté des seigneuries*, 1613; les *Cinq livres du droict des offices*, 1613. Pour les références complètes, voir en annexe.

31. BASDEVANT-GAUDEMET, *Aux origines de l'État moderne...*, *op. cit.*

Les justices de village sont donc évoquées dans les trois livres, même si le premier publié, le *Discours de l'abus des justices de village*[32], est le seul qui leur soit entièrement consacré. Ce livre est une œuvre de circonstance qui fut publiée à un moment où la monarchie envisageait d'organiser une réforme profonde de ces justices. L'abandon de ce projet de réforme rendit rapidement le texte inopportun, mais Loyseau resta attaché aux idées qu'il y avait défendues. C'est pourquoi il en incorpora les principaux arguments au *Traité des seigneuries*. En outre, la *Suite du Discours*, qu'il avait fait éditer en 1604, figure *in extenso* dans ce même *Traité des seigneuries*.

La méthode suivie par Loyseau

Dans le *Discours* et le *Traicté des seigneuries*, Loyseau part d'une analyse historique pour expliquer les problèmes que connaissent les justiciables qui étaient les contemporains d'Henri IV. Sa démonstration s'appuie sur une reconstitution de l'évolution de la puissance publique dont il retrace l'histoire depuis l'époque mérovingienne. Ainsi, les ducs et les comtes, puis les seigneurs qui étaient leurs vassaux, auraient peu à peu usurpé les prérogatives de la puissance publique, notamment la justice : les fiefs devinrent héréditaires, puis les charges qui leur étaient associées. De simples seigneurs auraient donc considéré leurs charges de justice comme un accessoire de leur fief[33]. Fort de ce constat qui le navre, Loyseau se propose de « descouvrir l'usurpation et abus d'icelles, et monstrer clairement qu'elles sont contre tout droit[34] ». Il affirme en effet que si la justice annexée au fief caractérise la seigneurie, le roi reste maître de toute justice[35]. Les justices seigneuriales dépendent donc du roi.

La méthode utilisée par Loyseau pour analyser les justices de village consiste à s'appuyer surtout sur les coutumes qu'il connaît le mieux, c'est-à-dire celles d'Anjou, du Maine, de Touraine[36], du Poitou et, bien sûr, du Dunois. Il précise qu'elles traitent cependant peu, et de manière ambiguë, des différents types de justice. À la lumière des coutumes, il distingue trois types de seigneuries : les grandes (principautés, pairies, duchés, marquisats, comtés), les médiocres (vicomtés, baronnies, châtellenies, vidamies) et les simples seigneuries (petites seigneuries). Il définit en outre trois types de justice que des Français assimilent alors, trop rapidement d'après lui, aux trois sortes de juridiction de la Rome impériale. Ainsi, la haute justice correspondrait au *merum imperium*. Elle connaît de toute cause civile ou criminelle. La moyenne justice serait l'équivalent du *mixtum imperium*. En matière civile, elle connaît donc des mêmes causes que la haute justice, mais en matière criminelle, elle ne peut pas condamner à mort. Quant à la basse justice, elle serait à comparer à la *simplex jurisdictio*[37]. Cette affirmation imprécise ne satisfait pas Loyseau qui est conscient de la difficulté de définir les attributions de cette basse justice :

---

32. Le *Discours de l'abus des justices de village...* est divisé en deux parties : la première est intitulée *Les justices seigneuriales : leur nombre, leur histoire, le désordre actuel*, la seconde partie *Des abus et absurditez des justices de village*.
33. *Ibid.*, p. 12-34; *Traicté des seigneuries*, chap. 10, p. 102.
34. *Discours...*, p. 12.
35. *Ibid.*, p. 4 : « la justice n'appartient qu'au Roy en propriété qui la tient en fief de Dieu [...] et n'est point communicable aux subjets, principallement aux personnes privées ».
36. Sur ces mêmes provinces, *infra* les contributions d'Annie Antoine, Frédérique Pitou et Brigitte Maillard, et sur les rapports entre les justices royale et seigneuriale, celle de Sylvain Soleil.
37. *Ibid.*, p. 67, et *Traicté des seigneuries*, chap. 10, p. 100-101.

« Quant aux bas iusticiers, c'est chose quasi impossible de concilier les coustumes qui parlent de leur pouvoir, toutesfois pour y apporter quelque esclaircissement, il faut remarquer qu'en icelles il se trouve deux espèces de basses iustices qui n'ont iamais esté distinguées par aucun praticien, qui ie sçache [...] à sçavoir les basses iustices personnelles et les iustices foncières, ou basses iustices réelles[38]... »

Suivons donc Loyseau dans son effort de définition des basses justices. Il vient d'en présenter de deux sortes. La première comprend les prévôtés et les seconds degrés de juridiction que les comtes, les vicomtes, les barons et les châtelains ont usurpés. Les prévôts et les juges chargés de cette basse justice sont à comparer aux juges pédanés[39] du droit romain, qui n'étaient ni des magistrats ni des officiers, mais de simples commissaires et des juges délégués par les magistrats. Dans son souci de clarté, Loyseau distingue parmi eux les juges de village, d'une part, et les juges des comtes, des vicomtes, des barons et des châtelains, d'autre part. Les premiers ne relèvent pas du roi. Ces hommes que « nous appellons iuges sous l'orme », sont les vrais juges pédanées, et ils ne connaissent que les causes légères ne dépassant pas 60 sols. Les seconds relèvent du roi et sont en partie des juges royaux ; ce sont donc des magistrats.

La deuxième sorte de basse justice est celle qui a été usurpée par les gentilshommes qui possédaient des fiefs et des censives. Ils se sont attribué le droit de condamner leurs sujets à l'amende pour certains délits comme le cens non payé, les saisies brisées et les fautes d'aveu[40]. Pour rendre cette justice, ils se sont entourés d'un sergent, d'un juge guettré, d'un greffier et d'un procureur de seigneurie. Il s'agit d'une « justice foncière et domanière » qui connaît des causes réelles dont l'amende ne dépasse pas sept sols et six deniers. Loyseau admet de nombreuses nuances à cette définition : plusieurs coutumes, comme celles de Meaux, du Valois et de Saintonge, ont rejeté la « justice foncière » ; et d'autres en ont fait un quatrième degré au-dessous de la basse justice, comme à Sens et à Auxerre[41].

Parvenu à cette étape de sa réflexion, Loyseau présente les amendes que pouvaient infliger les basses justices. Il rappelle d'abord que les amendes arbitraires étaient fixées par la coutume ou levées arbitrairement par les juges. Ensuite, il insiste sur les amendes coutumières dont il existerait deux sortes : les grosses, à 60 sols, d'après les coutumes du Poitou, de l'Angoumois et de Saint-Jean-d'Angély[42], et les simples, à 7 sols 6 deniers, comme on le lit à l'article 166 de la coutume d'Anjou et à l'article 182 de la coutume du Maine[43]. Il note aussi que dans les coutumes de Tours et de Loudun, par exemple, ces amendes concernent les délits mentionnés pour les « justices foncières et domanières », auxquels il ajoute, notamment, les péages non payés, les délais d'appel, les dommages faits aux bêtes, les bornes levées, et le champart emporté. Loyseau ne se contente cependant pas de définir la justice de village et d'en préciser les compétences ;

38. *Traicté des seigneuries*, chap. 10, p. 105.

39. DAREMBERG Ch. et SAGLIO Edm., *Dictionnaire des Antiquités grecques et romaines d'après les textes et les monuments*, Paris, 1877-1919. Voir rééd. de 1969, Hachette, t. III, 1re partie, p. 639 et 641 : sous le Haut-Empire, dans les procédures extraordinaires, le magistrat pouvait désigner un commissaire qui portait souvent le titre de *judex pedaneus*. Sous le Bas-Empire, les gouverneurs pouvaient renvoyer les affaires les moins importantes devant des juges pédanés qui étaient des juges délégués. D'abord simples particuliers, ils devinrent des personnages officiels qu'on choisissait parmi les membres des collèges des avocats d'une cité.

40. *Discours...*, p. 52.

41. *Traicté des seigneuries*, chap. 10, p. 106.

42. *Discours...*, p. 61-62.

43. *Traicté des seigneuries*, chap. 10, p. 107.

il en souligne aussi les « abus et absurditez » auxquelles il consacre plusieurs développements, notamment dans la seconde partie du *Discours de l'abus des justices de village.*

Une critique de la justice seigneuriale

Le ton devient alors plus polémique, et il recourt à l'ironie pour railler la multiplication abusive, à ses yeux, du nombre des seigneurs qui exercent un droit de justice :

> « En France, dis-ie, où en telle manière que nous voyons auiourd'huy qu'il n'y a presque si petit gentil-homme qui ne prétende avoir en propriété la Iustice de son village ou hameau, tel mesme qui n'a ny village ny hameau, ains un moulin ou une basse court près sa maison, veut avoir iustice sur son meunier ou sur son fermier ; tel encore qui n'a ny basse court ny moulin, ains le seul enclos de sa maison, veut avoir iustice sur sa femme et sur son valet ; tel finalement qui n'a point de maison prétend avoir iustice en l'air sur les oyseaux du ciel, disant en avoir eu autrefois[44]. »

Il condamne aussi les justices subalternes, car seul le roi peut créer une justice. Les justices usurpées sans concession sont, pour lui, un abus plus grave que les justices concédées. Il énumère donc les conséquences néfastes de ces créations abusives. La multiplication des degrés de juridiction allonge la durée des procès au point, ajoute-t-il avec quelque exagération, qu'on risque de mourir avant la fin du procès. En outre, ces créations ont eu lieu au détriment de « l'intérest du pauvre peuple » pour qui la justice seigneuriale est une nouvelle charge, car elle coûte cher. En effet, non seulement « les frais sont plus grands en ces petites mangeries de village qu'aux amples justices des villes[45] », mais il faut acheter le juge pour obtenir gain de cause[46] :

> « Au village, pour avoir un meschant appointement de continuation de cause, il faut saouller le Iuge et le greffier et les procureurs de la cause en belle taverne, qui est le lieu d'honneur, locus maiorum, où les actes sont composez et où bien souvent les causes sont vuidées à l'advantage de celuy qui paye l'escot. »

Loyseau fustige également les trois raisons principales qui, à ses yeux, font que la justice de village est très mauvaise[47]. Tout d'abord, elle est rendue par des gens incompétents qui boivent et s'entendent entre eux au détriment des plaignants. Comment faire confiance à des hommes qui, à chaque fois dans un village différent, sont tantôt juges, tantôt greffiers, tantôt sergents, tantôt procureurs de seigneurie ? En outre, elle est rendue par des hommes qui n'ont pas étudié le droit et qui n'ont aucune expérience judiciaire. De tels « hommes de loi » ne peuvent que mal instruire les procès. Enfin, les juges de village dépendent de leur gentilhomme qui peut les destituer à sa guise, ce qui est dangereux pour deux raisons. D'une part, lorsqu'un gentilhomme plaide devant son juge pour défendre les droits de sa seigneurie, le juge donne raison au seigneur, au détriment des paysans ; d'autre part, chaque gentilhomme veut avoir son notaire. Or ce dernier sert toujours les intérêts de son maître, aussi n'est-il pas rare d'en voir certains rédiger trois fois le contrat de mariage du seigneur, par exemple.

Il s'appuie donc sur son expérience et en 1603, il affirme que depuis trois ans qu'il vit dans le milieu des petites justices, il a vu des situations judiciaires et des comporte-

---

44. *Discours...*, p. 6-7.
45. *Ibid.*, p. 104.
46. *Id.*
47. Le développement suivant s'appuie sur les pages 106-114 du *Discours.*

ments révoltants. Ainsi, il dit avoir rencontré le « prétendu prévôt de Liconcy », près d'Orléans, qui ne savait ni signer, ni écrire[48] ; il a vu des praticiens s'installer sans être pourvus de leur office par la mort ou la résignation d'un juge, ou sans avoir prêté serment en justice. Toutefois, il n'impute pas les abus des justices seigneuriales aux seuls professionnels de la justice : il envisage les conséquences funestes que la passion de la chicane peut avoir dans la communauté villageoise :

> « D'ailleurs il est notoire que c'est la ruine d'un village d'y avoir une justice. Car cela apprend à plaider aux paysans et les desbauche de leur labeur. S'il y a une ligue de chicaneurs, ils tiennent tous les bons laboureurs en bride, et s'il y a un bon mesnager en la paroisse, ces chicaneurs luy courent sus et ne cessent qu'ils ne l'ayent ruiné[49]. »

Loyseau ne s'en tient cependant pas à ces constats accablants. Fort de son expérience et de ses observations, il formule plusieurs propositions pour améliorer l'exercice de la justice locale.

La monarchie devrait d'abord enquêter pour savoir comment sont exercées les justices seigneuriales. La Cour verrait alors que plus de la moitié de ces justices furent usurpées sans concessions. Elle constaterait aussi que, parmi les justices concédées, moins d'une sur dix fut érigée légitimement. Loyseau ne souhaite cependant pas la disparition de toutes les justices seigneuriales :

> « Pourtant si i'ay escrit que la pluspart des Iustices de village estoient abusives, il ne s'ensuit pas que toutes les Iustices seigneurialles le soient, mais comme i'ay dict qu'il sera bon de retrancher celles qui sont abusives, aussi i'entends qu'il faut conserver celles qui sont legitimement introduites[50]. »

En fait, Loyseau préconise une collaboration entre la justice seigneuriale et la justice royale, et non pas des relations inégales entre ces deux institutions. Les officiers royaux prétendent avoir la prévention[51] sur les justices seigneuriales. Ils empiètent donc tant qu'ils peuvent sur les prérogatives des justices des seigneurs, allant même jusqu'à vouloir s'attribuer la police des métiers. Pourtant, selon Loyseau, les ordonnances précisent que les juges royaux ne peuvent avoir juridiction sur les justiciables des seigneurs que dans deux cas : les cas de ressort[52], c'est-à-dire d'appel, et les cas royaux[53] qui, d'après lui, ne sont clairement précisés dans aucune ordonnance. Quand les prérogatives des juges royaux et des juges seigneuriaux sont concurrentes, il prend plutôt la défense de ces derniers.

Loyseau pense aussi que, dans un souci d'efficacité, le roi devrait promulguer un édit qui comprendrait deux mesures : d'une part, il supprimerait toutes les justices

48. *Ibid.*, p. 117.
49. *Ibid.*, p. 134-135.
50. *Suitte du discours de l'abus des justices de village...*, p. 4.
51. D'après *L'Encyclopédie...*, t. XIII, p. 344, la prévention est « le droit qu'un juge a de connoître d'une affaire parce qu'il en a été saisi le premier, et qu'il a prévenu un autre juge à qui la connoissance de cetet même affaire appartenoit naturellement, ou dont il pouvoit également prendre connoissance par prévention ». Dans la *Suitte du discours...*, p. 27 et 28, Loyseau rappelle que les officiers royaux ont obtenu de quelques coutumes deux sortes de prévention, « L'une absoluë et sans renvoy, qui n'est passée qu'en trois ou quatre coustumes devers la Picardie au plus », « L'autre est la prévention simple et à la charge du renvoy, qui a lieu és coustumes d'Anjou, Poitou et le Mayne, qui portent que le iuge royal supérieur peut bien prévenir pour faire adiourner devant luy les subiets du haut iusticier mais qu'il est tenu de le renvoier s'il les advouë et vendique ». Voir aussi dans le *Traicté des seigneuries...*, chap. 13, p. 145-146.
52. *Traicté des seigneuries...*, chap. 13, p. 147-148.
53. *Ibid.*, chap. 14, p. 153-165.

inutiles, que ni lui ni ses prédécesseurs n'ont concédées ; d'autre part, il ne tolérerait qu'un seul degré de juridiction seigneuriale. Loyseau loue donc le juriste Du Moulin [54] qui, après avoir condamné les justices seigneuriales dans ses livres, fut à l'origine du 24e article de l'édit de Roussillon (4 août 1564) qui ôtait aux seigneurs justiciers du royaume le deuxième degré de juridiction [55].

Si l'on appliquait les mesures proposées par Loyseau, il n'y aurait donc plus que trois degrés de juridiction : les prévôts royaux et les juges des seigneurs exerceraient la basse justice, la juridiction présidiale des baillis et des sénéchaux la moyenne justice, et le parlement la haute justice [56]. Seuls les juges royaux connaîtraient des causes d'appel [57]. La monarchie aurait ainsi un moyen de contrôler l'action de la justice.

Ces propositions sont le fruit d'un réquisitoire contre les justices de village qui s'appuie essentiellement sur des coutumes du quart nord-ouest du royaume. On peut se demander si les généralisations que Loyseau en tire pour l'ensemble de la France ne sont pas le reflet des abus des basses justices de ces provinces. Toutefois, la virulence de certains passages du *Discours* ne doivent pas faire oublier qu'il ne condamne pas le principe des justices seigneuriales. Il en conteste l'inutile multiplication et, surtout, les problèmes qu'elles causent aux justiciables. C'est pour quoi il rédige des propositions qui visent à rendre la justice locale plus efficace. Pour lui, l'une des clefs de la modernisation de cette justice est la simplification de la carte des juridictions, sous le contrôle d'agents du roi.

Le *Discours de l'abus* est donc l'amorce paradoxale d'une œuvre qui, finalement, vise à affermir le statut des justices seigneuriales en dégageant les conditions de leur légitimité et en améliorant leur fonctionnement. De fait, la partie la plus virulente du *Discours* est rapidement reléguée au second plan par Loyseau lui-même lorsqu'il en intègre les propositions les plus positives au *Traité des seigneuries*. En même temps, cette intégration d'une partie du *Discours* dans son traité souligne la cohérence de son œuvre qui se manifeste aussi à travers les renvois incessants d'un traité à un autre.

Toutefois, il n'est pas certain que cette cohérence soit encore perçue par les lecteurs au XVIIIe siècle. En effet, dans les traités portant sur la seigneurie et les justices seigneuriales, Loyseau n'apparaît plus que par quelques références très ponctuelles, et sans que sa démarche reste visible. Les aspects de critique pure sont oubliés (du moins jusqu'à ce que les cahiers de doléances réactualisent la critique des prérogatives seigneuriales) et l'on ne retient que quelques points : la légitimation des justices seigneuriales par concession royale et le statut des officiers seigneuriaux. On peut donc avancer l'hypothèse suivante : Loyseau se plaçait dans une perspective réformatrice institutionnelle qui disparaîtrait au XVIIIe siècle au profit d'une perspective pratique d'exercice quotidien de la justice. Les juristes chercheraient alors des réponses concrètes aux problèmes de fonctionnement de la justice seigneuriale qu'ils trouveraient chez d'autres auteurs, et surtout dans les recueils de jurisprudence.

---

54. Charles Du Moulin (1500-1566) acquit une réputation de jurisconsulte.
55. *Discours...*, p. 121-122.
56. *Ibid.*, p. 129-130.
57. *Ibid.*, p. 127-128.

Éditions de Loyseau consultées, par ordre chronologique d'édition

Discours de l'Abus des justices de village, tiré du traité des Offices de C. L. P. non encore imprimé, Paris, Abel l'Angelier, 1603.

Suitte du Discours de l'Abus des Justices de village, traictant de la manutention des Justices Seigneurialles légitimement introduites, Paris, Abel l'Angelier, 1604.

Discours de l'Abus des justices de village, tiré du traité des Offices de C. L. P. non encore imprimé, Paris, Abel l'Angelier, 1605.

Traité de la garantie des rentes. Par Charles Loyseau, sieur de la Nouë, Advocat en parlement. Edition troisième. Corrigée et augmentée par l'Autheur, Paris, Abel l'Angelier, 1606.

Traité du déguerpissement et délaissement par hypothèque. Par Charles Loyseau, sieur de la Noue, Advocat en parlement. Edition troisième, reveuë, Corrigée et augmentée par l'Auteur, Paris, Abel l'Angelier, 1606.

Traité des seigneuries, par Charles Loyseau Parisien, Paris, Abel l'Angelier, 1608.

Cinq livres du Droit des Offices. Par Charles Loyseau, Parisien, Imprimé à Chateaudun, pour Abel l'Angelier, 1610.

Le Traicté des seigneuries, par Charles Loyseau, Parisien. Edition quatriesme, corrigée et augmentée par l'autheur, Paris, veuve Abel l'Angelier, 1613 (1610).

Les Cinq livres du droict des offices avec le livre des seigneuries et celuy des ordres. Deuxième édition corrigée et augmentée par l'autheur, Paris, veuve Abel l'Angelier, 1613 (1610).

Traité de la garantie des rentes. Par Charles Loyseau, Advocat en parlement. Edition quatrième. Corrigée et augmentée par l'Autheur, Paris, veuve l'Angelier, 1614.

Traité du déguerpissement et délaissement par hypothèque. Par Charles Loyseau, Advocat en Parlement. Edition quatrième. Reveuë, Corrigée et augmentée par l'Autheur, Paris, veuve l'Angelier, 1614.

Discours de l'Abus des justices de village, par Charles Loyseau, advocat en Parlement. Dernière édition reveuë et corrigée par l'Autheur avant son décez, Paris, Claude Cramoisy, 1628.

Suitte du Discours… par M. Charles Loyseau, Advocat en Parlement, Reveu et corrigé par l'Auteur avant son décez. Dernière édition, Claude Cramoisy, 1628.

Les Œuvres de Maistre Charles Loyseau, advocat en Parlement, contenant… Nouvelle édition reveue, corrigée et augmentée par M. Claude Joly, Paris, F. Mogé, 1666.

Les Œuvres de Maistre Charles Loyseau… Dernière édition, plus exacte que les précédentes, Lyon, Compagnie des Libraires, 1701.

De l'ignorance à l'intégration. Déclarations, édits et ordonnances touchant la justice seigneuriale aux XVIe et XVIIe siècles

Antoine FOLLAIN
Maître de conférences d'histoire moderne,
université d'Angers, Maison des sciences humaines

Rassembler les textes relatifs au statut et à l'exercice de la justice seigneuriale, telle est notre intention. Le parti pris chronologique nous oblige à dire que les retours en arrière et les contradictions qui pourraient étonner nos lecteurs ne sont pas de nous... mais de Charles IX ou de Louis XIII. Dans cette compilation, nous avons retenu le politique et l'administratif, et nous avons voulu ignorer le droit, appliqué spécifiquement ou non par la justice seigneuriale, même s'il s'agissait de l'un des aspects du rapport entre l'État et la justice des seigneurs. En effet, jusqu'au milieu du XVIIe siècle, il n'a jamais été très sûr que ce droit, tel qu'il était *édicté* au nom du roi, dût être appliqué par-dessus le droit local dans les *Justices de village* et autres hautes justices. Les dispositions contenues dans l'ordonnance civile de 1667 ont, par contre, été applicables en leur entier, sinon dès 1668, du moins dans les années qui ont suivi. Le XVIIIe siècle a vu aussi la multiplication des arrêts du Conseil ou des parlements, et spécialement du parlement de Paris, sur des questions qui relevaient précédemment des coutumes provinciales et locales et des « ordonnances de police » des juges locaux[1]. Le droit et la « norme » sociale nous ont d'autant moins retenu que tout ce droit a déjà été commenté ailleurs – sans toujours pouvoir faire la différence entre les textes et leur application.

L'exercice de la justice : état de droit et état de fait

Ce *corpus* peut laisser perplexe car jamais il n'y a de certitude sur le degré d'application d'un texte[2] ni sur son extension géographique. Dans ses *Institutions de la*

1. En droit, seul le parlement peut prendre de telles « ordonnances ». De fait, les ordonnances de police sont prises par les juridictions royales et seigneuriales par « provision » de ce que ferait le parlement et jusqu'à ce qu'il ait ordonné lui-même. Cet artifice signifie que le parlement peut éventuellement intervenir pour corriger une ordonnance locale. Les historiens du droit expliquent que le pouvoir réglementaire des parlements préserve la force de « la loi du roi » qui ne pourrait descendre dans trop de détails sans compromettre son prestige, ni se répéter sans cesse (MARTIN François-Olivier, *L'Absolutisme français. Cours donnés en 1950-1951...*, édités en 1988). Or c'est aussi ce que font les parlements... du moins jusqu'au XVIIIe siècle, où ils multiplient les arrêts « de détail ».
2. Notamment en cas d'édit bursal dont le dispositif ne sert qu'à négocier les exemptions. Mais si le roi a toujours trouvé de bons moyens pour taxer ses propres officiers, par le biais de leurs « corps » et « compagnies », les juges seigneuriaux, isolés, indépendants les uns des autres, ont toujours été plus difficilement accessibles au fisc.

France..., Gaston Zeller s'était amusé à relever chez les auteurs du XVIe siècle et dans des actes officiels, des formules telles que « les ordonnances y sont, mais on ne les garde pas » (Claude de Seyssel, 1519) ou « nos ordonnances ne sont ne observées, ne entretenues » (une idée qui se trouve, sous cette forme ou sous une autre, en préambule de nombreux édits). Ce commentaire parisien résumerait tout : « Après trois jours : non valable » (Pierre de l'Estoile, 1561). Zeller avait donc tenu à donner une « consigne » à l'historien des institutions : « se méfier des textes législatifs. À l'état de droit qu'ils nous font connaître, il convient d'opposer sans cesse l'état de fait, dans la mesure où nous pouvons l'appréhender [3] ».

Une législation spécifique peu importante

Le roi a promulgué, à partir du XVIe siècle, des textes qui intéressaient spécifiquement la justice seigneuriale et des textes sur l'administration générale du royaume. Une fois le *corpus* constitué, la législation spécifique aux juges seigneuriaux se révèle peu importante mais nous pourrions prendre en compte ce qui concernait les juridictions royales et touchait les autres juridictions « ecclésiastiques et des seigneurs », les créations d'offices royaux qui empiétaient sur la compétence contentieuse et gracieuse des juges seigneuriaux ou, par exemple, tout ce qui concernait les communaux et les forêts. Toute cette législation est en effet lisible en positif, à la lettre, comme il apparaît en première lecture, mais aussi en creux ou en négatif – de même que l'édit de Crémieu (1536) en disant ce que feraient désormais les bailliages avait dit ce qui resterait aux prévôtés, sans quelles aient droit à leur propre édit.

Principaux caractères de la législation royale

Les conflits qui ont opposé l'État à la « féodalité », lorsque le droit de juger était l'un des principaux enjeux de l'opposition entre les rois et les féodaux, n'étaient pas vraiment dépassés sous l'Ancien Régime. Pour autant, est-il possible de discerner des caractères permanents, voire une politique concernant la justice des seigneurs ? Peut-être, mais sans continuité et sans fermeté avant la seconde moitié du XVIIe siècle, et aussi en distinguant ce qui pouvait concerner le cœur du royaume – disons les ressorts des parlements de Paris et de Rouen – de toutes les provinces qui allaient plus ou moins à leur propre train [4].

Des textes focalisés sur la « vraie » justice

La législation royale est forcément tout imprégnée d'une « philosophie du droit et de la justice » qui est intemporelle ou plus exactement appuyée sur les « Anciens » et sur une « idée de justice » fort éloignée de la pratique judiciaire et de la médiocrité des milliers de petites « causes » qui occupent vraiment les magistrats. Cette conception va

---

3. ZELLER, *Les Institutions de la France au XVIe siècle*, 1948, « Avant-propos ». Comment ne pas penser aussi à l'application des ordonnances et sentences de police des justices seigneuriales ? Cf. *infra* Sylvain Soleil qui ne s'en soucie guère (car son étude est juridique) et Serge Dontenwill qui s'en inquiète.

4. Les contributions de nos collègues portant surtout sur le XVIIIe siècle, il est important de souligner que, s'il n'y a plus, à la fin de l'Ancien Régime, d'énormes différences dans le statut des juges seigneuriaux de telle et telle province, il y a eu, de la fin du XVe à la fin du XVIIe siècle, des décalages considérables. Il revient à Sylvain Soleil de poursuivre au XVIIIe siècle l'étude des rapports entre justice seigneuriale et justice royale.

jusqu'à faire penser que la justice criminelle (le pénal du XIXe siècle), est très au-dessus de la justice civile et ferait, à toutes les époques, « l'honneur » et même l'essence de la profession. Arlette Lebigre, citant un grand magistrat de l'époque des Lumières, a pu opposer la justice civile « qui s'occupe à distribuer des lambeaux de terrain » à la justice criminelle « qui traite de la vie ou de la mort des citoyens, de leur honneur ou de leur infamie, de leur état ou de leur néant [5] ». Ce caractère terrible de la justice criminelle lui assure une immense supériorité sur la justice civile qui n'apparaît que comme une annexe de la « vraie » justice. Rendre la justice, punir dans les chairs et mettre à mort, est évidemment un acte extrême dans la régulation sociale, une mise en scène orchestrée par les pouvoirs pour une société exigeant réparation et protection pour l'insécurité des personnes et l'insécurité des biens ; un véritable drame qui fait s'agiter des acteurs en robes rouges ou noires autour d'un accusé assis sur la sellette ; un acte de dimension sacrée. De plus, s'est imposée, depuis le Moyen Âge, l'idée que la justice est « une » et que toute justice vient du roi, « Fontaine de Justice » ou « Source de toute Justice », qui l'exerce personnellement ou qui en délègue l'exercice. Rendre la justice, c'est donc faire acte royal, acte de souveraineté, et Jean Bodin écrit d'ailleurs que « la vraie science du Prince est de juger son peuple [6] ». En vérité, la justice n'est pas « une », sinon chez les théoriciens et dans cette philosophie du droit et de la justice. La justice est très concrètement divisée et dispersée entre des centaines d'institutions plus concurrentes que coordonnées, et entre des milliers de mains. Contrairement à la justice royale qui paraît « une », la justice seigneuriale est structurée en trois niveaux aux appellations très explicites : « basse » justice, « moyenne » et « haute » justice. Trois niveaux qui contredisent l'idée d'unité de la justice. Or, dans sa législation, la monarchie a intégré, sans toujours le dire, cette division de la justice. La plupart des déclarations et ordonnances ne s'intéresse donc qu'à la *vraie* justice et assimile, de fait, toute la justice seigneuriale à la seule haute justice. C'est implicite dans la première moitié du XVIe siècle où le roi s'adresse aux « juges des seigneurs » – sans dire qu'il s'agit des hauts justiciers – et c'est explicite dans la seconde moitié, lorsque le roi s'adresse aux « juges des seigneurs hauts justiciers ». Au-dessous, et par conséquent pour tout ce qui concernait la compétence des petits juges, ou même la partie la plus modeste de l'activité des juges hauts justiciers, la petite litigiosité qui occupait le plus les *Justices de village*..., il semble bien que le roi et le chancelier n'aient pas eu d'ordres à donner avant la seconde moitié du XVIIe siècle. Notre *corpus* de textes se situe donc à un certain niveau.

De l'ignorance à l'intégration

Jusque vers 1535, la législation ignore la justice seigneuriale. De 1535-1536 (Crémieu) au début des années 1560, la législation l'a bousculée ou elle a donné aux juges royaux les moyens de la bousculer pour asseoir leur propre autorité et vendre la « justice marchandise » dont, en tant qu'officiers, ils devenaient de plus en plus les « regrattiers », débitant au détail ce qu'ils avaient acheté en gros [7]. Un texte fait excep-

---

5. LEBIGRE, *La Justice du Roi*..., 1988, p. 113. Voir également ROYER, *Histoire de la Justice en France*..., 1995, sa propre approche de cette longue histoire et sa synthèse des travaux de nos collègues des Facultés de droit, enfin sa bibliographie (p. 18-21).
6. BODIN, *Les Six livres de la République*, 1583, livre IV, p. 612.
7. FOLLAIN, « Entre service et commerce, honneur et perversité de la justice aux XVIe et XVIIe siècles », 1999a. Nous y opposons « L'honneur de la Justice » et le crédit excessif accordé à l'action des juges par les jurisconsultes et par

tion : la déclaration « sur la compétence des justices des seigneurs » de 1556. La monarchie s'est en effet avisée de protéger la justice seigneuriale des abus de ses propres officiers. Les années 1560 voient la promulgation de plusieurs « belles » ordonnances : Orléans, Roussillon et Moulins. Mais c'est aussi le temps des « troubles » et l'œuvre législative n'est pas soutenue par un État aussi fort qu'au temps de François Ier. Le « Code Michau[d] » de 1629 serait, soit une étape de consolidation renouant avec le premier XVIe siècle (si l'on veut absolument faire valoir la continuité de l'action de l'État), soit la première étape d'un processus d'intégration qui va surtout se développer sous le règne de Louis XIV. Dernière époque : à partir de 1715 et jusqu'en 1787-1788, l'appareil judiciaire paraît encombré par une justice seigneuriale qui est à la fois intégrée et pas très bien articulée avec les juridictions royales. Ce qui n'a jamais empêché ces justices de fonctionner – en témoignent les contributions de nos collègues – si les seigneurs y tenaient et si l'« économie de justice » assurait un niveau d'activité suffisant. Les années 1788-1789 voient se dérouler une dernière réforme d'Ancien Régime qui aurait pu déboucher sur une intégration complète au système étatique [8], puis des réformes radicales qui emportent la justice des seigneurs et transforment radicalement la justice d'État.

Les textes retenus

Notre *corpus* est surtout composé d'articles extraits de longues ordonnances et nous avons retenu des articles que nous avons le plus possible donnés *in extenso*. Nous avons pensé utile de rappeler, à leur place, la teneur de certains édits concernant la justice royale car ils dessinent le portrait du « bon » magistrat opposé à celui du juge seigneurial. Dans beaucoup de textes, l'expression « nos juges » est remarquablement ambiguë : si la justice est « une » et déléguée par le roi, les juges seigneuriaux sont-ils à chaque fois concernés ? Il n'y a pas une seule réponse mais plusieurs : des réponses différentes selon le lieu et selon le moment, sans que l'évolution ait été linéaire mais avec des affaiblissements de l'autorité du roi, des retours en arrière pendant lesquels « nos juges » ne sont plus que les officiers royaux.

La législation de la fin du Moyen Âge et du XVIe siècle

Selon les principes établis au cours du Moyen Âge, toute justice émane du roi et n'est exercée par l'Église, les villes ou les seigneurs, qu'avec le consentement du roi et sous le contrôle des officiers royaux. Pour autant, il n'y a rien à relever, avant les années 1530, dans les textes où il pourrait être question de la justice seigneuriale en même temps que de la justice royale. Les choses changent dans la seconde partie du règne de François Ier.

---

certains historiens du droit (1re et 2e parties), les magistrats étant mus, en réalité, par « Une grande nécessité : faire de l'argent » (3e partie) qui les conduit à « Ne surtout pas rendre une justice *bonne, égale et brève* » (4e) et qui nous met face à « la perversité de la Justice et (à) l'ambiguïté des sources » (5e) notamment pour la justice criminelle « qui se meut quand on la défraye » (6e et dernière partie).

8. L'ordonnance de mai 1788 « sur l'administration de la justice… », dont l'intention affichée est « de soumettre à une révision générale nos lois civiles et notre ordonnance criminelle » avec, au préalable, la « régénération de nos tribunaux », fait référence à des textes dont la liste vaut d'être citée : 1498, 1535 (Crémieu), 1539 (Villers-Cotterets), 1551 (les présidiaux), 1560 (Orléans), 1563 (Roussillon), 1566 (Moulins), 1579 (Blois), 1667 (l'ordonnance civile) et 1670 (l'ordonnance criminelle).

Que chacun fasse au mieux « en son pouvoir et jurisdiction »

Dans les « Titres » des Cahiers des États généraux de Tours en 1484[9], qu'il s'agisse « Du commun » ou « De la Justice » (en 31 longs articles) il n'est question que des juridictions et des officiers royaux. L'aspect très concret des plaintes et le ton très humain, très proche des populations[10], ne font pas sortir les députés du strict rapport entre, d'une part, le roi et ses propres juges, et d'autre part, les sujets justiciables du roi. La seigneurie, police et justice comprises, n'est pas en cause. De même, il n'y a pas d'extension à la justice seigneuriale dans la grande ordonnance « sur l'administration de la justice » de juillet 1493, ni dans l'édit « sur la juridiction des baillis » des mêmes mois et an. Rien non plus dans la déclaration, toujours dans le même mois, « qui accorde à chaque bailli ou sénéchal des nobles et gens de pied au nombre de 40 hommes pour prendre les vagabonds et voleurs de grands chemins » contrairement aux textes qui, plus tard, vont instituer la maréchaussée en l'articulant avec toutes les juridictions et en lui donnant compétence jusque chez les seigneurs. Pour les officiers du roi, il n'est encore question que d'imposer l'ordre public dans la limite de leur propre juridiction. Toujours rien dans les 161 articles des ordonnances « sur la réformation de la justice » de mars 1498. Les textes relatifs à l'administration et justice en Languedoc (1483), en Provence (1486), en Bretagne (1492, 1493, 1495, etc.), en Normandie (1507) et sans doute en d'autres provinces, continuent d'ignorer les juges des seigneurs. Il n'y a rien non plus dans les textes relatifs à une matière. Deux exemples : dans l'édit « sur la conservation des forêts [...] et la faculté accordée aux seigneurs, prélats et communautés d'adopter pour leurs forêts le même régime » donné à Paris en janvier 1519 (daté de 1518) et dans l'ordonnance « qui autorise les juges locaux à fixer le prix que doivent prendre les hôteliers et aubergistes » donnée à Blois en novembre 1519, un texte de police forestière et l'autre de police économique, le roi règle *chez lui* ces choses et souhaite que « nos subjets ayans justice et jurisdiction ordinaire » puissent chacun « en son pouvoir et jurisdiction » faire à l'exemple de leur roi – à chacun ses propres affaires. Nous sommes tout prêt à admettre qu'il doit bien exister, en quelque texte royal qui nous aurait échappé, un article où apparaîtrait la justice des seigneurs. Cette révélation ne pourrait qu'atténuer cette conclusion : *rien* avant le règne de François Ier[11].

De Crémieu (1536) à Orléans, Roussillon et Moulins (1561-1566)

Des efforts pour uniformiser l'administration du royaume

Les années 1530 voient se succéder les « règlements » destinés à parachever ou réaliser l'intégration des provinces au royaume, voire à uniformiser la justice. Après celui sur l'Auvergne (Dijon, janvier 1535), la Provence est concernée par un édit (Joinville, septembre 1535) puis par une ordonnance « sur l'administration de la justice en

9. États assemblés de janvier 1483 au mois d'avril 1484. La date « 1483 » serait « 1484 » si l'année commençait au 1er janvier. Pour les textes du XVIe siècle, nous levons à chaque fois l'ambiguïté.

10. En témoigne l'article 14 du titre « De la Justice » : « Et quant aux sergents, qui sont les moindres officiers de la justice et toutesfois sont-ils les premiers ministres. » Il est plus courant de les mépriser et négliger leur rôle que d'en faire les « premiers ministres » de la justice !

11. Voir « La genèse d'un appareil judiciaire d'État », *Pouvoirs et institutions dans la France médiévale*..., t. II, p. 187-226, par Albert RIGAUDIÈRE. Sur l'évolution de l'État et celle des institutions à l'époque moderne la bibliographie est bien connue et nous préférons ne citer personne plutôt que 10 titres qui n'épuiseraient pas la liste de nos créanciers.

Provence » (Yz ou Is-sur-Tille, octobre 1535) et la Bretagne par un édit « sur le fait de la justice » (Valence, août 1536) réglant spécialement la justice criminelle, puis par deux édits « modificatifs [...] sur le fait de la justice » (Villers-Cotterêts, juin 1539, et Compiègne, septembre 1539). L'édit de Joinville de septembre 1535, par exemple, s'insère dans le processus d'intégration de la Provence au royaume et à sa justice, par l'institution d'une « grande sénéchaussée » et par l'articulation entre la justice royale et celle des seigneurs :

> « Art. 12. Quant aux vassaux ayans justice en nosdits pays, comté et terres adjacentes, ordonnons qu'ils n'auront doresnavant qu'un degré de jurisdiction ; ressortiront les appellations interjectées de leurs officiers pardevant ledit séneschal ou ses lieutenans général ou particulier, chacun en son district, si ce n'est ceux qui feront apparoir du privilège ou possession immémoriale d'avoir ressort en cas d'appel : auquel cas toutesfois ne pourront avoir qu'un ressort d'appel, et de leurs juges d'appeaux sera appelé pardevant ledit séneschal et sesdits lieutenans en la cour de parlement, en laquelle toutes les causes dudit pays de Provence prendront fin en dernier ressort. »

Crémieu, Villers-Cotterêts, et la correction de leurs abus

L'édit de Crémieu de juin 1536 « Sur la prééminence des baillis et juges présidiaux, sur les prévôts, châtelains et autres juges inférieurs du royaume » et l'ordonnance « sur le fait de la justice » donnée à Villers-Cotterêts en août 1539, ont été analysés ensemble par les juristes des XVIIe et XVIIIe siècles, puis par de nombreux historiens du droit et de la société. Leurs dispositions sont reprises dans une déclaration « interprétative » donnée à Fontainebleau en février 1550 (datée de 1549), dans une déclaration « sur la juridiction des présidiaux et juges inférieurs » donnée à Saint-Germain-en-Laye en avril 1548 et, à partir de 1552, dans plusieurs textes qui, en même temps que des bailliages, traitent de la juridiction des présidiaux institués par l'édit de Fontainebleau [12].

Le roi renforce ses juges. Il protège aussi ceux des seigneurs par une *Déclaration portant que l'édit de Crémieu ne s'applique pas aux juridictions seigneuriales...* donnée à Compiègne en février 1537 (1536 dans le style de Pâques). Toute la législation est lisible en positif, à la lettre, comme il apparaît en première lecture, mais aussi en creux ou en négatif : l'édit de Crémieu « Sur la prééminence des baillis et juges présidiaux, sur les prévôts, châtelains et autres juges inférieurs du royaume » (juin 1536) en disant ce que feraient désormais les bailliages et sénéchaussées a dit ce qui resterait aux vicomtés, prévôtés et châtellenies royales. La même lecture devait-elle être faite à propos des justices des seigneurs ? Les juges royaux des bailliages et sénéchaussées ayant pesé excessivement sur leurs concurrents, l'édit de 1537 est pris « pour faire cesser les différents, débats et controverses » entre les juges royaux et les juges seigneuriaux [13]. Moins connue que la déclaration de Blois de janvier 1556 (datée de 1555), celle de 1537 lui ressemble beaucoup. Le roi affirme que son intention n'a jamais été de toucher à la juridiction des seigneurs et parle de mauvaise interprétation :

> « Art. 2. Et combien qu'en ce faisant, n'ayant aucunement touché la juridiction qu'ont nos sujets et vassaux en leurs terres et seigneuries, mais seulement reglé et departy l'exer-

12. Édit « d'érection de sièges présidiaux dans toute l'étendue du royaume » donné à Fontainebleau en janvier 1552 [daté de 1551]. Le dispositif est complété par la déclaration donnée à Follembray en août 1552, celle « sur la juridiction des baillis, sénéchaux et juges présidiaux » donnée au Marchais en juin 1554 et par celle « sur la juridiction des baillis, sénéchaux, prévôts, etc. » donnée à Saint-Germain-en-Laye en septembre 1555.

13. Ainsi qu'entre les juges royaux de différents degrés.

cice de nostre justice accoustumé estre exercee par nosdits juges presidiaux et subalternes, et n'y puissent nosdits vassaux avoir aucun interest, perte ou dommage, et ne soient aucunement comprins audit reglement, leur demeurant leurs justices, et l'exercice d'icelles en leur entier, entre toutes personnes, et de toutes causes et matieres comme ils ont eu par cy devant : et ayant voulu par nos edicts et ordonnances, privilegier, et favorablement traitter les gens nobles vivant noblement, nos justiciables, en baillant la cognoissance et jurisdictions de leurs causes et differens, a tous nos juges presidiaux[14], comme aucun d'iceux auroient eu par cy devant et icelle interdisans ausdits prevots et juges subalternes. Ce neantmoins, aucuns nosdits vassaux ayans justice en leurs terres et seigneuries, pretendent leur estre prejudicié par ladite ordonnance, ont donné et formé opposition a icelle, combien qu'ils n'y aient interest aucun. Sur laquelle opposition pourroient nosdits vassaux entrer involution de procez, fraix et mises a nostre grand regret et plaisir, si sur ce n'y estoit par nous pourveu de remede et provision convenable. »

Le 3e article exclut la juridiction des seigneurs du champ d'application de ses édits et les renvoie « tout ainsi qu'ils ont fait et peu faire auparavant nosdites ordonnances » :

« Art. 3. Pource est-il, que nous (qui voulons relever nos sujets et vassaux de fraiz, mises et despens, tollir et oster les doutes et difficultez qu'ils pourraient avoir) desirans les favorablement traiter et soulager, avons dit et declaré, disons et declarons par ces presentes, que pour l'ordre et reglements qu'avons mis entre nosdits juges presidiaux et subalternes, n'avons aucunement comprins en nosdites ordonnances et edicts, nosdits vassaux ayans en leurs mettes et seigneuries, jurisdiction et justice : mais seulement nos justiciables, qui ont a subir jugement pardevant nos dits juges, et des causes et matieres dont la cognoissance leur a de tout temps apparteneu et appartient. Et voulons et nous plaist, que tous et chacun nos vassaux ayans justice, l'exercent et façent exercer entre toutes personnes nobles et plebes : et en toutes causes et matieres, dont la cognoissance leur a appartenu et appartient. Et tout ainsi qu'ils ont fait et peu faire auparavant nosdites ordonnances et edicts : par lesquels n'avons voulu et entendu aucunement prejudicier a leur justice, et exercice d'icelle, mais au contraire privilegier et favoriser nosdits vassaux, mesme les nobles, vivans noblement, comme dit est. »

Les présidiaux reçoivent en 1551-1552 l'ordre de juger les différends entre les juges des seigneurs et ceux des bailliages royaux mais ils semblent être partiaux. La *Déclaration sur la compétence des justices des seigneurs...* donnée à Blois le 16 janvier 1556 (1555 dans le style de Pâques) rappelle la condamnation de toute « entreprinse [...] sur leursdites jurisdictions » et s'indigne d'avoir « entendu [dire] que lesdits juges présidiaux [nouvellement créés], baillis, sénéchaux et autres nos juges », au nom de l'édit de Crémieu, « se sont efforcés et efforcent connoître indifféremment de toutes causes et entre quelques parties que ce soi ». D'où cette seconde intervention :

« Henry, etc. Combien que nos sujets et vassaux ayans en leurs terres et Seigneuries justices et jurisdictions et officiers pour l'exercice d'icelles ayent toujours, par leursdits officiers, fait connoître et decider de tous proces et differends civils et criminels, d'entre leurs sujets sans que autres juges en ayent pu connoître en premiere instance et pour l'entreprinse qu'on faisait sur leursdites jurisdictions, nos predecesseurs ayent fait plusieurs declarations et reglemens et par iceux, toujours voulu et ordonné que les juges de nosdits vassaux et sujets connussent et decidassent desdits differends d'entre leursdits sujets estant en leursdites jurisdictions, de sorte que quand on les faisoit convenir pardevant nos juges ou autres pour raison des choses assises ou des cas commis en leursdites jurisdictions, nosdits predecesseurs ayent toujours voulu et ordonné que lesdites parties

14. À cette date « juge présidial » désigne un juge supérieur à un autre. Le sens a changé à partir de l'édit de création des présidiaux en 1551-1552.

seroient renvoyees pardevant lesdits juges ordinaires sans que nos baillis, seneschaux, prevosts ni autres nos juges en pussent connoître et suivant cela nous ayons par les edits de la creation des sieges présidiaux de notre royaume, voulu et ordonné que lesdits juges presidiaux en decidant des appellations qui seroient interjettees des juges de nosdits sujets et vassaux et autres subalternes feroient droit sur ledit appel et renverraient les parties pardevant les juges dont auroit esté appelé en autre au meme siege, sans que lesdits juges presidiaux, baillis ni seneschaux puissent retenir la connoissance du principal ni entreprendre autre jurisdiction que celle qui leur estoit anciennement, par nos edits et ordonnances attribuee; Neantmoins nous avons entendu que lesdits juges presidiaux, baillis, senechaux et autres nos juges sous couleur de l'edit fait par feu notre tres honoré seigneur et pere le roy dernier decedé, a Cremieu le 19 juin 1536, se sont efforcés et efforcent connoître indifferemment de toutes causes et entre quelques parties que ce soit; et quand les procureurs de nosdits vassaux et sujets ou autres, pour eux requierent le renvoy pardevant les juges ordinaires, ils les en deboutent et retiennent la connoissance de tous lesdits proces indifferemment; et neantmoins condamnent ceux qui requierent lesdits renvois en amende de sorte qu'il n'y a aucun procureur ni partie qui ose demander lesdits renvois et par ce moien, connoissent lesdits juges presidiaux, baillis, prevosts et senechaux de tous proces et differends et privent nosdits vassaux et sujets et leursdits officiers, entierement, de leursdites jurisdictions et emolumens d'icelles que notredit feu seigneur et pere par ses lettres patentes du 24e février 1536 [1537], eut declaré, que, par ledit edit de Cremieu dudit 19e juin audit an 1536, contenant l'ordre et reglement qu'il avoit mis entre nosdits juges presidiaux et subalternes, n'avoit aucunement compris nosdits vassaux ayant en leurs metes et seigneuries, jurisdiction et justice, mais seulement entre nos justiciables qui avoient a subir jugement pardevant nosdits juges et des causes et matieres dont la connoissance leur avoit de tous temps appartenu, voulu et ordonné que tous et un chacun nosdits vassaux ayant justice exerçassent et fissent exercer entre toutes personnes nobles et plebes et de toutes causes et matieres dont la connaissance leur a appartenu et appartenait ainsi qu'ils avoient fait et pu faire auparavant ledit edit, par lequel il auroit declaré qu'il n'avoit entendu prejudicier a leur justice et exercice d'icelle, mais au contraire, privilegier et favoriser nosdits vassaux, neantmoins nosdits presidiaux, baillis, senechaux, sans les vouloir garder ni observer, y ont journellement contrevenu et contreviennent et en vertu des contrats et obligations qu'ils disent aucuns avoir passé, les font arreter prisonniers et prennent connoissance, en premiere instance, indifferemment, de toutes causes; dont nous ont esté et sont, chacun jour, faites plusieurs plaintes et doleances par nosdits vassaux et sujets nous suppliant et requerant leur pourveoir sur ce. Savoir faisons que nous, ayans sur ce, eu l'avis de notre conseil, avons dit et declaré et de nos certaine science, pleine puissance et autorité royale, disons et declarons que nous avons toujours entendu et entendons que lesdites lettres patentes de declaration de nostredit feu seigneur et pere du 24 février 1536, ayent eté et soient gardees et observees et en ce faisant que nosdits vassaux et sujets ayans justice l'exercent ou fassent exercer entre toutes personnes nobles et plebes et de toutes causes et matieres civiles et criminelles dont la connoissance leur a appartenu, sans que lesdits juges presidiaux, baillis, senechaux, en puissent prendre ni retenir aucune cour, jurisdiction ni connoissance, ni en vertu desdits contrats et obligations, faire arreter aucun ni en prendre connoissance en premiere instance, si n'est en cas d'appel et pur ressort, sans que iceux juges presidiaux, baillis senechaux, prevosts et autres juges, puissent prendre aucune connoissance desdites causes et matieres, proces et differends d'entre les sujets de nosdits vassaux, en vertu de quelques contrats, obligations, lettres, provisions ni autrement en quelque maniere que ce soit, si n'est des cas royaux et d'appel seulement dont, par nosdites ordonnances, la connoissance est attribuee auxdits juges presidiaux, baillis, senechaux, prevots et autres; et ou aucuns des sujets de nosdits vassaux seroient convenus pardevant lesdits juges presidiaux, baillis, senechaux notre, voulons que nosdits vassaux et pareillement les parties puissent requerir le renvoy pardevant lesdits juges ordinaires d'iceux nosdits vassaux, et aient a les renvoyer sans pouvoir retenir la connoissance a peine de nullité des jugemens et de tout ce qui sera fait en cette partie et des depens, dommages et intérêts des parties. Si donnons, etc. »

Cette réponse royale est-elle suffisante et sincère ? A-t-elle assez menacé les officiers royaux ? Et de quoi exactement ? Quant à l'interrogation sur la sincérité de l'indignation royale, elle peut amener à une autre question : faut-il toujours chercher une cohérence dans la politique royale ? Spécialement peut-être lorsque le roi est Henri II…

Des juges mis à part, mais tenus de donner la main à la justice du roi

Protégés par le roi des abus – du moins en théorie –, les juges des seigneurs sont, dans le même temps, soumis à diverses exigences. Les unes tiennent à leur statut et les autres à l'exercice de leur juridiction. L'édit « sur l'administration de la justice en Normandie », donné à Fontainebleau en décembre 1540, rappelle l'interdiction de cumuler le service du roi avec des « estats, charges, ou offices » dans la justice seigneuriale, et même d'être en relation avec des seigneurs :

> « Art. 7. Et en ampliant les ordonnances anciennes de nos prédécesseurs par lesquelles est défendu à nos baillis, vicomtes, advocats, procureurs et autres nos justiciers et officiers de prendre ou accepter aucuns estats, charges, ou offices, gages, pensions, ny autres biens-faits des princes, seigneurs, barons, et autres nos vassaux, et seigneurs temporels de leurs jurisdictions, nous leur défendons en outre de prendre d'eux aucunes de leurs terres, seigneuries, et revenus à ferme, cense ny autre admodiation, et que si aucuns en tiennent, ils les remettent ès mains de ceux ausquels la disposition en appartient, dedans trois mois après la publication de ces présentes : autrement à faute de ce faire, nous les avons dès à présent déclarez et déclarons suspendus de leurs offices. »

L'intégration à l'appareil judiciaire du royaume est rappelée en plusieurs occasions importantes. L'édit donné à Fontainebleau en juin 1540, « qui enjoint expressément à tous baillis, sénéchaux, procureurs, avocats du roi, etc. sous peine de suspension et privation de leurs offices, de rechercher et poursuivre les luthériens » précise dans ses articles 6 et 7 que les seigneurs hauts justiciers et leurs officiers doivent aussi « y prêter conseil, consort et aide ». La formulation est encore ambiguë. Une participation plus active est ordonnée dans l'édit donné à Amboise en février 1560 (daté de 1559) « qui enjoint aux seigneurs hauts justiciers de punir les auteurs d'assemblées illicites pour fait de religion, sous peine de perdre leurs justices ». Ce texte est exemplaire à deux titres. D'abord parce qu'il suit de près des lettres royales données à Blois en novembre 1559 « contre ceux qui favorisent les sacramentaires ». Les lettres étaient générales et les juges seigneuriaux pouvaient les ignorer. Le second texte implique donc les seigneurs et leurs juges. La législation anti-protestante – que nous ne détaillerons pas car il y a des ouvrages spécifiques – reprendra souvent de telles injonctions à arrêter et juger les ennemis de Dieu et du roi[15]. Deuxième caractère important : faute de zèle à exécuter les ordres du roi, celui-ci menace les seigneurs de suppression de leurs droits de justicier[16].

15. Par ailleurs, à partir de l'édit « de pacification… » donné à Amboise en mars 1562, il sera plusieurs fois question du « libre exercice de la religion réformée », autorisé seulement dans la demeure des « barons, chastellains, hauts justiciers » et restreint partout ailleurs.

16. Cette menace figure aussi dans l'ordonnance d'Orléans. Elle est proférée contre les seigneurs et juges qui ignoreraient sciemment des crimes (article 63). Les « hauts justiciers » (et non leurs juges) sont enjoints, comme les « baillis et sénéchaux » (et nons les magistrats des bailliages) pour « prester et tenir la main forte en personne, si besoin est, pour l'exécution des captures et décrets de justice […] à peine de privation de leur estat et justices ». Les historiens

L'ordonnance d'Orléans

L'ordonnance « générale » d'Orléans, donnée en janvier 1561 (datée de 1560) et « rendue sur les plaintes, doléances et remontrances des États », ne compte ni « titres » ni sections. Les articles 30 à 104 concernent plutôt la police et justice et les articles suivants les seigneurs, les impôts et diverses questions. Il y a beaucoup d'ambiguïtés sur les juridictions concernées. Cette ordonnance a d'ailleurs été prolongée par celle de janvier 1564. Ainsi, l'article 50 de l'ordonnance de 1560 qui « pour donner ordre certain à la multiplication des degrez de jurisdiction » ordonne qu'en chaque ville « où la justice est exercée sous nostre nom » il n'y aura plus qu'un degré, c'est-à-dire le siège du bailli ou sénéchal, règle la question de la justice engagée à des seigneurs :

> « Art. 40. Ne pourront ceux, de quelque qualité qu'ils soient, qui tiennent pour bien fait, engagement ou autrement, terres du domaine de nostre couronne, vendre directement ou indirectement les offices de judicature; ce que leur défendons très expressément : ains seront tenus pourvoir ou nous nommer l'un des trois qui aura été élu par les sièges en la forme que dit est : et ne pourront pourvoir ou nommer aux offices supprimez, tant par cette ordonnance qu'édits ci-devant faits, d'autant que c'est chose qui touche le bien et intérêt public. »

L'article suivant a été maintes fois cité car on y trouve l'examen et la réception des juges, les conditions d'exercice et l'autorisation (ou l'ordre?) de rétribuer par gages :

> « Article 55. Tous officiers des justices et jurisdictions subalternes, ou des hauts justiciers ressortissans pardevant nos baillis et sénéchaux, seront examinez avant qu'estre reçus, par l'un de nos lieutenans ou plus ancien conseiller du siège, après sommaire information de leur bonne vie et mœurs, sans toutefois que pour ce nosdits lieutenans ou conseillers du siège puissent prendre aucune chose pour leur vacation. Enjoignons à tous hauts justiciers salarier leurs officiers de gages honnestes : faire administrer justice en lieu certain, et avoir prisons sûres; lesquelles d'autant qu'elles doivent servir que pour la garde des prisonniers, nous défendons estre faites plus basses que le rez de chaussée. »

On a parfois déduit de cet article que la rémunération sous forme d'épices était interdite. Quant à l'examen devant les officiers royaux du bailliage, la prescription a-t-elle été suivie d'effets ou est-elle demeurée lettre morte? Des historiens ont commenté cet article en écrivant que la plupart des seigneurs ne se souciaient pas de gager des « gradués » d'Université. Mais était-ce cela qui était entendu par « examen »? Ne serait-ce pas projeter sur le milieu du XVIe siècle l'intention propre aux édits de 1680 et 1693? Beaucoup d'articles pêchent par imprécision, absence de fermeté dans les ordres ou par contradiction. Les exigences concernant les prisons (article 55) ne font que reprendre celles de l'édit de Crémieu et elles sont à relativiser[17]. Les obligations des « hauts justiciers » sont reformulées en même temps que celles des lieutenants criminels royaux : « informer en personne promptement et diligemment, sans divertir à autres actes, les crimes et délits qui seront venus à leur connaissance », engager les procédures « sans attendre la plainte des parties civiles et intéressées, ni les contraindre à se rendre parties » donc engager « les frais nécessaires » (article 63), ce qui était le point sensible de la juridiction criminelle – et ce qui le restera jusqu'aux derniers actes royaux. D'autres

---

aimeraient savoir ce qu'il est advenu de telles menaces... Que fallait-il faire pour être effectivement privé de ses droits et donc d'une propriété?

17. Le système du « bail au rabais par les juges des lieux » (article 56) peut-il garantir des « prisons sûres » ou est-il exactement contraire à l'exigence de sûreté?

articles mettent encore en parallèle « nos procureurs, ou les procureurs d'office ou fiscaux des hauts justiciers » (article 64), « nos procureurs, ou des hauts justiciers » (article 73) ou encore « nos officiers, ni ceux des hauts justiciers » (article 81).

L'ordonnance dite de Roussillon

L'ordonnance « sur la justice et police du royaume *additionnelle* à celle d'Orléans », donnée à Paris en janvier 1564 (datée de 1563) [18] consiste effectivement, à quelques articles près, à répéter Crémieu et Orléans. Mais ces articles nous intéressent spécialement. Certains articles embrouillent de nouveau la distinction entre juges royaux et seigneuriaux. Dans le 10e par exemple, il est question de « tous nos juges » et une confusion est faite entre les magistrats « tant de nous que de nos sujets hauts justiciers ». Plusieurs dispositions s'appliquent aux juges royaux et non-royaux ou, tout au contraire, visent expressément les juges seigneuriaux. Du coup, nous ne pouvons plus dire si la formule « nos juges » désigne toute la judicature du royaume ou seulement les officiers du roi. L'article 19 rappelle qu'en cas de flagrant délit « le procès sera fait et jugé en la juridiction où le délit aura esté commis » sans obligation de renvoi « en autre jurisdiction dont l'accusé ou prisonnier se prétendra domicilié ». Quant aux articles qui concernent explicitement la justice seigneuriale, le 22e garantit certains privilèges et l'exécution de jugements « nonobstant l'appel », le 27e rappelle les hauts justiciers à leurs obligations en matière criminelle, et la dépendance des juges envers leur seigneur, les 24e, 25e et 26e articles veulent réduire le nombre des juridictions en un même siège mais, touchant à la « propriété » des seigneurs et des municipalités, de tels articles sont-ils applicables ?

> « Art. 22. Les juges non royaux dont les appellations ressortissent nuement aux parlements par titre privilégié, octroy, concession ou autrement, pourront passer outre en la cause et à l'exécution de leur jugement, nonobstant l'appel, et sans préjudice d'icelui, en causes civiles non excédans la somme ou valeur de vingt cinq livres ; et en criminel, ès cas où les jugemens provisionnaux des juges subalternes sont exécutoires par les anciennes ordonnances.
>
> Art. 24. Suivant ce que ci-devant avons ordonné, même par nos ordonnances d'Orléans, voulons et nous plaist, qu'il n'y ait qu'un degré de jurisdiction en première instance en même ville et faux-bourgs d'icelle, bourgs, villages ou lieu. Et que cette nostre ordonnance ait lieu, tant pour notre regard que de nos sujets, de quelque qualité qu'ils soient, qui ont justice en leurs terres, lesquels seront tenus d'opter dans un mois après la publication des présentes, par lesquelles déclarons dès à présent nuls tous les actes de justice faits au contraire.
>
> Art. 25. Es lieux où justice est exercée en commun sous nostre autorité, et le nom d'autres seigneurs nos sujets, n'y aura doresnavant qu'un juge pour l'exercice de la jurisdiction totale du lieu, lequel y sera commis alternativement de trois ans en trois ans par nous ou par notre sujet : et seront les amendes et autres profits de justice départis, et les charges portées également, ou pour la portion que nous ou nostre sujet aurons en ladite justice.
>
> Art. 26. Le semblable sera gardé entre les coseigneurs nos sujets, ayans justice par indivis en même lieu.

18. Dite « de Roussillon » parce que jointe à une déclaration « ampliative de l'édit sur la justice du mois de janvier 1563... signée au château de Roussillon en août 1564 ». Cette déclaration jointe à l'ordonnance précise effectivement divers articles de 1560, mais aucun qui concerne la justice seigneuriale. L'ordonnance de 1563-1564 comprend, en son article 39, la décision de fixer le commencement de l'année au 1er janvier ; une disposition qui sera effective seulement à partir du 1er janvier 1565.

Art. 27. Les hauts-justiciers ressortissans nüemen en nos parlemens, seront condamnez suivant l'ancienne ordonnance en soixante livres parisis, pour le mal jugé de leurs juges; lesquels aussi ils pourront à leur plaisir et volonté révoquer et destituer de leurs charges et offices, sinon au cas que leursdits offices eussent esté pourvus pour récompenses de services ou autre titre onéreux. »

Les ordonnances des années de guerre

L'ordonnance « sur la réforme de la justice » donnée à Moulins en février 1566 est destinée aux juridictions royales. Elle sera répétée, après remontrances du parlement de Paris, sous la forme d'édits publiés en juillet et décembre de la même année. Le principe de la connaissance des délits « par les juges des lieux » est rappelé (article 35). Les cours sont tenues de poursuivre les juges qui auront « contrevenu ou enfraint nos ordonnances » (article 1er) y compris, sur la question de l'ordre public, et de poursuivre de même les juges des seigneurs :

> « Art. 30. Les hauts justiciers qui souffriront ports d'armes, forces ou violences estre faites en leurs justices, et n'en feront poursuite, seront privés de leursdites justices : et s'ils estaient complices ou fauteurs, seront punis des peines que dessus. Et quant aux juges, procureurs et officiers de nous ou desdits hauts justiciers, nous, pour leur négligence de la poursuite et punition desdits crimes, les avons dès à présent déclarez privez de leurs estats et leurs offices vaquans, pour y estre pourvu d'autres en leur lieu. »

L'État produit encore des textes mais se concentre sur ses propres juges. De l'édit « sur la police générale du royaume » donné à Paris en février 1567, nous ne pouvons extraire que cette injonction :

> « Art. 9. Et pour le regard des sieurs hauts justiciers, leur enjoignons de donner ordre au règlement de police de leurs villes, terres et seigneuries, ainsi qu'ils cognoîstront estre nécessaire pour le bien et la commodité de leurs sujets conformément à nos ordonnances sur ce faictes, et s'accommodant au plus près qu'il sera possible aux règlements faits par les députez des sièges royaux. »

Passons sur les textes sans aucune référence aux juges seigneuriaux (édits de 1572, 1581, 1583, etc., simplement « confirmatifs de la jurisdiction des baillis, sénéchaux, prévôts, viguiers et autres juges ordinaires ») pour nous arrêter sur l'ordonnance dite « de Blois » publiée en mai 1579 [19]. La justice seigneuriale est de nouveau garantie par la défense « de se déclarer compétent » des causes qui appartiennent à d'autres (article 147). Un article veut interdire ou réfréner la vente d'offices seigneuriaux de judicature, réservant au roi la vénalité des charges, et un autre veut obliger les gens de justice à choisir entre le service du roi et celui d'un seigneur :

> « Art. 101. Et outre seront les seigneurs justiciers, tant ecclésiastiques que séculiers, de quelque qualité qu'ils soient, qui vendront directement ou indirectement estats de judicature, privez du droit de présentation et nomination qu'ils auront ausdits offices : semblablement toutes autres personnes de quelque qualité qu'elles soient, qui auront droit de provisions et nominations d'offices, ne pourront prendre argent, ou chose équipollente pour lesdites provisions et nominations : et si aucuns pour obtenir lesdites provisions, en avoient baillé, encoureront les uns et les autres la même peine que dessus. Enjoignons à tous nos officiers d'informer diligemment des contraventions qui se feront à la présente ordonnance, pour y estre pourvû suivant nos édits.

19. Il s'agit en fait de l'ordonnance donnée à Paris, et non à Blois, « rendue sur les plaintes et doléances des états généraux assemblés à Blois en novembre 1576, relativement à la police générale du royaume ».

> Art. 113. Seront nosdits officiers qui sont aussi officiers des autres seigneurs tenus dedans deux mois après la publication de la présente ordonnance, opter lequel des deux estats ils voudront retenir : et à faute de ce faire, déclarons dès à présent, comme dessus, les estats qu'ils tiennent de nous, vaquans et impétrables ; et y sera par nous pourvû d'autres en leur lieu. »

La plupart des articles concerne l'ordre public, le zèle mis à poursuivre les délits (article 184), la répression des rebelles et les défenses d'« outrager » les juges. La compromission des juges seigneuriaux est visée plusieurs fois :

> « Art. 192. Ce que semblablement voulons estre observé contre les hauts justiciers qui souffriront ports d'armes, forces et violences estre faites en leurs terres, seigneureries et justices, et n'en feront poursuites, lesquels dès à présent comme dès lors nous déclarons privez de leursdites justices, qui seront unies et incorporées à nostre domaine : et les officiers en cas de connivence et dissimulation, privez de leurs estats, sans espérance d'y pouvoir jamais estre remis.
>
> Art. 196. Et afin d'empêcher la fréquence des meurtres et voleries qui se commettent par les champs avec toute impunité, nous enjoignons à tous hauts justiciers, et leurs officiers des lieux où tels excès se commettront, ensemble aux habitans des plus prochains villages, de poursuivre en toute diligence, incontinent qu'ils auront connoissance des malfaicteurs pour les appréhender et constituer prisonniers, si faire se peut, sinon faire diligence, perquisition et remarque de la façon de leurs habits, armes et chevaux, et du lieu de leur retraite, dont sera fait procès-verbal. Le tout sur peine ausdits hauts justiciers de perdre les droits de leur justice, et à leurs officiers de leurs estats, et aux habitans desdits villages, de grosses amendes, applicables à moitié à nous, et moitié aux excédez, ou leurs héritiers. »

Vers l'intégration dans un système unique

Le XVIe siècle s'est achevé et le XVIIe siècle a commencé, du point de vue législatif, sur un travail de compilation : publication du « code Henri III » en 1587, de la « Conférence des ordonnances royales » en 1593, de la « Conférence des coutumes » en 1593 et du « Code Henri IV » de 1615 *(sic)*. Le « code Henri III », par exemple, n'est que la réunion des ordonnances alors en vigueur, par Barnabé Brisson, président à mortier au parlement de Paris. Ce code n'a jamais eu, en tant que tel, d'autorité légale. Quant au « Code Michau[d] », il n'est peut-être pas légitime de le distinguer des textes que nous venons de citer, étant donné son caractère de « dernière grande ordonnance traditionnelle ». Conservons tout de même au XVIIe siècle une unité, plaçons le tout sous le thème de l'intégration et distinguons deux moitiés inégales : avant et après 1660.

La législation dans la première moitié du XVIIe siècle

Le « Code Michau[d] »

Le nom de « Code Michau[d] » a été donné à l'ordonnance publiée à Paris en janvier 1629 « sur les plaintes des états assemblées à Paris en 1614 et de l'assemblée des notables réunis à Rouen et à Paris en 1617 et 1626[20] ». Cette ordonnance est composée de 429 articles. Les articles 53 à 123 concernent l'administration de la justice, dont

20. L'ordonnance a été inspirée par le chancelier Michel de Marillac. Les innovations introduites parmi les 461 articles initiaux ont été réduites par le parlement de Paris, d'où, par dérision, la réduction de « Michel » à son diminutif « Michau » ou « Michaud ».

seulement cinq touchent explicitement la justice seigneuriale. Leur teneur suffit à faire comprendre que cette ordonnance ne voulait pas innover mais renouer avec le passé et rétablir l'autorité du roi. Or plusieurs parlements refusèrent de l'enregistrer.

> « Art. 67. Les procès évoquez seront jugez suivant les coutumes, loix et usances des lieux dont ils sont premièrement évoquez, sans qu'il soit besoin d'obtenir lettres particulières de nous à cet effet.
>
> Art. 119. Défendons aux seigneurs justiciers empêcher nos huissiers et sergens d'exploiter nos mandemens, de nos juges et autres actes de justice, sans que lesdits sergens soient tenus de demander permission ausdits seigneurs ou leurs juges, et ce à peine de privation de leurs fiefs et justice, et plus grande punition s'il y échet.
>
> Art. 120. Nos juges ne refuse[ro]nt pareatis[21] aux officiers des seigneurs, pour ce qui dépend desdits seigneurs, et les donneront gratuitement et sans prendre connaissance de cause ni ouïr les parties contre lesquelles l'exécution devra être faite.
>
> Art. 122. Défendons à tous seigneurs hauts justiciers ecclésiastiques et séculiers faire érection nouvelle d'officiers en leurs terres, outre et par dessus le nombre ancien : et ceux qui ont été érigez supernuméraires depuis 20 ans seront réduits à l'ancien nombre. A quoi nous enjoignons aux substituts de nos procureurs généraux en nos justices prochaines de tenir la main.
>
> Art. 123. Enjoignons aussi à nos juges faire observer l'ordonnance concernant la réduction des justices des seigneurs à un seul degré, sans permettre qu'il y soit contrevenu[22]. »

Quelle place faire à la justice des seigneurs ?

Les révoltes normandes des « Nu-pieds » et de Rouen (de juillet à novembre 1639) sont l'occasion d'adresser de vifs reproches à ceux qui ne les ont pas contenues. La déclaration publiée à Saint-Germain-en-Laye le 8 janvier 1640 dit « que les gentilshommes, dans leurs terres, les magistrats et officiers du roi, seront responsables des soulèvemens et seront considérés comme complices ». Cette injonction adressée aux seigneurs – de tout le royaume ? – et aux juges, est fort intéressante parce qu'elle témoigne d'une certaine conception de l'autorité seigneuriale et d'un partage des responsabilités entre les seigneurs, dont le roi attend qu'ils maintiennent la paix dans les campagnes, et les juges royaux dans les villes :

> « Les émotions qui sont arrivées en nostre province de Normandie nous ayant obligé d'envoyer le sieur Gassion, mareschal de camp en nos armées, avec des troupes d'infanterie et de cavalerie. [...] A ces causes, jugeant que toutes ces rebellions ne seroient pas venues au point où on les a veues dans ladite province, sans la connivence ou foiblesse de ceux qui ont l'authorité et le pouvoir de les empescher, qui ne s'y sont pas opposez avec la vigueur et le courage que requéroit notre service, et qu'ils étoient obligés de faire ayant notre authorité ; nous avons estimé qu'il n'y avoit point de moyen plus assuré pour retenir nos sujets dans la légitime obéissance qu'ils nous doivent, et les détourner de se porter à l'avenir dans la rébellion, que de rendre les magistrats, officiers et ceux qui ont la charge dans les villes, responsables des émotions qui y surviendront [...] et pour la campagne, d'obliger les gentilhommes chacun en l'étendue de leurs terres, de contenir nos sujets dans l'obéissance, et les empêcher de faire aucunes assemblées contre notre service, ce qui leur est aisé, veu le pouvoir qu'ils prennent ordinairement sur leurs tenanciers, ausquels ils font bien exécuter leurs volontés lorsqu'il s'agit de leur intérêt particulier. »

---

21. Consiste à rendre un jugement exécutoire hors de la juridiction qui l'a rendu. Le principe vaut pour une sentence seigneuriale dans la juridiction d'un siège royal et pour une sentence royale dans une juridiction seigneuriale, cf. article 119.
22. Ordonnances d'Orléans et de Roussillon (article 24).

Suit un article qu'il faut lire en sachant qu'aucun seigneur et aucun juge seigneurial n'a été puni en Normandie en 1639-1640 :

> « Art. 1. Que cy après les gentilhommes de nostre province de Normandie, ayant à empescher qu'aucunes assemblées ne se fassent en l'estendue de leurs terres, à peine, en cas qu'il arrive quelque soufflement contre nostre service en l'étendue de leursdites terres, d'en répondre en leurs propres et privez noms, comme complices, s'ils ne justifient y avoir fait tout leur devoir, et y avoir apporté tout le soin, la vigilance et la force, qu'ils sont obligez pour l'exécution de nos commandemens[23]. »

D'autres préoccupations : la guerre, l'argent, la Fronde

Les décennies 1630 et 1640 n'ont pas grand-chose à nous apprendre. L'administration de la justice est compliquée par les affrontements entre, d'une part, le roi, ses « principaux ministres » successifs, les commissaires du roi (que l'on n'appellera plus bientôt que les « intendants ») et d'autre part « Nos-seigneurs du parlement » et les compagnies d'officiers (lesquels, depuis l'édit de la paulette de 1604 ont atteint l'entière propriété de leurs offices). L'administration de la justice n'a pas non plus la priorité : place à l'« État de finance ». Ainsi, nous sommes trop généreux d'accorder de l'intérêt à l'édit donné à Paris le 7 septembre 1645 :

> « [...] portant dispenses aux officiers des justices seigneuriales de se faire recevoir par les juges royaux, nonobstant l'article 55 de l'Ordonnance d'Orléans et injonction à tous seigneurs justiciers de faire choix de personnes de suffisance et probité pour l'administration de la justice dans leurs terres et seigneuries, avec faculté de les déposséder en les remboursant. »

Il donne certes une énumération des dysfonctionnements mais il n'y a guère d'originalité dans cette espèce de *Discours de l'abus...* Le rappel des exigences n'innove en rien et, surtout, le dispositif dispense les seigneurs et leurs juges de se conformer à l'ordonnance. Il leur suffit de se soumettre à la taxe de cet édit donc le caractère principal est d'être « bursal » c'est-à-dire fait pour ramener de l'argent. Voici le temps des Frondes. À l'initiative du parlement de Paris, les Cours souveraines se réunissent dans une grande salle du Palais de justice, dite « Chambre Saint-Louis ». L'« arrêt d'union » du 13 mai 1648 débouche, quelques mois plus tard, sur des propositions de réforme et sur les « 27 articles ». Ne retenons qu'un aspect : les officiers du roi se sont beaucoup souciés de leur statut mais pas de l'administration de la justice en général[24].

1661-1715. Un processus d'intégration ?

Nous aurions pu relever, dans la première moitié du XVIIe siècle, et surtout dans les années 1650, des textes sur des points de droit et surtout des arrêts du parlement de Paris (et probablement d'autres parlements) qui montrent que l'on est de plus en plus

23. N'ont été condamnés que les deux gentilshommes qui se sont mis à la tête des rebelles bas-normands, mais personne ne l'a été pour avoir laissé faire, contrairement aux officiers royaux. L'article 2 concerne les « magistrats, officiers et autres qui ont charge dans les villes ». Plusieurs ont été châtiés, cf. FOISIL, *La Révolte des nu-pieds...*, 1970, p. 206-214 (participation des gentilshommes, bienveillance et complicité), p. 216-220 (participation des officiers) et p. 316-330 (sanctions contre les officiers royaux).
24. Voir ROYER, *Histoire de la justice...*, *op. cit.*, p. 28-32, « La mise au pas de la magistrature », et dans les pages qui suivent un bref commentaire des ordonnances de 1667 (p. 33-35) et de 1670 (p. 35-37) et une bibliographie (p. 38).

intervenu sur de petites choses et que l'on a cadré, de fait, les rapports entre juges royaux et seigneuriaux. Ainsi, le règlement donné le 29 janvier 1658 « sur diverses matières de procédure » a statué (entre autres) sur les cas d'appels « esquels les sentences des premiers juges doivent être exécutées nonobstant l'appel » et prévoyant les modalités de « la restitution de bestiaux pris en justice », il a touché nécessairement à l'activité des juges seigneuriaux. Ce règlement a statué aussi sur les sentences définitives « exécutoires nonobstant l'appel » jusqu'à 20 livres pour les « juges inférieurs » et avec d'autres seuils pour les autres juridictions. Nous pourrions aussi signaler un arrêt du 8 juillet 1658 « sur le droit de voirie entre le seigneur haut justicier et les voyers du roi ». Cela préfigurait-il les grands textes des années 1660 ?

Un seul droit, une seule justice

Précédemment, les textes étaient destinés aux justices royales. Il y avait des ambiguïtés sur l'extension de la formule « nos juges ». Et les textes ambigus ont parfois été suivis de déclarations interprétatives qui étendaient le dispositif aux « justices des seigneurs ». Or les grandes ordonnances de 1667, 1669, 1670, etc., concernent l'exercice de la justice en général. Deux cas se présentent : soit il est explicitement question des « justices des seigneurs », soit les textes touchent l'ensemble des institutions de police et justice sans faire entre elles de différences. L'implication de la justice seigneuriale est le plus souvent implicite. Il ne s'agit pas de promouvoir les justices seigneuriales au même rang que les justices royales mais de les intégrer complètement et de les obliger à se conformer au même « style de procédure » et à tous les articles des édits, déclarations, etc. À défaut de soumission, les plus graves menaces sont agitées : « à peine de décheoir entièrement de leur droit de haute justice ». Divers textes, moins importants que les grandes ordonnances, confirment dans le détail la réduction des justices seigneuriales. C'est le cas avec l'extension des fonctions des receveurs des consignations « dans l'étendue des justices seigneuriales » (août 1689), l'usage général du papier et du parchemin timbrés pour tous les actes, y compris « dans les justices particulières royales et seigneuriales » (juin 1691). À terme, il ne sera plus fait de différences et il ne sera plus question que des « juges des lieux » ou des « officiers de justice des lieux », royaux et seigneuriaux tout ensemble. D'autres indices montrent que nous changeons d'époque. Ainsi, la procédure des Grands Jours, employée en 1634 à Poitiers pour le Poitou, l'Angoumois, l'Anjou, la Touraine et la Marche, et surtout de septembre 1665 à janvier 1666 pour l'Auvergne, est appelée à disparaître. La résolution de 1664 instituant les « Grands Jours d'Auvergne » leur avait assigné pour objectifs de « faire régner la justice et par elle régner notre État, ensuite connaître et réprimer les abus des seigneurs[25] ». Il ne sera plus question de Grands Jours mais d'une activité permanente du Conseil du roi et surtout des intendants. C'est le temps, selon les uns, de la monarchie « absolue », et selon d'autres de la monarchie « administrative ».

25. On appelle « Grands Jours », dit l'Académie dans son *Dictionnaire* (édition de 1694) « une Assemblée ou Compagnie extraordinaire de Juges tirez ordinairement des Cours souveraines, qui ont commission d'aller dans les provinces esloignées pour escouter les plaintes des peuples, & faire justice ». Voir *Mémoires de Esprit Fléchier (1632-1710) sur les Grands-Jours d'Auvergne...* ; *Fléchier et les Grands jours d'Auvergne...*, 2000, et surtout LEBIGRE, *Les Grands Jours d'Auvergne, désordres et répression au XVIIe siècle*, 1976.

L'ordonnance civile de 1667

L'ordonnance « touchant à la réforme de la justice » donnée à Saint-Germain-en-Laye en avril 1667 a été abondamment commentée par les jurisconsultes puis par les historiens du droit. Il est fort peu question des justices seigneuriales en particulier. Était-il dans l'intention de les respecter et tenir à part ? Tout au contraire : l'ordonnance affirme l'unité du « style » et de la justice. Nous pourrions y pointer ici et là des formules telles que « Défendons à tous nos juges, *comme aussi aux juges ecclésiastiques et des seigneurs* » (titre VI, article 1), « les officiers de nos cours, bailliages, sénéchaussées et autres sièges et juridictions, *même ceux des seigneurs* » (titre XXIV, article 13) et « les juges subalternes, *tant royaux que des seigneurs* » (titre XXXI, article 33). La conclusion est : « Abrogeons toutes ordonnances, coutumes, lois, statuts, réglemens, stiles et usages différens ou contraires aux dispositions y contenues » (titre XXXV, article 42). Retenons surtout, dans le titre VI « Des fins de non-procéder », les garanties données aux juges seigneuriaux :

> « Art. 1. Des fins de non-procéder. Défendons à tous nos juges, comme aussi aux juges ecclésiastiques et des seigneurs, de retenir aucune cause, instance ou procès dont la connoissance ne leur appartient, mais leur enjoignons de renvoyer les parties pardevant les juges qui doivent en connoître, ou d'ordonner qu'elles se pourvoiront, à peine de nullité des jugemens ; et en cas de contravention, pourront les juges être intimés et pris à partie.
>
> Art. 2. Défendons aussi à tous juges, sous les mêmes peines et de nullité des jugemens qui interviendront, d'évoquer les causes, instances et procès pendans aux sièges inférieurs ou autres jurisdictions, sous prétexte d'appel ou connexité, si ce n'est pour juger définitivement en l'audience, et sur le champ par un seul et même jugement. »

D'autres textes prolongent et précisent l'ordonnance de 1667, dont une « faisant continuation » donnée à Saint-Germain-en-Laye en août 1669.

Le règlement des Eaux et Forêts de 1669 et l'édit de 1707

L'édit « portant règlement général pour les eaux et forêts » donné à Saint-Germain-en-Laye en août 1669 n'est pas limité aux forêts domaniales. Dès le titre 1er « De la jurisdiction des eaux et forêts » on relève des ambiguités dans l'emploi de formules telles que « nos forêts » et « *les* forêts », « *les* rivières navigables et flottables » (article 3) et « toutes causes sur le fait des chasses [...] dans *les* forêts » (article 7). À partir du 11e article, les choses se précisent et l'autorité royale est affirmée sur les « usages » :

> « Art. 11. Nos officiers exerceront sur les eaux et forêts des prélats et autres ecclésiastiques, princes, chapitres, collèges, communautés régulières, séculières ou laïques, et de tous particuliers de quelque qualité qu'ils soient, la même juridiction qu'ils exercent sur les nôtres, en ce qui concerne le fait des usages, délits, abus et maversations, pourvu qu'ils en aient été requis par l'une ou l'autre des parties, et qu'ils aient prévenu les officiers des seigneurs.
>
> Art. 12. Dans les justices où les seigneurs auront un juge particulier pour le fait des eaux et forêts, nos officiers ne jouiront de la prévention que lorsqu'ils auront été requis ; mais s'il n'y a qu'un juge ordinaire, ils auront la prévention et la concurrence, encore même qu'ils n'aient point été requis. »

Cette autorité est développée dans le 3e titre « Des grands maîtres » auxquels sont attribuées toutes les causes relatives au partage des « eaux, bois, prés et pâtis communs » entre les seigneurs et les communautés « en interposant notre autorité par leur ministère, pour empêcher et réprimer la vexation » (article 22). L'autorité des juges seigneuriaux est encore bousculée dans le titre XXV « Des Bois, Prés, Marais, Landes, Pâtis, Pêcheries et autres biens appartenans aux communautés et habitans des Paroisses ». Les questions de propriété, possession et jouissance entre les villages et les seigneurs sont largement ignorées. Les « juges ordinaires des lieux » auraient dû perdre toute compétence. Certaines ambiguïtés sont levées beaucoup plus tard par l'édit « portant création d'un juge gruyer, d'un procureur du roi et d'un greffier en chaque justice des seigneurs ecclésiastiques et laïques » donné à Versailles en mars 1707. Ce texte constate une lacune dans la police et justice des forêts non-royales et trouve une solution dans l'institution d'une juridiction forestière seigneuriale – ce qui permet aussi d'introduire tout l'édit de 1669 dans la gestion des forêts des seigneurs. Le procureur du siège est d'ailleurs un procureur « du roi » chargé « pour nous » de faire appliquer le droit forestier. Son statut est donc différent de celui du « procureur fiscal » d'une seigneurie. Les dégradations sont la raison et aussi le prétexte de l'intervention du roi :

> « Et cela provient de ce qu'ils n'ont point d'officiers qui puissent en réprimer les abus, ceux de nos eaux et forêts n'en pouvent connoître, s'ils n'en sont préalablement requis par l'une ou l'autre des parties, ni les juges des seigneurs en informer, s'ils ne sont fondés en titre confirmé par lettres, sous les peines de nullité de leurs procédures et de cinq cens livres d'amende ; et s'il arrive quelquefois que les propriétaires des bois entreprennent de poursuivre devant lesdits juges des seigneurs les répressions des délits commis dans leurs bois et rivières, les accusés les arrêtent aussitôt par les défenses qu'ils surprennent aux maîtrises particulières, sous prétexte de prévention ou de concurrence que les uns prétendent avoir sur les autres ; si bien qu'au lieu d'obtenir la réparation du préjudice qu'ils en souffrent, ils se trouvent engagés en des conflits de juridictions ou des appellations comme de juges incompétens qui les consomment en frais de procédures, et donnent par leurs longueurs les moyens aux accusés de faire périr les preuves et d'éviter la punition de leurs malversations. Nous avons estimé devoir chercher les moyens de remédier à ces abus ; et entre tous ceux qui nous ont été proposés, celui d'établir en faveur des seigneurs une juridiction pour connoître dans l'étendue de leurs justices et seigneuries tout ce qui peut concerner la matière des eaux et forêts et de créer dans chacune dicelles un juge gruyer pour y exercer sur les bois, eaux et forêts desdits ecclésiastiques, communautés et particuliers, les mêmes et semblables fonctions que nos officiers dans nos bois, eaux et forêts ; un procureur pour nous, pour requérir, et un greffier pour l'expédition des sentences ou ordonnances desdits sièges, nous ont paru d'autant plus convenables que nos officiers ne prennent aucune connoissance des bois et forêts dans l'étendue des terres des seigneurs de notre royaume et qu'ils ne reçoivent aucuns salaires ni droits sur ce sujet. »

L'ordonnance criminelle de 1670

Donnée à Saint-Germain-en-Laye en août 1670, l'ordonnance criminelle a très vite été pourvue de commentaires. Le premier titre « De la compétence des juges » comprend 22 articles. Les dix premiers cadrent les rapports entre juges royaux et seigneuriaux et contraignent les seigneurs à agir et à financer les procédures (articles 1er et 6). Un article évoque les bas justiciers. C'est exceptionnel dans la législation royale qui les ignore toujours, comme si leur existence ne participait pas de la *vraie* justice. Cet article n'est d'ailleurs là que pour leur interdire de réagir à une action de force, une fois leur sentence prononcée :

> « Art. 1. La connoissance des crimes appartient aux juges des lieux où ils auront été commis et l'accusé y sera renvoyé, si le renvoi en est requis ; même le prisonnier transféré aux frais de la partie civile, s'il y en a, sinon à nos frais ou des seigneurs.
> Art. 6. Les frais pour la translation du prisonnier, et le port des informations et procédures, seront faites par la partie civile s'il y en a, sinon par le receveur de notre domaine, ou du seigneur de la juridiction qui en devra connoistre : et pour cet effet sera délivré exécutoire par le juge qui en aura ordonné le renvoi ou le port des charges et informations.
> Art. 20. Tous juges à la réserve des juges et consuls et des bas et moyens justiciers, pourront connoître des inscriptions de faux incidentes aux affaires pendantes par-devant eux, et des rébellions commises à l'exécution de leurs jugemens. »

Toute l'ordonnance établit une quasi-équivalence entre juges royaux et seigneuriaux, à quelques réserves près – par exemple les seuils sous lesquels les amendes sont exigibles « nonobstant l'appel » – et à la condition que les juges seigneuriaux exercent dans les conditions « réglées », ce qui a de fortes implications matérielles. Ainsi, le 25e titre « Des sentences, jugements et arrêts » répète qu'à défaut de partie civile les seigneurs et les engagistes doivent financer « même au dessus du fonds destiné pour les frais de justice » (article 17). Le 13e titre « Des prisons » induit des surcoûts auxquels il faut se plier « à peine contre les seigneurs de privation de leur droit » (article 2) et le dernier article prévoit un contrôle au meilleur moment :

> « Art. 39. Les baux à ferme des prisons seigneuriales seront faits en présence de nos juges, chacun dans leur ressort ; et ils en taxeront la redevance annuelle, qui ne pourra être excédée par les seigneurs, ni affermée à d'autres, à peine de décheoir entièrement de leur droit de haute justice. »

Cette ordonnance criminelle sera précisée ou actualisée et même humanisée en plusieurs occasions.

Textes relatifs aux officiers de judicature

Il faut accorder plus d'importance que précédemment aux édits qui définissent le « bon magistrat[26] » ; tels que l'édit « portant règlement pour l'âge et le service requis pour les offices de judicature » donné à Saint-Germain-en-Laye en février 1672, prévoyant le contrôle des âges et des identités ; l'arrêt de juillet 1673 qui étend aux officiers seigneuriaux d'un même siège la défense d'être apparentés entre eux ; ou encore un édit « pour les épices et vacations des communications et autres frais de justice » donné à Versailles en mars 1673 :

> « Art. 17. Voulons que tous procès, tant civils que criminels, soient jugés à l'ordinaire en toutes nos cours, sièges et justices ; même en celles des seigneurs, défendons d'en juger par commissaires, ni de commettre pour les juger aucuns d'entre eux pour, aux jours et heures extraordinaires, faire les calculs, voir les titres, et arrêter les dates et autres points et articles de faits. »

En avril 1679 est donné à Saint-Germain-en-Laye un édit « touchant l'étude du droit civil et canonique et du droit français » instituant « ou contituant dans toutes les

---

26. Nous n'avons pas étendu notre recherche aux textes anti-protestants. Et pourtant il est apparu nécessaire de compléter les textes généraux par d'autres adressés « à tous seigneurs hauts justiciers d'établir dans leurs terres des officiers autres que catholiques » (Saint-Germain-en-Laye, novembre 1679). Cet arrêt du conseil suivait 3 arrêts du parlement de Toulouse rendus les 5 février 1665, 28 juin 1673 et 28 février 1679 pour la province de Languedoc et 3 arrêts du parlement de Bordeaux rendus les 25 mai et 27 novembre 1667 et 28 juillet 1679.

universités du royaume l'étude du droit canonique et civil ». L'article 14 prévoit l'enseignement du « droit françois » défini comme « contenu dans nos ordonnances et dans les coutumes ». Les juges seigneuriaux ne sont pas explicitement concernés mais dès janvier 1680 une déclaration « portant règlement sur les degrés de licence en droit civil ou en droit canon » y pourvoit pour l'avenir, sans en faire une exigence immédiate :

> « Néanmoins parce qu'il n'a point été particulièremment fait mention des juges que les seigneurs, ayant droit de justice, établissent dans leurs terres, ni des officiaux qui sont établis par les évêques dans leurs diocèses, et qu'il n'importe pas moinsqu'ils aient chacun à leur égard la doctrine et la capacité nécessaires pour leur ministère [...] voulons et nous plaît qu'à l'avenir et vacation arrivant des charges de bailli, sénéchal, prévôt, châtelain ou autre chef de justices seigneuriales de notre royaume qui sont tenues en pairies, ou dont l'appel ressortît nûment en nos cours de parlement en matière civile, nul ne puisse être pourvu desdites charges s'il n'est licencié et n'ait fait le serment d'avocat, dont il sera tenu rapporter la matricule. »

Enfin l'édit donné à Versailles en mars 1693 « portant que les officiers de justices seigneuriales et ecclésiastiques seront tenus avant d'entrer en fonctions de se faire recevoir par les officiers des juridictions royales » complète le dispositif[27].

Restrictions de compétence

Dans le même esprit que les ordonnances relatives aux Eaux et Forêts, et au commerce, etc., l'ordonnance « De la marine » donnée à Fontainebleau en août 1681 retire aux juges seigneuriaux la connaissance des affaires touchant les rivages et la mer, spécialement dans le titre IX « Des naufrages, bris et échouemens ». D'autres textes pourraient être donnés. L'édit « portant règlement pour les dettes des communautés » donné à Versailles en avril 1683, et son prolongement de 1687, s'inscrivent parmi les mesures de liquidation et d'acquittement des dettes. Par le biais des finances et de la « minorité » des communautés d'habitants, les intendants reçoivent les moyens de contrôler l'administration des villes et des villages et de court-circuiter l'autorité que les seigneurs pouvaient avoir en certaines provinces – mais c'est là un autre axe de nos recherches et publications.

Conclusion

Dans cette période très importante pour la législation et l'administration du royaume, même l'Église a eu droit à un édit particulier (en avril 1695) « portant règlement pour la justice ecclésiastique » qui fixa les relations juridictionnelles entre l'Église et l'État. Or la justice seigneuriale n'a pas eu le sien. Cette période voit même le roi procéder à des « aliénation des petits domaines » comprenant « la nomination aux

27. Ces textes sont-ils appliqués ? Immédiatement ? Sinon : à partir de quand ? Les avis des historiens divergent. Insistons, encore une fois, sur la distance qui peut exister entre les textes et leur application. La situation militaire et financière se dégradant, la législation royale a été pervertie par la recherche d'argent. Francine Rolley donne l'exemple d'un juge bourguignon destitué et en procès pour toucher ses gages et réclamant aussi le remboursement de « la finance qu'il avait faite pour se conserver ledit office en conséquence de l'édit de 1693 », c'est-à-dire la taxe à laquelle avaient été soumis tous les officiers seigneuriaux en place pour être dispensés de se faire recevoir au bailliage (cf. ROLLEY, « Une frontière introuvable... », 2001, d'après les attendus de l'arrêt rendu par le parlement de Dijon le 1er juillet 1730). Pour la réception systématique, sans doute a-t-il fallu attendre le XVIIIe siècle et peut-être les années 1730-1740. Ce qui serait cohérent avec la reprise des publications d'ordonnances sur des thèmes particuliers : les donations (1731), les testaments (1735), les substitutions (1747) les gens de mainmorte (1749), etc.

affaires de nos justices ordinaires » et « tous les profits desdites justices, amendes, confiscations et autres, à condition pour eux d'acquitter tous les frais de justice » (Versailles, mars 1695 et mai 1696). Le dispositif n'a pas d'effet immédiat mais il sera réactivé au début du XVIIIe siècle par édits d'avril et octobre 1702, déclaration de septembre 1703, édit d'août 1708 « portant aliénation des domaines des hautes, moyennes et basses justices » et déclaration de janvier 1712[28]. Est-il grave d'engager la justice du roi et constituer de nouvelles hautes justices? Nous ne le pensons pas. À cette date, en effet, aliéner des droits de justice, ce n'est plus vraiment, pour le roi, en perdre le contrôle.

28. *Supra* notre rapport de synthèse.

Ordre, désordre et irrespect dans les villages d'Île-de-France aux XVIIe et XVIIIe siècles

Olivier JOUNEAUX
Docteur en histoire, université Paris X – Nanterre

L'existence d'une autorité suppose, à l'origine, une adhésion de fait entre ceux qui l'exercent et ceux qui y sont soumis. Sans remonter à l'avènement du système féodal, il est clair que la nature des rapports entre pouvoirs et assujettis a considérablement évolué entre le XVe et le XVIIIe siècle. Au village, les liens *naturels* que la société d'ordre avait tissés ne se sont pas forcément complètement distendus mais leur compréhension se dilue dans les méandres de la mémoire collective. Le seigneur, sa ferme et sa justice, le curé et son clergé, sont là *depuis toujours*, et, bon an mal an, chacun s'efforce de cohabiter avec eux. C'est cette coexistence, librement consentie ou passivement subie, qui sera examinée ici. La justice seigneuriale retient particulièrement notre attention. Elle se situe en effet, au confluent d'un double faisceau d'intérêts : celui des seigneurs d'une part, celui des manants d'autre part, dont le mode d'existence suppose une autorité régulatrice. Il s'agit de savoir comment ces deux composantes, complémentaires, mais parfois contradictoires, interagissent au sein de la société villageoise, et d'isoler les représentations que les justiciables se font des agents du pouvoir [1]. À première vue, le statut d'officier seigneurial recèle quelque ambiguïté. Malgré cela les postulants villageois ne manquent pas

1. Atteindre ce niveau de représentation n'est évidemment pas aisé. L'opinion des villageois est mal connue car peu exprimée et ne peut guère être entr'aperçue que par des biais. Les archives des justices seigneuriales, sont de ceux-ci. Les plaintes comportent en effet des niveaux de représentation assez proche de la parole brute, populaire. Grâce à celle-ci, des sentiments affleurent que bien peu de sources peuvent rendre avec autant d'authenticité. Cela dit, il faut rester conscient des altérations – volontaires ou non – du discours judiciaire. Voir sur cette question de méthodologie l'article de Jean-Pierre BURRIAT, Catherine DITTE, et Luc FERRAND, « Stratégies villageoises et institutions judiciaires en Île-de-France (XVIIe-XVIIIe siècles) », 1990. Voir également les conclusions de notre thèse p. 366-375 pour une évaluation de la signification des conflits étudiés. Opposant citoyens et officiers, ils pourraient n'être rien d'autre que des spasmes révélateurs des remous internes provoqués par les luttes de pouvoir au sein de la communauté. Les enjeux « politiques » de ces luttes ne dépasseraient pas une sphère essentiellement locale. Les actes de contestation, cette forme particulière de criminalité, ne seraient dans cette hypothèse, que des manifestations éruptives, isolées et sporadiques trahissant des stratégies imperceptibles à la vue d'observateurs extérieurs. Cette interprétation tendrait à nier toute trace de conscience politique dans l'esprit des villageois. La réalité semble autre. Roger Chartier, reprenant une hypothèse d'Emmanuel Le Roy Ladurie (LE ROY LADURIE, Emmanuel, « Révoltes et contestations rurales en France de 1675 à 1788 », *Annales ESC*, janvier-mars 1974, p. 6-22), évoque une transformation radicale de la protestation rurale à l'orée du XVIIIe siècle, lorsque les grandes révoltes paysannes s'éteignent; cf. CHARTIER Roger, *Les Origines culturelles de la Révolution française*, Paris, Seuil, 1990, 244 p. (p. 177). À une contestation antifiscale essentiellement dirigée contre l'État se substituerait une hostilité plus affirmée contre les autorités locales (celle du seigneur, celle du fermier, celle du curé). La « politisation » de la société villageoise serait en marche et les actes de contestation, multiformes, rapportés par les archives judiciaires seigneuriales seraient le témoignage de cette évolution mentale en cours.

et les officiers seigneuriaux – essentiellement les procureurs fiscaux[2] – sont, dans leur grande majorité, enfants du pays. Ils vivent peu ou prou de la même manière que ceux qu'ils encadrent, même s'ils ont parfois la prétention de s'en distinguer.

« Recours, besoin et sens de la justice[3] »

Les villageois réclament souvent justice. Ils savent porter plainte. Ils n'ignorent pas comment obtenir compensation d'un outrage et à qui, le cas échéant, réclamer réparation d'un litige.

Première surprise, relative, les justices seigneuriales manifestent encore au XVIIIe siècle beaucoup de vigueur. Décriées, en apparence vidées de leur utilité par le développement de la justice royale, elles ne sont pas tombées totalement en désuétude même dans les environs de Paris où les possibilités de recours abondent. Les seigneurs accordent une importance de prestige au maintien de leurs droits de haute justice sur les terres auxquelles ce privilège est attaché[4]. Ce conservatisme semble également trouver un écho favorable chez les justiciables qui ne se privent pas de solliciter les instances locales. Les chiffres relatifs à la fréquentation des justices de village par leurs habitants sont, somme toute, modestes[5]. Il reste difficile de dessiner de façon précise la fréquentation des « cours » seigneuriales. L'exercice est envisageable mais il suppose la mise en œuvre d'une méthode d'enquête lourde qui n'a ici qu'une utilité limitée et déborderait assez largement le cadre du sujet. Les quelques données mentionnées ne doivent être appréciées qu'à titre indicatif. Cela dit il faut d'emblée établir une différence entre justice civile et justice criminelle : la première draine incontestablement la part la plus importante des causes plaidées.

Du point de vue des affaires criminelles, les requêtes consécutives à des voies de fait arrivent assez largement en tête. Les plaintes pour injures et calomnies les suivent de près. C'est que les gens se montrent très sensibles à l'honneur et n'ont de cesse que leur image, soit, d'une manière ou d'une autre, réhabilitée aux yeux de tous. Les vols ne concernent qu'une faible proportion. Cette observation, très superficielle il est vrai, semble contredire la thèse développée dans les années 1960, d'une évolution de la criminalité de la violence vers le vol[6]. À la fin du XVIIIe siècle, la violence imprègne encore fortement les relations sociales même si on peut percevoir, à l'instar des nombreux historiens qui ont travaillé sur le problème, quelque évolution. Les actes de violence relevés dans les minutes seigneuriales ne vont pas jusqu'au meurtre. Plus exactement, les crimes de sang n'apparaissent pratiquement pas dans les minutes des instances seigneuriales à cette époque. Sont-ils désormais instruits de façon prioritaire par l'appa-

2. Ceci s'applique également à un nombre considérable de lieutenants.
3. Formule empruntée à Nicole et Yves Castan (*in* CASTAN, « Une économie de justice à l'âge moderne… », 1982).
4. LEMERCIER, *Les Justices seigneuriales de la région parisienne de 1580 à 1789*, 1933.
5. JOUNEAUX, *Villageois et autorités locales aux XVIIe et XVIIIe siècles. L'exemple de villages viticoles de la périphérie parisienne*, 1994, p. 225. Arch. Nat. Z^2 1244, minutes criminelles de la prévôté et châtellenie d'Issy et Vaugirard, 1688-1708. Les minutes criminelles des années 1688 à 1708, par exemple, ne comportent que 105 affaires. Si l'on établit une moyenne annuelle brute (c'est-à-dire sans aucune pondération) des causes plaidées, on obtient le faible nombre de 5,25 affaires criminelles. Ce résultat pourrait signifier l'intérêt médiocre qu'inspire le recours judiciaire dans l'esprit des villageois. Ce serait faire fi des nombreuses procédures civiles engagées chaque année, qui occupent la majorité du temps et l'essentiel de l'activité des magistrats.
6. BOUTELET, « Étude par sondage de la criminalité du bailliage de Pont-de-l'Arche, XVIIe-XVIIIe siècles. De la violence au vol, en marche vers l'escroquerie », 1962.

reil judiciaire royal ? C'est probable et cela répond à ce que souhaitent les plus hautes autorités du royaume. L'apaisement relatif que l'on remarque à Vanves, Issy, Vaugirard, Argenteuil et Nogent-sur-Marne[7], villages à forte dominante vigneronne de la région parisienne – où on ne relève qu'un nombre très marginal d'homicides entre 1650 et 1789 – est-il réel où le simple reflet de ce transfert de compétence d'une juridiction vers l'autre ? La lecture de la criminalité villageoise pourrait donc pour une part non négligeable être déformée par la nature des sources. Indépendamment de cette question difficile à trancher, faute de preuve irréfutable, il semble bien que les villageois adoptent un comportement généralement moins ombrageux et que leur agressivité trouve désormais les moyens de se maintenir dans des limites raisonnables.

L'autre enseignement que l'on peut tirer concerne la prépondérance des particuliers dans le déclenchement des poursuites. Contrairement à certaines idées reçues, les habitants n'envisagent pas uniquement les tribunaux seigneuriaux comme un instrument coercitif aux mains du maître, qui serait exclusivement voué à ses intérêts et servi par un personnel à sa solde. Les représentants du seigneur, et plus particulièrement le procureur fiscal, n'accaparent pas les audiences avec leurs remontrances. Ce sont les villageois eux-mêmes qui fournissent la cohorte la plus nombreuse des plaideurs. En Île-de-France la justice locale ne semble donc pas souffrir d'une image négative qui tendrait à faire d'elle une instance inféodée au seigneur et ne délibérant qu'à sens unique. Dire qu'elle n'est plus suspecte de partialité, que chacun l'admet sans réserve et la reconnaît pour un arbitre valable, serait probablement inexact et pour le moins abusif. Olwen Hufton n'hésite pourtant pas à généraliser le phénomène en affirmant :

> « Les recherches récentes font écarter l'idée que la justice seigneuriale n'était plus que le bastion d'une réaction féodale : au contraire, l'analyse des divers cas portés devant la cour seigneuriale indique qu'il s'agissait de problèmes cruciaux tant pour le paysan que pour la communauté rurale[8]. »

Quoi qu'il en soit, on peut, sans risque excessif, affirmer que le réflexe judiciaire, s'il n'est pas un phénomène de masse, n'est pas non plus un phénomène marginal. La faiblesse relative des données chiffrées montre aussi probablement que bon nombre de litiges se règlent toujours par des voies parallèles, relevant de la tradition. Ce n'est donc pas à travers son volume qu'il faut chercher l'originalité de la démarche judiciaire villageoise mais plutôt dans les finalités que lui assignent ceux qui y ont recours, que ces finalités soient conscientes ou inconscientes, avouées ou inavouées. En outre, si la justice est vécue comme un instrument potentiellement utilisable, on peut se demander si les villageois adhèrent vraiment à l'ordre qu'elle défend et partant s'ils respectent ses officiers. Aborder ces questions sous l'angle des conflits permet de sonder plus profondément les luttes et leurs enjeux au sein de la communauté villageoise.

Les conflits avec les agents de l'autorité seigneuriale

À première vue, les représentants du pouvoir n'établissent guère de différence entre les agressions subies dans l'exercice de leur fonction et celles qui les frappent dans un cadre strictement privé.

---

7. Vanves : Hauts-de-Seine, ar. Anthony, ch.-l. c. ; Issy, ar. Boulogne-Billancourt, ch.-l. c. ; Argenteuil, Val-d'Oise, ch.-l. ar. ; Nogent, Val-de-Marne, ch.-l. ar. Ces anciens villages ont servi de cadre à notre thèse.
8. HUFTON, « Le paysan et la loi en France au XVIIIe siècle », 1983, p. 681.

L'identification de l'individu à sa fonction

Qu'un procureur fiscal, par exemple, se fasse attaquer alors qu'il vaque à ses occupations professionnelles, ou tandis qu'il est paisiblement attablé dans une guinguette – donc pas en situation d'exercer son autorité – et c'est l'officier qui répond, se déclarant outragé en tant que tel. Dans ce type de conflit, la confusion apparaît quasi systématiquement. Il ne s'agit là que d'un ressenti subjectif, et vraisemblablement partisan. L'officier se pare de ses attributs pour obtenir gain de cause auprès de ses pairs. Préoccupation personnelle de leur part ou adhésion entière à l'ordre qu'ils incarnent ? La question reste difficile à trancher. Il faut en outre se demander si l'identification de l'individu à la fonction existe aussi dans l'esprit des agresseurs, si ces derniers visent, à travers l'homme, le représentant du pouvoir. Or, les officiers seigneuriaux sont enfants du pays et vivent peu ou prou de la même manière que ceux qu'ils encadrent. Dès lors, les « mauvais sujets » que les officiers offensés dénoncent dans leurs requêtes, ceux qu'ils qualifient de « séditieux », ne cherchent-ils pas plus prosaïquement à châtier de mauvais voisins ou des concurrents déloyaux qui auraient endossé les habits de représentant du pouvoir ? La proximité sociale expliquerait aussi la « manière de faire » : insultes, empoignades et parfois coups. La méthode, primaire, replaçant chaque protagoniste sur un pied d'égalité.

L'analyse des « conflits » et des comportements

Il convient de nuancer d'emblée le sens du mot « conflit ». On pourrait ne l'entendre que sous l'acception exclusive « d'accrochage », ou de rencontre physique. Une telle interprétation est trop réductrice. S'en tenir à l'événement, en apparence spontané, serait occulter tout un pan des relations qui se nouent entre les villageois et leurs cadres. Il semble aller de soi que les actes relatés dans les plaintes – à de rares exceptions près – ne constituent que la manifestation extérieure, et par conséquent visible, de tensions antérieures qui ont pu mûrir et enfler au point de provoquer une réaction explosive.

Pour tout dire ce sont surtout les représentants du pouvoir eux-mêmes qui cherchent à donner l'impression d'un attentat spontané. S'ils perdent là l'occasion de présenter leurs agresseurs sous un jour nettement défavorable, autrement dit comme des êtres animés de mauvais desseins, capables d'ourdir contre l'ordre établi les plus pires atteintes, ils gagnent en revanche sur l'effet de dramatisation produit par l'épanchement brutal des sentiments. De surcroît, l'imprévisibilité des actes incriminés renforce, par contraste, « l'innocence » des victimes et accentue simultanément la mauvaise foi des adversaires. On ne doit pas être dupe des altérations du discours judiciaire mais au contraire les prendre en compte en les considérant comme un moyen privilégié mis au service des « stratégies » que les plaignants élaborent pour populariser leur cause.

Dans un premier temps, il faut examiner les comportements « immédiats ». Les archives judiciaires regorgent de récits comportant des signes de tensions entre villageois et agents de l'autorité seigneuriale. Trois grandes catégories de conflits peuvent être dégagées : les conflits « directs » faisant se rencontrer physiquement les adversaires ; les conflits indirects, par personne ou par biens interposés ; les conflits « internes », qui font apparaître au grand jour les querelles intestines au sein de l'oligarchie villageoise composée des « coqs de villages[9] » et des notables qui ont la prétention de tenir un rôle de premier plan sur l'*agora* locale.

Les conflits directs entre officiers et villageois

C'est le modèle le plus aisément repérable dans les minutes criminelles. Il est également le plus élémentaire par sa forme puisqu'il met aux prises directement les adversaires. Le contact entre les protagonistes est physique et cela peut parfois s'entendre au sens propre du terme. Villageois et agents du pouvoir s'affrontent d'homme à homme, échangent des propos aigres, voire des horions. Échange n'est d'ailleurs pas le mot qui qualifie le mieux la relation qui s'établit alors. En effet, le plaignant évite généralement soigneusement de dire qu'il a répondu à la provocation et répliqué sur le même mode que son agresseur. Les officiers préfèrent délibérément se présenter comme des victimes passives. Quoi qu'il en soit, la confrontation est bien réelle.

Premier exemple, au village de Vaugirard, le 29 juillet 1715 : Alexandre Cochois, procureur fiscal, subit les avanies d'un de ses voisins, le cabaretier Louis Langlois[10]. Ce dernier se présente au domicile de l'officier – qui, par parenthèse, professe également l'état de marchand de vin – sous prétexte de chercher son épouse. Tandis que Cochois le renseigne avec complaisance, Langlois s'emporte brutalement, injurie son interlocuteur et se rue sur lui. Rien, selon la plainte, ne prédisposait Langlois à déborder comme il le fit. Autre exemple recueilli dans les minutes criminelles d'une des justices de Nogent-sur-Marne : le 17 mai 1742, Marie-Geneviève Demony, veuve d'un cabaretier du cru, interpelle vertement en pleine rue, le procureur fiscal du bailliage, Claude Héricourt. Dès qu'elle l'aperçoit, occupé à son activité de marchand de foin, elle lui lance :

> « A vous voilà Monsieur de la fleure Vous cette un f... gueux, un fripon je t'aprendray qui je suis tu te pouras te souvenir de moy je t'assure que tu me le payeras plustost que tu ne le pence M^{r} le beau chien b... de coquin[11]. »

Selon l'offensé, l'attaque est si rapide, si imprévisible, qu'elle ne lui laisse pas le temps d'esquisser la moindre réaction. Sans préambule, la veuve aurait débité ses invectives et aurait disparu comme elle avait surgit. Cette version apparaît fortement suspecte. Les trois témoins oculaires sollicités au cours de l'instruction nient avoir vu la moindre querelle. L'un va même jusqu'à affirmer que les deux parties « ce parlèrent ensembles mais d'un air d'amitié sans ce dire d'injures du moins en sa présence ». Il faut naturellement relativiser l'authenticité du propos. Les déposants, en effet, ont été désignés par la veuve après qu'elle ait à son tour déposé plainte contre l'officier. Tactique bien connue, la contre-plainte permettait de brouiller les pistes et, à tout le moins, de gagner du temps...

Les villageois ne semblent guère s'embarrasser de préjugés vis-à-vis des hommes qui les encadrent et les affrontements se révèlent brutaux et spontanés, confirmant la rudesse

---

9. L'expression est probablement excessive s'agissant de la population de ces quelques villages du pourtour parisien. Pourtant, si ces « coqs de village » n'ont pas le niveau de fortune de ceux observés par Jean-Marc Moriceau dans sa thèse, ils manifestent à leur échelle la même recherche de pouvoir (MORICEAU Jean-Marc, *Les Fermiers de l'Île-de-France, l'ascension d'un patronat agricole [XVe-XVIIIe siècles]*, Paris, Fayard, 1994, 1071 p.).
10. Arch. Nat. Z^{2} 1245, plainte de Me Alexandre Cochois contre Louis Langlois, 29 juillet 1715.
11. Arch. Nat. Z^{2} 2707, plainte de Me Claude Héricourt, dit « la fleur », contre la veuve Sebert, 17 mai 1742. Plainte suivie par l'information citée plus bas.

des mœurs [12]. Ce caractère abrupt, l'absence apparente de calcul, pour tout dire la « rusticité » du comportement, témoignent peut-être aussi de l'absence d'un quelconque sentiment de peur. Les agents du pouvoir local subissent le sort de n'importe quel *quidam* et leur qualité ne semble pas les préserver de la fureur de leurs concitoyens. Tout se passe comme si les villageois ne redoutaient pas les éventuelles poursuites. Que tirer de ces observations ? Que la voie procédurière, ayant peu de chance d'aboutir, serait abandonnée à des pratiques plus immédiates qui, si elles ne garantissent pas une efficacité totale, permettraient au moins aux justiciables frustrés de soulager leur conscience en clamant haut et fort qu'ils ne se laissent pas faire ? Que les gens du cru se réservent le droit de traiter les agents du pouvoir comme des égaux ? Que les punitions infligées pour les cas d'insubordination ou de rébellion ne sont pas dissuasives ? Que les poursuites s'éteignent avant leur terme par un règlement à l'amiable entre les parties ? Dans tous les cas, l'autorité qu'incarnent les officiers ne paraît guère inspirer de respect. Ce mépris implicite apparaît déjà, en soi, comme une réponse éloquente.

Parfois, l'affrontement est provoqué par le représentant de l'autorité. C'est le cas le 13 juin 1727 à Vanves dans la plainte que le nommé Jacques Leblanc, cabaretier, porte contre le procureur fiscal Antoine Dufour, dit « de la chapelle ». L'affaire vaut qu'on la résume car elle met en scène deux types de personnages par nature antagonistes : le procureur fiscal, chargé de faire respecter les ordonnances de police d'une part, le cabaretier, souvent enclin à les transgresser, d'autre part. Là, l'ordre est inversé. C'est en effet le procureur fiscal [13] qui s'introduit dans l'établissement du plaignant à une heure indue et exige de lui qu'il le serve promptement. En l'absence du maître de maison c'est son épouse qui accueille l'importun. La commère refuse de fricasser les lapins que l'officier et son compagnon – employé aux chasses du seigneur – apportent avec eux. Elle saisit vite l'opportunité de la situation et, impertinente, rappelle à son client qu'elle est astreinte à des « règles de police [...] qu'il devoit sçavoir [...] luy qui étoit officier [14] ». Le trait porte et La Chapelle, furieux, dévaste l'établissement, blessant grièvement les enfants de la maison. On peut lire cette affaire singulière sur deux plans : le premier est lié aux faits et à la personnalité des protagonistes ; le second se rapporte à la tactique adoptée par les plaignants pour obtenir réparation. Deux temps, deux enjeux, et des représentations cachées qu'il convient de décoder... Sur le premier point l'impopularité du procureur fiscal transpire dès les premiers mots. Le refus de servir et le ton insolent qu'emploie la femme pour rappeler la loi disent assez que l'homme n'est pas aimé. Est-il connu dans le pays pour exercer sa charge de façon abusive ? C'est possible. Son surnom, plusieurs fois mentionné dans la plainte, désigne-t-il un « horsain » ? Il serait dès lors doublement suspect car en plus d'imposer son pouvoir avec arrogance il ne serait pas « d'ici [15] ». Il y a là une piste à ne pas négliger...

Le second niveau de lecture concerne la tactique déployée pour dire sa réprobation. Le chef de famille dépose plainte contre le procureur fiscal le lendemain de l'événement

12. De 1650 à 1791 le comportement lisible à travers les archives judiciaires seigneuriales ne connaît pas une évolution sensible. Il est vrai que le sondage n'autorise que des conclusions partielles et ne permet pas de dégager une tendance nette, à la hausse ou à la baisse.

13. De la justice de S.A.S. le prince de Bourbon, seigneur en partie de Vanves.

14. Arch. Nat. Z^2 4414 A, plainte de Jacques Leblanc, stipulant pour sa femme contre Antoine Dufour, procureur fiscal de la prévôté de Vanves en la justice de S.A.S. le prince de Condé, 13 juin 1727.

15. L'hypothèse est confirmée par l'acte de mariage d'Antoine Dufour, inscrit dans les registres paroissiaux de Vanves en 1723. Dufour est originaire du diocèse de Poitiers.

au greffe de la justice de MM. de Sainte-Geneviève, autre juridiction dont dépend le territoire du village de Vanves[16]. Il n'y a peut-être sous ce choix qu'une question de compétence géographique mais l'on ne peut s'interdire de penser que le cabaretier choisit ses juges. Sa requête ne revendique aucune sanction ni réparation des dommages subis. Elle n'évoque pas explicitement l'abus de pouvoir. Elle se contente de relater des faits qui, présentés sous ce jour, parlent d'eux-mêmes. Leblanc et son épouse témoignent d'une réelle habileté. Sont-ils conseillés, soutenus ? Les archives ne le disent pas. L'affaire pourtant semble en rester là : pas de trace de jugement ni d'ordonnance dans les minutes criminelles. Comme si le scandale avait été étouffé et qu'un accommodement privé avait été trouvé entre les parties…

La justice serait donc instrumentalisée, utilisée par les villageois comme un moyen de pression pour conduire l'adversaire sur un terrain plus familier pour eux. Les villageois qui ont des comptes à régler avec les agents du pouvoir savent user de pratiques plus élaborées que les chocs frontaux. Cela apporte une nuance importante au portrait qu'en brossent généralement les gens de la ville et confirme que les habitants des villages ne sont plus, depuis beau temps, aussi « violents, sales et méchants[17] » qu'on les décrivait parfois encore depuis la capitale toute proche.

Les conflits indirects

Dans ce modèle, les agents de l'autorité ne sont pas directement mis en scène. Les agresseurs s'en prennent à des proches (parent, épouse, ami, serviteur) ou à des biens. Ces affaires sont connues par les plaintes que les chefs de famille déposent au nom des leurs. Plus que comme chefs de familles, les plaignants se présentent en tant qu'officiers. Certains se contentent de mentionner leur état, d'autres se montrent plus explicites, laissant entendre, sans toutefois toujours l'affirmer, qu'ils s'estiment atteints dans « l'honneur de leur charge ». La plupart du temps l'ambiguïté demeure.

Ainsi, le 22 septembre 1698, Denise Beaurepaire, épouse de Jean Bernier, procureur fiscal de Nogent, est sévèrement maltraitée par un couple de voisins. Bernier dépose plainte le jour même. Il déclare :

> « La dite Beaurepaire estante en la maison de Archange Mérillon hotellier en ce lieu icelluy Mérillon et sa femme se seroient jettez sur la dite Beaurepaire le dit Mérillon l'ayant saizie, la dite femme Mérillon l'auroit battüe et exceddée de plusieurs coups et sans l'acistance il l'auroient tué en leur maison[18]. »

On n'en sait pas plus sur les mobiles qui animent le couple. L'information qui suit, l'interrogatoire de l'agresseur ne se montrent pas plus diserts. Toutes les personnes entendues semblent s'accorder tacitement pour éviter de révéler à la justice des éléments susceptibles d'expliquer cette brutale tension. Bernier, tout à la fois officier et villageois, joue de deux registres différents : drapé dans sa dignité d'officier il emploie les codes

16. Sans entrer dans le détail, le village de Vanves est, au XVIIIe siècle, soumis à l'autorité de deux seigneurs hauts justiciers : le duc de Bourbon puis le prince de Condé d'une part, l'abbaye royale de Sainte-Geneviève d'autre part. Les autres villages étudiés sont eux aussi divisés en plusieurs juridictions parfois concurrentes, caractéristique qui semble bien servir, parfois, les stratégies villageoises.

17. MUCHEMBLED, *L'Invention de l'homme moderne…*, 1988, p. 15.

18. Arch. Nat. Z^2 2705, plainte de Jean Bernier, procureur fiscal du bailliage de Nogent-sur-Marne, stipulant pour Denise Beaurepaire sa femme, contre Archange Mérillon, hôtelier et Marie Bruneau, sa femme, 22 septembre 1698.

en vigueur dans le langage judiciaire mais se garde toutefois d'en dire trop, ainsi qu'il est de coutume dans les milieux populaires.

Le 1er mai 1699, Jean Bleuze, lieutenant de la justice de MM. de Sainte-Geneviève à Vanves, natif du lieu, prend fait et cause pour sa femme, Michelle Simon, elle aussi victime de voisins irascibles. La plainte est plus précise que la précédente :

> « La ditte Simon ayant trouvé dans sa cour une poulle tué à elle apartenant et quy avoit esté jetté par dessus le mur dans la dite cour par quelqu'un de chez louis Colin bouché [...] voisin du suppliant la dite Simon auroit esté devant la porte du dit Collin luy demander et à sa femme pourquoy la poulle avoit esté tué[19]. »

Pour toute réponse, les Colin, père, mère et enfants, se seraient rués sur la malheureuse, la laissant pantelante. La poule tuée semble jetée au-delà du mur mitoyen comme un défi, à tout le moins comme un message. Malveillance, jalousie, vengeance ? On se perdrait en vain dans ces conjectures tant les plaintes, comme dans le cas précédent, restent muettes sur les antécédents. Colin, qui à son tour porte plainte contre le lieutenant et sa femme, affirme que l'officier en personne, accompagné des siens (épouse, enfants et servantes), serait venu sur le champ réclamer réparation en ne s'épargnant ni grossièretés ni blasphèmes. Même pour un notable qui s'enorgueillit du titre de juge seigneurial, il n'est pas bon de trop en dire.

D'autres affaires ne laissent guère de doute sur la cible réelle des agresseurs. Claude Bourgeois et Jean Jouannes, deux habitants du village de Vanves, sont accusés en septembre 1719, par la voix du procureur fiscal de médire contre le seigneur et « les gens quy luy appartiennent » et notamment contre « le sieur Ménage lieutenant de prévosté[20] ». Les deux compères n'abordent pas l'officier en personne. Ils répandent des propos diffamatoires, profèrent des menaces contre lui et ses biens. Bourgeois proclame ainsi devant qui veut l'entendre que le sieur Ménage est « un volleur un g[u]eux » et « que partout où il l'atrapera qu'il luy donnera des coups de pieds au cul ». Jouannes préfère s'attaquer à la servante du magistrat qu'il rencontre un beau matin, tenant un balai à la main :

> « Ce ballet servira bien pour donner le fouet à ton maistre c'est un bougre quy le mériteroit bien dit luy de ma part et je voudrois que le feu fut allumé aveq ces bottes de pailles dans sa cour je jesterois moi-mesme une livre d'huille pour l'alumer[21]. »

Les paroles ne souffrent aucune équivoque. Les cinq témoins assignés au cours de l'information ordonnée par le procureur fiscal confirment unanimement leur teneur. Les accusés évitent la confrontation directe avec leur ennemi se contentant, pour le premier, de bruyantes invectives ou de s'en prendre, pour le second, à une domestique.

D'autres cas de figure méritent attention, recelant également une grande part d'ambiguïté. Ce sont les querelles entre particuliers qui brusquement dégénèrent à l'évocation d'un recours à la justice. Pour être repérés, ils demandent une lecture minutieuse des requêtes. *A priori*, la contestation de l'autorité n'est pas leur objet principal. Elle le devient lorsqu'un des protagonistes menace de porter plainte, appelle à son secours ceux qui doivent maintenir l'ordre. L'avertissement augmente souvent la fureur de l'agres-

19. Arch. Nat. Z² 4413, plainte de Me Jean Bleuze, lieutenant de la prévôté de Vanves, contre Louis Colin, boucher, sa femme et ses enfants, 2 mai 1699.
20. Arch. Nat. Z² 4414 A, remontrance du procureur fiscal de la prévôté et châtellenie de Vanves et Vaugirard contre Claude Bourgeois et Jean Jouannes, 7 septembre 1719.
21. Arch. Nat. Z² 4414 A, information du 11 septembre 1719.

seur qui se répand alors en grossièretés contre la justice, les juges, le procureur fiscal, parfois même le curé, bref, contre tous ceux qui, au village, pourraient servir d'arbitres ou le réprimander.

Des agressions publiques

La connaissance du terrain d'affrontement constitue l'un des éléments d'information essentiels pour cerner la nature sous-jacente des actes perpétrés. Son identification contribue à donner un meilleur éclairage de l'intention de l'agresseur. Analyser les « théâtres de la violence[22] » c'est aussi s'offrir la possibilité de déceler ce que Grégory Hanlon nomme « les rituels de l'agression[23] ». C'est aussi un moyen de décrypter d'éventuelles tactiques de contestation. Les rapports de plainte ne sont parfois pas très précis. Ils ne mentionnent pas tous avec rigueur les endroits où surviennent les échauffourées. Toutefois, une grande majorité des affaires sélectionnées comporte des indications géographiques. Les lacunes proviennent aussi des sources utilisées : plusieurs affaires n'ont pas bénéficié d'un rapport écrit suffisamment détaillé pour être prises en compte. C'est le cas des « insolences » commises à Issy par la femme d'Anthoine Poquet lors d'une tournée de police en juillet 1665[24]. On ne connaît le fait que par la mention d'une sentence condamnant la commère, inscrite dans un des registres du greffe. Pareillement, le 29 août 1667, le nommé Michel Lebrun, habitant d'Issy, est accusé de « s'estre acttaqué à la personne de Me Anthoine Machelart », lieutenant de la justice de Saint-Magloire[25]. L'acte est seulement répertorié au registre des audiences et ne peut être utilisé autrement que comme « trace ». En 1737, cette fois à Argenteuil, c'est une ordonnance de prise de corps proclamée à l'encontre du vigneron Richefeu qui indique qu'il s'est rendu coupable d'insultes et de voies de fait sur la personne du procureur fiscal[26]. On apprend seulement que l'officier exerçait son pouvoir de police au moment des faits.

La rue, lieu recherché des affrontements

Dans la hiérarchie des lieux les plus représentés, les espaces publics dominent largement et la rue semble constituer le lieu privilégié des affrontements[27]. Espace de rencontre par excellence, c'est aussi le terrain d'opération « naturel » des officiers seigneuriaux. Ils doivent y maintenir l'ordre et la paix, veiller à son entretien et à la libre circulation des personnes et des biens. Lorsqu'une rixe s'élève – « au grand scandale du

22. FARGE et ZYSBERG, « Les Théâtres de la violence à Paris au XVIIIe siècle », 1979.
23. HANLON, « Les rituels de l'agression en Aquitaine au XVIIIe siècle », 1985.
24. Arch. Nat. Z^2 1243, registre du greffe de la prévôté et châtellenie d'Issy et Vaugirard, juillet 1665.
25. Arch. Nat. Z^2 1254, registre des audiences de la justice de Saint-Magloire, 29 août 1667.
26. Arch. dép. Val-d'Oise, B 200, pièces du greffe d'Argenteuil : ordonnance de prise de corps, 8 décembre 1737.
27. L'agglomération villageoise n'est guère étendue. Seul des cinq villages étudiés, Argenteuil présente l'aspect d'un bourg important. Peu de rues donc, sinon en général, une artère plus importante où se concentrent la circulation, les activités commerciales (le jour du marché). S'il existe bien dans les villages quelques ruelles obscures et retirées, elles restent identifiées comme le domaine des malfrats. Une remontrance du procureur fiscal de Nogent confirme cette réputation : « ces sortes de ruelles écartées et solitaires ne peuvent être que très préjudiciables, soit en donnant retraite aux malfaiteurs, soit en favorisant la licence et la débauche » (Arch. Nat. Z^2 2707, remontrance de Pierre-Louis Benard, procureur fiscal du bailliage de Nogent, 26 novembre 1770). La notion d'embuscade ou de guet-apens n'apparaît pour ainsi dire jamais dans les plaintes des agents du pouvoir. C'est le signe que nous avons affaire là à un autre type de criminalité. L'agression des officiers n'a pas une origine crapuleuse. Elle se fait au grand jour et non dans un endroit retiré, obscur et désert.

public » – ou lorsqu'une voiture obstrue le passage, les représentants de l'autorité seigneuriale ont la responsabilité d'intervenir. Parmi les 42 articles qui composent « l'ordonnance et règlement de police » de la prévôté et châtellenie d'Issy et Vaugirard, remis à jour le 21 février 1747, huit concernent directement cet espace[28]. Il est donc logique que les « rencontres » avec les représentants de l'ordre se fassent de façon privilégiée en ce point. Plus les velléités d'encadrement sont strictes, plus les risques – sinon les tentations – d'y contrevenir paraissent importants. Il reste, au-delà de ces constatations superficielles, à définir si la rue correspond à une contingence purement matérielle, ou s'inscrit dans une tactique (consciente ou pas) de la part des protagonistes. Autrement dit, il s'agit de savoir si la rue est élue selon une nécessité immédiate, dénuée de tout esprit de calcul (parce que c'est le lieu où l'on croise le plus facilement les agents du pouvoir) ou si elle est délibérément recherchée par les protestataires. Cette dernière occurrence serait évidemment révélatrice de leurs intentions réelles.

Les habitudes sociales, les activités professionnelles portent les gens vers l'extérieur. La rue, dès lors, prend une place prépondérante. Les affrontements qui y éclatent se commettent rarement en l'absence du public. La caractéristique principale des conflits observés c'est, justement, en première analyse, la présence des autres. Si la rencontre est parfois fortuite (donc sans préméditation) la place publique peut devenir un catalyseur voire un facteur déclenchant. Ainsi le jeune Étienne Lemoine, vigneron à Argenteuil, croise, par hasard, au cours d'une promenade, un des procureurs postulant de la justice du lieu, Jean-Pierre-Nicolas Gaultier, fils du notaire du bailliage. La scène se déroule en 1779. Sans un mot, Lemoine soufflette le passant, interloqué, qui réplique : « Vous avez tort de me fraper je ne vous dis rien et vous mériteriez que je vous donne des coups de canne[29]. » Lemoine ne craint pas les menaces et continue d'insulter le jeune homme. Les témoins le disent pris de vin. L'ivrogne sait cependant à qui il s'adresse. Il ignore en effet les compagnons de l'officier. Règlement de compte avec la famille Gaultier, connue à Argenteuil pour fournir depuis plusieurs générations des officiers à la justice locale ? En l'état des sources, impossible de conclure. Mais la rue renforce le déshonneur de la victime tout en laissant provisoirement à l'agresseur le sentiment de sa puissance.

L'hypothèse d'une recherche délibérée est renforcée par d'autres affaires plus parlantes comme la plainte déposée par Jacques Gouret, procureur fiscal de Vanves en 1734. Le récit met en exergue le réflexe populaire de l'attroupement : les gens du pays entendant les propos insultants que profère en pleine rue le villageois Jean Carbonnet à l'encontre de l'officier, se rapprochent de la scène, se précipitent sur le pas de leur porte. Gouret ne pouvait prendre d'autre chemin « à moins que de retourner sur ses pas, ce qui auroit fait croire à ceux qui entendoient ces infamies qu'il les méritoit ». Il fut obligé « d'aller jusqu'au bout de la rue[30] ». La remarque est de grande valeur : elle souligne le rôle fondamental dévolu à l'assistance par la victime et son agresseur. Gouret

28. Arch. Nat. Z^2 1230, ordonnance et règlement de police de la prévôté et châtellenie d'Issy et Vaugirard, 21 février 1747. Articles 9, 10, 11, 16, 28, 30 et 34, portant respectivement sur : jet des ordures et immondices dans les rues, « matériaux y déposés », stationnement des chevaux et voitures, circulation dans les rues la nuit et chansons dissolues, jeux divers et attroupements sur la voie publique, grillade des porcs dans la rue, circulation dans les rues, les dimanches et fêtes, de voitures de paille et charrettes chargées.

29. Arch. dép. Val-d'Oise, B 216, plainte de Me Jean-Baptiste-Pierre Gaultier, notaire et greffier du bailliage d'Argenteuil, stipulant pour son fils, Jean-Pierre-Nicolas Gaultier, contre Étienne Lemoine, dit « Moinon », vigneron, 26 août 1779.

30. Arch. Nat. Z^2 4414 B, plainte de Jacques Gouret, procureur fiscal de la prévôté de Vanves et Vaugirard contre Jean Carbonnet, 8 juillet 1734.

ne peut battre en retraite sans perdre la face. Il y va de son honneur, de sa crédibilité, de son autorité même. Carbonnet, son adversaire, mène le jeu. Il inflige à l'officier la morsure des insultes publiques et lui impose le regard amusé, sinon narquois, des habitants. Qui, dans ce face-à-face, gagnera le soutien populaire ? Tel semble être l'enjeu de l'événement, selon l'aveu implicite du procureur fiscal. La partie est inégale. L'officier n'a pour lui que sa dignité et ne peut opposer à l'insolent que son mépris. Point de sergent, point de « forces » pour l'appuyer, pour faire taire le fanfaron et le prendre au corps. Le procureur fiscal est seul et doit jusqu'au bout faire front. L'assistance, sans prendre parti, ne perd rien des détails de la scène. Du courage de l'officier, de sa capacité à répliquer dépend son image, et au-delà, celle de l'ordre qu'il sert. Rebrousser chemin ou ne rien dire serait un aveu d'impuissance. Répondre ferait courir le risque d'avoir physiquement le dessous et d'ajouter le ridicule à la faiblesse.

En 1749, c'est Jean-Claude Gillet, commis procureur fiscal d'Argenteuil (il deviendra titulaire de la charge quelques années plus tard) qui déplore la même impuissance à interpeller des jeunes gens insolents. Ceux-ci, rassemblés à la tombée de la nuit, déambulent dans les rues au son du tambour, brandissant des torches et des pancartes. Les écriteaux comportent « différentes épitettes grossières et injurieuses contre différents habitants de ce lieu ». Gillet s'étant...

> « [...] transporté au carrefour dit de Chaillou où ils faisoient pour lors leur publication afin d'empescher le scandalle qu'elle occasionnoit il voulust mesme ôter des mains du [...] dit Cassandre le flambeau et la ditte pancarte dont il etoit porteur afin dans ôter tout moyen de continuer, mais le dit [Cassandre] y résista opiniâtrement et avec une viollence qui fit craindre au dit commis procureur fiscal d'en estre maltraité, de sorte que n'ayant aucune force en main, il fut obligé de se retirer et de supporter patiemment les injures et dérisions du dit Cassandre tendantes au mépris de la justice[31]. »

Il faut aux agents de l'ordre supporter le désordre et différer la riposte. Si le public est « invité » à participer aux événements, il n'y est pas actif. On le prend à témoin, on sollicite sa sympathie en ridiculisant le pouvoir sans appeler toutefois à la rébellion. Il serait vain de rechercher dans ces épisodes les traces d'un esprit de révolte collective, les prémices d'une intention insurrectionnelle. Le jeu repose principalement sur le prestige des uns et des autres. L'honneur est au cœur de la violence. Aux uns l'illusion éphémère de se croire plus forts que les représentants du seigneur, en clamant qu'ils ne craignent personne ici bas. Aux autres la nécessité de conserver l'autorité et de ne pas la laisser bafouée par de vulgaires villageois.

Les pas de porte

Dans ce combat pour la renommée d'autres lieux revêtent une importance symbolique considérable : le pas de la porte prend une valeur de premier ordre. Cet endroit du logis, ouvert sur la rue, n'est plus tout à fait public et pas du tout anonyme. Il est intéressant de constater que, sauf exception, les accrochages ne débutent pas en territoire neutre (en l'occurrence le seuil du logis d'un tiers) : tantôt l'agresseur se rend directement chez la personnalité visée, tantôt au contraire, il profite du passage de celle-ci à proximité de sa propre demeure pour l'apostropher.

31. Arch. dép. Val-d'Oise, B 216, remontrance de Jean-Claude Gillet, commis procureur fiscal du bailliage d'Argenteuil, contre les nommés Jean-Louis Tournay, Delarue, « Cassandre », 30 juillet 1749.

Le 14 avril 1655, tandis qu'il s'emploie à l'exercice de sa charge, le procureur fiscal de la justice de MM. de Sainte-Geneviève, à Vanves, approche de la maison du nommé François Denines : « estant à sa porte le dit Denines » aurait dit « au dit suppliant tu es un bon bougre d'estre venu emporter la vaiselle de mon filz » et « tu es un foutu procureur fiscal et un bon jan foutre[32]... ». Rolland Bouchard, bourgeois de Paris, témoin de l'incident, livre quelques précisions sur l'origine de cette colère[33] puis son témoignage. « Au devant de la maison où pend pour enseigne le cheval blanc » Bouchard vit « un homme assis sur une pierre[34] ». À la vue du petit groupe, l'individu « que l'on nomme François Denines » bondit et s'en prend exclusivement au procureur fiscal qui semble attirer sur sa personne tout le ressentiment. À plusieurs reprises Denines lui approche « le poing du visage à dessein de le maltraicter ». Selon la requête de plainte, l'officier ne doit son salut qu'à l'intervention de quelques commères du voisinage qui réussissent à faire diversion. Denines n'est pas resté adossé à sa maison, attentiste. Il s'est montré au contraire agressif. Il s'oppose, fait barrage et lâche, déterminé : « Si tu m'estoit rencontré au logis quand tu y es venu je t'auroit accomodé[35]. » Denines défend son territoire.

Le 3 novembre 1695, trois Nogentais insatisfaits du zèle affiché par leur procureur fiscal – le sieur Nicolas Belleville – viennent cogner à son huis. Ils y jettent des pierres, résolus à défoncer la porte. Armés de pistolets, ils entendent débusquer ce « bougre de chien » d'officier et sa « bougre de garce [de] chienne et putain de femme[36] ». La cible et les motivations des fauteurs de trouble sont nommées de façon précise : il s'agit de châtier un officier trop consciencieux, coupable d'exercer sa charge avec efficacité. L'attaque est violente et mérite « punition exemplaire » selon Belleville. D'autant plus sévère doit être la justice « que le tout a esté fait à la maison et à la personne du suppliant ». L'offense personnelle est renforcée par l'atteinte au domicile. Ces hommes sont présentés comme n'ayant ni foi ni loi, ne respectant rien ni personne. L'espace que constituent le devant et l'entrée de la maison semble jouir d'une représentation particulière : il est utilisé comme une sorte d'avant-scène, un glacis, qui protégerait tant bien que mal une intimité villageoise déjà sommaire. L'endroit n'est donc pas neutre. Y attaquer quelqu'un revêt une signification propre : c'est une manière de violer le territoire de l'autre et de lui faire comprendre qu'il n'est nul endroit où il puisse se sentir à l'abri ; c'est aussi, *a contrario*, montrer qu'on dispose d'une base solide, éventuellement défendable, d'où l'on peut décocher ses traits et au sein de laquelle aucune espèce d'autorité ne saurait s'imposer. Il ne fait pas bon s'y aventurer si l'on est animé d'intentions hostiles, que l'on soit particulier ou investi d'une mission d'autorité.

Cabarets et autres lieux ouverts au public

Le cabaret n'est pas aussi « sensible » qu'on aurait pu le prévoir. Là, sont appelées à se confronter deux aspirations qui relèvent de deux logiques contradictoires : celle des

32. Arch. Nat. Z[2] 4410, plainte de Jean Ruault, procureur fiscal de la prévôté de Vanves contre François Denines, 22 avril 1655.
33. Le procureur fiscal effectuait la levée de la taille en compagnie de deux autres assesseurs. Les collecteurs auraient saisi les biens du fils en l'absence du père.
34. *Id.*, information faite à la requête de Jean Ruault, 22 avril 1655.
35. *Ibid.*, 22 avril 1655.
36. Arch. Nat. Z[2] 2705, plainte de Nicolas-Philippe Belleville, procureur fiscal du bailliage de Nogent, contre Claude de Vaux, Nicolas Héricourt et Jean Couteux, 4 novembre 1695.

consommateurs qui viennent chercher un peu de loisir, un soulagement à la rigueur des temps ; celle des représentants de l'ordre qui tentent de maintenir la paix et de faire appliquer les règlements. Cabarets, guinguettes et tavernes sont des commerces sous surveillance[37]. Aux portes de Paris, la question devient pressante au XVIIIe siècle. Les établissements s'y développent, profitant des exemptions de taxes. Ils attirent à eux une population louche et la foule des promeneurs du dimanche qui viennent se distraire ou s'encanailler dans les villages de la proche périphérie. Les officiers locaux doivent affronter un public mal connu, composé d'étrangers, de bourgeois, de représentants du petit peuple parisien peu enclins à se laisser gâcher leur récréation dominicale. Le cabaret est un lieu apparemment redouté des procureurs fiscaux. Chaque fois qu'ils évoquent les visites de police, les officiers laissent échapper des remarques qui trahissent des réticences sinon des craintes. Jean-Philippe Lécuyer, procureur fiscal de Nogent, appelé en pleine nuit à la rescousse d'un cabaretier du cru, ne se déplace que par « obligation[38] ». Il sait ce qu'il risque face aux débordements de clients avinés et agressifs. De fait, sur place, il est violemment pris à partie par trois individus qu'il était censé appréhender.

Parmi les obligations imposées aux taverniers, celle de clore leur commerce dans le temps des offices religieux n'est jamais scrupuleusement observée. Les registres d'audience des juridictions subalternes regorgent de condamnations pour cette infraction. Ceux d'Argenteuil, notamment, en présentent de nombreux exemples. Tantôt zélés, tantôt laxistes, les officiers restent sur le qui-vive lorsqu'ils opèrent. Certains préfèrent même s'affranchir de cette mission, évitant ainsi de s'exposer. Un mémoire – non daté – adressé aux seigneurs d'Argenteuil, dénonce le comportement du procureur fiscal en la matière :

> « Les festes et dimanches il manque de faire la visite durant le service divin pour empescher les desordres et scandales des beuveurs des cabaretz en estans remplis sans [qu'il] apparoisse en avoir faict jamais assigner aucun à sa [requête] pour respondre à ses [conclusions], y ayant lieu d'en faire assigner tous les huilt jours une centaine, ce qui faict croire [qu'il] prend argent [pour] les laisser eschapper[39]. »

De telles pratiques peuvent expliquer que le cabaret ne soit pas plus souvent l'objet des affrontements avec l'autorité. Défections, corruption, complicité réduisent les risques de désaccord. Peut-être aussi une forme de tolérance mutuellement consentie. Mais ils ne sont pas les seuls éléments d'explication. En premier lieu les cabarets ne drainent pas toute la population villageoise et enfin, la contestation des règlements de police ne concerne qu'un public limité. Si contestation il y a, elle n'est pas le fait des ivrognes. Les revendications villageoises sont apparemment bien plus profondément ancrées dans leurs consciences. Le cabaret ne serait donc un lieu de rencontre un peu plus dangereux que parce qu'il offre aux hommes l'occasion de boire et de s'échauffer.

L'irrespect envers les « lieux de justice »

Les espaces ouverts, en plein air, n'ont pas l'exclusivité des scènes d'insubordination. Il existe en effet d'autres lieux publics où les marques d'irrévérence trouvent un écho

37. Sur l'action relative aux cabarets, *infra* les communications de Benoît Garnot, Jeremy Hayhoe, Serge Dontenwill, Éric Gasparini et Sylvain Soleil, et dans la section « Pièces justificatives » les textes « Assises de la vicomté de Mably et dépendances » et « Plaintes d'une communauté bourguignonne ».

38. Arch. Nat. Z² 2705, plainte de Jean-Philippe Lécuyer, procureur fiscal du bailliage de Nogent, contre Alexis Ancellet, Nicolas Héricourt, Jacques Heuvrard, 30 novembre 1711.

39. Arch. dép. Val-d'Oise, 12 H 42, *Mémoire des désordres qui se rencontrent en la justice d'Argenteuil*, s. d.

encore plus retentissant. Le bon sens suggère que les contestataires aillent au-devant de leurs adversaires dans les lieux où ils sont certains de les trouver. Les officiers exercent certes dans la rue, dans les cabarets et sur les marchés mais ils se rassemblent aussi régulièrement au siège même de la justice locale. Le « tribunal » seigneurial devrait être, en théorie, entouré d'un halo de respect. C'est un lieu qui appartient au seigneur. C'est le lieu où le droit doit régner, où s'exprime la loi. C'est là qu'officient des hommes un tant soit peu instruits, choisis et investis par un seigneur qui, pour être de plus en plus lointain, n'en est pas moins le maître. Tout devrait concourir à donner au siège de la justice un caractère « sacré », à le définir comme un « sanctuaire » ainsi que le décrit un greffier de la justice d'Issy et Vaugirard en 1770[40]. La surprise est grande de voir ce que certains villageois plus intrépides font de cette représentation. C'est dans les murs mêmes où elle s'abrite qu'ils osent braver la justice et son autorité. Les faits sont là, relatés à plusieurs reprises dans les minutes criminelles.

Le nommé Bécarre, maréchal établi au village de Bezons, assiste à une session du tribunal d'Argenteuil le 12 mai 1776. Il reste tête couverte malgré l'ouverture de l'audience. Cette marque d'irrespect déplaît au procureur fiscal qui interrompt le plaid et enjoint à l'homme d'ôter son bonnet. Bécarre, loin d'obtempérer, tergiverse et s'amuse de la perturbation qu'il occasionne : « Il a hézité de [le] faire à deux fois différentes », note scrupuleusement le greffier, « en disant comme par moquerie que cela pourroit lui incommoder la tête[41] ». Bécarre multiplie les interventions intempestives, « marmottant différents mots sans suite et peu intelligibles ». Le ton autoritaire du procureur fiscal, ses remontrances ne sont d'aucune efficacité. Le bailli intervient à son tour et tente, cette fois avec diplomatie, de comprendre le trublion. Interrogé, l'homme dit qu'il souhaite rencontrer l'un des procureurs de la juridiction pour une affaire personnelle. L'officier concerné qui, présentement siège, invite fort civilement son client à « s'aller chaufer chez lui [pour] l'y attendre[42] ». Las, Bécarre reprend de plus belle ses provocations et finit par déclencher l'ire du bailli qui ordonne son expulsion de l'auditoire. Bécarre résiste et lutte avec deux huissiers qui le prennent au corps. Dans la bagarre l'un d'eux est blessé et le second se fait prendre son épée. Le bailli et sa cour sortent de la salle d'audience où ils subissent les invectives du rebelle :

> « Il nous adressa et aux autres officiers de justice qui nous accompagnoient différentes injures et grossièretés les plus atroces en disant que nous étions tous des J[ean] F[outre] des f[outus] gueux et qu'il se f[outait] de nous[43]. »

Il y a chez l'accusé volonté manifeste d'en découdre avec l'autorité. Jusqu'au bout il conserve une attitude effrontée, narquoise, se retourne vers ses victimes et les défie avant de fuir. Il connaît les faiblesses des forces de l'ordre et d'ailleurs ne les craint guère puisqu'il met en déroute les deux sergents chargés de le maîtriser.

Le cas de Bécarre n'est pas isolé. En 1741, c'est le nommé Vincent Bézu, assigné à comparaître devant le tribunal de police du bailliage de Nogent qui s'emporte contre le procureur fiscal et se livre à « mil estravagances comme d'entré dans le barreau se

40. Arch. Nat. Z^2 1250, plainte de Charles-René Coignet, greffier et notaire, contre Étienne Monchaussée, marchand épicier demeurant à Vaugirard, 15 mai 1770.
41. Arch. dép. Val-d'Oise, B 200, procès-verbal dressé à la requête de Me Julien Toloze Dejabin, Bialli d'Argenteuil, 12 mai 1776.
42. *Id.*, 12 mai 1776.
43. *Ibid.*, 12 mai 1776.

mettre de lui même dans les prisons à plusieurs fois fermer les portes sur lui, demandée qu'on ferme les verroux et quantité d'autre traits et marque d'en portemens et de folies[44] ». De telles attitudes, manifestement inhabituelles par leur caractère extrême, sont assez facilement qualifiées d'anormales par les officiers impuissants à les juguler. L'individu qui se commet ainsi est vécu comme asocial, dangereux et mériterait qu'on l'enferme ainsi qu'on le faisait généralement à l'époque des malades mentaux.

Bécarre et Bézu surprennent et dérangent. Il y a pourtant des motivations différentes chez les deux rebelles. Le premier agit à dessein. Il est venu à Argenteuil pour se venger d'un officier. Profitant des circonstances il met à mal et ridiculise tous les officiers de la localité. Le second est plus réactif. Il se révolte contre une sentence qui lui est défavorable. Il s'emporte aussi contre un homme qui n'a pas bonne presse au village de Nogent à cette époque : le procureur fiscal Claude Héricourt. Celui-ci sait apparemment faire passer ses intérêts avant ceux des justiciables. C'est ce que l'on croit déceler dans les quelques affaires qui le mettent en scène et dont les minutes criminelles portent encore le souvenir. Les 11 mars et 9 septembre 1738, Claude Héricourt est lui-même accusé d'outrage contre le procureur fiscal d'alors. Trois ans plus tard, Bézu s'exclame : « Nourirée vous mes enfans il faut donc que je devienne voleur comme vous[45] ! » Accusation lourde de sous-entendus contre l'officier et véritable cri du cœur de l'accusé... Quand Bécarre provoque, Bézu crie à l'injustice. Mais au fond, une représentation commune semble émerger : dans les deux affaires, le portrait qui est dressé des officiers est peu flatteur. Bécarre raille la solennité des juges de village qui se donnent des airs mais n'ont pas les moyens d'imposer leurs décrets. Leurs bonnes manières, leurs injonctions ne forment qu'une façade trompeuse qui masque la réelle faiblesse de leur autorité. Bézu quant à lui, paraît dénoncer l'abus de pouvoir du procureur fiscal. Devenu officier, Héricourt userait de sa position à son profit, s'appuyant sur des principes moraux et un statut que lui-même, quelques années auparavant, bafouait sans vergogne et publiquement. Prétention ridicule des uns, rouerie ou malice des autres, aucun ici n'échappe à la critique et aux sarcasmes...

Une troisième affaire conforte cette impression. Elle se déroule en 1784 à Argenteuil encore. Le vigneron Lhérault tente de s'introduire dans la salle des audiences, tandis que le juge entend des témoins. Il tient à la main un paquet contenant des excréments. La procédure étant secrète, les huissiers le refoulent. Lhérault proteste, résiste et proclame « qu'il vouloit faire ses ordures dans l'audience puisque c'étoit un lieu public[46] ». L'humour scatologique de l'insolent montre assez en quelle estime il tient la justice, ses servants et les lieux où elle s'exerce. Loin d'être ce sanctuaire dont le greffier isséen Coignet parlait dans un exemple déjà cité, le siège de la justice seigneuriale n'impressionne guère.

Les espaces de contestation sont avant tout et essentiellement publics. Ce constat révèle une criminalité « ostentatoire » qui se fonde sur la publicité et sur l'ampleur des scandales provoqués. Il faut cependant examiner la nature des actes pour voir s'ils confirment cette hypothèse.

44. Arch. Nat. Z^2 2707, remontrance de Claude Héricourt, procureur fiscal du bailliage de Nogent, contre Vincent Bézu, Denise Bézu et Elizabeth Belleville, 26 janvier 1741.

45. *Id.*, 26 janvier 1741.

46. Arch. dép. Val-d'Oise, B 208, remontrance de Claude Masson, procureur fiscal du bailliage d'Argenteuil, contre Jean-Baptiste Lhérault, vigneron, 9 mars 1784.

Beaucoup de mots et peu de coups

Les conflits entre villageois et autorités sont dominés par la parole. Cette évidence s'impose à la première lecture des pièces contenues dans les minutes criminelles. Toutes les rencontres qui dégénèrent au point de déclencher une poursuite judiciaire font état de débordements verbaux, de l'injure à la menace en incluant la raillerie.

Les injures

Les conflits sont le domaine des insultes. Dans très peu de cas elles n'apparaissent pas à la place principale. Les expressions à consonance sexuelle sont dominantes : « bougre » et « jean foutre » recueillent les suffrages les plus nombreux. La seconde catégorie la plus représentée comporte les insultes qui visent la moralité ou l'honnêteté des destinataires : elle se divise elle-même en deux groupes. Le premier comporte les allusions relatives à des activités criminelles dont on accuse l'adversaire. Dans l'ordre décroissant des usages on trouve : « voleur, fripon, menteur, receleur, traître, scélérat ». Dans le second groupe sont rangées les expressions relatives au domaine financier et à la fraude : « faussaire » (utilisé par une femme de Vanves à l'encontre d'un greffier et tabellion[47]), « bonnet vert[48] » ; « avaleur de billet[49] », « mangeur de monde[50] ». Les villageois puisent aussi leur inspiration dans le règne animal. Leur bestiaire reste toutefois limité à quelques animaux familiers comme le chien et l'âne, les plus souvent invoqués[51]. De rares originalités se dégagent d'un ensemble finalement guère imaginatif. En 1776, le batelier Huche traite un des sergents employé à la surveillance du déchargement des bateaux sur le port d'Argenteuil « d'infâme poussecul[52] ». Or l'injure établit une distinction nettement péjorative entre ceux qui travaillent, ceux qui sont utiles et paient de leur sueur, et ceux qui surveillent, sans fatigue, le labeur des autres, éventuellement prêts à le remettre en cause ou à le sanctionner. La remarque renvoie, dans l'esprit du public, aux « mangeurs de monde », ces exploiteurs qui vivent aux dépens de la société. Même connotation méprisante dans la bouche d'un Argenteuillais qui, en 1704, traite un des prêtres de la paroisse de « babillard[53] ». Les officiers, les notables sont accusés de trop parler, de se perdre en palabres inutiles. Les officiers de la justice

47. Arch. Nat. Z^2 4410, plainte de Marguerite Largillier contre Georges Leblanc, 9 août 1657.
48. Arch. Nat. Z^2 1244, plainte d'André Sauvage, procureur fiscal, contre Gabriel lucquet, cabaretier à Vaugirard, 19 avril 1708.
49. Arch. Nat. Z^2 1250, plainte de Pierre Curé, fermier de la seigneurie contre René Gouret, charcutier à Vaugirard, 13 avril 1774.
50. Arch. dép. Val-d'Oise, B 200, rapport du voyer d'Argenteuil contre la femme Veyer, cabaretière à Argenteuil, 14 août 1758.
51. La première épithète renvoie à la représentation d'une condition sociale basse marquée par la domesticité, la dépendance sinon la servilité. Le chien peut se montrer fidèle et soumis mais peut aussi, sans raison, ou excité par son maître, devenir hargneux. Le chien traîne dans le caniveau, renifle ce qui est sale. Bref, c'est un animal de basse extraction. L'âne, classiquement, évoque la bêtise et l'ignorance… mais également la soumission. L'insulte n'est d'ailleurs prononcée qu'une fois à l'adresse du procureur fiscal de Vanves Dufour de la Chapelle, en 1725, par un compagnon chirurgien, lequel fait probablement référence à la profession de son adversaire qui est aussi un homme de l'art. Moins que l'officier se serait le chirurgien qui serait ici visé. Arch. dép. Val-d'Oise, B 216, plainte de Pierre Bouhou, inspecteur de police, contre le sieur Huche, voiturier par eau, 20 août 1776.
52. Arch. dép. Val-d'Oise, B 219, plainte d'André Lesecq contre Jacques Puslé, 6 février 1704.
53. Arch. dép. Val-d'Oise, B 208, remontrance du procureur fiscal contre des habitants d'Argenteuil, 7 février 1785. Voir à sa date en section « Pièces justificatives ».

d'Argenteuil sont qualifiés de « bande à pouillayé » dans un pamphlet anonyme placardé sur les murs de la petite ville en 1785[54].

L'insolence et le tutoiement

La parole insultante c'est aussi l'insolence. On reproche en effet souvent aux accusés d'avoir su trop efficacement railler un comportement, stigmatiser un défaut physique, pointer une habitude inavouable. Parfois les insolents affectent une politesse exagérée au point de devenir suspecte. Ainsi Jean Quidor, simple chevrier de Nogent qui, en 1695, s'adresse au procureur fiscal assis sur le pas de sa porte en le gratifiant d'un « bon jour Monsieur le procureur » manifestement trop obséquieux pour être sincère[55]. Le plaignant croit bon de préciser que l'accusé se gausse de lui à travers la déférence de son salut. La veuve de Louis Chrétin, une autre Nogentaise, interpelle en pleine audience, en 1741, le procureur fiscal par le surnom sous lequel tous les habitants le connaissent – « la fleur » – en y accolant le titre de « Monsieur » et une particule[56]. Manière de ridiculiser les prétentions sociales du bonhomme et façon de le remettre à sa vraie place sur l'échiquier villageois ! C'est aussi Jean-Baptiste Lhérault, vigneron d'Argenteuil qui, en 1784, se moque de la tenue vestimentaire d'un des procureurs de la justice, déclarant devant tout le monde que « sa perruque étoit retournée de puces, et que sa redingote étoit mangé de vers[57] ». À une époque où il est bon de se vêtir selon les canons du corps social auquel on aspire, de telles remarques ne sauraient rester impunies[58].

Dans le domaine de l'insolence, le tutoiement est de rigueur. Les greffiers rapportent assez souvent en style direct les propos les plus infamants, comme pour leur donner plus de poids encore. Dans plusieurs affaires, l'accusé qui s'exprime passe brutalement du vouvoiement au tutoiement. Il n'est pas sûr que la colère et l'emportement justifient à eux seuls l'emploi de cette tournure familière. Elle correspond en effet à une hypothèse déjà formulée selon laquelle les « contestataires » replaceraient les officiers sur le même plan social qu'eux. Les procureurs fiscaux sont les principales victimes de cette marque d'irrévérence. Or, ils sont pour une large part originaires des villages où ils exercent[59]. La distance entre l'état d'officier et celui d'habitant serait par ce biais abolie, et ce serait là une façon de signifier que chacun lutte de nouveau à armes égales. Dépossédé ainsi de son autorité, le procureur fiscal retrouverait sa juste place : un villageois parmi les autres, soumis comme tout un chacun à des règles implicites ancestrales. Le nombre de plaintes relatant des comportements semblables atteste la singulière sensibilité des hommes du pouvoir sur ce point[60].

---

54. Arch. Nat. Z^2 2705, plainte de Nicolas-Philippe Belleville, procureur fiscal du bailliage de Nogent, contre Jean Quidor, chevrier, 26 juin 1695.
55. *Id.*, 26 juin 1695.
56. *Ibid.*, 26 janvier 1741.
57. *Ibid.*, 9 mars 1784.
58. ROCHE, *La Culture des apparences. Une histoire du vêtement. XVIIe-XVIIIe siècles*, 1989.
59. JOUNEAUX, *Villageois et autorités…*, *op. cit.*, p. 106-109.
60. Blasphèmes et jurements accompagnent de temps à autres les mots injurieux. Ils ne sont pas mis en avant dans les plaintes mais servent en quelque sorte d'adjuvants. Cette utilisation recèle un message de disqualification supplémentaire : non contents d'invectiver les représentants de l'ordre seigneurial, les contestataires commettent aussi la faute de ne pas respecter la religion et donc, l'ordre de Dieu. Par cela ils aggravent leur culpabilité vis-à-vis de la société. Mauvais sujets en tout, ils méritent un sort exemplaire. Et, ultime justification des officiers à l'adresse de leurs concitoyens, rien ne saurait les remettre dans le droit chemin que la justice, désormais seul recours.

Des menaces le plus souvent en l'air

En plus des injures et des grossièretés jaillissent parfois des menaces. Elles promettent, à plus ou moins brève échéance, représailles, châtiments corporels, meurtre, voire, plus rarement il est vrai, poursuite judiciaire. On en relève dans 14 des 72 confrontations directes observées. La proportion n'est pas spectaculaire mais reste significative. En règle générale, les agresseurs tiennent des propos vagues. Ils remettent leurs funestes projets à plus tard. Bientôt, laissent-ils entendre, le rival payera. Ni le moyen d'opérer ni l'échéance du passage à l'acte ne sont révélés. Ces mises en garde apparaissent plus souvent comme de stériles rodomontades que comme de réels dangers pour ceux qu'elles visent.

Jean Tirel, carrier à Vaugirard et Pierre-Louis Soudieux, vigneron à Nogent, jurent tous deux, le premier en 1727, le second en 1732, qu'ils « mangeront les tripes » de leur procureur fiscal respectif. L'image est forte et se veut terrifiante. Elle demeure cependant une image[61]. Étienne Monchaussée, qui s'emporte contre le greffier de la justice de Vaugirard en 1770, lui promet les pires tourments et précise « qu'il falloit qu'il luy casse bras et jambes avec son baton[62] ». Paroles en l'air ! Le sieur Broliet, manufacturier dans ce même village de Vaugirard, s'en prend, la même année, au procureur fiscal à qui il hurle : « Je te f[outroi] cent coups de batton[63]. » Appelant ses gens il leur dit : « Qu'on aporte un fusil ou autre chose ! » L'officier parvient à s'enfuir sans dommage. Déclarations tapageuses qui ne sont que velléités : des paroles aux actes il reste un pas que les furieux se gardent de franchir. Parfois c'est la mort qui est promise. En 1695, Jean Quidor, de Nogent, prévient le procureur fiscal Belleville : « Il faut que je te tue[64]. » « Tu ne perds que la nuit, tost ou tard nous te tuerons[65] », affirment trois autres Nogentais au même Belleville, décidément impopulaire, quelques mois après la première algarade. Violence et crudité des mots mais mots seulement...

Pourtant, certains esquissent des gestes agressifs. Georges Marie, messier de la communauté des habitants de Vanves, se révolte en 1779 contre une décision prise par le lieutenant de la prévôté. Face à lui il gesticule, tempête et « revenant sans cesse sur lui, [il faisait] semblant [de] le menasser et même [de] le vouloir maltraiter[66] ». Denis Mathurin Guillery et Jean-Pierre Corbie, deux compères de Vanves, s'étant opposés le 29 mai 1761 à une arrestation faite par le procureur fiscal, auraient « levé la main sur le remontrant[67] ». Les coups ne partent pas. Poings tendus, mains levées, les mouvements restent la plupart du temps suspendus. Étonnante censure de la part des contestataires qui se refrènent pour ne pas commettre l'irréparable. Plus qu'exécutée, la violence est mimée. Elle s'épanche aussi parfois mais le fait est plus rare.

61. Arch. Nat. Z^2 1245, plainte de Nicolas Paulmier, procureur fiscal, contre Jean Tirel, carrier, 16 avril 1727.
62. *Ibid.* 15 mai 1770.
63. Arch. Nat. Z^2 1250, plainte de François Gavarry, procureur fiscal, contre le sieur Broliet, manufacturier à Vaugirard, 25 août 1770.
64. *Ibid.*, 26 juin 1695.
65. *Ibid.*, 4 novembre 1695.
66. Arch. Nat. Z^2 4415 B, procès-verbal à la requête de Me Jean-Baptiste-Gabriel Génal, lieutenant de la prévôté de Vanves, contre Georges Marie, 10 septembre 1779.
67. Arch. Nat. Z^2 4415 A, plainte de Christ Leblanc, procureur fiscal de la prévôté de Vanves, contre Denis-Mathurin Guillery et Jean-Pierre Corbie, 29 mai 1761.

Coups et blessures

Quoiqu'ils insistent fortement sur la cruauté de leurs adversaires, les plaignants exagèrent le danger qu'ils prétendent avoir couru. Lorsque les coups portent, les blessures demeurent superficielles. En 1667, Pierre Auboin, procureur fiscal d'une des justices d'Issy, est mordu à la main par un concitoyen tandis qu'il tente de mettre fin à une dispute entre l'homme et son épouse[68]. Encore n'est-ce là qu'un risque ordinaire de la fonction. Les séquelles se limitent à des contusions ou à des égratignures. Alexandre Cochois, procureur fiscal victime des mauvais traitements que lui inflige un habitant de Vaugirard en 1715, décrit ainsi ses blessures : « Plusieurs esgratignures tant au col que la gorge et [...] à la teste [...] plusieurs playes à sang fait avec [des] ongles[69]. » Les tentatives d'étranglement constituent les atteintes physiques les plus courantes. En général les protagonistes roulent à terre. Les officiers se montrent assez sensibles au fait de mordre la poussière et d'être terrassés. Parfois c'est le chapeau qui tombe, et ce détail, en apparence insignifiant, prend un relief singulier dans le cours du récit. L'agresseur frappe, mord, griffe ou tire les cheveux, la victime se débat mais n'avoue jamais avoir répliqué. La plupart du temps les adversaires luttent jusqu'à ce que des membres de l'assistance interviennent. C'est là un élément de représentation important dans le discours judiciaire : dans la plupart des cas, l'officier victime de sévices ne doit son salut – selon ses dires – qu'à l'intervention *in extremis* des spectateurs. Là encore, deux points de vue se rejoignent : le premier relatif à la rhétorique particulière des plaidoyers (exagération et dramatisation des faits[70]) et le second se référant à une sorte de code comportemental implicite établissant les limites à ne pas franchir lors d'une querelle avec un représentant de l'ordre. Tout se passe en effet comme si la populace était la garantie contre un excès de fureur : elle censure immédiatement les actions qui pourraient s'avérer mortelles. Ce schéma apparaît très souvent dans les archives judiciaires. En quelque sorte, les habitants seraient investis par leurs pairs d'un pouvoir arbitral fort. On retrouverait là les vieux réflexes d'autorégulation sociale déjà observés par plusieurs historiens[71].

Toujours est-il que la criminalité spécifique étudiée ici n'est pas une criminalité de sang. Entre 1650 et 1789 aucun officier des juridictions sélectionnées n'a perdu la vie par fait de brutalité. Tout se passe en définitive comme si les villageois n'avaient pas besoin de recourir à la violence physique pour remettre en cause l'ordre local. Les conflits directs respectent un scénario quasi immuable qui accorde une place prépondérante à l'intimidation. C'est essentiellement un jeu de paroles, un échange de messages plus ou moins explicites qu'il convient de savoir décoder et retourner pour préserver sa position sur la scène villageoise. Les résultats attendus, les objectifs visés par les acteurs ne sont pas faciles à dégager de façon synthétique. On peut cependant affirmer que les vil-

68. Arch. Nat. Z^2 1254, registre des audiences de la justice de Saint-Magloire à Issy, sentence contre Nicolas Val, 29 août 1667.

69. *Ibid.*, 29 juillet 1715.

70. Il faut insister sur l'effet d'exagération produit par l'usage des superlatifs dans les plaintes : les injures subies sont souvent « les plus atroces » ; elles sont de celles « qu'il ne seroit pas permis de dire au moindre des hommes » ; les menaces et les jugements sont « horribles », les invectives telles que « le plaignant ne peut [les] dire par respect ». Ces formules orientent le discours judiciaire. Il n'y a pas là qu'un effet de style propre aux greffiers : elles ont dans l'esprit des requérants vocation à influencer, à forcer le trait.

71. Les historiens de la criminalité s'accordent à penser que la violence, bien que toujours vivace comme mode d'expression populaire, connaît un net fléchissement au XVIIIe siècle. La modération des contestataires s'inscrit donc sûrement dans ce mouvement général. Les comportements deviennent plus policés et moins frustes.

lageois ne cherchent pas à tuer. Ils ne semblent pas animés du dessein de détruire l'ordre établi et peut-être pas même de le remettre en cause. Mais pour conclure, au moins provisoirement, il convient de dresser préalablement le portrait des contestataires.

Identification des contestataires et portrait des accusés

L'image des contestataires n'est renvoyée que par le canal unique et déformant des plaintes. Exceptionnellement, les auditions de témoins permettent d'élargir le point de vue. Les requérants cherchent à convaincre. Ils utilisent donc tous les artifices disponibles, par ailleurs savamment codés, sinon dosés, pour parvenir à leur but. Il faut donc toujours tenir compte de cette restriction pour appréhender la galerie de portraits figurant ci-après. Les hommes du pouvoir reconnaissent au moins cinq espèces de délinquants capables de les défier : les « criminels notoires », récidivistes, capables de terroriser le village entier ; les « déviants », apparemment asociaux, inassimilables car ne respectant aucun code ; les « humoristes subversifs » qui mettent les rieurs de leur côté et manient l'ironie et la provocation avec art ; les « furieux », par définition incontrôlables car emportés et violents ; les « traîtres » enfin qui attaquent par surprise, répandent insidieusement les rumeurs et les calomnies. Toutes ces figures, cela va sans dire, ne sont que des stéréotypes commodes pour établir un classement. Dans la réalité, les personnalités restent plus nuancées, plus riches et plus complexes. Telle brute peut se montrer successivement fourbe ou railleuse avant de céder à ses pulsions violentes. Il s'agit donc de ne répertorier ici que quelques comportements stigmatisés par les agents de l'ordre.

Les criminels et « gibiers de potence »

Le microcosme villageois compte son lot de reclus, de marginaux, bref de gibiers de potence. Peu nombreux, ces hommes à la réputation détestable vivent du produit de leurs rapines. Ils fréquentent les guinguettes de la région où une faune interlope, constituée d'indigents, de déserteurs, de désœuvrés, voire de prostituées, évolue. Joueurs, voleurs (les blanchisseurs de Vanves, par exemple, se plaignent régulièrement qu'on leur dérobe du linge qu'ils font sécher en plein air), souteneurs, ils trouvent en banlieue un terrain favorable à leurs répréhensibles activités. Les représentants de l'autorité seigneuriale doivent régulièrement se frotter à cette population en rupture de ban. Dans la nuit du 30 novembre 1711, Jean-Philippe Lescuyer, procureur fiscal de Nogent, doit ainsi intervenir dans un cabaret du lieu pour faire cesser le tapage qu'un groupe de mauvais garçons y perpétue. Les trois individus sont en train de saccager l'établissement lorsque l'officier paraît. L'un des malfaiteurs s'adresse à lui : « Je vous connoist pour le procureur fiscal mais je vous casserez la cervelle sy vous ne vous retirez[72]. » Le procureur fiscal a certes droit à quelques égards mais cela ne l'aide guère à assumer sa mission. Bien qu'ayant tenté de négocier après « l'avoir traitté d'amitiez et de douceur[73] », il est contraint de se retirer. Les fauteurs de trouble sont connus. Lescuyer les identifie immédiatement. Leur réputation n'est plus à faire. L'un d'entre eux, Alexis Ancellet,

72. Arch. Nat. Z^2 2705, 30 novembre 1711.
73. *Id.*, 30 novembre 1711.

est surnommé « la déroute ». Un de ses compagnons, Nicolas Héricourt, « est sorty des galères esquels il avoit été condamné ». D'autres villageois l'avaient, quelque temps avant, croisé dans un cabaret et s'étaient étonnés de son retour. Ils le décrivent tous comme « un homme quy a toujours été coutumier de roder les nuits par les rües quy a commis plusieurs assassinats et fait plusieurs batterÿes dans ce lieu dud. Nogent et d'ailleurs[74] ». En 1695, le même Héricourt avait menacé de mort le procureur fiscal de l'époque. Armé de pistolets et accompagné de deux complices, il avait tenté de défoncer la porte de l'officier pour mettre à exécution ses funestes projets. Ancellet, Héricourt et le troisième larron ne sont pas des citoyens ordinaires. Un signe ne trompe pas qui confirme cette impression : contrairement à la règle habituelle, le greffier qui enregistre la plainte ne mentionne pas l'état professionnel des compères. Sans activité reconnue, célibataires (ils sont dits « garçons »), ils sortent de la norme sociale. Ils sont identifiés par les autres comme de dangereux bandits et redoutés comme tels. Dans l'exemple cité, le procureur fiscal prend d'ailleurs bien soin de ne pas attirer sur lui leurs foudres.

Les déviants, « fous » et « forts en gueule »

Les personnages qui entrent dans cette catégorie diffèrent nettement des précédents même s'ils s'y apparentent par le fait qu'ils sortent des normes. Ceux-là ne sont pas des criminels avoués. Ils sont en effet intégrés à la communauté, y sont établis, mariés et exercent une profession. Deux types se dégagent : dans le premier se rangent ceux qu'on peut qualifier de « fous », dont le comportement est tellement insolite qu'il fait s'interroger sur leur état mental ; dans le second se classent les rebelles, rétifs à l'autorité, provocateurs par nature et frondeurs par principe.

Denis Lardin, vigneron à Nogent, illustre bien, par le comportement qu'il affiche en 1736, le premier type. Lardin est incarcéré dans la prison du bailliage « à cause de l'assassinat de dessein prémédité par luy » commis sur les personnes de Jean-Pierre et Étienne Merillon[75]. Immédiatement interrogé par le procureur fiscal de la juridiction, Lardin se met à l'insulter et lui décoche deux coups de poing au visage. C'est moins dans ce geste que dans les propos qu'il tient que transparaît « l'anormalité » : Lardin affirme en effet que tous les biens des Nogentais lui appartiennent et qu'il a été spolié par un complot ourdi par le curé et le procureur fiscal. L'énormité des affirmations frappe. Il les réitère lors de son second interrogatoire. Lardin se prétend même seigneur du lieu « par les tiltres qui sont entre les mains de monsieur le curé de St Sulpice ». Esprit dérangé ou capacité intellectuelle limitée qui entraîne de graves confusions ? Les magistrats, par la conduite même de l'information, par les conclusions qu'ils tirent, penchent plutôt pour la première hypothèse. L'entêtement de l'accusé les surprend. Il persiste en effet à dénoncer une cabale. Lorsqu'à l'issue d'un interrogatoire on lui demande « s'il s'en raportoit aux témoignages », il réplique « qu'il ne devoit point atendre des gens de Nogent attendüe qu'ils estoient tous fripon[76] ». Et derechef il se répand en invectives contre les malversations du curé, la malhonnêteté du juge, se réaffirmant seigneur du lieu. Qu'il y ait une part de vérité dans son délire n'est pas à exclure : il est

---

74. Arch. Nat. Z[2] 2705, information faite à la requête de Me Jean-Philippe Lécuyer, procureur fiscal.
75. Arch. Nat. Z[2] 2706, plainte de Jean Coiffier, procureur fiscal du bailliage de Nogent, contre Denis Lardin, vigneron, 22 octobre 1736.
76. Arch. Nat. Z[2] 2706, interrogatoire de Denis Lardin, vigneron à Nogent.

possible, après tout, que son cerveau dérangé ait amalgamé plusieurs éléments d'une transaction foncière qui aurait tourné à son désavantage au profit de quelques habitants influents du village. Peut-être a-t-il été roulé. Peut-être a-t-il possédé réellement des titres fonciers. Quoi qu'il en soit, son comportement est extravagant, hors des normes et incontrôlable. Le procureur fiscal ne le décrit pas comme malade ou irresponsable. Il le déclare pleinement redevable de ses actes devant la justice : c'est « un homme de mauvaise foy » qui aurait attaqué « à tout heure de jour que de nuit » des passants, et connu « pour être un perturbateur du repos public[77] ».

Un second type de déviants, non moins redoutable pour les hommes du seigneur, regroupe ceux qui se montrent rétifs à toute injonction. Sous la plume des greffiers, ces personnages apparaissent insolents, « forts en gueule », le verbe haut et l'expression fleurie. Ils défient l'autorité avec aplomb et effronterie. Denis-Mathurin Guillery et Jean-Pierre Corbie, habitants de Vanves en sont deux parfaits parangons : un soir de mai 1761, ils sont au cabaret et se distraient autour d'une chopine. Une rixe éclate, conduisant le procureur fiscal et un huissier de justice sur les lieux. Les deux officiers se mettent en devoir d'appréhender un étranger qu'ils ont identifié comme le responsable des troubles. Prenant le parti de l'inconnu, les deux compères vanvéens s'interposent :

> « [Ils] se sont violemment opposés à ce que ce dit particulier fut conduit en prison et injuriant et sacrant, et même levant la main sur le remontrant [le procureur fiscal], ils lui ont dit tout en fureur qu'il n'iroit pas avant qu'ils y fussent eux mêmes[78]. »

Solidarité d'ivrognes ? Sens exacerbé de la justice irritée par une décision vécue comme arbitraire ? Nul n'en saura jamais rien. Toujours est-il que les deux hommes font entrave à la justice. Face à leur détermination, les officiers, une fois de plus, battent en retraite. Ces fauteurs de troubles profitent de la faiblesse des forces qui leur fait face. Ils défient l'autorité. Pour les représentants de l'ordre, ils doivent être punis de façon exemplaire afin que leur attitude ne contamine pas le reste du corps social. On leur prête des intentions subversives et ils sont parfois qualifiés de « séditieux ». Les propos semblent quelque peu abusifs. Ils appartiennent à un discours convenu déjà perçu par ailleurs. Que peut craindre l'ordre villageois de ces quelques révoltés d'occasion, sûrement plus prompts à exploiter une situation soudainement favorable qu'à remettre en cause les fondements de la société où ils évoluent ?

Les archives en livrent d'autres exemples caractéristiques. En 1719, nous l'avons dit plus haut, le procureur fiscal de Vanves remontre contre deux habitants de la paroisse qui, selon ses déclarations, « journellement [...] maudisent contre la maison de SAS Monseigneur le duc [de Bourbon] et nottamment contre le sieur Ménage lieutenant de la prévôté[79] ». Les deux individus se seraient répandus en insinuations calomnieuses, en imprécations et en menaces contre le juge seigneurial. Bien que n'étant jamais passés à l'acte directement (sinon en s'en prenant à une malheureuse servante à qui l'un deux cassa son balai), ils sont qualifiés de « séditieux » par le procureur fiscal qui engage la poursuite judiciaire. Un des deux énergumènes a déjà été compromis « aveq plusieurs autres dans une condamnation de peine pour une sédition arrivé dans le dit vanves pour

77. *Ibid.*, 22 octobre 1736.
78. *Ibid.*, 29 mai 1761.
79. *Ibid.*, 7 septembre 1719.

la ferme du Roy ». Récidiviste, il avait même osé s'en prendre – fait incontestablement aggravant – à l'autorité du roi. Le discours des hommes de loi est habile qui s'abrite derrière une supposée remise en question de l'ordre pour réprimer un outrage, somme toute, très personnel.

Les humoristes subversifs

D'autres savent se montrer plus subtils et utiliser des procédés autrement plus efficaces. Les hommes du pouvoir semblent vouer une haine farouche aux villageois qui les ridiculisent publiquement. Parmi ces derniers figurent les amuseurs publics qui font du rire une arme d'autant plus redoutable qu'elle suscite spontanément la sympathie de la population. On aime à se moquer des travers de ses contemporains, surtout ceux qu'affichent les prétendants au pouvoir. Manies, habitudes, tics de langage, mise vestimentaire ou apparence physique, tout est sujet à plaisanterie. La tradition populaire du charivari se maintient : défilés, chansons, pamphlets, canulars et bons mots fleurissent. Le 6 avril 1763, un procureur d'Argenteuil, futur lieutenant du bailliage, se plaint d'une chanson :

> « Plusieurs quidams et quidammes à lui inconnus tant de ce lieu que dudit Cormeilles et es environs se sont ingérées de composer, chanter et distribuer une chanson de plusieurs couplets formant un libelle contre l'honneur et la réputation du supliant et de sa famille[80]. »

Le mode de diffusion est précisé le lendemain : Agatte Leclerc, dépose un témoin, « luy a remis une chanson pour la copier » mais « étant mis en effet de le faire, est survenue [...] le sieur Lécuyer chirurgien audit Cormeilles qui s'en est emparé » – Lécuyer est un des notables visés, qui a porté plainte conjointement avec le procureur. Le texte circule de mains en mains, reproduit au fur et à mesure (ce qui pourrait attester du degré d'alphabétisation correct de la population locale) touchant un public élargi, avide d'informations sensationnelles. Les paroles colportent en les exagérant quelques anecdotes de la vie intime du plaignant. Jean Maitre, clerc du procureur fiscal de Cormeilles, qui a entendu la chanson, en rapporte les principaux arguments :

> « Il a remarqué que l'on reproche audit Me Cochois de n'avoir pas voulu recevoir son père chez luy et qu'il l'avoit obligé de ce retirer chez le nommé Fraîcheur aubergiste audit lieu, qu'il l'avoit ébergé, qu'il y est aussi dit que le dit Me Cochois que l'on traite de procureur affamé avoit emprunté un bonet de velours à galon d'or d'un nommé Simon Laplace pour aller en masque aux noces et qu'il n'avoit pas voulu luy rendre quoiqu'il luy ait plusieurs fois demandé que ledit Cochois est aussy annoncé dans cette chanson au sujet de plusieurs galanteries que l'on y met sur son compte[81]... »

Plusieurs valeurs traditionnelles et principes de vie transparaissent dans ce texte. L'honneur familial y occupe une part importante : un « bon » fils doit savoir s'occuper de son père âgé. L'hospitalité est défaillante. Les défauts sont d'autant plus criants qu'ils trahissent chez l'officier l'avarice et l'avidité. Cochois qui veut paraître et se donner des airs est tourné en ridicule. La caricature est cruelle car précise. Elle percute encore plus. Le plaignant se dit victime des « reproches les plus humiliants », placés sous le sceau

---

80. Arch. dép. Val-d'Oise, B 212, remontrance d'Antoine Lecauchois, procureur, contre plusieurs quidams de Cormeilles et d'Argenteuil, 6 avril 1763, et information du 7 avril 1763.

81. *Id.*, 7 avril 1763.

« du libertinage le plus odieux ». Réputation. Image de soi. Tout se combine une fois encore autour de ces notions, enjeu véritable de la vie au village...

Les charivaris perdurent. Les autorités locales, de moins en moins tolérantes à leur égard, peinent à les réprimer. En 1785, le procureur fiscal d'Argenteuil Claude Masson, dénonce les individus qui s'y adonnent comme de « mauvais sujets ». En 1749, dans le même bourg, le prédécesseur de Masson avait dû lui aussi affronter une troupe de jeunes gens qui allaient...

> « [...] par les rues et carrefours [...] avec un tambour [...] et une pelle de bois [...] sur laquelle étoit attaché un grand morceau de papier en forme de pancarte sur laquelle étoit écrit différentes épitettes grossières et injurieuses contre différents habitans de ce lieu qui y étoient chacun nommé par leurs noms, ausquels carrefours au son dudit tambour ils faisoient assembler la popullâce devant laquelle tenants des flambeaux en leurs mains ils récittoient à haute voix par différentes pauses les épitettes et noms desdits habitans[82]... »

Les jeunes gens se montrent toujours rétifs à l'ordre que les autorités, incarnées par des hommes mûrs et établis, tentent d'imposer. C'est dans leurs rangs que se recrute le plus grand nombre d'insolents et de rebelles. Mais leur figure reste connue, pour ainsi dire fidèle, conforme, à une tradition culturelle pluri-séculaire. Cette forme de désordre est un phénomène villageois classique. Elle illustre les résistances auxquelles se heurtent les autorités pour contrôler les mœurs. La culture populaire ne cède pas totalement aux exigences de la bienséance, aux canons d'une société policée.

Conclusions

Hormis les gibiers de potence et les fous, les délinquants sont des hommes ordinaires, parfois chefs de famille et même notables. Les plaignants, qui, au moins en apparence, servent la cause de l'ordre, se doivent de les disqualifier en leur prêtant un comportement et des sentiments que la morale réprouve. Leur portrait est donc forcément caricatural. Mais ces contestataires ont en commun de ne pas manifester (extérieurement) les signes d'une conscience politique. Leurs attaques sont surtout ciblées contre des comportements individuels. Parfois c'est un groupe qui est montré du doigt. Jamais l'ordre n'est expressément dénoncé comme inégalitaire ou mauvais. Excepté lors des charivaris, les désordres sont rarement collectifs. Les acteurs, contrairement au portrait qui en est dressé, ne semblent mus que par des intérêts privés. La conclusion qui s'impose à l'issue de cette étude tient dans le respect très mesuré que l'on voue aux agents de l'autorité. Ces hommes, issus du monde villageois, qui cherchent à se distinguer de leurs pairs par l'achat d'un office, ne sont pas bien considérés. On leur reproche au mieux leur zèle, au pire leur malhonnêteté. Il faut dire qu'entre les incapacités notoires de certains et la rapacité des autres, les justiciables ont quelque raison de n'accorder aux officiers locaux qu'une confiance limitée. À tout le moins ceux-ci demeurent suspects aux yeux de leurs concitoyens.

Si l'on rejoint là l'opinion popularisée par les dénonciations de Charles Loyseau contre les « justices de village », il convient de nuancer cette représentation[83]. Les villageois en effet ont besoin de leurs officiers. Même impopulaire la mission de police

82. *Id.*, 30 juillet 1749.
83. *Les Œuvres de maistre Charles Loyseau*..., Lyon, Compagnie des libraires, 1701.

qui leur incombe reste indispensable. L'arbitrage de la justice est souvent recherché dans les affaires d'honneur. Or l'honneur est un enjeu majeur de la sociabilité villageoise. Les justices seigneuriales règlent un nombre considérable de litiges d'ordre privé. Elles et leurs agents trouvent donc, ne serait-ce qu'à travers cela, une légitimité évidente aux yeux des usagers.

Une question importante reste en suspens : cette « utilité » de la justice seigneuriale selon les gens du peuple coïncide-t-elle avec la représentation que s'en font ses officiers ? Ceux-ci sont-ils dupes du jeu qu'on leur fait parfois jouer ou y participent-ils pleinement en affectant d'adhérer, en surface donc, à l'ordre qu'ils défendent ? Il est clair que l'accession à la dignité d'officier n'élimine pas chez les postulants les réflexes traditionnels. Certains tentent manifestement de s'en servir pour conquérir, ou consolider, une position qui se veut dominante. En tout cas il apparaît que les villageois ne tolèrent les mesures prises par les agents du pouvoir que lorsqu'elles servent, ou plutôt ne desservent pas, leurs intérêts.

Statuts communaux et justices seigneuriales dans le Comtat Venaissin (XVIe-XVIIIe siècle)

Madeleine FERRIÈRES et Patrick FOURNIER
Professeur d'histoire moderne, université d'Avignon et des pays du Vaucluse/
Maître de conférences d'histoire moderne, université Clermont-Ferrand II

Les statuts des communautés du Comtat Venaissin sont d'une grande complexité. Le terme de *statut* ne désigne pas la même réalité entre le moment où ce type de texte normatif apparaît, au XIIIe siècle, et la fin de l'Ancien Régime, mais tous les textes classés sous cette dénomination entretiennent entre eux des rapports qui ne sont pas neutres. De façon très précoce, les statuts villageois ont intégré des préoccupations de police champêtre, mais cet intérêt pour la protection des terres et des cultures n'est jamais exclusif. Les médiévistes s'interrogent notamment sur le lien qui a pu exister entre les privilèges et franchises des villes et les statuts villageois. Mais en Comtat, le terme de statut est utilisé dès le Moyen Âge pour les villes aussi bien que pour les villages. La distinction entre ville et village n'est pas évidente : si des fonctions religieuses ou judiciaires peuvent servir de critère discriminant dans les « reconstructions » élaborées par les historiens, les communautés urbaines les plus importantes (dont Carpentras, la capitale) possèdent un terroir étendu bien mis en valeur. Les villes se situent même dans des zones qui concentrent une part essentielle de la richesse agricole, et c'est là un élément essentiel de leur essor depuis le Moyen Âge.

Justice seigneuriale et norme champêtre : un autre regard

L'étude des statuts comtadins est-elle justifiée dans une réflexion collective sur les rapports entre justice seigneuriale et régulation sociale? L'étude du contenu de près de 300 statuts menée dans le cadre d'une enquête collective[1] nous a convaincus que ces règlements sont l'expression tangible du *jus statuendi* des communautés et qu'ils expriment une forme d'autogestion. Les prémices de cette enquête nous poussent donc à

1. L'étude des statuts communaux a été lancée en 1998 conjointement par le laboratoire d'histoire de l'université d'Avignon et les Archives départementales de Vaucluse. Elle porte sur la totalité du département de Vaucluse (car il existait aussi des statuts à Avignon, dans la principauté d'Orange et même dans la viguerie d'Apt, ce qui peut surprendre les historiens de la Provence). Le corpus d'environ 300 documents est en voie d'enrichissement. Cf. *Les Statuts communaux...*, *op. cit.* (édité par Madeleine Ferrières). Bibliographie générale : DAVID Marcel, *De l'Organisation administrative, financière et judiciaire du Comtat Venaissin sous la domination des papes, 1229-1791*, Aix, E. Tournel, 1912, XV-413 p.; FAURE Claude, *Étude sur l'administration et l'histoire du Comtat Venaissin du XIIIe au XVe siècle (1229-1417)*, Paris-Avignon, Champion, 1909, 230 p.

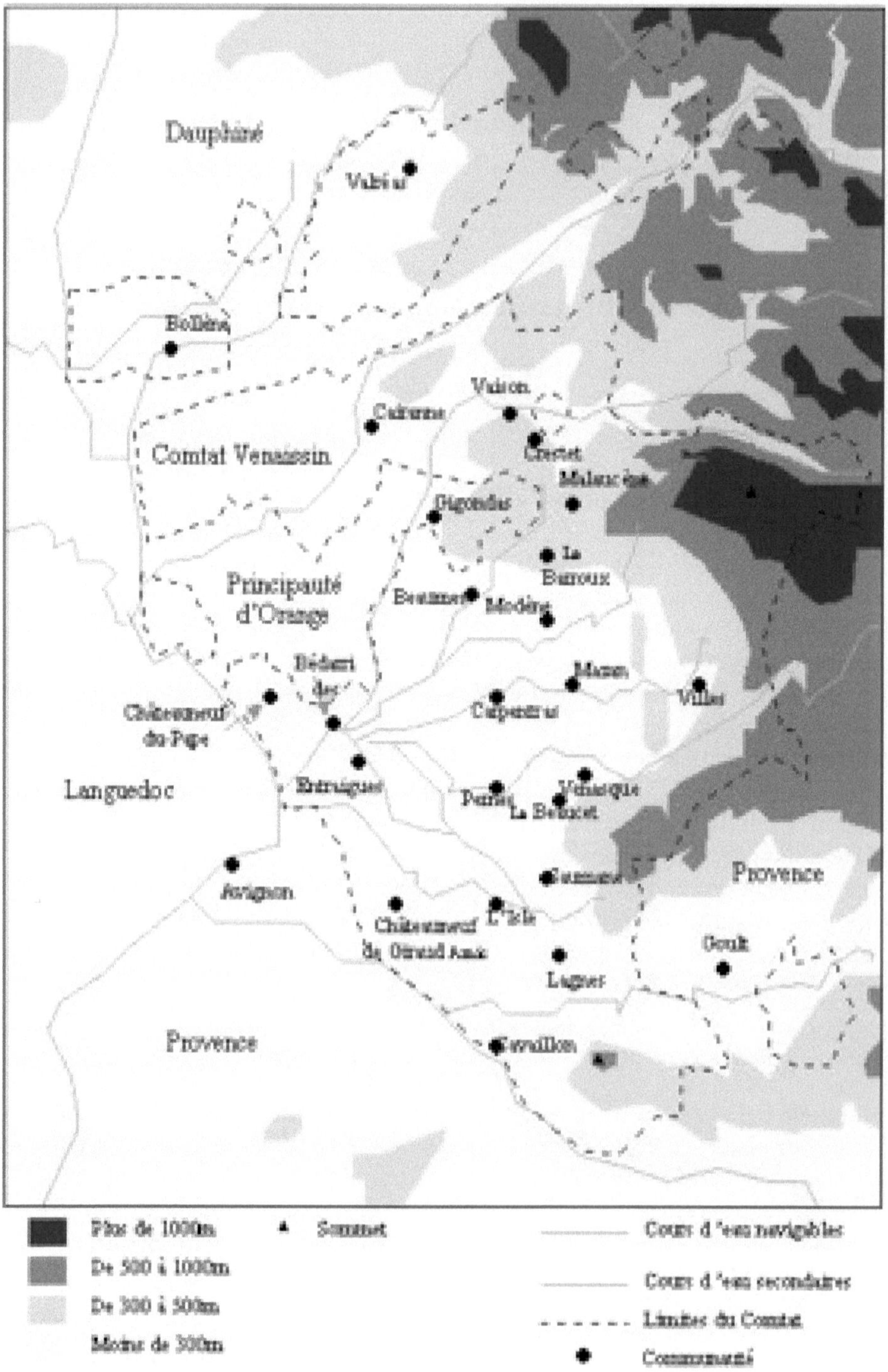

Situation des communautés comtadines citées dans le texte[2].

2. D'après carte publiée dans *Les Statuts communaux, source d'histoire rurale…*, 1999, p. 19.

considérer les statuts comme un élément essentiel de la « force » des communautés comtadines : c'est là une pente classique de l'historiographie des campagnes méridionales que nous suivions en toute (bonne) conscience. Dans les statuts, le seigneur est une figure si évanescente et même quelquefois absente que nous avons tendance à le marginaliser dans les procédés de régulation sociale, voire à l'ignorer : il serait un acteur mineur de la gestion des terroirs. À vrai dire, nous avions conscience du caractère très approximatif de cette interprétation. Certains statuts sont de toute évidence des ordonnances seigneuriales. D'autres sources nous ont alertés. À Bédarrides [3] par exemple, le viguier se plaint en 1652, lors d'une séance du conseil, d'avoir été maltraité : les consuls occupent sa place sur un banc de l'église. Voilà qui conforte notre analyse première. Mais voici qui la contredit : en 1578, le château seigneurial est ruiné après le passage des huguenots, au grand dam de la population qui se retrouve sans « aucune retraite en cas de guerre, aucun logement pour les officiers, aucune prison et aucun lieu où rendre la justice, ce qu'un château devrait être [4] ». Avec ce cas particulier, nous restons cependant dans une interprétation assez classique, bien qu'elle n'ait pas été encore suffisamment soulignée : la seigneurie connaît un déclin important au cours de la première modernité, déclin qui semble s'accélérer dans les décennies qui suivent les guerres de Religion.

Une récente journée d'études a contribué à infléchir plus sérieusement encore notre façon d'envisager le rôle du seigneur [5]. Par la voix de Bernard Thomas, les archivistes de Vaucluse nous ont montré l'importance des justices seigneuriales dans le Comtat et l'abondance de leurs fonds jusqu'au XVIIIe siècle. Or dans ce dossier, tout reste à faire : quel bonheur pour les historiens, toujours à la recherche de domaines encore vierges, mais quel malheur pour nous qui devons intégrer la seigneurie dans une réflexion globale sur la régulation sociale ! Ce constat explique le caractère extrêmement empirique de nos investigations et le caractère parfois naïf en apparence des questions que nous posons. Il s'agissait avant tout de déterminer à travers quelques exemples significatifs le rôle des seigneurs et des justices seigneuriales (ce qui n'est pas exactement la même chose) dans l'application d'une norme qui relève essentiellement de chaque communauté aussi bien dans sa réalisation que dans son application [6]. Ce qui peut sembler évident pour les spécialistes d'autres provinces ou « pays » habitués à voir fonctionner les justices sei-

---

3. Toutes les communautés citées dans cet article sont situées dans l'actuel département de Vaucluse. Lorsqu'elles portent le même nom que la commune actuelle, comme c'est le cas de Bédarrides, aucune indication ne sera donnée en note.
4. MONTAGUD Nadia, *Des Statuts, une terre, des hommes : Bédarrides aux XVIe et XVIIe siècles*, mémoire de maîtrise, université d'Avignon, 1998, 2 vol., 72 p. et vol. non paginé (vol. 1, p. 25).
5. *Police champêtre et conflictualités rurales*, Journée d'étude du 2 mai 2001, Maison méditerranéenne des sciences de l'homme, Aix-en-Provence (actes à paraître dans les *Annales du Midi*). La communication de Bernard Thomas avait pour titre : « Les basses justices dans le Comtat d'Ancien Régime : un état des sources ».
6. L'étude la plus sérieuse sur la seigneurie comtadine est ancienne : BOUDARD D'OLONNE Alphonse DE, *Les Barons comtadins. Essai sur la féodalité dans le Comtat Venaissin au XVIIIe siècle*, Avignon, Seguin, 1917, XIX-208 p. Les caractères de la seigneurie comtadine sont assez comparables à ceux connus pour la Provence et le Languedoc. Comme partout en France, il faut distinguer noblesse et seigneurie, mais cette distinction prend une importance encore plus grande en Comtat car le seul titre de docteur (en droit ou en médecine) y confère une forme de noblesse coutumière. Beaucoup de juristes contractent des alliances avec des familles seigneuriales et acquièrent eux-mêmes des seigneuries. La noblesse seigneuriale comtadine est souvent issue de familles de magistrats et d'avocats : elle constitue le groupe des soixante à quatre-vingt vassaux (nombres approximatifs avec une légère tendance à l'augmentation) représentés à l'assemblée générale du Pays par leur Élu et tous nobles. C'est parmi eux que l'on trouve des détenteurs de justices seigneuriales mais ce n'est pas le cas de tous, bien que le fief comporte en principe un droit de justice, à cause de l'extrême morcellement de certaines seigneuries ou de rachats et confiscations des juridictions par la chambre apostolique. Les justices seigneuriales qui subsistent sont appelées cours baronnales bien que leurs détenteurs portent rarement le titre de baron.

gneuriales ne l'était pas pour des historiens du Comtat, encouragés par les travaux de leurs prédécesseurs à minimiser le rôle des seigneurs et à occulter les justices seigneuriales. Le glissement historiographique est donc lourd de conséquences, car il est susceptible de modifier en profondeur la connaissance et l'interprétation des rapports sociaux dans les campagnes comtadines. L'exercice, difficile car la synthèse est encore impossible, a été partagé afin que puissent être menées plus rapidement des investigations dans plusieurs types d'archives (les statuts, les délibérations des communautés et les fonds des justices seigneuriales) : Madeleine Ferrières examine plus spécifiquement la part du seigneur dans la fabrication des statuts ; Patrick Fournier étudie principalement le rôle du seigneur et de sa justice dans l'application des normes champêtres.

Un modèle « seigneurial » et un modèle « communautaire »

Une parenté incontestable rapproche les statuts de certains *règlements* ou *criées seigneuriales*. Si les criées sont fréquentes en Roussillon et que d'autres exemples méridionaux sont connus[7], elles sont très rares dans le Comtat Venaissin où existent pourtant des statuts seigneuriaux. Disons d'emblée qu'à la période moderne, ces derniers sont tous confectionnés au XVIe siècle et qu'ils disparaissent au tournant des XVIe et XVIIe siècles, après les guerres de Religion, ce qui correspond à ce que l'on sait de l'affaiblissement ici de l'emprise seigneuriale.

Au XVIe siècle, deux modèles d'importance très inégale peuvent donc être confrontés : statuts municipaux et statuts seigneuriaux. Si la différence essentielle tient à leur origine, on retiendra en première approche un autre registre de différenciation, plus immédiat dans la mesure où il apparaît à la lecture même des textes : le contenu normatif[8]. Les statuts municipaux ou pseudo-municipaux traitent très largement de police rurale, de l'organisation du terroir et du marché local. Sur les 83 articles qui composent les statuts de Gigondas en 1592[9], seul le dernier, consacré à la fontaine du village, pourrait sortir du cadre de la police du terroir, et encore... Comme il s'agit d'arbitrer entre deux fonctions de la fontaine, abreuvoir ou lavoir, il peut être rattaché à la série d'articles consacrés à l'élevage qui est généralement la plus copieuse dans le texte, représentant peu ou prou un tiers du contenu.

Des contenus différents

Les statuts seigneuriaux se distinguent des municipaux de façon très évidente dans la mesure où un certain nombre d'articles affirment les droits du seigneur. À Châteauneuf-du-Pape en 1584, 18 articles sont consacrés à la police du terroir, 17 à la police « urbaine » et 28 aux droits du seigneur[10]. Dans ceux du Barroux datés de 1543 (intitulés « proclamations et criées »), 17 des 57 articles dénombrent des droits sei-

---

7. BRUNET, Michel, *Les Pouvoirs au village : aspects de la vie quotidienne dans le Roussillon du XVIIIe siècle*, 1998, p. 128-149 ; ZINK, *Clochers et troupeaux. Les communautés des Landes et du Sud-Ouest avant la Révolution*, 1997.
8. Si des modèles formels se dessinent, l'imagination normative se déploie dans le détail : seigneurs et villages conservent de larges marges de manœuvre et cherchent à créer une loi adaptée à leurs besoins réels ou supposés. C'est ce qui fait tout l'intérêt de ce type de document.
9. FERRIÈRES, « Une enquête sur les statuts de Vaucluse... Gigondas (1592) », 2001.
10. Arch. dép. Vaucluse, E dépôt Châteauneuf-du-Pape, FF 1.

gneuriaux, à commencer par les droits de justice [11]. À Modène, les statuts du XVIe siècle sont la reprise de ceux de 1429 [12], les statuts « modernes » ayant fréquemment une origine médiévale. Le principal changement réside dans le passage du latin au français. La traduction semble au premier abord fidèle mais elle permet une insidieuse extension du champ des droits seigneuriaux. Elle est en effet l'occasion d'étendre abusivement la notion de « fruits » qui s'applique désormais à toute production sur le terroir. L'article 38 mentionne l'obligation de demander au seigneur l'autorisation de récolter ou cueillir toutes sortes de fruits collectifs (ce qui s'applique par exemple aux herbes des fossés, aux broussailles de la rivière et même aux oiseaux et aux essaims d'abeilles sauvages) alors qu'en 1429, cette contrainte ne concernait que les gros grains.

L'autre différence affichée tient à la place occupée par la police des mœurs : le seigneur témoigne d'un souci de magistrature morale. Pour présenter les choses schématiquement, un statut communal s'ouvre presque toujours sur un premier article de police rurale, portant par exemple défense pour les troupeaux de vagabonder ou défense de cueillir les fruits d'autrui. Le premier article d'un statut seigneurial concerne immanquablement les mœurs : il peut s'agir d'une défense de porter des armes dans le village ou d'une interdiction de blasphémer. Les statuts seigneuriaux ont dans leur collimateur non des délits ruraux, mais des métiers jugés à risque pour la tranquillité publique, tels que tavernier ou prostituée. Ils comprennent tous des règles relatives à des *congrégations* (des rassemblements à pied ou à cheval) et au respect du dimanche. Ils encadrent soigneusement la prostitution et les prostituées, appelées au XVe siècle « meretrices » et au XVIe « femmes lubricques et mal viventes » (Le Barroux, 1543, art. 7), « femmes vagabondes et de mauvais gouvert » (Bédarrides, 1543 [13], art. 19) ou « femmes publiques et de chemin » (Beaumes, 1566 [14], art. 4). Bien entendu, la prostitution ciblée n'est pas sédentaire : elle vise des vagabondes, autorisées toutefois à séjourner un jour ou deux selon les lieux.

La paix, la tranquillité et la sécurité, c'est-à-dire les objectifs premiers des statuts, ceux qui sont souvent explicités dans le préambule de la loi, sont donc associées par les seigneurs au respect des bonnes mœurs. Au souci de l'intérêt moral, qui ne faiblit pas, peut s'ajouter celui de la santé publique. Soit les criées de Goult en 1652 [15] : elles ne concernent pas le Comtat proprement dit (Goult se situe en Provence, très près cependant des limites orientales de l'enclave pontificale), mais elles s'apparentent beaucoup aux statuts seigneuriaux comtadins et ont ceci de particulier que, fait exceptionnel et peut-être unique, elles intègrent des dispositions d'ordre médical et vétérinaire, en faisant un sort aux charlatans et en édictant des mesures à prendre en cas d'épizootie.

Des modalités d'application différentes

Énumération des droits du seigneur, souci d'ordre moral : cela seul suffirait à donner aux statuts seigneuriaux leur coloration propre. Ce n'est pas tout. Une lecture plus

11. Arch. dép. Vaucluse, 1 B 1202 ; DUHAMEL Léopold, « Statuts municipaux. Statuts du Barroux », *Annuaire administratif, historique et statistique du département de Vaucluse*, 1878, 2e partie, p. 304-323.
12. Arch. dép. Vaucluse, 1 J 666, pièce 3 (copie des statuts de 1429) ; Bibl. mun. Carpentras, 16.582 : *Mémoire pour les consuls et communauté de Modène*, 1765.
13. Arch. dép. Vaucluse, G 147, f° 118-166.
14. Bibl. mun. Avignon, ms. 2109. Le village de Beaumes est dénommé aujourd'hui Beaumes-de-Venise.
15. Bibl. mun. Avignon, ms. 4136, f° 148.

attentive révèle une distorsion aussi dans la façon dont est envisagée l'application des statuts et dont sont prévues les sanctions pour les contrevenants. Dans les statuts municipaux, chaque règle est automatiquement suivie de la peine encourue en cas d'infraction, peine toujours pécuniaire et suffisamment modérée pour apparaître comme directement applicable. Un des principaux motifs qui conduisent à la révision des statuts est l'archaïsme des tarifs quand, complètement dévalués, ils ont perdu tout pouvoir dissuasif. Les statuts municipaux jettent un filet normatif à mailles étroites sur le terroir de leur ressort. Ils donnent peu d'espace à l'imagination des chapardeurs de campagne dans la mesure où la plupart des délits possibles sont recensés ; ils en laissent aussi apparemment très peu au tribunal du lieu dans la mesure où la sanction est fixée par avance de façon réaliste.

Au contraire, les statuts seigneuriaux sont à mailles extrêmement lâches. D'abord, le système pénal qu'ils mettent en place est beaucoup plus flottant. Le recours à « l'infra justice » (pour reprendre le néologisme forgé par Benoît Garnot) est même explicitement envisagé à Bédarrides. L'article 64 (« De ne plaider entre parents ») stipule que, si une des parties le demande, le viguier ou son lieutenant mettra fin au différend sans autre forme de procès. Ensuite, les peines prévues ne sont pas exclusivement pécuniaires. À Bédarrides toujours, on prévoit que celui qui est insolvable peut être « pugny de corps à la discrétion de messieurs les officiers ». Au Barroux, le système pénal est varié : il va du carcan à la galère et à la prison, celle-ci sise dans le château étant un privilège des cours seigneuriales. Lorsque les amendes sont fixées, et beaucoup le sont tout de même, elles semblent d'un montant très élevé, bien plus élevé que les amendes tarifées municipales. Sans doute s'agit-il de maxima qui laissent au juge un pouvoir d'appréciation. Mais ceci mériterait une lecture comparée plus attentive. Pour l'instant, contentons-nous de constater que nous avons affaire à deux modes de régulation très différents. Tout cela soulève la question du rôle du petit juge des campagnes. Si la norme est suivie d'effets, son travail est tracé d'avance dans les villages dotés de statuts municipaux, tandis que dans ceux où le seigneur a édicté des règles, un espace plus large est laissé à *l'arbitre,* au pouvoir de justice.

Les procédures de fabrication des statuts

Passons de l'analyse interne à l'analyse externe. Cette dernière montre deux procédures différentes de fabrication des statuts, avec pour principale variable le degré de concertation avec la communauté.

Des procédures dominées par les communautés...

Dans un premier cas de figure, le rôle de la communauté est important : ainsi dans des villages dont le seigneur est un ecclésiastique comme Bédarrides ou Venasque [16], le seigneur étant ici l'archevêque d'Avignon et là l'évêque de Carpentras. On peut artificiellement décomposer le processus en trois phases. Au XVIe siècle, l'initiative formelle revient au seigneur. Quand ce ne sont pas des raisons internes qui poussent à renou-

16. Bibl. mun. Carpentras, mss 1358 à 1362 (livres du secrétariat de l'évêché), *passim*, et ms. 1745, f° 86-114 (1532-1643).

veler les statuts (par exemple la dévaluation des amendes), ce peut être l'arrivée d'un nouveau titulaire. C'est en tous cas ce qui se passe à Bédarrides en 1412, 1435 et derechef en 1543. C'est aussi ce qui se passe dans toute la principauté d'Orange, à l'occasion de l'accession au pouvoir d'un nouveau prince et seigneur, Philippe Guillaume de Nassau. Dans les décennies 1590 et 1600, Jonquières, Gigondas et Courthézon font ou refont leurs statuts à la demande du nouveau seigneur, cette création ou recréation apparaissant comme une actualisation de la norme dans le cadre d'un échange : la communauté reconnaît son seigneur et lui marque sa fidélité ; en retour, le prince lui garantit de bons statuts. Cela explique sans doute que, dans le Comtat, contrairement à la coutume du Sud-Ouest [17], les statuts se renouvellent suivant une périodicité aléatoire. Le bon vouloir du seigneur commande souvent et ils sont élaborés, comme à Bédarrides, « sous l'authorité et bon plaisir dudict Mgr nostre révérendissime ».

La rédaction appartient à la communauté. À cette phase essentielle du processus, la différence s'efface avec les « purs » statuts municipaux, élaborés dans les villes débarrassées de toute tutelle seigneuriale comme L'Isle [18] ou Pernes [19]. Pour renouveler les statuts de Bédarrides au XIVe siècle, les syndics convoquent un parlement général qui charge une commission de *probi homines* de la rédaction elle-même. En 1543, il n'y a plus de syndics mais trois consuls, plus de parlement mais un conseil de ville à recrutement censitaire pérennisé par l'article 41 des nouveaux statuts sur l'élection des conseillers. L'institutionnalisation de la communauté ne change rien en l'espèce et c'est la même procédure qui est adoptée pour fabriquer les statuts.

Enfin intervient l'homologation par le seigneur, toute formelle, puis l'*autorisation* par l'autorité supérieure, recteur du comtat et/ou vice-légat d'Avignon ou parlement d'Orange, qui donne au texte force de loi. La proclamation est publique : les statuts sont publiés à son de trompe. À la fin du XVIe siècle, on entreprend de les imprimer dans quelques lieux.

... ou contrôlées de bout en bout par le seigneur

Dans d'autres endroits comme Le Barroux ou Beaumes, où le seigneur est très puissant, la procédure suivie est différente. Les choses sont simples. L'initiative revient au seigneur, la rédaction lui incombe : il a le *jus statuendi*. Bien entendu, la proclamation reste de son ressort. Pour les statuts seigneuriaux, cette dernière phase est particulièrement cruciale au point de donner symboliquement son nom à l'ensemble du texte : *criée, préconisation, proclamation*. C'est un moment important de la vie collective qui donne lieu à des festivités périodiques. Car, si la fabrication de statuts est aléatoire, en revanche leur publication est renouvelée chaque année : à Châteauneuf de Giraud Amic [20], elle coïncide avec la fête de saint Jean-Baptiste, patron de la ville [21] ; au Barroux, la criée annuelle a lieu à la fête de Notre-Dame de septembre ; à Beaumes elle a lieu le

17. ZINK, « Le statut des statuts... », 1996.
18. Aujourd'hui L'Isle-sur-la-Sorgue, ar. Avignon, cf. carte.
19. Aujourd'hui Pernes-les-Fontaines, ar. Carpentras, cf. carte.
20. Aujourd'hui Châteauneuf-de-Gadagne, ar. Avignon, cf. carte. La terre de Châteauneuf fut érigée par le pape en duché de Gadagne en 1669. Voir GIMET François et BRÉMOND René, *Histoire de Châteauneuf-de-Gadagne des origines à 1870*, Paris, A. Marchand, 1935, 327 p.
21. DUHAMEL Léopold, « Charte et statuts de Chateauneuf-de-Gadagne », *Annuaire administratif, historique et statistique du département de Vaucluse*, 1879, p. 368-383.

14 août après la grand'messe à Notre-Dame d'Aubune, l'église romane en pleine campagne ; à Modène, c'est le 25 août, jour et fête de saint Genès, patron et titulaire du lieu, que les statuts sont lus et publiés sur la place publique.

Si la proclamation par les gens du seigneur est rituelle, non moins rituelle est la protestation des habitants. À Saumane[22] en 1474, les deux syndics « ne consentent pas[23] ». Au Barroux en 1568, « incontinent la messe c'est comparu Anthoine Favier comme scindic dudict lieu du Barroux, lequel a dict et respondu par semblables paroles : a nom de la ville et de la comune n'y concentons pas en que pourra prejudiciar a nostres libertas et privillèges et demendons la doble ». Le scénario est identique à Beaumes : après lecture des statuts interviennent les consuls, qui font opposition au nom de la communauté à tous les articles qu'ils considèrent comme attentatoires aux libertés de la commune. La contestation porte sur quatre articles qui concernent notamment l'arrosage, la nomination du notaire par le seigneur et la chasse. Le notaire qui enregistre la publication enregistre aussi l'opposition… et tous retournent au village sans chercher un compromis.

Les contrastes de la police seigneuriale : quelques repères

Finalement, qu'est-ce que « faire et dresser les statuts » pour le seigneur ? Dans un cas, le pire pour la liberté communale, c'est les rédiger ; dans le second, c'est se contenter de les homologuer. Entre « policer soi même » et laisser la communauté se policer, il y a plus qu'une différence de degré. Elle se mesure en lisant les statuts. Un statut pseudo-municipal ressemble à s'y méprendre à un statut municipal. Un statut seigneurial en revanche se rapproche beaucoup d'autres documents de nature seigneuriale, comme une charte ou un dénombrement. En filigrane se profilent des rapports de force : un seigneur puissant face à une communauté faible serait la configuration idéale pour la confection des statuts seigneuriaux. Les choses ne sont pas aussi simples, et on sait qu'il faut manier ces deux concepts (puissance du seigneur, force de la communauté) avec précaution. Certes, ces statuts seigneuriaux s'appliquent en général à de très petits villages n'ayant pas atteint la « masse critique » qui permet l'émergence de communautés institutionnalisées. D'ailleurs, leur organe politique principal est le parlement général des habitants. C'est le cas, pérennisé tout au long de l'Ancien Régime, pour Châteauneuf de Giraud Amic, Beaumes, Saumane, Modène, mais ce n'est pas une règle systématique. Bédarrides et Venasque par exemple font exception.

On peut invoquer différentes raisons pour expliquer les comportements seigneuriaux plus respectueux des volontés de la population. En 1543 à Bédarrides, le seigneur fraîchement émoulu s'appelle Alexandre de Farnèse. Il a alors 20 ans, est cardinal, réside à Rome, et il laisse son vicaire général à Avignon traiter avec les villageois. Venasque est partagé entre sept coseigneurs présidés par l'évêque de Carpentras, seigneur majeur. Les sept désignent chaque année l'un d'entre eux qui prend le titre de consul et un *baile* qui exerce la juridiction au nom de tous. Dans l'enclave comtadine, chaque village ou presque se comporte à son tour comme une minuscule enclave et un cas particulier. Les seigneurs qui laissent plus de pouvoirs à la communauté ne sont pas les plus faibles ou

22. Aujourd'hui Saumane-de-Vaucluse, ar. Avignon, cf. carte.

23. Cité par FONT-RÉAULX, « Saumane aux alentours de 1500 d'après les registres de justice », 1966.

les moins prestigieux, loin de là. L'évêque de Carpentras, l'archevêque d'Avignon, le prince d'Orange ne sont pas faibles mais ils sont plus distants. Il est vrai en revanche que les statuts seigneuriaux émanent de seigneurs laïcs parmi les plus titrés du pays : ils sont souvent barons et ce sont de petits seigneurs aux grandes prétentions, même s'ils font parfois figure de « parvenus ».

Les statuts seigneuriaux disparaissent au XVIIe siècle. Pour être plus précis, il n'y a plus de création après 1600. Cela n'empêche pas qu'on continue dans certains villages à proclamer chaque année les anciens statuts, à Beaumes ou Modène par exemple, alors même qu'une partie n'est pas acceptée par l'assemblée des habitants. De même les criées que le duc de Gadagne fait faire à Châteauneuf dans les années 1680 sur divers aspects de la vie rurale entraînent des procès avec la communauté, procès soutenus aussi par les forains du village comme les jésuites d'Avignon, à la suite d'une délibération du 3 août 1687. Les criées seigneuriales de 1702 sont peut-être les dernières[24]. Si les statuts du Comtat Venaissin prévoient que certains seigneurs dotés de titres légitimes et spécifiques peuvent faire des proclamations, celles-ci se heurtent à un front du refus unanime. C'est une situation de blocage qui pousse à s'interroger : quels liens s'établissent entre ceux qui rédigent les statuts et ceux qui les appliquent? quelle signification faut-il prêter aux oppositions qui peuvent se manifester entre le seigneur et la communauté? en somme, comment sont appliqués les statuts et sont-ils réellement et strictement appliqués?

La place des justices seigneuriales dans la régulation sociale

Si aux XVIIe et XVIIIe siècles, les seigneurs n'interviennent quasiment plus dans la « fabrication » des statuts, il en va autrement dans leur application. Alors que la seigneurie est impuissante à faire accepter les proclamations qui émanent d'elle, les justices seigneuriales contribuent très largement à rendre efficace la « loi communautaire ». Ce paradoxe mérite démonstration et explications.

La part de la justice seigneuriale dans l'application des statuts

La diversité des juridictions est telle qu'il faut distinguer plusieurs cas de figure. Ont été recensées 86 juridictions de première instance capables de faire appliquer les statuts. Elles correspondent presque toujours à une communauté et sont de quatre types[25] :
– les cours ordinaires qui relèvent directement du pouvoir souverain (environ un quart du nombre total) ;
– les cours ordinaires représentées par des juridictions seigneuriales (près de 60 % du total, mais le décompte est rendu difficile par certains cas de partage de la juridiction entre un ou plusieurs seigneurs et la chambre apostolique qui intervient au nom du pape, comme on le constate à Entraigues par exemple) ;

24. GIMET et BRÉMOND, *Histoire de Châteauneuf-de-Gadagne...*, 1935, p. 167-176.

25. Nous remercions Bernard THOMAS pour les renseignements fournis sur ce sujet au cours de fructueux échanges. La complexité de l'organisation judiciaire de première instance en Comtat provient de la difficulté à définir précisément les droits des feudataires, surtout dans les cas de partage de la seigneurie (coseigneuries ou droits respectifs du seigneur et de la chambre apostolique). C'est la raison pour laquelle aucun auteur ne s'est risqué jusqu'à présent à dresser une liste évolutive des justices ordinaires, en distinguant celles qui sont seigneuriales et celles qui sont papales.

– les cours épiscopales avec un official comme celles du Beaucet, de Venasque et de Villes, communautés soumises à la juridiction de l'évêque de Carpentras, celle de Crestet dont le seigneur est l'évêque de Vaison, et celles de Bédarrides et Châteauneuf-du-Pape dont le statut est spécifique et qui relèvent directement de l'archevêque d'Avignon ; les évêques de Vaison (jusqu'en 1752) et de Cavaillon partagent la juridiction sur leur ville épiscopale avec la chambre apostolique ;
– les juridictions exceptionnelles détenues par les consuls de quelques villes de première importance comme Carpentras (la seule où cette justice est privative pour toutes les causes soumises à une peine inférieure à quatre ducats d'or). À L'Isle, Valréas, Bollène et Pernes, les consuls ont aussi une juridiction touchant les affaires de simple police mais ils l'exercent en concurrence avec les cours ordinaires. À L'Isle, la juridiction consulaire semble même être limitée à l'espace *intra muros,* tandis que le juge ordinaire rend seul les sentences punissant les délits ruraux.

Les cours seigneuriales (appelées cours baronnales) et épiscopales sont les plus nombreuses mais leur importance varie beaucoup : certaines juridictions ne concernent qu'un très petit nombre de personnes, d'autres de gros, voire très gros villages. L'émiettement de certaines seigneuries a entraîné un affaiblissement des prérogatives seigneuriales, qui a pu limiter l'efficacité judiciaire et surtout la capacité des seigneurs à peser sur l'organisation de la vie au village. Dès le XIVe siècle, la papauté a cherché à renforcer son contrôle sur l'espace comtadin en achetant des seigneuries et les droits de justices afférents[26]. Les petites villes ont alors souvent réussi à échapper à l'emprise seigneuriale, sauf dans quelques cas où l'évêque a conservé des droits seigneuriaux. En milieu rural aussi, des justices seigneuriales ont commencé à être supprimées et récupérées par le souverain pontife. L'histoire de l'encadrement judiciaire dans la longue durée reste certes encore à écrire, mais il est essentiel de remarquer qu'à la période moderne, l'exercice de la justice par des seigneurs résulte d'une concession du souverain puisque s'exerce un contrôle de la chambre apostolique sur l'investiture des nouveaux titulaires de juridictions. En principe, l'appel devant les juridictions pontificales est possible mais, dans le cas particulier des sentences concernant la police rurale, cela ne semble pas très fréquent car les condamnations sont souvent légères. Des assises des juges ordinaires majeurs peuvent cependant faciliter cette démarche, voire court-circuiter les justices locales.

Ainsi, les justices seigneuriales, lorsqu'elles existent, ont incontestablement un rôle de régulation sociale pour les questions de police champêtre, et cela grâce à une délégation consentie et même souhaitée par la papauté. On ne constate pas de grande différence entre les divers types de cours ordinaires si l'on se place du point de vue de leur fonctionnement et de leurs rapports à la population. Les seigneurs qui disposent de droits de justice ne peuvent les exercer eux-mêmes directement. Ils doivent faire appel à un docteur en droit qui prend le titre de viguier et se recrute le plus souvent dans le riche vivier des deux principales villes des enclaves pontificales en terres françaises, Avignon et Carpentras. Ce sont des spécialistes urbains du droit qui appliquent, entre autres, les règles de la police champêtre. En 1764 et 1765 par exemple, la cour baronnale d'Entrechaux est présidée par le juge Bernard Xavier Cotton, docteur en droit de Carpentras, qui agit au nom du « haut et puissant seigneur baron du lieu[27] ». Dans

26. CHIFFOLEAU, *Les Justices du pape…*, 1984, p. 47-50.
27. Arch. dép. Vaucluse, 1 B 2166. (1er acte : 9 mai 1764 – dernier acte : 29 octobre 1765). Ce registre contient surtout des assignations dans des affaires de biens (dettes, successions…).

toutes les cours seigneuriales siège ainsi un viguier assisté d'un lieutenant et d'un greffier, presque toujours un notaire. Les deux coseigneurs de Mazan nomment un viguier à la tête de la cour baronnale du lieu, avec un système d'alternance fixé plus précisément par un compromis de 1722 [28].

L'exemple de Mazan

Les archives de la cour de Mazan ont été systématiquement dépouillées et ont révélé plusieurs mentions explicites des statuts communaux [29], ce qui n'allait pas de soi à l'origine de cette recherche. Le ressort de la cour se confond avec le territoire de la communauté, où s'appliquent des statuts d'origine médiévale plusieurs fois réformés au XVIe et au XVIIIe siècle [30]. Cet exemple présente l'avantage de montrer un cas de confrontation entre une communauté puissante et des seigneurs qui conservent des droits importants jusqu'à la veille de la Révolution. Avec 3 000 à 4 600 habitants au cours du XVIIIe siècle (les estimations présentent de gros écarts) et une représentation permanente à l'assemblée générale du Pays, Mazan peut prétendre au titre de ville qui lui est effectivement octroyé à sa demande en 1759 [31]. Sans doute est-ce une façon de montrer la force de son organisation propre face à des coseigneurs, les marquis de Causans et de Sade, qui ont tendance à réclamer l'application stricte de leurs droits.

Les actes de « dénonces »

Les actes conservés touchant à la police rurale sont de plusieurs types : les plus nombreux sont des « dénonces » ou dénonciations de délits commis dans les terres, quelle qu'en soit la nature (labours, prés, vignes, jardins…) ; plus rares et tardifs sont les actes d'assignation qui convoquent un suspect auprès du tribunal pour l'entendre (le premier conservé date de 1778) ; le registre des matricules couvrant la période 1768-1785 contient les références aux actes qui sont utilisés dans les procédures, mais il ne concerne qu'exceptionnellement les suites données à des dénonciations ; enfin le cahier de mandats du greffe pour 1771 fournit des indications sur les procédures d'estimation. Si les dénonciations sont nombreuses, l'enclenchement d'une procédure judiciaire semble relativement rare. Il est même étonnant que l'on ne trouve aucun élément de procédure avant 1768 alors que la série des dénonces débute en 1684. Soit des cahiers ont été perdus ou sont conservés dans d'autres liasses où il est difficile de les repérer, soit les formes de la condamnation restèrent longtemps sommaires et expéditives. Les registres de dénonces consultés par Bernard Thomas pour le village de Lagnes indiquent les dommages commis, le montant de l'amende (avec parfois un simple renvoi aux statuts) mais ne donnent aucune sentence. Faut-il penser que l'application de l'amende avait un carac-

28. Bibl. mun. Carpentras, ms. 1754, f° 69.

29. Arch. dép. Vaucluse, 1 B 2503, cour de Mazan, dénonces (1684-1789), 1031 f°. Les séries d'actes sont assez continues malgré une succession de cahiers pas toujours très rigoureuse et quelques lacunes. Les actes ne sont pas très nombreux, toute proportion gardée : les dénonciations ne devaient pas être systématiques. Voir FAYOT Pierre et TIRAN Camille, *Mazan, histoire et vie quotidienne d'un village comtadin à travers les siècles*, Carpentras, Le Nombre d'Or, 1978, 592 p.

30. Arch. mun. Mazan, AA 2, statuts de 1581 intégrant des clauses qui remontent à 1380 au moins ; Bibl. mun. Carpentras, ms. 1944, f° 301-316, statuts de 1739.

31. Bibl. mun. Carpentras, ms. 762, f° 132.

tère automatique chaque fois que le dommage était reconnu ? La sentence ne donnait-elle pas lieu à un acte écrit conservé une fois qu'était faite l'administration de la preuve et fixé le montant du dommage par l'expertise ? On mesure là à quel point il est difficile de savoir comment étaient appliquées précisément les peines prévues par les statuts.

Certains actes de dénonce montrent que les particuliers commençaient parfois par faire justice eux-mêmes lorsqu'ils le pouvaient. L'« arraisonnement » des contrevenants aux usages débouche rarement sur une confiscation directe, surtout lorsqu'il s'agit de bétail (porcs, volailles, moutons...). La confiscation semble réservée aux paniers de fruits et de légumes. Les personnes surprises alors qu'elles commettent un vol modeste, souvent des femmes ou des enfants, se soumettent sans doute sans grande difficulté aux injonctions d'abandonner leur modeste butin. L'acte de « dénonce » manifeste cependant une volonté du plaignant d'ouvrir une véritable procédure, qui peut conduire à la perception d'une amende qu'il espère dissuasive[32]. Les bêtes qui pâturent dans des terres protégées sont parfois reconduites à leur propriétaire, mais sans confiscation : seule l'ouverture d'une procédure permet alors une réparation. On trouve des « dénonces » contre des bouchers dont les troupeaux causent des dégâts souvent importants. Les actes des 12 et 13 août 1779 contre deux « bouchers de la brebis » associés (le père et le fils) sont particulièrement intéressants car ils comportent une mention explicite du non-respect des statuts de la communauté[33]. Il s'agit dans ce cas de la pâture de moutons « étrangers », c'est-à-dire venant d'un terroir limitrophe et ne devant pas se trouver à Mazan. La concurrence avec le fermier de la boucherie du mouton de la communauté contribue à aviver la tension mais celui-ci peut aussi être mis en cause lorsque ses bêtes commettent des dommages dans des vergers[34].

Le déroulement de la procédure de « dénonces »

Les actes du cahier de 1778-1779 donnent presque systématiquement la dénonce et l'assignation, ce qui n'est pas le cas auparavant et très rare au-delà. Il s'agit sans doute d'une spécificité dans la tenue des registres mais elle nous permet de connaître le déroulement de la procédure. Les contrevenants sont assignés à comparaître mais les formules utilisées montrent que la cause est déjà largement entendue et que leur condamnation ne fait presque aucun doute. Une seule dénonciation par deux témoins dignes de foi semble suffisante. Lorsque le délit est grave et met en cause des personnes relativement puissantes, les dénonciateurs font appel à un nombre plus important de témoins. Un notaire fournit alors les actes nécessaires au rendu de la sentence, notamment des articles des statuts communaux[35].

Si le dommage est rarement contesté lorsqu'il est constaté par des témoins (mais l'interprétation des statuts peut varier), son étendue et sa valeur nécessitent parfois une expertise. Quand aucun accord amiable n'est trouvé, les experts jurés « modernes » de

32. Arch. dép. Vaucluse, 1 B 2503, f° 675 v°, 3 novembre 1763.
33. Arch. dép. Vaucluse, 1 B 2503, f° 1206-1207.
34. Arch. dép. Vaucluse, 1 B 2503, f° 942, 19 juin 1771.
35. Arch. dép. Vaucluse, 1 B 2503, f° 703 v°. Extrait du registre des matricules avec des références aux actes utilisés dans la procédure : « En la cause de dénonce de Maître Alexandre Morand, tisseur à toiles, contre Jean Pézenas. Du 20e 7bre 1779, Monsieur Laugier, notaire pour et au nom dudit Pézenas, s'est chargé de ladite dénonce et actes de ladite cause consistant 1°. À ladite dénonce et termes subct contenant un feuillet et la moitié d'une page papier écrit cotté n° 1 et aux articles premier et 32e [sous la ligne : "n° 2"] de l'estatut municipal dudit Mazan. »

la communauté sont appelés sur « commission à eux donnée par ordonnance rendue par ledit sieur viguier[36] ». Si elles cherchent plus le compromis que l'affrontement, les deux parties en présence (le plaignant et le fautif) peuvent aussi choisir un expert chacune. Le viguier a la charge de confirmer le rapport d'expertise, réalisé oralement après inspection des dégâts et transcrit par le greffier du tribunal. Lorsque ce rapport est contesté, des renvois permettent de laisser à une partie un délai, souvent bref (huit jours par exemple), pour prouver ses assertions. Le rapport permet de fixer le montant du dommage, donc en principe celui de la réparation[37]. La procédure prend seulement quelques jours. Les statuts de 1739 précisent que la dénonciation doit être faite au greffe de la cour de Mazan dans les trois jours suivant le constat et que l'affaire doit être ensuite jugée dans les dix jours[38]. Aucune sentence ne figure dans les registres consultés mais les éléments rassemblés permettent de toute évidence au viguier de prendre une décision conforme au droit communautaire inscrit dans les statuts, éventuellement aussi à des règles issues de la jurisprudence ou du droit provincial puisque les statuts provinciaux contiennent quelques principes sur les conditions de l'élevage et sur la chasse.

Justice seigneuriale et défense des droits seigneuriaux

À Mazan, la justice seigneuriale contribue donc à faire vivre les statuts communaux alors même que le seigneur ne participe pas (ou plus) à leur élaboration. On pourrait imaginer que le juge seigneurial avantage le seigneur dans certains cas et « régule » l'ordre social avec partialité mais aucun acte ne le montre. Cela ne signifie pas que les coseigneurs n'interviennent pas dans la vie de la bourgade. Ils disposent au contraire de droits anciens qu'ils font valoir. Les droits seigneuriaux ont été fixés précisément par une transaction intervenue le 13 juillet 1523[39]. Ce texte réglemente notamment les droits de mutation que perçoivent les seigneurs, l'accès à des bois seigneuriaux et certains aspects de l'élevage. Il constitue donc un complément aux statuts. Dans ce lieu où la seigneurie est relativement forte mais où la communauté est suffisamment organisée pour avoir les moyens de négocier, les statuts et les transactions annexes résultent donc d'un accord qui peut sans cesse être dénoncé et qui nécessite une vigilance constante des deux parties. Mais au XVIIIe siècle, cela ne transparaît pas dans le fonctionnement quotidien de la cour baronnale.

En revanche, la proclamation de nouveaux statuts par le viguier en 1777 semble correspondre à une volonté unilatérale d'affirmer et de maintenir les prérogatives seigneuriales par une criée de type ancien comme en témoigne, à côté de règles de police rurale assez banales, l'interdiction de tenir des assemblées non autorisées au détriment des seigneurs[40]. Les consuls protestent et refusent d'accepter ces statuts qui n'ont ni la précision de ceux de 1739, ni leur légitimité en un temps où la sanction du vice-légat est devenue indispensable. À Mazan s'est donc maintenue la tradition d'une double origine des statuts : seigneuriale et communautaire. Aux XVIIe et XVIIIe siècles, les règle-

36. Arch. dép. Vaucluse, 1 B 2503, f° 956, 13 août 1771.
37. Arch. dép. Vaucluse, 1 B 2503, f° 942.
38. Bibl. mun. Carpentras, ms. 1944, f° 301-316.
39. *Transaction passée entre la communauté de la ville de Mazan et les seigneurs de ladite ville en l'année 1523*, Carpentras, D. Eysseric, 1725.
40. Arch. dép. Vaucluse, 1 B 2476.

ments seigneuriaux ne peuvent cependant concerner que les droits seigneuriaux et non l'organisation et le fonctionnement de la communauté, sauf lorsqu'il s'agit de fixer par compromis les rapports entre les deux parties. L'initiative de 1777 est donc à inscrire dans le chapitre d'une « réaction seigneuriale » avortée, dont on trouve d'autres exemples en Comtat mais sans qu'ils soient spécifiques du XVIIIe siècle.

Bilan provisoire et élargissement des perspectives

En somme, les archives de Mazan montrent que la justice seigneuriale se charge de faire appliquer les règlements communautaires en matière de police champêtre et qu'elle ne peut servir de relais efficace à la volonté de puissance du seigneur lorsque celle-ci se manifeste. Mais il faut reconnaître que la démonstration est inachevée. Les mentions retrouvées d'application de la norme statutaire sont rares et tardives. Le fonctionnement de la justice seigneuriale ne semble pas au cœur des débats. Cela signifie-t-il qu'il est satisfaisant dans les domaines qui nous intéressent ici ? Mesurer l'efficacité des statuts grâce aux archives judiciaires est impossible, à la fois parce que les fonds des cours baronnales comportent trop de lacunes et surtout parce que les textes normatifs et les livres de dénonces ne peuvent produire pleinement leurs effets que s'ils sont intégrés dans un système plus large de régulation sociale dans les campagnes. Il faudrait donc prendre en compte beaucoup d'autres actes comme des concessions de la révérende chambre apostolique et des procédures pour des droits domaniaux, des droits d'usage, le paiement des dîmes… Les statuts apparaîtraient alors au moins autant comme le résultat d'une réflexion globale sur les rapports sociaux locaux que comme les fondements de ces rapports.

La recherche d'un consensus

Il ne fait aucun doute cependant que les statuts constituent encore aux XVIIe et XVIIIe siècles des textes de référence pour les juges seigneuriaux et pour l'ensemble de la société rurale. Même lorsque les statuts paraissent inapplicables parce qu'ils sont l'objet d'un litige entre le seigneur et la communauté, ils sont en fait utiles car leurs articles sont l'objet de discussions. À Beaumes, un long conflit porte sur une partie des statuts[41]. Il s'étend parfois à la personne du juge seigneurial, considéré comme trop partial quand il est le fermier du seigneur, ce qui conduit la communauté à refuser les nominations à deux reprises, en 1574 et 1647. En 1626, les villageois déclarent pourtant au recteur, le représentant du pape en visite sur place, qu'ils sont satisfaits de la façon dont la justice est administrée. À Modène en revanche, le blocage semble total à partir de 1610, malgré un compromis élaboré en 1629 et l'approbation des statuts seigneuriaux par le vice-légat en 1653, 1664 et 1749. La transgression de certaines règles est un défi au seigneur : les villageois n'hésitent pas à chasser malgré l'interdiction portée par leur seigneur, à vendre leurs œufs et leurs poules sans la permission de celui-ci, à échanger des marchandises sans payer le droit de *leyde*… Mais ce n'est pas un défi gratuit : il résulte de la connaissance des usages suivis dans d'autres communautés. La

41. ALLÈGRE A. [Abbé], *Monographie de Beaumes-de-Venise, édition augmentée par Pierre BLANCHON*, Paris, Laget, 1967, XII-317 p.

justice fonctionne donc par petits accommodements ou en s'appuyant sur le droit commun comtadin, certes beaucoup moins précis que les statuts : le droit de chasse est ainsi régi par la bulle pontificale de Léon X édictée en 1519 ; en 1741, le juge de la cour déclare se conformer aux statuts municipaux de Carpentras pour le paiement des dommages incertains causés par le bétail. Lorsque le seigneur Raimond de Mormoiron tente en 1765 de remettre strictement en vigueur les statuts de 1629, le conflit avec la communauté renaît. L'arbitrage du vice-légat est nécessaire pour mettre fin à cette situation en 1767[42].

Ces exemples confirment les intuitions tirées de l'étude du cas de Mazan : les justices seigneuriales ne peuvent faire appliquer efficacement que les normes acceptées par la communauté. Lorsqu'on rencontre des criées qui sont appliquées, elles sont élaborées dans le cadre communautaire et le viguier se contente de les autoriser. Ainsi, le 14 juillet 1771, les consuls modernes de Mazan, pour mettre fin à des contestations, font faire une criée obligeant les villageois ayant des droits d'irrigation dans le quartier du Bigoud à arroser seulement avec la participation et le consentement d'un *eygadier*, spécialiste de la surveillance des arrosages : « Lors led*it* viguier a décerné la crie requise et a imposé une amende de cinq livres contre tous les habitants qui arroseront sans le consentement de la personne qui sera proposée à ce sujet par lesd*its* s*ieu*rs consuls[43]. » Le texte ne mentionne même pas le seigneur : le viguier intervient directement parce qu'il a seul la capacité d'enregistrer la décision communautaire, de lui donner valeur exécutoire et de la faire appliquer si nécessaire.

Comment on assure la police rurale...

La communauté dispose aussi d'un autre avantage sur le seigneur pour assurer la régulation sociale. Non seulement, elle est à l'origine des règles de police rurale, mais elle se donne les moyens de les faire appliquer en instaurant une surveillance des terroirs que l'on rencontre de façon similaire lorsque la cour ordinaire est seigneuriale ou papale. Les terroirs sont surveillés par des gardes et dénonciateurs dont le choix revient au conseil de la communauté. Ainsi les statuts de Cairanne de 1685 prévoient que le « garde ou dénontiateur [...] aura toutjour son banc » et continuera à dénoncer les vols de fruits passibles d'une amende d'un liard par fruit, auquel s'ajoute un forfait de trois sols pour salaire du garde[44]. Le seigneur intervient rarement dans la nomination de ces gardes et dans celle des experts qui estiment les dommages. À Crestet, où le seigneur est l'évêque de Vaison, les syndics présentent chaque année des gardes pour surveiller le terroir, qui prêtent serment sur les évangiles entre les mains de l'évêque et de son juge *baile* ou de leur lieutenant, cela en présence des syndics[45]. C'est une des formes les plus traditionnelles du contrôle seigneurial. Encore ignore-t-on l'évolution de la seconde moitié du XVIIe siècle et du XVIIIe siècle. À Châteauneuf de Giraud Amic, le parlement général proteste en 1609 contre les dénonciations de dommages champêtres faites par le procureur et le sergent de la cour ordinaire alors que les gardes de la communauté seraient seuls habilités à effectuer cette démarche. En 1736 interviennent toujours des

---

42. BOUDARD D'OLONNE, *Les Barons comtadins...*, *op. cit.*, p. 152.
43. Arch. dép. Vaucluse, 1 B 2503, f° 946-947.
44. Arch. mun. Cairanne, CC 4.
45. Arch. dép. Vaucluse, 4 E Communes, Crestet, non coté. Statuts confirmés en 1570, 1578, 1590 et 1618.

négociations et transactions sur les droits respectifs des gardes du seigneur et de la communauté et sur les règlements concernant l'élevage[46]. À Modène, une des formes d'accommodement entre le seigneur et la communauté consiste à choisir conjointement un garde du terroir à partir de 1726. Quant aux procédures d'expertise, elles sont aussi contrôlées par les communautés qui nomment des prud'hommes ou experts jurés, comme on le constate par exemple dans la première moitié du XVIIe siècle aussi bien à Mazan (cour seigneuriale) qu'à Crestet, Venasque et Bédarrides (cours épiscopales), et qu'à Pernes, Séguret, Sablet et Bollène (cours papales)[47].

Les statuts élaborés à Camaret en 1782 sont l'aboutissement d'une longue expérience et d'une réflexion sur les moyens de rendre efficaces les règles de police rurale[48]. Tardifs et voulus à la fois par les représentants du village et par ceux des forains qui possèdent des biens dans le terroir, ils adoptent un ton ferme, mais désabusé qui témoigne de la difficulté des communautés à faire appliquer les règles qu'elles ont instaurées. Les formes traditionnelles de la régulation sociale n'empêchent ni les vols ni les dégâts dans les terres. Elles ont pour principal intérêt de fixer des normes qui permettent à la communauté de s'affirmer comme telle, peut-être aussi dans certains cas jusqu'au début du XVIIe siècle de limiter l'arbitraire du seigneur, même lorsque celui-ci autorise encore les statuts[49]. Le refus de l'arbitraire est également à la base de la définition très précise des amendes maximales lorsque les statuts sont entérinés par le seul vice-légat. On aurait tort cependant de penser que la législation statutaire était inefficace et non appliquée : la loi passe mal lorsque les délits sont mineurs et difficiles à constater, et cela est vrai à toutes les époques, mais les élites villageoises et les forains dont le poids sur les décisions est croissant aux XVIIe et XVIIIe siècles savent utiliser les règles des statuts et les faire évoluer dans le sens de leur intérêt. Cela constitue une forme essentielle de la régulation sociale qui échappe aux seigneurs et facilite l'emprise de certains groupes sociaux sur l'espace villageois. À la fin du XVIIIe siècle à Camaret, la volonté de ne plus tolérer les délits ruraux se traduit par la réduction du nombre de témoins nécessaires à un seul, s'il présente des garanties suffisantes, et par la mise en œuvre d'une procédure expéditive. Est-ce un retour de l'arbitraire ? Quel est le rôle de la cour seigneuriale ? Les statuts restent vagues sur ce rôle (ce n'est pas leur objet) mais expriment la nécessité d'élaborer de nouvelles règles de fonctionnement mieux adaptées au milieu rural. Depuis longtemps en Comtat, les justices seigneuriales ne sont plus qu'un instrument : pour les habitants et les forains, le problème n'est plus celui de l'arbitraire mais de l'efficacité.

---

46. GIMET et BRÉMOND, *Histoire de Châteauneuf...*, *op. cit.*, p. 39-49 et p. 203-208.
47. Gardes et experts sont mentionnés dans la plupart des statuts qui ont fait l'objet d'une analyse plus ou moins approfondie et dont on trouvera les références dans *Les Statuts communaux...*, *op. cit.*, p. 29 et 42.
48. Arch. dép. Vaucluse, 4 E Communes, non coté.
49. C'est la thèse que défend Jacques CHIFFOLEAU, *Les Justices du pape...*, *op. cit.*, p. 211-218, après Jean-Marie CARBASSE, « La responsabilité des communautés en cas de méfaits clandestins dans les coutumes du Midi de la France », 1980.

Conflits et complicités : baillis seigneuriaux et consuls des communautés en Roussillon au XVIIIe siècle

Michel BRUNET

Professeur émérite d'histoire moderne, université Toulouse II

Dans la province du Roussillon, le *baille* (orthographié souvent *bayle* et parfois *batlle* suivant la graphie catalane) est le représentant du seigneur au niveau de la communauté d'habitants. En accord avec cette définition simple de ses fonctions, le baille devait exercer les prérogatives du seigneur en son absence et faire respecter les intérêts de celui dont il est le « lieutenant ». En pratique, comme toujours sous l'Ancien Régime, les choses sont infiniment plus compliquées. Dans un paysage institutionnel où les seigneurs sont presque toujours absents (en particulier lorsqu'il s'agit d'abbés commendataires et de Grands d'Espagne), les hommes du roi, qui eux sont beaucoup plus présents, tendent à annexer les bailles seigneuriaux en les cantonnant aux échelons inférieurs de la police et de la justice d'État. Le baille, cependant, vit dans le village ou dans le bourg dont il est presque toujours originaire. À travers le petit théâtre des pouvoirs, dans le jeu compliqué des alliances et des affrontements entre communes, seigneurs et agents de l'État, le but de notre communication est d'essayer d'analyser le comportement des bailles et de voir dans quel sens s'exercent en définitive leurs fidélités.

Fonctions municipales du baille et querelles de préséances

Les conditions de la nomination du baille, son statut, son rôle officiel, son rang dans les préséances comportent beaucoup de zones d'ombre, de contradictions, d'exceptions qui font douter de la règle.

La désignation du baille

Le baille est le représentant du seigneur et donc, en principe, nommé par lui. Dans les seigneuries royales, cette nomination appartient en conséquence au monarque ainsi que dans certaines seigneuries engagées où le roi s'est réservé la haute justice. Cette règle est tempérée dans certains cas par un droit que se sont arrogé des communes de présentation. Ainsi, à Céret [1], le baille royal, à partir du 25 novembre 1763, est

1. Pyrénées-Orientales, ch.-l. ar.

nommé par le Conseil souverain sur une liste de trois candidats dressée pour trois ans par le conseil de communauté. C'est finalement le même petit notable, Louis Comes, qui exerce cette fonction mais ce choix est le fruit d'un consensus[2]. Dans les années 1780, l'immense communauté valléenne de Carol qui appartient au roi se plaint de n'avoir pas de baille pour exercer les fonctions nécessaires de conciliation dans une communauté qui se décrit elle-même comme agitée et querelleuse. En réalité, elle fait obstruction à la volonté de l'intendant qui veut leur imposer comme baille le viguier de Cerdagne pour essayer de discipliner ces montagnards batailleurs et contrebandiers[3]. Dans la province du Roussillon, les viguiers jouent le rôle de subdélégués de l'intendant.

Lorsque le roi cherche à tirer profit de ses seigneuries, il les vend « à réméré » au plus offrant et c'est parfois la communauté elle-même qui remporte les enchères comme engagiste. La vente de la seigneurie à Serdynia ou à Opoul comprend « la nomination des bayles et consuls[4] ». Pour le seigneur, la liberté du choix du baille n'est donc pas totale et la désignation résulte souvent, en pratique, de discussions diplomatiques et de tractations informelles ou codifiées avec les communautés.

Le baille, un agent seigneurial contesté

Le baille représente le seigneur, mais il faut étudier les modalités de cette représentation. C'est un arrêt du Conseil d'État du 30 octobre 1662, pris peu de temps après l'annexion de la province, qui décrète que, dorénavant, il ne sera tenu d'assemblée générale des habitants qu'en présence du viguier ou, en son absence, du baille. Cette décision faisait en quelque sorte coup double : elle visait à contrôler des assemblées de chefs de maison qui détenaient l'essentiel du pouvoir local[5], mais en instituant le baille comme suppléant du viguier, elle intégrait cet agent du pouvoir seigneurial dans la hiérarchie des agents de l'État à un rang subalterne.

En pratique c'est presque toujours le baille qui, arborant son « bâton de justice », préside les assemblées d'habitants ; ce rôle est essentiellement honorifique et ne comporte guère de pouvoir réel, sauf à essayer de ramener l'ordre lors des séances particulièrement agitées. Lorsque le baille tente d'orienter la discussion, il se fait vertement remettre à sa place. La communauté de Mosset qui entretient avec délectation, depuis le XVIIe siècle, une véritable guérilla judiciaire contre la puissante maison d'Aguilar, porte plainte à l'intendant contre le baille Emmanuel Parès, chirurgien de son état, qu'elle présente comme un insupportable tyranneau :

> « Il met depuis longtemps le trouble et la confusion dans la Communauté, accoutumé à donner la loi parmi les paysans, n'a d'autre règle que son caprice. Croit tout permis. L'exactitude du sieur Parès à assister aux assemblées de la Communauté serait à la vérité, monseigneur, digne de louange s'il s'y comportait comme les autres mais étant en possession de maîtrise partout il est toujours le premier à parler, si malencontreusement quelques uns des [illisible] ne pense pas comme luy en donnant son suffrage, il l'inter-

---

2. ALONSO Christian et BARRE Denis, *Céret de 1750 à 1789*, mémoire de DES, université Toulouse II, 1975. Ce mémoire qui reposait sur des archives conservées dans la commune est aujourd'hui disparu. Il est cité d'après mes notes.
3. CHURET Jacques, *De Quérol à La Tour. Histoire de la Vallée de Carol*, Perpignan, chez l'auteur, 1976, 306 p.
4. Arch. dép. Pyrénées-Orientales, 1 C 1637. Serdynia : ar. Prades, c. Olettes. Opoul [Périllos] : ar. Perpignan, c. Rivesaltes.
5. BRUNET, *Les Pouvoirs au village…*, 1998.

rompt, le provoque et lui impose silence ce qui otte la liberté qui est si nécessaire dans les assemblées[6]. »

Le chirurgien-baille est accusé de tous les maux, il fait obstruction à l'élaboration d'un cadastre[7], insulte publiquement les répartiteurs des impôts et se serait même permis de donner des coups de bâton à un consul. Le seigneur lui-même a dû réagir contre ces violences et ces excès :

> « Monsieur le marquis d'Aguilar a été forcé de lever au sieur Parès la portion qu'il luy avait concédé dans ladite ministration de la justice en qualité de Baille de Mosset, cause qu'il abusait de l'autorité que cette charge lui donnait, ne s'en servait que pour ses propres intérêts et pour satisfaire ses animosités. »

L'intendant, qui est toujours prêt à rabattre la superbe des agents seigneuriaux, aggrave la sanction en infligeant une sorte de dégradation civique : cet odieux personnage sera définitivement exclu des charges municipales. La *commune* de Mosset va plus loin encore en tentant de contester, par l'intermédiaire de son syndic, le droit d'un baille à présider les séances. Elle prétend qu'il s'agit d'un usage introduit abusivement après 1663 : elle prétend qu'auparavant l'assemblée se réunissait librement sans demander d'autorisation à quiconque. Le seigneur prétend le contraire en s'appuyant sur les registres de délibérations antérieurs à cette date :

> « Le syndich n'a certainement pas compulsé les registres ou il ne sait pas lire. [...] Le baile avait non seulement le droit de permettre les conseils et d'y présider mais encore celui de s'y faire représenter en remettant la marque distinctive, la vora ou canne aux armes du seigneur à celui qui devait tenir sa place. »

Le statut du baille

Le rang exact du baille lors des cérémonies municipales est l'objet de querelles de préséances qui seront violemment réactivées lors des tentatives de Laverdy pour réformer les municipalités. Dans les papiers du Conseil souverain on trouve un texte non daté (mais l'ordonnance de Laverdy devait entrer en vigueur le 31 mai 1766) et non signé (il pourrait émaner de la plume du procureur général) qui entend assigner aux bailles une place « modeste ». Le Conseil souverain est favorable à l'application d'une réforme qui avortera jacalement du fait de l'opposition de l'intendant et du très influent maréchal-gouverneur Noailles. Les deux camps invoquent évidemment l'intérêt général, mais défendent en fait leurs zones d'influence et leurs prérogatives. Pour assurer la réussite de la réforme, la cour supérieure met en garde contre un obstacle qui risque de ruiner le projet. Si l'on veut attirer vers les fonctions consulaires des personnes de qualité, il faut en préserver l'honorabilité et, en particulier, ne pas donner le pas aux bailles qui sont souvent des gens de très modeste extraction : « faire précéder les élus du peuple par des gens d'une condition inférieure, c'est les dégoûter ».

Le baille de Vinça par exemple, le sieur Bordes, exige la première place dans les processions et lors des cérémonies religieuses « alors qu'il vend le tabac et le sel à petites mesures ». Suit un long exposé d'histoire du droit concernant le baille seigneurial et visant à démontrer que, même dans l'ancien temps, le statut du baille variait en fonction de son statut personnel :

6. Archives communales de Mosset (ar. et c. Prades) déposées : Arch. dép. Pyrénées-Orientales, 100 Edt 7.
7. Il n'y a pas de taille et donc pas de compoix en Roussillon.

> « Ces emplois de bayle ou baillifs exercés quelquefois par des nobles sont devenus des employs bien différents dans la suite des temps, au point que dans bien des endroits, le savetier, le maréchal, sont décorés de ce titre par la seule volonté des seigneurs[8]. »

On notera qu'au-delà du statut même du baille, l'idée force de la démonstration est que le rang politique doit s'aligner sur le rang social : le pouvoir royal ou le pouvoir seigneurial ne peuvent pas impunément transformer un homme de rien en le hissant au prenùer rang. Les notables ont une vocation naturelle à exercer le pouvoir et à jouir des signes extérieurs du respect.

Le sous-baille

Dans la hiérarchie des mépris, le sous-baille, qui est une sorte de garde champêtre aux ordres du baille, est décrit par l'intendance en 1767 comme une sorte d'intouchable :

> « Le sous-baille réside aussi sur les lieux, le bas officier n'est fait que pour exécuter les ordres du baille et cette place est considérée comme vile en sorte qu'elle est toujours occupée par des personnes abjectes dans toute la Province même à Perpignan, quoique dans cette ville, le Roy y nomme [...] il y a même des villages où on les dispense du paiement de la capitation et de la nouvelle imposition pour que leur nom ne paraisse pas parmy ceux des autres habitants ou pour les engager à accepter de pareilles charges[9]. »

Nous sommes à même de préciser que les gardes champêtres issus de la Révolution seront aussi mal considérés, aussi mal payés mais plus souvent assassinés.

Le baille, commissaire de police et juge de paix

Chargé de la police locale, le baille pouvait exercer une justice sommaire et infliger des amendes allant jusqu'à dix livres.

Ordre public et ordre judiciaire

Il devait veiller à l'application des « criées », ces règlements communaux renouvelés en principe tous les dix ans émanant théoriquement de l'autorité seigneuriale (par le biais du juge de la cour bannerets) mais reflétant souvent des préoccupations villageoises : ordre public, réglementation des usages sur les espaces d'utilisation collective, organisation et entretien des canaux d'irrigation, ban des vendanges, hygiène publique, protection des récoltes contre les troupeaux, etc.

La surveillance des « étrangers » lui incombe tout particulièrement : le mal vient toujours de l'extérieur et l'on connaît la méfiance des paysans pour les gens « sans aveu ». L'article 4 des criées du marquisat de Millas précise : « Les étrangers inconnus doivent pour s'établir dans le marquisat se présenter devant le bayle et produire un certificat de bonne vie et mœurs. »

Dans l'exercice de ces fonctions d'officier de police judiciaire, le baille est l'objet de toutes les suspicions : on l'accuse volontiers de négligence, de corruption ou d'abus de

8. Arch. dép. Pyrénées-Orientales, 2 B 81. Vinça : ar. Prades, ch.-l. c.
9. Arch. dép. Pyrénées-Orientales, 1 C 1280.

pouvoir. L'article 34 des criées de Vemet en Conflent édictées par le juge seigneurial de l'abbaye de Saint-Martin du Canigou précise que baille, sous-baille et consuls doivent prononcer les dénonces devant la cour seigneuriale et les criées d'Odeillo de 1737 portent que « le bayle ne pourra transiger sur les amendes, sauf permission du seigneur sous peine d'en répondre en son nom ».

Le baille exerce souvent ses fonctions à parité avec les consuls sans que les frontières de compétences soient clairement tracées, d'où certaines scènes de comédies villageoises où bailles et consuls tirent à hue et à dia. Ainsi, dans la communauté de Mosset en 1788, les officiers municipaux ont sanctionné un déni de vente de pain et ont fait saisir par le sergent-crieur une casserole et une pradelle comme gage pour le paiement d'une amende de 6 livres infligée au boulanger. Le baille Corcinos a intimé l'ordre de restitution au sergent en le menaçant de prison : « Ledit Corcinos semble par ces procédés vouloir anéantir toute autorité consulaire [10]. »

Le baille face à la grande criminalité

En ce qui concerne la grande criminalité, le baille est aussi chargé de prendre les mesures préventives, de faire les premières constatations et d'alerter les autorités supérieures. Il est, dans ce domaine, le premier échelon de la police d'État, en concurrence cette fois avec la maréchaussée, les employés de la Ferme ou les gardes forestiers mais les hommes du roi, loin de lui témoigner les égards dus à un collègue, le traitent comme un subalterne négligent et le menacent à tout instant des pires sanctions. Le chevalier d'Anger, lieutenant général des armées du roi et de la province du Roussillon décrète en 1727 que la province est infestée de brigands et qu'il faut y mettre bon ordre. Les bailles et les consuls devront organiser des patrouilles avec des armes et des chiens, tous les dimanches et jours de fête après l'office, pour purger leur territoire :

> « [...] et afin d'engager les Bayles et Consuls des Villes et Lieux de cette province d'exécuter exactement le contenu en la présente Ordonnance, nous leur déclarons que s'il lui revient qu'il ait été fait quelque vol dans l'étendue de leur terroir, nous les ferons mettre en prison [11]. »

Le Conseil souverain dénonce à plusieurs reprises les négligences des bailles dans la dénonciation des criminels. En 1707, le procureur général constate que « ces premiers officiers de justice ne font pas toutes les diligences nécessaires pour arrêter les coupables ». Ils doivent informer la cour dans les 24 heures de tous les meurtres, assassinats et querelles, sous peine d'interdiction de leur charge, de 3 000 livres d'amende et de trois mois de prison. Le procureur dénonce notamment les bailles de Neffiach, Corneilla del Vercol et Llar. À Toreilles, le baille n'a pas fait arrêter des assassins qui ne se sont enfuis qu'une quinzaine de jours après leur forfait. Vingt ans plus tard, la vigilance en la matière ne semble pas s'être améliorée [12].

10. Arch. dép. Pyrénées-Orientales, 100 EDT 10 (Mosset).
11. Arch. dép. Pyrénées-Orientales, 1 C 1539.
12. Arch. dép. Pyrénées-Orientales, 2 B 103.

Le baille et les consuls : confrontations et complicités

Comme on le voit, les représentants de l'État fourrent dans le même sac le baille et les consuls au point que, dans les ordonnances de l'intendant, du lieutenant général et de la cour souveraine la formule qui associe les deux fonctions est quasiment rituelle.

La confrontation entre les consuls et le baille...

Sur le terrain les choses sont plus complexes et les confrontations alternent avec les plus louches connivences. Le baille est parfois tenté de tirer quelque profit de fonctions délicates et essentiellement bénévoles (il touche tout au plus un tiers des amendes qu'il prononce mais qui ne sont que rarement payées). En 1730, le baille de Coustouges fait emprisonner au Castillet, à Perpignan, cinq habitants qui faisaient dépaître des ânes sur un champ en jachère depuis deux ou trois ans. Ils n'ont pas voulu payer 50 livres d'amende et les consuls dénoncent un abus de pouvoir : « Les hermines étaient communes et l'endroit n'était pas pré et ledit Baille lui répondit : eh bien, il en sera à présent[13]. » Dans la minuscule communauté de La Selve, les chefs de maison s'engagent par-devant notaire et sous serment devant Dieu et ses quatre saints évangiles à refuser à l'avenir les fonctions consulaires tant que Jacques Mas sera baille :

> « [...] ledit Jacques Mas traite formai à touts les consuls et leur menace de leur couper les bras et les jambes [...] il permet à ses bergers de faire dé paître son bétail tant aux bleds qu'autres grains semés des habitants dudit lieu à cause de sa supériorité[14]. »

En 1737, la confrontation consuls-baille est réglée de façon radicale : Jacques Mas cumule les fonctions de baille et de consul ! Il arrive parfois que le baille se range lui-même du côté des fauteurs de désordre et se heurte aux consuls qui tentent de faire prévaloir l'intérêt général. À Banyuls-dels-Aspres, la gestion de l'eau est un grave problème en été :

> « La pénurie de l'eau se fait sentir aux grandes chaleurs si ce n'était l'eau pluviale qui se ramasse dans un creux auprès du lieu nommé Tou, de laquelle on se sert pour faire boire le bétail de travail et pour éteindre l'incendie lorsque le cas l'exige ; certains particuliers qui ont des terres auprès dudit endroit en ont travaillé quelques morceaux et y ont fait des oignons, légumes et autres bagatelles avec des comportes d'eau dudit creux pour arroser ces parties de terre. Ça ne s'est jamais fait mais le sous-baille n'a pas obéi aux ordres des consuls parce que le baille lui a défendu pour avoir un morceau de terrain auprès dudit creux[15]. »

Le baille est condamné par le viguier à payer 10 livres d'amende au profit de la marguillerie.

... n'est pas systématique

Ces anicroches, du moins celles qui émergent au niveau des archives, ne sont pas légion. Le baille n'a guère intérêt à se poser en adversaire des consuls et en gardien inflexible de la loi du seigneur et de la loi du roi. Lorsque le baille de Taxo tente d'exé-

13. Arch. dép. Pyrénées-Orientales, 9 BP 427.
14. Arch. dép. Pyrénées-Orientales, 3 E 40526.
15. Arch. dép. Pyrénées-Orientales, 1 C 1660.

cuter les ordres du seigneur sur la police des pacages, il se fait insulter par deux prêtres de la communauté séculière d'Elne qui le traitent de « bayle de trouc à l'embut [16] », Lorsque le baille de Bompas se fâche avec le premier consul, celui-ci veut le priver du privilège qui lui était traditionnellement accordé de placer son pain à l'endroit de son choix dans le four banal [17]. À Prats-de-Mollo, la communauté se plaint de ce que le baille ne paie que 10 livres de capitation, ce qui alourdit la charge des autres contribuables [18].

Au-delà de ces chamailleries mineures, les risques encourus peuvent être beaucoup plus sérieux. Dans la province du Roussillon, la violence de la société civile est un facteur qu'il ne faut jamais négliger lorsqu'on veut évaluer l'équilibre des pouvoirs. En 1701, les bailles d'Espira de l'Agly sont devenus la cible d'un groupe de redoutables individus du village voisin de Baixas [19]. Antoine Morell dit Calat, assistant aux funérailles du baille qui a été assassiné, a proclamé son intention de liquider son successeur. Il a déjà porté un coup de baïonnette au sous-baille. Il est vrai que cet étrange défi peut être interprété comme un épisode d'une guérilla inter-villageoise aux multiples rebondissements, mais il illustre à tout le moins la nécessité pour les bailles de rassembler leurs concitoyens autour d'eux; seule l'union peut garantir un minimum de sécurité et il ne faut guère compter dans ce domaine sur les maigres effectifs de la maréchaussée. Ce sont d'ailleurs « le baille et les consuls » d'Espira qui sont chargés par l'intendant d'arrêter les spadassins et de les conduire à Perpignan.

Plus éclairant encore : de nombreux exemples montrent que le baille est souvent chargé d'une mission de confiance par la communauté. En 1747, Joseph Casals, pagès et baille d'Elne, demande à l'intendant d'intervenir auprès de la communauté pour qu'on lui rembourse certains frais mais ce conflit mineur ne doit pas cacher une connivence majeure; le baille a été nommé syndic et procureur de la communauté cinq ans auparavant pour « poursuivre au nom de ladite communauté tous les procès et causes communes tant en demandant qu'en défendant jusques arrêts et sentences définitives ». Pour pouvoir suivre une dizaine d'affaires, il a dû consacrer 71 journées taxées à 1 livre et 10 sols sans compter les frais de déplacement à Perpignan. Plus surprenant encore, le baille Pierre Justafré est nommé syndic par la communauté de Las Illas qu'une querelle sur la dîme de la laine oppose au seigneur. Dans ce cas, le baille est directement affronté au seigneur qui l'a nommé.

Des bailles complices des voleurs

Vis-à-vis du roi, vis-à-vis des communautés voisines, le baille apparaît plus souvent comme un *chef de guerre* que comme un *juge de paix*. Il lui appartient sans doute de légitimer son autorité, il partage dans la plupart des cas les passions, les intérêts, la vision du monde de ses concitoyens. Il est sans exemple qu'un baille collabore avec un employé de la Ferme, malgré les injonctions menaçantes des autorités supérieures comme l'ordonnance publiée en 1769 par le « Visiteur général des gabelles et juge particulier de la Ferme générale des tabacs », sous forme d'affiche imprimée. Ce juge

16. Qualificatif injurieux qui serait encore en usage de nos jours et qui aurait quelque chose à voir avec un entonnoir troué... (Arch. dép. Pyrénées-Orientales, 2 B 1754).
17. Arch. dép. Pyrénées-Orientales, 1 C 1668.
18. Arch. dép. Pyrénées-Orientales, 2 J 28.
19. Arch. dép. Pyrénées-Orientales, 2 B 1788.

constate que la province est traversée par de puissantes bandes armées de contrebandiers du tabac et que :

> « [...] les habitants et les aubergistes leur donnent asile, leur fournissent le vivre et le couvert, sans en avertir les Bailles et Consuls ou les juges des lieux les plus prochains ; et quelquefois les Bailles et Consuls s'avisent de s'absenter des lieux sous de spécieux prétextes pour n'être pas obligés de prêter leur ministère, donner main-forte si le cas le requiert et faire ce que le devoir leur prescrit[20]. »

Malgré les menaces les plus graves, la chasse aux fraudeurs n'est pas une pratique habituelle chez les bailles qui, tout au plus, interviennent parfois pour sauver la vie des gabelous menacés ; il s'agit alors d'éviter de trop lourdes représailles à leur communauté beaucoup plus que de secourir des employés unanimement exécrés[21]. Il arrive même que les bailles prennent une part active aux troubles incessants provoqués par la contrebande. Dans ce même village frontalier de Coustouges où nous avons rencontré un baille abusif dénoncé comme un tyranneau, lui-même (ou son successeur) participe aux violences contre les employés qui voulaient faire la visite du faux-sel (« les bailles, les consuls et une foule d'habitants[22] »).

Dans les troubles forestiers chroniques qui agitent le Haut Conflent et le Capcir, les bailles se situent généralement du côté de leur communauté pour entraver les tentatives de régulation des autorités de tutelle. Le jeu, il est vrai, est très compliqué car il peut opposer le village au seigneur, le village au roi, mais plus encore les villages entre eux dans une zone montagneuse ou l'insoumission est de règle, ou les rapports de force l'emportent sur l'état de droit. La forêt de Jujols est périodiquement ravagée par de véritables *commandos* d'une dizaine d'hommes venus d'Olette et conduits par leur baille. En 1761, l'intendant expédie le viguier du Conflent-Capcir visiter la belle forêt domaniale de La Matte qui est l'objet de toutes les convoitises et de toutes les compétitions. Les tournées du viguier Compte sont coûteuses et facturées aux communautés du Capcir qui hurlent qu'on les écorche. Par l'intermédiaire de leurs curés (épaulés probablement en sous-main par le Conseil souverain), les municipalités reprochent notamment au viguier de se faire accompagner par deux cavaliers de la maréchaussée, ce qui alourdit les frais. Compte répond, dans un rapport à l'intendant, que les gens du Capcir étant très montés contre lui, la présence des gendarmes est d'une absolue nécessité : « plusieurs d'entre les bailles et consuls de qui je pourrais me faire assister sont ceux principalement de qui il y aurait le plus à craindre, aussi mutins et plus arrogants que les autres [...] sans eux je n'oserais point hasarder ce voyage ». Vauban trouvait déjà, un siècle plus tôt que les populations du Capcir avaient une allure un peu inquiétante et les jugeait très propres « à escoupeter leurs ennemis ». À la fin du XVIIIe siècle, on y rencontre encore de singuliers représentants de l'ordre public. En 1764, un garde forestier surprend tout un groupe de délinquants de La Llagone dans la forêt de Conagles qui appartient au village de Matemale. Ce groupe bien équipé de trois charrettes, quatre vaches et deux bœufs est mené par les trois beaux-frères du baille de La Llagone (dont deux demeurent chez lui en qualité de domestiques). Le garde confie le séquestre des charrettes et des bêtes de trait au baille lui-même, ce qui confirme la polyactivité du

20. Arch. dép. Pyrénées-Orientales, 1 C 1041.
21. Brunet, *Contrebandiers, mutins et fiers-à-bras...*, 2001.
22. Arch. dép. Pyrénées-Orientales, 1 C 1270.

personnage, alternativement voleur et auxiliaire de justice[23]. En juin 1780, cinq gardes patrouillant prudemment ensembles, découvrent des bois de délit chez Antoine Merlat, baille du hameau de Creu :

> « [...] ledit baille se serait déchaîné en invectives très atroces contre ledit Fourriques garde, en lui disant qu'il ne le connaissait en rien, qu'il était un coquin, un traître, un gueux, un voleur qu'il voulait faire pendre et ayant même accroché ledit Fourriques, ledit baille criait qu'on lui apportât des cordes pour lier ledit garde et un fuzil pour le tuer, voulant disait-il lui envoyer la cervelle au diable[24]. »

Les gardes s'empressent de tirer leur camarade des griffes de cet énergumène dont ils estiment, vu ses antécédents judiciaires, qu'il y a tout à craindre de lui et qu'il faut prendre ses menaces au sérieux.

Même s'il faut relativiser une approche qui doit trop aux archives de la répression, il semble donc bien que les bailles, par intérêt personnel, par prudence ou par passion se situent plutôt du côté des voleurs que du côté des gendarmes. En fait, ils partagent avec leurs concitoyens un système de valeurs fort éloigné de la fidélité vassalique et plus encore de la sujétion aux volontés du roi.

Conclusion

En explorant les multiples facettes de ces bailles roussillonnais, leurs contradictions et leurs ambiguïtés, on réalise que leur place était à la fois obscure et centrale dans la vieille machinerie des pouvoirs locaux. Hommes tout à la fois des seigneurs, des villages et du roi, ils concentrent sur leurs personnes toutes les légitimités et tous les soupçons. Du coup, l'historien doit s'avancer avec prudence dans le champ miné des interprétations. Lorsqu'un baille abuse d'un pouvoir aux contours mal déterminés pour le détourner à son profit personnel, faut-il classer les conflits qu'il suscite dans la catégorie un peu passe-partout des oppositions seigneurs-paysans ? Lorsqu'un baille se transforme en tyranneau de village, son comportement est-il à inscrire dans le cadre de cette fameuse réaction féodale dont, par ailleurs, la datation nous a toujours laissé perplexe ? Même lorsque les paysans imputent ces exactions aux seigneurs et en appellent au roi, ils jouent un rôle dont ils ne sont pas dupes : ils savent mieux que personne que l'abus de pouvoir est l'horizon naturel du pouvoir. D'ailleurs, ces mêmes villageois n'hésitent pas à se présenter en fidèles vassaux pour utiliser leur seigneur contre les exigences des hommes du roi car ils savent aussi que seul le pouvoir peut arrêter le pouvoir. Les seigneurs, même si leur étoile a pâli, sont perçus alternativement comme des oppresseurs ou comme des boucliers, ce qui a peut-être été le cas depuis l'origine des temps féodaux. Le baille est le modeste rouage de ces stratégies alternées. Adoubé officiellement par le seigneur et par le roi, c'est-à-dire par deux pouvoirs qui entrent parfois en concurrence, il se comporte en fait, le plus souvent, comme l'ambassadeur de sa communauté. Exprimant tour à tour les rapports de force et la nécessité des accommodements, il se trouve au cœur de ces manœuvres complexes où l'opacité de la société paysanne s'exprime par le double jeu et le double langage, les obscurités et les hypocrisies inhérentes à toute diplomatie.

---

23. Arch. dép. Pyrénées-Orientales, 1 C 1959.
24. *Id.*

Justices seigneuriales et régulation sociale : l'exemple bourguignon au XVIIIe siècle

Benoît GARNOT
Professeur d'histoire moderne, université de Bourgogne,
UMR Georges Chevrier (5605)

Dix-huit mémoires de maîtrise ou de DEA préparés à l'université de Dijon ces dernières années ont eu directement pour sujet l'étude des mentalités et des comportements de la population d'une communauté villageoise ou urbaine bourguignonne au XVIIIe siècle à partir des archives des justices seigneuriales [1]. Chaque mémoire de maîtrise étudie une seule justice seigneuriale, les mémoires de DEA en abordent chacun entre 20 et 40 (par sondages), ce qui fait un total d'une centaine de justices. C'est un échantillon minoritaire, évidemment, par rapport au nombre total de ces justices en Bourgogne, puisque les archives de 551 sièges, dont 24 prévôtés et châtellenies royales et plusieurs dizaines de justices appartenant à des abbayes, sont conservées aux seules Archives départementales de la Côte-d'Or, soit 480 mètres linéaires d'archivage ; il faudrait leur ajouter les justices bourguignonnes dont les archives sont gardées aux Archives départementales de l'Ain, de la Saône-et-Loire et de l'Yonne. Mais bien que largement minoritaire, cet échantillon d'une centaine de justices, auxquelles il faut en adjoindre trois autres étudiées antérieurement [2], ainsi que les informations apportées dans les

1. DELASELLE, *Une justice seigneuriale à Coulanges-la-Vineuse et au Val-de-Mercy au XVIIIe siècle*, 1992 ; THIERRY-MARJOLLET, *Les Justices seigneuriales dans le bailliage d'Auxonne au XVIIIe siècle*, 1994 ; GIRARDOT-CLÉMENT, *La Justice seigneuriale de Frôlois à la fin de l'Ancien Régime (1770-1789)*, 1994, et *Les Justices seigneuriales du bailliage de Châtillon-sur-Seine au XVIIIe siècle (études par sondages)*, 1995 ; GUILLERMET, *Une justice seigneuriale en Bourgogne : Genlis, de 1737 à 1748*, 1995 ; FIGUEIRA, *Les Mentalités et les comportements populaires à Courtivron au XVIIIe siècle (d'après la justice seigneuriale. 1700-1785)*, 1995 et *Essai sur les « comportements et mentalités populaires » dans le bailliage dijonnais aux XVIe, XVIIe, XVIIIe siècles d'après les archives des justices seigneuriales*, 1996 ; PIERRE, *Une justice seigneuriale : Magny-sur-Tille (1747-1757)*, 1996 et *Les Justices seigneuriales au sein du bailliage de Nuits-Saint-Georges au XVIIIe siècle*, 1999 ; VERDOT, *Les Mentalités et les comportements gemellois à la fin du XVIIIe siècle d'après la justice seigneuriale locale (1764-1789)*, 1996 ; MESNAGER, *Violence et comportements populaires à Chamblanc au XVIIIe siècle (d'après la justice seigneuriale)*, 1997 ; BAY, *Les Mentalités et les comportements populaires à Arnay-le-Duc à la fin du XVIIIe siècle (d'après la justice seigneuriale. 1750-1790)*, 1998 ; CHARITAT, *Les Mentalités et les comportements populaires à Pommard et Volnay au XVIIIe siècle (d'après la justice de la châtellenie. 1700-1790)*, 1998 ; LORILLON, *Mentalités et comportements à Saint-Seine-l'Abbaye à la veille de la Révolution (1783-1788) d'après la justice seigneuriale*, 1998 ; BISE, *Les Mentalités et les comportements populaires à Savigny-les-Beaune à la fin du XVIIIe siècle (d'après la justice seigneuriale. 1748-1790)*, 1999 ; BON, *Les Mentalités et les comportements populaires à Meursault au XVIIIe siècle d'après la justice seigneuriale (de 1718 à 1790)*, 1999, et *Modes de vie, sensibilités, mentalités et comportements populaires des habitants du bailliage*, 2000 ; PETERMANN, *Étude de la communauté de Beire-le-Châtel d'après les registres des Grands jours de justice*, 1999 ; DUTHU, *Les Mentalités et les comportements populaires à Lantenay et à Pasques, 1740-1790 (d'après la justice seigneuriale locale)*, 2000 ; RICOLO, *La Seigneurie de Corcelles-les-Cîteaux au XVIIIe siècle : de la délinquance d'une société rurale*, 2000.
2. COLOMBET, « Une justice seigneuriale à la fin de l'Ancien Régime : Vantoux et ses grands jours », 1936 ; LISBENEY, « La justice de Fontaine-lès-Dijon au XVIIIe siècle », 1938 ; VIGNIER, « La justice de Magny-sur-Tille. XVe-XVIIIe siècle », 1962.

thèses de Pierre de Saint Jacob et d'Arlette Brosselin [3], constitue un apport important, tant en comparaison de ce qui a pu être étudié dans les autres régions du royaume que par la masse des renseignements recueillis, d'autant plus que sont représentés non seulement des petites paroisses rurales, mais aussi des bourgs et même des petites villes. On l'utilisera ici principalement pour observer leurs compétences et leur action en matière de police, non sans avoir présenté auparavant la diversité apparente de leurs modes de fonctionnement.

Les disparités

Chaque justice possède ses caractères propres. Il faut d'abord insister sur les dissemblances dans l'importance relative de ces justices, tant en ce qui concerne l'étendue de leurs compétences que celle du territoire qui constitue leur circonscription. Si la plupart des justices seigneuriales n'exercent leur juridiction que sur une seule paroisse (c'est le cas de 446 justices sur 551 pour le territoire de l'actuel département de la Côte-d'Or, soit 81 %), d'autres le font sur plusieurs (en Côte-d'Or : 73 sur 2 paroisses, soit 13 %, 16 sur 3 paroisses, 11 sur 4 paroisses, 4 sur 5 paroisses et 1 sur 8 paroisses). En ce qui concerne l'étendue des compétences, toutes les justices possèdent au moins la « basse justice » et la « moyenne justice », mais seulement quelques-unes la « haute justice ». Ces dernières affichent leur prérogative dans leur titulature [4] sans vraiment l'appliquer, sauf exceptions cependant, puisqu'on rencontre quelques très rares condamnations à des peines corporelles, jusqu'à la mort (suivies évidemment d'un appel), ce qui signifie que cette compétence n'est pas vraiment tombée en désuétude. Il faut enfin signaler que quelques justices n'envoient pas leurs appels devant un bailliage, mais directement devant un parlement, par exemple le parlement de Paris pour la justice de Cluny [5] et celui de Dijon pour les justices de Noyers-sur-Serein, Seurre, Chaussin [6]...

L'organisation et les archives

La diversité s'affirme aussi dans l'état même des archives (sans parler des problèmes de conservation), toutes les justices seigneuriales n'ayant pas la même organisation et ne produisant pas les mêmes types de documents : certaines possèdent des registres des causes de police, d'autres des registres de procès-verbaux des gardes, d'autres semblent n'en avoir jamais eu..., de sorte que les données chiffrées qu'on peut calculer n'ont qu'une valeur très relative. Certaines archives ont été très bien tenues : tout y est recopié dans des cahiers reliés et classés, ces cahiers sont numérotés, les textes précisent la date d'audience, les nom et prénom du demandeur, son lieu de résidence, sa requête, les nom et prénom du défendeur, l'essentiel de la procédure et la sentence. D'autres archives, au contraire, sont dispersées partie dans des registres, partie dans des minutes volantes, et l'examen des sentences ne permet pas toujours de connaître le fond du

3. BROSSELIN, *La Forêt bourguignonne, 1660-1789*, 1987 ; SAINT JACOB, *Les Paysans de la Bourgogne du nord au dernier siècle de l'Ancien Régime*, 1960 [1995] et *Documents relatifs à la communauté villageoise en Bourgogne du milieu du XVIIe siècle à la Révolution*, 1962.

4. Et parfois dans le paysage avec les fourches patibulaires, mais cette survivance est rare : on ne trouve aucune fourche patibulaire dans les justices du bailliage d'Auxonne.

5. Saône-et-Loire, ar. Mâcon, ch.-l. c.

6. Yonne, ar. Auxerre, ch.-l. c. ; Côte-d'Or, ar. Beaune, ch.-l. c. ; Jura, ar. Dole, ch.-l. c.

contentieux. Le plus souvent, on rencontre dans une même justice deux types de sources, les registres d'audiences et les dossiers de sentences et procès-verbaux, ces derniers trop rarement reliés, d'où des pertes probables. L'épaisseur de ces dossiers est très variable selon les justices.

Le personnel judiciaire et la question de la résidence

La diversité concerne aussi le personnel judiciaire. Chaque justice seigneuriale comprend un juge (parfois nommé bailli) et un procureur fiscal (avec parfois un substitut), nommés par le seigneur parmi des gradués en droit (on rencontre quelques cas où les seigneurs abandonnent leur droit de justice à leur fermier, qui s'engage à « administrer la justice et tous les procès civils et criminels à leurs frais en la justice des lieux »), ainsi qu'un greffier et un ou plusieurs sergents, choisis par les habitants lors des grands jours ou nommés directement par le seigneur. La majorité des officiers des justices seigneuriales ne résident pas sur le lieu où ils exercent la justice, malgré l'obligation théorique qui leur est faite; c'est le cas en 1769, dans les 90 justices du Dijonnais, de 166 titulaires de fonctions sur 279 (59 %)[7], ce qui fait donc quand même 40 % de résidents. Les juges non-résidents exercent le plus souvent en même temps la profession d'avocat dans une ville, et les procureurs d'office, résidents ou pas, sont également notaires ou procureurs ou à la fois procureur et notaire; en tout cas, les non-résidents résident dans la ville la plus proche et cumulent plusieurs fonctions, parmi lesquelles leurs responsabilités dans plusieurs justices seigneuriales (couramment une dizaine). Une partie de ces non-résidents ne gardent pas longtemps leur charge, d'où des changements fréquents, mais d'autres restent longtemps en poste. À l'inverse, dans les justices où les officiers de justice résident, ils gardent longtemps leur charge et parfois même se succèdent de père en fils. Quant aux sergents seigneuriaux, ils sont le plus souvent originaires du lieu et par la force des choses résident.

La résidence ou la non-résidence des officiers seigneuriaux ont des conséquences importantes sur le fonctionnement même des sièges. Les juges non-résidents viennent dans les seigneuries dont ils sont responsables à intervalles réguliers, mais dont la fréquence peut varier : tous les quinze jours pour les plus assidus, tous les deux à trois mois pour les moins assidus. Le « record » est de 37 audiences en 1772 à Frôlois[8]. Mais certains manifestent un important absentéisme, alors que la plupart sont très présents. En fait, la justice siège lorsqu'une ou plusieurs affaires se présentent au juge, à la demande en quelque sorte, et elle ne siège pas toujours dans le village concerné, mais parfois dans la ville de résidence du juge et à son domicile (en 1778, le parlement de Bourgogne autorise la tenue des audiences seigneuriales au chef-lieu du bailliage, ce qui ne fait qu'entériner cette pratique) ; ou encore, les audiences ont bien lieu dans la seigneurie, mais les actes définitifs sont rédigés au lieu de résidence du seigneur, quand il est situé dans la même ville que le lieu de résidence du juge. C'est le cas pour la seigneurie de Genlis[9] dont les actes sont rédigés à Dijon à l'hôtel Fyot de Vaugimois. Quand les audiences ont lieu sur place, c'est aussi en général au domicile du juge, s'il est résident;

7. LAMARRE, « Quelques observations sur le fonctionnement des bailliages en Bourgogne et Lyonnais au XVIIIe siècle », 1994, p. 431.
8. Côte-d'Or, ar. Montbard, c. Venarey-les-Laumes.
9. Côte-d'Or, ar. Dijon, ch.-l. c.

autrement, la pratique la plus courante est que l'auditoire, le greffe et les prisons sont réunis dans un même bâtiment, qui appartient souvent au seigneur (grange plus ou moins aménagée, locaux désaffectés, moulin, etc.).

L'activité judiciaire

La diversité s'exprime également dans les types d'affaires traités. À en croire les documents conservés, certaines justices ne traitent que les *mesus*, tels qu'ils figurent dans les rapports des messiers et ceux des prud'hommes, et les délits dans les bois, rapportés par les procès-verbaux des gardes « des chasses, bois et forêts ». Pris parmi les habitants, ils semblent plus enclins aux tractations qu'aux sanctions, ce qui interdit une approche quantitative fiable de leur activité; cependant, ce n'est pas toujours le cas, et d'une justice à l'autre on passe, par exemple, de l'absence totale de procès-verbaux pour braconnage à une fréquence qui peut aller au maximum jusqu'à un par an. D'autres justices, les plus nombreuses, traitent aussi les petites affaires criminelles et les affaires de police. Les juges seigneuriaux bourguignons possèdent des prérogatives en matière de police qui leur permettent d'élaborer des ordonnances pour toute l'étendue de leur juridiction et de surveiller toute l'organisation de la vie quotidienne : encadrement et contrôle des pratiques de la vie agraire (protection des productions contre le bétail par l'installation de « bouchures » au printemps, réglementation du pâturage, dates des pratiques culturales), protection des propriétés individuelles et collectives, ainsi que des prérogatives et des monopoles économiques des seigneurs, voirie, fours et cheminées, mais aussi respect de la pratique religieuse et de la tranquillité publique (notamment avec la réglementation des jours et heures d'ouverture des cabarets).

Une autre différence entre l'activité des différentes justices concerne l'importance de la juridiction civile gracieuse [10] (appositions et levées de scellés, sentences d'ordre, inventaires après décès et expertises, tutelles et curatelles, testaments et donations, règlements d'hoirie...) et de la juridiction civile contentieuse (défauts, appointements divers, non-paiement de loyers, de gages, de travaux agraires...). Ici, elles constituent une activité secondaire, là elles occupent la majorité du temps (c'est le cas le plus fréquent). Au total, on est le plus souvent bien en peine de trouver des explications à ces différences et on se trouve forcé de faire appel à la notion de « spécificités locales », ce qui reste bien vague, et à l'éventualité de perte ou de destruction d'une partie des archives de tel ou tel siège.

Une dernière différence fondamentale entre les justices seigneuriales bourguignonnes est l'existence ou non d'un système de « Grands Jours » ou d'« assises », généralement annuel, mais c'est parfois tous les deux ans, comme à Genlis, rarement tous les trois ans, comme au hameau de Val-de-Mercy, près de Coulanges-la-Vineuse [11]. Il s'agit de réunions ordonnées avec annonces écrite et orale à l'avance et présence obligatoire pour tout chef de famille; l'ordre du jour est assez similaire un peu partout : remontrances de la seigneurie (bien que le seigneur soit le plus souvent absent), rappel des règlements communautaires, lecture des amendes aux bois et aux champs, éventuellement traite-

10. Le terme « gracieux » vient en opposition à celui de « contentieux », mais ne signifie aucunement que ces actes soient rendus gratuitement, bien qu'il soit très difficile de connaître les tarifs, les documents étant très imprécis sur ce point.

11. Yonne, ar. Auxerre, ch.-l. c.

ment des délits, puis nomination des messiers et syndics, gardes et prud'hommes. Les grands jours traitent donc toujours une partie des cas de délits agraires, ainsi que les fraudes à l'encontre des droits banaux du seigneur, et le plus souvent en sont exclues les affaires de violence, d'insultes, de vols, mais ce n'est pas toujours le cas. Elles sont traitées, par exemple, dans les grands jours des justices du bailliage de Nuits-Saint-Georges [12]. Mais toutes les justices n'ont pas de Grands Jours, même si la plupart en ont; parfois, il y a des Grands Jours lorsque les officiers de justice ne résident pas sur les lieux et ne viennent que rarement tenir des audiences, et inversement il n'y en a pas quand les juges résident et tiennent de nombreuses audiences, mais cette constatation est loin de constituer une règle, tout au contraire.

Petite délinquance et régulation sociale

À côté de ces disparités, les justices seigneuriales présentent des points communs, qui revêtent sans doute plus d'importance que les différences. Leur champ d'action est très étendu, puisqu'il va de la police et de l'administration du village à la justice proprement dite, celle-ci davantage au civil qu'au criminel. Les justices seigneuriales ont généralement deux principaux domaines d'activité : le traitement de la petite délinquance et les diverses formes de juridiction gracieuse [13]. C'est surtout de ce premier domaine d'activité qu'il va être question ici, puisqu'il concerne directement le problème de la régulation sociale. Il comprend principalement des violences, une bonne proportion (mais moins importante) de vols, et rarement des affaires de mœurs; mais si la violence domine partout ce contentieux, c'est une violence mesurée, très rarement homicide, qui vise le plus souvent au rétablissement public d'un honneur bafoué.

Le traitement de la délinquance au « petit criminel »

Concrètement, cette délinquance traitée par les justices seigneuriales, tant dans les audiences ordinaires que dans les grands jours, relève, selon les cas et les lieux, soit de la simple police, soit de la procédure pénale. Les dossiers ouverts chaque année au pénal sont forts peu nombreux : selon les justices, de un ou deux par an au minimum à une douzaine au maximum. Mais une proportion très élevée de ces procédures criminelles est incomplète, particulièrement dans les cas des plaintes pour coups et blessures (plaintes non suivies d'informations, absence des sentences, renvoi à des audiences où elles ne se retrouvent pas...). En fait, ces affaires considérées comme ressortissant du « petit criminel », quand elles ne s'interrompent pas dès le dépôt de la plainte, sont d'abord traitées selon la procédure prévue par l'ordonnance criminelle de 1670 (procédure inquisitoire : information, éventuellement interrogatoire de l'accusé). Ensuite, dans la majorité des cas, soit le juge passe à la procédure civile (c'est la « civilisation » de la procédure [14], ce qui prouve qu'on préfère la conciliation judiciaire à la sanction judiciaire), soit (c'est le cas le plus fréquent) il intègre à la procédure des pratiques de conciliation qui l'interrompent de fait. Il le fait par exemple en suscitant un procès-ver-

12. Côte-d'Or, ar. Beaune, ch.-l. c.

13. GARNOT, *Justice et société en France aux XVIe, XVIIe et XVIIIe siècles*, 2000c.

14. DELASELLE, « Les coups et blessures dans la délinquance traitée par les justices seigneuriales au XVIIIe siècle : le passage du criminel au civil », 1998, p. 466. Je reprends ici plusieurs conclusions de cette communication.

bal déposé par les protagonistes au greffe pour constater que le dommage a été réparé, ou bien, dans les cas de violence, en rendant une simple ordonnance de « provision » à l'égard du plaignant pour le remboursement de ses frais de chirurgien et des pertes relatives à son arrêt de travail, ce qui clôt l'affaire en pratique. Ou encore, la sentence est renvoyée à une audience ultérieure, et finalement jamais prise, ce qui prouve qu'entre temps a probablement eu lieu une conciliation infrajudiciaire (ou parajudiciaire)[15].

Le traitement en « infractions de police »

Une autre partie des déviances similaires est traitée non pas au petit criminel, mais dans le cadre des infractions de police. La répartition entre les deux types de traitement, petit criminel (le plus souvent civilisé en cours de procédure ou dévié en règlement infrajudiciaire) ou infraction de police, se fait selon des critères qui paraissent varier d'une justice à une autre, de sorte que telle affaire traitée ici pénalement l'aurait été seulement comme une infraction dans le ressort d'une autre justice, et réciproquement. Mais cette répartition semble aussi se faire, au moins pour une bonne part, en fonction de la fréquence de tenue des audiences, qui dépend elle-même du fait que les juges résident ou non : plus elle est faible (non-résidence du juge), plus on a tendance à déqualifier les affaires criminelles en simples infractions de police, c'est-à-dire à les traiter très rapidement, sans enquête ni assignation de témoins; plus elle est forte (résidence du juge), plus on a tendance à traiter la petite délinquance au criminel (du moins au début de la procédure), les juges connaissant bien leurs justiciables et ayant du temps devant eux. Pour autant, même dans ces justices-là, tant qu'une affaire n'atteint pas un certain degré de gravité, elle est traitée comme une simple infraction de police; c'est le cas en particulier pour les coups sans gravité, les tentatives de vols, les chapardages, les injures banales, les infractions commises par des enfants, souvent aussi les coups portés aux gardes. En outre, la règle n'est pas absolue : il peut arriver que, même lorsque le juge ne réside pas, les audiences soient fréquentes, voire très fréquentes (c'est le cas à Genlis avec deux ou trois audiences par semaine pendant les mois d'hiver), et que la criminalisation des affaires soit importante.

Ménager ses justiciables et punir si besoin est

Ces manières habituelles de procéder montrent la complémentarité de la justice et de l'infrajustice[16], une complémentarité d'autant plus évidente que les juges ménagent leurs justiciables en évitant, autant que possible, une sentence au criminel qui entacherait leur honneur; dans la châtellenie de Pommard et Volnay[17], par exemple, sur 40 affaires de violence, 7 plaintes demeurent sans suite et 4 affaires seulement vont jusqu'à un jugement définitif, dont un seul relève de la haute justice, l'information s'arrêtant dans la majorité des cas après l'audition des témoins. Quant aux affaires considérées comme très graves (les homicides, les vols domestiques...) en général elles sont directement traitées par les tribunaux royaux, mais ce n'est pas toujours le cas. À Saint-

15. Sur la distinction entre infrajustice et parajustice, voir GARNOT, « Justice, infrajustice, parajustice et extrajustice dans la France d'Ancien Régime », 2000b.
16. On peut se reporter à *L'Infrajudiciaire du Moyen Âge à l'époque contemporaine...*, 1996.
17. Côte-d'Or, ar. Beaune, c. Beaune-nord.

Seine-l'Abbaye[18] en 1763, une jeune femme est condamnée à mort par la justice seigneuriale pour vol domestique, sentence confirmée en appel par le parlement et exécutée sur place; à Pommard, une femme est condamnée à mort pour infanticide; à Savigny-les-Beaune[19] en 1778 un groupe de voleurs nocturnes est condamné à mort, sans que l'on sache, dans ces deux derniers cas, si les condamnations ont été confirmées en appel. Certes, il s'agit de cas exceptionnels, mais ils montrent que les justices seigneuriales conservent en théorie, et exercent parfois en pratique, des compétences très importantes.

Hors ces cas exceptionnels, on se trouve devant une justice qui sanctionne peu, en général, avec des amendes d'un faible montant. Dans la région d'Auxonne, il en coûte 40 sols d'amende pour avoir fait rouir du chanvre dans le courant d'un ruisseau en 1726, 5 sols pour une coupe illégale de bois en 1743, 20 sols pour le passage d'un chariot dans un pré en 1743, 6 livres pour des coups et blessures en 1749... ; à Frôlois, les dépens prononcés par le juge de 1770 à 1789 représentent en tout 750 livres, soit 37 à 38 livres par an, et le montant total des amendes 10 078 livres, soit 504 livres par an. Mais bien que sanctionnant peu en général, cette justice est loin pour autant de tout tolérer. Ainsi, il arrive que soient décidées des amendes importantes, mais presque toujours contre des « étrangers » au village (par exemple à Lantenay et Pasques[20] une amende de 920 livres infligée à cinq laboureurs d'un village proche pour avoir fait paître des bœufs dans la réserve seigneuriale), et au criminel, mais le plus souvent par contumace, des peines de galères ou de mort (mais c'est quand même très rare).

Part de la justice seigneuriale à la régulation sociale

En fait, les justices seigneuriales cherchent surtout à mener à des conciliations, à contrôler et à prévenir, tout en faisant parfois quelques exemples; elles jouent donc un rôle important dans la régulation sociale, mais sans doute pas le rôle le plus important, puisqu'elles n'interviennent que pour régler une minorité d'affaires, le plus souvent seulement après avoir été sollicitées par leurs protagonistes, et qu'elles laissent la majorité se régler par d'autres modalités. Et comme, en même temps, les justices seigneuriales assurent la conservation des droits des seigneurs, en particulier en matière fiscale, on peut considérer qu'elles jouent un rôle multiforme, mais qu'elles interviennent surtout pour dire ou pour rappeler les règles de la vie en société, tant au criminel qu'au civil et qu'en tout ce qui concerne les modalités de l'organisation sociale et de la vie économique. Elles laissent aux individus le soin de régler la plupart des divergences selon les modalités qu'ils choisissent (conciliations, arbitrages, etc.), quitte à faire appel à elles lorsqu'ils en éprouvent la nécessité en dernier recours (c'est-à-dire lorsqu'ils ne parviennent pas à un accord), ainsi que lorsqu'ils ont besoin de ses services en matière de juridiction gracieuse. Les justices seigneuriales contribuent ainsi à préserver la paix entre les habitants, à apaiser les querelles et à éviter que ces dernières ne génèrent des conflits, mais aussi à protéger la propriété, un droit considéré par presque tous comme primordial, ainsi qu'à préserver et à améliorer le cadre de vie.

C'est sans doute pourquoi les compétences des justices seigneuriales bourguignonnes sont utilisées par toutes les couches sociales, bien qu'inégalement : accusés et plaignants

18. Côte-d'Or, ar. Dijon, ch.-l. c.
19. Côte-d'Or, ar. Beaune, c. Beaune-nord.
20. Côte-d'Or, ar. Dijon, c. Dijon-5e.

sont représentatifs de la composition sociale de chaque communauté, à l'exception des marginaux et des vagabonds, très rares dans le contentieux. Pour autant, certaines catégories sociales sont plus représentées que d'autres. Les couches sociales moyennes et supérieures (en particulier les marchands et les laboureurs) sont sur-représentées par rapport aux catégories populaires (salariés et domestiques). Dans les procédures civiles, les « demandeurs » (plaignants) ont presque toujours des positions sociales supérieures ou au moins égales à celles des « défendeurs », sauf dans les procès en matière de successions, qui impliquent des membres de mêmes familles.

Conclusion

Au total, les justices seigneuriales bourguignonnes apparaissent comme un véritable « service public », dont la manière de fonctionner semble satisfaire la population, qui n'hésite pas à faire appel à elles lorsqu'elle en éprouve le besoin, même pour des affaires sans grande portée pécuniaire (la majorité des affaires en matière contentieuse concerne des litiges portant sur des petites sommes, entre une et vingt livres, parfois même moins d'une livre, déclenchés à propos du non-paiement de produits agricoles ou de journées de travail, ou encore de petites dettes relatives à la vie quotidienne). Ces justices restent fort actives tout au long du siècle, et elles connaissent même, semble-t-il, une vigueur supplémentaire pendant la vingtaine d'années qui précède la Révolution ; à Beire-le-Châtel[21], par exemple, la tenue des Grands Jours, irrégulière pendant les deux premiers tiers du siècle, devient ensuite annuelle, et dans les justices de la Montagne, la fréquence des audiences double entre 1750 et 1790, passant de 4,9 à 9,14 par an en moyenne dans chaque justice (mais avec de grandes différences d'un siège à un autre). Certes, les justices seigneuriales sont l'objet de quelques critiques dans les cahiers de doléances : mais lors des premières élections de juges en novembre 1790, la moitié des nouveaux juges de paix du département de l'Yonne, par exemple, sont d'anciens juges seigneuriaux...

21. Côte-d'Or, ar. Dijon, c. Mirebeau-sur-Bèze.

La police aux « Grands-Jours » dans la Bourgogne du nord : pouvoir des seigneurs ou auto-régulation ?

Jeremy HAYHOE
University of Maryland, College Park (USA)

Les juges seigneuriaux avaient la responsabilité de maintenir l'ordre dans leurs juridictions. Leurs fonctions incluaient la police de l'espace physique, la discipline des mœurs, la surveillance des marchés, des affaires politiques locales et de l'agriculture [1]. Le droit de police des juges seigneuriaux, autant que la justice seigneuriale en général, est souvent critiqué par les historiens. Les uns critiquent les justices locales pour leur inactivité [2], tandis que d'autres se plaignent d'une surabondance d'activité qui se mêle trop aux affaires des paysans. Selon Pierre de Saint Jacob, par exemple, les seigneurs auraient utilisé le droit de police pour imposer leur volonté aux villageois, choisir les officiers locaux, influencer les cotes de taille et protéger leurs privilèges [3]. D'autres historiens considèrent que la justice est le véhicule principal de la réformation des mœurs qui eut lieu entre 1500 et 1850 [4].

---

1. La compétence générale est définie par Charles Loyseau, notamment dans *Les Œuvres de M. Charles Loyseau...*, Paris, 1640, p. 88-90 ; par Edme La Poix de Fréminville dans son *Traité général du gouvernement... des communautés d'habitants...*, Paris, 1760, p. 637-653 et dans son *Dictionnaire ou traité de la police générale...* ; enfin par Montesquieu dans *L'Esprit des lois...*, in *Œuvres de Montesquieu, nouvelle édition...*, Amsterdam, Arkestée & Merkus, 1748, liv. 25, chap. 24. Concernant la Bourgogne : *Conférence de la Coutume du Duché de Bourgogne...*, et *Observations de la Coutume de Bourgogne, par M. le Président Bouhier...*, in *Œuvres de Jurisprudence de M. Bouhier, Président à Mortier au Parlement de Dijon* [éditées par Joly de Bevy], Dijon, Frantin, 1787 ; *Les Coutumes du duché de Bourgogne avec les anciennes coutumes, tant générales, que locales, de la même province, non encore imprimées* [par Jean Bouhier], Dijon, Arnaud Jean-Baptiste Auge, 1742 ; *Dissertation sur l'origine de la main-morte dans les provinces qui ont composé le premier Royaume de Bourgogne* [par Pierre Philippe Grappin], Besançon, J. M. Couché, 1779 ; *Institution du Droit François rélativement aux Maximes Générales du Royaume et aux usages particuliers, soit de la Bourgogne, soit des Pays de Droit Ecrit, qui ressortissent au Parlement de Bourgogne* [par Voisin], Dijon, s. d. ; *Règlements généraux pour les justices seigneuriales, corrigés et augmentés par un Avocat de cette ville, en l'année 1779*, Dijon, Capel, 1779, IV-94 p. (Bibl. mun. Dijon, fonds Milsand n° 763) ; *Règlements généraux qui s'observent dans tout le ressort de la cour, et dont on fait lecture à la tenue des Grands-Jours. Nouvelle Edition. Revue, corrigée et augmentée*, Dijon, Causse, 1786, 80 p. (Bibl. mun. Dijon, n° 50474) ; et *Règlements généraux qui s'observent dans tout le ressort de la cour, et dont on fait lecture à la tenue des Grands Jours* [en Bourgogne]. *Nouvelle Édition revue, corrigée et augmentée*, Dijon, Causse, 1786.
2. POITRINEAU, « Aspects de la crise des justices seigneuriales dans l'Auvergne du XVIIIe siècle », 1961. Pour un portrait nettement moins pessimiste de la police des justices seigneuriales, voir BATAILLON, *Les Justices seigneuriales...*, 1942, ou ZINK, *Clochers et troupeaux...*, 1997, p. 179-180.
3. SAINT JACOB, *Les Paysans de la Bourgogne du nord...*, 1960, p. 58 ; BART, *La Liberté ou la terre : la mainmorte en Bourgogne...*, 1984, p. 54-56.
4. Sur la « civilisation des mœurs », MUCHEMBLED, *Culture populaire et culture des élites dans la France moderne...*, 1978, et *L'Invention de l'homme moderne...*, 1998. Sur le rôle des magistrats en Bourgogne : FARR, *Authority and Sexuality in Early Modern Burgundy (1550-1730)*, 1995. Les historiens du grand changement culturel et de la répression et discipline de la culture populaire parlent très peu de la justice seigneuriale, mais ils montrent comment les juges et

Dans la Bourgogne du nord, vers la fin du XVIIIe siècle, le pouvoir de police exercé par les juges seigneuriaux est en réalité une forme d'autorégulation pour les communautés villageoises[5]. Le seigneur n'a pas d'influence sur le choix des officiers locaux, et les affaires réglées aux « Grands-Jours », ou assises annuelles, concernent plutôt l'agriculture et les relations sociales entre villageois. Le seul effort de « civiliser » les paysans (la police de l'alcool) est une faillite totale. Les juges seigneuriaux utilisent leur pouvoir de police pour résoudre les disputes entre les habitants et pour obéir aux vœux de la communauté villageoise.

Les juridictions étudiées

Pour ma thèse *Judge in their own cause. Seigneurial justice in northern Burgundy, 1750-1790,* sous la direction de Donald Sutherland, j'ai étudié quatorze hautes justices seigneuriales, en relevant toutes les procédures apparaissant dans les registres, ou sous forme de procès-verbal, pour les années 1750-1759 et 1780-1789. Ces 14 justices seigneuriales siégeaient dans 26 villages :

Juridiction seigneuriale[6]	Localités formant le « détroit »	Nombre de feux en 1785[7]	Bailliage royal/Situation administrative actuelle
Justice des prieurés religieux de l'abbaye de Saint-Bénigne de Dijon (Arch. dép. Côte-d'Or, B2 1032-1048)	Bellefond	40 (Arch. dép. Côte-d'Or C5929)	bailliage de Dijon pour le tout/ar. Dijon, c. Fontaines-lès-Dijon
	Epagny	44 (C5978)	ar. Dijon, c. Is-sur-Tille
	Larey	inconnu[8]	comm. de Dijon
	Messigny	138 (C6033)	c. Fontaines-lès-Dijon
	Saucy	22 (C6077)	ar. Dijon, c. Saint-Seine-l'Abbaye, comm. de Saussy
	Saulon-la-Chapelle	68 (C5978)	ar. Dijon, c. Gevrey-Chambertin
	Savigny-le-Sec	57 (C6078)	c. Fontaines-lès-Dijon

la justice fonctionnaient pour réprimer la culture populaire. Il paraît raisonnable de penser que les juges seigneuriaux – les représentants de l'État et de la culture des élites les plus proches des villages – travaillaient pour réformer les mœurs. Benoît Garnot dispute l'idée que les paysans français sont devenus plus disciplinés au cours des XVIIe et XVIIIe siècles. Il croit que la transformation de la criminalité au XVIIIe siècle, avec les atteintes à la propriété remplaçant la violence personnelle, est en réalité une illusion créée par les sources judiciaires (GARNOT, *Le Peuple au siècle des Lumières : échec d'un dressage culturel,* 1990). Voir *infra* dans la section « Pièces justificatives », à l'année 1735, les « Assises de la vicomté de Mably et dépendances », ainsi que les contributions de Serge Dontenwill et Éric Gasparini.

5. Pour une vue favorable de la police exercée aux Grands-Jours dans une région sous le contrôle du parlement de Dijon : MOREL, *Les Assises ou Grands Jours…,* 1935. L'auteur écrit que les assises sont, avant tout, une assemblée générale des habitants où chaque justiciable doit donner son opinion sur l'état des affaires communales (p. 39).
6. La plupart des hautes justices étudiées sont de simples *Justices de village* ou de paroisse. Les deux exceptions sont la justice de Saint-Bénigne de Dijon et la baronnie de Meursault. Pour toutes les hautes justices étudiées il existe des registres et des procès-verbaux. Même si les procès-verbaux semblent être plus *intéressants* (le grand criminel est là), ce sont les registres qui contiennent la grande majorité des procès. En effet les procès-verbaux incluent seulement les procès où la procédure extraordinaire a été utilisée (peut-être 5 % des procès) et la justice gracieuse. Les Grands-Jours, par contre, sont parfois parmi les procès-verbaux sur « papier volant » et parfois dans les registres. En général pour chaque justice de paroisse il existe pour le XVIIIe siècle une ou deux liasses (contenant les inventaires après décès, les tutelles, les ventes aux enchères, le grand criminel, les rapports des experts) et une collection de registres.
7. Le nombre de feux provient des rôles de taille pour l'année 1785, mais peut être vérifié dans la *Description générale et particulière du duché de Bourgogne… par M. Béguillet et M. l'abbé Claude Courtépée,* Dijon, L.-N. Frantin, 1774-1785, 7 vol. (réédition en 4 vol. : Dijon, Lagier, 1847 ; reprint avec introduction de Pierre Gras et Jean Richard : Avallon, FERN, 1967-1968).
8. Les habitants de Larey sont confondus parmi ceux de la ville de Dijon.

Justice d'Aisy (B2 423-424)	Aisy-sous-Thil et Pont d'Aisy (hameau)	66 au total (C7228)	bailliage de Saulieu/ ar. Montbard, c. Precy-sous-Thil
Justice d'Ampilly-lès-Bordes (B2 1076-7)	Ampilly-lès-Bordes et Ampilly-le-Haut (hameau)	25 au total (C6887)	bailliage de Châtillon/ ar. Montbard, c. Baigneux-les-Juifs
Justice d'Ancey (B2 1251-1252)	Ancey	79 (C5914)	bailliage de Dijon/ ar. Dijon, c. Sombernon
Justice de Bagnot (B2 438-439)	Bagnot et Granges de Bagnot (hameau)	59 au total (C7057)	bailliage de Nuits/ ar. Beaune, c. Seurre
Justice de Billey (B2 457-458)	Billey et Villerrottin (hameau)	45 au total (C6452)	bailliage d'Auxonne/ ar. Dijon, c. Auxonne
Justice de Chazilly (B2 suppl. 75-77)	Chazilly-le-Haut et Chazilly-le-Bas	50 au total (C6131)	bailliages d'Arnay et Beaune/ar. Beaune, c. Pouilly-en-Auxois
Justice de Flée (B2 600-601)	Flée et Allerey (hameau)	42 au total (C7292)	bailliage de Semur/ ar. Montbard, c. Semur-en-Auxois
Justice de Foncegrive (B2 603-604)	Foncegrive	46 (C5993)	bailliage de Dijon/ ar. Dijon, c. Selongey
Justice de Fontaine-en-Duesmois (B2 605-606)	Fontaine-en-Duesmois	62 (C6961)	bailliage de Châtillon/ c. Baigneux-les-Juifs
Justice de Lanthes et Meix (B2 668-669)	Lanthes et Le Meix (hameau)	23 au total (C6403)	bailliage de Châlon/ ar. Beaune, c. Seurre
Baronnie de Meursault (B2 734-737)	Meursault	271 (C6590)	bailliage de Beaune/ar. Beaune, c. Beaune-Nord
	Auxey-le-Grand et Auxey-le-Petit (hameau)	100 pour les deux (C6533)	*idem* comm. Auxey-Duresses
Justice de Montot (B2 763-764)	Montot	45 (C6036)	bailliage de Saint-Jean-de-Losne/ar. Beaune, c. Saint-Jean-de-Losne
Justice de Senailly (Arch. dép. Côte-d'Or, B2 1220-1221)	Senailly, Saint-Germain-lès-Senailly et Quincerot (hameau)	112 au total (C7375)	bailliage de Semur/ ar. Montbard, c. Montbard

Tableau 1. – *Justices seigneuriales étudiées.*

Les « Grands-Jours »

Sur vingt années, dans les 14 justices étudiées, il y eut 113 procès[9] de police aux « Grands Jours » annuels, mais seulement 18 aux séances hebdomadaires. En général, les affaires de police sont donc réservées aux Grands Jours, tandis que les affaires civiles et criminelles sont résolues aux séances ordinaires. Les juges y font aussi, annuellement, la lecture des règlements de police et surveillent la vie politique locale, dont l'élection des « officiers » des communautés.

Quelques semaines avant la tenue des Jours, le greffier fait publier la date prévue pour les assises. À Fontaine-en-Duesmois le greffier nota le 21 avril 1751 que les Jours avaient été annoncés une semaine au préalable : « Le procureur d'office aurait fait publier

9. Par « procès » de police j'entends ici toutes les instances où le juge, à la demande du procureur d'office, a assigné une amende à un particulier. J'exclus les amendes pour délit de pâture (où il y en a toujours).

à l'issue de la messe paroissiale, les habitants sortant en foules dimanche dernier [10]. » À la date et au lieu annoncés, la justice se réunit en présence des chefs de famille du village. Les Jours peuvent se tenir n'importe où ailleurs qu'au château du seigneur, de préférence à la halle communale ou, s'il y en a un, à l'auditoire. Le plus souvent, c'est dehors, au centre du village, avec une retraite dans une grange parfois rendue nécessaire par « l'injure du temps ».

Les Jours commencent par l'appel des noms. D'après les rôles de taille, le greffier vérifie la présence de chaque chef de famille aux assises. Ceux qui sont absents sans raison doivent payer une amende de 3 livres 5 sols, parfois modérée à 10 sols. Les seules excuses acceptables sont la maladie, la vieillesse et l'absence au moment de l'annonce. Le juge de Fontaine-en-Duemois excuse trois habitants qui « ont proposé des excuses légitimes par la voix des habitants [11] ». En général, les habitants viennent tous aux Jours de la seigneurie. À Messigny, sur vingt ans d'assises, personne n'a été pénalisé pour une absence non-excusée. À Chazilly-le-Haut, en 1785, des 23 familles mentionnées dans les rôles de taille, deux sont venues en retard sans subir de pénalité, deux sont absentes et excusées et un habitant absent reçoit une amende de 3 livres 5 sols [12].

Si les gens viennent d'habitude aux Jours, ils essayent parfois de partir avant la fin. René Pageot a dû payer 3 livres 5 sols « pour s'être retiré de l'assemblée pendant la lecture des règlements généraux de police et avant l'expédition de nos jours [13] ». En réponse à la réprimande du juge de Senailly, disant qu'il fallait y rester jusqu'à la fin, Gilbert Bresseau « nous aurait répondu d'un ton arrogant, que chacun savait ses affaires, que nous avions nos affaires ici, et qu'il avait les siennes ailleurs ». Il est mis à l'amende de 3 livres 5 sols pour cette irrévérence à la justice [14]. Le fait que les Jours se tiennent souvent dans le temps des moissons encourageait probablement certains habitants à partir avant la fin.

De la lecture des arrêts aux affaires locales

Après l'appel des noms, le juge sermonne les habitants sur leur conduite. Les règlements donnés aux habitants de Fontaine-en-Duesmois sont de bons exemples du genre d'affaires de police réglé aux Jours [15]. Le juge, ici, commence par la lecture d'arrêts généraux du parlement de Dijon, qui sont répétés partout en Bourgogne. On défend aux habitants de visiter les cabarets dans leur lieu de domicile, ils ne doivent pas « jurer le saint nom de Dieu » et sont censés participer aux messes du dimanche avec « toute la modestie due ». Les villageois ne peuvent jamais chasser, et leurs chiens doivent porter des bâtons au cou pour protéger le gibier [16]. Le bétail, sauf les bêtes de trait, doit être mis « sous le bâton du pâtre communal ». Enfin, ce bétail ne peut pas pâturer dans les forêts du seigneur sans permission.

---

10. Arch. dép. Côte-d'Or, B2 605/1, justice seigneuriale de Fontaine-en-Duesmois, Grands-Jours. Voir aussi le procès-verbal des Grands-Jours de Marigny, dans SAINT JACOB, *Documents relatifs à la communauté villageoise en Bourgogne...*, 1962, p. 57-60.
11. Arch. dép. Côte-d'Or, B2 605/1, justice seigneuriale de Fontaine-en-Duesmois, Grands-Jours du 3 février 1750.
12. Arch. dép. Côte-d'Or, B2 supplément 76, Grands-Jours du 6 septembre 1785.
13. Arch. dép. Côte-d'Or, B2 423/1, justice seigneuriale d'Aisey, Pont d'Aisey, Grands Jours du 12 mai 1789. Le juge nota que Pageot était parti, et a vérifié les présences de nouveau. Il a découvert que Claude Judrin lui aussi était parti, et l'a puni d'une amende de 3 livres 5 sols.
14. Arch. dép. Côte-d'Or, B2 1022/7, justice seigneuriale de Senailly, Saint-Germain, Grands-Jours du 10 juin 1754.
15. Arch. dép. Côte-d'Or, B2 605/1, justice seigneuriale de Fontaine-en-Duesmois, séance du 12 mai 1755.
16. Un bâton au cou d'un chien l'empêche de pouvoir poursuivre les lapins dans leurs trous.

Après ces règlements généraux, qui proviennent pour la plupart directement d'arrêts du parlement, le juge s'occupe des affaires plus locales. Les habitants doivent attendre la division de la forêt communale en lots par les officiers de la justice avant de couper des arbres. Les chèvres doivent rester près des maisons – les gardes forestiers tueront toutes celles qu'ils trouveront dans les champs. Les habitants ne doivent pas faire de nouvelles « routes » à travers les champs ensemencés, et il est défendu d'endommager les haies, de faire du feu près des forêts, et de cueillir des fleurs et de l'herbe dans les champs. Tous ceux qui font des trous pour chercher des pierres doivent les remplir. Les règlements et arrêts généraux publiés et lus aux Grands-Jours concernaient pour la plupart la police de l'agriculture et non les droits du seigneur.

On peut montrer d'une manière plus précise qu'aux Jours les arrêts et règlements visent surtout l'agriculture. Après 1780, environ, tous les juges de Bourgogne lisent les mêmes arrêts aux justiciables. Les arrêts « dont on fait lecture à la tenue des Grands-Jours » sont rassemblés dans deux livrets publiés avec l'approbation du parlement : *Règlements généraux pour les justices seigneuriales, corrigés et augmentés par un Avocat de cette ville, en l'année 1779*, et une édition augmentée, *Règlements généraux qui s'observent dans tout le ressort de la cour, et dont on fait lecture à la tenue des Grands-Jours. Nouvelle Edition...*

	Agriculture, voirie	Moralité	Autorité des seigneurs	Politique locale	Procédure judiciaire
Capel, 1779	23	6	4	13	14
Causse, 1786	31	10	4	9	4

Tableau 2. – *Sujets des arrêts publiés aux Grands-Jours après 1780.*

Dans la dernière décennie de l'Ancien Régime, les habitants de tous les villages de la Bourgogne entendent donc chaque année les mêmes arrêts dans les Grands-Jours de leurs seigneuries respectives. En classant les arrêts par sujet, on peut voir comment le parlement de Dijon veut utiliser les Grands-Jours locaux pour garder l'ordre à la campagne. Les deux pamphlets ne contiennent que quatre arrêts chacun (7 % des arrêts dans les deux cas) concernant les droits et revenus des seigneurs (surtout la chasse). La plus grande catégorie est l'agriculture, et le maintien des bâtiments et chemins dans les villages (53 % dans un livret et 38 % dans l'autre). Il est, par exemple, défendu aux habitants de grappiller dans les vignes moins de trois jours après les vendanges ; ils doivent détruire les nids de chenille dans leurs enclos et jardins, et doivent maintenir les fours et cheminées dans un état qui ne menace pas d'incendier le village. La politique locale (l'élection des officiers locaux et leurs responsabilités) occupe 22 % et 16 % des arrêts. La majorité des arrêts et règlements lus et publiés aux Grands-Jours visent donc les relations sociales entre les villageois et la politique au sein de la communauté, et non le pouvoir des seigneurs sur leurs paysans.

La désignation des « officiers » des villages

Après la lecture des arrêts et règlements, les habitants nomment les syndics, asséeurs, collecteurs et autres agents villageois en présence du juge, qui reçoit ensuite le serment de ceux qui sont élus. Les agents ne peuvent pas exercer leur fonction sans avoir été reçus par le juge seigneurial dont dépend le village. Selon quelques historiens, un seigneur pouvait influencer ou décider les élections afin de placer ses « clients » dans les offices communaux et faire sous-estimer la cote de son fermier, et presque monopoliser les communaux. Pierre de Saint Jacob, en particulier, a écrit qu'au XVIIe siècle un seigneur pouvait presque choisir les syndics et asséeurs, pour mettre ses clients dans les offices communaux[17]. Il n'est pas du tout revenu sur cette question pour le XVIIIe siècle. Par contre, on sait qu'en Normandie, les seigneurs ont toujours été écartés des assemblées à caractère fiscal[18]. Dans le Sud-Ouest de la France, au XVIIIe siècle, les habitants et le seigneur nommaient ensemble les jurats des communautés mais, par contre, il était interdit à ce dernier de participer à la nomination des collecteurs d'impôts[19].

Les seigneurs bourguignons sont impuissants, au XVIIIe siècle, à influencer personnellement les élections des agents villageois[20]. Le poste le plus important est celui du « procureur-syndic » ou « échevin » – deux par village. S'ils ont peu d'autorité formelle, ils ont accès à l'argent du village et représentent la communauté dans le monde extérieur. Les villages nomment aussi deux « asséeurs » qui répartissent la taille parmi les habitants, et deux collecteurs qui ramassent l'argent. Pour la police des champs, ils nomment deux « messiers », qui parcourent les champs, saisissant les animaux pris en délit. Dans les régions viticoles, il y a aussi parfois deux « vigniers », l'équivalent des messiers pour la police des vignes. Après 1772, il y a en plus trois « prud'hommes » qui estiment les dommages et intérêts civils dans les délits ruraux. Tous les villages de Bourgogne nomment annuellement au moins huit et parfois une douzaine d'agents locaux.

Le juge seigneurial doit vérifier que chaque poste est occupé. Le gouvernement central veut aussi que les villages aient des agents qui puissent légalement représenter la collectivité. L'importance, par exemple, des collecteurs d'impôts dépasse la seule opération de collecte. Ils sont personnellement responsables de l'acquittement des impôts du village : au cas où un habitant ne payerait pas ses impôts, le collecteur les paye lui-même et intente ensuite un procès devant le juge seigneurial pour le recouvrement. Les syndics, pour leur part, répondent personnellement des dépenses du village. Ils fournissent des comptes aux subdélégués de l'Intendant, qui les forcent parfois à rembourser des dépenses inutiles ou non « régulièrement homologuées ». Même les messiers et vigniers paient les dommages civils des délits ruraux pour lesquels ils n'ont pas attrapé les animaux. Les employés locaux sont des intermédiaires entre l'État et le village. Ils simplifient la surveillance des comptes, la collecte des impôts et la protection des champs, en donnant au gouvernement des pouvoirs coercitifs, sans que les autorités supérieures aient à décider qui est réellement responsable.

La responsabilité personnelle des agents villageois donne aux juges seigneuriaux un grand rôle à jouer dans la vie politique locale. Le gouvernement ne s'intéresse guère aux disputes entre collecteurs et villageois qui refusent de payer leurs impôts. Les conflits sont donc examinés par le juge seigneurial du lieu. Ces mêmes juges qui interviennent

17. SAINT JACOB, *Les Paysans...*, 1960, *op. cit.*, p. 124-126.

18. FOLLAIN, « Les communautés rurales en France. Définitions et problèmes... », 1999b. Aussi GUTTON, *La Sociabilité villageoise dans l'ancienne France...*, 1979, p. 20.

19. ZINK, *Clochers et troupeaux...*, 1997, *op. cit.*, p. 194-197.

20. La situation bourguignonne est différente de celle de l'Artois, où le seigneur a un rôle formel dans la nomination des officiers communaux – il nomme toujours le maire, et parfois aussi les échevins. JESSENNE, *Pouvoir au village et Révolution...*, 1987, p. 32.

dans les questions du gouvernement local doivent connaître les agents du village, vérifier la régularité de leur élection, s'enquérir de leur « dignité » et vérifier qu'ils sont assermentés. Si la justice seigneuriale surveille les nominations et serments, ce n'est pas pour donner un droit de *veto* au seigneur, mais parce que cette même justice doit décider de la responsabilité juridique et civile des syndics, asséeurs, collecteurs et messiers. Afin de décider si une cote sur le rôle de taille est juste, le juge doit connaître les asséeurs et savoir qu'ils ont été nommés, selon les règlements, en assemblée générale de la communauté d'habitants.

Une « police » qui n'est pas forcément oppressive

Le lien entre la surveillance judiciaire de la politique locale et l'autorité des juges sur les disputes administratives est important, puisque certains historiens veulent y voir une expression de l'oppression seigneuriale. Mais, aux Grands-Jours, les juges ne refusent jamais les nominations faites par les habitants. Formellement, il est défendu aux seigneurs d'assister aux Jours et, puisque les juges reçoivent les serments aussitôt qu'ils sont nommés, en principe le seigneur ne connaît leur choix qu'après la décision finale. Il est difficile de savoir si le seigneur avait une influence informelle sur le choix des syndics, asséeurs et collecteurs. Le fermier de la seigneurie, qui assiste aux assemblées générales comme aux Jours, utilise sans doute parfois son autorité comme un des habitants les plus aisés pour influencer les décisions de la communauté en faveur du seigneur. Et même si le seigneur n'assiste pas aux assemblées où les agents sont nommés, si les choix sont médités d'avance, il peut parfois les connaître et les influencer. Mais finalement, malgré les possibilités d'influence informelle, il est douteux qu'il y ait assez de villageois soumis au seigneur pour pouvoir occuper 8 à 12 fonctions dont les titulaires sont renouvelés chaque année[21].

Même les juges n'ont pas d'influence évidente sur le choix des représentants du village. Leur rôle se limite à vérifier la légalité de la nomination et à recevoir le serment. Un arrêt du parlement de Dijon de 1768, qui renouvelle l'obligation de tenir des assises chaque année, ne laisse aucun doute sur le fait que c'est la communauté, et non le juge ou le seigneur, qui choisit les agents. Aux assises, selon l'arrêt, les juges « recevront le serment des messiers, asséeurs, collecteurs, procureurs [syndics] ou échevins qui seront choisis et présentés par la communauté pour l'année suivante[22] ». Généralement, les hommes délibèrent aux assises, en présence du juge. Parfois ils se réunissent avant les Jours pour choisir les agents. En de tels cas, aux assises, le juge reçoit seulement le serment. Les habitants de Villerrottin apparaissent aux Jours avec une liste toute faite, où figurent les asséeurs, collecteurs, syndics, messiers et prud'hommes pour l'année suivante[23]. Quand l'élection se fait aux Grands-Jours, ceux-ci gardent le caractère d'une sorte d'assemblée générale de la communauté d'habitants, présidée par le juge, qui néanmoins a très peu d'influence sur les décisions. À Meursault, le procès-verbal des assises

---

21. Dans le village de Tart-le-Haut, de 1752 à 1789, 57 % des hommes sont élus au moins une fois. Les plus riches tiennent les offices plus souvent, mais les classes moyennes ne sont pas exclues (23 % de ceux qui payent moins de 200 sols d'impôts royaux sont élus), mais la participation est la même pour ceux qui payent entre 200 et 600 sols et ceux qui payent plus de 600 sols (70 % dans les deux cas). SCHWARTZ, « Beyond the Parish Pump : The Politicization of the Peasantry in Burgundy, 1750-1850 », 1998, p. 123.
22. Bibl. mun. Dijon, ms. 1308, *Recueil d'Arrêts du Parlement de Dijon*..., vol. 5, arrêt du 26 mars 1768.
23. Arch. dép. Côte-d'Or, B2 458/4, justice seigneuriale de Villerrottin, Grands-Jours du 19 août 1784.

note que ce sont les habitants qui ont fait les choix : « avons donné acte auxdits habitants de ce qu'ils nomment pour procureurs de communauté[24]... ».

Une affaire intéressant la baronnie de Gemeaux illustre un aspect inattendu des droits de police des juges sur la nomination des agents locaux. En 1757, les échevins se réunissent avec le juge pour se plaindre de ce que les habitants refusent de les remplacer à la fin de leur temps d'exercice. Ils disent avoir essayé trois fois de convoquer une assemblée, mais personne ne s'est présenté. Le dimanche précédent, sur 150 familles, seulement six personnes ont été présentes. Les échevins « s'aperçoivent facilement qu'on voudrait allonger leur service puisque les habitants affectent de ne point paraître aux assemblées et que dès qu'ils entendent sonner la cloche ceux qui se trouvent pour lors sous la halle la quittent afin de ne point être présents sans doutes à l'assemblée ». Le juge ordonne alors que la communauté d'habitants se réunisse pour nommer des syndics, ce qu'ils font une semaine plus tard[25]. Ainsi, non seulement les juges garantissent que les fonctions sont occupées, mais ils protègent les officiers des caprices des villageois.

Dans les fonds des 14 justices seigneuriales étudiées, nous n'avons trouvé qu'un exemple de l'intervention d'un juge dans la sélection des agents des villages. En 1783, Nicolas Ladey intente un procès contre Jean Ladey, le collecteur, pour double collecte de taille. En examinant les rôles, le juge observe que Jean Ladey a effacé la note en marge qui prouvait que Nicolas Ladey avait déjà payé. Jean est condamné à payer 50 livres de dommages et intérêts à Nicolas, et à se repentir publiquement devant le village. De plus, le juge le déclare « incapable à l'avenir d'exercer les fonctions de collecteur et toutes autres de communauté[26] ». Sauf des abus graves de la part des agents de la communauté, les juges laissent donc aux habitants des villages le choix de leurs échevins, messiers, vigniers, asséeurs et collecteurs. Les juges homologuent tout simplement la décision de la « pluralité » des habitants, sans donner un pouvoir d'intervention ou de *veto* au seigneur.

Le pouvoir des seigneurs aux assises

Les seigneurs ne peuvent pas déterminer la sélection des agents locaux. De plus, les juges et procureurs d'office n'utilisent pas les pouvoirs de police pour soutenir les seigneurs. Les Grands-Jours concernent surtout les affaires communales, et très peu de celles discutées ou réglées aux Jours intéressent le seigneur. La seule exception notable est la protection du droit de chasse. Chaque année aux assises, le juge fait rappeler aux paysans qu'ils n'ont pas le droit de porter des fusils, de chasser, de tendre des lacets ou de laisser leurs chiens parcourir le village sans bâton au cou. Il pénalise également ceux pris en contravention des règles de la chasse. Malgré tous ces règlements, la protection du gibier pour le plaisir du seigneur n'est pas sa priorité. Dans 14 justices et 26 villages sur vingt années, il n'y a que 14 amendes pour chasse et 20 pour chiens sans bâtons. Comme droit seigneurial, la chasse apporte peu de revenus aux seigneurs, et une police effective de ce droit aurait sans doute coûté plus qu'il n'en valait.

24. Arch. dép. Côte-d'Or, B2 734/2, baronnie de Meursault, Grands-Jours du 22 août 1787.

25. Arch. dép. Côte-d'Or, B2 607/18, justice seigneuriale de la baronnie de Gemeaux, séance du 15 mais 1757 et Grands-Jours du 7 juin 1757 (sur Gemeaux, voir ROOT – note des éditeurs).

26. Arch. dép. Côte-d'Or, B2 603/2, justice seigneuriale de Foncegrive, séances des 17 janvier 1783, 19 février 1783, 5 avril 1783, 8 mai 1783 et 26 juillet 1783.

On peut utiliser les cahiers de doléances pour montrer que les paysans n'associent pas la police avec l'autorité personnelle du seigneur[27]. Plusieurs cahiers dénoncent le contrôle que les seigneurs ont sur leurs juges : 42 sur 301 demandent que leur influence sur la justice soit modérée. La demande la plus fréquente est que les offices judiciaires ne soient pas révocables, ce qui donnerait plus d'indépendance aux juges. Les paysans ont raison de se plaindre d'être exploités par le moyen de la justice. Les seigneurs bourguignons intentent souvent (et même plus souvent qu'ailleurs) des procès contre leurs paysans, et le nombre de tels procès croît vers la fin du siècle[28].

Si les cahiers dénoncent la tendance des seigneurs à utiliser la justice civile pour protéger leurs terres, droits et redevances, il est peut-être surprenant que les paysans bourguignons soient satisfaits de la police des campagnes par ces mêmes juges. Les cahiers ne dénoncent jamais l'influence des seigneurs sur la police. Plusieurs indiquent même la volonté d'augmenter les pouvoirs de police des juges seigneuriaux : quatre suggèrent que les juges seigneuriaux, et non l'Intendant, fassent la vérification des comptes des villages, et dix demandent que les biens communaux soient entièrement sous le contrôle du juge seigneurial (et non de l'Intendant ou de la maîtrise des Eaux et Forêts). Plusieurs cahiers, qui condamnent l'influence des seigneurs sur leurs juges dans les affaires civiles, demandent en même temps que les juges aient plus de pouvoir de police. Les habitants de Savoissy, dans le bailliage de Semur-en-Auxois, demandent « que les officiers des seigneurs seront inamovibles et qu'il ne sera pas loisible aux seigneurs de les destituer sinon pour cause de forfaiture ». Les mêmes habitants voudraient la suppression des tribunaux d'exception, surtout des maîtrises, « leurs fonctions pouvant être réservées aux officiers des lieux pour les bois des communautés[29] ». Ce paradoxe apparent est causé par le fait que le pouvoir de police des juges sert avant tout à aider les communautés villageoises à se réguler elles-mêmes, sous la surveillance des juges qui connaissent la loi.

Villages et juges ensemble

Après la lecture des règlements et la nomination des officiers, le juge demande aux habitants s'ils ont des plaintes, demandes ou commentaires à faire. Les villageois ont toutes sortes de choses à dire, comme les Jours de Chazilly de 1784 nous en donnent l'exemple[30]. Plusieurs habitants notent que les gens vont souvent dans les champs ensemencés pour cueillir l'herbe, détruisant la récolte par leur passage. Le juge menace d'une amende de 10 livres tous ceux qui le feront. Les habitants se plaignent ensuite que Jacques Guignard ait fait plusieurs trous dans les communaux et sur la route, ce qui menace les habitants et leur bétail. Guignard ne dispute pas sa responsabilité, et le juge lui ordonne de les remplir, sous peine de 20 livres d'amende.

27. Pour la Bourgogne du nord, j'ai pu consulter 94 cahiers des paroisses du bailliage de Châtillon-sur-Seine, 122 cahiers du bailliage de Semur-en-Auxois, 48 cahiers du bailliage d'Arnay-le-Duc, 36 cahiers du bailliage de Saulieu, et 2 du bailliage de Beaune. Arch. dép. Côte-d'Or, B2 209 *bis* (Châtillon-sur-Seine), B2 226/1 (Semur-en-Auxois), B2 242/1 (Arnay-le-Duc), B2 254/1 (Saulieu), B2 161/3 (Beaune).

28. À peu près 10 % des procès civils ont le seigneur (ou son représentant) pour demandeur. HAYHOE, *Judge in their own cause. Seigneurial justice in northern Burgundy*..., 2001, chap. 6.

29. Arch. dép. Côte-d'Or, B2 226/1, bailliage de Semur-en-Auxois, cahier de Savoissy.

30. Arch. dép. Côte-d'Or, B2 suppl. 76, justice seigneuriale de Chazilly-le-Haut, Chazilly-le-Bas, Grands-Jours du 20 septembre 1784.

Les habitants de Chazilly discutent ensuite de politique locale avec le juge. Ils l'informent qu'ils ont passé un traité avec un particulier pour sonner la cloche matin, midi et soir. Ils sont d'accord pour lui payer 4 sols par laboureur et 2 sols par manouvrier. Le juge homologue la décision. Ensuite, Pierre Comeau annonce au juge et au village qu'il déménage, commençant la procédure pour payer ses tailles ailleurs (la renonciation de l'incolat)[31]. Finalement, ils notent qu'il y a une épizootie dans le village de Sainte-Sabine, dont les habitants amènent leurs bêtes mortes à la forêt de Chazilly pour les enterrer. Le juge et les gens du village partent alors pour voir les enterrements, et le juge note qu'ils sont peu profonds et que les chiens pourraient ronger les corps. Il ordonne au procureur d'office de faire appeler les coupables devant lui en séance ordinaire.

Cette séance des Grands-Jours de Chazilly montre le genre de sujets que les habitants sont prêts à discuter volontairement avec leurs juges. L'exemple, cependant, ne démontre pas la diversité des expériences aux Grands-Jours. Les habitants discutent de toutes sortes de choses qui affectent le village en tant que communauté. Les plaintes concernant l'agriculture communale sont très fréquentes. Tous les villages poursuivent les usurpations des communaux. À Meursault en 1751, les habitants se plaignent de celles faites par Jobard et Feragni, et le juge leur ordonne de restituer la terre au village[32]. L'usage et la division de la forêt communale sont aussi réglés aux Jours, à la requête des habitants. Souvent les officiers judiciaires, accompagnés d'experts forestiers, divisent la forêt en lots égaux qui sont ensuite distribués aux habitants[33].

Si les actions des juges dans les affaires de police résultent des plaintes des habitants, il est regrettable qu'on ne sache que rarement à qui appartiennent les voix que l'on rapporte. Les sources ne notent pas qui parle. À Fontaine-en-Duesmois, le juge assigne une amende « sur les plaintes faites par les habitants que le nommé Jean Le Gendre faisait son troupeau séparé, de même que Pierre Desarbe[34] ». On ne sait pas qui s'est plaint. Il est probable qu'aux assises, tout comme aux assemblées ordinaires, les voix des « coqs de village » dominaient. Pourtant, il est certain que les manouvriers et journaliers pouvaient mieux se faire entendre aux assises qu'aux assemblées générales, nettement dominées par « la plus saine et majeure partie » des habitants, les laboureurs et gros fermiers. Ceux sans terre n'y assistaient que rarement. Aux assises, par contre, la présence de tout chef de famille était assurée (par des amendes), et le juge pouvait demander l'opinion des moins aisés. En 1785, les habitants de Foncegrive ont à décider s'ils veulent cultiver le bois communal ou attendre sa maturité. Le juge pose la question à chaque habitant présent – 21 veulent le couper et diviser, et 9 désirent attendre[35]. Quand ce même village se réunit en assemblée générale pour décider combien de terre réserver en regain, seulement neuf habitants sont présents[36]. Aux Grands-Jours les affaires politiques étaient discutées devant plus d'habitants, qui avaient un plus grand rôle à y jouer qu'aux assemblées générales. Cette participation élargie renforce l'idée que les Grands-Jours sont en

31. Ceux qui déménageaient sans renoncer à l'incolat risquaient de payer les impôts dans les deux localités. Voir le *Traité des tailles suivant les usages du Ressort du Parlement de Bourgogne*, 1759. La thèse d'histoire du droit de Pierre d'Orgeval-Dubouchet, *La Taille en Bourgogne au XVIIIe siècle…* (Dijon, éd. Pornon, 1938, VIII-303 p.) vient en entier de ce traité.

32. Arch. dép. Côte-d'Or, B2 734/1, justice seigneuriale de la baronnie de Meursault, Grands-Jours du 4 octobre 1751.

33. À Ancey, par exemple, les villageois se plaignent en 1756 que plusieurs ont laissé des petits troncs d'arbres, et le juge ordonne qu'à l'avenir tout le monde coupe les arbres au niveau de la terre. Arch. dép. Côte-d'Or, B2 1252/2, justice seigneuriale d'Ancey, Grands-Jours du 23 août 1756.

34. Arch. dép. Côte-d'Or, B2 605/1, justice seigneuriale de Fontaine-en-Duesmois, Grands-Jours du 7 mai 1788.

35. Arch. dép. Côte-d'Or, B2 603/2, justice seigneuriale de Foncegrive, Grands-Jours du 22 décembre 1785.

36. Arch. dép. Côte-d'Or, B2 604/2, justice seigneuriale de Foncegrive, délibération du village du 23 juillet 1785.

effet une sorte d'assemblée générale de la communauté d'habitants sous la vue du juge, plutôt qu'une réunion pour affirmer le pouvoir du seigneur.

Imposition d'une culture des élites ?

La pratique de la police concernait donc surtout les affaires agricoles et la politique locale. Parfois, cependant, le juge et le village discutent d'affaires de moralité. Six paysans ont payé des amendes pour avoir travaillé le dimanche sans permission. Jean Maîtrejean, par exemple, a été pénalisé de 20 sols pour avoir creusé des puits[37]. En outre, deux hommes sont pénalisés pour désordre public, dont l'ivresse et le mauvais traitement de leurs femmes. Quand le procureur d'office dit au juge qu'Antoine Mercenot cause scandale au village, les habitants sont d'accord. Une semaine avant les Grands-Jours, il a beaucoup bu dans le cabaret et a maltraité sa femme. Sans l'intervention des voisins, il l'aurait assommée. Pire encore, selon les mêmes habitants, Étienne Mortureux maltraitait souvent sa femme. Il l'a même plusieurs fois mise hors de la maison par mauvais temps. Le juge a puni ces deux hommes par des amendes de 25 livres. Le village décida ensuite que Mortureux était indigne de son office de vignier, et le remplaça aussitôt (toujours aux assises)[38].

Dans ces cas de moralité c'est sans doute le curé ou un paroissien dévot qui s'est plaint au procureur d'office, puisque les juges et procureurs d'office sont toujours des habitants des villes, qui viennent rarement au village et ne connaissent les abus que lorsqu'un habitant les en informe[39]. Et si les amendes pour avoir travaillé le dimanche témoignent d'une rivalité religieuse et culturelle, les juges donnent très peu de leur temps à réprimer l'irréligion. Dans les 14 justices seigneuriales étudiées on peut estimer que sur vingt années les juges ont fait payer plus que 6000 amendes. Il s'agit d'une extrapolation basée sur le dépouillement de 8 justices sur les 14 du corpus[40]. De ces 6000 amendes, seulement huit sont pour des faits de moralité[41]. Ce chiffre de huit amendes pour la moralité n'inclut pas les amendes pour la consommation publique d'alcool (voir *infra*). La grande majorité des amendes sont pour des délits de pâture, de semence et de récolte.

	Saint-Bénigne	Bagnot	Ampilly-lès-Bordes	Lanthes	Billey	Ancey	Foncegrive	Fontaine
1750-1759	190	158	53	152	469	175	434	7
1780-1789	37	219	107	194	569	138	213	148

Tableau 3. – *Nombre d'amendes dans les 8 juridictions étudiées.*

37. Arch. dép. Côte-d'Or, B2 1048, justice seigneuriale de Saint-Bénigne, Bellefond, Grands-Jours du 2 septembre 1788.
38. Arch. dép. Côte-d'Or, B2 1252/2, justice seigneuriale d'Ancey, Grands-Jours du 23 août 1756.
39. Dans le bailliage de Dijon en 1780, seulement 6 % des juges, 7 % des procureurs d'office et 15 % des greffiers habitent dans le village où ils jugent. La liste des officiers de justice du bailliage est publiée dans l'*Almanach de la province de Bourgogne et particulièrement de la ville de Dijon, pour l'année bissextile 1780*, Dijon, Frantin, 1780, p. 78-98. Pour une analyse des officiers judiciaires, HAYHOE, *Judge in their own cause…*, *op. cit.*, chap. 4.
40. En général j'ai travaillé sur 14 justices seigneuriales, notant chaque procès et tous les Grands-Jours. Le tout constitue une base de données de plus de 3200 procès pour les années 1750-1759 et 1780-1789. Pour les 8 justices étudiées de plus près, 1638 amendes ont été infligées dans les années 1750-1759 et 1625 amendes entre 1780 et 1789.
41. Le nombre global des amendes est estimé par extrapolation, mais celui de certaines amendes particulières, comme celles pour faits de moralité, est un nombre exact, résultat d'un relevé exhaustif.

Il n'y avait qu'une sorte d'activité que les juges voulaient réprimer sans l'appui de la majorité des paysans : la sociabilité publique de l'alcool. Selon un arrêt du parlement de Dijon de 1718, répété en 1778, les cabarets ne sont qu'au service des voyageurs. En réponse à une pétition sur les mauvais effets de la consommation publique de l'alcool signée par 11 curés, le parlement défend aux cabarets de donner à boire aux habitants du village. Personne ne peut passer par la porte d'un cabaret à moins d'une lieue (environ 5 kilomètres) de son domicile[42]. Cette législation, qui veut effectivement éliminer la sociabilité publique de l'alcool, est limitée en France à la juridiction du parlement de Dijon. Celui-ci est déterminé à se faire obéir, et les officiers des justices seigneuriales sont censés être la première défense contre la consommation de l'alcool en public.

Les juges et procureurs d'office de la province essaient de faire respecter cet arrêt, mais sans aucun succès. Des amendes et des menaces contre les cabaretiers, les buveurs, les parents et les maîtres restent inefficaces, puisque l'arrêt est extrêmement impopulaire. Les habitants ne dénoncent jamais le débit public de l'alcool, sauf quand il est accompagné de violence. Chaque fois que les officiers rendent visite aux cabarets, ils y découvrent des habitants en train de vider leurs chopines de vin. À Messigny, quand le juge ordonne que les échevins fassent des visites aux cabarets, ils refusent d'obéir. En plus, les habitants les soutiennent dans leur refus : « Ils ont même excité la plus grande partie des habitants de s'y retirer avec émotion et scandale[43]. »

Les réponses des cabaretiers devant le juge montrent parfois qu'ils sont frustrés par cette politique bizarre. Les hameaux de Chazilly-le-Haut et Chazilly-le-Bas avaient un embarras de richesse, avec quatre cabarets officieux. Quand le juge a appelé leurs propriétaires par-devant lui pour savoir s'ils donnaient à boire aux habitants, ils ont répondu « qu'il fallait bien qu'ils gagnassent leur vie, [et] qu'ils étaient obligés d'en donner à ceux qui venaient leur en demander ». Une amende de 50 livres ne les a pas arrêtés, puisqu'aux Jours de l'année suivante, le procureur d'office informe le juge que l'un d'eux n'avait non seulement pas payé son amende, mais continuait à « donner à boire comme ci-devant[44] ». Accusé, un cabaretier à Flée admet avoir donné à boire à plusieurs habitants la veille de Noël, mais dit qu'ils ont bu « sans bruit ni scandale » et « qu'il n'estime pas avoir fait aucun mal[45] ».

Les témoignages dans les procès pour bagarres montrent que les règlements contre la vente de l'alcool aux habitants ne sont nullement respectés. Les bagarres ou injures dans les cabarets mènent souvent à des procès civils et criminels. Dans ces cas, les juges entendent toujours le témoignage des habitants qui ont tout vu et entendu. À Ancey, le juge a parlé avec six témoins qui avaient vu une bagarre dans le cabaret – des laboureurs, vignerons et manouvriers, âgés de 20 à 40 ans. Deux témoins se sentaient évidemment obligés d'expliquer leur présence illicite au cabaret, disant être entrés pour attendre des habitants d'autres villages pour faire des transactions[46]. Ce procès est pareil

42. L'arrêt de 1718 est cité dans le *Dictionnaire ou traité de la police générale...* de Fréminville, article « cabarets ». Pour l'arrêt du 12 janvier 1778, voir le *Recueil des arrêts du Parlement...*, Bibl. mun. Dijon, ms. 1308.

43. Arch. dép. Côte-d'Or, B2 1032, justice seigneuriale de Saint-Bénigne, Messigny, Grands-Jours du 15 septembre 1755. Les échevins reçoivent des amendes de 10 livres chacun, pour leur « désobéissance et rebellion à justice ».

44. Arch. dép. Côte-d'Or, B2 sup 76, justice seigneuriale de Chazilly, Grands-Jours du 3 octobre 1786, Grands-Jours du 22 octobre 1787.

45. Arch. dép. Côte-d'Or, B2 601/2, justice seigneuriale de Flée, séance du 27 janvier 1753.

46. Arch. dép. Côte-d'Or, B2 1253/1, justice seigneuriale d'Ancey, séance du 19 novembre 1754.

à des douzaines d'autres, démontrant que les cabarets étaient remplis de villageois partageant leur vin et participant à la sociabilité villageoise.

Quand le procureur d'office de Foncegrive exprime son manque de succès pour arrêter la consommation publique de l'alcool, il pouvait parler pour tous les autres procureurs d'office et juges de la province :

> « Quelque exactitude qu'il apporte à maintenir l'exécution des arrêts de règlement de la cour concernant les défenses de fréquenter les cabarets, il n'a pu arrêter le cours des contraventions qui se commettent dans le village dudit Foncegrive. Que les cabaretiers, au préjudice de ces règlements publiés aux tenues des Grands Jours, ne cessent de donner à boire tant de jour que de nuit à plusieurs personnes de ce village[47]. »

Ce procureur savait que le règlement réservant les cabarets aux voyageurs était désobéi par tout le monde. Cette législation puritaine est un bon exemple de l'échec d'un essai d'imposer des sensibilités et des actions plus civilisées aux paysans. Elle offre un bon contraste aux autres fonctions de police des justices seigneuriales, où le juge fait respecter des normes avec lesquelles presque tout le monde est d'accord.

Conclusion

Aux Grands-Jours, les justices seigneuriales de la Bourgogne du nord exerçaient une tutelle sur les villages. Les juges vérifiaient l'élection des officiers locaux, prenaient les opinions des habitants sur l'utilisation des ressources des villages et réprimaient les abus dans l'agriculture. Ils appliquaient la loi, tout comme les lieutenants aux bailliages et les magistrats au parlement. Au XVIIIe siècle, la féodalité reste importante en Bourgogne, mais la « réaction seigneuriale » se fait légalement. Loin d'inventer de nouvelles redevances ou de contrôler illégalement la nomination des asséeurs locaux, les seigneurs augmentent leurs revenus par la rente foncière et la protection de leurs forêts et champs par la justice civile et criminelle[48].

Comme premiers représentants de l'État central, les juges seigneuriaux font respecter les arrêts généraux du parlement de Dijon. Celui-ci aurait pu utiliser ces juges pour former des sujets plus soumis, plus religieux, plus disciplinés. Les juges faisaient lire chaque année des arrêts et édits sur la moralité : des défenses contre le blasphème, les charivaris, la sonnerie des cloches contre les tempêtes, et même contre les veillées. Mais les juges n'ont pas essayé du tout de faire respecter ces règlements. Ils ont, par contre, essayé de changer les habitudes des paysans par rapport à l'alcool, mais l'opposition populaire a fait de ce règlement une faillite totale. Ce que ces justices faisaient bien, et même très bien, c'était répondre aux plaintes des habitants, et aider la communauté à résoudre les disputes et problèmes qui menaçaient de la détruire.

---

47. Arch. dép. Côte-d'Or, B2 604/2, justice seigneuriale de Foncegrive, séances des 7 et 9 mars 1785.
48. HAYHOE, *Judge in their own cause...*, *op. cit.*, chap. 6.

Le rôle des assises et règlements de seigneurie dans la régulation sociale aux XVIIe et XVIIIe siècles. Le cas du Centre-Est de la France

Serge DONTENWILL

Maître de conférences honoraire, université « Lumière » Lyon II

Cette étude a pour cadre territorial un espace de dimension relativement modeste, peuplé de quelque 200 000 à 250 000 habitants. Il est constitué d'une série de petits pays situés de part et d'autre de la Loire supérieure entre une ligne allant de Paray-le-Monial à Chalon-sur-Saône au nord, et les confins méridionaux de la plaine forézienne et des Monts du Lyonnais au sud. Il s'agit d'un territoire sans unité, ni géographique ni administrative, ni juridique, ni même culturelle[1]. Pourtant, ce territoire hétérogène possède quelques traits communs à l'ensemble des pays qui le constituent. C'est d'abord un territoire profondément rural où n'existent que de petites villes. Seule Roanne, ville moyenne d'environ 7 500 habitants à la fin du XVIIIe siècle, émerge quelque peu. Il s'agit ensuite d'un ensemble géographique et économique qui appartient à la zone que Jean Jacquart qualifie de « France moyenne[2] » ; différente à la fois de la France des grandes plaines du Nord et du Bassin parisien et de la France du Midi, avec sa propre civilisation agraire. C'est surtout un territoire où les seigneuries ont généralement gardé une forte influence[3]. Le *Centre-Sud-Est* appartient incontestablement à l'aire des seigneuries puissantes. Ces seigneuries ne sont pas forcément de vaste dimension mais elles sont influentes et actives, notamment par leur justice qui est effectivement constitutive de la puissance seigneuriale. Jean Gallet le rappelle avec force : « La seigneurie ne comptait pas *habituellement* la justice, elle avait *toujours* la justice, sinon il n'y avait pas de seigneurie[4]. »

1. Il comprend une partie de la Bourgogne méridionale (Charolais-Brionnais et Haut-Mâconnais), le Roannais, le Forez montbrisonnais, le Haut Beaujolais et l'Ouest lyonnais. Voir BRAUDEL, *L'Identité de la France*, t. 1 : *Espace et histoire*, 1980, p. 186, et, sur cette géographie, DONTENWILL, *Du Terroir au pays et à la région. Les espaces sociaux en Roannais...*, 1997.
2. JACQUART, « Immobilisme et catastrophes », *Histoire de la France rurale*, 1975, t. II, p. 226-232, et rééd. coll. « Point Histoire », 1992, p. 204-210.
3. « Il serait contraire à l'esprit de l'Ancien Régime que les seigneuries soient également puissantes et également présentes dans la totalité du royaume » (GOUBERT, *L'Ancien Régime*, t. 1 : *La société*, 1969, p. 83).
4. Que cette justice soit ou non liée au fief : GALLET, *Seigneurs et paysans en France, 1600-1793*, 1999a, p. 20.

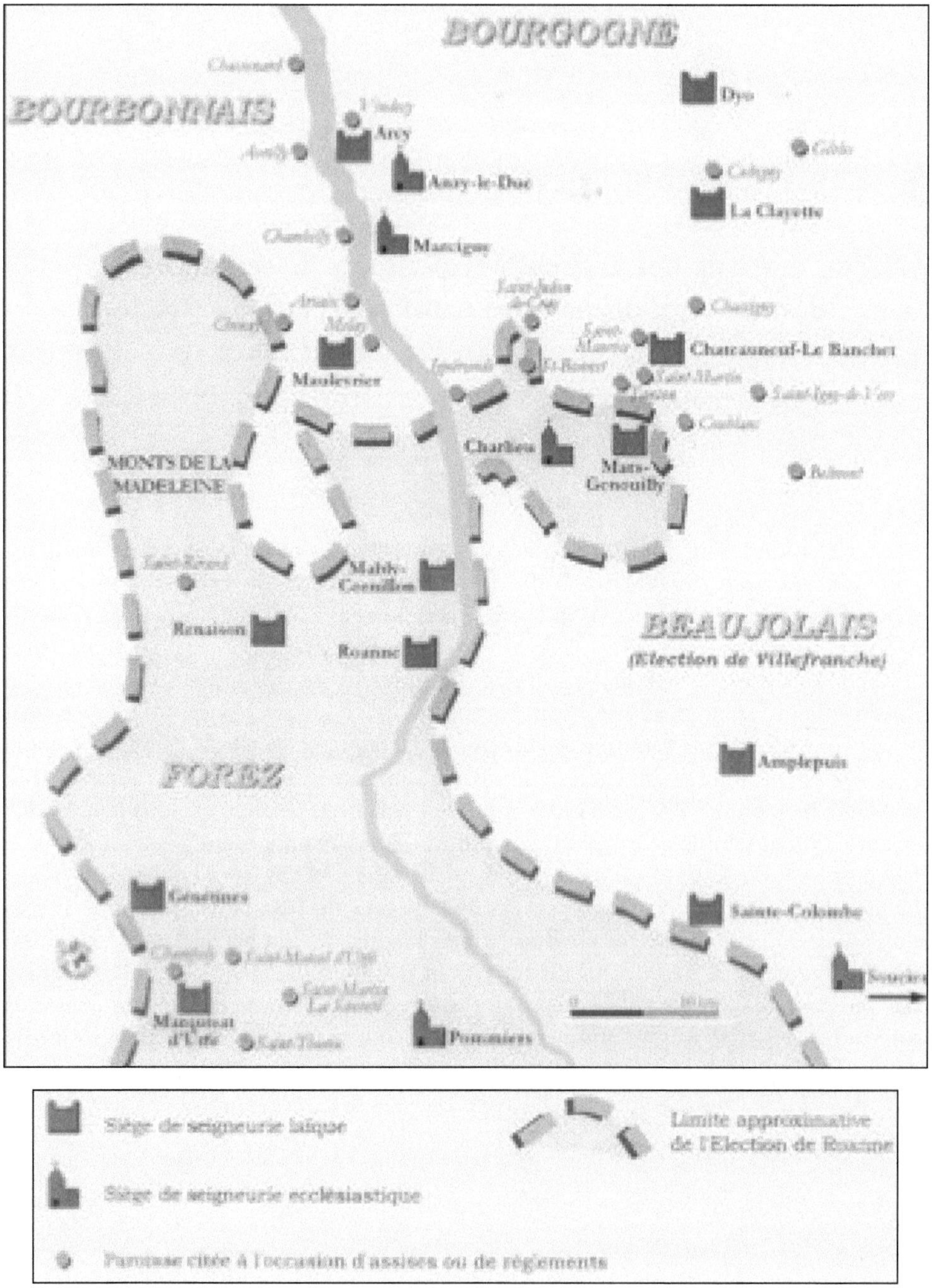

Localisation des principales justices seigneuriales étudiées. Carte réalisée par Mme Bessenay, cartographe du département d'Histoire-Géographie de l'université de Saint-Étienne.

Assises et règlements de seigneurie : des régulateurs sociaux

L'exercice de la justice implique pour le seigneur le « droit d'assises », c'est-à-dire celui de rassembler ses justiciables dans des réunions périodiques et solennelles appelées aussi « plaids » ou « jours ». Au cours de ces rassemblements étaient presque toujours publiés des règlements et ordonnances nommés « Ordonnances générales de police ». Assises et règlements seigneuriaux ont contribué à la régulation sociale jusqu'à la fin de l'Ancien Régime, d'abord par l'institution elle-même qui participait à l'encadrement de la société, ensuite par les textes publiés dans le cadre de ces rassemblements ou en dehors d'eux, destinés à assurer le bon fonctionnement de la vie quotidienne des justiciables et à promouvoir un ordre socioculturel. L'étude des assises et règlements, dans leur forme et leur contenu, conduit naturellement à une réflexion sur les relations entre le seigneur et ses sujets justiciables et, par là, sur les limites de l'action des justices seigneuriales dans cette entreprise de régulation sociale[5].

L'institution

Parmi les pouvoirs inhérents à la justice seigneuriale, le droit pour les agents seigneuriaux d'assembler les justiciables en séances solennelles est nettement reconnu[6]. Si l'on se réfère à l'article « assise » de l'*Encyclopédie* de Diderot, il s'agissait à l'origine d'une réunion de juges ou encore de l'assemblée des vassaux autour du suzerain dans les grandes cours de justice[7]. Par la suite, les assemblées se sont généralisées à de nombreuses seigneuries haut-justicières pour régler les rapports entre le seigneur et ses justiciables. Dans le fonctionnement des justices seigneuriales, une distinction s'est établie entre la justice ordinaire « qui se tenoit tous les jours et qu'on appeloit *placitum* ou *plaid* » et la justice extraordinaire « appelée *assise* ou *placitum generale* (grand plaid) pour l'expédition des affaires les plus importantes[8] ».

De fait, aux XVIIe et XVIIIe siècles, les plaids ordinaires sont devenus les « audiences » et les plaids généraux sont devenus les « jours » ou « assises », séances au cours desquelles les jugements s'effaçaient derrière les assemblées solennelles de justiciables. Comme le précise le juriste Guyot « des juges de seigneurs sont [...] en possession de tenir certaines Assises auxquelles les justiciables appelés par des affiches sont obligés de se trouver sous peine d'amende[9] ». Ces rassemblements emploient les principaux officiers de la seigneurie. Ceux-ci sont recrutés selon la procédure des lettres de provision et doivent répondre à certains critères d'ordre professionnel, moral et religieux[10]. Dans l'organisa-

5. Compte tenu de la documentation disponible, cette étude s'appuie principalement sur 18 seigneuries : 13 laïques et 5 ecclésiastiques. Pour 10 d'entre elles, des procès-verbaux d'assises ont été conservés. Pour les autres, seuls des règlements et des ordonnances de police ont pu être utilisés.

6. Par exemple, dans la minute du papier terrier du comté de Dyo en Charolais figure parmi les droits seigneuriaux celui de : « faire assembler tous les justiciables aux assises lorsque [le seigneur] les fera publier au lieu qui sera indiqué dans l'estendue de la juridiction du comté de Dyo où tous les justiciables sont obligés de comparoître en personne... » (Arch. dép. Saône-et-Loire, E 238, et Durix, *Les Structures économiques et sociales dans le Brionnais oriental aux XVIIe et XVIIIe siècles*, thèse d'histoire, université de Dijon, 1983, 608 p. [p. 573]). Dyo : Saône-et-Loire, ar. Charolles, c. La Clayette.

7. *Encyclopédie ou Dictionnaire raisonné des sciences, arts et métiers*, 1751, t. 1, p. 770-771.

8. *Ibid.*, 1765, t. 12, p. 680.

9. *Répertoire universel de jurisprudence... par Joseph-Nicolas Guyot*, 1775-1783, t. 1, p. 690.

10. Comme c'est le cas, par exemple, dans la seigneurie d'Anzy-le-Duc (Arch. dép. Saône-et-Loire, B 2307). La seigneurie du prieuré d'Anzy a rassemblé 132 justiciables lors d'assises réunies en 1715 (Arch. dép. Saône-et-Loire,

tion des assises, quatre officiers et agents seigneuriaux sont généralement impliqués, comme le montre le texte de convocation pour les assises de Châteauneuf-le-Banchet aux limites du Mâconnais et du Brionnais en 1745. Les justiciables convoqués sont environ 300 répartis dans sept localités. Le seigneur est à la fois engagiste du roi pour la châtellenie royale de Châteuneuf-sur-Sornin et seigneur pour la baronnie du Banchet, possession patrimoniale. Le texte de la convocation indique que les assises sont :

> « [...] tenues pour Mademoiselle la princesse d'Armagnac, dame engagiste de ladite châtellenie et baronne de ladite baronnie et dépendances, par nous, Gabriel Ducare, avocat en Parlement, juge, prévost et châtelain de lad. châtellenie, juge ordinaire civil, criminel et de police de lad. baronie [...] à la diligence de maître François Alix faisant fonction de procureur du roi en lad. châtellenie et procureur fiscal en lad. baronie et dépendance qui nous a dit avoir fait publié par Poguet notre huissier la tenue desd. assises à l'issue des messes paroissiales dud. lieu [...] pour le jour d'huy vingt deuxième décembre mil sept cent quarante cinq dix heures du matin à la place dud. Châteauneuf, lesquels justiciables ont été appelés par maître Léonard Rey notre greffier [11]... »

La Poix de Fréminville fait part de discussions pour savoir si ces réunions pouvaient se tenir dans un espace privé. La conclusion est que « ces assemblées publiques devaient se tenir dans des lieux publics de libre accès [12] ». Les lieux relevés sont les places publiques : « sous les hormes de la place publique de Chenay » où 95 justiciables ont été réunis en 1725 [13] ; les halles, comme à Mably, où 78 chefs de feu ont été réunis en 1735 [14] ; mais aussi un lieu en dehors du village, par exemple « sur le grand pré » où, en 1672, ont été réunis 38 justiciables de la seigneurie de Génétines dans les Monts de la Madeleine [15]. La périodicité des assises est difficile à connaître en raison du caractère fragmentaire des sources disponibles. Là où nous avons pu repérer un fonctionnement régulier de ces assemblées, il s'agissait d'assises annuelles dont la date correspondait à une fête religieuse : à La Clayette, le lendemain de l'Ascension [16], à Génétines, « après la fête de l'exaltation de la Sainte Croix [17] ». Le plus souvent, la fête du saint patron de la paroisse est retenue.

Assises seigneuriales et autres assemblées d'habitants

Le rôle des assises seigneuriales est indéniable dans l'organisation de la vie collective, notamment dans les campagnes [18]. Ces assises interfèrent avec les assemblées de

---

B 2304). Sa juridiction comprend l'essentiel du territoire de la paroisse d'Anzy et une partie de celle, voisine, de Montceau-l'Étoile. Anzy et Montceau : Saône-et-Loire, ar. Charolles, c. Marcigny.

11. Arch. dép. Saône-et-Loire, B 2318. Châteauneuf : Saône-et-Loire, ar. Charolles, c. Chaufailles. Comme on le voit, la réunion se fait sous la présidence du juge seigneurial, un homme de loi, notaire ou avocat, à la requête du procureur fiscal ou d'office qui joue le rôle de ministère public, avec le concours de l'huissier (parfois secondé par des sergents) qui se charge de la convocation et de l'organisation matérielle de la réunion, ainsi que du greffier qui prend acte des présents et des absents et rédige le procès-verbal.
12. *La Pratique universelle pour la rénovation des terriers et des droits seigneuriaux... par Me Edme de La Poix de Fréminville...*, Paris, Morel et Gissey, 1748, p. 198-203.
13. Assises du marquisat de Maulévrier, Arch. dép. Saône-et-Loire, B 2361. Ce marquisat s'étend sur trois paroisses : Melay, Chenay et Artaix : Saône-et-Loire, ar. Charolles, c. Marcigny.
14. Arch. médiathèque Roanne, E 271. Mably, ar. et c. Roanne.
15. Arch. La Diana Montbrison, fonds Génétines, pièce 674. Génétines, seigneurie située près de Saint-Just-en-Chevallet, Loire, ar. Roanne, ch.-l. c.
16. Arch. dép. Côte-d'Or, B 10799. La Clayette : Saône-et-Loire, ar. Charolles, ch.-l. c.
17. Arch. La Diana Montbrison, fonds Génétines, pièce 674.
18. Pour la Bourgogne, Pierre de Saint Jacob a pu considérer « que la seigneurie avait placé sous son contrôle les assem-

ville dans les centres urbains, et avec les assemblées de communauté d'habitants et de paroisse dans les campagnes. Examiner les rapports entre ces rassemblements dépasserait le cadre de la présente recherche. On se limitera à deux séries d'observations.

En premier lieu, on notera que les autorités seigneuriales sont concernées par les assemblées auxquelles participent leurs justiciables bien qu'elles se déroulent dans un autre espace juridique et institutionnel que la seigneurie. Les seigneurs tiennent à avoir un droit de regard et à exercer leur contrôle sur ces rassemblements : une ordonnance de 1657, publiée par le seigneur prieur de Charlieu fait « défense aux habitants de s'assembler publiquement ou secrètement sans la présence et consentement du juge, et au marguillier de sonner les cloches » et aussi « à tous notaires royaux ou autres de recevoir les actes d'assemblée à peine de cinquante livres d'amende contre chaque contrevenant [19] ». À Roanne, l'autorité seigneuriale exerce un contrôle constant, notamment par l'intermédiaire du procureur fiscal du bailliage ducal qui est omniprésent. Dans une lettre adressée au contrôleur général des finances, datée de 1775, il est dit que « le procureur fiscal a de tout temps exercé ses fonctions aux assemblées de ville même pendant l'exercice des officiers municipaux et à la police tant au civil qu'au criminel [20] ». Dans les campagnes, le seigneur reste le « premier habitant » et son représentant est habituellement présent aux assemblées de paroisse ou de communautés, même quand celles-ci sont présidées par le syndic. Quand il n'est pas directement concerné, le seigneur est toujours informé [21].

En second lieu, les assises seigneuriales apparaissent comme des assemblées concurrentes des autres rassemblements. Il y a concurrence, voire rivalité, dans la mesure où le pouvoir seigneurial peut, en ces occasions, défendre des orientations et des intérêts qui ne coïncident pas obligatoirement avec ceux des « communautés villageoises », d'autant que les limites des paroisses ou des communautés d'habitants ne correspondent presque jamais avec celles de la juridiction seigneuriale [22]. Cependant, il faut constater aussi que, lors des assises, la seigneurie n'ignore pas les autres collectivités territoriales,

---

blées villageoises, forme essentielle de la vie de groupe » et que « les assises étaient les plus importantes des assemblées et symbolisaient plus que toute autre l'existence de la collectivité » : SAINT JACOB, *Les Paysans de la Bourgogne du nord...*, 1960, p. 88, et *Documents relatifs à la communauté villageoise...*, 1962, p. XII. Sans doute faudrait-il nuancer quelque peu ce jugement en fonction des situations locales, et nuancer fortement en fonction des situations régionales.

19. Arch. dép. Loire, B 1276. Charlieu : Loire, ar. Roanne, ch.-l. c. La seigneurie du prieuré de Charlieu comprend la ville (environ 2 500 habitants à la fin du XVIIIe siècle) et six paroisses proches, soit au total près de 6000 habitants.

20. Arch. médiathèque Roanne, F 87. La justice du duché de Roannais, avec les châtellenies réunies, s'exerce partiellement ou totalement sur environ 70 paroisses du nord de la province du Forez. Ce bailliage ducal est dit « à l'instar du royal ». Il est placé directement dans le ressort du parlement de Paris, intégré dans la hiérarchie judiciaire de l'État tout en restant par nature une justice seigneuriale. Cet espace judiciaire, avec les arrière-fiefs, devait regrouper au XVIIIe siècle, entre 15 000 et 20 000 habitants. Toutefois les ordonnances présentées plus loin concernent essentiellement la ville de Roanne (Loire, ch.-l. ar.).

21. En Bourgogne, un règlement du parlement de Dijon du 6 mars 1768 enjoint aux officiers seigneuriaux « d'exercer par eux-mêmes au moins une fois chaque année les Assises » et ajoute : « lesquels juges recevront le serment des messiers, asséeurs, collecteurs, procureurs ou échevins qui seront choisis et présentés par la communauté pour l'année suivante et procèderont aussi sans frais à l'audition des comptes de la fabrique ». Voir le *Répertoire universel de jurisprudence... par Joseph-Nicolas Guyot* et *supra* les contributions de Jerermy Hayhoe et de Benoit Garnot. Le pouvoir seigneurial au XVIIe et surtout au XVIIIe siècle n'est plus totalement indépendant. Tout comme les communautés d'habitants, il est soumis à la tutelle des autorités royales, en particulier à celle de l'intendant et de son subdélégué (cf. GALLET, *Seigneurs et paysans...*, *op. cit.*, p. 167-171). Mais cela n'empêche que, localement, le seigneur conserve une influence et une autorité sur les communautés d'habitants même si, dans la pratique, la présence et l'influence directe du seigneur sur les assemblées de paroisse ou de communauté d'habitants peuvent rester relativement discrètes.

22. GUTTON, *Villages du Lyonnais sous la monarchie (XVIe-XVIIIe siècles)*, 1978, p. 90 ; FOLLAIN, « Les communautés rurales en France... », 1999b, p. 13-15 et 23-34.

notamment les paroisses. Ces ainsi que dans les seigneuries qui en regroupent plusieurs, il est rare que les assises se tiennent toutes au chef-lieu de la juridiction mais elles se déroulent successivement dans les deux ou trois paroisses que recouvre l'espace seigneurial, ce qui évite des assemblées trop nombreuses.

Objets des assises et régulation sociale

L'institution des assises contribue à la régulation sociale par le contrôle des hommes et de l'espace et par la publication des ordonnances qui contribuent à l'organisation d'une société « corporative » et hiérarchisée.

Le contrôle des hommes et du territoire

C'est l'objet essentiel des assises. La Poix de Fréminville l'explique clairement :

> « Nous avons établi le droit qu'ont les Seigneurs de faire tenir des Assises par leurs officiers pour leurs propres intérêts afin que l'on n'empiète pas sur leurs justices, et qu'en même temps l'on ne distraye point leurs justiciables dans des justices étrangères où ils sont molestés lesquelles d'ailleurs, par ces distractions de Ressort, leur causent des Procès toujours ruineux, c'est à quoi doit veiller un Procureur fiscal, lequel est obligé de connaître l'étendue et les limites de sa justice pour ne pas souffrir que l'on n'en distraye quelques-uns au préjudice des Droits du Seigneur[23]. »

L'objet premier des assises est donc le recensement de tous les habitants de la zone de juridiction pour bien signifier leur appartenance à la seigneurie et leur statut de sujets justiciables du seigneur. Comme le précise encore La Poix de Fréminville :

> « Beaucoup de justices subalternes ont pratiqué cet usage [des assises] et l'ont conservé par la nécessité où [les seigneurs] se trouvèrent de veiller que leurs justiciables ne leur échappent parce que leurs justices sont si mélangées qu'il y a dans un Bourg ou Village quelquefois trois ou quatre justices différentes. [...] Pour cet effet les juges et autres officiers vont tenir une ou deux fois l'année leurs Assises [...] et le procureur fiscal fait écrire sur le registre des greffes les noms et qualités de tous les justiciables chefs de famille [...] qui sont censés assignés pour s'y trouver ou quelqu'un pour eux afin de reconnaître pour eux-mêmes la justice de laquelle ils dépendent [...] ensuite le greffier appelle tous les justiciables par leurs noms, ceux qui comparoissent sont marqués par un P qui signifie présent et ceux qui n'y sont pas par un D qui signifie défaut[24]. »

L'examen des différents procès-verbaux d'assises montre que la réalité correspond généralement à l'application des règles procédurières et juridiques formulées par La Poix de Fréminville. On constate que tous les chefs de famille domiciliés dans la zone de juridiction sont convoqués. Les défaillants sont frappés d'une amende plus ou moins élevée selon les justices[25]. À Champoly, le procureur fiscal fait l'appel des justiciables

23. *Dictionnaire ou traité de Police générale...*, 1758, p. 18.
24. *La Pratique universelle...*, *op. cit.*, p. 193 *sqq*.
25. 7 sols 6 deniers à Arcy en 1775 (Arch. dép. Saône-et-Loire, B 2314). Le château d'Arcy au nord de Marcigny est le siège d'une seigneurie qui s'étend sur les paroisses d'Avrilly et Vindecy. Aux assises de 1775 les justiciables sont au nombre de 73. Vindecy : Saône-et-Loire, ar. Charolles, c. Marcigny. Avrilly : Allier, ar. Vivhy, c. Le Donjon. Marcigny : Saône-et-Loire, ar. Charolles, ch.-l. c. L'amende est de 3 livres à Châteauneuf en 1745 (Arch. dép. Saône-et-Loire, B 2318). Amende de 10 livres à Champoly (Loire, ar. Roanne, c. Saint-Just-en-Chevallet) en 1755 (Arch. dép. Loire, B 1785). Cette paroisse fait partie du marquisat d'Urfé situé aux limites des Monts de la Madeleine et des Monts du Forez. Dans ce marquisat devaient résider environ 3 000 à 4 000 habitants au XVIIIe siècle. Même tarif à Mably-Cornillon en 1774 (Arch. médiathèque Roanne, E 258).

et leur enjoint de prêter serment « d'être fidèle au Roy et obéissant à Monsieur le marquis du Châtelet et Madame la marquise d'Urfé son épouse, leurs seigneurs, et à leurs officiers, de les reconnaître pour tels ». Les non-comparants sont condamnés comme « désobéissants à la justice [26] ».

La justice étant territoriale, la mobilisation des hommes est inséparable de l'attachement aux lieux qui constituent le support spatial à la fois de leur résidence particulière et de la juridiction seigneuriale. Ainsi, beaucoup de justiciables, en particulier les « grangers » non-propriétaires, ne sont pas désignés par leur patronyme mais par le nom du domaine qu'ils exploitent. Aux assises de Mars-Genouilly de 1674 le greffier utilise des formules telles que « pour la maison X, pour le domaine Y [27] ». Le souci du strict contrôle du territoire seigneurial et des hommes qui l'occupent est encore exprimé dans des interdictions telles que déplacer des bornes qui font limites de justice, modifier sans autorisation le parcellaire et l'habitat ou se faire juger ailleurs que par le juge de la juridiction [28].

Pour bien affirmer leur emprise sur le territoire de leur justice dans toute son étendue et bien signifier leur autorité en face de leurs voisins, des seigneurs réunissent volontiers les assises aux limites mêmes de leur juridiction. Une assemblée du marquisat de Maulévrier, en 1722, a lieu « dans un bateau sur le fleuve et au milieu de la rivière Loire au lieu où est à présent le port et le passage de la paroisse de Chambilly [29] » située aux limites de la seigneurie voisine de Marcigny. En 1711, des assises de cette dernière seigneurie avaient eu lieu « à l'endroit du port (de Chambilly) et passage de la rivière Loire [30] ».

La publication de règlements et ordonnances à cette occasion est tout à fait logique car les officiers seigneuriaux profitent de la réunion de l'ensemble des justiciables pour les informer des directives seigneuriales et pour les instruire de certaines obligations et interdictions [31]. Cependant, il arrive que des règlements soient publiés sans réunion d'assises. On peut distinguer deux types d'ordonnances. Les premières portent sur un objet particulier. Les exemples sont nombreux et divers : fixer les dates des vendanges, « faire tuer les chiens qui auront été mordus [32] », organiser la police des marchés, veiller à l'entretien des chemins et des ponts, etc. Les secondes visent à régler l'ensemble de la vie collective. Ce sont les « Ordonnances générales de police » comme celle promulguée par le juge du duché de Roannais en 1713 [33] ou encore la grande ordonnance

26. Arch. dép. Loire, B 1785.
27. Arch. dép. Loire, B 1524. 40 justiciables sont convoqués à Mars : Loire, ar. Roanne, c. Charlieu.
28. À Saint-Bonnet-de-Cray, dépendant de la justice de Charlieu, il est interdit « de démolir aucune maison ni feu sans le consentement du seigneur à peine de cent cinquante livres d'amende » (Arch. dép. Loire, B 1271 [assises de 1655]). La paroisse comptait 124 ménages à la fin du XVIIe siècle ; Saône-et-Loire, ar. Charolles, c. Semur-en-Brionnais. À Châteauneuf, le juge rappelle l'interdiction « de tirer aucune borne faisant séparation de justice et de leurs héritages » et celle de comparaître « en première instance devant autre juge que nous dans les causes dont la connaissance nous appartient » (Arch. dép. Saône-et-Loire, B 2318 [assises de 1745]).
29. Arch. dép. Saône-et-Loire, B 2361. Cette assemblée a réuni 45 justiciables.
30. Arch. dép. Saône-et-Loire, B 2346. Ces assises ont lieu dans la paroisse de Chambilly qui dépend du prieuré de Marcigny. 81 justiciables étaient présents. Chambilly : Saône-et-Loire, ar. Charolles, c. Marcigny.
31. Comme le précise encore La Poix de Fréminville : « L'autre objet [des assises], qui n'est pas moins intéressant, c'est de faire publier dans ces assises les Ordonnances et Règlements de Police afin que tous les Justiciables apprennent ce qui leur est défendu et ce qui leur est ordonné et qu'ils soient informés des peines qu'encourent ceux qui y contreviennent » (*Dictionnaire de Police générale...*, 1758, p. 18). Le juriste Guyot va jusqu'à écrire dans l'article « assises » que l'on a aussi donné ce nom aux règlements et ordonnances que l'on y fait (*Répertoire universel de jurisprudence... par Joseph-Nicolas Guyot*, 1775-1783, t. 1, p. 692).
32. Arch. dép. Loire, B 1659.
33. Arch. médiathèque Roanne, E 74.

imprimée et publiée en 1760 pour les justices de Soucieu et Saint-Genis-des-Ollières dans l'Ouest lyonnais, possessions du chapitre de la cathédrale Saint-Jean-de-Lyon[34].

Une société de corps régulée par les assises

Tous ces éléments contribuent à la régulation sociale. La société d'Ancien Régime peut être qualifiée de « corporative » et de hiérarchisée. À travers ses assises, la seigneurie participe à l'organisation de la société en corps puisque la seigneurie est une communauté territoriale dont les membres sont justement les participants aux assises. Par la réunion des justiciables qui se côtoient physiquement et qui sont soumis aux mêmes règles, s'exprime l'appartenance au groupe d'existence et se perpétue une sociabilité qui a sa place dans l'organisation sociale. Il y a une communauté seigneuriale formant corps, tout comme il y a une société paroissiale ou une communauté d'habitants. La justice seigneuriale, à ce titre, contribue à l'encadrement de la société, particulièrement dans les campagnes.

En même temps les assises et ordonnances de police de seigneurie soulignent le caractère hiérarchique de la société. Le juge seigneurial reçoit le serment que les justiciables « prêtent la main levée d'observer les règlements de police » et les procureurs fiscaux sont chargés de recevoir « le serment des habitants qui sont présents par lequel ils promettent d'être fidèles sujets de sa majesté et de se reconnaître justiciables de leur seigneur[35] ». Le serment et l'hommage des justiciables envers leur seigneur haut-justicier peut être rapproché de la reconnaissance des censitaires à l'égard du seigneur *propriétaire éminent*, titulaire du fief, et cela quelle que soit la situation juridique, que la justice soit liée au fief ou qu'elle en soit indépendante[36]. La hiérarchie de la société d'Ancien Régime dans le Centre-Est est en quelque sorte institutionnelle et concrétisée par les droits et pouvoirs que l'autorité seigneuriale exerce à travers sa justice. C'est tout particulièrement par les assises que cette hiérarchie est révélée et vécue concrètement. Ainsi, la justice seigneuriale contribue à la régulation de la société en participant à un ordre qui, aux yeux des autorités, constitue le fondement de l'équilibre social puisqu'il assure la soumission aux pouvoirs traditionnels qualifiés aussi d'« autorités naturelles[37] ».

L'organisation et le contrôle de la vie des justiciables

Qu'ils soient publiés à l'occasion des assises ou en d'autres circonstances, les règlements et ordonnances de seigneurie contiennent une série de dispositions qui touchent à tous les aspects de la vie collective. On peut distinguer deux grandes catégories parmi les nombreux règlements : ceux qui concernent la vie quotidienne dans ses aspects matériels et ceux dont l'objet est de promouvoir et de faire appliquer un ordre socioculturel.

34. Arch. dép. Rhône, 10 G 2857. Soucieu : Rhône, ar. Lyon, c. Mornant.
35. Arch. dép. Loire, B 1785, assises de Champoly, 1755.
36. Cette situation (justice indépendante du fief) paraît être celle de nombreuses seigneuries foréziennes : LAURANSON-ROSAZ, « Les justices seigneuriales en Forez à la fin de l'Ancien Régime », 1988-1989.
37. Les contradictions entre la reconnaissance par l'État de ces « autorités naturellles » locales, leur instrumentalisation et la nécessité, pour le roi, d'établir la supériorité de sa propre justice en affaiblissant celle des seigneurs, sont très sensibles au XVIIe siècle. Elles le sont moins au XVIIIe, lorsque sont mieux articulées les justices seigneuriale et royale. Voir *supra* le rapport de synthèse d'Antoine Follain et *infra* les contributions de Philippe Jarnoux (sur la Bretagne), de Sylvain Soleil (sur l'Anjou) et d'Anne Zink (sur les Landes).

Règlements seigneuriaux et police de la vie quotidienne dans ses aspects matériels

On peut regrouper les dispositions réglementaires qui concernent la vie matérielle sous trois rubriques principales : la police de la vie agraire, le contrôle des échanges et un souci de salubrité et de sécurité publiques.

Police de la vie agraire

Les dispositions contenues dans les règlements concernent aussi bien l'élevage du bétail, la protection des cultures que l'utilisation des eaux et les problèmes de propriété. La méfiance à l'égard du bétail errant et notamment des chèvres est constante et générale[38]. Cependant, certains seigneurs condamnent « ceux qui maltraitent le bétail[39] ». Le contrôle de l'élevage va de pair avec la protection des cultures. Des dispositions veillent à la clôture des champs et à la protection des vignobles[40]. Ceux-ci intéressent tout particulièrement les autorités seigneuriales, notamment dans les seigneuries ecclésiastiques où sont prélevées les dîmes[41].

La surveillance des eaux entre aussi dans les préoccupations de nombreux seigneurs. Il s'agit d'éviter les détournements, donc une utilisation abusive et désordonnée de cette ressource. L'autorité seigneuriale considère qu'elle doit posséder la maîtrise des eaux à l'intérieur de sa zone de juridiction, qu'il s'agisse des rivières ou des eaux de pluie[42]. En 1655, aux assises de Saint-Bonnet-de-Cray, juridiction du prieuré de Charlieu, « il est fait deffense de s'approprier les eaux des chemins et courants sans *abénevis* dud. seigneur à peine de vingt livres d'amende[43] ».

Reste le problème de la propriété rurale. Dans certains cas, les textes maintiennent le *statu quo*, interdisent toute modification du parcellaire et toute atteinte aux communaux[44]. Lors des assises de 1638 de la seigneurie de l'Étoile, il est rappelé à la centaine de justiciables l'interdiction d'« appliquer les communs à leurs héritages ni de faire aucune usurpation ny entreprise seur le grand chemin et communaux[45] ». Mais ailleurs,

38. Dans l'ordonnance de Soucieu de 1760, on peut lire : « défendons de laisser sortir ni paître aucunes chèvres, est permis à toute personne de tuer celles qui seraient trouvées en dommages [...] même dans les chemins au long des haies » (Arch. dép. Rhône, 10 G 2857). À la rigueur cet élevage est toléré à l'étable mais jamais à l'extérieur en raison des dégâts que les caprins peuvent causer, notamment aux jeunes arbres.

39. Arch. dép. Saône-et-Loire, B 2361, assises de Maulévrier de 1737. Il s'agit là du gros bétail, capital essentiel pour l'agriculture, particulièrement en tant que force de travail.

40. À Chambilly, aux assises de 1721, il est rappelé que les justiciables doivent « tenir closes les terres ensemencées [à cause] des dégâts causés par les bestiaux » (Arch. dép. Saône-et-Loire, B 2346). À Maulévrier, le règlement publié lors des assises de 1759 défend « de laisser aller les bestiaux dans les héritages des uns et des autres » et il est « enjoint de tenir [ces héritages] bien bouchés, surtout les vignes dans le temps de leur maturité » (Arch. dép. Saône-et-Loire, B 2363).

41. Une ordonnance de 1753, promulguée par la seigneurie du prieuré de Pommiers, oblige les habitants « à tenir leurs chiens pendant le temps des vendanges en sorte qu'ils ne causent aucuns dommages » (Arch. dép. Loire, B 1551). Aux assises du prieuré de Pommiers de 1717, 75 justiciables étaient présents. Pommiers : Loire, ar. Roanne, c. Saint-Germain-Laval.

42. L'ordonnance de Soucieu en 1760 interdit aux justiciables « de prendre les eaux dans les rivières, ruisseaux, rues et chemins, soit pluviales et autres, ni de faire aucuns fossés, levées ou travaux pour les conduire dans leurs fonds » (Arch. dép. Rhône, 10 G 2857).

43. Arch. dép. Loire, B 1271.

44. Le règlement de Châteauneuf, publié lors des assises se 1772, interdit « de tirer aucune borne faisant séparation des leurs héritages, ny de rien usurper les uns sur les autres » (Arch. dép. Saône-et-Loire, B 2323).

45. Arch. médiathèque Roanne, 20 F, Fonds Vichy, liasse 41. La seigneurie de l'Etoile est située dans la paroisse de Ligny : Saône-et-Loire, ar. Charolles, c. Semur-en-Brionnais.

surtout dans la deuxième moitié du XVIIIe siècle, on observe la montée de l'individualisme agraire et la stricte défense de la propriété individuelle[46].

Contrôle et stimulation des échanges

Contrôler les échanges, c'est d'abord vérifier les poids et mesures pour éviter que des vendeurs peu scrupuleux n'utilisent de faux poids. En 1659, l'autorité seigneuriale de Sainte-Colombe, dans les Monts du Lyonnais, ordonne :

> « [...] à tous les Hôtes, cabaretiers et autres d'apporter en notre greffe huit jours après la publication des présentes toutes les mesures où ils prétendent de vendre et débiter leurs vins, même leurs crochets, balances ou autres poids pour être visitées, échantillonnées et marquées en notre présence de la marque et armes du seigneur de ce lieu[47]. »

Les autorités seigneuriales s'efforcent aussi d'éviter les spéculations et les hausses abusives des prix des denrées, particulièrement en période de pénurie. À Charlieu, en 1699, une ordonnance défend aux marchands de grains « de quitter le marché avant quatre heures du soir et aux étrangers avant midi[48] ». Le marché est l'objet d'une surveillance toute particulière, d'autant plus que c'est en ce lieu public, que doit s'effectuer la vente des denrées de première nécessité. Tout ce qui peut gêner la libre circulation des usagers est interdit[49]. Pour faciliter les transactions, ainsi que leur contrôle, les autorités seigneuriales publient des règlements qui fixent les emplacements précis des différentes branches du commerce. C'est le cas à Roanne dans l'ordonnance de 1713. Des dispositions interdisent de vendre en marge des marchés et sanctionnent les intermédiaires qui perturbent les circuits commerciaux[50].

Parallèlement, les seigneurs s'attachent à stimuler les échanges en favorisant les foires et les rencontres commerciales en même temps que les assises qui réunissent en principe tous les justiciables. L'article 14 de l'ordonnance de 1772 de la seigneurie de Châteauneuf fait obligation aux justiciables « d'assister aux foires et marchés qui sont établis à Châteauneuf » et d'y « apporter leurs denrées, conduire leurs bestiaux pour les vendre, acheter, troquer, débiter[51]... ». Se rattachent à ces mesures en faveur du commerce toutes celles qui visent à faciliter la circulation par l'entretien des chemins et l'interdiction de tout ce qui pourrait entraver le passage des hommes et des mar-

46. Lors des assises du marquisat de Maulévrier, en 1759, est rappelée l'interdiction « de laisser aller les bestiaux dans les héritages les uns des autres » (Arch. dép. Saône-et-Loire, B 2363).

47. Arch. Diana Montbrison, fonds Aubépin, pièce 1549, ordonnance de police. Dans la paroisse de Sainte-Colombe résidaient environ 200 ménages à la fin du XVIIe siècle. Sainte-Colombe : Loire, ar. Roanne, c. Néronde. À Amplepuis une ordonnance de 1763 « fixe le poids dont se doivent servir les boulangers » (Arch. dép. Rhône, 4 B 8). Le bourg d'Amplepuis est peuplé d'environ 2 500 habitants au XVIIIe siècle. Amplepuis : Rhône, ar. Villefranche, ch.-l. c.

48. Cf. De Sevelinge, *Histoire de la ville de Charlieu depuis son origine jusqu'en 1789, Roanne-Lyon*, 1856, p. 157. À plusieurs reprises les denrées sont taxées. En 1767, la livre de pain blanc est taxée à 7 liards, celle de pain bis à 6 liards et la livre de viande (bœuf, veau ou mouton) à trois sous (Arch. dép. Loire, B 1404).

49. En 1711, à la suite de plusieurs plaintes, une ordonnance seigneuriale interdit « d'encombrer la place publique avec des tonneaux à peine de vingt cinq livres d'amende » (Arch. dép. Loire, B 1361).

50. C'est ainsi qu'à Roanne « il est fait défense aux vendeurs forains de commercer hors de la ville avant l'entrée vers les marchés » (Arch. médiathèque Roanne, E 74, ordonnance de 1713). À Charlieu il est interdit « à toute personne d'arrêter les grains et autres denrées qui viennent au marché sous peine de confiscation et de l'amende contre les vendeurs et acheteurs » (Arch. dép. Loire, B 1380, ordonnance de 1737).

51. En 1788, dans l'avis du seigneur comte de Drées annonçant que les assises se tiendront à Châteauneuf le 20 août « les justiciables sont avertis qu'il y aura une foire le même jour et qu'il s'y trouvera toute sorte de marchandises [...] et sont invités lesd. Justiciables et autres d'y apporter les denrées et bestiaux qu'ils pourront avoir à vendre sans payer aucun droit » (Arch. dép. Saône-et-Loire, B 2323).

chandises[52]. Des dispositions qui vont dans le même sens figurent dans les ordonnances urbaines.

Hygiène, salubrité, santé et sécurité publiques

Les règlements qui concernent l'hygiène et la salubrité se multiplient au XVIIIe siècle, notamment dans les villes où les nuisances qui peuvent dégrader le cadre de vie sont nombreuses. Dans l'ordonnance de police de 1713, promulguée par les officiers du bailliage ducal de Roanne, 11 articles sur 44 portent sur ces questions. Plusieurs dispositions visent les immondices et les excréments qui incommodent les habitants et favorisent des épidémies[53]. Si en 1713 il est interdit « de jetter des fenêtres aucune eau ny immondices sans crier auparavant trois fois pour avertir les passants », en 1769 il est fait défense absolue « de jeter par les fenêtres eaux, matières fécales de jour et de nuit à peine de quinze livres d'amende » et ordonné aux propriétaires « d'avoir des lieux et latrines pour eux et leurs locataires et de les faire vider à peine de vingt livres d'amende ». On ajoute que les « exécuteurs des basses œuvres » ne doivent travailler que la nuit. La crainte des incendies explique l'article 22 de cette ordonnance de Roanne qui oblige les propriétaires à faire nettoyer les cheminées deux fois l'an sous peine de 20 livres d'amende et 50 livres en cas d'incendie. Le souci du cadre de vie, voire des préoccupations d'urbanisme, apparaissent dans des dispositions qui « défendent de bâtir, d'ouvrir les murs des maisons sans avoir pris du procureur fiscal les alignements[54] ».

Certaines professions sont particulièrement surveillées. Les bouchers font l'objet de plusieurs articles dans les ordonnances de 1713 et 1769 pour la ville de Roanne. Le souci de la qualité de la viande est constamment rappelé tout comme celui de la propreté des boutiques et de leurs abords[55]. À Charlieu, les tanneurs sont rendus responsables de la pollution des rivières et du débordement des eaux dû à l'accumulation des déchets. Constatant que « le ruisseau Brouard servant à l'utilité des tasneurs de cette ville est entièrement comble depuis le haut d'iceluy jusqu'au bas du pont et par ce moyen fait regorger les eaux et entre dans la ville », le juge seigneurial promulgue une ordonnance qui les assigne « aux fins de se voir condamner et même solidairement à curer et à mettre en état lad. rivière[56] ». Dans les campagnes, le souci d'hygiène, de santé et de sécurité des personnes est moins présent. On peut toutefois observer qu'une attention particulière est accordée à la santé du bétail par peur des épizooties. En 1745 le procureur fiscal de Charlieu apprenant « que dans la paroisse de Chandon la maladie contagieuse des bestiaux y a fait des progrès considérables », il déclare « qu'il est de son devoir de faire visiter lad. paroisse pour savoir si les habitants à qui il est crevé des bestiaux les ont enterrés ou encrottés » – mesure supposée prophylactique – « conformément à l'arrêt de la cour ». Constatant en 1747 « que la maladie des bestiaux n'est point cessée »

52. Aux assises de Pommiers, en 1757, le juge seigneurial ordonne aux habitants « de couper les branches d'arbres qui incommodent le passage dans les chemins, de tenir les haies en bon état, les planches sur les rivières et ruisseaux de lad. Paroisse » (Arch. dép. Loire, B 1551).

53. Dans cette ordonnance, il est spécifié que devant leur maison les habitants doivent « tenir les rues nettes de toutes ordures, ny laisser croupir aucuns fumiers » et il leur est défendu « de laisser couler aucunes latrines ni égouts dans les rues ».

54. Arch. médiathèque Roanne, E 74, ordonnance de 1769.

55. On défend aux bouchers « de jeter dans les rues fanges et vidanges ». Arch. médiathèque Roanne, E 74 pour toutes ces citations. Voir en « Pièces justificatives » un exemple angevin de règlement de boucherie.

56. Arch. dép. Loire, B 1399, ordonnance de 1756.

le juge seigneurial défend « à toute personne d'amener aucuns bestiaux au marché de Charlieu[57] ».

La régulation sociale par la promotion et l'application d'un ordre socioculturel

Cette orientation des autorités seigneuriales concerne trois domaines : l'ordre public, l'ordre social, et l'ordre moral et religieux.

Règlements de seigneurie et ordre public

La justice seigneuriale s'efforce d'assurer l'ordre public contre toutes les formes d'agitation et de désordre. Dans un grand nombre de règlements figurent des dispositions contre toutes les manifestations qui sont ressenties comme des atteintes à la tranquillité publique. Ces règlements répondent souvent à des plaintes formulées par les victimes et rapportées par le procureur fiscal. Sont mis le plus souvent en cause des groupes de jeunes gens qui ne craignent pas d'attenter aux personnes et aux biens. À Amplepuis, en 1783, est engagée une procédure qui aboutit à la publication d'une ordonnance de police bien significative à cet égard puisqu'elle défend :

> « [...] à toute personne dans l'étendue de cette justice de s'attrouper et de se transporter déguisés ou non avec armes, bâtons et autres instruments dans les maisons des nouveaux mariés et chez les coquetiers et y exiger du bois, beurre, œufs et autres choses [...] à peine de prison et de vingt livres d'amande contre chaque contrevenant[58]. »

Nous pourrions citer de nombreux exemples de désordres nocturnes perpétrés par les « libertins coureurs de nuit et vagabonds », notamment dans les villes de Roanne et Charlieu. On se méfie aussi des mendiants, errants et plus généralement des étrangers susceptibles, eux aussi, de troubler l'ordre public. La seigneurie, au moins dans les textes, veut se conformer aux orientations de l'État monarchique qui, dans un souci d'ordre public, a entrepris une stricte surveillance des mendiants et vagabonds et même leur enfermement[59]. L'ordonnance de Roanne de 1713 interdit...

> « [...] de retirer les personnes inconnues et sans aveux sans nous les révéler au cas qu'ils séjourneraient plus d'une nuit à peine de vingt livres d'amande et il est enjoint à tous vagabons et gens sans aveux de vuider lad. ville vingt quatre heures après la publication des présentes et encore aux mendiants valides de séjourner plus d'une nuit à peine de prison [...] deffense à tous étrangers de venir habiter en cette ville et y louer des maisons que par un préalable et ne soient reconnus par nous et le procureur fiscal et qu'ils n'ayent fait enregistrer en notre greffe leurs noms, surnoms, qualités et lieux de leur naissance, précédent domicile et religion [qu']ils professent[60]. »

Règlements de seigneurie et ordre social

Pour la justice seigneuriale, l'ordre social est l'ordre seigneurial. Soumis à ce pouvoir, les justiciables sont dans l'obligation de payer régulièrement les droits féodaux et

57. Arch. dép. Loire, B 1388 (1745) et B 1390 (1747). Chandon : Loire, ar. Roanne, c. Charlieu.

58. Arch. dép. Rhône, 4 B 14.

59. GUTTON, *La Société et les pauvres, l'exemple de la généralité de Lyon, 1534-1789*, 1971.

60. Arch. médiathèque Roanne, E 74. Les propriétaires qui loueraient une habitation aux étrangers sans les garanties prises par l'autorité seigneuriale auraient la « responsabilité de tout ce qu'ils [les étrangers] pourraient faire ».

seigneuriaux, ainsi que les dîmes [61]. Liés aux droits seigneuriaux, payés en argent ou en nature, les services en travail sous la forme de corvées n'ont pas disparu partout et sont rappelés lors des assises [62]. L'ordre seigneurial, c'est aussi la défense de monopoles économiques ou « banalités » : pressoir, puits et surtout moulin. L'obligation de faire moudre les grains au moulin banal est formulée dans presque toutes les ordonnances. Les seigneurs rappellent aussi constamment leur monopole sur le *saltus*, c'est-à-dire les espaces boisés et en friche, les étangs et les rivières, ce qui implique le droit exclusif de chasse et de pêche. Cette prérogative seigneuriale est réaffirmée partout avec force. Ces règlements s'accompagnent de l'interdiction des armes à feu. Il s'agit pour l'autorité seigneuriale de conserver son monopole de la chasse mais aussi d'assurer l'ordre public [63]. Au-delà de la maîtrise du *saltus* l'autorité seigneuriale veut affirmer sans conteste sa propriété éminente sur l'ensemble du territoire seigneurial. Dans cet ordre d'idées, est rappelé le « droit d'épave », comme lors des assises de 1655 à Saint-Bonnet-de-Cray [64]. Le seigneur tient aussi à exercer son contrôle sur l'habitat. À Renaison, un règlement de police de 1740 interdit à tous les habitants de construire « aucuns bâtiments tant dans le bourg de Renaison que sur les chemins, ni faire aucuns murs, levées ou fossés sur les dits chemins [65] ».

Règlements seigneuriaux et ordre moral et religieux

Pour la grande majorité de la population la morale ne se distingue guère de la religion : les commandements de Dieu et de l'Église sont les références pour la vie morale. Cela se traduit avant tout par l'interdiction des blasphèmes et de toutes les formes d'irrespect à l'égard de Dieu [66]. Dans la seigneurie du prieuré de Charlieu, aux assises de 1655 tenues dans la paroisse de Saint-Bonnet-de-Cray, il est rappelé la « défense de jurer et blasphémer le saint nom de Dieu à peine de 50 livres d'amende pour la première fois et d'avoir la langue percée pour la seconde [67] ». Les règlements insistent aussi sur la sanctification du dimanche : obligation d'assister à la messe, interdiction du travail et du commerce, stricte surveillance des cabarets. Ainsi, à Roanne, il est interdit

> « [...] à tous les habitants de fréquenter les logis, cabarets, caffés, billards, y boire, manger, jouer, les jours de dimanches et fêtes, pendant la célébration du service divin comme

61. À Champoly est rappelée régulièrement l'obligation « de payer les cens et servis dus à Mademoiselle d'Urfé » (Arch. dép. Loire, B 1785, assises de 1755). À Chambilly « il est interdit à tous justiciables sujets aux droits de dîmes, tâches, novales, dus au prieuré de Marcigny, d'emporter leur récolte avant d'avoir satisfait au paiement de ces droits » (Arch. dép. Saône-et-Loire, B 2346, assises de 1721).
62. À Pommiers, lors des assises de 1757, est rappelée l'obligation « de faire les charois et corvées au seigneur prieur depuis le soleil levé jusqu'au couchant pour chaque corvée suivant l'usage de cette terre » (Arch. dép. Loire, B 1551).
63. Une certaine tolérance peut exister pour que la destruction des animaux réputés nuisibles Voir dans la section « Pièces justificatives » l'ordonnance de 1735 à Mably-Cornillon, Arch. médiathèque Roanne, E 271.
64. Il est prescrit aux justiciables « l'obligation de révéler les épaves dans les vingt quatre heures à peine de concussions et larcins » (Arch. dép. Loire, B 1271).
65. Arch. dép. Loire, B 1605. La paroisse de Renaison qui recouvre à peu près la juridiction du même nom compte 330 feux à la fin du XVIIe siècle et environ 1 500 habitants à la fin du XVIIIe siècle. Renaison : Loire; ar. Roanne, c. Saint-Haon-le-Châtel.
66. L'ordonnance de Soucieu de 1760, dans son article premier, interdit « de jurer et blasphémer le saint nom de Dieu, de proférer des paroles obscènes contre l'honneur de la Sainte Vierge et des Saints, ni d'autres discours impies et scandaleux, de chanter des chansons scandaleuses et deshonnêtes, ni de commettre aucune irrévérence dans l'église à peine de l'amende de vingt livres » (Arch. dép. Rhône, 10 G 2857). Voir également l'ordonnance de 1735 à Mably-Cornillon, *op. cit.*
67. Arch. dép. Loire, B 1271. On remarquera la sévérité de la sanction; en fait les amendes pour blasphème peuvent varier de 5 livres dans la seigneurie de Mars-Genouilly à 50 livres dans la seigneurie ecclésiastique de Charlieu.

sont les messes de paroisse, la prédication, les vêpres et processions, et aux hôtes vendeurs de café et gens tenant billard d'y recevoir auxd. heures lesd. habitants, de leur donner à boire, manger ou jouer à peine de dix livres d'amende contre lesd. habitants et hôtes[68]. »

En somme, il ne faut pas que le cabaret, lieu d'une sociabilité profane, puisse gêner ou concurrencer les manifestations de piété et la sociabilité spirituelle qui s'expriment dans les cérémonies religieuses. L'excès de boisson peut favoriser les comportements qui attentent à la morale[69]. Non seulement le dimanche doit être sanctifié, mais les cérémonies religieuses doivent revêtir toute la dignité qui convient au culte divin. C'est à cette préoccupation que répondent plusieurs règlements contre tous les comportements qui peuvent perturber les services dominicaux[70].

La dignité des cérémonies va de pair avec le souci de purifier les croyances et de se prémunir contre d'éventuelles déviances. La seigneurie se fait le porte-parole des orientations de la Réforme catholique contre certaines formes de dévotion ou des croyances considérées comme des superstitions. Aux assises de la seigneurie de l'Étoile, un article de l'ordonnance de 1638 interdit « de faire des assemblées illicites et d'invoquer le diable[71] ». À celles de Saint-Bonnet-de-Cray en 1655, les justiciables ne doivent pas « souffrir qu'on prêche dans leur église aucune chose contre la foi par aucuns étrangers sous prétexte de dévotion et autrement, sans donner avis[72] ». Aux assises de Chambilly de 1721, la justice seigneuriale se réfère à un édit royal contre les « pratiques superstieuses[73] ».

La défense d'un ordre religieux et spirituel va de pair avec la défense d'un ordre moral par la promotion d'un idéal de vie fait d'austérité et de maîtrise de soi[74]. Beaucoup de justices seigneuriales s'opposent donc aux fêtes ou « assemblées » qui risquent, en particulier les dimanches et jours de fête, non seulement de contrevenir à leur sanctification, mais aussi de favoriser l'immoralité et d'attenter aux bonnes mœurs. À Mars-Genouilly, aux assises de 1674, est défendu, sauf permission, « de ne faire assemblée, royaume, ou faire battre tambourg, ny jouer des instruments[75] ». Sont surtout visés les charivaris et les fêtes « baladoires » ou fêtes votives[76]. On se méfie aussi des jeux et spectacles de rue. À Roanne encore, l'ordonnance de 1713 prévient les bateleurs qu'ils

68. Arch. médiathèque Roanne, E 74, ordonnance de 1713.

69. Pour le juge seigneurial de Chambilly « l'ivrognerie produit beaucoup de blasphèmes, homicides, débauches et autres mauvaises actions » (Arch. dép. Saône-et-Loire, B 2346, assises de 1721).

70. Aux assises de Maulévrier on interdit « de troubler le prêtre, de tenir les assemblées aux portes de l'église de la paroisse » et à Châteauneuf, aux assises de 1745, « il est fait défense de se tenir aux portes de l'église pendant le service divin pour y causer, rire, badiner [...] pour parler affaires temporelles à peine de dix livres d'amende » (Arch. dép. Saône-et-Loire, B 2361 et B 2318).

71. Arch. médiathèque Roanne, 20 F, fonds Vichy, liasse 41.

72. L'autorité de cette seigneurie ecclésiastique se méfie des prédicateurs errants susceptibles de diffuser des positions doctrinales ou morales suspectes (Arch. dép. Loire, B 1271).

73. Ordre aux justiciables « de se méfier de toutes pratiques superstieuses [...] en abusant des termes de l'Ecriture Sainte ou des prières de l'Église, soit en disant, soit en faisant des choses qui n'ont aucun rapport aux causes naturelles » (Arch. dép. Saône-et-Loire, B 2346).

74. On a déjà évoqué la condamnation de l'ivrognerie qui risque, par l'atténuation de certaines inhibitions, d'amener des individus à des actes condamnables.

75. Arch. dép. Loire, B 1524.

76. On peut lire dans l'ordonnance de Soucieu, paroisse qui dépend d'une seigneurie ecclésiastique : « Défendons aux consuls, à toutes personnes de faire aucunes assemblées illicites, charivaris, fêtes baladoires [...] tant les jours de fête du patron de la paroisse qu'autre, et à tous joueurs de hautbois, violons et autres instruments d'en jouer dans les places publiques, maisons particulières, ni dans les cabarets lesd. jours à peine de cent livres d'amende » (Arch. dép. Rhône, 10 G 2857, ordonnance de 1760). On notera en passant la lourdeur de l'amende.

ne pourront avoir le consentement du procureur fiscal pour dresser un théâtre qu'à la condition « de ne faire dans leurs jeux et paroles des choses indécentes contre les bonnes mœurs et même de se vêtir d'habits ecclésiastiques et religieux[77] ».

Assises, règlements et relations humaines dans le cadre seigneurial

Finalement, ce qui frappe dans les dispositions contenues dans les ordonnances et règlements, c'est la diversité des domaines que le pouvoir seigneurial veut contrôler. L'ambition de régulation sociale s'applique à l'ensemble de la vie collective des justiciables, qu'elle soit matérielle, morale ou spirituelle. Il reste à élargir notre propos en examinant comment, par les assises et règlements, se révèlent des relations entre le seigneur et ses sujets justiciables[78].

L'ambiguïté de la situation du pouvoir seigneurial

En guise de préalable, constatons que l'autorité seigneuriale se trouve dans une situation ambiguë face aux justiciables à propos de la notion d'intérêt public. Beaucoup de dispositions se réfèrent à l'intérêt public qui doit prévaloir sur les intérêts particuliers. On peut donc trouver des règlements qui paraissent correspondre à cet objectif; en tout cas, le pouvoir seigneurial ne manque pas de les signaler comme tels.

Une justice qui défend l'intérêt général et « public »

C'est le cas lorsque des règlements imposent des mesures d'hygiène et de salubrité en se préoccupant de la propreté des rues et de l'élimination des ordures, comme on a pu le voir sur les ordonnances de Roanne. Quand les règlements s'inquiètent des épizooties, veillent à l'entretien des chemins, c'est aussi au nom de l'intérêt et de la sécurité publiques. Les fauteurs de troubles sont sanctionnés afin que soient assurés « la tranquillité publique et le repos du public[79] ». Assurer une bonne police des marchés correspond bien, aux yeux des seigneurs, à l'intérêt général. Ainsi à Charlieu, le 13 mai 1711, est promulguée une ordonnance à l'encontre de marchands commissionnaires, et le procureur fiscal de conclure « qu'il doit veiller à empêcher que le public ne souffre de l'intérêt du particulier[80] ». On ne saurait mieux dire. Dans l'introduction de l'ordonnance de police de 1760 pour la seigneurie de Soucieu, il est proclamé avec une certaine solennité que la publication d'ordonnances « est une des principales parties de la justice puisqu'elle établit le bon ordre et assure la tranquillité publique[81] ». Cela

77. Arch. médiathèque Roanne, B 74.
78. Il n'est pas question de voir l'ensemble des relations entre le seigneur et ses sujets mais seulement de relever les éléments qui, dans les assises et règlements, révèlent quelques aspects particulièrement significatifs de ces relations. Voir DONTENWILL, *Une Seigneurie sous l'Ancien Régime : L'Étoile en Brionnais, du XVIe au XVIIIe siècle (1575-1778)*, 1973, et *Histoire des paysans français du XVIIIe siècle à nos jours*, 1976.
79. Arch. dép. Loire, B 1392, juridiction de Charlieu, ordonnance de 1747.
80. Ces marchands « se donnent la liberté de faire décharger et entreposer les vins et autres marchandises dans les places publiques où se tiennent les marchés, particulièrement le marché des bestiaux tous les samedis [ce qui] cause un préjudice considérable aux habitants de cette ville et marchands qui mènent aud. marché et négocient lesdits bestiaux… » (Arch. dép. Loire, B 1361).
81. Arch. dép. Rhône, 10 G 2857.

rejoint les déclarations de plusieurs procureurs de seigneuries du Lyonnais pour qui « la tenue régulière des assises a pour but le maintien du bon ordre, le règlement des bonnes mœurs, enfin l'intérêt public et particulier ». C'est, en somme, un vrai objectif de régulation sociale. L'ordre des termes de la citation n'est pas indifférent : le bon ordre est en premier car, toujours selon ces procureurs, « l'ordre et la tranquillité succèdent aux abus et les laboureurs mieux instruits de leurs obligations jouiront en fait du fruit de leurs travaux[82] ». C'est bien l'ordre qui doit assurer le bon fonctionnement de la seigneurie et le bonheur des justiciables. Or c'est là que réside l'ambiguïté, car la régulation sociale vue par l'autorité seigneuriale est en réalité une défense sociale.

Quel ordre et quel intérêt « public » ?

L'intérêt public correspond à la conception que le pouvoir seigneurial s'en fait. L'intérêt général tend à se confondre avec l'ordre seigneurial et étatique. Celui-ci comporte des éléments éventuellement perçus comme positifs mais aussi des règles imposées qui ne correspondent pas obligatoirement aux souhaits et aux intérêts des justiciables. L'intérêt public, tel que le conçoit le seigneur, est d'abord la soumission des habitants aux autorités et particulièrement à celle de la seigneurie. Aux yeux du pouvoir seigneurial, la qualité première d'un bon justiciable est la vertu d'obéissance qui se traduit par le respect de l'ordre, la reconnaissance de la hiérarchie féodale, l'assiduité aux assises, le serment de fidélité au seigneur et le respect des ordonnances. Comme le rappelle Pierre de Saint Jacob, pour la conservation de ses droits et plus généralement pour le respect des règlements et ordonnances, le seigneur utilise l'arme de la contrainte, particulièrement sous la forme d'amendes, éventuellement par des confiscations[83]. La justice de Soucieu explicite clairement le rôle de la contrainte pour une bonne marche de la seigneurie grâce à la soumission des justiciables. Dans l'ordonnance de 1760 il est prévu « de faire observer une exacte police, punir les contrevenants par des peines proportionnées à la malice des uns et à la négligence des autres[84] ». Telles sont les directives contenues dans les textes. Qu'en est-il dans la réalité vécue ?

Les limites des assises et règlements

Dans la pratique, les relations entre seigneur, juge, et sujets justiciables se déroulent elles aussi dans une certaine ambiguïté. Elles ne sont pas toujours conflictuelles mais il apparaît clairement, en particulier dans la deuxième partie du XVIIIe siècle, que le système seigneurial et l'ordre étatique que les assises et règlements seigneuriaux défendent, peuvent se heurter à des réticences ou à des oppositions de la part des justiciables. Il convient dès lors de se poser la question de l'efficacité des justices seigneuriales et, par là, celle de l'impact des ordonnances et règlements dans la régulation sociale.

Des relations complexes entre les justiciables et leur seigneur

Ces relations se caractérisent par un mélange de solidarités et de tensions. Il est difficile de savoir dans quelle mesure exacte les justiciables acceptaient l'autorité de la jus-

82. MAJEWESKI, *Les Assises seigneuriales sous l'Ancien Régime...*, 1975, p. 23.
83. SAINT JACOB, *Les Paysans de la Bourgogne du nord...*, *op. cit.*, p. 60 *sqq*.
84. Arch. dép. Rhône, 10 G 2857.

tice seigneuriale et ses règlements. Des signes de solidarité existent quand le seigneur accepte, par exemple, de collaborer avec les communautés villageoises. Ce peut être le cas à propos du ban des vendanges. Habituellement, c'est le seigneur qui exerce ce droit. Pourtant, à Anzy-le-Duc, c'est une assemblée réunie le 29 septembre 1754, constituée « des habitants et vignerons qui composent la plus saine partie des habitants dud. Lieu » qui nomme « des experts à la visite des vignes pour fixer la date des vendanges [85] ». Au cours des assises de décembre 1773, dans la paroisse d'Avrilly, une autre forme de collaboration entre seigneur et habitants se manifeste dans la nomination de trois experts « à l'effet d'estimer et de faire rapport des mesus qui se commettent dans lad. paroisse » et il est ordonné « aux justiciables composant l'assemblée de donner leurs voyes pour cette désignation [86] ». Ce sont là des exemples de la participation des communautés villageoises aux décisions prises dans le cadre de la seigneurie pour assurer une bonne organisation de la vie agraire.

Pourtant, ce sont les réticences, les réserves, voire les oppositions, de nombreux justiciables à l'encontre des assises et de certains règlements qui attirent le plus l'attention, en particulier au XVIIIe siècle. Il arrive que les réticences se manifestent à l'égard de l'institution des assises elle-même, par exemple par l'absentéisme aux assemblées malgré les amendes. Aux assises du 12 août 1711 qui réunissent les habitants de Chambilly, villages de Narlot et Pont-d'Artaix dépendants de la seigneurie de Marcigny, il n'y a que 12 comparants sur 80 justiciables convoqués [87]. Les 43 justiciables du village de Cuinzier, dépendant de la justice de Châteauneuf, ont tous été défaillants, même le curé, à la réunion des assises de 1772 [88]. Les textes ne donnent aucune raison mais ces absences témoignent des limites de l'obéissance attendue des justiciables. Il en est de même quand les habitants ne se soumettent pas aux règlements, obligeant les autorités à répéter les directives qu'elles veulent voir appliquer [89]. Si les habitants montrent leurs réticences, c'est bien parce que certaines situations ou dispositions ne leur conviennent pas. Nombreux sont les justiciables qui répugnent à régler régulièrement les redevances seigneuriales, ce qui se traduit par des retards de payement qui obligent les autorités à répéter ces obligations avec insistance [90]. Les résistances aux corvées sont fortes là où elles continuent à être exigées « conformément au terrier [91] ». Les délits forestiers, notamment sous la forme de coupes clandestines et de pâturages sauvages, ainsi que le braconnage, se multiplient et attestent du refus de la part des justiciables d'accepter le monopole seigneurial absolu sur le *saltus*.

---

85. Arch. dép. Saône-et-Loire, B 2307. 21 habitants sont présents à cette réunion.
86. Arch. dép. Saône-et-Loire, B 2314.
87. Arch. dép. Saône-et-Loire, B 2346.
88. Arch. dép. Saône-et-Loire, B 2323.
89. Dans l'introduction à l'ordonnance de Soucieu de 1760, le procureur fiscal part du constat « qu'il s'est apperçu de plusieurs contraventions et abus auxquels il est nécessaires de remédier ». C'est ce qui l'engage à « requérir que lesdites ordonnances soient renouvellées pour arrêter le cours des abus qui se sont insensiblement glissés et prévenir ceux qui pourraient s'introduire à l'avenir ». Un article de l'ordonnance défend « de déchirer les affiches faites de la présente ordonnance à peine de dix livres d'amende ». L'arrachage des affiches exprime bien une forme de refus de ce qui y est édicté.
90. Un exemple parmi d'autres : aux assises de Maulévrier de 1725, il est rappelé « l'obligation de payer cens et servis au seigneur régulièrement à chaque terme ». Ce qui sous-entend que la règle n'est pas respectée (Arch. dép. Saône-et-Loire, B 2361).
91. À Anzy-le-Duc aux assises générales de 1715. Le juge s'élève contre les récalcitrants de la paroisse voisine de Montceau-l'Étoile « qui n'ont pas fait les corvées requises » (Arch. dép. Saône-et-Loire, B 2304).

Des difficultés à parler au nom du « public » et à faire respecter les ordonnances

La poussée de l'« individualisme agraire » au XVIIIe siècle et le strict respect de la propriété individuelle conduisent certains seigneurs à interdire la vaine pâture, ce qui heurte une conception plus sociale, plus solidaire, de l'utilisation de l'espace villageois et compromet la tradition des droits d'usage collectifs auxquels beaucoup de justiciables, notamment les plus pauvres, sont particulièrement attachés. Si dans certaines seigneuries, comme on l'a vu, une tradition d'entente entre l'autorité seigneuriale et la communauté d'habitants existe pour fixer le ban des vendanges, ailleurs, le seigneur prétend être seul à prendre les décisions dans ce domaine; il en résulte des conflits avec les justiciables. Aux assises de 1721 dans la seigneurie de Marcigny, le juge doit rappeler solennellement que le ban des vendanges « doit résulter d'une décision seigneuriale avec les dates et les lieux » après que le procureur fiscal se soit plaint de ce que

> « [...] des particuliers à Iguerande, opposés au ban des vendanges, auraient arraché publiquement l'affiche desd. bans qui estait à la porte de l'église et par dérision s'en seraient torchés le derrière et non content de ce auraient assemblé la plus grande partie des habitants dud. lieu auxquels ils auraient dit : c'est à nous à mettre et à donner le ban des vendanges au lieu de suivre ce placard [92]. »

L'entretien des chemins se fait mal. Ainsi à Pommiers, une ordonnance de police particulière est publiée le 29 mai 1784 après que le procureur fiscal ait déclaré que :

> « Au mépris de nos différentes ordonnances de police, l'on néglige totalement les différantes planches qui servent de passage tant sur le ruisseau dysable que sur la rivière d'Aix, que ces différentes planches sont d'une nécessité indispensable pour les habitants dud. pommier afin d'aller et venir aux offices [...] que l'on néglige aussy l'entretien des différents chemins qui sont devenus totalement impratiquables [93]. »

Si les justiciables sont réticents à faire ces travaux d'intérêt public, c'est probablement parce qu'ils perçoivent les ordres de l'autorité seigneuriale comme une sorte de corvée imposée par la contrainte.

Une justice « immédiate » qui représente l'essentiel de l'effort normatif

Les justiciables manifestent aussi leur réserve et leur opposition à des ordres et directives qui dépassent le cadre seigneurial et qui correspondent à des politiques menées par les pouvoirs centraux dont le pouvoir seigneurial contribue à assurer le relais. L'État monarchique et l'Église de la Réforme catholique ont engagé depuis le XVIIe siècle une vaste entreprise de renforcement de l'ordre public, de soumission à l'État central, de discipline sociale, de « civilisation des mœurs », d'approfondissement et de purification de la religion. Cette reprise en mains générale doit aboutir à un effort de discipline personnelle et à l'intériorisation de la contrainte [94]. Dans la mesure où, par les assises et les ordonnances de police, l'autorité seigneuriale répercute cette politique, elle peut se heurter à l'opposition des communautés attachées à des conceptions et des traditions différentes.

---

92. Arch. dép. Saône-et-Loire, B 2346. La paroisse d'Iguerande est peuplée d'une majorité de vignerons. Elle est située au sud de Marcigny et dépend pour l'essentiel de la juridiction de cette ville. Iguerande : Saône-et-Loire, ar. Charolles, c. Semur-en-Brionnais.
93. Arch. dép. Loire, B 1566.
94. MUCHEMBLED, *Société, cultures et mentalités...*, 1994, et GUTTON, *La Sociabilité villageoise...*, *op. cit.*

Ainsi, les injonctions contenues dans les règlements des justices seigneuriales qui interdisent toutes les formes de violence au nom de l'ordre public, peuvent correspondre au désir de tranquillité de la plupart des notables mais risquent de ne pas avoir beaucoup d'effets dans certains milieux populaires où subsiste une certaine culture de la violence ritualisée et encadrée. Les « grands garçons », c'est-à-dire les jeunes adultes célibataires, groupés dans les « royaumes » ou « abbayes de jeunesse », gardiens des traditions, attentifs au marché matrimonial et pourfendeurs de ceux qui ne se soumettent pas aux normes de la communauté, entretiennent souvent des formes de désordre, voire de violence. Les charivaris en sont un bon exemple. Condamnés par les règlements seigneuriaux, ils sont tolérés par la majorité des habitants. Au XVIIIe siècle encore, malgré les interdictions répétées, des charivaris ont lieu, non seulement dans les villages mais aussi dans les villes[95]. Si ces désordres et d'autres, à l'occasion des fêtes balladoires par exemple, sont tolérées par la majorité de la population à condition qu'ils ne dégénèrent pas, c'est au nom des traditions culturelles des communautés, et parce que ces manifestations permettent de canaliser l'énergie des jeunes célibataires frustrés par le mariage tardif et l'attente parfois longue d'une installation dans la société. En somme, ces violences permettent d'éviter des troubles plus graves pour l'ordre et l'équilibre social[96]. De toute façon, dans la tradition de maintes communautés, en particulier dans les campagnes isolées, les habitants préfèrent régler leurs problèmes entre eux et répugnent à se soumettre à des directives extérieures, même si elles sont promulguées par les ordonnances de leur seigneur.

Beaucoup de sociétés rurales s'opposent aussi aux conceptions morales et religieuses véhiculées par l'État monarchique et l'Église catholique reprises par les ordonnances seigneuriales. Les mesures contre le cabaret et surtout contre les fêtes et danses « lascives », susceptibles d'attenter à la morale, sont très mal acceptées. Les justices seigneuriales doivent reprendre constamment des règlements contre cette culture festive, en particulier lors de la fête du saint patron de la paroisse, au nom de l'ordre moral et de l'austérité souhaitée des mœurs. En outre, si certains fidèles pendant un office bavardent au fond de l'église, ce qui peut gêner le prêtre et attenter à la dignité du culte, c'est peut-être qu'ils acceptent mal la discipline trop stricte d'un culte obligatoire. L'Église post-tridentine qui veut séparer totalement le profane du sacré pour donner à celui-ci toute sa dignité, n'est pas toujours bien comprise des paroissiens. Il ressort de ces observations que des décalages significatifs peuvent exister entre les volontés des autorités et la réalité vécue par les habitants d'une juridiction seigneuriale, d'autant plus qu'au XVIIIe siècle le pouvoir seigneurial tend à se désolidariser de plus en plus des communautés d'habitants, de leurs préoccupations, de leurs intérêts et de leurs traditions culturelles. La résistance des justiciables aux règlements et aux ordonnances montre en tout cas les limites du rôle et de l'action des justices seigneuriales.

---

95. À Roanne, en 1741, le procureur fiscal doit rappeler les règles de discipline et les exigences de l'ordre public. En effet une procédure a été engagée contre « divers particuliers qui avaient fait du bruit et causé du scandale pendant la nuit [...] chanté des chansons indécentes et injurieuses et avaient crié charivari contre le nommé Berry qui avait épousé la veuve Perrin » (Arch. médiathèque Roanne, E74, pièce 15). À Charlieu en 1714, c'est le mariage d'un étranger à la ville, bourgeois de Lyon, avec une demoiselle du lieu qui provoque « le charivari que lui auraient fait plusieurs bourgeois, habitants et garçons » (Arch. dép. Loire, B1368).
96. MUCHEMBLED, *Société, cultures et mentalités...*, *op. cit.*, p. 79-83.

Conclusion

Il est incontestable qu'aux XVIIe et XVIIIe siècles, dans le Centre-Sud-Est de la France, comme sans doute dans d'autres régions, des justices seigneuriales sont demeurées actives. Cela est surtout vrai pour les seigneuries haut-justicières dont beaucoup ont conservé des assises. Actives, certes, et à bien des égards utiles, ces justices étaient néanmoins devenues fragiles. Leurs directives rencontraient les réticences et même les oppositions de nombreux justiciables. Ces oppositions n'avaient pas partout la même vigueur. Certains habitants, sans doute, acceptaient le pouvoir du seigneur au nom des traditions, par respect pour une autorité dite « naturelle » ou par résignation. Comme les sources retiennent davantage les tensions et les conflits que les situations calmes, il est impossible de faire la part exacte des contestataires. Si le rôle des assises et règlements seigneuriaux apparaît important par l'institution et par le contenu des textes, nous n'avons pu mesurer les résultats de la promulgation des ordonnances. Les tensions, surtout à la fin du XVIIIe siècle, expriment les réticences à l'égard des justices seigneuriales comme partie intégrante d'un système considéré de plus en plus comme archaïque et imposant des rapports de domination sans réelle justification. Les justices seigneuriales sont aussi critiquées en tant que relais des autorités centrales, étatiques et cléricales, dont elles diffusent les directives politiques, morales et religieuses, pas toujours bien accueillies par les justiciables. Les cahiers de doléances foréziens, rédigés au printemps 1789 pour la réunion des États généraux, se font l'écho de cet état d'esprit[97].

97. FOURNIAL Étienne et GUTTON Jean-Pierre, *Cahiers de doléances de la province de Forez*, Saint-Étienne, Centre d'études foréziennes et Montbrison, La Diana, 1975, 577 p.

Les justices seigneuriales dans les duchés de Lorraine et de Bar sous le règne de Léopold Ier (1698-1729)

Jean GALLET
Professeur émérite d'histoire moderne, université de Picardie « Jules Verne »

Les historiens ont parfois de la chance. Souvent, ils ne disposent que de renseignements rares, dispersés, fragmentaires, disparates, qui ne donnent que de faibles lueurs sur le passé, et dont l'utilisation nécessite des trésors d'imagination. Mais il arrive, au contraire, que les archives leur offrent des documents nombreux et riches, dignes de foi, tous fabriqués de la même façon, formant de grandes séries qui, comme un faisceau de projecteurs, mettent un sujet en pleine lumière. C'est le cas pour les justices seigneuriales dans les duchés de Lorraine et de Bar. Cette richesse tire son origine de la politique du duc Léopold Ier. En effet, entrant en possession de ses duchés en 1698, celui-ci voulait restaurer le prestige de sa Maison, faire reconnaître sa souveraineté et rétablir son autorité dans ses États ; entreprise nécessaire après soixante années de guerres, des années d'occupation, des années d'administration française, tandis que ses voisins – « le Grand Roi », l'empereur et le pape – sans compter la noblesse et le clergé des duchés, s'apprêtaient à profiter de la faiblesse du jeune prince.

Or, dans les soucis de Léopold, la seigneurie et la justice figuraient au premier rang. En effet, pour revendiquer des territoires et des droits, il fallait établir les mouvances, et pour retrouver les pouvoirs, contrôler la justice. Le duc suscita donc une intense activité administrative qui nous vaut cette abondante documentation sur les seigneuries et sur la justice dans les deux duchés, en particulier une grande enquête menée en 1708 qui, pour chaque communauté, indiquait les noms des seigneurs, leurs compétences judiciaires et les parts que chacun de ces seigneurs pouvait avoir dans ces compétences. Elle concerne 1985 communautés des deux duchés de Lorraine et de Bar [1]. C'est une enquête homogène, sérielle, précise, que l'on peut confronter à plusieurs dizaines de dénombrements, établis dans le même temps, soigneusement vérifiés par les chambres des comptes et souvent par les communautés [2].

---

1. Arch. dép. Meurthe-et-Moselle, *Déclarations des communautés des duchés de Lorraine et de Bar en 1708*, B 11-720 à B 11-727, 10 registres. Sur la naissance de l'enquête : ANTOINE Michel, « À propos des dénombrements de population des duchés de Lorraine et de Bar en 1708 », *Annales de l'Est*, 1953, p. 79-85 ; CABOURDIN Guy, « Les premiers dénombrements des duchés de Lorraine et de Bar (XVIIe-XVIIIe siècle) », *Actes du colloque de Démographie historique*, Cluy-Napoca (Roumanie), 1980, p. 70-73, et « La population de Mirecourt, 1580-1740 », *Publications des Journées d'études vosgiennes de 1982*, Presses universitaires de Nancy, 1984, p. 9-16.
2. Arch. dép. Meurthe-et-Moselle, B 10 998 (17) et B 10 998 (1). Les documents donnent, en détail, les étapes de la vérification.

Comment exploiter une source aussi monumentale ? À l'ère de l'informatique, ce n'est plus un problème, une fois qu'on a transcrit les documents et saisi les renseignements sur un logiciel de tri associé à un logiciel de cartographie automatique et de statistiques[3]. Le logiciel « Texto » a enregistré les renseignements fournis par l'enquête[4].

> Pour chaque communauté : un nom, un numéro, puis le duché de rattachement, la région, la prévôté, la population. Pour les justiciers, un code de trois lettres et quatre chiffres : « D » pour le duc, « L » pour les laïcs, « E » pour l'Église, et 4 chiffres, un par compétence (Haute, Moyenne, Basse, Foncière), « 2 » si la justice est totale, « 1 », si elle est partielle, « 0 » si le justicier n'a pas cette compétence. Ainsi, « D 2222 » veut dire que le duc a toutes les compétences, haute, moyenne, basse et foncière, sans part d'autrui ; il est le seul justicier de la communauté. Et « D 2200 » avec « L 0022 » signifient que le duc (D) a seul, la haute justice et la moyenne, mais qu'il n'a pas la basse ni la foncière, et que les laïcs (L) n'ont au contraire, aucune part dans la haute et la moyenne (où ils ont 0), mais ont seuls la basse et la foncière (où ils ont 2). « Comparsonniers » indique le nombre de justiciers dans la communauté ; la précision est nécessaire, car, si pour « D 2222 » il n'y a qu'un comparsonnier, puisque c'est le duc, pour les laïcs et l'Église, « L 2222 » peut désigner plusieurs laïcs (à Pulney, à Pulnoy) de même que « E 2222 » peut désigner plusieurs institutions ecclésiastiques.

IDENTIFICATION 1371	:PROVENCHERES-L-DARNE	IDENTIFICATION 1380	:PULLIGNY
No Communaute	:88160	No Communaute	:54437
Duche	:BAR	Duche	:LORRAINE
Region	:BASSIGNY MOUVANT	Region	:NANCY
Prevote	:LA MARCHE	Prevote	:NANCY
Population	:180	Population	:594
Justiciers	:L1111/E1111	Justiciers	:L2222
Comparsonniers	:2	Comparsonniers	:15

D'autres sources apportent des précisions complémentaires sur les communautés et sur les justiciers[5]. Enfin, les ordonnances ducales renseignent sur les volontés réformatrices de Léopold et de son entourage[6]. C'est une documentation qui pourrait paraître

3. « Texto », logiciel de tri, et « Antarès », logiciel de cartographie. Voir GALLET, « La société lorraine d'après les sources notariées. Application de l'informatique à la recherche historique », *Annales de l'Est*, 1986, n° 1, p. 57-74, et « Les justiciers des duchés de Lorraine et de Bar sous Texto », *Annales de l'Est*, 1989, n° 1, p. 61-64, et PENNERATH, *Les Justiciers dans le bailliage d'Allemagne en 1708*, 1990, « Introduction », p. I-XVIII. L'enquête a été exploitée auparavant, mais uniquement sur les aspects économiques, démographiques et sociaux : VISINE François, « Préface à l'étude de quelques éléments statistiques relatifs aux duchés de lorraine et de Bar en 1708 », *Annales de l'Est*, 1950, n° 3, p. 171-206 ; « Les duchés de Lorraine et de Bar en 1708 », *Annales de l'Est*, 1952, n° 2, p. 175-178 ; ROUSSELL Jean, « Tableaux statistiques relatifs aux déclarations des communautés des duchés de Lorraine et de Bar en 1708 », *Annales de l'Est*, 1951, n° 21, p. 167-174 ; et LAPERCHE-FOURNEL Marie-José, *La Population du duché de Lorraine de 1580 à 1720*, Nancy, Presses universitaires de Nancy, 1982, 236 p.
4. Fichier édité au Centre Inter Régional Informatique de Lorraine, à Nancy, en mars 1995.
5. RICE, *État du temporel des paroisses, 1703-1713*, Arch. dép. Meurthe-et-Moselle, B 288-298, et *Pouillé ecclésiastique et civil du diocèse de Toul* [par Benoît Picard] *imprimé par ordre de monseigneur*, Toul, L. et É. Rolin, 1711, 2 vol. in-8°.
6. *Ordonnances sur le règlement et « stil » de la justice des bailliages et prévôté de Bar*, Saint-Mihiel, 1573, in-4°, 6 f. ; *Dictionnaire historique des ordonnances et des tribunaux de la Lorraine et du Barrois… par M. Pierre-Dominique-Guillaume de Rogéville…*, Nancy, Vve Leclerc, 1777, 2 vol. in-4° ; *Recueil des édits, ordonnances, déclarations, traitez et concordats du règne de Léopold 1er duc de Lorraine et de Bar…*, Nancy, Veuve J.-B. Cusson, 1733-1734, 9 t. en 4 vol., in-4°. Diverses rééditions ; *Ordonnance* [sur la procédure] *de Léopold 1er, duc de Lorraine et de Bar, etc. donnée à Nancy au mois de Juillet 1701, avec le règlement des eaux et forêts du mois d'août suivant*, Nancy, P. Barbier, 1701, 2 vol. in-12 ; *Ordonnance de 1701, Code Léopold* [Arch. dép. Meurthe-et-Moselle, 3 F 190, in-4°, 134 f°, éd. 1704, nouvelle éd. 1725] ; *Ordonnance de Léopold 1er, duc de Lorraine et de Bar, pour l'administration de la justice, donnée à Lunéville, au mois de Novembre 1707*, Nancy, 1708, 396 p. in-12. Nouvelle éd., Nancy, 1725, 486 p. et tables ; *Cayer pour laisser à mon successeur… mémoire sur le duché de Lorraine rédigé vers 1715, par le duc Léopold 1er. Texte publié et commenté par Zoltan HARSANY*, Nancy-Paris-Strasbourg, Berger-Levrault, 1938, 99 p.

exceptionnelle, en tous cas intéressante si on veut établir un état de la seigneurie et de sa justice entre 1698 et 1729.

Les seigneuries s'inséraient dans un cadre politique remarquable. Deux duchés formaient un seul État : d'une part, le duché de Bar avec une partie « mouvante » et une partie « non-mouvante[7] » et, d'autre part, le duché de Lorraine, composé de trois grands bailliages : l'Allemagne, Nancy et les Vosges. Plusieurs coutumes avaient cours, dont celles de Lorraine, de Bar, de Saint-Mihiel, de Bassigny, et quelques autres de moindre importance territoriale[8]. Toutes ces originalités distinguaient chacune des régions, lesquelles n'en formaient pas moins un seul et même État, juridiquement souverain[9].

Les justices seigneuriales s'intégraient dans une structure administrative : les bailliages, composés de prévôtés, et celles-ci constituées de communautés. L'appel se portait des communautés et des prévôtés aux bailliages, et ensuite à Nancy, devant les institutions ducales, en particulier devant les juges de la Cour souveraine.

Un état des justices seigneuriales dans les duchés, sous le règne de Léopold, présentera d'abord les habitants qui relevaient des seigneurs dont ils étaient les sujets « juridiciables », ensuite les justiciers, différents et dotés de compétences variables, puis les officiers qui, au nom des seigneurs, rendaient la justice, et enfin les réformes entreprises par le duc Léopold en vue de réglementer le fonctionnement de ces justices et de consolider le pouvoir ducal[10].

---

7. Carte dans LAURENT, *Les Seigneurs justiciers du duché de Bar en 1708*, 1990, t. I, p. 36. Dans la partie mouvante, dont Bar-le-duc, les appels des justiciers se portaient à Châlons et à Paris; dans la partie non-mouvante, le duc conservait tous ses droits et jugeait « en définitif ».

8. De « grandes coutumes » : Épinal, Vaudémont (Meurthe-et-Moselle, ar. Nancy, c. Vézelise), Châtel-sur-Moselle (Vosges, ar. Épinal). Des coutumes locales, parmi lesquelles : Blâmont (Meurthe-et-Moselle, ar. Lunéville), La Bresse (Vosges, ar. Épinal, c. Saulxures-sur-Moselotte), « Val de Liepvre, Sainte-Croix, Sainte-Marie-aux-Mines » (Haut-Rhin, ar. Ribeauvillé), Rambervillers (Vosges, ar. Épinal). Cf. BEAUPRÉ Jean-Nicolas, *Essai historique sur la rédaction officielle des principales Coutumes et sur les assemblées d'États de la Lorraine ducale et du Barrois, accompagné de documents inédits et d'une bibliographie de ces coutumes*, Nancy, imprimerie de Grimblot et Vve Raybois, 1845, 185 p.; BONVALOT Edouard-Théodore, *Les Plus principales et générales coutumes du duchié de Lorraine*, Paris, éd. Bonvalot, 1878, 133 p.; *Les Féautés en Lorraine*, Paris, L. Larose et Forcel, 1883, 24 p.; COUDERT Jean, *La Coutume de Vaudémont*, Nancy, Centre lorrain d'histoire du droit, 1971, 304 p.; *Coutume de Saint-Mihiel, avec les règlements sur le style et règlement de la justice, au siège dudit bailliage et es sièges inférieurs y ressortissant*, rédigée en 1598, homologuée en 1609, éditées à Saint-Mihiel en 1615; *Coutumes du bailliage de Bar [-le-Duc] avec un commentaire tiré du droit romain des coutumes de Paris, [...] Sens et autres; et des arrêts et règlemens de la cour de parlement, par Jean Lepaige*, Paris, G. Saugrain, 1698, in-12; *Coutumes du bailliage de Bar, rédigées par les trois Estatz dudict bailliage, convoqués à cet effet par ordonnance de sérénissime prince Charles... duc de Calabre, Lorraine, Bar, Gueldres, etc. et homologuées par Son Altesse au moys d'octobre 1579*, Saint-Mihiel, F. et J. Du Bois, 1623, in-4°; *Coutumes du Val de Lièvre, Sainte-Croix et Sainte-Marie-aux-Mines, Manuscrits du couvent des pères Tiercelins de Nancy* [Bibliothèque municipale de Nancy, ms. 1166 (780)]; *Coutumes générales anciennes et nouvelles du duché de Lorraine pour les bailliages de Nancy, Vosges et Allemagne, ensemble le stile des procédures d'assises, celuy des procédures de justice, le règlement et taxes d'icelles*, Épinal, 1633, Metz, François Bouchard, 1682, et Paris, C. de Sercy, 1682, 3 parties en un volume in-12, pagination multiple; *Nouveau commentaire sur la coutume de Bar-le-Duc conférée avec celle de Saint-Mihiel, dont le texte est joint, nouvelle édition revue, corrigée et augmentée de nouvelles notes... par Jean Le Paige l'aîné*, Bar-le-Duc, Impr. de J. Lochet, 1711, 1 vol., 511-64 p.

9. Le territoire de cet État n'était pas d'un seul tenant, les terres des duchés s'imbriquant dans celles des Évêchés de Metz, Toul et Verdun (la France), et des États voisins : PENNERATH, *Les Justiciers..., op. cit.*, p. 3, 7-10, et 15-26.

10. Sur l'histoire des duchés : CABOURDIN, *L'Encyclopédie illustrée de la Lorraine, Les temps modernes, 2, De la paix de Westphalie à la fin de l'Ancien Régime*, 1991, et, plus spécialement sur les seigneuries et sur les communautés : CABOURDIN, *Terre et hommes en Lorraine (1550-1635)*, 1977, vol. I, p. 218-319. Bien entendu, cette étude de la justice ne donne que le cadre institutionnel, elle ne prétend pas révéler l'activité réelle des justices seigneuriales. Sur le fonctionnement effectif de quelques justices seigneuriales : GUILLAUME Olivier, *Les Seigneurs justiciers dans les Vosges*, 1990, p. 120-150; LAURENT, *Les Seigneurs justiciers, op. cit.*, t. I, p. 133-143; PENNERATH, *Les Justiciers..., op. cit.*, p. 110-157.

Les sujets

Dans les 1985 communautés, vivaient, en 1708, à peu près 500 000 habitants [11], les uns de langue allemande, dans le bailliage d'Allemagne [12], autour de Sarreguemines [13], les autres de langue française. Ils étaient, en petit nombre, des habitants des villes et, pour la plupart, des paysans, laboureurs, manouvriers, vignerons, artisans, dispersés en bourgs, hameaux, scieries et « gouttes » dans les Vosges [14], ailleurs, groupés en gros villages, entourés de champs ouverts.

Communautés, finages et bans

Les sujets agissaient dans un cadre juridiquement établi, la communauté d'habitants, cadre laïc, distinct de la paroisse. Les communautés rurales dépassaient le plus souvent la centaine d'habitants [15], sauf dans certaines prévôtés du bailliage d'Allemagne [16]. Chacune de ces communautés disposait d'un finage, très étendu dans les Vosges, plus restreint ailleurs, et souvent plus petit que le finage actuel : 800, 1 200 hectares [17]...

Des maires, des échevins, des gardes faisaient appliquer les règlements locaux touchant l'activité agricole et la vie collective, en particulier l'assolement triennal.

S'agissant de la justice, la circonscription de base s'appelait le ban. La justice, en première instance, s'exerçait sur les habitants du ban et sur les forains de passage sur le ban ou ayant intérêt dans le ban. Avant de montrer la complexité qui marquait certains bans, disons tout de suite que, très souvent, les situations étaient simples : les limites du ban coïncidaient avec les limites du finage. Bien sûr, il y avait des particularités. Un ban pouvait recouvrir plusieurs finages, cas fréquent dans les Vosges [18].

À l'inverse, un finage pouvait comprendre plusieurs bans, deux bans [19], quatre bans [20], divisions qui correspondaient à des statuts différents :

---

11. L'enquête donne le nombre des communiants et des non-communiants, c'est-à-dire le nombre des « âmes » ou des « bouches » ou des individus, et non des feux. Toutes les communautés n'ont pas fourni ces renseignements, notamment dans le bailliage d'Allemagne (PENNERATH, *Les Justiciers...*, *op. cit.*, p. XI). Les curés ont sans doute parfois arrondi les chiffres : CABOURDIN, « Les premiers dénombrements... », *op. cit.*, p. 73.
12. GALLET, *Le Bon plaisir du baron de Fénétrange*, 1990, p. 22; PENNERATH, *Les Justiciers...*, *op. cit.*, p. 12-14.
13. Vaudrevange (Wallerfangen) près de Saarlouis, en Sarre actuellement, était autrefois le chef-lieu de ce bailliage. Vaudrevange ruiné par la guerre de Trente Ans, le centre du bailliage fut fixé à Boulay-sur-Moselle, puis à Sarreguemines.
14. GUILLAUME, *Les Seigneurs justiciers...*, *op. cit.*, p. 28-29.
15. LAURENT, *Les Seigneurs justiciers...*, *op. cit.*, I, p. 37.
16. La prévôté de Freistroff (Belles-Forêts, Moselle, ar. Sarrebourg, c. Fénétrange) (PENNERATH, *Les Justiciers...*, *op. cit.*, vol. II, p. 78).
17. Il y eut de nombreux regroupements de communautés, notamment après la Seconde Guerre mondiale. Ainsi, la commune de Vigneulles-les-Hattonchâtel (Meuse, arr. Commercy) est constituée de plusieurs communautés qui, en 1708, étaient séparées. Retrouver les contours des finages de 1708 fut la tâche la plus difficile, mais nécessaire : autrement, on aurait une fausse idée du cadre de vie de l'Ancien Régime dans les duchés. Synthèse sur ces questions territoriales : FOLLAIN, « Les communautés rurales en France. Définitions et problèmes (XVe-XIXe siècle) », 1999b.
18. Par exemple : le ban d'Etival (Vosges, ar. Saint-Dié, c. Raon-l'Etape) (Arch. dép. Meurthe-et-Moselle, B 11722 [408]), le ban de Vagney (ar. Épinal, c. Saulxures-sur-Moselotte) (GUILLAUME, *Les Seigneurs justiciers...*, *op. cit.*, p. 24).
19. Arch. dép. Meurthe-et-Moselle, B 11720 (1), B 11000 (601) (GODEFROY, Christelle, *Une seigneurie lorraine : le marquisat de Nomeny en 1708*, mémoire de maîtrise, université Nancy II, 1995, 208 p. [p. 54]).
20. Arch. dép. Meuse, B 389 (548).

« Le village d'Abaucourt est divisé en deux bans. L'un se nomme le grand ban et l'autre est le ban de Chattemagne, qui sont comme deux espèces de communautés [...] le grand ban est composé de quinze ou seize habitants[21], dont la seigneurie appartient à Son Altesse Royale[22]. et les causes sont portées au bailliage de Nomeny en première instance. Quant à la seigneurie du ban de Chattemagne, elle appartient à Monsieur de Sarrazin, Conseiller d'Etat de Son Altesse Royale et maître des requêtes de son hôtel, qui a ses officiers qui connaissent des causes en première instance, et par appel au bailliage de Nancy[23]. »

Des bans se trouvaient, à leur tour, divisés en plusieurs portions, lesquelles ne coïncidaient pas avec un finage, portions parfois appelées « seigneuries » : « la grande seigneurie » et le « requart » ici[24], six seigneuries là[25]. Les grands bans des Vosges qui comprenaient plusieurs villages se divisaient en mairies et en seigneuries[26]. « Seigneurie » désignait soit un espace – quelques pâtés de maisons[27] – soit un groupe de personnes : très fréquemment, des seigneurs exerçaient, dans un ban, la justice sur quelques sujets, leur « seigneurie[28] ». Parfois, des « seigneuries » s'étendaient sur plusieurs portions de bans contigus ; ces bans avaient formé autrefois une seule seigneurie, grand ensemble qu'ensuite les mariages et les héritages avaient fractionné[29]. Enfin, au contraire, plusieurs bans se retrouvaient unis et formaient une seule seigneurie[30].

La sujétion

Les habitants d'un ban appartenaient chacun à un seigneur ; ils étaient ses sujets « juridiciables ». Parfois, ils avaient choisi leur seigneur, quand ils avaient été reçus dans la communauté, comme « bourgeois[31] ». Lorsqu'ils sortaient de la communauté, ils

21. Foyers.
22. Le duc Léopold n'est jamais évoqué autrement.
23. Arch. dép. Meurthe-et-Moselle, B 295, archiprêtré de Nomeny, p. 1.
24. Arch. dép. Meurthe-et-Moselle, B 11 000 (601).
25. Dans le ban de Ceintrey (ar. Nancy, c. Haroué) : seigneuries de « Salm », de « Bassompierre », de « Bouzey », de « Boulacs », de « Dame Marguerite » et une « seigneurie commune », DURAND Sabrina, *Le Marquisat d'Haroué au XVIIIe siècle*, mémoire de maîtrise, université Nancy II, 1995, 76-47 p. (p. 20), et *Pouillé ecclésiastique et civil du diocèse de Toul...*, *op. cit.* Arch. dép. Meurthe-et-Moselle, B 290, doyenné du « Saintois », p. 108.
26. Dans le ban de Vagney : la grande mairie, la foresterie, les usuaires, les arrentès, Bussegnecourt, Thuilliers, les Pilliers, Arch. dép. Meurthe-et-Moselle, B 292, doyenné de Remiremont, p. 74.
27. « Justice sur quelques maisons » à Folschwiller ou à Metting, Arch. dép. Meurthe-et-Moselle, B 11 003, f° 434 *bis* ; nombreux exemples dans les Vosges, Arch. dép. Meurthe-et-Moselle, B 292.
28. Les arrentès, les forestaux, les ecclésiaux, les usuaires, autant de sujets qui formaient des « seigneuries séparées » : les arrentès de Cleurie, de Moulin, de Xamontarupt, de Ramonchamp, de Vagney, de Longchamp, de Saint-Joseph... (GUILLAUME, *Les Seigneurs justiciers...*, *op. cit.*, p. 22). Les arrentès appartenaient, ou leurs ancêtres avaient appartenu, au duc de Lorraine. Ils étaient éparpillés, au milieu des habitants des communautés – « Les arrentès de Vagney sont répandus dans quatre paroisses » – (Arch. dép. Meurthe-et-Moselle, B 292, doyenné de Remiremont, f° 73). Ils formaient des seigneuries à part ; ils étaient « juridiciables » du bailliage des Vosges en première instance (Arch. dép. Meurthe-et-Moselle, B 292, doyenné de Remiremont, paroisse de Rupt, p. 124). « Sont privilégiés et exempts de la justice du lieu pour toutes actions civiles, personnelles et de simple délit » (BEAUPRÉ Jean-Nicolas, *Documents inédits sur la rédaction des coutumes du comté de Vaudémont, sur les causes qui l'ont empêché d'aboutir à un texte officiel, sur la féauté de Vaudémont et la singularité de cette juridiction*, 1857, 37 p. [p. 24 et 25]).
29. Ceintrey, Pulligny, Voinémont, Arch. dép. Meurthe-et-Moselle, B 290, doyenné du « Saintois », p. 108 et 111.
30. Souvent une grande seigneurie : le « Col de Cygne », la « Tête de braque », « Géroldzeck » et la « seigneurie commune » constituaient la baronnie de Fénétrange, sur 19 bans ou finages (GALLET, *Le Bon plaisir du baron...*, *op. cit.*, p. 39). Pour bien comprendre la complexité administrative : LAPERCHE-FOURNEL, *La Population du duché de Lorraine...*, *op. cit.*, p. 29.
31. GALLET, *Le Bon plaisir du baron...*, *op. cit.*, p. 169, dans la baronnie de Fénétrange. À Ceintrey, « un étranger venant demeurer à Ceintrey a un an pour choisir la seigneurie dont il voudrait être sujet » (Arch. dép. Meurthe-et-Moselle, B 290, doyenné du « Saintois », p. 108).

quittaient ce seigneur pour se soumettre à un autre[32]. D'autres fois, les sujets ne choisissaient pas. Ici, l'habitation donnait la sujétion. Ainsi, à Blévaincout : « Il y a trois seigneurs qui ont chacun leurs sujets désignés et c'est l'habitation et les maisons qui font les sujets. Le commandeur de Robécourt est seigneur en partie dudit Blévaincourt, et a sept maisons qui font sept sujets dispersés parmi le village[33]. » Ailleurs, la filiation donnait la sujétion : filiation par le père – « À Saulxures-les-Vannes, trois seigneurs, trois groupes de sujets séparés… les sujets demeurent juridiciables par les mâles, les filles se marient où elles veulent, et sont sujettes des seigneurs de leurs maris[34] » – ou filiation par la mère : à Jouy-sous-les-Côtes, divisé en deux seigneuries, sous plusieurs seigneurs dont le duc, « c'est le ventre qui fait l'état et la condition des sujets, de manière que les enfants d'une sujette de Son Altesse Royale sont aussi ses sujets. Si l'un de ses sujets épousait une femme de l'autre seigneurie, ses enfants en seraient aussi[35] ».

La sujétion ne venait pas de la vassalité[36]. Les justiciables roturiers ne se reconnaissaient pas particulièrement comme vassaux, ni comme censitaires. La servitude, par contre, était souvent à l'origine de la dépendance des habitants vis-à-vis d'un seigneur, servitude jadis très habituelle et encore bien établie au début du XVIIIe siècle[37]. Certains habitants étaient donc des serfs, ou bien d'anciens serfs, ou des descendants d'anciens serfs : la servitude avait été rachetée mais une forte dépendance subsistait, qui se manifestait par des droits à payer et par la soumission à la justice. La sujétion vis-à-vis d'un justicier dépassait parfois les limites du ban dans lequel ce justicier exerçait la justice. En effet, quand les gens quittaient un seigneur pour en retrouver un autre, le seigneur du lieu de départ conservait une juridiction sur ses anciens sujets, la « retenue ». Comme le déclarait un seigneur :

> « J'ai […] plusieurs autres hommes par droit de retenue à Gerbeville[38], Relincourt, tous lesquels comme ceux d'Hannonville sont mes hommes de corps, sujets, de forfuyance, formariage et poursuite, taillables une fois l'an à ma volonté […] et en outre juridiciables en toutes actions civiles et criminelles, personnelles et réelles, par devant la justice de madite seigneurie[39]. »

La « justice sous le toit » provenait peut-être de ce droit de retenue : « l'abbé de Chaumousey […] avait justice sous le toit sur cinq habitants[40] ». Le seigneur qui avait

32. Sur le « contremand » : LEPAGE, *Le Département des Vosges, statistique historique et administrative…*, 1845, vol. II, p. 519; BONVALOT, *Les Féautés en Lorraine*, 1889, p. 12; et *supra* la contribution de Jean-Claude Diedler.

33. Blévaincourt (Vosges, ar. Neufchâteau, c. Lamarche) (Arch. dép. Meurthe-et-Moselle, B 290, doyenné de Bourmont, p. 45). Par contre, à Ceintrey, divisé en plusieurs seigneuries, le sujet d'une seigneurie changeant d'habitation demeurait sujet de la même seigneurie (Arch. dép. Meurthe-et-Moselle, B 290, doyenné du « Saintois », p. 108).

34. Saulxures-les-Vannes (Meurthe-et-Moselle, ar. Toul, c. Colombey-les-Belles) (Arch. dép. Meurthe-et-Moselle, B 293, doyenné de Meuse-Vaucouleurs, p. 9-11).

35. Jouy-sous-les-Côtes (Géville, Meuse, ar. Commercy, c. Commercy) (Arch. dép. Meurthe-et-Moselle, B 293, doyenné de Meuse-Commercy, p. 49).

36. « Fief et justice n'ont rien de commun; tel qui a fief n'a nulle justice s'il n'a titre particulier et concession du souverain » (*Coutumes du bailliage de Bar avec un commentaire…*, 1698, p. 9 et 45).

37. Dans le bailliage d'Allemagne, dans le duché de Bar, en Lorraine centrale, dans les Vosges, autour de Neufchâteau, autour d'Épinal, autour de Saint-Dié…

38. Herbeuville (Meuse, ar. Verdun, c. Fresnes-en-Woëvre).

39. Le seigneur d'Orne à Hannonville (Meuse, ar. Verdun, c. Fresnes-en-Woëvre), et de Luxy à Herbeuville *(id.)*, sur des habitants de communautés voisines : Arch. dép. Meurthe-et-Moselle, B 10 999 (295, f° 1 v°) ; ou encore, le seigneur de Bidestroff (Moselle, ar. Château-Salins, c. Dieuze), qui revendiquait « Haute, moyenne et basse justice sur les hommes de *retenue* (qu'il avait) à Loudrefing, Bassing et Cutting » (Arch. dép. Meurthe-et-Moselle, B 11 003 [109], f° 541).

40. À Housséville (Meurthe-et-Moselle, ar. Nancy, c. Haroué) (Arch. dép. Meurthe-et-Moselle, B 11 723, I, [102]). De même, à Hablainville (Meurthe-et-Moselle, ar. Lunéville, c. Baccarat) : « Son Altesse Royale est justicier sous le toit

ce droit jugeait son ancien sujet seulement lorsque ce sujet était accusé, défendeur ; l'audience avait alors lieu hors du ban du seigneur, hors de sa juridiction habituelle ; le seigneur se déplaçait et rendait son jugement « sous le toit » de l'accusé[41].

Fruits d'une longue histoire, les cadres territoriaux n'étaient pas uniformes. La sujétion, d'autre part, avait des origines diverses : le choix, l'habitation, la naissance. La servitude, actuelle ou ancienne, comptait pour beaucoup dans la soumission des sujets à leurs seigneurs.

Les justiciers

Les sujets connaissaient comme justiciers, en première instance, le duc de Lorraine et de Bar, qui détenait une « seigneurie publique », et des seigneurs laïcs ainsi que des gens d'Église, propriétaires de « seigneuries particulières ».

Les compétences

Les compétences des justiciers venaient des coutumes et des usages. Les seigneurs disposaient de la haute justice, avec toutes les prérogatives habituelles réservées au haut justicier, de la justice moyenne et de la justice basse, dotées des pouvoirs habituels.

Se distinguait néanmoins une justice foncière, parfois incluse dans la basse justice, parfois séparée de la basse justice ; certains justiciers n'étaient que des justiciers fonciers, sans autre compétence, même basse[42]. Cette justice foncière donnait au seigneur une forte influence sur la vie rurale. En effet, grâce à celle-ci, il nommait ou instituait les agents de la communauté qui plantaient les pieux pour le paiement de la dîme, les « pauliers » ; il surveillait les terres, les prés, les bois ouverts ou soustraits aux usages (les « embannies » et les « défens ») ; parfois aussi, il levait une taxe sur le passage des chariots (un « rouage »), et réglait les poids et mesures ; il touchait des amendes imposées pour des infractions commises dans les champs (les « mésus champêtres ») ; il réglait les conflits concernant le fourrage, les bois, les champs, comme les « anticipations » sur les chemins et sur les champs des voisins ; il faisait faire ou surveillait les arpentages ou « abornements », destinés à donner à chacun ce à quoi il avait droit, à établir une servitude pour faciliter un accès, à fixer les limites des seigneuries, ou encore à faciliter l'accensement de terres gagnées sur les eaux. S'agissant des abornements, la justice s'appelait parfois une « féauté » : il y avait des maires « féautiers », des agents « féautiers », pour la « connaissance des bornes, limites et confins des hauts chemins, héritages particuliers qui sont contentieux », avec « assignation des parties sur les lieux en difficulté, vision de leurs lettres, papiers terriers et autres titres » ; l'appel se portait d'une « petite féauté » à une « grande féauté[43] ».

---

sur toutes les maisons sauf une » (Arch. dép. Meurthe-et-Moselle, B 11 723, I, [2]). Exemples parmi beaucoup d'autres.

41. RENAUT Marie-Hélène, *Une seigneurie ecclésiastique au XVIe siècle : le chapître de Saint-Dié*, Saint-Dié, 1988, 452 p. (p. 159) ; et COLIN Isabelle, *Les Seigneuries du Val de Saint-Dié sous le règne de Léopold, 1698-1729*, mémoire de maîtrise, université Nancy II, 1995, 196 p. (p. 136).

42. En Lorraine : *Commentaire sur les coustumes de Lorraine...*, 1634, p. 216.

43. « Féautés » fréquentes dans le comté de Vaudémont, spécialement pour les cinq villages de l'Allœuf, Puxe et Souveraincourt, Battingny et Gellecourt (CABOURDIN, *Terre et hommes en Lorraine...*, *op. cit.*, II, p. 736 ; BEAUPRÉ, 1857, p. 12-19). En usage aussi ailleurs : « Cerche ou (cherche) ou féauté », dans les Vosges, cf. FOURNIER Alban, *Topographie ancienne du département des Vosges*, Épinal, Impr. de E. Busy, 1892-1900, 2 vol., 246-245 p. (vol. I,

D'autre part, le justicier foncier pouvait ériger un moulin, pour son propre usage, sans pouvoir le rendre banal au préjudice du haut-justicier; il jouissait, dans l'une ou l'autre communauté, de certaines prééminences, et avait droit de « troupeau à part », ce qui lui permettait d'élever un troupeau sur les pacages de la communauté, à moindres frais. Des fonciers donnaient parfois beaucoup de précisions sur leurs droits :

> « Je tiens seigneurie foncière à cause de laquelle j'ai droit de créer un maire foncier, un eschevin et un doyen qui ont connaissance et judicature de toutes actions réelles et foncières, et si quelqu'un s'adresse à autre, cinq sols d'amende et se doivent telles actions démener par devant la justice foncière jusqu'à droit. Le mayeur est tenu de rapporter toutes les amendes[44]. [...] À cause de la seigneurie foncière j'ai droit de commander aux féautiers le dimanche après la fête saint georges d'aller visiter les travaux, pour chacun desquels est dû pour la première fois deux deniers, pour la seconde fois le dimanche après, quatre deniers, et pour le troisième et dernier, douze deniers. [...] Item, audict Véroncourt, il y a une féauté composée du maire et de six féautiers pour, avec le sergent, avoir égard sur tous les héritages du ban et finage, et pour administrer justice à toutes personnes qui sur iceux héritages prétendraient avoir receu quelques intérêts, par abornement qu'ils en doivent faire. [...] Si quelqu'un coupe un arbre fruitier, cinq sols d'amende, l'arbre m'appartient, comme aussi les arbres tombés par vents et orages. J'ai un bois taillis et je peux mettre gardes pour reprendre les mésusants, qui doivent cinq sols d'amendes qui m'appartiennent. [...] J'ai, à cause de la foncière et autres droits, troupeau à part : sur les prés, prairies, avant les autres, berger non salarié. Je ne paye aucune amende [pargée], pour mon troupeau en mésus. Les gardes doivent me le ramener à la maison, je ne paye que les dommages. Sur les embannies, je peux mettre deux bœufs à engraisser sans payer, plus autres bêtes comme tout le monde. Mes officiers donnent permission aux habitants de mettre les embannies. Les habitants du lieu commettent les porteurs de paulx, mais j'en prends le serment[45]. »

La justice foncière en Lorraine et Bar ne ressemblait pas à certaines foncières destinées uniquement à la conservation des droits féodaux ou censuels[46]. Pourtant, les seigneurs exerçaient une compétence féodale : ils levaient des amendes pour cens non payés et faisaient opérer la saisie. Mais ces actions n'étaient pas le fait de la justice foncière. Elles relevaient de la justice basse ou moyenne[47]. Il n'y avait apparemment pas, chez les seigneurs particuliers, de juridiction féodale[48] séparée de la justice justicière[49].

---

p. 239), BONVALOT, *Les Féautés..., op. cit.*, et « une brève justice, pour vue des lieux et différends d'héritages », *Coutume du Val de Lièvre...*, Bibliothèque municipale de Nancy, ms. 1166 (780).

44. Cinq sols chacune.

45. Véroncourt, près de Vézelise (Meurthe-et-Moselle, ar. Nancy) (Arch. dép. Meurthe-et-Moselle, B 10 998 [4] en 1699, et B 10 999 [395] en 1713); cf. aussi les sentences d'une mairie foncière, LAURENT, *Les Seigneurs justiciers..., op. cit.*, I, p. 133.

46. MOUSNIER, *Les Institutions de la France sous la monarchie absolue...*, 1974, p. 397-398. Éléments de comparaison et illustration *infra* dans la contribution d'Annie ANTOINE consacrée au plus bas niveau d'exercice de la *Justice de village...*

47. *Commentaire sur les coustumes de Lorraine...*, 1634, p. 215; *Coutumes du bailliage de Bar avec un commentaire...*, 1698, titres III, IV et, pour Saint-Mihiel, art. 25; et PENNERATH, *Les Justiciers..., op. cit.*, I, p. 145, « affaires féodales jugées à Bisping » (Belles-Forêts, Moselle, ar. Sarrebourg, c. Fénétrange).

48. GALLET, *Seigneurs et paysans en France, 1600-1793*, 1999a, p. 128.

49. Sauf si, comme dans la Marche, on distinguait, dans une basse justice, une juridiction réelle (féodale) d'une juridiction personnelle (VILLARD, *Les Justices seigneuriales dans la Marche...*, 1969, p. 58-59). Par contre, le duc avait, lui, pour les matières féodales, une juridiction spéciale : concernant les rentes et les devoirs du fief, les vassaux du duc relevaient de la juridiction de la Chambre des comptes, qui était bien, en partie, une juridiction féodale. Cette différence entre le duc et les particuliers pourrait s'expliquer par la faiblesse du régime féodal dans les duchés. Dans ces pays de tradition allodiale, le fief n'était pas fortement établi, du moins pas aussi fortement que dans les pays de l'ouest.

Seigneurs comparsonniers

Des seigneurs exerçaient la justice en partage, en « comparsonnerie [50] ». Les justices avec leurs différentes compétences se partageaient. Certes, un justicier possédait parfois, souvent même, toutes les compétences sur un ban, et s'intitulait « justicier haut, moyen, bas et foncier, seul, et sans part d'autrui ». Mais parfois aussi, un justicier ne détenait que l'une ou l'autre des compétences, ou même, simplement, une portion de compétence : « Je suis justicier haut, moyen, bas et foncier, pour un quarante-huitième dans la portion dite de Bassompierre, un douzième dans la portion dite de Dame marguerite [51]. »

Les partages familiaux, dans lesquels rien n'avantageait l'aîné, sauf dans certains fiefs « masculins », « individus », mais aussi les échanges, les ventes et les dons provoquaient l'émiettement des justices seigneuriales [52] : « J'ai, dans une portion du ban de Villacourt, trois-quarts dans la justice... dont un quart et un huitième en propre, un quart et un huitième par donation de Son Altesse Royale et, dans une autre portion, la moitié par donation, et un seizième par acquêt [53]... »

Les comparsonniers se comptaient parfois en grand nombre : huit à Villacourt [54], huit à Attignéville [55], et jusqu'à quinze au moins à Pulligny, où

> « Les Rhingraves avaient dans la justice haute moyenne, basse et foncière, la moitié et un seizième des droits; le reste des droits était détenu par les sieurs de Melnoy, Cuillet de Ceintrey, Lançon, Ferriet, Mainbourg, Virion, Ginvry, Henry, Genter, Bermant, Cachet, de Bruley, les dames Joly et Vallière [56]. »

Les mariages expliquent cette situation exceptionnelle :

> « C'est une seigneurie qui appartenait à Perrin ou Jean de Puligny, qui a eu six enfants, qui étaient toutes filles, qui ont contracté diverses alliances qui ont partagé la seigneurie de manière qu'il y a à présent (en 1713), plusieurs seigneurs, au nombre de plus de vint [57]. »

Le partage inégal des compétences entre comparsonniers augmentait la complexité. Ainsi, le ban de Laxou comptait quatre comparsonniers. Mais il se composait de deux portions : la seigneurie de Lenoncourt et la seigneurie de Ludres. La haute justice appartenait, en totalité, dans les deux seigneuries, à un seul seigneur, les Chartreux de Bosserville, tandis que les justices moyenne, basse et foncière se partageaient entre trois

50. Ce partage paraît traditionnel : CABOURDIN, *Terre et hommes en Lorraine..., op. cit.*, I, p. 37.

51. Georges Mainbourg, Arch. dép. Meurthe-et-Moselle, B 10 999, Lettres reversales de 1705; Arch. dép. Meurthe-et-Moselle, B 290, doyenné du « Saintois », p. 108; DURAND Sabrina, *Le Marquisat d'Haroué au XVIIIe siècle*, 1995, p. 20.

52. Les justices étaient tenues du duc, en fiefs. « Fiefs sont généralement de telle nature que les fils et filles sont capables de succéder comme à biens patrimoniaux... » (*Commentaire sur les coustumes de Lorraine...*, 1634, p. 144). « Les fils sont héritiers également, sinon que l'aîné a haut-toit » (BONVALOT, *Les Plus principales et générales coutumes du duchié de Lorraine*, 1878, p. 130). « Par coutume, tous fiefs sont divisibles, hors fiefs relevés qui ont dignité annexée, comme les duchés, marquisats, comtés [...] ne peuvent être partagés comme tous autres biens héréditaires » (*Commentaire...*, 1634, *ibid*, p. 155). D'après les coutumes de Bar, de Saint-Mihiel, de Bassigny, les comtés sont « individus » (*Coutumes du bailliage de Bar...*, 1698, art. 2, 28).

53. Villacourt, (ar. Nancy, c. Bayon) (Arch. dép. Meurthe-et-Moselle, B 11 000 [601], et B 11 787 [80]).

54. Arch. dép. Meurthe-et-Moselle, B 11 787 (80).

55. Attignéville (Vosges, ar. Neufchâteau, c. *idem*) (Arch. dép. Meurthe-et-Moselle, B 11 720, I, [66]).

56. Pulligny (Meurthe-et-Moselle, ar. Nancy, c. Vézelise) (Arch. dép. Meurthe-et-Moselle, B 11 725 [59]). La répartition était ici la même pour les quatre compétences.

57. Arch. dép. Meurthe-et-Moselle, B 290, doyenné de « Saintois », p. 129. À défaut de garçons, les filles héritaient.

comparsonniers : les Chartreux de nouveau, le Commandeur de Saint-Jean et les abbés de Clairlieu. De plus, la répartition des droits de justice moyenne, basse et foncière n'était pas la même dans chacune des deux portions, Lenoncourt et Ludres[58]. Souvent, cependant, les situations étaient plus simples : de trois justiciers, l'un avait la haute justice, un autre la moyenne et la basse, un troisième, la foncière; ou encore, un justicier avait toutes les compétences sauf la foncière qui appartenait, elle, à un ou deux autres justiciers.

Les communautés divisées entre de nombreux comparsonniers étaient, en définitive, assez rares : seulement 17 % d'entre elles connaissaient plus de deux justiciers. Par contre, celles qui ne connaissaient qu'un justicier – celui-ci ayant la totalité des compétences sans part d'autrui – étaient les plus nombreuses : 58 % des communautés et au moins 60 % de la population. En tout, les communautés qui n'avaient qu'un ou deux justiciers représentaient plus de 80 % des communautés et de la population.

Puissance ducale

Les justices en première instance se répartissaient entre le duc et les seigneurs « particuliers », laïcs et ecclésiastiques[59]. Loin d'être exceptionnelle ou marginale, la justice ducale paraissait au contraire, remarquablement forte. Le duc exerçait la justice seul et sans partage, avec toutes les compétences haute, moyenne, basse et foncière, sur 26 % des communautés et sur 31 % au moins de la population. Cette constatation amène à réfléchir sur les seigneuries dans les duchés : les droits seigneuriaux accompagnant le plus souvent la justice, peut-on dire qu'un tiers des habitants des duchés, un sujet sur trois, entretenait peu de relations institutionnelles avec les seigneuries de la noblesse et avec les seigneuries de l'Église ?

C'est dans l'exercice de la haute justice que le duc prenait le plus d'importance : il intervenait dans la moitié des communautés, et il était le seul haut justicier dans 40 % de l'ensemble des communautés.

Il tenait une place moins grande dans les compétences inférieures, mais tout de même, pour la justice foncière si mêlée à la vie rurale, le duc jugeait, seul ou avec d'autres seigneurs, dans 700 communautés, pour 42 % de la population.

Les communautés touchées par la justice ducale s'éparpillaient sur l'ensemble du territoire. Cependant, elles se situaient spécialement à la périphérie et relativement moins dans le centre. La juridiction ducale touchait les villes, presque tous les chefs-lieux de bailliages et de prévôtés. Mais le duc jugeait aussi une grande partie des habitants des campagnes[60].

---

58. Laxou (Meurthe-et-Moselle, ar. Nancy, ch.-l. c). Dans la seigneurie de Lenoncourt, les Chartreux avaient le tiers de ces compétences, le commandeur en avait les deux tiers, tandis que dans celle de Ludres, les Chartreux en avaient les trois quarts, et les abbés de Clairlieu le quart restant (Arch. dép. Meurthe-et-Moselle, B 11723, 2, [217]). Complexité sans doute plus grande pour les historiens que pour les sujets de ces communautés, lesquels savaient, chacun pour ce qui le concernait, se retrouver dans ces réseaux.

59. Cartes des seigneuries dans le Toulois et le comté de Vaudémont, à la veille de la guerre de Trente Ans (CABOURDIN, *Terre et hommes en Lorraine…*, *op. cit.*, t. I, p. 232-233). Des nuances, parfois de fortes différences entre les prévôtés : PENNERATH Freistroff, *Les Justiciers…*, *op. cit.*, p. 27-156, Bar-le-Duc ; LAURENT, *Les Seigneurs justiciers…*, *op. cit.*, I, p. 46-140 ; GUILLAUME Arches, *Les Seigneurs justiciers…*, *op. cit.*, p. 31-154. Situations changeantes aussi, entre 1698 et 1729.

60. Les chiffres cités n'indiquent qu'un minimum, puisque Nancy n'apparaît pas dans l'enquête de 1708 – le duc y est seul justicier – et qu'il faudrait ajouter à la puissance ducale, les acquisitions de Léopold, entre 1711 et 1722 : la ville de Rambervillers et treize villages, les dix-neuf bans de Fénétrange, les trente-cinq « bourgs, villages et hameaux »

Puissance des laïcs

Pourtant, si remarquable que fût la puissance ducale en première instance, la puissance des laïcs l'égalait et même, la dépassait. Les laïcs jugeaient seuls de toutes causes dans plus du tiers (35 %) des communautés. Ils étaient parfois plusieurs dans une même communauté, mais sans partage avec le duc ou avec l'Église. De même, ils intervenaient dans la haute justice, soit seuls, soit en partage avec le duc ou l'Église, dans 45 % de ces communautés, et la rendaient seuls, dans 37 % des communautés.

À l'inverse de la justice ducale, celle des laïcs se manifestait davantage encore dans les compétences inférieures, jusqu'à la justice foncière que ces laïcs exerçaient dans 53 % des communautés, sur la moitié de la population des duchés. Ils s'imposaient donc dans la haute justice et plus encore dans les compétences inférieures. Relativement moins forte à la périphérie, la justice des laïcs couvrait bien toute la région centrale. Peu présents dans les villes – à l'inverse du duc – ils intervenaient surtout dans les campagnes.

Ces seigneurs laïcs appartenaient à la noblesse[61]. Souvent, ils portaient les titres d'« écuyers » ou de « chevaliers » ; il faudrait une étude plus fine pour faire la part des différentes catégories nobiliaires, dont celle de l'« Ancienne Chevalerie Lorraine ». Beaucoup d'entre eux possédaient une charge. Intendant de l'hôtel et des finances, secrétaire d'État, maître des requêtes, président de la cour souveraine, conseiller à la cour souveraine, conseiller, auditeur à la Chambre des comptes, chambellan chevalier d'honneur, valet de chambre, précepteur des pages, gruyer, bailli, lieutenant de bailliage, mais encore exempt, lieutenant, capitaine des chevaux-légers ou des gardes de Son Altesse Royale, et aussi officier de régiment du Roi Très chrétien, Capitaine de Sa Majesté Impériale... Une trentaine bénéficiait de terres titrées. Les terres titrées des duchés ne répondaient pas aux critères établis dans le royaume de France, depuis 1579[62], ce qui est tout à fait normal. Elles étaient souvent de moindre envergure : des châtellenies, des comtés, des marquisats comprenaient moins de dix communautés, cinq terres en comptaient entre dix et vingt, et cinq seulement étaient plus grandes[63].

Certaines familles émergeaient du lot : de Bassompierre[64], de Beauvau, les Rhingraves, Salm, Havré-Croÿ, et aussi Haussonville, Haraucourt, Nettancourt, Lenoncourt,

---

de Commercy et la quarantaine de villages du comté de Ligny, cf. CHEVREUX Paul et LOUIS Léon, *Dictionnaire historique et statistique des communes, hameaux, écarts, fermes, du département des Vosges*, Épinal, impr. de E. Busy, 1887-1889, 2 t., 384-420 p. (t. VII) ; LEPAGE Henri, *Les Communes de la Meurthe*, 1853, 2 vol., 741 et 779 p. (I, p. 339) ; *Notice de la Lorraine... qui comprend les duchés de Bar et de Luxembourg, l'électorat de Trèves, les trois évêchés Metz, Toul et Verdun... par Dom Augustin Calmet*, Nancy, L. Beaurain, 1756, 2 vol., pagination multiple [reprint : Lunéville, Mme George, 1840, et Paris, Éd. du Palais-Royal, 1973] vol. I, col. 247 ; *Description de la Lorraine et du Barrois, par M. Durival, Nicolas-Luton, l'aîné*, Nancy, Vve Leclerc, 1778-1783, 4 vol. in-4° (vol. II, p. 350) ; MARICHAL Paul, *Dictionnaire topographique du département des Vosges, comprenant les noms de lieu anciens et modernes*, Paris, Imprimerie nationale, 1941, CXXVIII-553 p.

61. En Lorraine, « roturiers ne sont pas capables de tenir fiefs en propre », (*Commentaire sur les coustumes de Lorraine...*, 1634, p. 144). *Id.* dans le duché de Bar (*Coutumes du bailliage de Bar...*, 1698, art. VI). Le duc Léopold rappelle cette exigence : *Recueil des édits...*, 1733-1734, t. 5, 151, art. 4. Des exceptions : en Lorraine « prêtre séculier est capable de succéder aux fiefs » (*Commentaire sur les coustumes de Lorraine...*, 1634, p. 150). Ainsi, des curés détenaient quelques parts de justice.
62. MOUSNIER, *Les Institutions...*, *op. cit.*, p. 373.
63. Haroué, Salm (Senones), Viviers, Fontenoy-le-Château, Ville-sur-Illon (DULOISY Marie-Antoinette, *Les Terres titrées dans les duchés de Lorraine et de Bar, 1708-1720*, mémoire de maîtrise, université Nancy II, 1993, 148 p.). NB : il ne s'agit que des terres titrées possédées par des particuliers et non de celles possédées par le duc.
64. On voit bien que la propriété des justices, très étendue, et la propriété foncière, relativement réduite, ne coïncidaient pas. Cf. DELMAS Jean-François, *Les Bassompierre, Étude d'une famille de Chevaux de Lorraine, de la fin de l'Ancien Régime à la Monarchie de Juillet*, thèse de l'École nationale des Chartes, 1997, 314 p. (p. 72).

du Châtelet – sans rapport cependant avec la très ancienne noblesse de ces familles –; des juristes comme du Han, Canon, de Mahuet et, avec les Rhingraves et Croÿ, d'autres étrangers comme les Nassau ou le baron de Metternich [65]. En définitive, cependant, la plupart des laïcs, à peu près 500 noms sur 587, se contentaient d'une justice sur une communauté, ou même de quelques parts de justice [66].

Faiblesse de l'Église

En face du duc et des laïcs, l'Église faisait petite figure, avec cependant des différences marquées entre les prévôtés. Elle rendait la justice seule, sans partage avec le duc ou les laïcs, dans 8 % seulement des communautés. Elle n'exerçait la haute justice que dans 17 % des communautés, et presque aussi souvent en comparsonnerie que sans part d'autrui. Son influence se marquait légèrement plus dans les compétences inférieures, mais ce n'est que dans la foncière qu'elle arrivait à près de 30 % des communautés; mais là encore, elle n'exerçait seule que trois fois sur cinq. Dans les duchés, la puissance judiciaire de l'Église s'avérait remarquablement faible [67]. Pourtant, ils s'honoraient de chapitres renommés, qui recevaient la noblesse la plus ancienne : Remiremont, Poussay, Bouxières-aux-Dames, Épinal [68]. Se distinguaient effectivement, dans l'exercice de la justice, l'abbaye de Remiremont [69] et le chapitre de Saint-Dié. Ensuite, venaient les jésuites et l'abbé de Bouzonville, tandis que les « grands chapitres » de chanoinesses ou encore l'abbaye de Senones n'exerçaient la haute justice que dans quelques communautés [70].

L'éclatement des propriétés individuelles était manifeste. Bien des seigneurs laïcs ne possédaient que des parts de justice. Cependant, tous ensemble, les laïcs tenaient une grande place dans l'administration de la justice. Les institutions ecclésiastiques, qui jouaient un rôle dans certains endroits, ne tenaient, cependant, qu'une petite place dans l'ensemble des duchés. Au-dessus des divisions des seigneurs particuliers, s'affirmait la puissance ducale.

---

65. Arch. dép. Meurthe-et-Moselle, B 10998 (81).

66. La noblesse des duchés ne semble pas avoir été très riche : CABOURDIN, *Terre et hommes en Lorraine…, op. cit.*, I, p. 237, pour le Toulois et le comté de Vaudémont et, pour l'ensemble des duchés, 1984c. Cette noblesse évoque la noblesse luxembourgeoise, partagée entre une minorité influente et une « plèbe nobiliaire » : HUDELMANN-SIMON Calixte, *La Noblesse luxembourgeoise au XVIIIe siècle*, Paris, Publications de l'Institut Grand-Ducal et Publications de la Sorbonne, 1985, 616 p. (p. 467-469).

67. Elle n'avait rien de comparable à l'importance de l'Église dans le Toulois (CABOURDIN, *Terre et hommes en Lorraine…, op. cit.*, I, p. 220).

68. Pour les chanoinesses de Remiremont : BOQUILLON Françoise, *Les Chanoinesses de Remiremont, 1566-1790, contribution à l'histoire de la noblesse dans l'Église*, Remiremont, Société d'histoire locale de Remiremont et de sa région, 2000, 328 p. À Poussay (Vosges, ar. Neufchâteau, c. Mirecourt), on recevait des « dames de la première qualité » (Arch. dép. Meurthe-et-Moselle, B 292, doyenné de Portsas, p. 95). Bouxières-aux-Dames (ar. Nancy, c. Nancy).

69. Ses 52 bans : SINICH Véronique, *Les Terres d'Église dans les duchés de Lorraine et de Bar au début du XVIIIe siècle*, mémoire de maîtrise, université Nancy II, 1994, 200 p. (I, p. 89-93); cf. Arch. dép. Vosges, G 891, avec la haute justice sur effectivement autant de lieux; cf. AUBURTIN, *Les Justiciers de Lorraine et de Bar, étude sociale*, mémoire de maîtrise, université Nancy II, 1989, 253 p., « Listing »; et SINICH, *ibid.*, p. 154-157. Mais cette justice est souvent associée, par exemple au prévôt d'Arches, cf. GUILLAUME, *Les Seigneurs justiciers…, op. cit.*, p. 97, et « Aveu et dénombrement des biens du chapitre de Remiremont en 1683 », *Documents rares ou inédits de l'histoire des Vosges*, 1889, t. 9.

70. Bouzonville (Moselle, ar. Boulay, ch.-l. c.), Senones (Vosges, ar. Saint-Dié, ch.-l. c). Peu de « voués » recensés : seulement 36, mais là-dessus, l'enquête est peut-être déficiente. Les renseignements confirment le déclin de la vouerie et le détournement de cette fonction puisque des religieux et des femmes étaient des voués; « une institution dévoyée de sa tâche initiale », cf. CABOURDIN, *Terre et hommes en Lorraine…, op. cit.*, I, p. 221-226, et *La Vie quotidienne en Lorraine aux XVIIe et XVIIIe siècles*, 1984b, p. 141.

Les officiers

La manière de rendre la justice était réglée par le « style » qui figure à la suite des coutumes et indique les procédures, ainsi que par les usages particuliers des seigneurs, rappelés dans les dénombrements.

Les tribunaux seigneuriaux

La justice se rendait lors des audiences, et, pour les affaires de la communauté, notamment pour les « mésus champêtres », lors des « plaids annaux[71] ». Depuis longtemps, les seigneurs ne rendaient plus eux-mêmes la justice, sauf circonstances exceptionnelles. Des officiers les représentaient, le plus souvent, un maire, un ou plusieurs échevins, un sergent, un doyen, des « hommes jurés », ce que l'on appelait « la justice du lieu », et toujours des gardes du ban ou « bangards ». S'ajoutaient pour des seigneuries importantes, des clercs jurés, un greffier, un procureur d'office[72]. Les grandes seigneuries disposaient d'une liste d'officiers plus fournie, ajoutant aux officiers déjà cités : un prévôt ou un bailli ou un châtelain, un procureur fiscal, un gruyer et des gardes forestiers. Dans les terres d'Église, il existait des cours particulières, celles de l'abbesse, de la secrète, de la sonrière[73]. Lorsqu'il était seul dans un ban, le duc jugeait ses sujets, dès la première instance, par son prévôt, surtout pour les causes criminelles.

L'appel

Le plus habituellement, l'appel se portait au tribunal de bailliage, et, dès 1698, à la Cour souveraine, que le duc Léopold venait de rétablir. Cependant, des seigneuries disposaient de tribunaux supérieurs : les buffets, cours d'appel seigneuriales, formées de juges spécialement désignés par le seigneur, comme à Remiremont, à Saint-Dié, à Haroué, à Vannes-le-Château, à Villacourt, à Beaufremont[74]... Avant 1698, des buffets, des assises (audiences extraordinaires), jugeaient peut-être « en définitif ». De simples justices locales, comme celles du Val-de-Liepvre, pouvaient revendiquer ce droit : « Aux villages de Lièvre, Sainte-Croix, Sainte-Marie-aux-Mines, pour les actions civiles, l'appel est interjeté au souverain », mais « les sentences criminelles prononcées et jugées par les trois justices du Val sont définitives, sans autre ressort[75] ». Ces pratiques n'ont pas survécu[76].

71. Éléments de comparaison *supra* dans les contributions de Pierre Charbonnier (section « Quelques définitions ») et Serge Dontenwill (section « L'institution »).

72. Le procureur d'office « assiste en toutes causes civiles et criminelles où il y a intérêt pour le publique, comme aussi les tutelles des mineurs, des [gens] de mauvaise conduite pour en soutenir les droits en tous cas » (Arch. dép. Meuse, B 488).

73. Arch. dép. Meurthe-et-Moselle, B 292, doyenné de Remiremont, p. 106 et 124 ; SINICH, *Les Terres d'Église dans les duchés de Lorraine et de Bar au début du XVIIIe siècle*, 1994, I, p. 148 ; et COLIN, *Les Seigneuries..., op. cit.*, p. 72.

74. Remiremont : Arch. dép. Meurthe-et-Moselle, B 292, doyenné de Remiremont ; le chapitre de Saint-Dié, *ibid.*, B 292, doyenné d'Épinal, p. 57 ; Haroué, *ibid.*, B 290, doyenné de « *Saintois* », p. 85 ; Vannes-le-Château, *ibid.*, B 293, doyenné de Meuse-Vaucouleurs, p. 12 ; Villacourt, *ibid.*, B 11 000 (601) ; Beaufremont, Arch. dép. Meuse, B 387 (488-489).

75. Coutumes du Val-de-Liepvre, f° 10 r°. Les trois villages étaient anciennement partagés entre le duc et le seigneur de Halstatt, avec 2 maires, 9 hommes jurés communs et 7 doyens à chacun des 3 villages. En 1708, le duc était seul justicier (GUILLAUME, *Les Seigneurs justiciers..., op. cit.*, p. 164-167 ; Arch. dép. Meurthe-et-Moselle, B 11 753, II, [252]).

76. Dans les déclarations de 1708 et dans celles qui sont postérieures, l'appel allait au bailliage et à la Cour souveraine. À Remiremont, « les appellations du criminel sont portées à la Cour souveraine, les autres, à la doyenne, de là au

La justice du maire

Les maires, échevins et autres officiers locaux tenaient une place importante dans l'exercice de la justice. Ils dépendaient du seigneur : soit le seigneur les désignait lui-même, soit il les choisissait sur une liste d'élus, soit, plus rarement, il acceptait une liste élue par la communauté[77], mais toujours, il se réservait d'instituer les élus et de recevoir leurs serments. Maires, échevins... étaient des habitants des villages où ils devaient rendre la justice. Les maires figuraient parmi les habitants les plus riches ; « maires fonciers » aussi ou faisant fonction de procureurs fiscaux, ils devaient lever les rentes et en étaient responsables sur leurs propres deniers. Cependant, maires et échevins n'avaient aucune formation particulière, certains mêmes ne savaient ni lire ni écrire, mais, sans doute, connaissaient-ils bien les coutumes et les usages[78].

Avant l'intervention du duc Léopold, il existait, dans les justices seigneuriales des particuliers, une justice que l'on pourrait appeler « populaire » : le maire rendait la justice, même la haute justice, et jugeait les criminels. C'est officiellement indiqué dans le manuel de pratique judiciaire de 1614 : « Les juges criminels [...] sont dans les justices du duc, les prévôts, et dans les justices des seigneurs hauts justiciers en leur haute justice : les maires et gens de justice[79] ». Les seigneurs donnaient les mêmes indications à Remiremont, à Saint-Dié, à Landremont, Euvezin, Vrécourt sur Auville[80], comme à Jouy-sous-les-Côtes[81], où le seigneur avait :

> « [...] création de mayeurs, lieutenant, greffier, procureur d'office, sergent et autres officiers pour l'exercice de ladite justice, comme aussi la juridiction de haute et moyenne justice en toutes actions personnelles, civiles et criminelles sans réserve ou distinction quelconque, avec l'instruction des procès, jugement et exécution d'iceux... »

Cependant, parfois, dans les grandes seigneuries, un officier supérieur jugeait au criminel et cantonnait le maire aux procès de moindre gravité et à la police locale : « un prévôt, en plus des mayeurs, lequel a connaissance de tous droits de haute justice, ouit les parties appelées par devant lui en première instance, privativement aux autres juges[82] ».

---

buffet de l'abbesse, et, en dernier ressort, à la Cour souveraine » (Arch. dép. Meurthe-et-Moselle, B 292, Remiremont, f° 1). Les appels du buffet de Beaufremont vont à la cour souveraine (Arch. dép. Meurthe-et-Moselle, B 11 000 [601]). À Haroué, « du prévôt, on appelle au buffet du marquis et ensuite à la cour ; Monsieur le Marquis n'y étant pas, les appels vont recta à la cour » (Arch. dép. Meurthe-et-Moselle, B 290, doyenné de « Saintois », p. 85).

77. À Remiremont, par exemple, le maire est choisi par l'abbesse à son plaid banal, sur la nomination de neuf anciens grands échevins, et le doyen est choisi par les jurés sur la nomination de neuf bourgeois (Arch. dép. Meurthe-et-Moselle, B 292, Remiremont, f° 1-4). Il n'y avait pas de vénalité des offices. Parfois un maire ou un échevin était « à vie » : à Aunoux, il y avait quatre jurés à vie (Arch. dép. Meurthe-et-Moselle, B 292, Remiremont, f° 1).

78. Les officiers des grandes seigneuries, comme les prévôts et baillis, étaient différents : ils avaient peut-être une autre origine et possédaient sans doute au moins un titre de gradué. Le bailli était le chef de la noblesse du bailliage.

79. *Pratique civile et criminelle pour les justices inférieures du duché de Lorraine conformément à celle des sièges ordinaires de Nancy... par Claude Bourgeois*, Nancy, 1614, in-f°, 49 f°.

80. À Remiremont : « La Justice Haute Moyenne et Basse appartient à l'église... le maire, le grand échevin et les quatre jurés connaissent en première instance de toutes causes civiles et criminelles des bourgeois » (Arch. dép. Meurthe-et-Moselle, B 292, Remiremont, f° 1). À Landremont (Landres et Mont) (ar. Nancy, c. Pont-à-Mousson) : « un mayeur, deux échevins, un procureur fiscal appelés la haute justice » (Arch. dép. Meuse, B 387 [473]). À Euvezin (ar. Toul, c. Thiaucourt-Régniéville) : « Maires et officiers ont connaissance de tous cas civils et criminels, même des malfaiteurs » (Arch. dép. Meurthe-et-Moselle, B 10 998 [1]). À Vrécourt sur Auville (Vosges, ar. Neufchâteau, c. Bulgnéville) : « Nous est présentée une liste [...] nous en choisissons un pour être maire, et exercer notre justice et connaissant de toutes causes criminelles et civiles et lui appartient la correction de tous les délits et crimes » (Arch. dép. Meuse, B 386 [1]).

81. Jouy-sous-les-Côtes (devenu Géville, Meuse, ar. Commercy, c. *idem*) (Arch. dép. Meurthe-et-Moselle, B 10 998 [17]).

82. Beaufremont (Vosges, ar. Neufchâteau, c. Neufchâteau) (Arch. dép. Meuse, B 387 [488-489]).

De toutes façons, le jugement du maire était souvent soumis à un appel à l'intérieur même de la seigneurie : un bailli, un officier, un châtelain, et puis, le buffet ou des assises pouvaient réformer les sentences des maires [83]. Ensuite, les officiers du bailliage ou ceux de la Cour souveraine, jugeaient en dernier ressort. S'il y avait appel, la justice du maire était contrôlée. Mais, s'il n'y avait pas d'appel, la puissance judiciaire du maire était parfois totale.

Officiers de comparsonniers

Quand la justice se partageait entre les comparsonniers, les justiciers procédaient de différentes façons [84]. Lorsque le duc figurait parmi les comparsonniers, son officier avait souvent un rôle prépondérant.

Soit – première façon – il y avait un seul juge pour tous les comparsonniers. Un des maires jugeait au nom de tous les autres. Là où il y avait par exemple « trois seigneuries et plusieurs maires, le maire de Son Altesse Royale jugeait, les autres étaient comme ses assesseurs [85] ». Parfois, tous les maires des seigneurs se réunissaient pour juger, les frais et les bénéfices se distribuaient au prorata des parts [86]. Soit – seconde façon – les seigneurs jugeaient en alternance : ils exerçaient pendant une période proportionnelle à la part qu'ils avaient dans la justice :

> « La maison du Châtelet qui possédait 32,5/60e exerçait pendant deux ans et deux mois, le duc, qui détenait 24 et un demi/60e, pendant un an sept mois et dix-neuf jours, la maison de Franquemont qui ne possédait que 3/60e, pendant deux mois et onze jours. [...] Chacun nommait tour à tour, les officiers [87]. »

Soit enfin – troisième façon – chacun instituait son propre maire et jugeait ses propres sujets : ainsi, à Saulxures-les-Vannes, trois seigneurs, trois groupes de sujets séparés et trois groupes d'officiers [88].

---

83. Ainsi, à Vrécourt (Vosges, ar. Neufchâteau, c. Bulgnéville) : « Si quelqu'un se sentant grevé par le jugement du maire appelle..., nous pouvons instituer un bailli. » De même à Réchicourt (commune de Spincourt, ar. Verdun, ch.-l. c.) : « un officier pour opposition interjetée des exécutions des sentences des mayeurs » (Arch. dép. Meuse, B 387 [487]). À Manonville (ar. Toul, c. Domèvre-en-Haye) : « un châtelain... a connaissance des oppositions et en juge en définitif » (Arch. dép. Meuse, B 387 [471]), « J'ai le droit de buffet et le juge est réformateur de la sentence (du maire) de Villacourt... » (Beaufremont, Arch. dép. Meurthe-et-Moselle, B 11 000 [601]).
84. Comme le prévoyait la coutume : *Commentaire sur les coustumes de Lorraine... par Pierre Canon*, Espinal, A. Ambroise, 1634, IV-494 p. (p. 172).
85. À Lonchamp-sur-Aire (Meuse ar. Commercy) (Arch. dép. Meurthe-et-Moselle, B 293, doyenné de Belrain, p. 9). L'activité judiciaire ne se déroulait pas aussi simplement : « Le maire de Son Altesse Royale jugeait seul les propres sujets de son seigneur, et il jugeait avec les deux autres maires, les sujets des deux autres comparsonniers. Ceci pour les cas habituels. Mais pour le jugement d'un forain, ou pour un forfait, les trois maires jugeaient ensemble » (Arch. dép. Meuse, B 387 [481 *bis*]). À Mandres sur Vair (Vosges, ar. Neufchâteau, c. Bulgnéville), la justice était partagée entre le duc et huit autres seigneurs : « toutes les causes sont portées devant le maire de Son Altesse Royale » (Arch. dép. Meurthe-et-Moselle, B 290, archidiaconé de Vittel, p. 162).
86. La justice étant partagée entre quatre comparsonniers, les huit échevins se réunissaient pour juger, à Puxe (Meurthe-et-Moselle, ar. Briey, c. Conflans-en-Jarnisy) (Arch. dép. Meuse, B 389 [548]). On trouve parfois des usages particuliers : à Villacourt, plusieurs comparsonniers, deux seigneuries ; chacun des comparsonniers avait son maire, mais l'un d'eux avait deux maires et la justice devait s'administrer dans la maison de l'un d'entre eux, où tous les maires étaient obligés de se réunir pour rendre la justice à tous les sujets (Arch. dép. Meurthe-et-Moselle, B 11 000 [601]).
87. À Pierrefitte-sur-Aire (Meuse, ar. Commercy, ch.-l. c.), Arch. dép. Meurthe-et-Moselle, B 11 725 (29), DULOISY, *Les Terres titrées dans les duchés de Lorraine et de Bar, 1708-1720*, 1993, p. 96.
88. Saulxures-les-Vannes (ar. Toul, c. Colombey-les-Belles) (Arch. dép. Meurthe-et-Moselle, B 293, doyenné de Meuse-Vaucouleurs, p. 9-11). À Housséville (ar. Nancy, c. Haroué) il y avait trois seigneurs et l'abbé de Chaumousey qui avait justice sous le toit sur cinq habitants, et chaque seigneur avait ses officiers (Arch. dép. Meurthe-et-Moselle, doyenné de « Saintois », B 290).

L'éclatement des circonscriptions, la variété des statuts des sujets, des seigneurs et de leurs officiers, la force des pouvoirs locaux conféraient aux justices seigneuriales la plus grande diversité.

Les réformes du duc Léopold

Le duc et ses conseillers accordaient une grande attention à la justice[89]. Des réformes leur semblaient nécessaires devant les carences de l'administration qu'ils découvraient dans les duchés : des officiers trop peu nombreux ou incompétents[90], des usages différents, parfois contradictoires, dans des pays qui pourtant appartenaient à un même État.

Clarifier le droit

Le duc Léopold entreprit de clarifier et d'uniformiser le droit. C'était l'ambition qu'avaient eue ses prédécesseurs et leurs légistes[91]. C'était peut-être aussi pour imiter les lois françaises, et suivre l'exemple des juristes contemporains[92]. Il avait également le souci d'affirmer l'originalité des usages des duchés et de défendre ceux-ci des influences étrangères[93].

Il n'a guère touché directement aux coutumes. Il considérait pourtant la multiplicité des coutumes comme une source éventuelle de troubles et de procès, surtout là où des interprétations avaient fait naître des usages différents, ce qui arrivait facilement quand les coutumes n'étaient pas écrites. C'est la raison invoquée pour la suppression, en 1723, des coutumes de Vaudémont et de Châtel-sur-Moselle, coutumes pour lesquelles il n'y avait que des projets de rédaction[94]. Mais le duc n'était pas pour autant hostile aux coutumes. Rappelant qu'il avait prescrit l'étude du droit civil et canonique en 1699, et du droit public en 1706, il déclarait : « nous estimons qu'il n'est pas moins nécessaire que la jeunesse soit instruite du droit municipal de nos Etats, lequel renferme

---

89. « Le repos des peuples et la conservation des États consistent en l'administration d'une bonne justice » (édit du 31 août 1698, *Recueil des édits, ordonnances, déclarations, traitez et concordats...*, 1733-1734, vol. I, p. 40).
90. En 1698 : « prévenir les abus causés en certains lieux où les sièges de justice n'étaient remplis d'un nombre suffisant d'officiers » (*Recueil des édits, ordonnances, déclarations, traitez et concordats...*, 1733-1734, vol. I, p. 40). En février 1707, « instituer des officiers permanents parce que les élus sont indulgents vis-à-vis de ceux qui les ont élus, timides, sans fermeté, négligents » (*ibid.*, vol. I, p. 533-539). « Les hôtels de ville connaissent en quelques endroits non seulement de la police mais aussi de la juridiction ordinaire en toutes sortes de matières, quoiqu'ils n'y soient aucunement versés, et en quelques autres les appellations des jugements rendus par nos officiers se portaient par devers trente à quarante bourgeois tirés d'un peuple illettré par des brigues et des factions populaires, lesquels étaient notoirement incapables de faire les fonctions de judicature, moins encore, de ressort... » (*ibid.*, vol. I, p. 40, 31 août 1698).
91. Exemple parmi d'autres : Bourgeois écrivait, en 1614, un manuel de pratique judiciaire « pour façonner et rendre conforme au style commun du siège ordinaire de Nancy » (*Pratique civile et criminelle pour les justices inférieures...*, 1614).
92. GALLET, *Seigneurs et paysans en France...*, *op. cit.*, p. 167-171. Voir *supra* la contribution d'Antoine Follain (« De l'ignorance à l'intégration... ») et *infra* la communication de Sylvain Soleil.
93. *Coutumes du bailliage de Bar... par Jean Lepaige...*, 1698, qui, à la coutume de Bar, ajoute celle de Saint-Mihiel, « pour montrer les différences et les ressemblances entre le mouvant et le non-mouvant, lesquels sont sous la domination d'un même souverain », et qui « veut montrer la différence avec la coutume de Sens, autrefois imposée par le roi de France » (*Coutumes...*, 1698, p. 1).
94. COUDERT Jean, *Le Style de Vaudémont*, Nancy, Publications de l'Institut de recherche régionale, et du Centre lorrain d'histoire du droit, 1972, 173 p. C'est pour « assurer la tranquillité des familles, prescrire des lois claires, certaines et convenables aux mœurs [des peuples] » que les coutumes furent « réunies à celles du duché de Lorraine » (BEAUPRÉ, *Documents inédits...*, *op. cit.*, p. 35-36).

les loix établies par nos édits et ordonnances et par ceux de nos prédécesseurs, et les coutumes de nos pays », et créait en décembre 1723, à l'université de Pont-à-Mousson, une chaire de professeur de droit coutumier[95]. C'est surtout en changeant les procédures que le duc Léopold réforma la justice. Le « Code Léopold » n'était pas un traité établissant le droit, mais un manuel de pratique judiciaire. En changeant les procédures, les décisions ducales abolissaient, du même coup, bien des usages coutumiers.

Concernant les justices seigneuriales, le duc intervint de façon indirecte quand il réorganisa la justice dans ses duchés, surtout en ajoutant que ce qui concernait ses baillis ou ses prévôts, valait aussi pour les officiers des justices seigneuriales[96]. De plus, il légiféra spécialement sur les justices seigneuriales[97].

La fin de l'Ancienne Constitution Lorraine

Dès son retour, le duc « fit table rase de l'ancienne organisation administrative[98] ». Il établit un nouvel ordre dans lequel le pouvoir ducal devait s'affirmer sur tous les sujets et toutes les juridictions. L'Ancienne constitution lorraine donnait à l'Ancienne Chevalerie du duché de Lorraine, dans ses assises de Nancy, des Vosges et du bailliage d'Allemagne, le privilège de juger définitivement, sans passer par le tribunal ducal :

> « Ceux de l'Ancienne Chevalerie jugent souverainement sans plainte, appel, ni révision de procès avec les fieffés leurs pairs, de toutes causes qui s'intentent es assises du bailliage de Nancy, comme aussi des appellations qui ressortissent des celles des bailliages des Vosges et d'Allemagne, ensemble de toutes autres qui s'interjectent du Change et seigneuries subalternes à l'hôtel de Monseigneur le Duc, jugeant aussi souverainement et en dernier ressort es fueurs assises du bailliage des Vosges et faits possessoires du bailliage d'Allemagne[99]. »

Le duc n'a pas supprimé cette ancienne constitution lorraine. Mais, comme il n'a pas renouvelé les prérogatives de la noblesse, les Assises de l'Ancienne Chevalerie Lorraine disparurent, comme les États généraux. Désormais, les nobles – dispensés du tribunal du prévôt et des tribunaux seigneuriaux – s'adresseraient au tribunal ducal du bailliage. Les seigneurs ne pourraient plaider devant leur justice que par un procureur d'office et « pour les droits seigneuriaux et les domaines de leurs seigneuries seulement[100] ». Le duc Léopold achevait ainsi la politique menée par ses ancêtres qui concentrait tous les pouvoirs entre les mains du duc au détriment de la noblesse.

---

95. *Recueil des édits, ordonnances, déclarations, traitez et concordats…*, 1733-1734, vol. II, p. 682, décembre 1723.

96. « Taxes des prévôtés et des justices seigneuriales », *Ordonnance de 1701, Code Léopold…*, f° 83 et 125 ; « L'instruction des procédures sera faite dans les justices seigneuriales de même que dans nos prévôtés, et les taxes des droits en seront communes », *Ordonnance de Léopold 1er, duc de Lorraine et de Bar… de Novembre 1707*, édition de 1725, p. 81-91.

97. *Ibid.*, édition de 1725, p. 91 (12 articles) et p. 52. Ajouter les lettres patentes et les arrêts concernant des justices particulières, comme l'arrêt de 1702, à propos de la justice dans la seigneurie du chapitre de Remiremont : GUILLAUME, *Les Seigneurs justiciers…*, *op. cit.*, p. 111.

98. CABOURDIN, « Léopold […] et la vénalité des offices civils (1698-1729) », 1985, p. 110.

99. *Commentaire sur les coustumes de Lorraine… par Pierre Canon*, 1634, art. 5 ; CALMET, « Dissertation sur la noblesse de Lorraine », *Histoire ecclésiastique et civile de Lorraine… depuis l'entrée de Jules César dans les Gaules jusqu'à la cession de la Lorraine, arrivée en 1737, inclusivement, avec les pièces justificatives… Nouvelle édition, revue, corrigée et augmentée par l'auteur* [Dom Augustin Calmet], Nancy, A. Leseure, vol. V, 1752, p. CCXXVII-CCLXXI (7 vol. édités de 1745 à 1757) ; BONVALOT, *Les Plus principales…*, *op. cit.*, p. 14-30 ; SADOUL Charles, *Essai historique sur les institutions judiciaires des duchés de Lorraine et de Bar avant les réformes de Léopold 1er*, Nancy, A. Crépin-Leblond, 1898, VII-231 p., et Paris, Berger-Levrault, 1898, VII-233 p.

100. Ordonnance de 1707, art. 4.

La primauté des tribunaux ducaux

Le duc réorganisa les tribunaux ducaux : Conseils, Cour souveraine, tribunaux de bailliages et de prévôtés etc., et renouvela le personnel. Il établit de nouvelles règles, sur le recrutement (aucun sergent qui ne sache lire et écrire), sur la conduite des procès fixant le montant des épices, des rétributions, des amendes de mésus, avec aussi le souci d'humaniser la justice [101]. Il réglementa la torture [102] et en supprima l'arbitraire [103], en décidant de ce qui, jusque-là, était laissé à la prudence du juge.

Il imposa à tous l'appel aux tribunaux ducaux, bailliage et Cour souveraine. « Les juges des seigneurs ne pourront juger en dernier ressort, aucuns procès, civils ou criminels [104]. » Les procès portés en appel à la cour souveraine seraient renvoyés après l'arrêt définitif aux justices où ils avaient été portés en première instance [105]. Il supprimait donc les prétentions de certains seigneurs, et certains usages coutumiers, comme ceux de la justice du Val-de-Liepvre, qui, en certains cas, jugeaient en définitif : « Créons une prévôté en notre ville de Sainte-Marie-aux-Mines dont les appellations ressortiront directement à notre cour souveraine, ladite prévôté composée d'un prévôt, juge en première instance, chef de police et surintendant des mines de Sainte-Marie, La Croix et Val de Lièpvre [106]... » Après la réunion de la principauté de Commercy, le duc supprima en 1723 un tribunal qui pouvait faire fonction de cour d'appel : les « Grands Jours de Commercy [107] ».

Bien des mesures particulières contribuaient à renforcer le rôle des tribunaux ducaux. Ainsi, concernant la torture, le duc enleva à la première instance, et donc, éventuellement, au juge seigneurial, la décision de mettre à la question, pour confier cette décision à un juge d'appel. Même le suivi des remembrements – équivalents des remises à jour cadastrales – fut confié au bailliage : en cas de contestations, les remembrements devraient être remis au greffe du bailliage [108].

La prévention attribuée aux juges bailliagers instituait un contrôle sur la justice criminelle seigneuriale : « Il n'y aura aucune prévention entre nos juges, ni entre eux et ceux des seigneurs. Mais, si, trois jours après le crime commis, nos prévôts ou les juges des seigneurs n'ont informé et décrété, nos juges des bailliages en pourront connaître [109]. »

---

101. LUXER A., *Les Principales institutions judiciaires du Duché de Lorraine sous Léopold et les réformes de ce prince, 1697-1729*, Nancy, Imprimerie de Vagner, 1883, 29 p. (p. 6 et 14) : « des réformes marquées au coin du respect de la liberté individuelle et de la dignité humaine ». Il modéra les taxes sur les pauvres, y incluant les laboureurs qui étaient fermiers plus que propriétaires, c'est-à-dire une grande partie des laboureurs (*Ordonnance de 1707...*, édition de 1725, p. 169-170). Il donna une nouvelle importance aux avocats. Tandis qu'en France l'accusé avait un avocat au bon plaisir du juge, en Lorraine, il devait y avoir un avocat « tout autant de fois que la cause méritait d'être discutée, et gratuitement pour les prisonniers pour crimes et pour dettes », les protégeant contre les brutalités (*Ordonnance de 1707...*, art. 19 et 20). Il leur imposa un ministère gratuit pour les pauvres. De même, il obligea les seigneurs à faire construire à leurs frais des prisons suffisantes, à engager un geôlier qui ne maltraiterait pas les prisonniers et qui tiendrait les registres d'écrou (*Ordonnance de 1707...*, édition de 1725, p. 224-226).
102. Il n'a pas supprimé la torture, les grésillons, les tortillons, l'échelle, l'estrapade. On ne voit pas encore les idées que Beccaria défendra plus tard : BECCARIA Cesare, *Des Délits et des peines*, 1re éd., 1764, n. éd., Droz, Genève, 1965, 82 p.
103. On dit qu'auparavant certains juges commençaient par la torture, avant tout interrogatoire : « se garderont de commencer par la question ainsi qu'abusivement se pratique en quelque endroit du bailliage d'Allemagne » (*Pratique civile et criminelle pour les justices inférieures... par Claude Bourgeois*, 1614, f° 48).
104. *Ordonnance de 1707...*, art. 12.
105. *Ibid.*, art. 11.
106. *Recueil des édits, ordonnances, déclarations, traitez et concordats...*, 1733-1734, vol. I, p. 46.
107. *Ibid.*, vol. II, p. 581.
108. GALLET, *Le Bon plaisir du baron...*, *op. cit.*, p. 149-167 (Le remembrement de la baronnie de Fénétrange). *Recueil des édits, ordonnances, déclarations, traitez et concordats...*, 1733-1734, vol. I, p. 761, en 1711.
109. Ordonnance de 1707, éd. 1725, p. 205-206, art. III.

Soucieux d'éviter toute ingérence dans les duchés, le duc se réserva le paréatis, lequel autorisait un sujet à se faire juger par une juridiction étrangère : « interdit d'exploiter les sentences des juges étrangers sans paréatis », « sentence qui déclare nulle une citation faite par devant l'officialité sans paréatis de la Cour », et « défense aux juges des seigneuries de décerner paréatis pour traduire leurs sujets devant des juges étrangers [110] ».

Réunions au domaine ducal

La sauvegarde du domaine ducal amena le duc à reprendre des justices concédées à des particuliers. Il révoqua, en 1719, les donations, les accensements, les ventes de justices hautes, moyennes, basses ou foncières [111]. Aux seigneurs, le duc n'enlevait pas la propriété, mais seulement la juridiction :

> « [...] pour ce qui concerne l'exercice de la juridiction seulement. [...] Maintenons la jouissance et perception de tous autres droits. [...] Permettons d'établir un maire, un procureur d'office, un greffier et un sergent pour l'exercice de la police, l'exécution de nos ordres, la perception de leurs droits, cens et rentes et taxes champêtres. Il paieront les frais des procédures extraordinaires qui surviendront contre les justiciables, si mieux ils n'aiment renoncer [112]. »

Les seigneurs qui avaient bénéficié d'une donation, d'un accensement ou d'une vente perdaient donc l'exercice de la justice, mais ils continuaient à lever les droits sur les sujets et à nommer des officiers, comme par le passé. Simplement, ces officiers n'exerçaient aucune justice contentieuse.

La destruction de la justice du maire

Jusque-là, le maire jugeait les causes civiles et aussi les causes criminelles. Le duc supprima la justice criminelle du maire et lui enleva même toute juridiction contentieuse [113]. Il imposa, au-dessus du maire, un gradué. Celui-ci devrait résider, ou passer au moins une fois tous les quinze jours. À défaut de gradué résident, l'avis des gradués restait obligatoire :

> « [...] ès juridictions des seigneurs où l'on n'aura pu établir des gradués, soit faute d'en trouver, soit par la modicité ou le peu d'étendue des dites justices, les juges [les maires] ne pourront juger aucuns procès civils ou criminels sans l'avis d'un gradué » ; « seront tenus de juger les procès de grand criminel par avis de trois gradués [114]. »

Le rôle du maire se ramenait à la publication des ordonnances ducales, à la police locale et aux affaires de la communauté. Le duc avait aussi supprimé les enquêtes par « turbes », dès 1701 [115]. Ces décisions marquent, là comme en France, une grande date dans l'histoire de la justice. Celle-ci échappait définitivement aux habitants, à un juge-

---

110. *Recueil des édits..., op. cit.*, vol. I, p. 183, en 1699 ; *ibid.*, vol. I, p. 365, en 1703 ; *ibid.*, vol. I, p. 639, en 1708. Même interdiction aux prévôts, *ibid.*, vol. III, p. 256. Il réglementa le committimus : *ibid.*, vol. I, p. 710-711.

111. Édit de janvier 1719 : « révoque donations, accensements de hautes justices, depuis le 14 mai 1608, par nos prédécesseurs ou par nous, à titre de donations, gratuites ou onéreuses, ventes pures et simples [...] engagements, accensements, à perpétuité ou à vie, des hautes, moyennes, basses ou foncières justices [...] du domaine de notre couronne. Exceptons celles unies à des terres érigées en titres » (*Recueil des édits..., op. cit.*, vol. II, p. 233-234).

112. *Recueil des édits..., op. cit.*, vol. II, p. 234.

113. *Ordonnance de 1707*, p. 91, art. 1.

114. *Ibid.*, art. 9 et 10.

115. *Ordonnance de 1701...*, titre 4, art. 32, f° 14 v°.

ment « coutumier », avec conciliation peut-être, pour passer entre les mains de spécialistes, étrangers aux communautés, membres d'une administration étatique, et qui allaient juger d'après un droit commun. Là non plus, cependant, les seigneurs ne perdaient pas tous leurs droits. Le duc a créé des offices « dans les niveaux inférieurs et moyens » de l'administration [116], mais ces mesures n'ont pas touché les officiers des seigneuries des particuliers [117]. Les seigneurs ont conservé le droit de nommer leurs maires, leurs échevins, leurs sergents...

Uniformiser et simplifier les procédures

D'une manière générale, édits, ordonnances et lettres patentes visèrent uniformiser les procédures. L'instruction des procès se déroulait dans les justices seigneuriales comme dans les prévôtés ducales. Partout, les exigences pour le recrutement du personnel, pour la tenue des registres étaient identiques, de même que les montants des taxes et des amendes. L'administration ducale s'efforça de supprimer les exceptions, les privilèges, et tout ce qui entraînait la confusion et le désordre. Ainsi, par exemple, les arrentès, sujets ducaux, qui pour certaines causes échappaient au tribunal ducal de la prévôté et s'adressaient directement au bailliage des Vosges, perdirent ce privilège [118]. Enfin, pour remédier aux inconvénients qui provenaient des partages de justice et des diverses façons d'exercer par les officiers des différents seigneurs d'une communauté, le duc imposa aux comparsonniers un juge commun [119]. Les seigneurs conservaient leurs portions de justice et leurs officiers. Cependant, ils devaient renoncer à juger séparément leurs sujets ou à se répartir des périodes d'exercice; tous devaient désormais, accepter le même juge, qui, tout au long de l'année, jugerait tous les sujets.

Conclusion

À la mort de Léopold, en 1729, les duchés formaient un État neuf, réorganisé. Comme en France – dont on pourrait dire que « La seigneurie avec ses coutumes, ses usages, son style [...] était morte [120] » –, les justices seigneuriales dans les duchés de Lorraine et de Bar étaient transformées. La seigneurie dans son ensemble n'était pas morte bien sûr. Ce qui était mort, c'est une certaine forme de seigneurie, avec ses coutumes, son style et ses usages, qui donnaient à chaque justice seigneuriale un mode particulier. La propriété des seigneurs restait intacte ou presque; mais, désormais, les pouvoirs étaient contrôlés.

116. Cabourdin, *L'Encyclopédie illustrée de la Lorraine...*, *op. cit.*, p. 82, et « Léopold, duc de Lorraine et de Bar, et la vénalité des offices civils (1698-1729) », 1985, p. 111.
117. *Recueil des édits...*, *op. cit.*, vol. I, p. 121-129, et p. 533-539. En janvier 1719 (*ibid.*, vol. II, p. 236-238) le duc crée « des offices à titre d'hérédité et perpétuels » : les offices de prévôts et ceux des maires, maîtres-échevins, échevins, et doyens « autres que ceux auxquels nous avons révoqué l'exercice de la juridiction contentieuse », c'est-à-dire, autres que les maires, échevins, etc. des justices seigneuriales auxquels la juridiction contentieuse a été enlevée depuis 1707.
118. « Révoquons la juridiction en première instance attribuée au bailliage des Vosges sur nos sujets dits "arrentès" résidans dans l'étendue de notre prévôté d'Arches, et avons icelle attribuée aux officiers de notre dite prévôté, sauf l'appel audit bailliage » (*Recueil des édits...*, *op. cit.*, vol. II, p. 236, janvier 1719).
119. *Ordonnance de 1707...*, p. 91, art. 2.
120. Gallet, *Seigneurs et paysans en France...*, *op. cit.*, p. 179, et « Les transformations de la seigneurie en France », 1999b.

Justice seigneuriale et régulation sociale : l'exemple de quelques seigneuries comtoises dans la seconde moitié du XVIIIe siècle

Éric GASPARINI

Professeur à l'université de Franche-Comté, UFR des Sciences juridiques, économiques, politiques et de gestion, section Histoire du droit

Surprenante longévité que celle des justices seigneuriales sous l'Ancien Régime ! Il est vrai que les réformes imposées par la royauté depuis le XVIe siècle, constamment réaffirmées par les cours souveraines dans leurs arrêts de règlement, ont favorisé cette survivance au prix d'une rationalisation [1]. La Franche-Comté au XVIIIe siècle n'échappe pas à la règle [2]. Dans cette « province réputée étrangère », les cours seigneuriales rendent une justice de proximité dont il convient de ne pas négliger la réalité. Pourtant, elles suscitent de manière récurrente les commentaires acerbes des parlementaires bisontins. Ces derniers dénoncent [3] en effet des abus dans les causes civiles, des longueurs excessives dans les instructions [4], des négligences [5]. Les procureurs d'office ou fiscaux des cours seigneuriales sont quant à eux accusés de faire preuve d'inaction ou de peu d'exactitude [6].

François Ignace Dunod de Charnage, ancien avocat au parlement et professeur royal en droit canonique et civil à l'université de Besançon, a brossé un tableau général de l'organisation des justices seigneuriales comtoises [7]. Passons brièvement sur la distinc-

1. Les historiens du droit, pour leur part, ont depuis quelque temps déjà relevé l'exagération des jugements de Loyseau dans son « Discours sur l'abus des justices de village ». Pour s'en tenir à quelques ouvrages et études récents : ROYER, *Histoire de la Justice en France...*, 1995 ; BASTIER, « Le Parlement de Toulouse et les justices subalternes au XVIIIe siècle », *Les Parlements de Province...*, 1996, p. 407-408 ; SOLEIL, « Le maintien des justices seigneuriales à la fin de l'Ancien Régime... », 1996 ; GASPARINI, « La justice seigneuriale en Gévaudan à la veille de la Révolution... », 1999 ; CARBASSE, *Histoire du droit pénal et de la justice criminelle...*, 2000, p. 193.
2. L'étude se fonde sur le dépouillement des archives des justices de Baume-les-Dames, Châtelneuf, Chalamont, Dannemarie-sur-Crête, Émagny, Joux, Montbenoit, Morteau, Nozeroy et Rougemont. Les indications portées en note concernant ces lieux (situation administrative) correspondent à l'époque actuelle.
3. Ces condamnations répondent-elles à la constatation de véritables abus ou négligences, ou n'illustrent-elles pas plutôt la constance d'un discours propagandiste monarchique depuis Loyseau alors même que la royauté, n'ayant pu éradiquer la justice seigneuriale, l'absorbe et l'instrumentalise ?
4. *Recueil des édits et déclarations du Roy, lettres patentes, arrêtés du Conseil de sa Majesté, publiés et registrés au parlement séant à Besançon et des réglemens de cette Cour*, Besançon, 1771, t. 1, 1775, t. 2, 1776, t. 4. (1771, t. 1, p. 31).
5. *Ibid.*, t. 1, p. 33.
6. Les parlementaires fustigent dans leur arrêt du 18 juillet 1746 « l'inaction ou le peu d'exactitude des [...] procureurs d'office des terres des vassaux de Sa Majesté en cette province auxquels le parlement a confié l'exécution des arrêts de règlement » (*Recueil des édits...*, 1776, t. 4, p. 1-2).
7. *Observations sur les titres des droits de justice, des fiefs, des cens, des gens mariés et des successions de la Coutume du comté de Bourgogne, avec des traités, à l'usage de la même province, sur les institutions contractuelles, la puissance paternelle, les sociétés tacites, les baux à chepteil et une dissertation sur les incendies, par M. François-Ignace Dunod de Charnage...*,

tion qu'il opère entre haute, moyenne et basse justice, pour signaler simplement qu'il utilise pour les identifier les critères classiques des jurisconsultes de l'époque[8]. Dunod nous apprend ensuite que « les juges des hautes et moyennes justices sont communément appelés châtelains ; & ceux des basses justices, prévôts ou maires[9] ». En effet, en 1771, Jean-Claude Bousson est désigné comme « juge châtelain » de la justice de Montbenoit[10]. Quant à Jean-François Faton, il est à la même époque juge châtelain de la justice haute, moyenne et basse de Dannemarie sur Crête[11].

Dunod précise que toutes ces justices n'ont « qu'un premier degré de juridiction », à l'exception de celles de quelques grandes terres qui ont aussi « par titre, ou possession suffisante, des juges de ressort qu'on appelle baillis » qui au civil reçoivent les appels interjetés contre les juges seigneuriaux du premier degré[12]. Le 20 février 1762, Dame Diane Gabrielle, marquise de la Baume Montrevel, a ainsi institué un bailli dans ses terres et baronnie de Rougemont[13]. L'activité de ces baillis seigneuriaux comtois, qui rappellent les juges d'appeaux, est encadrée par le pouvoir monarchique du fait qu'ils concurrencent les juges royaux, surtout en matière d'appel. En effet, « il leur est ordonné de tenir leurs assises deux fois chaque année », et « faute par eux de juger les causes d'appel dans l'année », elles sont dévolues au bailliage royal dans lequel la seigneurie est située[14].

Enfin, Dunod se fait l'écho du contrôle opéré par le pouvoir royal sur la nomination des officiers seigneuriaux : « tous particuliers qui y sont pourvus de l'office de juge par les seigneurs, doivent, avant que d'en faire les fonctions, être reçus en Cours, ou aux bailliages royaux ». C'est le cas du bailli seigneurial institué par la seigneuresse de Rougemont qui jure devant le premier président du parlement de Besançon, Perreney de Grosbois, « de se conformer aux ordonnances et arrêts de règlements[15] ». Quant aux « procureurs des seigneurs, greffiers, notaires ou tabellions, huissiers ou sergens, ils [...] se font immatriculer dans les justices royales auxquelles lesdites justices seigneuriales ressortissent[16] ». Ces dispositions sont conformes à l'édit de 1693 concernant la réception des officiers des justices subalternes, enregistré par le parlement de Franche-Comté, et qui exprime le désir du pouvoir royal de voir la justice seigneuriale administrée par des personnes « dont l'état soit certain & la probité connue[17] ». L'origine professionnelle des officiers des cours seigneuriales comtoises atteste par ailleurs des préoccupa-

---

Besançon, C.-J. Daclin, 1756, in-4°, pièces liminaires, 708 p. Dunod de Charnage (1679-1752), originaire de Saint-Claude, passe pour avoir été le dernier commentateur de la coutume comtoise, cf. GRESSET, *Le Monde judiciaire à Besançon...*, 1975, p. 1058-1059.

8. Voir, entre autres, *Dictionnaire de droit et de pratique... par Claude-Joseph de Ferrière...*, Paris, 1755 ; *Traité historique et pratique des droits seigneuriaux... par Me Joseph Renauldon...*, 1765 ; *Traité des droits seigneuriaux et des matières féodales, par M. François de Boutaric... Nouvelle édition...*, 1775 ; *Collection de décisions nouvelles et de notions relatives à la jurisprudence présente, par Me Jean-Baptiste Denisart... Nouvelle édition*, t. 3, 1775.
9. *Observations... par M. François-Ignace Dunod de Charnage...*, *op. cit.*, 1756, p. 9.
10. Arch. dép. Doubs, B 516, 1771 (ar. Pontarlier, ch.-l. c.).
11. CORNOT, *Une seigneurie, une communauté, une paroisse au XVIIIe siècle : Dannemarie sur Crête...*, 1982, p. 27 (Doubs, ar. Besançon, c. Audeux).
12. *Observations... par M. François-Ignace Dunod de Charnage...*, *op. cit.*, 1756, p. 9. Voir THIOU, 1992, p. 38.
13. Arch. dép. Doubs, B 195, 1762, f° 1 (ar. Besançon, ch.-l. c.).
14. *Observations... par M. François-Ignace Dunod de Charnage...*, *op. cit.*, 1756, p. 9.
15. Arch. dép. Doubs, B 195, 1762, f° 7 v°.
16. *Observations... par M. François-Ignace Dunod de Charnage...*, *op. cit.*, 1756, p. 22 ; *Traité... des droits seigneuriaux... par Me Joseph Renauldon*, *op. cit.*, 1765, p. 46 : « Lorsqu'un officier est pourvu par le seigneur, avant d'exercer son office, il doit prêter serment et se faire recevoir aux justices royales, dans l'étendue desquelles la justice du seigneur est située, et dont elle relève par appel. »
17. *Recueil des édits...*, 1771, t. 1, p. 436 *sq.*

tions et des exigences royales concernant la qualité du personnel judiciaire. Les juges sont souvent avocats en parlement, à l'instar de Jean Claude Reynaud, juge et gruyer des terres de Nozeroy et La Rivière, de Claude François Gaudion, juge châtelain de la justice du prieuré de Morteau, ou encore d'Alexis Bailly, juge châtelain d'Émagny[18]. Quant aux procureurs fiscaux, ils sont fréquemment notaires royaux[19].

Ceci posé, il convient d'examiner les champs, police et justice, dans lesquels les cours seigneuriales comtoises opèrent leur part de la régulation sociale.

L'exercice de la police seigneuriale

Cette compétence, qui à l'origine dérive du ban seigneurial médiéval[20], et qui est reconnue aux justices seigneuriales dans l'ensemble du royaume, est étroitement encadrée par les juridictions royales comtoises, avec au premier chef le parlement de Besançon.

La réalité du contrôle social

Commentant la coutume comtoise, Dunod de Charnage souligne que les seigneurs doivent veiller à l'exécution dans leurs ressorts des édits et règlements de police émanant du pouvoir royal et des cours souveraines, et que leurs officiers peuvent établir des réglementations quand il s'agit de police inférieure[21]. En fait, il s'agit essentiellement pour les juges subalternes de contribuer à faire régner l'ordre et l'équité au plan local, en sanctionnant les infractions par l'amende et en réglant les divers aspects de la vie des communautés d'habitants, depuis l'économie jusqu'à la pratique religieuse ou encore les fêtes populaires[22]. Nous illustrerons la réalité du contrôle social en retenant trois domaines : les assemblées des communautés, les communaux et la police de la voirie.

En effet, il appartient aux juges seigneuriaux de contrôler les assemblées des communautés d'habitants[23], et plus particulièrement la nomination de leurs administrateurs et agents, conformément aux arrêts des cours souveraines[24]. En théorie, la permission seigneuriale est nécessaire à la tenue des assemblées ; mais en pratique, en Franche-Comté, elle est peu exigée[25]. Les greffes des justices recueillent néanmoins les principales délibérations de ces réunions. Ainsi, le 22 octobre 1778, les habitants d'une

18. Arch. dép. Doubs, B 110, Émagny, 14 juin 1758 (ar. Besançon, c. Audeux).
19. Comme François Briseux, procureur fiscal du siège de Rougemont (Arch. dép. Doubs, B 195, 1762).
20. MESTRE, *Introduction historique au droit administratif français*..., 1985, p. 33.
21. *Observations... par M. François-Ignace Dunod de Charnage*..., *op. cit.*, 1756, p. 38.
22. Le 3 juin 1789, une personne est condamnée à l'amende « comme peine en matière de police » par le juge de Morteau pour avoir « été du nombre de ceux qu'ont donné le charrivarri dont il a été parlé » (Arch. dép. Doubs, B 682, 1789).
23. Certains parlements font expressément défense aux seigneurs justiciers d'entrer dans les assemblées, d'assister aux délibérations proposées et prises. C'est le cas dans le ressort du parlement de Toulouse (BASTIER, « Le Parlement... », *op. cit.*, p. 407-408).
24. Ainsi, un arrêt de la Chambre des eaux et forêts du parlement de Franche-Comté du 21 avril 1747 réglemente le recrutement des gardes forestiers des communautés, et ordonne que les délibérations des communautés à ce sujet seront passées par-devant notaire ou par-devant les « greffiers des justices seigneuriales des lieux » (*Recueil des édits*..., 1776, t. 4, p. 25). La Chambre des comptes de Dole (supprimée en 1771) intervient également pour régler la tenue des assemblées comme en témoigne une copie d'un règlement de 1768 de cette cour retrouvé dans les archives de la justice de Joux : « L'assemblée se fera en présence du greffier de la justice du lieu » (Arch. dép. Doubs, B 507, règlement de la Chambre des comptes pour les élections des échevins et commis, donné à Dole le 18 juillet 1768, f° 6) ; le procès-verbal sera « remis au greffe de la justice du lieu » (*ibid.*, f° 6 v°).
25. THIOU, *Le Régime seigneurial en Franche-Comté de 1678 à 1789*..., 1992, p. 45.

communauté qui relève du siège de Chalamont[26] se sont assemblés selon la manière ordinaire et ont élu et nommé par les voies accoutumées « pour échevin Jean-François Longchamp et pour commis Jean Caire et Jean Baptiste Bouchy[27] ». Le 11 octobre 1789, l'assemblée de la communauté de la Chapelle-d'Huin[28] a procédé de manière similaire à l'élection de ses échevins, messiers et forestiers[29].

Un domaine sensible partout à l'époque est bien celui des communaux, dont l'utilisation est l'enjeu d'un certain équilibre économique et sur lesquels s'articulent de très nombreux procès. La coutume comtoise établit que les juges seigneuriaux exercent la police sur les communaux et ont le droit d'empêcher qu'ils ne soient usurpés[30]. C'est ainsi que le juge Bousson du siège de Montbenoit nomme deux experts le 30 novembre 1789 afin qu'ils procèdent à la mise en place de bornes entre les jardins d'un particulier et une portion du communal du hameau des Vermots[31]. Les affaires de « mésusances » sur les communaux sont évidemment très nombreuses. Le 15 septembre 1768, le juge de Baume[32] avait reçu le rapport du garde qui avait « trouvé deux chevaux pâturant et mésusant dans un canton de champ mis en bans par la communauté[33] ». Le garde Griffon avait quant à lui surpris la fille Communier faisant brouter douze moutons dans un champ mis en ban pour la semaille d'Automne[34].

Enfin, les seigneurs ont également conservé des attributions concernant la police de la voirie. Leurs officiers doivent donc veiller au bon état des chemins, des rues et des places, et réprimer les empiétements dont ils sont l'objet. Le 11 août 1778 le juge du prieuré de Morteau intime à Claude Roy l'obligation d'enlever le tas de fumier qu'il a placé au milieu du village, de retirer les palissades de ses héritages qui avancent sur les chemins publics, et finalement de remplir les rigoles qu'il a pratiquées dans le chemin public pour conduire l'eau dans son clos[35].

L'encadrement de la police seigneuriale par le parlement

L'efficience de cet encadrement est révélée dans les ordonnances des juges seigneuriaux par les rappels fréquents des arrêts du parlement de Besançon. Ainsi, l'ordonnance du juge de Dannemarie sur Crête prescrivant la fermeture du cabaret durant la messe, « y compris la porte de derrière empruntée par les assoiffés matinaux[36] », fait-elle référence à l'arrêt du parlement bisontin du 12 juillet 1677, qui interdit de donner à boire pendant les offices divins et ordonne aux officiers des justices inférieures d'y « tenir soigneusement la main[37] ». Quant au juge de Montbenoit, sanctionnant le sieur Girardier

---

26. Commune de Villers-sous-Chalamont : Doubs, ar. Pontarlier, c. Levier.
27. Arch. dép. Doubs, B 463, 1778.
28. Commune de la Chapelle-d'Huin : Doubs, ar. Pontarlier, c. Levier.
29. Arch. dép. Doubs, B 463, 1789.
30. *Observations… par M. François-Ignace Dunod de Charnage…*, *op. cit.*, 1756, p. 73.
31. Arch. dép. Doubs, B 516, 1789.
32. Commune de Baume-les-Dames : Doubs, ar. Besançon, ch.-l. c.
33. Arch. dép. Doubs, B 26, 1768.
34. Arch. dép. Doubs, B 27, Baume, 1768.
35. MAUGAIN Grégory, *Le Monde paysan du val de Morteau dans la seconde moitié du XVIIIe siècle*, mémoire de maîtrise, université de Besançon, 1997, 137 p. (Morteau : Doubs, ar. Pontarlier, ch.-l. c.). Les officiers seigneuriaux peuvent en effet « ordonner l'enlèvement des fumiers qui empêchent le passage dans les rues & chemins publics » (*Observations… par M. François-Ignace Dunod de Charnage…*, *op. cit.*, 1756, p. 38).
36. CORNOT, *Une seigneurie…*, *op. cit.*, 1982, p. 28.
37. *Recueil des édits…*, 1771, t. 1, p. 34.

qui a tiré deux ou trois coups de pistolet devant le cabaret un jour de noces[38], il légitime l'amende de cent livres par « les dispositions du parlement[39] ».

Par ailleurs, ce dernier utilise ses arrêts pour imposer l'intervention des agents seigneuriaux en matière de police.

Il en est ainsi dans le cas de la lutte contre les épizooties qui fait l'objet de nombreuses injonctions de la cour souveraine qui enjoint aux officiers seigneuriaux de visiter les foires à bestiaux[40] et d'être vigilants quant à la propagation des épidémies[41]. Le 7 septembre 1766, le juge de Morteau, « supplié » par l'échevin de la paroisse de Grand Combe d'ordonner l'expertise du bétail de deux de ses administrés atteint d'une « maladie épidémique », nomme deux experts[42] conformément aux dispositions de la cour de Besançon[43]. Le 5 juillet 1780, le même juge est requis pour autoriser la levée de la quarantaine frappant un troupeau. Une fois encore, c'est en respectant à la lettre les prescriptions du parlement de Franche-Comté, qu'il ordonne une nouvelle visite du bétail soi-disant guéri afin de « donner main levée de la barre[44] » qui signalait leur contamination, et qu'il prend soin au passage de recevoir le serment du médecin[45].

De même, le parlement comtois a donné compétence aux officiers seigneuriaux en matière de prévention des incendies. Les procureurs fiscaux des justices subalternes sont donc invités à visiter « au moins une fois chaque année les maisons des villes & lieux de leur juridiction pour reconnaître s'il n'y a rien qui puisse occasionner les accidents de feux[46] ». Il appartient à ces mêmes procureurs fiscaux de contrôler la vente et l'adjudication des chablis, et de veiller à en remettre les procès-verbaux aux greffes des justices seigneuriales[47]. Les juges seigneuriaux doivent de même régler les coupes des forêts des communautés régulières et séculières, en application de l'ordonnance de 1669[48]. Ce qui implique bien sûr de la part du personnel des cours seigneuriales la connaissance et la possession dans les greffes des lois et règlements royaux. À titre d'exemple, et pour corroborer ce fait, citons la présence tout à fait intéressante dans les archives de la justice du prieuré de Morteau d'une copie de la convention conclue entre Louis XVI et le prince évêque de Bâle le 2 mars 1782 et portant règlement des litiges et délits forestiers dans lesquels se trouvent impliqués des frontaliers[49].

L'activité des justices seigneuriales comtoises ne paraît pas être entravée outre mesure par cette « tutelle » étroite du parlement[50], les juges seigneuriaux ayant tout intérêt à

---

38. Arch. dép. Doubs, B 516, 1773.
39. Arch. dép. Doubs, B 516, 1773. Le juge seigneurial fait ici référence à l'arrêt du parlement de Besançon en date du 4 mars 1773 qui défend de tirer des coups d'armes à feu dans les rues (*Recueil des édits...*, 1776, t. 4, p. 746 *sq*.).
40. Arrêt du 17 novembre 1747 (*ibid.*, p. 46).
41. Arrêt de règlement du 18 juillet concernant les maladies contagieuses touchant le gros bétail (*ibid.*, p. 2).
42. Arch. dép. Doubs, B 702, 1766.
43. Arrêt de règlement du 18 juillet 1746 (*Recueil des édits...*, 1776, t. 4, p. 1-2).
44. Arch. dép. Doubs, B 702, 1766 : « Il avait été fait de notre autorité une barre sur ledit bétail conformément aux règlemens du Parlement, suivant qu'il en atteste par notre procès-verbal du 19 avril dernier. »
45. Arch. dép. Doubs, B 702, 1780.
46. Arrêt de règlement du 9 juillet 1753 (*Recueil des édits...*, 1776, t. 4, p. 204). L'article XXVIII de l'arrêt indique « que les officiers de police & ceux des vassaux auront la liberté de réprimer par amende, emprisonnement, même par des peines corporelles les contrevenans au présent arrêt de règlement sauf l'appel au Parlement » (*ibid.*, p. 205).
47. Arrêt de la Chambre des eaux et forêts du parlement du 21 avril 1751 (*ibid.*, p. 141 *sq*.).
48. Arrêt de la Chambre des eaux et forêts du parlement de Besançon du 15 juin 1752 (*ibid.*, p. 154 *sq*.).
49. Arch. dép. Doubs, B 570, Registre des actes importants de la justice seigneuriale de Morteau ; ce traité est conservé sous la forme de lettres patentes dans les archives du parlement de Besançon (Arch. dép. Doubs, B 2175, f° 54 *sq*.).
50. L'intervention des officiers seigneuriaux semble être autant suscitée que contrôlée ainsi que le montrent les différents arrêts du parlement évoqués plus haut.

se prévaloir de son autorité[51]. Dans ces conditions, il est donc possible d'accréditer l'idée selon laquelle la justice seigneuriale joue, en Franche-Comté comme ailleurs, un rôle de relais[52] de l'administration royale dans les divers domaines d'application du droit et du maintien de l'ordre public.

L'exercice de la justice seigneuriale

Relayée tout au long du XVIIIe siècle par les jurisconsultes dans leurs traités, la distinction entre justice civile et justice criminelle, loin d'être artificielle dans le cas des cours seigneuriales, nous paraît opérante sur les comportements des justiciables au moment d'engager une procédure.

Une justice civile de proximité

Il n'est pas utile d'insister sur le fait que le *jus litis* suivi devant les cours seigneuriales comtoises apparaît conforme aux dispositions du Code Louis, qui privilégie le caractère oral, public et contradictoire de la procédure. En revanche, concernant la nature des matières contentieuses, une constatation liminaire s'impose : elle est souvent liée à des questions concrètes, relatives à la preuve ou à l'exécution d'obligations non contestées en elles-mêmes. Par ailleurs, on s'aperçoit qu'il s'agit pour les juges, avant que d'appliquer la règle de droit, de rechercher selon les principes de la vraisemblance et de l'équité la solution la plus adaptée à la cause entendue[53].

Un grand nombre d'affaires sont d'ailleurs sommairement expédiées en quelques lignes, essentiellement des promesses de vente non remplies. Ainsi devant la justice de Montbenoit des procès opposent un cabaretier à un client qui a consommé sans payer[54], deux laboureurs à propos de la vente d'une demi maison[55] ; à Morteau, les audiences de l'été 1779 mettent en scène un négociant qui demande paiement de 20 mouchoirs[56], un autre qui réclame la somme de 10 livres pour la vente d'un vêtement[57].

La teneur des affaires civiles est en Franche-Comté la même qu'ailleurs[58] : inexécution de baux, successions contestées, causes fiscales. Le 19 octobre 1779, le juge de Morteau tranche un litige entre un notaire royal et un maître horloger à propos d'un bail de 63 livres[59]. Le 27 octobre, c'est un huissier de Pontarlier qui réclame 26 livres de bail à un voiturier[60]. Le 4 mai 1780, c'est au tour d'un couple de laboureurs d'être assignés en justice par un notaire royal qui demande restitution d'un bail à ferme[61]. Le 21 juillet 1782, au terme d'une procédure devant le juge de Châtelneuf, deux fils décla-

51. Comme l'a noté Sylvain Soleil pour l'Anjou, « le droit royal [...] donne une légitimité aux réglementations seigneuriales auprès des administrés » (SOLEIL, « Le maintien des justices seigneuriales... », *op. cit.*, p. 94).
52. *Ibid.*, p. 89 *sq.*
53. C'était également notre constat pour le Gévaudan : GASPARINI, « La justice seigneuriale [...] l'exemple du Fau de Peyre », 1999, p. 188.
54. Arch. dép. Doubs, B 516, 26 février 1772.
55. Arch. dép. Doubs, B 516, 14 août 1771.
56. Arch. dép. Doubs, B 633, 6 juillet 1779.
57. Arch. dép. Doubs, B 633, 17 août 1779.
58. Voir par exemple le cas de la Marche (VILLARD, *Les Justices seigneuriales dans la Marche...*, 1969, p. 212) ou notre étude sur le Gévaudan (GASPARINI, « La justice seigneuriale, *op. cit.*, p. 190 *sq.*).
59. Arch. dép. Doubs, B 633, 19 octobre 1779.
60. Arch. dép. Doubs, B 633, 27 octobre 1779.
61. Arch. dép. Doubs, B 633, 4 mai 1780.

rent « qu'ils renoncent expressément à l'hoirie et succession dudit Noël Lambert, leur père[62] ». À Mouthe, le procès oppose le curé à ses paroissiens au sujet des droits curiaux[63]. À Montbenoit, c'est le fermier des revenus de l'Abbaye qui intente de manière incessante des procédures contre les habitants qui refusent de payer les péages et les dîmes[64].

Les litiges ruraux constituent bien sûr la majeure partie du contentieux civil seigneurial, avec des contestations de bornage, des litiges quant à l'arrosage des prés, des mésusances et atteintes à la propriété qui parfois dérivent vers injures et coups, des promesses de vente non remplies; les archives judiciaires les récitent comme une litanie. Dans l'automne 1774, le juge châtelain de Nozeroy admoneste le sieur Jacquin qui a fait « pâturer » ses bœufs dans le pré d'autrui; le sieur Simon qui a traversé à cheval le champ de froment de son voisin[65]. Le 17 août 1779, un ménager de Morteau est cité pour répondre du non-paiement de la somme de 40 livres « pour la délivrance d'une vache à poil rouge portant veau[66] ». L'utilisation des communaux est fatalement l'objet de nombreux procès. En 1772 la communauté de Rougemont réclame des dommages et intérêts à Joseph Dorveaux pour dégâts commis dans les communs[67]. Un nombre important d'affaires oppose d'ailleurs les communautés entre elles, ou ces dernières à leurs seigneurs. Les seigneurs d'Arcier sont continuellement en procès contre leurs paysans à propos des bois communaux qui sont saisis pour paiement d'arrérages de rente[68]. Entre 1761 et 1765, une procédure longue et répétée oppose Pierre Gaspard Folley, seigneur de Corre, à ses habitants au sujet du dénombrement de ladite terre de Corre[69]. De 1786 à 1790 plusieurs procès sont intentés par la communauté de Mouthier-Hautepierre contre celles d'Aubonne et d'Ouhans au sujet de la délimitation et du partage des communaux[70].

On peut se demander bien sûr quelle est la force des jugements rendus. Ceux-ci interviennent quelquefois longtemps après le contrôle de l'exploit, et ne sont pas toujours ou immédiatement exécutés, la mauvaise volonté dont font preuves les parties perdantes suscitant de nouvelles procédures. En 1758, à Émagny, André Piquart est condamné pour un délit forestier commis deux ans plus tôt[71]. En 1773, devant le juge de Montbenoit un plaignant intente une nouvelle procédure contre un particulier qui lui doit paiement d'un repas de noce depuis 1764[72]. À Morteau, c'est un laboureur qui demande en 1779 le remboursement d'une dette vieille de deux ans et qui a été évoquée lors de plusieurs audiences[73]. En outre, les défauts sont nombreux. Néanmoins,

62. Arch. dép. Doubs, B 907, Châtelneuf, 1782.
63. Arch. dép. Doubs, 3077 FF 1.
64. Arch. dép. Doubs, B 516, 1773.
65. Arch. dép. Doubs, B 756 (7), 25 novembre 1774. Le 14 décembre 1774, c'est Pierre Simon qui est condamné « pour que le douze juillet de la présente, un bœuf appartenant audit défendeur aurait fait mesus dans un champ » *(ibid.)*.
66. Arch. dép. Doubs, B 633, Morteau.
67. Arch. dép. Doubs, 2982 FF 31, Rougemont.
68. Arch. dép. Doubs, E 25.
69. Arch. dép. Doubs, E 38.
70. Arch. dép. Doubs, 2908 FF 21. Mouthier-Hautepierre : ar. Besançon, c. Ornans; Aubonne et Ouhans : ar. Pontarlier, c. Montbenoît.
71. Arch. dép. Doubs, B 110, Émagny, 14 juin 1758. Le juge décide que le nommé Piquart qui a coupé des bois de chauffage dans les bois de Rempoux « soit condamné aux peines et amendes statuées par l'ordonnance des eaux & forêts, et aux dommages et intérêts envers les habitants d'Emagny ».
72. Arch. dép. Doubs, B 516, 1773.
73. Arch. dép. Doubs, B 633, 1779.

rien ne permet de conclure à une méfiance des justiciables envers la justice des seigneurs. Les paysans trouvent dans le juge de leur seigneurie un personnage à leur portée[74]. Précisons que les appels sont rares : soit que les justiciables soient satisfaits de cette justice de proximité (dont ils ne respectent pas toujours les injonctions), soit qu'ils ignorent les différents rouages de l'appareil judiciaire. Quant aux quelques appels interjetés devant les fameux bailliages seigneuriaux[75], ne s'agit-il pas davantage d'une tentative de maintien de l'affaire civile dans la compétence seigneuriale ? Notons enfin, pour ce qui est des zones rurales, que le procès civil correspond moins à un véritable souci de réparation qu'à la volonté de maintenir ou de déséquilibrer le rapport de forces existant à l'intérieur des communautés.

À côté des affaires contentieuses, la justice gracieuse constitue une grande part de l'activité des juges seigneuriaux comtois. Nous nous limiterons à titre d'exemple au problème des tutelles et curatelles pour lequel la coutume du comté de Bourgogne rend les moyennes et hautes justices compétentes. Ainsi, lorsque Marie François Crevat, mineur, désire avoir un curateur pour l'administration de « ses biens et affaires », le juge Bousson de Montbenoit fait prêter le serment « en pareil cas requis » par la personne désignée le 15 novembre 1769[76]. Très souvent d'ailleurs, dans le cadre de ces tutelles et curatelles datives, le juge seigneurial se contente de recevoir ce serment et de confirmer par là, et de manière solennelle, le choix officieux de la famille.

Une justice criminelle déclinante

Il est connu que la compétence criminelle des seigneurs, affaiblie par la prévention royale, les cas royaux, les restrictions successives de compétences, a été définitivement sapée par l'édit de mars 1772. Toujours est-il que la charge symbolique des fourches patibulaires explique le maintien d'une justice criminelle des seigneurs en pays comtois.

Mais, en réalité, même si le contentieux criminel reste relativement abondant, l'intervention des juges seigneuriaux semble être cantonnée dans un rôle de police judiciaire. Ainsi, en 1775 et 1776, le juge châtelain de Joux diligente plusieurs enquêtes suite à des morts suspectes qui dépassent les simples cas de levées de cadavres. Un corps ayant été retrouvé dans une citerne, le juge commet deux experts qui n'ayant reconnu aucune plaie ou marque de violence concluent à un décès par noyade[77]. Le 12 janvier 1776, l'affaire semble plus sérieuse. On a retrouvé Christine Lieutenant dans un puits, et des voisins accusent son mari de l'avoir tuée. Le juge écoute donc leurs témoignages car ils ont « entendu crier devant la maison », ils n'ont en outre « jamais remarqué beaucoup de tendresse et de soin » de la part du mari à l'encontre de son épouse[78]. En fait, il s'avère que ladite Christine Lieutenant s'est « laissé tomber ». À Morteau, en 1789, c'est une veuve et son fils qui sont accusés d'avoir vendu aux bouchers des « bêtes

74. JACQUOT, *Justice et vie quotidienne dans la prévôté de Montbozon...*, 1994, p. 29. Il nous est par contre difficile de suivre l'avis de cet auteur lorsqu'il évoque, de manière générale, des juges seigneuriaux aux « capacités intellectuelles sans doute limitées » (*ibid.*, p. 29).

75. Arch. dép. Doubs, B 907, 13 septembre 1782, appel d'un jugement civil de la justice de Morteau devant le bailliage seigneurial de Vennes.

76. Arch. dép. Doubs, B 516, Montbenoit, 1769.

77. Arch. dép. Doubs, B 507, registre des audiences criminelles de la justice de Joux, 1775 : « Nous n'avons reconnu ni aucune playe contusion ni aucune marque de violence [...] estimons que la seule cause de la mort ne provient que de la quantité d'eau dans laquelle il est tombé et dans laquelle il s'est noyé. »

78. Arch. dép. Doubs, B 507, registre des audiences criminelles de la justice de Joux, 1776, p. 10-11.

infectées[79] ». Le juge Gaudion ordonne la confrontation des accusés avec les témoins[80]. On perd ensuite toute trace de cette affaire, qui s'est peut-être réglée au civil comme dans de nombreux cas.

En fait, très souvent, le juge diligente l'enquête, cherche à rassembler les informations, décrète la « saisie au corps » de l'accusé[81], bref dirige une sorte d'instruction préparatoire[82], puis il transmet l'affaire aux juges royaux de bailliage[83]. Les officiers seigneuriaux justifient d'ailleurs eux-mêmes cet état de fait en arguant des mauvaises conditions matérielles dans lesquelles ils opèrent : absence ou défectuosité des prisons, mauvaise volonté des gardes, « omerta » des habitants, d'autres raisons encore sont invoquées. Ainsi en 1790, le juge de Morteau a ordonné l'emprisonnement d'un voleur de chevaux, mais « attendu le défaut de juge et de gradués dans le siège en nombre nécessaire pour décréter et pour éviter les frais de voyage des gradués qu'il faudrait appeler pour rendre décret » il ordonne le renvoi de l'affaire devant le bailliage de Pontarlier[84].

Il serait inexact d'imputer ce déclin de la justice criminelle à l'inertie des officiers seigneuriaux ou encore à leur médiocre valeur. Les archives témoignent de l'engagement des poursuites contre les délinquants ou les criminels. Ainsi, celles de la justice de Joux contiennent de très nombreux états des frais de procédure. Par exemple, en 1770, pour un infanticide, le montant des frais de justice engagés atteint 73 livres[85]. L'enquête a été ordonnée, même si l'affaire ne sera pas élucidée.

Par ailleurs, certaines procédures criminelles, peu lourdes il est vrai, sont menées jusqu'à leur terme, même s'il convient de relever de nombreux cas de contumace[86]. Citons deux affaires jugées à Morteau entre 1789 et 1790. L'une concerne deux frères reconnus coupables de vol de numéraire et qui sont condamnés à l'internement à l'hôpital de Besançon « en ayant égard à la minorité des accusés[87] ». L'autre a pour point de départ une altercation violente entre particuliers. En effet, les frères Clerget ont assailli un aubergiste et lui ont occasionné des « plaies avec effusions de sang considérables ». Après avoir recueilli les témoignages et opéré une confrontation, le juge les condamne à cent livres de dommages et intérêts, à une année d'absence de la seigneurie et à aumôner les pauvres de 20 livres chacun[88]. Le bannissement temporaire des coupables est particulièrement intéressant car au-delà de la peine au sens propre, on sent de la part du juge une volonté de soustraire de la communauté des individus agressifs et donc provisoirement de régu-

79. Arch. dép. Doubs, B 682, Morteau, causes criminelles, 1789 : Plainte de la communauté du Chambon contre une veuve et son fils « accusés d'avoir vendu des bêtes infectées de maladies contagieuses qu'ils ont prétendu avoir été livrées dans les boucheries et la viande débitée au public ».

80. Arch. dép. Doubs, B 682, Morteau, causes criminelles, 1789.

81. Arch. dép. Doubs, B 682, Morteau, causes criminelles : le 8 janvier 1788, « ladite Jeanne Chopard fille sera saisie au corps et conduite dans les prisons de cette justice pour être ouie et interrogée sur les faits résultant des charges et informations ».

82. Préfigurant de la sorte le juge de paix de la Révolution et son action en matière criminelle (CARBASSE, *Histoire du droit pénal…*, *op. cit.*, p. 377).

83. Arch. dép. Doubs, B 682 : le 8 janvier 1788, après assignation des témoins, et après avoir écouté les conclusions du procureur fiscal, le juge ordonne « que les pièces de la procédure seront renvoyées par devant Messieurs les officiers du bailliage de Pontarlier pour la dite procédure être par eux continuées » ; le 25 mai 1790, c'est François Joseph Leloye qui est renvoyé devant les juges du bailliage de Pontarlier.

84. Arch. dép. Doubs, B 682, Morteau, causes criminelles, 7 juillet 1790.

85. Arch. dép. Doubs, B 507, 1770.

86. Ainsi Antoine Gagelin, auteur de plusieurs vols, qui est condamné par contumace à trois années de galères par le juge châtelain de Joux (Arch. dép. Doubs, B 507, 11 juillet 1749).

87. Arch. dép. Doubs, B 682, Morteau, causes criminelles, 1789.

88. Arch. dép. Doubs, B 682, Morteau, causes criminelles, 1790.

ler la violence en apaisant les tensions sociales[89]. Cette violence, même si elle tend à décroître au cours du siècle, reste une des caractéristiques de la société rurale. L'exemple du Val de Morteau est éclairant : les paysans n'hésitent pas à régler leurs différends de manière violente, les coups prolongeant vite les injures verbales. Or, il est clair que ce phénomène, ici comme ailleurs, échappe en partie aux juridictions[90].

Conclusion

Au terme de cette étude fragmentaire, il semble possible de conclure à l'effectivité d'une régulation sociale opérée par le biais de la police et de la justice gracieuse ou contentieuse par des juridictions seigneuriales qui, finalement, servent utilement le pouvoir royal. En fait, dans le cadre d'un État monarchique qui maîtrise difficilement les divers rouages de la société et qui encadre imparfaitement l'activité des communautés paysannes, les juges subalternes paraissent assumer un rôle de filtre des rapports sociaux en les canalisant. Ils participent ainsi à l'élaboration d'un certain équilibre social, ce dont les justiciables eux-mêmes semblent conscients.

Plongeons-nous en effet dans ce que Tocqueville appelait le testament de l'ancienne France[91], à savoir les cahiers de doléances ! L'examen des cahiers comtois, notamment ceux du tiers état, permet de conclure à l'utilité de la justice seigneuriale à la veille de la Révolution française[92]. En effet, on trouve finalement peu de récriminations à l'encontre de ces juridictions qui avaient pourtant suscité les commentaires acerbes des Lumières. Seul le cahier du corps des marchands et négociants de la ville d'Ornans demande la suppression pure et simple des « justices des seigneurs[93] ». Les autres se bornent à souhaiter la nomination des juges seigneuriaux par les États provinciaux[94], la fixation d'un âge minimum pour l'exercice des fonctions d'officiers seigneuriaux[95], ou encore la limitation des compétences des gardes et la réduction de leur nombre[96]. Par contre, nous avons relevé certaines doléances visant à garantir les juges contre les titulaires de seigneuries. Il est ainsi demandé que les seigneurs ne puissent destituer leurs juges et leurs greffiers[97]. Il est vrai que parmi les rédacteurs des cahiers se trouvent aussi les gradués en droit qui peuplent les cours seigneuriales !

La loi des 16-24 août 1790 porte, on le sait, un coup définitif aux justices seigneuriales. Néanmoins ne retrouve-t-on pas dans les justices de paix qu'elle met en place cette proximité qui caractérisait les cours seigneuriales ? N'a-t-on pas raison de dire que le juge de paix tend par-dessus la Révolution la main au juge seigneurial[98] ?

---

89. Dans son mémoire de maîtrise, Grégory Maugain évoque l'attitude des paysans du Val de Morteau qui n'hésitent pas à régler leurs différends de manière violente : *Le Monde paysan du val de Morteau...*, *op. cit.*, p. 182. Abel Poitrineau parle pour l'Auvergne de juges seigneuriaux « terrorisés » par les habitants qui se font justice à coups de bâton et de couteaux (POITRINEAU, « Aspects de la crise des justices seigneuriales... », 1961, p. 561).
90. « Il s'inscrit dans le cadre de codes sociaux qui font souvent l'économie du recours au juge » (MUCHEMBLED, *Société, cultures et mentalités dans la France moderne...*, 1994, p. 137).
91. TOCQUEVILLE Alexis de, *L'Ancien Régime et la Révolution...*, 1856, éd. Paris, J.-P. Mayer, 1967, 378 p. (p. 45).
92. Voir pour la Marche, le constat identique de Pierre Villard, *op. cit.*, p. 330-335.
93. Chapitre III, art. 7, dans *Archives parlementaires de 1787 à 1860, recueil complet des débats législatifs et politiques des chambres françaises...*, 1re série, t. III et IV, 1787 à 1799, t. III, p. 169.
94. Cahier du tiers état du bailliage de Dôle, *ibid.*, p. 161.
95. Cahier du tiers état du bailliage de Besançon, *Archives parlementaires...*, *op. cit.*, t. IV, p. 340.
96. Cahier du tiers état du bailliage de Dôle, *Archives parlementaires...*, *op. cit.*, t. III, p. 161.
97. Cahier du tiers état du bailliage de Besançon, *Archives parlementaires...*, *op. cit.*, t. IV, p. 340.
98. BASTIER, « Le parlement de Toulouse et les justices subalternes... », *op. cit.*, p. 407-408.

Justice foncière et contrôle social dans le Maine, l'Anjou et la Bretagne au XVIIIe siècle

Annie ANTOINE
Professeur d'histoire moderne, CRHISCO, université Rennes II

On entend par justice foncière le droit qu'exercent les seigneurs de faire rendre leurs aveux, obéissances, reconnaissances censives... et de connaître les hommes qui s'y soumettent, les biens sur lesquels portent ces droits et les contrats relatifs à ces biens (ventes, échanges, locations, partages...). Cette question se rattache à celle de la justice seigneuriale : elle en constitue le premier niveau, celui qui est exercé par tous les seigneurs. Il s'agit d'une justice inhérente à la seigneurie mais qui a été beaucoup moins décrite que la haute justice, plus rare, plus spectaculaire (les gibets, les piloris...), plus honorifique. Elle a été considérée par les historiens de la seigneurie comme une source pour l'étude des droits féodaux [1], une question institutionnelle (la nature et surtout l'infinie diversité locale des droits seigneuriaux) ou conflictuelle (les doléances anti-seigneuriales) ; elle n'a pas été présentée dans son rapport avec la justice et surtout avec la police seigneuriale. C'est pourquoi il semble souhaitable de revenir sur cette question. L'exercice de la justice foncière a laissé des quantités considérables de documents : une activité qui génère autant de papier ne peut être entièrement dénuée de signification. Plus sérieusement, parce que, avec cette question, on touche à la gestion quotidienne de la seigneurie, au travail des greffiers, des notaires et des procureurs fiscaux, et c'est par-là que la seigneurie a le plus grand espace de tangence avec la population rurale : dans le cadre du fonctionnement « normal » (non-conflictuel) de la seigneurie, tous les tenanciers et/ou propriétaires fonciers (à moins d'être en région d'alleux) ont des comptes à rendre à leur seigneur et cela ne se limite pas à la perception de droits.

La question sera envisagée ici à partir de deux points d'observation : le pôle Anjou-Maine et le pôle breton. Les coutumes y sont un peu différentes en matière de féodalité, mais plus important peut-être, les pratiques y sont également très dissemblables. La seigneurie bretonne est présentée traditionnellement comme plus brouillonne [2], plus tatillonne et plus contestée [3] que celle du Maine et de l'Anjou. Pour ces trois régions,

1. Pour s'en tenir aux travaux récents, développant des problématiques nouvelles sur la seigneurie : Gérard Aubin et Jean Bastier n'y font pas allusion ; ce n'est que dans l'ouvrage de Jean Gallet que l'on trouve la distinction entre justice féodale et justice foncière (GALLET, *Seigneurs et paysans bretons du Moyen Âge à la Révolution,* 1992).
2. Jean-Meyer a fait un tableau peu flatteur des notaires incultes utilisés par les seigneurs (MEYER, *La Noblesse bretonne au XVIIIe siècle*, 1966, p. 753-777).
3. Le discours de Le Guen de Kérangall aux États généraux n'a pas popularisé l'image d'une institution utile ou supportable; plus récemment et aussi plus sérieusement, l'ouvrage récent de Jean Nicolas (NICOLAS, *La Rébellion*

il existe des traités de féodalité : celui de Claude Pocquet de Livonnières[4], ouvrage de portée nationale, mais dont on ne peut oublier que l'auteur est angevin et a appris le droit à l'université d'Angers, celui de Pierre Hévin pour la Bretagne[5], d'intérêt exclusivement local, et, pour le Maine, un ouvrage non publié, mais particulièrement adapté à notre propos, celui de René Pichot de la Graverie[6]. Ceci permet l'utilisation de trois types de sources complémentaires : les coutumes et les commentaires des juristes, les traités des fiefs locaux, les actes de la pratique (dispersés entre les séries B, E et J des archives départementales).

Le propos de cet article est de montrer que, si la justice foncière a effectivement pour but « la conservation des féodalités », cela ne signifie pas qu'il faille l'utiliser uniquement pour faire l'inventaire des droits féodaux. Parce qu'elle exerce la justice foncière, la seigneurie connaît tous les contrats et toutes les propriétés : les documents qui en résultent sont une source irremplaçable, avant le cadastre, pour la connaissance des structures foncières et du paysage rural. Ils sont à l'origine de la première cartographie sérieuse de l'espace au niveau régional ou micro-régional. D'autre part, et c'est l'aspect que l'on se propose de présenter ici, ils correspondent à des contacts institutionnels « normaux » entre la seigneurie (par l'intermédiaire du seigneur lui-même ou de ses officiers) et ses vassaux ; ce sont donc des documents uniques pour traiter une question – celle des rapports seigneurs/vassaux – que les sources utilisées traditionnellement (cahiers de doléances, procédures contentieuses, révoltes) ont souvent amené à regarder de manière exclusivement conflictuelle.

Faire ses obéissances

Dans les deux coutumes (Maine-Anjou d'une part et Bretagne de l'autre), le principe est qu'il n'y a pas de fief sans justice[7]. Mais quand on a dit cela, l'essentiel reste à définir : quelles sont les attributions de cette justice ? La réponse n'est pas simple car, en matière de féodalité, il n'y a pas une seule vérité mais une multiplicité de droits et de pratiques locales, et dire qu'il y a la haute, la moyenne et la basse justice, définies par rapport à l'importance des affaires traitées et à la quotité des peines susceptibles d'être prononcées, n'éclaire en rien la question, au moins pour le XVIIIe siècle. C'est donc vers les aveux qui définissent les droits de chaque seigneur et aussi vers les chartriers et les documents de série B (qui montrent l'exercice effectif de la justice) qu'il faut se tourner.

---

française. Mouvements populaires et conscience sociale de 1661 à 1789, 2002) signale quelques affaires non négligeables de contestations seigneuriales.

4. *Traité des fiefs par M. Claude Poquet de Livonnière, conseiller au présidial d'Angers*, Paris, J.-B. Coignard, imprimeur et libraire du Roi, rue Saint-Jacques à la Bible d'Or, 1729, 714 p. 2e éd. : 1733 [autres éditions : 1756, 1771...].
5. *Questions et observations concernant les matières féodales, par rapport à la Coutume de Bretagne, par feu M. Pierre Hévin...* [Hévin, Pierre, père et Hévin, Pierre, fils], Rennes, G. Vatar, 1736, IV-III-VIII-500-l p.
6. *Traité des fiefs. Pour tenir les assises des seigneurs et faire rendre les obéissances des vassaux et sujets avec le modèle des obéissances, sentences et procès-verbaux. Par Me René Pichot de la Graverie, juge civil du comté pairie de Laval et sénéchal des fiefs et châtellenies dudit comté*, 1753 [Bibliothèque municipale de Laval, ms. 217].
7. GIFFARD, *Les Justices seigneuriales...*, 1903, p. 22 : Tout fief dominant a justice, donc tout seigneur féodal est justicier.

Dans le Maine et l'Anjou : justice foncière et justice contentieuse

Les historiens qui ont écrit sur cette question [8], suivant en cela les juristes [9], distinguent, pour le Maine et l'Anjou, deux niveaux de justice : la justice contentieuse et la justice foncière. La première, qui est le droit d'avoir un tribunal réglé devant lequel sont présentées les affaires civiles et criminelles, n'est exercée, dans le Maine [10], que par quelques seigneurs. Si les aveux utilisent les dénominations juridiques traditionnelles de haute et basse justice, il n'est pas possible de faire l'assimilation haute justice = justice contentieuse et basse justice = justice foncière. La réalité est plus nuancée que cela. Lors de l'érection en marquisat de la terre de Bourg-le-Prêtre, dans le grand procès qui oppose, à la fin des années soixante, les officiers de justice du comté de Laval à ceux du nouveau marquisat [11], les avocats du siège ordinaire du comté pairie de Laval exposent « que dans toute l'étendue du ressort du comté pairie de Laval et des châtellenies membres en dépendant, aucun seigneur haut-justicier au nombre de plus de deux cents qui en relèvent n'a prétendu exercer ni faire exercer la juridiction contentieuse sur les sujets de sa haute justice [12] » et que « nos coutumes d'Anjou et du Maine... n'attribuent au haut-justicier aucune juridiction contentieuse ordinaire [13] ». Il s'agit d'un *factum* d'avocat et il n'est pas question d'y lire la règle générale, mais ceci montre qu'il n'y a pas une vérité mais seulement des pratiques et des interprétations de la coutume. Dans ce cas extrême, la haute justice elle-même est ramenée à la justice foncière ce qui exclut, pour beaucoup de seigneurs, le droit de faire fonctionner un tribunal au civil et au criminel.

Inversement, le droit d'exercer la justice foncière, parfois appelée basse justice, n'est jamais contesté à aucun seigneur et tous semblent l'avoir exercé. La maxime « tout fief a droit de justice » veut le plus souvent dire seulement que tout seigneur est autorisé à exercer la justice foncière sur sa mouvance :

> « Il suit de ce principe que tous les seigneurs de fief qui ont des vassaux ou sujets relevant de leur fief... ont au moins la basse justice qu'on appelle justice foncière quand même ils n'auraient que deux ou trois sujets relevant censivement de leur fief, et qu'ils sont en droit de tenir leurs plaids et assises pour se faire rendre devant leurs officiers d'assises leurs obéissances par leurs sujets, leur faire exhiber leurs titres de propriété, leur faire payer les profits de fief à mutation, et les arrérages des devoirs, services, cens, rentes et amendes de coutume [14]. »

8. LA MONNERAY Jean DE, *Le Régime féodal et les classes rurales dans le Maine au XVIIIe siècle*, Paris, 1922, 152 p. Nous y ajouterons l'ouvrage de Duchemin de Villiers (1843) : *Essais historiques sur la ville et le pays de Laval en la province du Maine, avec des explications élémentaires et théoriques en faveurs des personnes qui n'ont pas vécu sous l'Ancien Régime et qui désirent le connaître, par un ancien magistrat de Laval*, 1843, 443 p. L'*Essai sur le Régime féodal...* devait à l'origine composer le troisième des quatre *Essais Historiques sur la ville et le pays de Laval* (*Essai sur le régime féodal... par un ancien magistrat de Laval*, Laval, J. Feillé-Grandpré, 1837, 117 p. réed. Bruxelles, 1979).
9. *Traité des fiefs... Par Me René Pichot de la Graverie, op. cit.*
10. ANTOINE Annie, *Fiefs et villages...*, 1994, p. 269 : carte des seigneuries représentées par des fonds en série B des Arch. dép. Mayenne. Pour le fonctionnement de cette justice contentieuse – ce que, par analogie avec la situation contemporaine, nous avons tendance à considérer comme l'ensemble de la justice seigneuriale – voir, dans ce même volume, la communication de Frédérique Pitou sur la justice du comté de Laval.
11. Chartrier de Fresnay, marquisat de Bailly, 1 Mi 142R35 C1. Ceci a pour conséquence de réunir sous un même hommage, rendu au roi, l'ensemble d'une terre composée de plusieurs membres dont certains relevaient auparavant par l'intermédiaire du comté de Laval et, de ce fait, de priver les officiers du comté de Laval de l'exercice de la justice sur certains fiefs.
12. 15 octobre 1770, Arch. dép. Mayenne, chartrier de Fresnay, 1 Mi 142, R35 C2.
13. Sans date, Arch. dép. Mayenne, Siège royal de Laval, B 83.
14. *Traité des fiefs... Par Me René Pichot de la Graverie, op. cit.*, f° 8 r°.

La justice foncière, encore appelée domanière, constitue donc le premier degré de la juridiction seigneuriale et c'est pourquoi elle est parfois assimilée à la basse justice :

> « Cette juridiction était proprement l'exercice de la basse-justice ou justice foncière. Elle ne connaissait que des droits de la seigneurie sur ses hommes et vassaux; elle recevait les reconnaissances volontaires de ceux-ci ou bien elle les condamnait à les donner et à s'acquitter de toutes leurs redevances [15]. »

Mais elle ne donne aucun pouvoir de juger au sens contemporain du terme. Elle ne donne au seigneur que le droit de recevoir ou de faire comparaître ses vassaux et censitaires, de leur faire reconnaître les devoirs auxquels ils sont astreints, de vérifier s'ils ont bien payé leurs cens, devoirs et droits de mutation et enfin de juger si leur aveu ou leur déclaration censive est satisfaisant ou s'il y a lieu de le réformer ou de le blâmer. Selon Jean de la Monneraye, la basse justice, dans la coutume du Maine, avait à l'origine une certaine compétence au civil,

> « [...] mais au XVIIIe siècle, les moyennes et basses justices n'ont presque rien gardé de cette compétence que leur réserve la loi locale. Seule s'est conservée, avec le régime féodal, la compétence foncière ou plus exactement domaniale. Or il convient de noter que du point de vue du maintien du régime, celle-ci représente un intérêt spécial. Elle permet au seigneur ou à son officier de contrôler le régime féodal si compliqué, de se faire rendre en temps utile aveux et déclarations, de contraindre les censitaires au paiement de leurs redevances et de poursuivre le règlement des droits de mutation [16]. »

Ceci constitue donc pour le seigneur un instrument particulièrement efficace permettant à la fois de rappeler aux vassaux les exigences du système féodal et de permettre « la confection du papier terrier ou la réformation des fiefs [17] ».

En Bretagne : une multitude de petites justices

La situation ne semble pas être très différente en Bretagne, du moins si l'on s'en tient aux textes. La distinction entre la haute, la moyenne et la basse justice y est également très peu nette; elle n'existe pas dans la *Très Ancienne Coutume* [18]; elle est reconnue mais non explicitée dans la coutume réformée à la fin du XVIe siècle [19]. Les distinctions sont essentiellement le fait des juristes du XVIIe siècle. Selon d'Argentré [20], le bas-justicier doit connaître tous droits et devoirs dus à cause du fief, le bornage des chemins, les actions personnelles, réelles et mixtes. Il a donc une compétence féodale, civile et administrative. Plus tard, Poullain-Duparc [21] refuse au bas-justicier le droit de borner les chemins (acte de police rattaché à la moyenne ou la haute justice) et estime que le plus juste serait de le cantonner à l'éligement du fief et à la poursuite des droits féodaux. Il considère qu'il n'y a pas de bornes fixées entre les différents degrés de juri-

15. DUCHEMIN DE VILLIERS, *Essai sur le régime féodal... par un ancien magistrat de Laval*, 1837, p. 59-60.
16. LA MONNERAYE, *Le Régime féodal...*, *op. cit.*, p. 25.
17. *Traité des fiefs... Par Me René Pichot de la Graverie*, *op. cit.*, f° 14 v°.
18. PLANIOL, Marcel, *La Très Ancienne Coutume de Bretagne avec les assises, constitutions de Parlement et ordonnances ducales*, Rennes, J. Plihon et L. Hervé, 1896, 566 p.
19. *Commentarii in patrias Britonum leges, seu consuetidines generales antiquissimi ducatus Britannaiae, suivis des coutumes générales du pays et duché de Bretagne réformées en 1580, par Bertrand d'Argentré*, Paris, Nicolas Buon, 1613-1614, *id.* 1628, *id.* 1646 (éd. de 1613-1614).
20. Éd. de 1605.
21. *Principes du droit françois suivant les maximes de Bretagne, par M. [Augustin-Marie] Poullain Du Parc...*, Rennes, F. Vatar, 1767-1771, 12 vol. in-8°.

diction et que « les aveux font la loi en pareille matière ». Il en est de même pour Loyseau[22].

Mais là où la différence est importante, c'est dans le nombre des justices autres que foncières effectivement exercées en Bretagne. Selon André Giffard[23], « il restait au moins en Bretagne 2 500 justices à la veille de la Révolution, c'est-à-dire en moyenne deux juridictions par paroisse » ; mais ces juridictions avaient des compétences et surtout une activité effective très diverses. Ceci s'explique par le caractère patrimonial des justices et le droit de sous-inféoder[24]. Jusqu'à la Révolution, on a admis en Bretagne le principe de la division des justices : « La maxime que les justices sont patrimoniales est indubitable en Bretagne. Le sens de cette maxime est que la juridiction appartient au seigneur et qu'il peut l'aliéner comme ses autres biens[25]. » Cette dispersion des habitants d'une même paroisse entre un grand nombre de justices s'explique aussi par le fait que, en Bretagne, le seigneur n'exerce la justice que sur son fief (sa mouvance) : les habitants de son domaine relèvent de la justice du seigneur suzerain. Mais cette multiplication des sièges seigneuriaux traitant des affaires au civil et au criminel ne change que très peu de choses du point de vue de la compétence foncière et proprement féodale de ces justices : en Bretagne, comme dans le Maine et l'Anjou, chaque seigneur peut faire rendre ses aveux et obéissances, quel que soit par ailleurs le degré de justice qu'il peut exercer.

Les actes : aveux, **minus** *et obéissances*

En Bretagne, selon la Très Ancienne Coutume, le seigneur peut contraindre les hommes de sa Cour à faire « la montre de leurs tenues et bailler par écrit les rentes qu'ils doivent[26] ». Dans certains cas, ils doivent comparaître personnellement aux plaids généraux. Mais en général, à l'époque moderne, la comparution des arrière-vassaux aux plaids et la montrée du fief ont été remplacés par la « baillée de la tenue » appelée plus souvent « aveu, *minu* et dénombrement ». Ce sont ces actes qui résultent de l'exercice de la justice foncière du seigneur : ils se nomment invariablement *aveux*, qu'ils concernent une grande seigneurie ou une petite parcelle, une terre noble ou une terre roturière. À partir du XVIe siècle, les aveux sont détaillés : le vassal reconnaît sa mouvance, il fait le dénombrement et énumère les confronts, il reconnaît ses droits, il communique les titres au soutien de sa propriété ; s'il a une terre noble, il doit la foi et hommage en plus de l'aveu qui est fourni pour une terre roturière.

Dans le Maine et l'Anjou, la pratique est fort semblable à ceci près que le terme d'aveu est réservé aux fiefs et aux terres hommagées tandis que pour toutes les terres roturières ou censives sont faites des obéissances[27]. Ces documents sont recueillis lors des assises de fiefs ; ils sont soit rédigés sur des feuilles volantes, soit consignés dans des registres appelés alors remembrances. Dans les deux coutumes, il s'agit d'une charge

22. *Discours de l'abus des Justices de village, tiré du traité des offices de C. L. P.*, 1605.
23. GIFFARD, *Les Justices seigneuriales…*, *op. cit.*, p. 42. Il se réfère aux réponses des subdélégués à une enquête faite sur le nombre des justices seigneuriales en Bretagne (Arch. dép. Ille-et-Vilaine, C 1818-1819).
24. *Ibid.*, p. 17.
25. *Principes du droit françois… par M. Poullain Du Parc…*, *op. cit.*, II, p. 420.
26. PLANIOL, *La Très Ancienne Coutume de Bretagne…*, *op. cit.*, p. 239.
27. Dans le Maine et l'Anjou, les terres peuvent être nobles (elles relèvent alors à foi et hommage et doivent l'aveu) soit roturières (elles relèvent censivement doivent l'obéissance).

lourde pour les vassaux : non seulement il y a le coût de l'acte (proportionnel à l'importance du bien obéi), mais il y a aussi la nécessité de fournir les titres à l'appui (donc d'en obtenir copie chez les notaires) et souvent ceci s'accompagne du versement d'arrérages.

Le personnel des justices foncières

Tout seigneur de fief doit donc, au moins durant les périodes où il tient ses plaids ou ses assises de fief, disposer d'un personnel spécialisé; pour ce faire, il a droit de nommer sans aucune autorisation ni formalité particulière, un juge, appelé en l'occurrence sénéchal, un procureur fiscal, un greffier et un sergent[28]. Le sénéchal d'assises et le procureur fiscal sont le plus souvent des avocats tandis que les notaires font office de greffiers. Le seigneur leur donne des lettres de commissions ou de provisions; la plupart d'entre eux se font ensuite recevoir devant la juridiction supérieure bien qu'il semble que cela ne soit pas une obligation absolue[29]. Plusieurs seigneuries se partagent souvent le même personnel d'assises puisque le phénomène n'est qu'épisodique. Autour de Laval, nombreuses sont celles qui utilisent le personnel du Comté. Il est prévu par la coutume que ces officiers d'assises ne soient pas les mêmes que ceux de la justice supérieure; mais pour le comté de Laval, après 1745, date à laquelle René Pichot est nommé juge civil, ce sont les mêmes[30].

Une forme de contrôle social

L'ancienne pratique des plaids généraux

En Bretagne, ce premier degré de la justice reste très lié à l'ancienne pratique des plaids généraux et André Giffard signale encore des comparutions en personne à la fin de l'Ancien Régime dans certaines seigneuries. Mais la majorité des aveux conservés dans les chartriers n'ont probablement pas été recueillis lors de plaids généraux. À la fin de l'Ancien Régime, ceux-ci ont perdu de leur importance et il est très probable qu'il ne s'en tenait pas dans toutes les seigneuries. Ils restent pourtant le lieu d'une pratique originale : au XVIIIe siècle, « l'objet principal et le plus intéressant des plaids généraux[31] » était les procédures d'*appropriement* ou prises de possession qui permettent au seigneur de connaître les mutations qui ont eu lieu sur sa mouvance et de se faire payer les lods et ventes[32]. Ces actes d'*appropriement* sont très nombreux; dans les grandes justices sei-

28. *Traité des fiefs... Par Me René Pichot de la Graverie, op. cit.*, f° 8 r°. DUCHEMIN DE VILLIERS, *Essai...*, p. 59.
29. *Traité des fiefs... Par Me René Pichot de la Graverie, op. cit.*, f° 8 r°.
30. Un aveu de la seigneurie de Fouilloux (Arch. dép. Mayenne, 1 Mi 144, R2, 5) rendu le 23 novembre 1778 aux assises du comté de Laval se termine ainsi : « Donné aux assises du comté de Laval tenues au château de Laval par Lancelot Leclerc des Saudrais juge ordinaire civil du comté de Laval, sénéchal » et la remembrance est signée de : du Mans du Bourg Levesque, propriétaire de la seigneurie de Fouilloux, Leclerc des Saudrais, sénéchal, Enjubault de la Roche, procureur fiscal (il est à la même époque avocat fiscal du comté de Laval) et Troix, greffier.
31. *Principes du droit françois... par M. Poullain Du Parc..., op. cit.*, IV, p. 323.
32. « Après insinuation du contrat, un sergent faisait trois bannies successives à l'issue de la grand-messe dans la paroisse où les immeubles étaient situés. Il donnait lecture du contrat, de l'insinuation, de la prise de possession, invitant tous les opposants à faire valoir leurs droits sur l'immeuble, et les assignant pour cela à comparaître aux plaids généraux de la juridiction prochaine ou de la supérieure. Au jour fixé, le même sergent, assisté de ses records, comparaissait aux plaids, certifiait avoir fait les bannies et sur son serment et en l'absence d'opposition de la part des intéressés, le juge déclarait ceux-ci forclos et l'acquéreur bien et dûment approprié, *sous réserve des droits de la seigneurie* » (GIFFARD, *Les Justices seigneuriales..., op. cit.*, p. 140-141).

gneuriales ils figurent ordinairement aux registres des affaires civiles ordinaires, mais parfois aussi dans les registres consacrés aux matières d'office avec d'autres actes de la juridiction gracieuse.

Dans le Maine et l'Anjou : les assises de fief

Le terme de *pleds* ou plaids est aussi utilisé dans le Maine et l'Anjou, ceci fait référence la pratique collective de convocation aux assises largement observée dans le nord du Maine. Mais le terme le plus couramment employé au XVIIIe siècle est celui d'assises de fief.

La convocation par annonce collective se pratique surtout dans les seigneuries du nord du Maine. Selon Pichot de la Graverie, cette méthode est mauvaise : d'une part parce que beaucoup de sujets et de vassaux ne se présentent pas aux assises, ce qui entraîne le sénéchal à prononcer un très grand nombre de jugements par défaut, et d'autre part parce que cela rend très compliqué le déroulement des séances. Les officiers ne savent pas en effet qui va comparaître, de sorte qu'ils ne peuvent préparer le travail en recherchant dans les remembrances précédentes de quels biens et de quels devoirs il va être question : ils doivent le faire en présence du comparant ce qui est long, n'aboutit pas toujours, et multiplie les risques de contestation. En mai et juin 1743, se sont tenues les assises du Bois Thibault, à Lassay; René Pichot de la Graverie est sénéchal : il détaille, dans le récit qu'il fait de l'événement, les nombreux inconvénients qui résultent du procédé de convocation : « Les sujets sont autorisés à se présenter en grand nombre et sans distinction ce qui peut fatiguer et embarrasser les officiers d'Assises au lieu que lorsqu'on les fait assigner, on est prévenu et préparé à les recevoir... Enfin, on ne peut se mettre en règle et prévenir ceux qui sont désobéissants, ce qui m'est arrivé. » En effet, pendant les huit premiers jours des assises, aucun sujet ne s'est présenté : ils considéraient ces assises illégales, la terre de Bois Thibault étant alors en saisie réelle et en bail judiciaire. Après consultation d'officiers et d'avocats de Lassay, du Mans et de Paris, ils ont reconnu leur erreur et « tous les vassaux et sujets se sont depuis présentés avec empressement et nous ont accablés et fatigués et obligés d'en renvoyer plus d'un tiers et de les remettre à l'année prochaine[33] ».

La convocation individuelle se fait soit « par attache » sur la porte de la maison d'une convocation écrite, soit de manière orale, directement ou bien « en parlant » à une personne qui se trouve sur le lieu. Ce procédé est largement utilisé dans l'Anjou et dans la région de Laval; il assure une meilleure efficacité de l'institution. Les officiers d'assises commencent par dresser la liste des biens qui doivent être obéis en utilisant les anciennes déclarations; les convocations sont apportées par le sergent de la seigneurie qui se rend en personne à tous les lieux concernés et fait savoir au propriétaire, souvent par l'intermédiaire du colon ou du fermier, qu'il doit se présenter à une date convenue pour faire ses obéissances. Le 30 août 1770, le sergent de la seigneurie de Gresse[34] a porté cinq assignations à comparaître au village de La Hayère, mouvant du fief de Châlons : pour « un lieu et closerie de La Hayère à Pierre Collet qui fut Louis Paumard et avant Gervais Hubert et Michèle Paumard sa femme, en parlant à Pierre Collet »,

33. Tome 3 du *Recueil de Sentences de Me René Pichot de la Graverie*, 7 vol. Le volume 6 comprend une table rédigée par Me Ambroise Hoisnard [Bibliothèque municipale de Laval, ms. 210-215].

34. Mayenne, ar. Laval, c. Argentré, com. La Chapelle-Anthenaise.

pour deux rentes foncières, pour « deux closeries au village de La Hayère, qui furent Angélique et Pierre le Maréchal, en parlant à Jean le Faucheux, colon », pour « une closerie qui fut Jean Salliord et avant Jacques Garry et Michèle Maraquin sa femme, en parlant à Jean Collet, colon et exploitant[35] ». Dans les deux derniers cas, le propriétaire actuel du bien à obéir n'est pas connu, c'est donc le colon qui se chargera de le prévenir. La procédure est longuement discutée et analysée par René Pichot de la Graverie qui cherche toujours à faire prévaloir les solutions moyennes les plus raisonnables, afin de ne pas « vexer » les sujets tout en réservant au maximum les droits des seigneurs : « Le seigneur ne devant et ne pouvant connaître les propriétaires des héritages mouvant de son fief, il ne peut être obligé de faire donner les assignations que sous le nom des propriétaires des héritages en ajoutant le nom du dernier propriétaire qui a rendu les obéissances... » Il n'est pas obligé de faire remettre l'assignation en personne au propriétaire ou même à son domicile, « il suffit qu'elle soit donnée au lieu et à l'héritage qu'il possède et qui relève du seigneur, parlant au fermier ou colon qui y demeure... ou par attaché à la porte de la maison[36] ». Les chartriers renferment souvent quelques papiers destinés à cet usage, imprimés ou manuscrits, destinés à être complétés par les sergents et cloués sur les portes des vassaux. L'avantage qu'il y a pour les officiers et seigneurs à choisir la convocation individuelle, est qu'il est possible, pendant le déroulement même des Assises, de prononcer une sentence par défaut à l'encontre de ceux qui ne se sont pas présentés au jour fixé, et de les assigner immédiatement devant le tribunal suzerain.

Le lieu de la comparution

Son choix est très important en ce qui concerne les rapports seigneurs/vassaux. Plusieurs possibilités existent : le « principal manoir du fief[37] », le château ou le tribunal du suzerain, la maison d'un vassal. Les seigneurs qui suivent de près la gestion de leurs droits, assez pour y consacrer une partie de leur demeure pendant une période qui peut être assez longue et pendant laquelle les vassaux vont défiler pour faire leurs obéissances, tiennent leurs assises dans leur maison seigneuriale. Il s'agit souvent de familles ayant acquis récemment une terre assez importante et que cela flatte de voir défiler leurs vassaux : c'est le cas de Messire Annibal de Farcy qui a acheté au début du XVIIIe siècle la seigneurie de Launay-Villiers[38] ou de Sébastien Berset dont l'aïeul a acquis la seigneurie d'Autrives[39] en 1737 et qui tient en son château les assises du fief de La Marie et celles d'Autrives[40].

Mais en général, les seigneurs qui n'ont pas de tribunal habituel pour l'exercice de la juridiction contentieuse, consacrent assez rarement une partie du château ou du manoir qu'ils habitent à cette activité; ils tiennent alors leurs assises soit dans le tribunal de leur suzerain, soit dans la maison d'un de leurs vassaux. Dans le premier cas, ils doivent obtenir de la Chancellerie royale des Lettres d'abréviation pour tenir leurs assises

35. Arch. dép. Mayenne, 139 J, Chartrier de Gresse, remembrances du fief de Chaslons (1770).
36. *Recueil de Sentences de Me René Pichot de la Graverie...*, t. 3, f° 34 r°.
37. *Traité des fiefs... Par Me René Pichot de la Graverie, op. cit.*, f° 15 v°.
38. Arch. dép. Mayenne, Remembrances de la seigneurie de Launay-Villiers, 1 Mi 145, R 4 et 5.
39. Mayenne, ar. Laval, c. et com. Argentré.
40. Arch. dép. Mayenne, Chartrier d'Autrives, 179 J 59-60 (assises du fief de la Marie, tenues du 13 octobre 1770 au 22 octobre 1771 et continuées le 25 octobre 1776).

« par emprunt de territoire ». La plupart des petites et moyennes seigneuries qui entourent Laval et sont dans la mouvance du Comté procèdent ainsi en justifiant de la commodité que cela représente pour leurs vassaux et sujets. Le 30 juillet 1760, Jean-Baptiste Duchemin-Maisonneuve, seigneur de Villiers[41] justifie sa demande : « Il n'y a pas dans ledit fief de lieu commode pour tenir les Assises, au lieu que dans la ville de Laval, il est facile d'y indiquer un lieu commode, que d'ailleurs les censitaires trouveront des conseils pour les assister[42]. » C'est quelquefois la demeure urbaine du seigneur qui accueille les officiers d'assises, parce que cela est jugé plus commode : en 1758, les assises de la seigneurie de Clivoy[43] se sont tenues « dans l'hôtel dudit seigneur en la ville d'Erné, en vertu de lettres d'abréviation[44] ». Le 6 juin 1769, le procureur fiscal des *pleds* et assises de la seigneurie de la Cour de Vautorte présente des lettres d'abréviation obtenues en la chancellerie de Paris dont voici la teneur :

> « [...] nous a été exposé qu'elle [seigneur de Vautorte] désirerait faire tenir ses assises et renouveler le titre terrier de sa seigneurie de Vautorte située paroisse du même nom et comme elle n'a aucun lieu de sûreté où elle puisse transporter ses titres nécessaires pour la tenue desdites assises qui se trouveraient d'ailleurs en danger d'être perdus en les transportant, elle désirerait les faire tenir en la ville d'Ernée comme le chef-lieu du canton situé à une lieue et demie de Vautorte, le plus commode pour les vassaux et sujets[45]... »

Mais, phénomène plus curieux, les assises se tiennent parfois dans la maison d'un des vassaux. En 1770, les assises du fief de Chaslon[46] se sont tenues « en une maison nommée la Grande Maison, située au bourg et paroisse dudit Chaslon, appartenant à Jean Landais sieur de la Houdairie, marchand-tissier[47] ». Le 16 octobre 1769, celles de la châtellenie de Touvois[48], se sont ouvertes « au bourg d'Argentré en la maison de François Peschel, rue de Froidure[49] ». Elles ont donné lieu à 43 comparutions, la dernière le 26 octobre 1776, ce qui a eu pour conséquence 23 jours d'occupation des lieux répartis sur les années 1769, 1770, 1771 et 1776. Tous les articles de la remembrance sont signés de la main de Sébastien Berset ce qui prouve très vraisemblablement qu'il était présent dans la maison de François Peschel. Les assises de Montbesnard[50] se sont tenues en la maison Mouton rue des Larrons à Argentré également en présence du seigneur, Jean-Baptiste Berset, au cours des années 1762 à 1771 ; elles y reprennent en 1776[51]. Le fait est assez fréquent pour ne pas pouvoir être rangé avec les archaïsmes du système féodal. Pichot de la Graverie estime cependant cette pratique défavorable au seigneur ; selon lui, elle s'est imposée « suivant un ancien préjugé » selon lequel les vassaux n'osaient autrefois entrer dans les demeures de leurs seigneurs, ce qui contraignait ces derniers à utiliser la maison d'un fermier ou d'un colon, et elle « est souvent d'une grande incommodité pour le seigneur, les officiers et même les vassaux et sujets tant à cause du transport des titres et remembrances que parce qu'on n'y trouve pas des empla-

41. Mayenne, ar. Laval, c. Sainte-Suzanne, com. Vaiges.
42. Arch. dép. Mayenne, Chartrier de Villiers, 242 J 3, pièce n° 300.
43. Mayenne, ar. Laval, c. et com. Chailland.
44. Arch. dép. Mayenne, Chartrier de Clivoy, 239 J 16, remembrances de Clivoy, 18 mai 1758 et suivants.
45. Arch. dép. Mayenne, Chartrier de la Cour de Vautorte, 38 J.
46. Mayenne, ar. Laval, c. Argentré, com. Châlon-du-Maine.
47. Arch. dép. Mayenne, Chartrier de Gresse, remembrances du fief de Chaslon, 139 J 7, 1er octobre 1770.
48. Mayenne, ar. Laval, c. et com. Argentré.
49. Arch. dép. Mayenne, Chartrier d'Autrives, 179 J 52-53.
50. Com. Argentré, *op. cit.*
51. Arch. dép. Mayenne, Chartrier d'Autrives, 179 J 57-58.

cements commodes et propres pour le travail des assises[52] », et il considère comme beaucoup plus rationnel de demander des Lettres d'abréviation – « l'obtention desquelles lettres n'est jamais refusée... et ces lettres ne coûtent que 14 ou 15 livres » – pour faire tenir les assises dans le principal manoir de la seigneurie ou bien à la ville la plus proche.

La durée des assises

Si l'on sait assez souvent quand commencent les assises (ouverture d'un nouveau registre de remembrances sur lequel sont inscrits les noms du personnel d'assises), si l'on sait parfois quand elles se terminent, il est plus difficile de dire combien de temps elles durent. Il s'agit en général d'une activité qui s'étend sur plusieurs années, avec de grandes périodes pendant lesquelles il ne se passe rien. Inversement, certaines déclarations censives et certains aveux sont enregistrés hors du temps des assises ou des plaids. Le 1er avril 1733, la veuve du seigneur de Bois Thibault donne 300 livres au notaire François Maillard qui a travaillé en tant que greffier aux plaids et assises de la seigneurie de Bois Thibaut[53] pour « 56 journées et demi de travail employées par ledit Maillard à la tenue des assises du Bois Thibaut par intermède depuis le 3 octobre 1768 au 26 juin 1769[54] ». Parfois, les assises se tiennent sous forme d'audiences réglées, tel ou tel jour de la semaine, jusqu'à ce que tous les vassaux aient comparu :

> « À tous ceux qui ces présentes verront, François Babin sieur du Bourg, conseiller du roi, juge civil et criminel de Fontaine-Daniel, sénéchal des plaids et assises de Torcé, savoir faisons que ce jourd'hui premier jour d'octobre 1697... avons ordonné que les plaids et assises de la terre fief et seigneurie de Torcé seront par nous continuées en la manière ordinaire dans la grande salle du palais de la ville de Mayenne, les mercredi une heure de relevée de quinzaine en quinzaine à commencer au mercredi seizième de ce mois et continuer de quinzaine en quinzaine auxquels jours et heures les vassaux sont tenus de comparoir faute de qui il sera procédé contre eux par les voies de droit à quelles fins avons ordonné que les présentes seront lues et publiées au prône des messes paroissiales du ressort[55]... »

Entre accueillir les vassaux quand ils se présentent, les convoquer à dates fixes, tous les cas de figure sont possibles; mais les assises ne sont jamais une opération bien localisée dans le temps. L'affaire s'étend le plus souvent sur plusieurs années.

Le coût de l'opération

L'opération entraîne des frais pour le vassal. Il doit s'acquitter des rentes en retard s'il y en a et, éventuellement, des lods et ventes; et quand bien même il n'aurait aucun arrérage à verser, il doit payer le coût de la déclaration. Ceci est à porter au crédit du seigneur qui récupère ainsi des sommes qui auraient pu lui échapper, mais qui en contrepartie salarie ses officiers. Dans le cas de grandes seigneuries, les sommes en jeu sont considérables, mais même pour une petite mouvance, le bénéfice ne peut être consi-

52. *Traité des fiefs... Par Me René Pichot de la Graverie, op. cit.*, f° 15 v°.
53. Mayenne, ar. Mayenne, c. et com. Lassay-les-Châteaux.
54. Arch. dép. Mayenne, Chartrier du Bois Thibaut, 2J358. « Compte sous seing privé entre dame Jeanne Mathurine du Plessis de Mongenard, veuve messire Léonord François de Tournély vivant seigneur de Bois Thibaut, du Hazay et autres lieux demeurant à Laval paroisse la Trinité... et Joseph François Maillard, notaire à Lassay. »
55. Arch. dép. Mayenne, Fonds de Torcé et Torcé-Moncorbeau, 1 Mi 141, R27-237.

déré comme dérisoire. Les assises du fief de la Merveille[56] se sont ouvertes le 20 octobre 1749 dans la maison seigneuriale du lieu en présence d'un sénéchal, d'un procureur fiscal, d'un greffier[57]. Les objets déclarés donnent la mesure de la mouvance : trois métairies et sept closeries, 103 ha en tout (les métairies et closeries ont fort probablement des terres extérieures à cette mouvance). Sont venus trente déclarants dont sept pour des rentes et vingt-trois pour des parcelles de terre ou des habitats. Sur cette mouvance, il y a un village (11 déclarants en tout dont deux pour des closeries) et des exploitations isolées ou groupées par deux. Le devoir total dû par les censitaires de cette mouvance est de 3 livres 5 sols. Au cours des assises sont perçues des sommes dues par les censitaires (24 et 14 livres pour des ventes, 13 livres pour des arriérés de cens) et des dépens (68 livres, ce qui représente un peu plus de 2 livres par déclarant). Le rapport total des assises a donc été de 120 livres.

Pour les vassaux, le coût de l'opération, sauf pour de très petites déclarations, est loin d'être négligeable. Il existe un tarif défini par des déclarations royales ; dans la pratique, la somme prélevée dépend de l'importance de la déclaration (quelques pièces de terre, une exploitation entière, une seigneurie...), de la nature des biens concernés (le dénombrement de biens hommagés est plus onéreux qu'une déclaration censive), et aussi des relations qui existent entre le seigneur et le déclarant. Dans quelques cas assez rares, il n'est perçu aucun dépens[58]. Il faut encore ajouter à cela le coût du papier et celui du contrôle. Lorsqu'en 1764 Jean-Baptiste Duchemin de Saint-Cénéré fait aveu au comte de Laval pour sa seigneurie de Gresse[59] dont le domaine est composé d'un petit château et de trois métairies, il paie 96 livres[60]. Lors des assises de fief du Châtelier[61] tenues de 1765 à 1770, 58 déclarations ont été consignées ; globalement, les dépens se sont élevés à 383 livres, ce qui représente un coût moyen de 6 livres 12 sols par déclaration[62]. Aux assises de la seigneurie de La Feuillée[63], il y a eu 134 comparutions pour un total de 783 livres de dépens, ce qui représente un coût moyen de 6 livres par déclaration[64]. Dans les deux derniers exemples, il s'agit de seigneuries qui ne comprennent aucun fief important dans leur mouvance : la quasi-totalité des déclarations porte donc sur des métairies, des closeries et des pièces de terre isolées. Même pour le propriétaire d'un petit héritage, faire ses obéissances est donc une obligation relativement onéreuse.

La fréquence des assises de fief

Il n'y a pas de périodicité fixe à la tenue des assises de fiefs ; selon Pichot de la Graverie dont le traité des fiefs est largement consacré à la manière de tenir les assises et de consigner les déclarations, les seigneurs sont absolument libres de choisir l'époque

56. Mayenne, ar. Laval, c. Laval-Nord-Est, com. Saint-Jean-sur-Mayenne.
57. Bibl. mun. Laval, ms. 10903, Remembrances du fief de la Merveille (1749-1754).
58. On connaît les tarifs pour le duché de Mayenne : la façon d'une déclaration de cinq articles coûte 15 sols, sa réception 15 sols également, de même que chaque exhibition d'acte ou de contrat ; l'aveu de quelques pièces de terre revient à 3 livres, celui d'une terre avec basse justice à 27 livres et celui d'une terre avec haute justice à 45 livres (Arch. dép. Mayenne, Tarif des vacations des officiers d'assises du duché de Mayenne, 1733, 109J80).
59. Com. La Chapelle-Anthenaise, *op. cit.*
60. Arch. dép. Mayenne, Aveu de Gresse au comté de Laval, extrait des remembrances du Comté, 139J.
61. Com. Vaiges, *op. cit.*
62. Arch. dép. Mayenne, Remembrances de la seigneurie du Châtelier, 48J15.
63. Mayenne, ar. Laval, c. Chailland, com. La Bigottière.
64. Remembrances de la seigneurie de La Feuillée, Bibl. mun. Mayenne, et Arch. dép. Mayenne, 1Mi205.

à laquelle ils décident d'exiger de nouvelles reconnaissances de leurs vassaux; ils n'ont à en référer à aucune autorité. Dans la pratique, un seigneur a intérêt à ne pas laisser s'écouler plus de 29 ans entre deux séances, puisque c'est théoriquement la limite au-delà de laquelle il ne peut plus demander les arrérages des cens et devoirs non payés[65]. Des délais inférieurs à vingt-cinq ou trente ans correspondent souvent à des assises de fief provoquées par un changement de seigneur qui marque ainsi sa volonté de remettre de l'ordre dans les papiers de sa seigneurie.

L'observation des chartriers déposés aux Archives départementales de la Mayenne révèle une pratique plus ou moins régulière de la tenue d'assises. En général, c'est au XVIIe siècle que le phénomène semble le plus fréquent (et non dans les dernières décennies du XVIIIe siècle), mais on est bien sûr tributaires de la conservation ultérieure de ce type de documents, volumineux et peu alléchants. Deux exemples en témoigneront. Pour la seigneurie de La Vaudelle[66], un registre de remembrances du XVe siècle a été conservé, puis, après un long « trou », des assises se sont tenues en 1681, 1691, 1698, 1702, 1737, 1765. Pour la seigneurie de Fouilloux, les remembrances de 1778[67] comportent, pour chaque objet, la date des précédentes obéissances : quelques références pour les XVe et XVIe siècle, des références très nombreuses pour le XVIIe et deux seulement pour le XVIIIe (1739 et 1776). Le village de la Butte[68] qui fait l'objet d'un cens collectif a été obéi en 1456, 1538, 1570, 1617, 1633, 1642, 1666, 1677, 1689, 1697, 1737, 1776. Dans le Maine au moins, les seigneurs n'ont pas attendu la seconde moitié du XVIIIe siècle pour tenter de mettre de l'ordre dans leurs seigneuries.

La forme d'une déclaration : une reconnaissance et une condamnation

Définir la manière dont doivent se dérouler les assises de fiefs et la forme que doit prendre une obéissance féodale constitue l'essentiel du propos de Pichot de la Graverie. C'est ce qui fait l'originalité de ce document : un traité beaucoup plus « pratique » que ceux de Pocquet de Livonnières ou de Hévin.

Le sujet reconnaît sa vassalité, décrit le bien pour lequel il dépend de la seigneurie, énumère les devoirs auxquels il est astreint, parfois, s'il en existe, les usages collectifs auxquels il peut prétendre. Intervient alors la « condamnation » (ce qui fait de cette procédure un acte de la justice seigneuriale) : continuer à l'avenir à payer les droits dus à la seigneurie. L'exemple suivant en témoignera :

> « Après avoir pris communication de la déclaration par lui rendue le 20 octobre 1727... pour raison de la maison nommée La Maladrie alias La Gomberdière située sur les rochers de Chafferné, paroisse de Saint-Jean-de-Mayenne, il a déclaré y faire arrêt pour avoir ni augmenté ni diminué ladite maison et dépendances, ni fait aucun changement... [déclaration du devoir dû] et au moyen du paiement fait des arrérages desdits devoirs et tailles par René Marpeau le jour d'hier, l'avons seulement condamné à payer,

65. En effet, le cens lui-même est imprescriptible, même s'il n'a pas été payé depuis un très grand nombre d'années, mais ses arrérages se prescrivent au bout de trente ans (*Traité des fiefs par M. Claude Poquet de Livonnière..., op. cit.*, p. 536). On a cependant pu observer des demandes d'arrérages portant sur des périodes beaucoup plus longues (ANTOINE Annie, *Fiefs et villages...*, p. 216) : le seigneur d'Autrives [com. Argentré] obtient, dans la seconde moitié du XVIIIe siècle, le versement d'arrérages portant sur des périodes atteignant 101 ans.
66. Arch. dép. Mayenne, 7J24-25.
67. Arch. dép. Mayenne, 1Mi144, R2 (5).
68. Mayenne, ar. Laval, c. Laval-Nord-Est, com Saint-Germain-le-Fouilloux.

servir et continuer le total desdits devoirs à l'avenir sans division sauf audit sieur Marpault de se faire rembourser par ledit Coupeau de sa contribution auxdites tailles[69]... »

Faire payer les droits en retard (ou montrer les quittances de paiement), éventuellement de petites amendes, « exhiber les titres en vertu desquels ils possèdent » pour vérifier s'il n'y aurait pas possibilité de demander des lods et ventes, la justice foncière ne va pas plus loin : pour contraindre le vassal (par saisie et exécution de ses biens) il faut saisir le degré supérieur de la justice, que celle-ci soit exercée par le même seigneur ou par son suzerain. Des poursuites peuvent être annoncées par la justice foncière, mais elles ne peuvent être exercées que par une justice supérieure. Et si le vassal ne se présente pas, la condamnation ne va pas au-delà des dépens et d'une nouvelle convocation pour « exhiber les titres » :

> « Nous avons donné et donnons défaut des défendeurs et défaillants ci-dessus nommés non comparant ni autres pour eux, les avons condamnés d'exhiber leurs titres... et aux dépens qu'avons liquidés contre chacun... à 20 sols et outre au coût et délivrance des présentes[70]. »

S'il y a une quelconque opposition, si le sujet refuse par exemple de s'acquitter d'arrérages de cens ou des lods et ventes, le sénéchal et le procureur fiscal n'ont aucun pouvoir de condamner (tout au plus peuvent-ils percevoir une amende de 20 sols pour retard de paiement) : ils doivent se pourvoir devant la justice supérieure. Lors des assises du fief de La Merveille[71], tenues entre 1749 et 1754, Julien le Maître, marchand, est venu obéir la closerie de la Ragonnière située paroisse de Monflours; le procureur fiscal demande le paiement de ventes « pour raison de l'amortissement de rentes ». Le déclarant affirme n'avoir aucune connaissance des faits et refuse de s'acquitter. Le sénéchal ne peut alors que renvoyer l'affaire devant la juridiction supérieure, en l'occurrence le tribunal de la châtellenie de Saint-Ouen dont relève le fief de La Merveille. On voit que les pouvoirs du sénéchal d'assises sont très limités : il ne peut que demander la présentation de pièces justificatives, exiger le paiement d'arrérages ou de ventes, faire donner une seconde puis une troisième convocation à un censitaire qui ne s'est pas présenté avant d'en « donner défaut » le dernier jour de la tenue des Assises avant de faire la « clôture de fief ». S'il veut exercer un retrait féodal, une saisie pour non paiement de ventes ou de cens, il doit toujours s'adresser à la seigneurie supérieure, celle à laquelle « il rapporte » le droit de justice. Les officiers d'Assises ne peuvent rendre de jugements contradictoires (décider par exemple de la nature censive ou hommagée d'une mouvance) ni exercer la juridiction contentieuse[72], même si le seigneur en a par ailleurs le droit; par contre, un seigneur peut faire assigner directement ses sujets devant la juridiction supérieure s'il prévoit quelques difficultés. La situation est un peu différente en Bretagne où, du fait du beaucoup plus grand nombre de justices civiles et criminelles qui sont exercées, le renvoi devant une juridiction supérieure est moins systématique, beaucoup de seigneurs pouvant convoquer leurs vassaux fautifs à leurs propres plaids.

---

69. Bibl. mun. Laval, ms. 10903, Remembrances du fief de la Merveille, 1749-1754, déclaration n° 10 par Michel Coupeau, journalier.
70. Arch. dép. Mayenne, Chartrier de Gresse, remembrances du fief de Chaslon, 139J7, 1er octobre 1770.
71. Com. Saint-Jean-de-Mayenne, *op. cit.* Bibl. mun. Laval, ms. 10 903, Remembrances du fief de la Merveille, déclaration n° 11.
72. *Recueil de Sentences de Me René Pichot de la Graverie...*, t. 1, jugement du 16 janvier 1717.

Conclusion

Il existe des seigneuries en ordre et des seigneuries en désordre. Certains seigneurs font relier leurs remembrances, en constituent des tables réelles et personnelles et financent la quête du « terrier perpétuel » que ne rendraient pas caduc les mutations foncières. D'autres ont eu un terrier en désordre pendant tout l'Ancien Régime. Tel est le cas du duché de Penthièvre dont Étienne-François Cicille[73], chargé de superviser la procédure de réformation écrit en 1785 :

> « Depuis 1538 ou 1555 que l'on a commencé pour le première fois la réformation du duché laquelle n'a jamais encore été achevée, aucune de ses reprises n'a été établie sur les fondements qui se posent actuellement pour celle-ci. Mais plus le désordre est invétéré, et il y a peu de terres qui en présentent un plus grand que celui du duché, plus le rétablissement en rencontre des difficultés[74]. »

Mais au-delà de l'ordre ou du désordre des chartriers, ce que l'on aborde avec la justice foncière ce sont les rapports « normaux » qui s'établissent entre un seigneur et ses vassaux. Et sur ce point, il semble bien que les deux pôles d'observation renvoient des images assez différentes.

Dans le Maine et l'Anjou, là où les assises de fief fonctionnent assez bien, il semble que le processus soit de nature à apaiser les relations seigneurs/vassaux. Les vassaux sont instruits de leurs devoirs, ce qui apparaît aux officiers seigneuriaux comme la condition nécessaire pour qu'ils les reconnaissent :

> « [...] lesquels après avoir eu communication des anciennes déclarations se sont avoués sujets de la seigneurie de Montcorbeau dit Torcé par le fief du Bas Courbadon qui en relève censivement, ont reconnu que par icelui eux leurs hoirs et ayants causes sont tenus payer et continuer à perpétuité à la recette de ladite seigneurie et manoir seigneurial par chacun an aux jours et termes qui suivent, le premier au jour de la fête de la Nativité de Notre Dame de l'Angevine la somme de 19 sols 10 deniers tournois, et au jour et fête de Noël le nombre de six boisseaux d'avoine comble à la mesure d'Ambrières et 3 poules, le tout de rente et devoir seigneurial et féodal à perpétuité[75]... »

... et les remembrances servent à codifier également leurs devoirs et leurs droits :

> « Me Jean Berthelot, notaire au bourg d'Izé... [déclare] les héritage ci-après confrontés faisant partie de la composition du lieu de la Coulonnière (17 rubriques)... avec fonds, bois, haies, circonstances et dépendances desdites choses, droit d'usage et exploitation en deux pièces de terre nommées le Douaire pour y faire des ensemencés et y faire paître des bestiaux en toutes saisons, comme aussi en deux portions de pré au grand pré de la Coulonnière pour y faucher l'herbe et y faire paître lesdits bestiaux, et même dans une portion des plaines pour y faire chanvre ou autres choses et y couper l'herbe, lesdites communes relevant de la châtellenie de la Vaudelle, avec tous droits de servitude actifs et passifs[76]... »

---

73. E.-F. Cicille fait partie de la centaine d'arpenteurs que Louis Bénigne Bertier de Sauvigny a employés lorsqu'il a voulu faire appliquer la taille tarifée dans la généralité de Paris. Il a été ensuite utilisé par le duc de Penthièvre pour superviser la réformation de ses terres bretonnes, cf. TOUZERY Mireille, *L'Invention de l'impôt sur le revenu. La taille tarifée, 1715-1789*, Paris, CHEFF, 1994, 698 p.
74. Arch. dép. Côtes-d'Armor, duché de Penthièvre, E33, rapport d'E.-F. Cicille de 1785.
75. Arch. dép. Mayenne, 1Mi141, R27-240, Remembrances de la seigneurie de Torcé-Moncorbeau (fief du Bas Courbadon, 10 comparants, 29 septembre 1763).
76. Arch. dép. Mayenne, chartrier de La Vaudelle, 7J27, déclarations concernant la « frarache » de la Coulonnière, 1765.

La situation semble plus mauvaise dans les seigneuries bretonnes, ce dont témoignent des quantités d'aveux non reliés, non classés et peu de tentatives pour créer des tables ou des registres de perception durables. Si l'on suit Cicile (et aussi Jean Meyer qui relaie ses critiques à l'égard de la seigneurie bretonne), tout fonctionne mal. Et en arrière plan, ce que l'on lit dans cette affaire, ce sont les rapports de méfiance qui s'établissent entre les seigneurs et les vassaux, ce dont témoignent les grandes quantités de procédures d'*impunissement*[77] conservées dans les fonds seigneuriaux. Les officiers seigneuriaux ne préparent pas correctement la reddition des aveux, la méthode de convocation est mauvaise, les vassaux semblent ignorants de leurs devoirs, les seigneurs ne font rien pour les éclairer et les notaires sont ignorants :

> « On commence par appeler les vassaux, on leur demande des aveux, ils les font rédiger par un notaire quelconque, souvent sans autres titres que ceux de leur propriété et sans autre connaissance des devoirs où ils sont assujettis. Ces aveux, presque toujours informes, sont reçus à la réformation, sauf à être impunis dans les trente ans ; trente ans se passent souvent sans qu'on ait eu le temps de les examiner, ou bien l'on se contente de comparer le nouvel aveu au précédent, souvent informe aussi lui-même et sans jamais le comparer au local. Les procès s'entament sur les différences qui se rencontrent dans les mots ou dans quelques droits généraux, on plaide, on fait des frais et le fond du procès qui pouvait s'aplanir au moyen d'une descente sur les lieux et d'une application de titres ne s'éclaircit jamais[78]. »

Donc les officiers des seigneurs refusent ces déclarations. Mais là encore la méthode est mauvaise : ils basent leurs *impunissements* sur des détails de forme et non sur le fonds des actes. Le fonds des actes – quels devoirs sont dus pour quelles parcelles et par quels sujets – n'est pas abordé alors que c'est ce qui permettrait au seigneur et à ses officiers une bonne connaissance et une bonne gestion de la seigneurie. Mais le principal grief, celui que signale Étienne-François Cicille et dont Jean Meyer a fait ensuite une des caractéristiques de la seigneurie bretonne[79], est de pratiquer le secret :

> « Un des grands vices encore de cette réformation et qui sera toujours une source intarissable de procédures et conséquemment de longueur, est le défaut de concert et de communication respective des titres entre le seigneur et le vassal lors de la rédaction des aveux. [...] Éclairer au contraire le vassal avant de lui faire faire des frais, mais en l'éclairant je suis bien loin de conseiller la livraison des titres originaux, on n'en doit délivrer que des extraits. [...] Je suis bien loin aussi de conseiller de donner connaissance des actes vicieux dont il pourrait s'armer contre son seigneur. C'est avec les titres les plus anciens et c'est avec les modernes seulement qui y sont conformes qu'il faut l'éclairer. [...] Cette marche est généralement adoptée dans les provinces du Maine et d'Anjou et partout où il y a de bons commissaires à terriers[80]... »

Il en résulte un climat de suspicion dans les relations seigneurs/vassaux que l'on lit au détour de nombreuses procédures d'*impunissement*. En témoigne par exemple cette requête du procureur fiscal au sénéchal de la juridiction et châtellenie de La Roche Monbourcher :

> « Vous remontre Me Jean-François Morault, sieur de la Maisonneuve, procureur fiscal d'icelle que si un vassal réfléchissait mûrement avant de rendre un aveu et voulait

77. *Impunir* un aveu consiste à le *blâmer*, c'est-à-dire à le refuser pour malfaçon.
78. Arch. dép. Côtes-d'Armor, duché de Penthièvre, E33, rapport d'E.-F. Cicille de 1785.
79. MEYER, *La Noblesse bretonne*..., *op. cit.*
80. Arch. dép. Côtes-d'Armor, duché de Penthièvre, E33, rapport d'E.-F. Cicille de 1785.

> s'instruire des obligations auxquelles il est tenu vers son seigneur, il ne tomberait pas dans les *deffectuosités* qui s'y rencontrent le plus souvent, ainsi Michel Gauthier et ? Béranger sa femme qui ont rendu aveu au seigneur de cette cour le 1er mai 1720 qui fut reçu le 4 ne seraient pas tombé dans mes mêmes erreurs et auraient épargné audit sieur procureur fiscal la peine de l'entreprendre et de fournir comme il doit faire des moyens d'*impunissement* d'autant plus justes qu'ils sont appuyés sur les titres de cette seigneurie[81]. »

Et il est probable que les vassaux qui étaient convoqués pour faire leurs aveux n'étaient pas regardés avec bienveillance par ce même procureur fiscal qui écrit, dans une autre procédure d'*impunissement* :

> « À Monsieur le sénéchal de la châtellenie de la Roche Monboucher, vous remontre Me Jean-François Morault procureur fiscal de ladite juridiction que quoique depuis très longtemps il travaille à la réformation des fiefs de la Roche Monboucher, il n'a pu jusqu'ici y parvenir puisque les vassaux toujours actifs à frustrer leur seigneur des devoirs et droits qu'ils lui doivent ne lui ont rendu que de faux aveux ou du moins susceptibles à réformation[82]... »

On observe à travers ces exemples, qu'à partir de coutumes assez semblables, les deux pôles d'observation choisis présentent, dans les faits, un fonctionnement assez différent de l'institution seigneuriale et plus profondément, l'établissement de rapports différents entre vassaux et seigneurs. Même si le point d'observation que l'on s'est donné – la réception des aveux et des obéissances – n'assure pas, à l'évidence, l'objectivité du regard (le point de vue du vassal reste largement dans l'ombre), il semble cependant que les seigneuries en ordre soient mieux tolérées que celles dont les officiers sont incapables de savoir qui en relève et sous quels devoirs.

---

81. Arch. dép. Ille-et-Vilaine, Fonds de Coniac, 13 J 29, procédure d'impunissement, 31 janvier 1731.
82. *Id.*, procédure du 10 juin 1731.

Les hautes justices seigneuriales, agents actifs des régulations sociales dans les campagnes de la moyenne vallée de la Loire au XVIIIe siècle ?

Brigitte MAILLARD
Professeur d'histoire moderne, CEHVI, université de Tours

Longtemps repris sans nuances, les jugements critiques portés sur les justices seigneuriales à la période moderne sont aujourd'hui remis en question. En leur temps ces avis négatifs ont été émis par des auteurs qui ne pouvaient être objectifs, que ce soit des juges royaux, comme Loyseau [1], ou certains cahiers de doléances du XVIIe siècle ou de 1789 souvent rédigés par des hommes de loi. Les conclusions d'André Giffard pour la Bretagne [2] et d'Abel Poitrineau pour l'Auvergne [3] ne reposent pas sur une étude précise du fonctionnement des justices mais s'appuient surtout sur des textes rédigés par des autorités hostiles à ces institutions. Des pages plus nuancées ont été écrites sur le fonctionnement de ces tribunaux dans la Marche [4] ou dans le Bassin parisien. La bibliographie à leur sujet est en fait peu développée ; sans doute les difficultés de consultation des fonds sont-elles, au moins partiellement, à l'origine de cette situation. Mais, même au XVIIIe siècle, les juristes ont peu écrit sur ces institutions qui, le plus souvent, sont examinées avec les justices royales dans les traités de jurisprudence ou de droit féodal [5] et dans les commentaires sur les coutumes ; l'accent y est souvent mis sur les aspects négatifs afin de justifier le développement du droit de « prévention » des justices royales.

L'histoire de la justice passe encore trop souvent par la seule prise en compte de la répression des délits et crimes et oublie la masse des actes de justice concernant la juridiction gracieuse et le règlement des litiges, domaines dans lesquels la justice seigneuriale est très active. S'en tenir aux affaires pénales offre une vision réductrice et occulte toute la place que la justice seigneuriale occupe dans le fonctionnement ordinaire de la société. C'est ce rôle de justice de proximité qui va être examiné à travers l'exemple de deux provinces ligériennes.

---

1. Avant d'être bailli du comté de Dunois, Charles Loyseau a été lieutenant royal au bailliage et siège présidial de Sens. MOUSNIER, *Les Institutions de la France sous la monarchie absolue...*, 1974, p. 14.
2. GIFFARD, *Les Justices seigneuriales en Bretagne aux XVIIe et XVIIIe siècles...*, 1902.
3. POITRINEAU, « Aspects de la crise des justices seigneuriales... », 1961. L'auteur insiste sur le coût de la prise en charge des enfants abandonnés, qui incombe aux hauts justiciers et qui aurait poussé les seigneurs ecclésiastiques à l'abandon de leur haute justice.
4. VILLARD, *Les Justices seigneuriales dans la Marche...*, 1969.
5. *Traité des fiefs par M. Claude Poquet de Livonnière...*, 1766, *supra* bibliographie précédente.

Les justices seigneuriales en Anjou et Touraine

Anjou et Touraine font partie de la généralité de Tours et ressortissent au parlement de Paris ; les deux provinces sont dotées de toutes les institutions judiciaires ordinaires des pays d'élections. Après un XVIIe siècle agité, le XVIIIe siècle (avant 1789) y est beaucoup plus calme. Quelques émeutes de subsistances troublent villes et campagnes ; plus grave peut-être est l'habitude de la désobéissance et de la fraude qu'entraîne l'existence d'une oppressive gabelle et de droits sur les vins très contestés. La criminalité y semble peu développée : le taux de condamnés au parlement est de 5,8 pour 100 000 habitants[6].

La prégnance des institutions seigneuriales dans les deux provinces est mal connue. La noblesse et l'Église catholique semblent toujours détentrices de nombreuses seigneuries et d'une grande richesse foncière. La vieille noblesse et de vénérables institutions religieuses (comme l'abbaye de Marmoutier en Touraine, les chapitres de Saint-Martin de Tours ou Saint-Aubin d'Angers, les chapitres cathédraux de Saint-Gatien et de Saint-Maurice) possèdent de grandes seigneuries. En Touraine administrative, à la fin du XVIIIe siècle, existent quatre duchés-pairies, sept marquisats, quatre comtés et deux vicomtés, vingt-huit baronnies et de nombreuses châtellenies. En Anjou, on compte cinq duchés, dont quatre duchés-pairies, neuf comtés et une vicomté, trois marquisats et vingt-huit baronnies.

L'institution fait preuve de vitalité : trois seigneuries sont érigées en terres titrées en Touraine entre 1746 et 1767 ; le bailliage royal d'Amboise[7] est transformé en 1764 en bailliage seigneurial au profit du duc de Choiseul, quand la terre qu'il venait d'acquérir a été érigée en duché-pairie. En Anjou, des seigneurs redonnent vie à leur justice à la fin du siècle : en 1784 le comte de la Galissonnière, seigneur de la Grande Guerche, décide d'en rétablir l'exercice au nom du bien public, « ayant en vue le bien de ses sujets s'étant aperçu avec peine qu'ils étaient forcés de s'écarter de leurs foyers[8] ». Est-ce un élément de la « réaction seigneuriale » ou une réelle volonté d'être utile aux habitants ? L'effectif important des notaires seigneuriaux montre encore l'attachement des seigneurs à ces pouvoirs : au milieu du XVIIIe siècle, moment où une réforme est envisagée, exercent en Touraine 386 notaires, dont 184 seigneuriaux, et en Anjou 518, dont 139 « subalternes ». Ils n'échappent pas à la critique : d'après l'auteur du rapport sur la généralité en 1762-1766[9], ce sont des gens « sans talent [...] sans fortune et même sans études de leur profession », ce que dément en fait la qualité de leurs minutes.

Problèmes de documentation et de méthode

Les archives nées du fonctionnement des justices seigneuriales au XVIIIe siècle devraient être abondantes. En réalité, il faut prendre en compte les conséquences des destructions révolutionnaires sur les preuves matérielles et symboliques de l'existence du régime seigneurial. Ainsi en Touraine, de nombreuses pièces ont été brûlées, si bien que, dans les séries E, G et H, seuls ont été conservés les documents constituant des

6. LECUIR Jean, « Criminalité et *moralité* : Montyon, statisticien du Parlement de Paris », *Revue d'histoire moderne et contemporaine*, juillet-décembre 1974, p. 445-493 (p. 463).
7. Indre-et-Loire, ar. Tours, c. Amboise.
8. ANDREWS Robert A., *Les Paysans des Mauges au XVIIIe siècle*, Tours, Arrault, 1935, 274 p. (p. 62).
9. Arch. dép. Indre-et-Loire, C336.

titres de propriété ou « utiles pour l'histoire économique ». Est-ce là l'explication de l'absence complète en Touraine de registres de remembrances des assises, que les justices seigneuriales devaient tenir régulièrement selon l'article 1er de la coutume [10] ? Ils sont au contraire bien conservés en Anjou, où les disparitions semblent avoir plutôt concerné les pièces produites par le fonctionnement de la justice des seigneuries laïques.

En Indre-et-Loire, le répertoire récemment réalisé pour la série B [11] montre qu'il existe un nombre important de liasses concernant de nombreuses justices. En Maine-et-Loire la série B paraît très pauvre en documents émanant des juridictions seigneuriales ; cependant les remembrances des assises déjà évoquées subsistent, ainsi que des déclarations de cens, en grand nombre pour les seigneuries laïques dans la série E [12]. Pour quelques seigneuries ecclésiastiques les archives judiciaires n'ont pas été dissociées des autres documents et sont demeurées dans les séries G et H ; elles permettent dans ce cas une étude complète de ce cadre de la vie quotidienne des ruraux.

C'est donc en fonction de l'état de conservation des archives, mais aussi pour des raisons de cohérence scientifique, que cette étude concernera la justice de trois terres titrées : en Touraine, le duché-pairie de Luynes, et le marquisat de Rochecot [13] à Saint-Patrice [14], et, en Anjou, la baronnie de Chalonnes [15]. Toutes trois situées dans la vallée de la Loire, elles sont peuplées de ruraux mais elles abritent une petite ville (Luynes [16] a environ 2400 habitants en 1790) ou un bourg plus ou moins important (Chalonnes [17] a 884 feux en 1789 mais n'est pas considéré comme une ville ; Saint-Patrice a 202 feux en 1789) où siège la justice. La vie agricole y repose sur l'importance des cultures spécialisées et de l'élevage dans les prairies humides de la vallée. La présence de la Loire assure une activité d'échanges et une ouverture sur l'extérieur ; il existe un gros marché à Chalonnes. Le duché-pairie de Luynes [18] est composé de deux comtés, trois baronnies et six châtellenies ; le bailliage ducal, créé en 1670, est un tribunal de première instance pour dix paroisses, et d'appel [19] pour toutes les terres qui composent le duché. La baronnie de Chalonnes, dont dépendent des seigneuries inférieures situées dans les paroisses limitrophes [20], appartient à l'évêque d'Angers. Enfin le marquisat de Rochecot offre l'exemple de la création au XVIIIe siècle, en 1767, d'une haute justice de terre titrée, de la mise en place du tribunal et de l'exercice à ses débuts de la juridiction dont dépendent en première instance quatre hautes justices et vingt-trois fiefs ; elle relève en appel du duché de Luynes. En Touraine comme en Anjou, le seigneur dispose de la justice

10. Selon cet article, le seigneur qui a basse justice « doit faire tenir ses assises quatre fois l'an ; autrement et à faute de ce faire, le sujet pourra avoir son recours au supérieur immédiat » ; mais ce droit ne se prescrit pas.
11. Un répertoire détaillé a été réalisé pour le bailliage d'Amboise.
12. Les registres de remembrances d'assises sont aussi très nombreux en bas Maine. La tenue des assises est parfois même la seule vraie manifestation des basses justices seigneuriales : ANTOINE Annie, *Fiefs et villages du Bas-Maine au XVIIIe siècle. Étude de la seigneurie et de la vie rurale*, 1994, p. 240-252.
13. Arch. dép. Indre-et-Loire, 131 B 1, registre de remembrances 1767 et registres d'audiences. Voir PILLET, *La Haute justice du marquisat de Rochecot...*, 1986, mémoire de maîtrise sous la direction de Brigitte Maillard, de même que pour Serrano *(infra)*.
14. Indre-et-Loire, ar. Chinon, c. Langeais.
15. Arch. dép. Maine-et-Loire, G 60 à 74, « greffe » (il s'agit des minutes) ; G 76 à 84 « Jugements d'audience » de 1743 à 1789.
16. Indre-et-Loire, ar. Tours, c. Saint-Cyr-sur-Loire.
17. Maine-et-Loire, ar. Angers, c. Chalonnes-sur-Loire.
18. Arch. dép. Indre-et-Loire, 8 B 31 et 8 B 32. Voir SERRANO, *La Haute justice du duché-pairie de Luynes...* 1986.
19. Cette activité est faible : sur 1304 affaires recensées, 66 sont des jugements en appel.
20. Rochefort, la Jumellière, Sainte-Christine, Saint-Laurent-de-la-Plaine...

foncière, niveau le plus bas de la justice seigneuriale; ses juges peuvent ainsi prononcer la confiscation des censives dont les détenteurs n'ont pas payé le cens[21].

Pour différentes raisons, avant tout documentaires, l'étude portera sur la période 1770-1775 pour les justices de Luynes[22] et de Rochecot, car les registres du greffe sont bien conservés et bien tenus pour ces années; dans la période suivante ils sont beaucoup plus lacunaires ou à l'état de brouillards informes. Pour la baronnie de Chalonnes, les registres du greffe sont disponibles pour de longues périodes; le décompte a été mené pour les audiences et les affaires traitées entre 1744 et 1789; les années 1744-1759 et 1771-1780 ont fait l'objet d'un dépouillement plus poussé. Mais une étude limitée à ces documents ne permet pas de connaître dans sa totalité le champ d'action de la justice puisque n'y sont portées que les affaires traitées au civil et évoquées en audience. Les affaires de la juridiction gracieuse ou pénale n'y figurent pas; elles sont au contraire contenues dans le « minutier » qui est moins bien conservé et présente de moindres garanties d'intégrité matérielle, puisqu'il est constitué de feuillets susceptibles de disparaître. Négliger les « affaires de famille » entraîne une sous-estimation de l'activité de la justice et des services rendus; par contre la quasi-absence des affaires criminelles est beaucoup moins grave, car elles sont finalement plus spectaculaires qu'importantes. L'activité de la juridiction pour les affaires contentieuses ou de petits délits fera donc l'objet essentiel de l'étude.

Le personnel des justices

Ces institutions sont toutes aux mains d'individus qualifiés : la qualité des écritures et des signatures en témoigne. La proximité d'une grande ville comme Tours ou Angers, dotée d'institutions judiciaires nombreuses et, au moins pour Angers, d'une faculté de droit même somnolente, permet le recrutement d'un personnel judiciaire instruit[23]. Les officiers seigneuriaux sont le plus souvent licenciés en droit et parfois avocats en parlement; ils exercent quelquefois comme avocats au bailliage et siège présidial de Tours ou d'Angers, ou, pour Rochecot, au bailliage de Chinon. Ils ne résident pas sur place et cumulent les activités à cause de la médiocrité des rémunérations plus que par soif du pouvoir; on peut retourner la critique de la non-résidence et du cumul : ce dernier permet de s'assurer des revenus convenables et donc d'éviter une grande avidité; l'exercice d'une fonction en ville est la garantie d'une réelle qualité professionnelle.

À Chalonnes, en 1731 sont reçus un « sénéchal, juge ordinaire, civil, criminel et de police », licencié ès lois et avocat au bailliage et siège présidial d'Angers, et un procureur fiscal lui aussi licencié ès lois; en 1744, le juge est docteur agrégé en droit de l'université d'Angers et échevin perpétuel de cette ville. À Rochecot, le juge nommé en 1768 est avocat en parlement et exerce au bailliage-présidial de Tours. À Luynes, on peut distinguer deux niveaux dans le personnel : les baillis et lieutenants sont tous gradués en droit et le plus souvent avocats en parlement; les autres officiers sont en majorité

21. En Maine au contraire, pour contraindre un sujet à acquitter des arrérages, le juge et le procureur fiscal doivent se pourvoir devant le juge supérieur. Voir ANTOINE, *Fiefs et villages...*, *op. cit.*, p. 247.

22. Par suite d'une lacune dans les sources, les mois de novembre et décembre 1773 et l'année 1774 ne peuvent être pris en compte; la période étudiée couvre donc cinq années.

23. BATAILLON, *Les Justices seigneuriales du bailliage de Pontoise...*, 1942, p. 61 : « le juge est toujours au moins un praticien expérimenté, notaire royal ou procureur dans un siège voisin important, le plus souvent royal ».

notaires. Le bailli nommé en 1759 est Pierre-François Veau-Delaunay, qui est licencié en droit, avocat au bailliage-présidial de Tours et lieutenant des Eaux et Forêts; il se montre d'une grande assiduité; son fils prit sa suite. Les « procureurs fiscaux » sont des notaires seigneuriaux. L'homme qui afferme le greffe en 1776 pour 400 livres est notaire et procureur du duché; les procureurs en fonction, au nombre de cinq ce qui n'est pas un effectif pléthorique, sont aussi souvent à l'origine notaires et cumulent parfois les deux fonctions. La tâche du greffier peut être lourde. Il doit rédiger les actes du minutier et tenir à jour toutes sortes de registres : registres de remembrances, des audiences, de distribution de procès, de « production » des pièces et actes nécessaires à la procédure, d'affirmations de voyage, de collecte des amendes etc., et garder en ordre les archives de la justice.

Le personnel judiciaire ne mérite donc pas les critiques souvent émises à son encontre, au moins pour ces tribunaux de terres titrées. Aucune des seigneuries étudiées n'est trop isolée pour que des hommes de loi résidant en ville ne puissent y exercer.

Fonctionnement des tribunaux

Le tribunal est installé au centre de la seigneurie qui est aussi, sauf à Luynes, le lieu du marché. L'audience se tient à jour fixe et précis (le mardi à Luynes et à Chalonnes, le samedi à Rochecot), qui n'est pas laissé à la fantaisie des officiers; ce n'est pas le jour du marché (sauf à Chalonnes) et évidemment jamais le dimanche, même si les notaires reçoivent des clients ce jour-là. En général plusieurs audiences se déroulent dans un mois mais l'activité connaît un rythme saisonnier, qui reflète plus le calendrier d'activité des juges que celui des justiciables et donc de la vie rurale; il se tient cependant presque toujours au moins une audience par mois. On observe un creux en octobre et novembre, au moment des vacances judiciaires. Les officiers seigneuriaux sont occupés par la surveillance des travaux sur leurs terres et les paysans sont eux-mêmes pris par les tâches agricoles, en particulier dans les vignes. On note cependant un décalage : l'activité judiciaire est forte en juillet et en août, alors que les grands travaux de la fenaison et surtout de la moisson battent leur plein; à Chalonnes et à Luynes il peut se tenir quatre ou même cinq audiences dans ces mois. S'agit-il de régler le plus grand nombre possible d'affaires avant les vacances?

J	F	M	A	M	J	J	A	S	O	N	D
134	100	99	88	87	107	164	134	79	24	48	136

Rythme mensuel (indice) du nombre d'affaires traitées à Chalonnes (1744-1789).

À Chalonnes, comme le montre le tableau des indices mensuels, l'activité la plus intense se développe en été (juillet et août) puis en hiver (décembre et janvier); le plus haut niveau s'est placé en juillet 1781 avec 35 affaires traitées. Dans les mois les plus chargés, le tribunal ouvre jusqu'à 25 dossiers en une seule audience. Ce rythme semble n'avoir aucune relation avec le calendrier religieux. À Luynes, sur les cinq ans étudiés, l'activité du tribunal paraît à son maximum en mars (18 audiences en tout et 247 affaires examinées) et en janvier (15 audiences et 242 affaires), puis en juillet (20 audiences et 214 affaires) et juin (16 audiences et 193 affaires). L'activité du tribunal est cependant très fluctuante : en janvier 1772, en 4 audiences, 77 affaires ont été examinées et, en août 1775, 83 – c'est le record – dont 28 affaires lors d'une même audience.

Les fluctuations de l'activité du tribunal sur plusieurs années peuvent être abordées grâce au nombre d'affaires traitées, la même affaire étant ici comptée autant de fois qu'elle revient à l'audience : toutes les affaires ne font pas l'objet d'un jugement et certaines sont renvoyées à huitaine ou à quinzaine. À Luynes, cette activité est à un niveau élevé en 1770 (439 dossiers sont ouverts), puis elle baisse nettement : 276 causes en 1773 et 199 dans les dix premiers mois de l'année 1773, avant de retrouver en 1775 un niveau identique à celui de 1770 (418 causes). À Chalonnes, pour une période plus longue et continue, l'activité paraît très irrégulière d'une année sur l'autre.

1746-1750	1751-1755	1756-1760	1771-1775	1776-1780	1781-1785	1786-1789
446 89,2/an	523 104,6/an	361 72,2/an	300 60/an	278 55,6/an	511 102,2/an	505 126,25/an

Affaires évoquées en audience au tribunal seigneurial de Chalonnes entre 1746 et 1789 (par quinquennat, sauf 1786-1789).

La tendance longue est d'abord orientée à la baisse avec une rupture qui se place en 1755 : en 1754 des causes viennent ou reviennent 118 fois devant le tribunal, en 1755, 69 fois seulement[24]. L'activité atteint un seuil très bas en 1777 et 1778 puis elle repart et dépasse les niveaux du milieu du siècle. Cette évolution est difficile à expliquer : en 1750 la poussée coïncide avec la nomination d'un nouveau juge, mais l'activité baisse ensuite nettement. Quelles sont les affaires dont le nombre diminue ? Quand l'activité reprend, s'agit-il d'une augmentation des affaires ou de la multiplication des renvois à une audience ultérieure ? Il faudra un dépouillement précis pour trouver la réponse. La diminution de la litigiosité semble peu probable. Les mesures prises en 1771 et 1772 par le chancelier Maupeou pour accroître le droit de prévention des justices royales ne sont pas en cause, puisqu'elles ne touchent pas l'activité ordinaire des tribunaux seigneuriaux.

Dans les deux cas étudiés[25], on observe une remontée de l'activité à la fin de la période observée ; s'explique-t-elle par une attention plus grande portée aux affaires de droit féodal, en un mot par une « réaction seigneuriale » ? Pour mesurer l'activité du juge en ce domaine, il faudrait aussi prendre en compte toutes les décisions qui relèvent de la justice foncière mais ne sont pas sur le registre du greffe, telles que condamnation de payer les cens et devoirs dus à ladite baronnie, les rentes du haut tiers et autres, les droits de chauffage dus sur les maisons de la haute isle, les retraits féodaux, bans de vendanges, réception d'officiers, de bouchers, ordonnances et règlements de police et tous autres jugements, règlements concernant les droits, devoirs, juridiction, domaines et fiefs de la baronnie lad. Baronnie de Chalonnes[26].

24. On assiste au même phénomène dans le bailliage de Jouy-en-Josas, où le nombre d'affaires traitées passe de douze par mois à la fin du XVIIe siècle à six ou sept un siècle plus tard : GERMAIN Louis F., « Une justice seigneuriale à la fin de l'Ancien Régime : le bailliage de Jouy-en-Josas (XVIIe-XVIIIe siècles) », *Revue d'histoire du droit français et étranger*, 39e année, 1975, n° 1, p. 163-164.

25. À Chalonnes, le nombre d'affaires traitées à l'audience est de 79 par an entre 1769 et 1771, il tombe à 41 en 1772 et à 52 en 1773, puis il remonte. À Luynes, le total baisse de plus de moitié entre 1770 et 1773 ; mais en 1775 cette perte est effacée. Les sources ne permettent pas d'étudier l'évolution ultérieure.

26. Arch. dép. Maine-et-Loire, G 60, registre, f° 1 r°. Ce registre contient aussi des actes de retraits lignagers, d'émancipation, de nomination de curateur aux causes. Les règlements de voirie figurent dans d'autres registres (par ex.

L'activité de la justice de Rochecot est moins importante; le plus souvent le tribunal siège une fois par mois, rarement deux ou trois; toutefois il fonctionne dix mois sur douze, octobre et novembre connaissant comme ailleurs un creux d'activité. Les affaires traitées ou évoquées en séance sont moins nombreuses que dans les deux autres justices étudiées, mais leur nombre connaît la même évolution à la baisse : d'une centaine (97) en 1768 et 1769, elles tombent à 64 en 1772, puis à une cinquantaine dans les années 1775 à 1777, et enfin à une trentaine en 1778 et 1779 [27]. On retrouve donc bien deux ruptures, en 1770-1771 et en 1778-1779. Mais la justice du nouveau marquis est active.

Parmi les reproches faits à la justice figure souvent la lenteur, qui en fait est parfois nécessaire. L'affaire peut être évoquée à plusieurs audiences successives lorsqu'elle est complexe et que le juge souhaite être mieux éclairé, et, dans ce cas, l'absence de précipitation est souhaitable; mais les retards peuvent aussi être dus aux procédés chicaniers d'une des parties. Autre reproche fréquent, celui d'un trop grand coût; en réalité il reste presque toujours modéré. Le montant des dépens n'est pas toujours indiqué mais en 1754, à Chalonnes, dans 58 % des cas ils sont inférieurs à 4 livres et pour 83 % à 5 livres, soit l'équivalent de 7 jours de salaire d'un journalier non nourri. Le recours à des expertises peut faire augmenter fortement le coût des procédures : elles sont pourtant la garantie d'une justice plus équitable. Elles se font souvent quand la plainte porte sur des malfaçons ou des dégradations, telles que dégâts ou mésus dus aux bestiaux, non respect des règles de culture, atteintes aux communaux très importants dans toute la vallée. À Rochecot elles coûtent de 45 à 100 livres. Quand il est fait appel à des témoins, ils sont « taxés » de 10 à 15 sous pour les indemniser du temps perdu pour venir au tribunal.

L'activite judiciaire

Diversité des affaires traitées

La variété des dossiers est un des traits communs de ces sources et, pour en prendre la mesure, il faut consulter à la fois les registres d'audiences et le minutier. On peut classer les affaires en quatre grands types dans l'ordre croissant d'importance numérique : les procédures criminelles qui sont rares, les actes de police qui sont peu fréquents mais intéressent des populations nombreuses, ceux qui relèvent de la juridiction volontaire, et enfin les actes de la juridiction contentieuse, les plus fréquents. À Luynes, pour les cinq ans étudiés, les registres d'audience gardent la trace de 1304 affaires jugées, auxquelles il faudrait ajouter celles qui sont restées inachevées; dans le minutier on trouve 77 actes en juridiction gracieuse, dont 22 appositions de scellés, mais aucune nomination de tuteur ou curateur, au contraire de ce qui se passe dans les autres justices étudiées. Il n'existe aucun élément d'explication à cette exception.

En juridiction gracieuse, pour l'apposition de scellés et la réalisation d'inventaires de communauté, la justice seigneuriale entre en concurrence avec les notaires; par contre elle seule peut intervenir pour les désignations de tuteur ou de curateur, puisque ces

G 86); ce sont le plus souvent des autorisations de construction ou de reconstruction accordées après inspection des lieux.

27. Arch. dép. Indre-et-Loire, 131 B / 1, justice du marquisat de Rochecot, registre de remembrances et registre d'audiences.

dernières nécessitent un jugement. Parfois la procédure entraîne différentes démarches qui se succèdent : inventaire, pose de scellés, convocation et réunion du conseil de famille, nomination du tuteur ou du curateur, reconnaissance et levée de scellés, gestion et vente éventuelle des biens... Cette activité est à corréler avec les fluctuations de la mortalité des adultes. La justice permet le bon fonctionnement du système familial en cas de disparition de son chef naturel et assure la protection des intérêts du mineur. La mort du père ne provoque pas la réunion du conseil de famille puisque la mère, sauf si elle refuse cette fonction, est, selon la coutume, tutrice naturelle de ses enfants mineurs ; par contre si elle se remarie, elle perd cette tutelle et le conseil de famille doit être réuni pour désigner la personne qui la remplacera. Le juge se substitue ainsi provisoirement à l'autorité du chef de famille, défaillant pour cause de décès. Cette fonction est donc une réponse juridique et institutionnalisée au phénomène de forte mortalité que connaissent les sociétés anciennes. À Chalonnes[28], en 1760, sur les 37 affaires de juridiction gracieuse, vingt et un (57 %) sont des décisions visant des enfants (dont 14 nominations de tuteur), cinq traitent de successions (affaires de scellés), les autres concernent la police des denrées ou du territoire (ban des vendanges) ; trois ont un rapport avec la justice pénale (deux enquêtes dans des affaires de violences et une condamnation pour violences verbales). Quinze ans plus tard, entre 1774 et 1776, les papiers du minutier concernent 23 à 28 affaires chaque année ; les causes criminelles sont toujours aussi rares (1 à 2 par an) ; les tutelles et curatelles sont avec les comptes de tutelle entre 14 et 17, soit de 56 % à 74 % selon les années. À Rochecot, les « affaires de famille » constituent 23,4 % des procédures identifiées.

L'activité au contentieux est de loin la plus importante et permet à la justice seigneuriale de jouer un rôle majeur dans les régulations sociales. Si la vie économique et financière est à l'origine d'une grande part de l'activité notariale, elle occupe aussi la première place dans le contentieux traité par les tribunaux seigneuriaux. Partout les problèmes de dettes figurent au premier rang. Ils sont à l'origine de 43 % des procès à Luynes : il ne s'agit pas tant d'emprunts d'argent ou de rentes non payées que de dettes liées à l'activité commerciale (88 % des dettes) ; il faut y ajouter les plaintes de domestiques (31) ou de journaliers (14) qui n'ont pas reçu leur rémunération. Les litiges d'origine agricole (187, 18 % des procès étudiés) portent surtout sur des contestations en matière d'utilisation de la terre : délits de pacage, « anticipations » sur des propriétés, problèmes de passage. Les procès entre propriétaires et locataires ne sont pas courants (39 affaires jugées). Les litiges sur des conventions commerciales, les problèmes d'hypothèques sont plus rares (moins de 4 % des affaires). À Rochecot, les constatations sont identiques : les problèmes de dettes au sens large constituent 42 % du contentieux, au premier rang desquelles figurent les dettes commerciales, les dettes d'argent étant beaucoup plus rares. L'endettement, paysan en particulier, vient donc de la difficulté (ou d'une mauvaise volonté) à payer des achats, des services ou des travaux, plutôt que de l'emprunt d'argent. À Chalonnes, les problèmes de dettes au sens large représentent 45 % des affaires traitées à l'audience en 1744, et 30 % dans la seconde moitié du siècle.

La justice est-elle d'abord au service du seigneur et de ses « vassaux » ? À Luynes, les procès mettant en cause un seigneur ès qualité sont au nombre de 111, pour des non paiements de cens, de lods et ventes ou les deux. La valeur symbolique du cens plus

28. Arch. dép. Maine-et-Loire, G 63 et 67.

que son montant explique que soit fait un procès pour obtenir son paiement; par contre, pour les lods et ventes, le rapport financier est intéressant. Donc de deux choses l'une : ou les tenanciers du duché-pairie sont exemplaires et s'acquittent bien de leurs devoirs, ou le seigneur n'utilise pas de façon violente sa justice, qui ne semble pas être une arme redoutable entre ses mains. À Chalonnes, de rares sentences figurent dans les registres d'audiences : ainsi en juillet 1767 deux laboureurs sont condamnés à payer les arrérages des rentes foncières et féodales, ainsi que ceux du droit de chauffage des « maisons à four et cheminée » et des « droits d'usage et pacage » dans la grande île qui se montent à 4 livres par an. Dans la baronnie de Véretz qui appartient au duc d'Aiguillon, on relève, en 18 ans, 13 actions devant la justice du seigneur pour le paiement des arrérages du cens, dont le retard ne dépasse pas cinq ans; tous les censitaires sont condamnés à payer mais sans amende; en 1768 seulement 32 censitaires sur 227 s'acquittent avec retard.

Les affaires de violence, verbale ou physique, donnent rarement lieu à poursuite : 24 affaires de coups et injures occupent les juges de Luynes au civil. L'activité au criminel y est encore plus restreinte : deux affaires de vol. À Rochecot, huit affaires (2,2 % du total) d'injures, de coups et blessures, dont trois « crimes » (2 vols et 1 infanticide) ont été relevées dans la période étudiée.

Pour évoquer des situations concrètes, on peut présenter les audiences tenues en 1744 à Chalonnes. Sur 86 décisions prises par le juge en audience, 32 (37 %) ne sont pas des sentences définitives (8 sont des remises à une audience ultérieure, 15 sont des renvois devant un arbitre ou un expert); dans les 54 autres, il s'agit pour 8 (15 %) d'un retard de paiement de loyer ou de ferme, pour 18 (33,3 %) de dettes pour marchandises non payées, pour 15 (28 %) de salaires ou gages non payés. Les autres causes sont très variées mais il faut noter deux demandes de séparation de biens, cas rare dans les campagnes, deux litiges entre une veuve et ses enfants, et enfin une réparation d'honneur qui aurait pu être traitée au criminel. Pour les années suivantes, on remarque que le nombre d'affaires renvoyées à une audience ultérieure, avec ou sans motif exprimé, augmente nettement. En juillet 1754, le tribunal a siégé 5 fois et étudié 24 affaires, pour lesquelles les « exploits » les plus anciens remontaient au mois de mai précédent. Il a rendu neuf sentences pour des affaires de dettes, en particulier cinq retards de paiement pour livraison de marchandises, deux sentences pour dégâts fonciers, et une pour le règlement d'une succession litigieuse. La moitié des affaires a été conclue en une audience et les dépens ont été inférieurs à 5 livres; les autres ont connu huit fois un renvoi à une audience ultérieure (à huitaine ou quinzaine), trois désignations d'arbitre ou d'experts, enfin une a conclu à la modification de la procédure.

Les parties

Tous les groupes de la population sont présents sur le théâtre judiciaire. Parmi les demandeurs, le monde agricole est globalement sous-représenté et les journaliers sont rares; les plus nombreux sont les artisans et les marchands, souvent difficiles à dissocier. Les métiers de l'alimentation (boulangers, bouchers, cabaretiers) et ceux du bâtiment sont les plus exposés aux retards de paiement. Parmi les défendeurs, le monde paysan est plus représenté et les notables moins que chez les demandeurs. À Chalonnes, les voituriers par eau sont nombreux à être concernés par un litige mais plus souvent en défendant qu'en demandant. En 1754, les « notables » forment 8,5 % des demandeurs identifiés, les paysans 11 %, les femmes seules 9,5 %, mais les voituriers par eau et bateliers 8,5 % et les marchands 19 %. Les défendeurs sont plus difficiles à identifier : les bateliers en forment 22 %, les marchands 12,7 % et le monde paysan 29 %, les notables étant presque absents. À Luynes, on retrouve les mêmes sur-représentation du monde du commerce et de l'artisanat et sous-représentation du monde paysan. Dans aucun cas, les domestiques n'hésitent à faire appel à la justice pour obtenir leur dû. Les membres du personnel de justice sont rares parmi les plaideurs et n'abusent pas de leur position tandis que les auxiliaires de justice sont beaucoup plus présents : ils sont presque 8 % des plaideurs.

Les affaires où le demandeur est le seigneur possédant la justice ou un autre seigneur sont en fait peu nombreuses. À Luynes comme à Saint-Patrice, le seigneur utilise peu sa propre justice. Entre 1768 et 1779 le marquis de Rochecot a été impliqué dans 20 affaires (4,3 % du total), dont 10 pour retard de paiement du cens mais aucune pour non paiement des lods et ventes, 3 affaires concernant le droit de chasse, mais aucune ayant trait à l'exercice des banalités. Pour la justice de Luynes, on dénombre des seigneurs parmi les plaideurs dans 222 affaires, soit 11 % du total, mais ils sont beaucoup plus souvent demandeurs que défendeurs. Le duc de Luynes a été 72 fois demandeur et 10 fois défendeur, et n'a jamais perdu. Les autres seigneurs, au nombre de 140, ont été à 61 % demandeurs ; ils n'ont donc pas hésité à avoir recours à la justice, mais ils ont été plus souvent attaqués que le duc lui même. Ils ont rarement perdu, moins d'une fois sur dix. Cette constatation ne prouve pas nécessairement la partialité du tribunal : les seigneurs ont de meilleurs titres et papiers que les censitaires. Les seigneurs qui dépendent du haut justicier semblent avoir plus facilement recours à sa justice que lui-même.

Arbitrages

Comment sont réglés litiges ou querelles qui ne parviennent pas devant la justice ou ceux qui, évoqués en audience, restent, au moins en apparence, inachevés ? Quelle est l'importance de l'infrajudiciaire ou même du parajudiciaire ? Des sondages dans les fonds de notaires exerçant dans les ressorts des justices étudiées n'ont montré que de très rares cas d'arbitrage ou de règlement à l'amiable ; sont-ils plutôt passés devant des notaires citadins ?

À Chalonnes et dans cette justice seulement – est-ce parce que le seigneur est un ecclésiastique ? –, une autre pratique semble développée. Elle associe justice et médiation, puisque c'est sur la décision du juge même qu'intervient un notable, curé, notaire[29]... ; malheureusement la nature du litige n'est jamais indiquée. Le juge renvoie les parties vers quelqu'un qui les entendra puis formulera une sentence, laquelle devra être « déposée sur le bureau » du juge, pour y avoir « recours en cas de besoin ». Le magistrat croit-il à une acceptation plus facile de la décision finale ? L'accord des parties est parfois mentionné. La démarche respecte différentes règles : le juge fixe la date à laquelle l'avis doit être donné, il établit la nature (simple avis ou décision à suivre) de l'opinion du « médiateur » désigné. Ce n'est pas une pratique informelle.

29. Cette pratique de la procédure arbitrale se développe aussi dans le bailliage de Pontoise, où les curés sont de plus en plus souvent désignés comme arbitres : BATAILLON, *Les Justices seigneuriales...*, *op. cit.*, p. 122-123.

Ainsi en 1744, sont concernées 23,2 % des affaires traitées en audience. Sur 87 affaires, les parties ont été renvoyées 14 fois devant un prêtre – le plus souvent le curé d'une des deux paroisses de Chalonnes –, une fois devant un notaire ou un avocat. En 1764, pour 82 affaires, il y a 17 renvois devant un arbitre mais les curés sont moins sollicités. Dans la moitié des cas le juge désigne deux arbitres, et dans quatre cas, il s'agit d'un curé associé à un notaire, un marchand ou un artisan. Lorsqu'un seul arbitre a été nommé, on trouve quatre fois un marchand, trois fois un prêtre, deux fois le procureur fiscal, une fois un artisan. Dans la seconde moitié du siècle cette pratique devient plus rare : en 1774 elle ne s'applique qu'à 5 cas. Est-ce lié à la personnalité du juge ou à une plus grande exigence de procédures purement judiciaires? Les poursuites engagées pour atteinte à l'honneur des individus, femmes comme hommes, sont souvent traitées ainsi : un arbitre qui se conduit comme un juge entend les parties et les témoins, et prononce le cas échéant une condamnation à « réparation d'honneur ». Le défendeur doit alors reconnaître en public que le demandeur est homme (ou plus souvent femme) de bien, assumer les frais de justice et, le plus souvent, verser des dommages et intérêts à l'offensé. Comme dans l'infrajudiciaire, on aboutit à une transaction mais, sauf cas exceptionnel, celle-ci ne figure jamais sur les registres du greffe et son contenu reste inconnu. Les curés apparaissent donc bien dans les « pratiques d'arrangement et de conciliation [30] », mais leur intervention se produit alors que la procédure judiciaire est engagée; il s'agit d'une « voie non processuelle » suivie après qu'ait été engagée une « pratique processuelle [31] ».

Conclusion

Brosser un tableau des relations sociales à l'intérieur des communautés rurales demanderait aussi l'étude des toutes petites justices seigneuriales, au fonctionnement sans doute moins satisfaisant. Les affaires qui relèvent des juridictions royales, ordinaires ou spécialisées, dont en particulier la maréchaussée et pour la région étudiée les greniers à sel, sont plus spectaculaires mais bien moins nombreuses. Surtout lorsque les archives judiciaires peuvent être « croisées » avec les minutes notariales, l'examen des causes relevant d'une justice seigneuriale offre une vue sans égale sur les réalités de la vie rurale; dans leur diversité, leur « médiocrité » même, elles donnent un aperçu de toutes les situations et relations sociales ou économiques qui peuvent se rencontrer dans la vie quotidienne; elles mettent en évidence quelles sont les conduites acceptées, tolérées, rejetées; elles décrivent de façon concrète et souvent pittoresque les comportements et les pratiques. Toutefois, eu égard aux effectifs de population concernés, le faible nombre des affaires dont il reste une trace écrite montre que l'existence était en général paisible et que l'ordre était facile à rétablir. La vie paroissiale était sans aucun doute plus agitée et bruyante que vraiment violente.

30. QUÉNIART, « Recteurs et régulation sociale en Bretagne au XVIIIe siècle », 1996, p. 235.

31. ROUSSEAUX, « Entre accomodement local et contrôle étatique. Pratiques judiciaires et non judiciaires dans le règlement des conflits en Europe médiévale et moderne », 1996, p. 104. Cette pratique semble répandue en Anjou : ainsi le notaire de Denée, dans la vallée de la Loire, tout près d'Angers, enregistre le 7 septembre 1781 une « sentence » prise par le curé et le seigneur du village, sur jugement rendu à la « sénéchaussée criminelle » d'Angers, pour « réparation d'honneur ». La démarche respecte toutes les règles de la procédure judiciaire. Il est prévu que si les défendeurs n'acceptent pas cette décision, il y aura jugement par le tribunal d'Angers.

Le personnel des justices seigneuriales en Basse Bretagne au XVIIIe siècle

Philippe JARNOUX
Maître de conférences d'histoire moderne, Centre de recherche bretonne et celtique, université de Bretagne occidentale, Faculté des lettres Victor Segalen

En Bretagne comme ailleurs, les justices seigneuriales ont mauvaise réputation et les juges sont souvent considérés comme des tyranneaux de village, des incapables, ivrognes, à demi illettrés, vils domestiques de seigneurs hautains et seulement intéressés à maltraiter le petit peuple. L'image n'est pas nouvelle, elle est présente dans de nombreux écrits de contemporains, elle transparaît dans les cahiers de doléances et envahit la littérature et l'historiographie des XIXe et XXe siècles. Mon propos ne sera pas ici de chercher à confirmer ou à infirmer cette image – je ne serai pas le juge des juges – mais, plus modestement d'essayer de voir concrètement ce que sont les officiers de justice des seigneuries bretonnes au dernier siècle de l'Ancien Régime. Pour cela, j'ai porté prioritairement l'observation sur le ressort de deux sénéchaussées royales de Basse Bretagne, celles de Brest et de Lesneven qui correspondent à l'évêché de Léon. J'évoquerai aussi, à l'occasion, d'autres seigneuries dispersées dans toute la Basse Bretagne.

Les justices seigneuriales dans le Léon

Les justices seigneuriales n'y sont pas excessivement nombreuses puisque la sénéchaussée de Brest n'en compte plus que 10 et celle de Lesneven 26 [1]. Si la Bretagne contient sans doute au XVIIIe siècle près de 3 000 juridictions seigneuriales, leur concentration est surtout très forte dans les diocèses de Saint-Brieuc, Saint-Malo et Dol, qui correspondent aussi à la plus forte concentration nobiliaire [2]. Dans le Léon, la hiérar-

1. BOURDE DE LA ROGERIE Henri, « Liste des juridictions exercées aux XVIIe et XVIIIe siècles dans le ressort du présidial de Quimper », *Bulletin de la Société archéologique du Finistère*, 1910, p. 248-291 ; *id.*, 1911, p. 253-280 ; *id.*, 1914, p. 7-35 ; *id.*, 1925, p. 13-34 ; *id.*, 1930, p. 93-131. Le recensement des justices effectué au début du XXe siècle par cet érudit archiviste départemental s'appuie sur les fonds conservés aux Archives départementales du Finistère et sur les indications de fonctionnement de ces justices au XVIIIe siècle. Les données sont fiables pour ce siècle ; elles le seraient beaucoup moins pour les époques précédentes.
2. En 1708, la monarchie a souhaité créer en Bretagne des offices de juges-gruyers qui seraient liés aux justices seigneuriales (voir dans la contribution d'Antoine FOLLAIN, « De l'ignorance à l'intégration. Déclarations, édits et ordonnances touchant la justice seigneuriale aux XVIe et XVIIe siècles », la section « Le règlement des Eaux et forêts de 1669 et l'édit de 1707 »). Les États de la province ont racheté globalement ces offices qui n'ont donc pas été crées mais qui ont été transformés en une taxe payée par les détenteurs de justices. Les rôles des grueries qui ont été dressés pour cela comptent 3 905 juridictions en 1711 ; une enquête de l'intendance auprès des subdélégués en 1766 n'en recense plus que 2 600 environ, cf. GIFFARD, *Les Justices seigneuriales en Bretagne aux XVIIe et XVIIIe siècles (1661-1791)*, 1903,

chie judiciaire est aussi relativement simple ou, en tout cas, beaucoup moins complexe que dans d'autres régions. La très grande majorité des juridictions seigneuriales ressortissent directement à une sénéchaussée royale, seules quelques seigneuries ecclésiastiques ont le privilège de ressortir nuement au parlement et le nombre de justices ressortissant à d'autres « cours » seigneuriales est très restreint. D'autant plus que, quand on trouve ainsi deux ou trois degrés de justices seigneuriales superposées, l'usage s'est perdu au XVIIIe siècle et les justiciables portent en fait directement leurs appels à la sénéchaussée royale[3]. Cette hiérarchie doit toutefois tenir compte des différences de dimensions entre les seigneuries. À côté d'un grand nombre de petites « cours » véritablement rurales, existent en effet plusieurs très importants tribunaux seigneuriaux qui siègent en ville et dont le fonctionnement s'apparente, sur bien des points, à celui des sénéchaussées royales. C'est le cas de la baronnie du Châtel dont le siège est à Brest mais qui s'étend sur 24 paroisses, celui de la principauté de Léon qui appartient au duc de Rohan, siège à Landerneau et couvre tout ou partie de 34 paroisses ou encore celui des « regaires[4] » de l'évêque qui se tiennent dans la ville épiscopale de Saint-Pol[5]. Des cas identiques se retrouveraient dans la plupart des villes de Basse Bretagne où existent des tribunaux seigneuriaux très importants : Guingamp, Pont-l'Abbé, Pontivy, Josselin, Guémené et Rostrenen[6].

Ce cadre géographique étant rapidement brossé, essayons de montrer comment sont recrutés les officiers seigneuriaux, comment se déroulent leurs carrières et quelles sont les évolutions discernables au cours du siècle. Au travers de ces évolutions, il me semble qu'on devine aussi la place que tiennent ces « cours » de justice « villageoises » dans le rapport que le monde rural entretient avec le pouvoir et avec la ville et que l'on peut s'interroger sur le rôle de régulateur social de ces justices.

Modalités de réception et parcours professionnels

Depuis la seconde moitié du XVIe siècle, la monarchie exige l'examen des officiers seigneuriaux par des juges royaux avant leur réception[7]. Les édits de mars 1693 puis de juillet 1704 ont réaffirmé et renforcé ces mesures de surveillance et les archives des sénéchaussées nous permettent aujourd'hui de connaître assez bien les procédures de nomination et de réception[8]. Elles se déroulent presque toujours de la même façon.

p. 38-39. Michel Nassiet a évoqué cette concomitance qui n'a toutefois jamais été vraiment étudiée : NASSIET, *Noblesse et pauvreté. La petite noblesse en Bretagne, XVe-XVIIIe siècle*, 1993.

3. Les vassaux de la seigneurie de Penhoat théoriquement partagés en appel entre trois juridictions semblent se présenter systématiquement en appel auprès de la principauté de Léon à Landerneau (Finistère, ar. Brest, ch.-l. c) ou auprès de la sénéchaussée royale, cf. BOURDE DE LA ROGERIE, « Liste des juridictions... », *op. cit.*, 1914, p. 26-27.
4. Terme propre à la Bretagne désignant la juridiction temporelle d'un évêque ou du chapitre.
5. Dans ces grandes seigneuries, on compte presque toujours deux, voire trois juges ; le sénéchal étant accompagné d'un bailli, alloué ou lieutenant. Si les charges de bailli existent parfois dans des justices beaucoup moins importantes, il semble qu'elles ne correspondent alors qu'à un titre honorifique mais jamais à une fonction réellement exercée. Ces petites seigneuries fonctionnent systématiquement avec un sénéchal et un procureur fiscal.
6. Côtes-d'Armor, ch.-l. ar., Finistère, ar. Quimper, ch.-l. c. ; Morbihan, ch.-l. ar. ; ar. Pontivy, ch.-l. c. ; ar. Pontivy, ch.-l. c. ; Côtes-d'Armor, ar. Guingamp, ch.-l. c.
7. *Supra* Antoine FOLLAIN, « De l'ignorance à l'intégration... » et l'ordonnance « générale » d'Orléans, donnée en janvier 1561 et datée de 1560, article 55.
8. Dans les fonds des sénéchaussées, comme des présidiaux, les dossiers de réceptions sont généralement regroupés dans des liasses particulières. On retrouve de plus les mentions de ces réceptions dans les registres d'audiences des juridictions royales.

Du mandat à l'installation

Le candidat obtient d'abord un mandat de son seigneur. Dans certains cas, il est négocié directement et personnellement. Dans d'autres cas, quand le seigneur réside loin, tout se passe par un échange de correspondance et souvent par l'intermédiaire des officiers ou receveurs seigneuriaux précédents. Ce mandat peut être aussi le résultat d'une négociation préalable entre un démissionnaire qui résigne alors sa fonction au profit d'un successeur qu'il s'est choisi ou d'une vente de l'office de juge dans les grosses seigneuries, le seigneur reconnaissant la vente et accordant presque automatiquement son mandat à l'acheteur[9].

Muni de ce mandat seigneurial, le candidat doit ensuite se tourner vers la sénéchaussée royale dont relève la cour seigneuriale pour demander à être reçu. Il adresse un dossier comprenant le mandat seigneurial, un extrait de baptême, une attestation de diplôme universitaire et un certificat de réception comme avocat. Au vu de ce dossier, les juges royaux font alors effectuer une « enquête de vie et mœurs ». De deux à quatre témoins viennent en personne à la sénéchaussée attester de la religion catholique, de la fréquentation des sacrements, des bonnes mœurs, de la respectabilité et de la capacité à plaider ou à interpréter le droit du candidat. À l'issue de ces auditions, apparemment assez brèves, les magistrats autorisent le candidat à la réception. L'installation de celui-ci a généralement lieu le jour même ou le lendemain de l'enquête après la prestation d'un serment[10]. Cette installation est parfois réalisée par le sénéchal royal lui-même qui se déplace alors jusqu'au siège seigneurial, par exemple pour la baronnie du Châtel dont l'auditoire est dans la ville de Brest, plus souvent par le bailli ou le lieutenant. Dans la plupart des cas, quand l'auditoire est éloigné de la ville, on désigne comme substitut, un avocat (généralement le plus ancien) pour opérer cette opération rituelle. L'ensemble de la procédure, depuis l'obtention du mandat jusqu'à l'installation ne dure généralement pas plus d'une ou deux semaines.

Des formalités relativement sérieuses

Dans l'ensemble, les formalités d'installation semblent à la fois sérieuses et quelque peu formelles pour les principaux officiers. La réception aux petits offices suscite davantage d'interrogations.

L'attention portée aux principaux officiers

Sérieuses, car les procédures révélées par les actes se répètent dans toutes les sénéchaussées de la même façon, selon les mêmes rythmes, et correspondent aux prescriptions des édits royaux[11]. Sérieuses, car si on ne retrouve pas tous les dossiers de récep-

9. Cela n'exclut pas parfois des conflits entre le juge et le seigneur. En 1748, Jean-François Maingant, un avocat brestois, a acquis de son prédécesseur la charge de sénéchal de Léon à Landerneau (la plus importante charge seigneuriale de la région). Il a obtenu l'agrément du duc de Rohan mais conteste ses lettres qui prévoient que le juge est révocable par le seigneur (Arch. dép. Finistère, 6 B 26).

10. Pour les « cours » ressortissant directement au parlement, la procédure se déroule de la même façon mais a lieu à Rennes, ce qui suppose un long déplacement et peut-être des appuis locaux.

11. Des échantillons observés dans les sénéchaussées de Gourin (Morbihan, ar. Pontivy, ch.-l. c.) d'Hennebont (ar. Lorient, ch.-l. c.) et de Concarneau (Finistère, ar. Quimper, ch.-l. c.) et dans le ressort direct du présidial de Quimper révèlent cette similitude des formalités.

tion dans les archives des sénéchaussées, les mentions dans les registres d'audience montrent que rares sont les officiers à y avoir échappé. Mais formelles, aussi, car la répétition des actes traduit une habitude et de probables complaisances. Les enquêtes de vie et mœurs, en particulier, utilisent des formules stéréotypées qui ne révèlent qu'exceptionnellement de véritables interrogations sur les qualités du candidat. Formelles, parce qu'on y constate souvent que les témoins sont toujours les mêmes et qu'ils sont les collègues du candidat [12]. Formelles, enfin, parce que l'examen sur le droit que doit subir théoriquement le futur officier paraît très souvent escamoté, les juges se contentant des affirmations des témoins, praticiens locaux.

Reste qu'à tout prendre, ces procédures sont assez semblables à celles que subissent à la même époque les officiers royaux (qui ne sont pas non plus, exempts de tout reproche!) et que, au regard des dossiers d'installations, ces réceptions ne paraissent pas scandaleuses. D'autant plus que certaines réceptions ont lieu après des réticences ou des réserves. Les juges royaux sont attentifs au droit de rachat du roi et les officiers seigneuriaux, quand ils sont reçus dans les années où la monarchie prélève ce droit, ne peuvent exercer qu'à l'issue du rachat [13]. De même, ils sont attentifs à l'intitulé des seigneuries (Kerlech en 1762) [14], à la nature de la justice exercée (basse justice à Kerjean en 1691) [15], à l'âge du candidat. Dans d'autres cas, ils retardent des réceptions (Châtel en Cléder en 1685) [16], se déportent de l'examen du dossier car ils sont en procès ou parent du candidat ou font droit à des opposants qui contestent ces installations (Châtel en 1695, Kerlech en 1731) [17].

Au total, dans près de 10 % des cas, les juges royaux indiquent des limites, réserves ou réticences à l'installation. Cela prouve, à tout le moins, que l'examen du dossier est bien réel, même si dans certains cas ces réserves peuvent correspondre à des ententes, des arrangements ou des conflits entre des individus qui se côtoient de toute façon et se connaissent bien. Ces réserves sont beaucoup plus fréquentes à Brest, grande ville où les juges royaux viennent parfois de l'extérieur, qu'à Lesneven où l'influence de quelques familles peut vite être prépondérante. Dans ce gros bourg qu'est Lesneven, l'importance

---

12. Les mêmes individus, eux-mêmes souvent impliqués dans l'activité des justices reviennent régulièrement témoigner pour les nouveaux officiers et l'on se rapproche parfois de la cooptation. De façon tout à fait révélatrice, les enquêteurs interrogent presque exclusivement des habitants de la ville où siège la sénéchaussée. À Brest, on ne relève qu'une douzaine de témoins venant de la petite ville voisine de Saint-Renan (Finistère, ar. Brest, ch.-l. c.). À Lesneven (Finistère, ar. Brest, ch.-l. c.) on note exceptionnellement le témoignage de deux habitants de Morlaix (ch.-l. ar.).

13. Exemple à Commana (ar. Morlaix, c. Sizun) en 1721 (Arch. dép. Finistère, 6 B 26). Les droits de rachats « sont dus par le décès des particuliers qui ont des fiefs et terres sous mouvance du roy et qui consistent dans une année du revenu de ces mêmes fiefs », cf. *La Bretagne à la fin du XVIIe siècle d'après le rapport de Béchameil de Nointel édité par Jean Bérenger et Jean Meyer*, Paris, Klincksieck, 1976, IV-219 p. (p. 103). Les revenus des justices étant systématiquement estimés dans les successions seigneuriales, l'héritier verse au receveur des domaines une année de revenu mais laisse l'exercice de la justice aux officiers royaux pendant un an.

14. Arch. dép. Finistère, B 1854, réception comme procureur fiscal à Kerlech (Finistère, ar. Brest., c. et c. de Ploudalmézeau) d'Yves César Le Hir. Les magistrats retranchent dans leur procès-verbal quelques fiefs qui étaient inclus dans le mandat mais qui, selon eux, n'ont pas de droits de juridiction.

15. *Ibid.* Le cas est ici très particulier puisqu'il s'agit de la réactivation d'une justice délaissée depuis quelques années et qui fait l'objet d'un conflit depuis la réformation du Domaine royal en 1683. Le propriétaire a accordé des mandats très imprécis (peut-être volontairement) à un sénéchal et un procureur fiscal. Les juges de Brest s'appuient sur un premier arrêt du parlement pour décider que la juridiction sera exercée seulement en basse justice en attendant le jugement en appel du conflit. Kerjean avait son siège dans la commune actuelle de Saint-Vougay (Finistère, ar. Brest, c. Plouzévédé).

16. *Id.*, réception de Pierre Kerscau de Kermériadec comme procureur fiscal de Châtel-en-Cléder (ar. Morlaix, c. Plouzévédé). La réception est refusée à Lesneven en 1685 et seulement effectuée à Brest en 1688.

17. Arch. dép. Finistère, B 1854, B 1855.

de réseaux de sociabilités multiples limités aux quelques familles de l'élite locale atténue considérablement la capacité des juges à porter un regard rigoureux sur les candidats alors que les juges de la grande ville voisine, participant à des réseaux relationnels plus variés, sont sans doute moins liés par ces considérations et peut-être plus attachés au respect des prescriptions royales.

Les petits officiers sont-ils autant surveillés ?

L'observation de ces procédures de réception est intéressante parce qu'elle montre que la justice seigneuriale peut se trouver surveillée, contrôlée, encadrée par la monarchie. N'importe qui ne devient pas juge ou procureur fiscal d'une seigneurie. En revanche, on peut se poser des questions pour les autres charges. Les greffes sont systématiquement pris à ferme et les greffiers ne subissent aucun contrôle des officiers royaux. Parce qu'ils sont fermiers, eux-mêmes ou leurs veuves s'ils décèdent pendant leur bail, peuvent choisir leurs commis en toute liberté. Ainsi, à Kerlech en 1731, le sénéchal et le procureur de la seigneurie tentent d'imposer à la veuve d'un greffier un candidat de leurs amis, par ailleurs notaire et procureur de plusieurs juridictions et elle doit faire appel à la sénéchaussée pour maintenir son propre commis. La veuve s'estime

> « [...] fondée à nommer un commis pour l'exercice desdites greffes mais les officiers de laditte jurisdiction de Kerlech ont refusés de recevoir maistre Charles Masson, ancien procureur de la ditte jurisdiction où il a cessé d'occuper pendant quelques années et ont préférés Maistre Cezar Le Hir par des considérations particulières dont ils veullent profitter au prejudice de laditte veuve [18] ».

Les notaires et procureurs échappent aussi au contrôle des officiers royaux. Dans les grandes seigneuries existent parfois des charges vénales et en nombre fixe mais dans les plus petites, c'est le sénéchal qui peut lui-même autoriser un notaire à exercer ou un procureur à plaider, cela sans le moindre contrôle ou surveillance. Il en va de même, à plus forte raison, des auxiliaires de justice, huissiers ou sergents.

En fait, il faut établir une double distinction au sein du personnel des justices seigneuriales : distinction entre grandes et petites seigneuries, entre personnel supérieur et subalterne. Dans les grandes seigneuries, le fonctionnement se calque sur celui des sénéchaussées royales, les juges, au nombre de deux ou trois, achètent leurs offices (parfois fort cher) [19], le nombre de notaires et procureurs est fixe et les charges sont régulièrement pourvues tandis que dans les plus petites juridictions, les charges sans finances, sans revenu assuré et en nombre variable ne sont pas toujours occupées et pas toujours confiées à des individus capables. Par ailleurs, deuxième distinction, à l'intérieur des seigneuries, juges et procureurs fiscaux sont l'objet d'un contrôle, relatif certes mais pas insignifiant, tandis que le reste du personnel est recruté en toute liberté par les seigneurs, leurs juges ou leurs procureurs. C'est là, de toute évidence, que se trouvent les excès les plus manifestes.

18. Arch. dép. Finistère, B 1855. Les juges royaux donneront raison à la veuve.

19. Un peu partout en Bretagne, au XVIIIe siècle, les charges de sénéchaux des grandes seigneuries se négocient entre 15 et 30 000 livres, soit l'équivalent des charges des sénéchaussées royales. À l'opposé, la charge de procureur fiscal d'une petite seigneurie comme Pensez (Finistère, ar. Morlaix, c. et comm. Taulé) est vendue 423 livres en 1693. Arch. dép. Finistère, 6 B 27.

Les parcours professionnels

Ces distinctions se retrouvent quand on essaie d'observer les parcours professionnels des officiers seigneuriaux. Parmi eux, sénéchaux et procureurs fiscaux sont presque toujours bacheliers ou licenciés en droit, c'est-à-dire qu'*a priori*, ils ne sont pas tout à fait les incapables et les illettrés dénoncés par leurs détracteurs. Ils ont suivi une formation juridique dans les universités les plus proches, Nantes ou Rennes pour les quatre-cinquièmes d'entre eux [20], parfois Angers ou Caen, voire Paris [21]. La plupart ont été reçus comme avocat et plaident en tant que tel pendant quelques années, le temps de se faire connaître, avant d'entrer dans les charges seigneuriales ; aussi ces hommes ne sont-ils pas très jeunes. Il est rare que l'on devienne procureur fiscal avant trente ans et les sénéchaux ont souvent plus de quarante ans. Tous ou presque ont commencé leur carrière ailleurs que dans ces charges seigneuriales. Deux types de carrières semblent se dessiner.

Des carrières courtes

Les uns commencent par être commis de greffiers, de procureurs, clercs chez des notaires avant d'acquérir précisément ces offices subalternes de notaires, procureurs ou greffiers de seigneuries. Ils accèdent parfois aux fonctions de procureur fiscal, mais se tournent dès qu'ils le peuvent vers des offices royaux, en particuliers ceux de notaires et procureurs devant les sénéchaussées, offices plus chers et convoités mais beaucoup plus sûrs et prestigieux. Alexandre Madec de Kersivien a été huissier au consulat de Morlaix, puis au tribunal des fermes de Brest avant de prendre à ferme le greffe de la grosse juridiction des regaires de Gouesnou [22] puis d'acquérir enfin un office d'huissier-audiencier à la sénéchaussée de Brest en 1712 [23]. Guy Gérard, notaire et procureur de cinq juridictions seigneuriales dans l'est du diocèse devient en 1761 procureur à la sénéchaussée de Brest et s'installe dans la ville [24]. On pourrait multiplier les exemples. Ces offices subalternes, huissiers, procureurs, notaires, sont souvent une première étape, un moyen d'obtenir une expérience ou la confiance d'un seigneur avant de passer à des fonctions plus gratifiantes et plus rémunératrices ou sûres, en particulier dans les petits offices royaux. Mais ces individus ne s'élèvent guère dans la hiérarchie des officiers.

Les carrières des officiers principaux

À côté ou au-dessus d'eux, un deuxième type de carrière concerne principalement les sénéchaux et procureurs fiscaux, sortant de l'université. La plupart d'entre eux, on l'a dit, sont d'abord avocats. Certains le restent, se contentent de cette activité au barreau et ils n'exercent qu'exceptionnellement des magistratures seigneuriales. D'autres, au contraire, après quelques années, s'en font une spécialité et les fonctions de juges circulent au sein d'un petit cercle spécialisé. Quelques-uns exercent successivement dans trois ou quatre seigneuries, d'autres cumulent les charges. Goulven Nayl, sieur de Saint-

20. La formation peut se faire à Rennes après 1735 et le transfert de l'école de droit dans cette ville.
21. L'extrême diversité d'origine de la population de Brest se retrouve toutefois parmi les avocats de la ville qui deviennent parfois juges seigneuriaux. Deux d'entre eux ont suivi les cours des universités de Reims et de Nancy !
22. Finistère, ar. Brest, c. Brest-Gouesnou.
23. Arch. dép. Finistère, B 1855.
24. *Id.*

Maudez, devient en 1733 sénéchal de la modeste seigneurie de Kerlech. En 1734, il obtient le mandat de sénéchal pour le marquisat de Kergroades et Gouverbihan [25], puis en 1737, celui de Keruzas [26] et enfin celui de l'abbaye de Saint-Mathieu [27]. Son fils, Charles, lui succédera dans les quatre charges en 1762 et les occupera jusqu'à sa mort, peu avant 1780. Le père de Goulven Nayl était déjà, à la fin du XVIIe siècle, notaire royal à Saint-Renan, officier de plusieurs juridictions et... propriétaire de la maison où siégeait alors la sénéchaussée ! La famille Nayl contrôle pendant presque tout le siècle toutes les petites seigneuries de l'ouest de Brest et ses alliances matrimoniales montrent qu'elle est liée étroitement aux juges voisins. Dans un tel cas, l'exercice comme avocat n'est plus guère nécessaire : Goulven semble avoir plaidé quelques années à Brest mais son fils Charles récupère les fonctions de son père presque aussitôt après la fin de ses études et sa réception comme avocat [28].

Il n'est pas possible de se lancer dans une présentation détaillée des alliances et des liens de toute sorte que tissent entre elles les quelques familles qui se partagent ou se disputent les offices seigneuriaux mais on peut néanmoins souligner quelques éléments. Ces hommes se trouvent à la jonction de plusieurs milieux sociaux et professionnels. Ils participent d'une petite élite rurale possédant des domaines fonciers, pratiquent parfois le commerce maritime [29] ou le commerce des toiles dans la région de Morlaix [30]. Ils prêtent de l'argent, y compris à leurs seigneurs mandataires [31]. Ils gèrent des seigneuries comme régisseurs ou fermiers, afferment des dîmes et possèdent souvent des propriétés en ville. On saisit aisément le rôle clé qu'ils peuvent jouer localement et l'emprise qu'ils peuvent acquérir sur les habitants. Toutefois, il leur faut aussi maintenir un lien privilégié avec les seigneurs s'ils veulent conserver les positions acquises et ce n'est pas toujours facile au XVIIIe siècle. La forte croissance de Brest, la dissémination géographique des seigneurs leur génèrent des concurrents riches, compétents et sachant capter l'attention des seigneurs justiciers. Il en ressort que ce monde est loin d'être un monde clos mais qu'il semble au contraire particulièrement ouvert à des nouveaux venus (d'un point de vue géographique plus que social !).

Les évolutions du XVIIIe siècle

Parmi les évolutions du XVIIIe siècle, la première est la raréfaction des nobles dans le personnel judiciaire. La petite noblesse locale était en effet très bien représentée dans les charges de sénéchaux seigneuriaux au XVIIe et au début du XVIIIe siècle.

25. Cette seigneurie, relativement importante, s'étend surtout dans les communes de Plourin-Ploudalmézeau et Brélès (Finistère, ar. Brest, c. Ploudalmézeau et Saint-Renan).
26. Finistère, ar. Brest, c. Brest, c. Plouzané.
27. Finistère, ar. Brest, c. Saint-Renan, c. de Plougonvelin et du Conquet.
28. Arch. dép. Finistère, B 1347, B 1854, B 1855.
29. Arch. dép. Finistère, B 2491, exemple de Pierre Créac'h, procureur fiscal de l'abbaye de Saint-Mathieu, qui arme des barques pour le cabotage en 1784.
30. Hervé Broustail, procureur fiscal de Kermellec (Finistère, ar. Morlaix, c. Taulé, c. Guiclan), puis de Penhoat (Finistère, ar. Morlaix, c. et comm. de Saint-Thégonnec) en 1764, est membre d'une famille de marchands de toiles de la région de Saint-Thégonnec (Finistère, ar. Morlaix, ch.-l. c.). Il réside à Morlaix où il pratique le négoce (Arch. dép. Finistère, 6 B 27). Voir aussi ELÉGOËT Louis, *Les Juloded. Grandeur et décadence d'une caste paysanne en Bretagne*, Rennes, PUR, 1996, 290 p.
31. C'est le cas des Nayl par exemple en 1699 qui détiennent une hypothèque de 800 livres sur le seigneur de Lescoët (Arch. dép. Finistère, B 1365).

La raréfaction de la petite noblesse dans les offices seigneuriaux

Tradition lointaine, attachement à une seigneurie ou à la famille qui la possédait, cette participation au fonctionnement interne des seigneuries était l'une des activités habituelles des nobles modestes, activité qui, de plus, ne comportait aucun risque de dérogeance, aucune connotation péjorative et n'empêchait pas de « vivre noblement ».

Une tradition de service auprès des seigneurs justiciers

Les sénéchaux nobles étaient presque toujours issus de familles anciennes et implantées depuis plusieurs siècles : les Keroullas, Kerscau, Mathezou, Gillard... pouvaient sans peine faire remonter le principe de leur noblesse au XIIIe ou XIVe siècle, parfois plus loin que celle de leur seigneur justicier ! Ce qui n'empêchait pas parfois l'arrivée de « nouveaux venus ». Ainsi, la famille de Moucheron, venue de Normandie au XVIe siècle, a su nouer des liens suffisamment solides avec les ducs de Rohan, pour conserver l'office de bailli de Landerneau à partir du milieu du XVIIe siècle. Au XVIIIe siècle, elle est totalement intégrée aux familles de la noblesse locale. Les officiers nobles étaient, dans la plupart des cas, possessionnés dans la seigneurie dont ils devenaient les juges. Ils y détenaient des biens étendus, parfois des fiefs, et le lien qu'ils établissaient ainsi restait, dans une certaine mesure, proche d'un lien de vassal à suzerain : le vassal servait son suzerain en devenant son juge et le suzerain, en échange, ne destituait et ne remplaçait son sénéchal qu'exceptionnellement, beaucoup plus rarement en tout cas qu'il ne le faisait avec de simples roturiers.

Il y a incontestablement, derrière cette pratique nobiliaire, sinon un souvenir de vassalité, au moins des liens de clientèle et de fidélité ou de patronage qui se maintiennent tant que le principe de vénalité n'a pas atteint les offices des seigneuries modestes. La fonction de juge seigneurial était, pour ces petits nobles, moins attachée à une pratique professionnelle qu'à un statut local et à un lien personnel avec le détenteur de la seigneurie. D'ailleurs, ces juges nobles n'exerçaient que très peu par ailleurs leur charge d'avocat, ne cumulaient guère les offices seigneuriaux et ne recherchaient, parmi les offices royaux, que ceux suffisamment respectables des sénéchaussées [32].

Un désengagement

Or, ce lien privilégié semble se rompre vers 1720-1730 et le nombre de nobles diminue brutalement aussi bien à Brest qu'à Lesneven. Les chiffres disent assez l'importance de cette présence noble et sa chute rapide. Le tableau 1 est établi à partir de 218 officiers de justice entre 1680 et 1789, ce qui correspond à un nombre beaucoup plus important de fonctions occupées, étant donné les cumuls fréquents. Il ne s'agit pas, bien entendu, de la totalité des officiers des deux sénéchaussées mais d'un échantillon néanmoins très significatif :

32. De même, dans ces offices seigneuriaux, les nobles dédaignent les fonctions subalternes (greffiers, procureurs, notaires) et se concentrent de plus en plus sur les charges de sénéchaux.

	Sénéchaussée de Brest		Sénéchaussée de Lesneven		Ensemble	
	Avant 1720	Après 1720	Avant 1720	Après 1720	Avant 1720	Après 1720
Sénéchaux	76,9 %	20,7 %	41,6 %	15,3 %	60,0 %	17,64 %
Procureurs fiscaux	15,3 %	9,3 %	22,2 %	4,1 %	18,2 %	6,25 %
Ensemble	38,1 %	11,8 %	30,0 %	9,2 %	34,7 %	10,3 %

Tableau 1. – *Les nobles parmi les officiers de justice.*

Hypothèses sur les raisons d'un tel désengagement

Dans les grandes seigneuries, dont les offices sont vénaux, les possesseurs s'efforcent souvent de rationaliser leur gestion et privilégient les capacités financières de leurs officiers au détriment de liens traditionnels dont ils ne perçoivent plus nécessairement l'intérêt. Les ducs de Rohan à Landerneau par exemple emploient un personnel bien formé, qui leur est lié par bien d'autres aspects, ainsi le fermier général du comté de Porhoët qui devient procureur fiscal en 1723 [33], mais qui n'est pas toujours d'origine locale et de plus en plus rarement noble. Ailleurs, le recul des nobles tient peut-être en partie aux ventes de seigneuries, acquises par des personnages lointains et peu soucieux de maintenir des traditions locales. Il tient aussi à des orientations nouvelles des familles de petite noblesse, à la fois désengagement des charges publiques et attirance nouvelle vers des activités différentes. On retrouve en particulier ces petits nobles parmi les commissaires ou les écrivains de la Marine au port de Brest, mais aussi dans des charges de combattants, lieutenants ou capitaines de vaisseau, ranimant une tradition militaire qu'ils n'avaient jamais totalement abandonnée. Le développement considérable de la marine de guerre à Brest a, de toute évidence, une influence sur la noblesse locale et contribue à la détourner en partie de cette fonction judiciaire habituelle. Mais l'explication est insuffisante car le phénomène se retrouve en d'autres endroits en Basse Bretagne, en Cornouaille ou dans le pays vannetais par exemple.

La première moitié du XVIIIe siècle marque le début du recul de la forte présence nobiliaire dans la justice seigneuriale en Basse Bretagne – une fin plus tardive que dans le diocèse de Saint-Malo où Michel Nassiet l'avait repérée dès les dernières décennies du siècle précédent [34].

Un repli des Justices de village *vers les villes*

La seconde rupture que l'on peut discerner au XVIIIe siècle tient à l'influence urbaine sur ces justices seigneuriales. Certes, les plus grosses justices sont urbaines depuis les

33. Arch. dép. Finistère, 6 B 27. Le comté de Porhoët, jouxtant le duché de Rohan, est une des trois grandes seigneuries que possède la famille dans le centre de la province (aujourd'hui dans le nord-est du Morbihan). C'est aussi, et peut-être surtout, un des biens patrimoniaux les plus anciens des Rohan, le lieu où ils ont commencé à s'élever aux XIe et XIIe siècles et, à ce titre, ils y sont particulièrement attachés. L'homme en question est membre d'un vaste réseau de financiers, fermiers et officiers de justice, constitué de plusieurs familles alliées et au service des Rohan depuis le milieu du XVIIe siècle au moins ; réseau qui, depuis les domaines initiaux des Rohan autour de Pontivy et Josselin, s'est étendu au pays vannetais et à la région de Landerneau et de Brest où ces individus participent à la fois à la gestion des biens des Rohan et aux diverses fermes royales.

34. NASSIET, *Noblesse et pauvreté…*, *op. cit.* Il faudrait peut-être la mettre en parallèle avec le recul nobiliaire concomitant dans le clergé paroissial. On peut se demander s'il n'y a pas alors un désengagement massif de la petite noblesse des fonctions de pouvoir local ou des charges publiques, cf. BERTHELOT DU CHESNAY Charles, *Les Prêtres séculiers en Haute Bretagne au XVIIIe siècle*, Rennes, PUR, 1984, 660 p. (p. 100-107). Le recul de la part de la noblesse dans le clergé paroissial est toutefois moins marqué que dans la justice seigneuriale.

origines et les vassaux ont l'habitude de se rendre à Brest, à Landerneau, à Guingamp ou à Pontivy pour leurs procès, mais le phénomène prend une autre ampleur avec le XVIIIe siècle. Plusieurs aspects doivent être soulignés.

Les aspects économiques et pratiques

La difficulté et le coût de l'entretien des auditoires poussent certains seigneurs à abandonner leurs vieux et incommodes bâtiments pour installer leurs « cours » dans des salles annexes des sénéchaussées royales. Le phénomène n'est pas très sensible à Brest où le plus gros tribunal seigneurial était de toute façon déjà installé dans la ville mais il est manifeste à Lesneven où, au milieu du siècle, six justices seigneuriales siègent dans l'auditoire royal. Tout plaide en faveur de ces déplacements. Le coût d'entretien d'auditoires peu utilisés dans les campagnes, le décorum plus imposant et majestueux des bâtiments urbains, le souhait des hommes de loi, majoritairement citadins, celui des officiers royaux qui y voient sans doute un moyen de surveillance plus facile. Les conditions de travail sont bien meilleures et sans doute les échanges plus rapides entre les tribunaux, les juges, les procureurs. Ces déplacements d'auditoires seigneuriaux vers les villes ne sont pas partout aussi intenses. Ils touchent particulièrement, en Basse Bretagne, Lesneven, Morlaix et Quimper mais ils existent aussi ailleurs en Bretagne. Le tableau suivant distingue les sièges des juridictions seigneuriales du ressort présidial de Quimper, entre les villes (au total : 24,4 %) et la campagne, où les trois quarts sont tout de même demeurées [35].

Sénéchaussées	Justices siégeant en ville	Justices siégeant en campagne
Brest	1	9
Carhaix	5	21
Châteaulin	4	16
Châteauneuf-du-Faou	1	6
Concarneau	1	10
Gourin	2	10
Lesneven	9	17
Morlaix	7	17
Quimper	8	12
Total	38	118

Tableau 2. – *Localisation des sièges des justices seigneuriales.*

Des juges citadins

Ce rassemblement des sièges des juridictions dans les villes conforte la tendance à la provenance urbaine des officiers. Au début du siècle, nombre de sénéchaux et de procureurs fiscaux vivaient encore dans leurs manoirs ruraux sur le ressort de la seigneurie (les nobles en particulier). Ils y apparaissaient comme des notables locaux, insérés dans des réseaux complexes de dépendance, d'autorité et de hiérarchie, tissant avec les justiciables une multitude de liens qui découlaient du voisinage. Or, au cours du siècle, les candidats aux fonctions judiciaires seigneuriales sont de plus en plus des citadins

35. D'après BOURDE DE LA ROGERIE, « Liste des juridictions… », *op. cit.*

qui habitent Brest, Saint-Renan, Landerneau, Lesneven, Saint-Pol-de-Léon ou Morlaix. Les officiers seigneuriaux se comportent souvent comme la noblesse ou le reste de la bourgeoisie locale. Ils possèdent (ou acquièrent) des manoirs et des biens en campagne mais n'y résident que pendant quelques semaines ou quelques mois d'été. Ils ne viennent officier dans les campagnes que les jours de tenue d'audience et quand l'auditoire s'est déplacé en ville, ils n'y viennent plus qu'exceptionnellement et ce sont désormais de plus en plus des individus extérieurs au monde rural. Le développement de Brest qui attire des avocats venant parfois de loin renforce encore ce phénomène puisque des avocats néo-brestois, attirés par la clientèle urbaine et sans aucune attache locale préalable se retrouvent parfois magistrats de petites juridictions dont ils ignorent presque tout.

Cette domiciliation urbaine touche très nettement les sénéchaux et les procureurs fiscaux même si certains continuent de résider dans le manoir seigneurial et incarnent physiquement la présence seigneuriale, mais aussi, quoique de façon moins nette, les offices subalternes : notaires, procureurs, voire sergents ou huissiers. La sénéchaussée de Brest est même obligée de rappeler aux sergents qu'ils sont tenus de résider dans leur ressort et non pas dans la ville la plus proche aux risques de nullité de leurs actes [36]. Les greffiers sont *a priori* moins sujets à cette « délocalisation » mais comme la charge est souvent cumulée avec d'autres, le cas se présente aussi de temps à autres, posant de graves problèmes aux justiciables à la recherche de documents authentiques.

L'influence urbaine se fait aussi sentir de façon plus diffuse puisque la plupart des officiers, siégeant aussi au barreau des sénéchaussées et vivant en ville participent de toute évidence d'une sociabilité de petite bourgeoisie citadine et l'emprise plus nette des tribunaux royaux va dans le même sens. Les années où le roi prélève le droit de rachat sont une autre occasion de manifester cette influence. La sénéchaussée désigne alors en son sein des substituts qui remplacent les juges seigneuriaux et deux cas de figures peuvent se présenter. Ou bien les audiences seigneuriales sont purement et simplement transférées à l'auditoire de la sénéchaussée en ville, ou bien elles sont maintenues dans l'auditoire habituel mais les substituts urbains raréfient les audiences pour éviter les déplacements [37] et quand ces audiences s'ouvrent effectivement, c'est tout un personnel urbain qui siège alors et l'audience ressemble probablement dans ces cas à un tribunal « débarqué » dont on imagine qu'il comprendra mal les problèmes locaux.

Un hiatus culturel et linguistique

Cette prise de distance a, en Basse Bretagne, des répercussions linguistiques et culturelles très sensibles. La population rurale y est en effet très massivement bretonnante alors que la justice se rend en français. Cela ne pose pas de problème *a priori*, les justiciables ont apparemment intégré et accepté cette donnée tant il est clair pour tout le monde que le français est la langue de l'écrit et du pouvoir. Mais les magistrats locaux, les petits nobles du début du siècle, parlent et comprennent plus ou moins le breton et

36. Dès la fin du XVIIe siècle, les sergents de la juridiction de Coatméal (Finistère, ar. Brest, c. Plabennec, c. Coatméal) étaient des Brestois qui résidaient en ville. Le procureur du roi à la sénéchaussée leur fait injonction de se retirer dans leur seigneurie sous peine de nullité de leurs actes (Arch. dép. Finistère, B 1353).

37. En 1712, par exemple, le greffier de Kerlech se plaint que les magistrats de Brest ne soient pas venus depuis cinq semaines alors que l'audience se tient normalement tous les quinze jours. Il en résulte une gêne pou les justiciables et... un manque à gagner pour le greffier! (Arch. dép. Finistère, B 1397).

chacun le sait bien puisqu'on les côtoie régulièrement. Si on utilise les services d'un interprète, il y a néanmoins une certaine connivence, voire une complicité, puisqu'on sait que le magistrat comprend la langue d'usage et peut, au besoin, s'en servir ou se passer des services de l'interprète. Cela garantit aussi les justiciables contre les éventuelles traductions indélicates. Avec les magistrats externes et totalement francophones, cette connivence disparaît. Le sergent, l'huissier ou le greffier, qui font généralement office d'interprète, se retrouvent maîtres de la situation puisque personne ne peut plus garantir l'exactitude de leurs traductions et juges comme justiciables sont à la merci de ces traducteurs pas toujours compétents et pas toujours fiables. Le hiatus linguistique, qui s'aggrave au XVIIIe siècle, ne peut qu'influer négativement sur la confiance que l'on peut avoir envers le jugement puisqu'il ne suffit plus de comprendre les rouages de la justice mais qu'il faut encore détenir les moyens de garantir la bonne traduction de ses déclarations. Cette coupure linguistique n'est certainement pas totale et elle est difficile à étudier, faute de documents suffisamment explicites, mais elle est manifestement plus sensible au XVIIIe siècle et accroît encore la distance qui sépare la justice des justiciables.

La capacité de la justice seigneuriale à réguler la société serait-elle amoindrie ?

En quoi ce regard porté sur les officiers et leurs évolutions peut-il nous éclairer sur la capacité de régulation sociale de l'institution ? Je crois qu'il y a au XVIIIe siècle une distanciation progressive entre la justice et les justiciables qui peut se traduire par une crise de confiance ou une remise en cause de la légitimité de l'institution. Cette prise de distance est géographique (par le caractère de plus en plus urbain des juges) ; elle est sociale (les officiers seigneuriaux apparaissant moins impliqués dans des réseaux de parentèle, de voisinage, de services, d'échanges de toutes sortes...) et elle est aussi culturelle (par les modes de vie ou les pratiques linguistiques par exemple).

Des juges mal perçus

Comment, dans ces conditions, la communauté rurale peut-elle percevoir les interventions d'un juge qui ne connaît pas bien la seigneurie, qui n'en côtoie pas régulièrement les habitants et qui ne comprend pas leur langue ? Comment, d'autre part, le juge peut-il juger, en matière de police rurale par exemple, quand il ne connaît pas bien les usages de la région, ceci en particulier quand on sait l'importance ou la fréquence des conflits de bornage, des conflits liés aux chemins, aux haies, aux talus, aux droits d'eau, etc. Probablement appliquera-t-il les prescriptions de la coutume ou de la jurisprudence provinciale mais celles-ci ne coïncident pas toujours avec les usages locaux ? À tout prendre, n'a-t-on pas intérêt à faire confiance à des juges royaux, certes plus lointains et plus chers, mais dont on peut escompter une meilleure compétence et peut-être une impartialité plus grande ? Cette prise de distance est, dans une certaine mesure, le résultat de la politique monarchique visant à contrôler les justices seigneuriales et qui, rapprochant les juridictions les unes des autres, a fait perdre à une partie des juges seigneuriaux leur caractère de juges « locaux et immédiats ». Mais elle provient aussi de l'attitude des officiers seigneuriaux qui apparaissent souvent dans une situation sociale inconfortable; certes ils constituent une élite de petits notables ruraux, objets de la crainte, du respect ou du ressentiment de la population mais ils sont aussi quelque peu moqués, raillés ou déconsidérés en ville par les officiers royaux ou la littérature des Lumières. Il est clair qu'au XVIIIe siècle, l'accession à une véritable respectabilité passe par une assimilation aux modèles urbains et à leurs pratiques dominantes et elle conduit à ce qu'on pourrait appeler une *externalisation* de la justice seigneuriale.

Une crise de confiance encore plus sensible au niveau des officiers subalternes

Concrètement, dans la seconde moitié du siècle, les officiers les plus présents dans les campagnes sont en fait les officiers subalternes, ceux qui assurent une bonne partie de cette régulation sociale mais qui sont aussi les plus fortement contestés par la population. C'est le cas des huissiers et des sergents auxquels on reproche leur violence et leur insensibilité aux situations dramatiques des justiciables. C'est le cas des notaires seigneuriaux aux actes qualifiés d'inutiles et mal rédigés. Tous ces petits officiers sont, de plus, loin d'être toujours honnêtes et vertueux. Les juges de la sénéchaussée de Brest décrètent par exemple, en 1712, l'arrestation de trois notaires de Kerlech soupçonnés de faux actes[38]. Quelques années plus tôt, ils avaient refusé de recevoir dans la petite seigneurie voisine des Salles[39], l'avocat Taillard, coupable d'avoir falsifié un acte de la réformation du domaine royal[40]. En 1757, c'est un sergent de la seigneurie de Coatméal qui est emprisonné pour avoir fait évader, contre rétribution, des prisonniers anglais de la prison de Brest[41]. On pourrait ainsi multiplier les exemples. Arpenteurs et greffiers, qui ont en Bretagne des fonctions plus importantes qu'ailleurs, sont encore plus contestés.

Des priseurs et des greffiers qui ne font pas (ou plus?) autorité

Les priseurs et arpenteurs jouent un rôle clé dans le fonctionnement du système du domaine congéable, système dominant d'amodiation des terres dans la partie occidentale de la province[42] qui suppose une évaluation précise des biens des paysans exploitants lors des conflits avec le propriétaire et lors des congéments[43]. Or, on constate que dans ces conflits, les parties en présence sont très rarement d'accord sur le choix des priseurs. Ces individus apparaissent manifestement comme porteurs des intérêts des propriétaires (ou du moins ils sont généralement perçus comme tels par les exploitants).

Les greffiers ont une image encore plus négative. Particularité juridique bretonne, ils sont chargés, contre rétribution, de la réalisation des inventaires après décès et de très nombreux actes familiaux liés aux successions ou aux tutelles. Cela entraîne, d'une part, une infinité de conflits entre juridictions qui s'arrachent les attributions de ces

38. Arch. dép. Finistère, B 1365.
39. Finistère, ar. Brest, c. et comm. Ploudalmézeau.
40. Arch. dép. Finistère, B 1366.
41. Arch. dép. Finistère, B 2180.
42. À l'exception toutefois du Léon, notre observatoire, où il n'est important qu'auprès de Morlaix. La mauvaise réputation des arpenteurs priseurs n'y est donc pas aussi forte qu'ailleurs puisque le problème est ici secondaire.
43. La procédure de congément est la procédure d'expulsion du tenancier par le seigneur ou, plus souvent, un nouveau tenancier auquel le seigneur a accordé le droit de congédier son prédécesseur. Elle nécessite une estimation rigoureuse des biens du tenancier congédié qui lui seront remboursés par le congédiant. Pour ce faire chacune des deux parties choisit un arpenteur et un troisième expert doit être nommé par accord entre les deux parties. Comme cet accord est très rare, c'est le sénéchal de la juridiction qui désigne d'office ce troisième expert.

actes de façon à bénéficier des droits qui y sont liés et, d'autre part, des pratiques plus ou moins frauduleuses ou scandaleuses. Les greffiers ne sont jamais pressés de terminer un inventaire et préfèrent arrêter de travailler très tôt dans l'après-midi, rentrer dormir à l'auberge la plus proche et revenir le lendemain pour toucher les droits d'une journée supplémentaire de travail. À l'inverse, ils négligent ostensiblement certains actes liés aux tutelles qu'ils doivent assurer gratuitement, laissant nombre d'enfants sans véritable protection juridique. La mauvaise image des greffiers, qui sont les principaux interlocuteurs des justiciables, est particulièrement évidente en 1789. Dans la sénéchaussée de Lesneven, les cahiers de doléances ne sont pas particulièrement extrémistes dans leur dénonciation du fonctionnement de la seigneurie, sauf en ce qui concerne les greffiers[44]. La moitié d'entre eux les signalent expressément et parfois en des termes virulents et la clameur se retrouve ici dans toute la province :

> « Les veuves affligées de la mort de leurs maris sont très souvent accablées par les vexations des greffiers ou de leurs commis. Les droits sont aussi trop forts. Il est raisonnable de payer des impôts quand on profite, mais il paraît cruel de les payer quand on perd[45]. »

Conclusion

De toute évidence, à la veille de la Révolution, la justice seigneuriale est perçue au travers du prisme déformant de ces officiers subalternes qui, seuls, restent en contact très régulier avec la population rurale mais sont les plus contestables et les plus contestés. Les sénéchaux ont déserté les champs pour imiter en ville une bourgeoisie qui conteste volontiers les archaïsmes seigneuriaux. Les procureurs fiscaux dont on interdit, au printemps 1789, l'élection comme député pour les États généraux, ne participent que très rarement aux assemblées rédigeant les cahiers de doléances. Les greffiers et autres sergents sont les cibles les plus manifestes du mécontentement. La comparaison avec la période révolutionnaire et l'instauration des juges de paix, qui reprennent une partie des attributions des justices seigneuriales en matière rurale n'est d'ailleurs pas inintéressante et mériterait d'être approfondie. Dans une région où l'enthousiasme révolutionnaire initial diminuera très vite dans les campagnes, les juges de paix semblent assez bien reçus par la population et l'institution fonctionne correctement, même dans des cantons où, *a priori*, on n'apprécie guère les changements révolutionnaires et où, à défaut de vrai soulèvement, on se réfugie dans une opposition sourde et des résistances tacites. Parmi ces nouveaux juges de paix, il semble bien qu'il y ait plus de paysans riches que d'anciens greffiers seigneuriaux. Si l'on n'a pas ici contesté ou remis en cause fondamentalement le système seigneurial et ses justices[46], les hommes qui l'incarnaient quotidiennement ont été assez massivement écartés, quand ils ne se sont pas opportunément ralliés aux idées nouvelles.

---

44. Ils partagent cette place de choix dans la vindicte paysanne avec les meuniers !
45. Article 5 du cahier du Drennec (Finistère, ar. Brest, c. Plabennec) : ROUDAUT Fanch, *Les Cahiers de doléances de la sénéchaussée de Lesneven*, Brest, Cahiers du CRBC, n° 11, 1990, 316 p. (p. 49).
46. Cette contestation est en revanche, très nette dans les cahiers urbains.

La justice seigneuriale à Laval au XVIIIe siècle

Frédérique PITOU
Maître de conférences d'histoire moderne,
Laboratoire d'histoire anthropologique du Mans, université du Maine

Mon intervention est sans doute un peu en marge des communications présentées lors de ce colloque car, alors que nous avons entendu évoquer beaucoup de petites justices rurales, la juridiction que je vais vous présenter est urbaine, et si elle est bien une justice seigneuriale, elle est une « grande » justice seigneuriale. Or depuis les contemporains jusqu'aux historiens du régime féodal – je pense à La Monneraye pour le Maine [1] – il semble bien qu'une différence soit faite entre les petites justices seigneuriales et les grandes « comme celles des comtés-pairies », comme si l'importance de la juridiction en modifiait la nature. C'est sans doute un peu ce que je vais conclure, mais j'ai également été frappée par le double discours que véhiculent les magistrats. D'une part, ils tiennent évidemment au caractère spécifique de leur siège et à ses compétences (ils sont en particulier très vigilants à les défendre contre le siège royal proche) mais, d'autre part, lorsque se pose la question de l'opposition justice seigneuriale-justice royale, ils reconnaissent sans hésiter la supériorité de la seconde et semblent considérer comme inexorable, à plus ou moins long terme, la disparition des justices seigneuriales. Après avoir présenté les juridictions contentieuses en activité au XVIIIe siècle dans le territoire du comté-pairie de Laval, soit un peu moins de la moitié de l'actuel département de la Mayenne (et quelques paroisses de la Sarthe) [2] et montré la relative rareté des « petites » justices seigneuriales, absorbées par celle de Laval, je détaillerai l'organisation de ce siège en présentant l'étendue de ses compétences, tout à fait comparable à bien des sièges de bailliages royaux. Malgré cela, le siège ordinaire du comté-pairie de Laval me semble caractérisé, au XVIIIe siècle, par sa fragilité, et la cause en est peut-être moins à chercher dans son caractère seigneurial que dans la concurrence faite à toutes les justices ordinaires par la justice « administrative ».

---

1. LA MONNERAY, *Le Régime féodal et les classes rurales dans le Maine au XVIIIe siècle*, 1922 (*supra* bibliographie Annie Antoine).
2. *Le Comté de Laval, son histoire, les mœurs de ses habitants, ses manufactures... par Julien Leclerc du Flécheray*, s. d. [fin XVIIe siècle], Laval, Chailland, 1888, 105 p.

La justice dans le comté de Laval

À Laval, un « grand » siège seigneurial et un « petit » siège royal

Comme le rapporte Leclerc du Flécheray, avocat fiscal du comté à la fin du XVIIe siècle, les conflits à Laval, siège du comté-pairie, sont incessants entre les deux sièges, et les procès nombreux[3]. Des mémoires, rédigés au nom des deux parties, s'accumulent. L'un d'entre eux, écrit lors d'une contestation de compétence à propos des réparations aux bénéfices ecclésiastiques, en 1759, contient une présentation de leur siège par les officiers seigneuriaux :

> « Ce serait peu connaître le Comté de Laval, que de le confondre dans la multitude des seigneuries et des justices seigneuriales du royaume; n'en existant point, que l'on sache, qui joigne à la dignité une antiquité aussi reculée. C'est en partant du règne des enfants de Louis le Débonnaire, que l'histoire nous donne la suite non interrompue des Seigneurs Propriétaires du Comté de Laval. Depuis Guy, premier du nom, qui vivait dans le neuvième siècle, jusqu'au Duc de la Trémoïlle aujourd'hui, cette grande Terre, toujours possédée héréditairement, et sans avoir jamais été aliénée, a toujours formé une seigneurie distinguée et isolée, qui n'a jamais connu d'autre suzerain que le Roi. Quoique située dans le Pays du Maine, elle ne fait point partie du Duché de ce nom. Outre une Chambre des Comptes et un siège des Eaux et forêts, elle a, ainsi que sa justice, son Gouvernement, son Election à part et qui n'ont rien de commun avec ceux de la province du Maine. Jamais le Comté de Laval n'a reconnu ni bailliage ni sénéchaussée royale : il n'en existe point dans toute son étendue. Sa justice propre et patrimoniale est la seule justice ordinaire du Pays pour le Civil, le Criminel et la Police; elle exerce aussi la Juridiction Consulaire et celle des Trésoriers de France pour la grande Voirie. Uniquement subordonnée au parlement, cette justice ordinaire embrasserait encore aujourd'hui tous les cas, comme elle s'étend sur toutes les personnes sans l'introduction assez moderne d'un petit Siège Royal qu'on nomme le Siège des Exempts par appel et qui n'ayant ni territoire, ni aucune autorité territoriale proprement dite, n'a été établi que pour connaître de quelques cas particuliers. Ce siège, infiniment différent d'une Sénéchaussée ou Bailliage Royal, est composé d'officiers, qui, prenant des provisions du Roi, n'en sont pas moins à la nomination du Duc de la Trémoïlle, Comte de Laval. Leur nombre est proportionné au peu d'étendue de leur pouvoir et de leurs fonctions et encore se trouvent-ils souvent heureux d'être à portée de postuler et d'occuper pour les Parties dans le Tribunal de la Justice ordinaire[4]. »

Leclerc du Flécheray évoque la seigneurie de Laval, ses origines illustres (« on croit [qu'elle avait] été donnée par Charlemagne à un des princes de son sang, gouverneur de la frontière de Bretagne »), puis sa transmission par succession et héritage (la seigneurie n'a jamais été vendue) jusqu'aux la Trémoïlle[5]. C'est tout d'abord une baronnie, érigée en comté en 1429, par le roi Charles VII, lors de son sacre. Louis XI ajoute les prérogatives de pairie en 1469 puis, en 1481, il sépare du comté du Maine celui de Laval qui, à l'avenir, relèvera donc directement de la couronne[6]. En 1639, le roi Louis XIII crée à Laval un présidial, auquel seraient soumis la juridiction de Laval et les justices subalternes qui en relevaient; le duc de la Trémoille s'en étant plaint, on l'a

---

3. *Ibid.*, chap. XII : « Sièges des justices et juridictions », p. 31-39.
4. « Mémoire pour le duc de la Trémoïlle contre les officiers du siège des exempts », Bibliothèque municipale de Laval, Fonds Couanier, n° 611, vol. S, Microfilm bobine n° 15, pièce 29, f° 86.
5. *Le Comté de Laval, son histoire...*, p. 40 *sqq.*
6. *Titres du comté de Laval et de ses privilèges*, Paris, Pierre Deshayes, 1657.

transporté à Château-Gontier en confirmant les privilèges du comté, et spécialement de ressortir immédiatement du parlement[7].

Le siège ordinaire rend donc la justice au nom du seigneur, en toutes matières civiles et criminelles, sauf pour les exempts et les cas royaux; c'est la raison d'être du siège royal. Alors que Maucourt de Bourjolly écrit que « l'on n'a point de mémoire positif des lettres de sa création[8] », mais la situe vers 1482, Ernest Laurain signale son existence dès 1429[9]. Son caractère royal lui donne « le premier rang » en la ville de Laval, « marchant à la droite ès processions publiques, et le siège ordinaire à la sénestre[10] ». Les compétences de ce siège sont bien définies dans un arrêt du 30 janvier 1627. Ce tribunal

> « [...] connaît des causes des exempts par appel aux deux cas portés par la coutume du Maine, des crimes de lèse-majesté divine et humaine, port d'armes et assemblées illicites, séditions et émotions populaires, contraventions aux ordonnances concernant la sûreté du royaume, conspirations contre l'état, fabrication et composition de la fausse monnaie, infraction des sauvegardes, rébellion ou injure faites à un officier royal faisant sa charge; lettres de grâce et rémission, commutation de peines, falsification du scel royal, des causes des églises de fondation royale, ou qui ont lettres de garde gardienne, instances et complaintes possessoires de bénéfices et dîmes entre personnes ecclésiastiques, et droits d'aubaine; des enregistrement d'édits et déclarations; il préside aux assemblées de ville qui se font et se feront en vertu des lettres du roi, à lui adressantes et non aux échevins; et signera le juge des exempts les registres des mariages, baptêmes et sépultures de l'étendue du ressort du comté de Laval[11]. »

Témoignant des particularités du siège seigneurial de Laval, Duchemin de Villiers, qui y fut avocat, explique son nom :

> « La justice du Seigneur de Laval n'avait point le titre de bailliage ni de sénéchaussée, mais celui de *Siège ordinaire du Comté-Pairie de Laval*. Cette expression, siège ordinaire, signifiait qu'il connaissait de toutes les matières qui n'étaient pas spécialement attribuées à des tribunaux d'exception établis dans la ville, tels que celui pour les cas royaux, celui de l'élection et quelques autres pour les matières fiscales[12]. »

Il situe ce siège dans la hiérarchie des tribunaux : on fait appel de ses jugements directement au parlement et non à une justice royale subalterne, mais il y a plusieurs justices inférieures dont les appels viennent devant lui.

Les juridictions des terres mouvantes du comté

Selon l'avocat Leblanc de la Vignolle, qui écrit au milieu du XVIIᵉ siècle, la juridiction du comté de Laval a beaucoup gagné en importance après qu'elle eut réuni, depuis l'édit de Crémieu[13], la majorité des justices des terres mouvantes du comté :

---

7. *Ibid.*, février 1644 : « Rétablissement du ressort de Laval au Parlement en toutes causes ».
8. MAUCOURT DE BOURJOLLY, *Mémoire chronologique sur la ville de Laval, texte établi et annoté par Jules Le Fizelier, publiés avec de nouvelles recherches par Arthur Bertrand de Broussillon*, Laval, Moreau, 1886, 3 t., 407, 395 et 122 p. (t. 1, p. 238).
9. LAURAIN Ernest, « Itinéraire de Dubuisson-Aubenay dans le Bas-Anjou et dans le Bas-Maine », *Bulletin de la Commission historique et archéologique du Maine*, 1916, p. 252, note 1 : « l'on rencontre un juge des exempts à Laval dès 1429 ».
10. MAUCOURT DE BOURJOLLY, *Mémoire chronologique...*, *op. cit.*, t. II, p. 238.
11. Cité par MAUCOURT DE BOURJOLLY, *Mémoire chronologique...*, *op. cit.*, t. 1, p. 239.
12. DUCHEMIN DE VILLIERS, *Essai sur le régime féodal...* et *Essais historiques sur la ville et le pays de Laval en la province du Maine...* (*supra* bibliographie Annie Antoine), p. 58.
13. L'édit de Crémieu, du 19 juin 1536, fixe les juridictions des juges ordinaires, afin d'améliorer les procédures

« Quant à la juridiction du comté de Laval, elle est des plus belles de France, augmentée par la réunion des châtellenies qui avaient anciennement leurs officiers qui tenaient leurs plaids, aujourd'hui leur fonction est de tenir leurs assises pour la conservation des fiefs et pour lors il y avait un sénéchal ou juge supérieur général, devant lequel on plaidait les causes d'appel et ressortissaient les juges châtelains dudit juge qui tenait ses grands jours, ou sa juridiction, quatre ou huit fois l'année[14]. »

Leblanc met là l'accent sur une des caractéristiques de la seigneurie du Bas-Maine : si les seigneurs nomment toujours des officiers de justice, sénéchaux, procureurs fiscaux, ceux-ci n'exercent que la justice foncière; ils sont très peu à disposer, aux XVIIe et XVIIIe siècle, de la justice contentieuse[15]. Ne seraient dans ce cas que les juridictions de Chémeré-le-Roi, de Villiers-Charlemagne et d'Entrammes, lesquelles ressortissent de Laval[16].

Dans son chapitre sur « l'antiquité » et « les prérogatives » du comté de Laval, Leclerc du Flécheray, après avoir énuméré les 112 paroisses qui le composent, dresse la liste des « plus belles terres mouvantes dudit comté » et livre, à propos de chacune d'entre elles, des indications sur l'état des juridictions dépendantes du comté à la fin du XVIIe siècle[17]. Il cite trente-neuf grandes terres dont seulement douze possèdent des justices contentieuses. Plusieurs situations se présentent : pour certaines justices, l'appel ressortit au siège ordinaire de Laval (Chéméré), pour d'autres au présidial de Château-Gontier, pour l'une d'entre elles, l'appel est disputé entre ces deux sièges (Entrammes), l'une relève de Sainte-Suzanne (La Chapelle-Rainsouin[18], à propos de laquelle Leclerc indique : « juridiction contentieuse qui relève du siège royal de Sainte-Suzanne, et de là au présidial de la Flèche, et de là au parlement : ce qui contient quatre degrés nécessaires de juridiction, à la grande oppression des paroisses qui sont sujettes à cette justice »; on reconnaît dans cette proposition le grief classique contre les petites justices), trois relèvent du Mans, une de la baronnie épiscopale de Touvoye[19]. Dans un contexte considéré comme doublement défavorable, aux petites justices d'une part, aux justices seigneuriales d'autre part, deux d'entre elles sont présentées comme de création récente. Leclerc évoque la seigneurie de Linière, paroisse de Ballée, où, dit-il, « le seigneur a entrepris depuis trente ans d'innover une juridiction contentieuse », et celle de Lancheneil, sur les deux paroisses de Nuillé-sur-Vicoin et d'Astillé[20] où, « depuis quinze ans, le seigneur [...] a aussi innové une juridiction contentieuse. Pour quoi il y a procès au parlement contre M. de la Trémoille qui s'oppose à cette innovation ». Sans doute le parlement a-t-il donné raison à ce dernier, puisqu'on ne trouve aucune trace de cette justice dans les archives.

Précisément, après l'étude des descriptions des contemporains, l'analyse des dossiers conservés dans la série B des Archives départementales de la Mayenne permet de confir-

---

judiciaires. Il précise et renforce la compétence des juges royaux par rapport aux justices inférieures et est l'occasion d'une réorganisation de celles-ci.

14. *Histoire du comté et ville de Laval, composée par Me Leblanc de la Vignolle, avocat, en 1651*, Laval, Chailland, s. d., 154 p. (p. 109).
15. Voir *supra* la communication d'Annie Antoine.
16. Dans l'ordre : Mayenne, ar. Laval, c. Meslay-du-Maine; ar. Château-Gontier, c. Grez-en-Bouère; ar. Laval, c. Laval-Est.
17. *Le Comté de Laval, son histoire...*, p. 44-49.
18. Mayenne, ar. Laval, c. Montsûrs.
19. Savigné-l'Évêque, près du Mans, dans la Sarthe.
20. Mayenne, ar. Laval, c. Saint-Berthevin pour les deux paroisses.

mer l'existence des petites justices seigneuriales dépendantes du comté. Des archives ont été conservées pour les juridictions suivantes : la sénéchaussée de Saint-Ouën-des-Toits, « la juridiction des fiefs de Villiers-Charlemagne » qui n'a laissé qu'une pièce, de 1660, le bailliage de la baronnie d'Entrammes, la sénéchaussée des châtellenies de Linières et Ballée, le bailliage de la baronnie de La Chapelle-Rainsouin, la justice de la châtellenie de Poligné, le bailliage de la châtellenie d'Argentré, Touvoye et Hauterive, la justice de la châtellenie de Soulgé-le-Bruant, la justice de la commanderie de Thévalles, Le Breil-aux-Francs et Chevillé, la sénéchaussée des châtellenies de Bouère et de la Vaisouzière[21].

Au total, les petites justices seigneuriales (exerçant la justice contentieuse) sont peu nombreuses, un plus petit nombre encore conserve les traces d'une activité sur tout le siècle. Leur apogée semble se situer dans la seconde moitié du XVIIe et au début du XVIIIe siècle (la majorité d'entre elles était en fonctionnement au milieu du XVIIe siècle, sauf la châtellenie de Poligné dont la plus ancienne pièce date de 1764) et les archives se raréfient par la suite (pas de document postérieur à 1711 pour la sénéchaussée des châtellenies de Linières et Ballée ; un seul document postérieur à 1715 pour la sénéchaussée des châtellenies de Bouère et de la Vaisouzière).

Leurs relations avec la justice de Laval sont quelquefois difficiles, les conflits de compétence sont nombreux, comme le montre l'affaire suivante[22]. Le 20 novembre 1764, Jean de la Porte et son épouse présentent une requête au juge civil de Laval comme créanciers d'un nommé Rochette, bourrelier ; ils demandent à pouvoir faire saisir les sommes qui leur sont dues directement auprès de ceux qui devraient de l'argent au bourrelier, au nombre desquels se trouve un cabaretier de Montsûrs. Celui-ci, le 3 janvier 1765, s'oppose à cette saisie, soutenant que son auberge est dans le ressort de la baronnie de La Chapelle-Rainsouin et ne dépend pas de la juridiction de Laval ; il demande son renvoi. Pendant près de deux ans, il ne se passe rien et l'affaire semble oubliée jusqu'à ce qu'intervienne le procureur fiscal de cette baronnie, « toujours actif pour l'honneur, la mouvance et prétentions de son siège » qui, ayant appris l'existence de la requête, adresse à son juge, le 22 décembre 1766, une remontrance dans laquelle il s'insurge contre la démarche de la Porte, véritable « entreprise sur les droits de cette baronnie ». Pour prouver que la maison du cabaretier relève bien de cette baronnie, il produit des déclarations et des remembrances depuis le milieu du XVIe siècle. Le 16 février 1767, le juge de La Chapelle-Rainsouin condamne le plaignant pour « divertissement de juridiction ». Deux ans et demi après la première requête, le traitement de l'affaire peut commencer.

Alors que les officiers des petites justices doivent faire montre de vigilance pour que soit reconnue la compétence de leur siège, d'autres facteurs favorisent la confusion avec la justice ordinaire du comté : le personnel de ces justices (juges et avocats) réside en général à Laval, dans un certain nombre de cas, les prisons utilisées par ces justices sont celles de Laval, et les audiences sont tenues au Palais de Laval. C'est le cas, pendant tout le XVIIIe siècle, de la justice d'Argentré, chaque acte étant « donné au Palais de Laval, extraordinairement et par emprunt de territoire, en vertu de lettre d'abréviation ». C'est

21. Cette étude a été partiellement réalisée par Annie Antoine dans le cadre de ses travaux sur la seigneurie dans le Bas-Maine et a permis la réalisation d'une « Carte des justices seigneuriales représentées par des dépôts en série B des Archives départementales de la Mayenne » : ANTOINE, *Fiefs et villages du Bas-Maine au XVIIIe siècle...*, 1994, p. 263.
22. Arch. dép. Mayenne, B 3683, La Chapelle-Rainsouin, alias Bourg-le-Prêtre.

le cas également, à la fin du siècle, de la justice de Saint-Ouën : le 27 février 1771, ce siège enregistre un arrêt de la cour du 15 janvier précédent qui l'autorise « à tenir [ses] audiences et juger les causes et procès des justiciables de cette châtellenies en l'une des chambres du Palais et auditoire de la ville de Laval et ce par emprunt de territoire ». Ce sont les justiciables qui se déplaceront, le sénéchal prévoit simplement de tenir à l'avenir les audiences le jeudi de chaque semaine, « ce jour étant plus convenable aux justiciables de ladite châtellenie attendu que tous les mercredi il se tient un marché au bourg de Saint-Ouën [23] »… Les officiers d'Entrammes n'ont pas cette chance ; l'un d'entre eux a confié ses préoccupations au procureur général, comme en témoigne un brouillon de lettre qui nous est parvenu :

> « Je supplie votre grandeur de me permettre de lui demander ses ordres au fait de l'exercice de la justice. Le fait est qu'à deux lieues de la ville de Laval et à quatre de Château-Gontier il y a une baronnie nommée la baronnie d'Entrammes. […] La juridiction se tient tous les quinze jours dans un palais au bourg dudit Entrammes, par un bailli, procureur fiscal, greffier et avocats, tous de ladite ville de Laval et y demeurant. Comme il arrive quelquefois dans l'étendue de ladite baronnie quelque batterie, et aussi qu'il y a quelquefois des affaires qui se trouvent disposées à être expédiées sur le champ, le bailli, procureur fiscal et greffier prient sa grandeur de leur marquer s'ils ne peuvent pas les expédier en ladite ville de Laval, comme ont fait leurs prédécesseurs, en rapportant dans les expéditions "donné à Laval extraordinairement par emprunt de territoire". Par exemple, recevoir des plaintes, faire des informations dans des petits crimes où il n'y aurait point de mort, dresser des procès verbaux, faire des enquêtes, des affirmations et autres expéditions, curatelles, émancipations quand elles se rencontreraient, sans être obligés de monter à cheval à toutes les fois que cela arriverait ; comme l'on craint de mal faire, nous prions votre grandeur de nous marquer ses ordres. Ce qui nous donne lieu de croire que nos seigneurs vos prédécesseurs l'ont ci-devant accordé c'est que nos prédécesseurs en ont usé de même ainsi qu'il nous paraît dans plusieurs expéditions tant civiles que criminelle et qu'ils s'étaient servis de ces mots donné à Laval extraordinairement par emprunt de territoire [24]… »

La réponse du procureur général Joly de Fleury est sans appel ; dans une lettre du 31 juillet 1721, il rappelle aux magistrats que « les officiers ne peuvent faire aucunes procédures, ni donner aucuns jugements à Laval, ni ailleurs hors du territoire d'Entrammes, à peine de nullité ».

Le fonctionnement du siège seigneurial de Laval

Les aspects matériels

Le personnel du siège ordinaire de Laval est décrit par Maucourt de Bourjolly, ou Duchemin de Villiers [25]. Depuis des Lettres Patentes obtenues par le duc de la Trémoille, comte de Laval, en février 1683 « pour le rendre plus illustre et pour plus prompte expédition de la justice », les juges sont au nombre de cinq : le juge civil, le juge criminel, le juge de police, le lieutenant général et le lieutenant particulier. La hiérarchie établie entre ces magistrats est la suivante :

---

23. Ordonnance d'Ambroise Gombert de la Tesserie, ancien avocat de la sénéchaussée de Saint-Ouën, pour la vacance de la charge de sénéchal (Arch. dép. Mayenne, B 1205).
24. Brouillon d'une lettre adressée au procureur général et réponse de celui-ci (Arch. dép. Mayenne, B 1347).
25. MAUCOURT DE BOURJOLLY, *Mémoire chronologique…*, *op. cit.*, t. 2, Livre huitième, « Gouvernements et tribunaux de Laval », p. 233-253, et DUCHEMIN DE VILLIERS, *Essai sur le régime féodal*, p. 49 *sqq*.

« Le premier juge était assisté des quatre autres, comme assesseurs, à toutes les audiences civiles ; il prononçait et faisait les fonctions de président quoiqu'il n'en eût pas le titre. Il avait seulement celui de *Juge ordinaire civil*. Les deux suivants, dans l'ordre du tableau, étaient le *Juge criminel* et le *Juge de police*, qui n'étaient pas simples lieutenants ou assesseurs, mais qui avoient leurs attributions propres pour les affaires criminelles et pour celles de police[26]. »

Le siège compte également un avocat fiscal, un procureur fiscal et leur substitut ainsi que des greffiers, des notaires, des sergents. Son importance se manifeste également par la taille de son barreau : 40 avocats sur les rôles de taille de 1693, 29 sur ceux de 1736, 20 sur le rôle de logement des gens de guerre de 1753[27].

Un Palais est dédié à l'activité judiciaire ; il s'agit d'un bâtiment construit par le seigneur au XVIe siècle, situé à proximité du château et de la place publique. Plusieurs sièges y tiennent leurs audiences, non seulement les petits sièges seigneuriaux dont il a déjà été question, mais aussi les sièges royaux de Laval (le siège des exempts mais aussi le siège de l'élection, des traites). On peut penser que l'aménagement des lieux était sommaire, les officiers s'en plaignent ; leurs doléances montrent un des éléments du rapport de forces entre officiers des justices seigneuriale et royale : les représentants de l'autorité royale sont dans la situation paradoxale de dépendre, pour le fonctionnement matériel de leur siège, du bon vouloir du seigneur.

« Les juges et officiers des sièges des exempts par appel et pour les cas royaux de l'élection du grenier à sel et des traites se plaignaient depuis longtemps que la salle située dans le bas du Palais où ils tenaient leurs audiences était très incommode, très malpropre et peu séante pour y rendre la justice et y tenir les audiences. Ils en avaient plusieurs fois porté leurs plaintes aux seigneurs de Laval tenus de fournir un Palais aux officiers royaux. [...] Ils avaient même été forcés de se pourvoir en justice et au Parlement contre Monseigneur le duc de la Trémoille pour obtenir un palais plus décent[28]. »

Le *Recueil de Sentences* de Pichot de la Graverie permet de suivre le calendrier judiciaire et son évolution sur plus de quarante ans, de 1717 à 1760. Les officiers du siège semblent partagés entre le souci d'efficacité et celui de la solennité que donne l'imitation des grandes cours. Pichot mentionne presque toujours l'ouverture de l'année judiciaire, en novembre, après la Saint-Martin ; année après année, sont évoqués les discours traditionnels de l'avocat fiscal et du juge civil. Au début de la période, le jour de la rentrée du Palais est un jour d'audience ordinaire : le 15 novembre 1717, par exemple, on plaide ; mais, le 18 novembre 1720, « on ne plaida point dans tout le jour pour le rendre plus solennel ». Après 1745, devenu premier juge, Pichot obtient qu'on plaide à nouveau le jour de la rentrée judiciaire. La question de la suspension des audiences,

26. *Ibid.*, p. 59.

27. Registres de taille de la paroisse de Saint-Vénérand et de la Trinité (Arch. dép. Mayenne, C 248 et 249) ; rôle des habitants de Laval en 1753 (*id.*, 17 J 94).

28. *Recueil de Sentences de Pichot de la Graverie*, Arch. dép. Mayenne, 1 Mi 146, R 6, 25 avril 1749. Pichot de la Graverie (1690-1768) est avocat (depuis 1712), puis premier juge (à partir de 1745) au siège ordinaire de Laval. Il a laissé un certain nombre d'ouvrages restés manuscrits, dont un *Recueil de Sentences*, véritable chronique judiciaire et quelquefois urbaine, conservés en partie à la bibliothèque municipale de Laval (*Recueil de Sentences de Me René Pichot de la Graverie*, 7 vol. Le volume 6 comprend une table rédigée par Me Ambroise Hoisnard. Bibliothèque municipale de Laval, ms. 210-215) et en partie aux Archives départementales de la Mayenne. Voir également PITOU, « Les magistrats et les causes des *gens de campagne* », 2002. De Pichot de la Graverie également : *Traité des fiefs. Pour tenir les assises des seigneurs et faire rendre les obéissances des vassaux et sujets avec le modèle des obéissances, sentences et procès-verbaux. Par Me René Pichot de la Graverie, juge civil du comté pairie de Laval et sénéchal des fiefs et châtellenies dudit comté*, 1753. Bibliothèque municipale de Laval, ms. 217.

trois semaines avant la Saint-Martin, est évoquée dès 1728 (« on avait proposé qu'il n'y aurait point d'audience entre la Toussaint et la Saint-Martin, ainsi qu'il se pratique dans les autres sièges, mais on a remarqué que l'usage du siège était contraire »), et à nouveau en 1739 (« On a représenté qu'au Parlement on ne plaidait point depuis la fête de Saint-Simon et Jude jusqu'à la Saint-Martin, qu'on l'avait déjà observé au siège l'année dernière et qu'on ne pouvait se dispenser de se conformer à l'usage du Parlement »). Les officiers du siège seigneurial de Laval manifestent leur volonté de se conformer au modèle donné par le parlement et donc par la plus haute cour de justice royale ; le premier juge et l'avocat fiscal exaltent, dans leurs discours de rentrée, les devoirs et les vertus des avocats et des magistrats, Pichot entreprend même de mettre au goût du jour les « mercuriales ». Les audiences civiles se tiennent deux jours par semaine ; *a priori* les affaires faisant intervenir les justiciables de la ville se tiennent le lundi, ceux de la campagne le samedi. Les audiences criminelles ont lieu le vendredi.

Des magistrats attentifs aux justiciables

Les compétences du siège sont importantes : civil, petit et grand criminel, simple police, affaires des corporations, police des manufactures...

Les causes civiles

Dans les archives du juriste lavallois Duchemin de Villiers se trouve un document intitulé « Usages du siège ordinaire du Comté pairie de Laval[29] », qui ressemble, dans ses premières pages, à un code de procédure civile (il en commente les différentes étapes, de l'assignation à la sentence), mais se poursuit avec quelques remarques que l'on assimilerait plutôt à des règles de jurisprudence et qui peut donner une idée des causes le plus fréquemment jugées, au civil, par le siège ordinaire de Laval. Viennent tout d'abord les conflits entre propriétaires et locataires ; est examiné en particulier le cas des propriétaires désireux « d'expulser leur colon », lorsqu'il exploite « par tacite reconduction »... De longues remarques sont consacrées aux délais dont dispose le propriétaire pour l'avertir. Sont ensuite rappelés les usages en matière de réparations aux bâtiments, notamment les parts respectives des propriétaires et des locataires. Un certain nombre d'usages concernent les exploitations agricoles (« on ne peut ensemencer que le tiers des terres labourables d'une héritage »), la nourriture des orphelins (elle est à la charge des plus proches parents), les obligations et indemnités des personnes nommées commissaires aux meubles saisis ou aux fruits et grains saisis, les usages en matière de réception de maîtres de métier, les relations entre maîtres et serviteurs.

La lecture du *Recueil de Sentences* de Pichot de la Graverie permet de reconstituer le discours, peut-être la pensée des magistrats du siège seigneurial, leur réflexion sur le rôle qu'ils ont à jouer dans le maintien de l'ordre social. Pénétrés du sentiment de leur importance, les magistrats ont cependant parfaitement conscience que le recours à la justice n'est pas universel et qu'il y a concurrence, ou complémentarité, entre le siège et d'autres structures de régulation, comme les avocats ou les curés[30]. Pour cette raison

29. Arch. dép. Mayenne, 1 Mi 146, R 8.
30. *L'Infrajudiciaire du Moyen Âge à l'époque contemporaine...*, 1996. Voir notamment la communication de Jean Quéniart.

peut-être, les magistrats usent doublement de modération. Ils ne poussent pas à l'action en justice, d'une part parce qu'ils sont convaincus de l'efficacité d'autres démarches pour régler les conflits, d'autre part pour éviter de surcharger les tribunaux par des procès dont les enjeux seraient dérisoires. La modération du siège se voit aussi dans les sentences : on lit chez Pichot une réelle volonté d'inspirer confiance, de ne pas rebuter les justiciables par des sentences trop dures, ce qui aurait comme conséquence de les inciter à se faire justice eux-mêmes.

La justice consulaire

Dans les années 1730, en liaison sans doute avec la querelle qui divise les notables et les officiers lavallois à propos de la mairie[31], un des terrains de lutte des opposants au premier juge seigneurial, et tout particulièrement des négociants, est l'inadaptation des procédures de la juridiction ordinaire aux pratiques commerciales; ils souhaiteraient la création d'une justice consulaire :

> « Si les habitants de Laval étaient [...] attentifs à leurs intérêts... ne se plaindraient-ils pas de l'inexécution de l'ordonnance du roi du mois d'août 1669 qui attribue la juridiction des différents concernant les manufactures aux échevins parce qu'il y a des marchands en charge qui entendent les manufactures, ne demanderaient-ils pas au roi des juges consuls, à l'imitation des habitants d'une grand nombre de villes moins commerçantes pour juger à l'amiable et sans frais les affaires qui concernent leurs manufactures et pour éviter de tomber dans les procédures ruineuses d'une juridiction ordinaire ou les jugements sommaires sont peu connus[32]. »

De fait, les magistrats ordinaires ne sont pas forcément habitués ni favorables à cette pratique des jugements sommaires; faisant le compte rendu d'une sentence rendue le 22 mars 1734, dans une affaire opposant un maître tisserand et son compagnon, Pichot évoque la perplexité des magistrats devant la démarche utilisée : « L'avocat fiscal remarqua qu'en ces sortes de matières on ne devait pas s'attacher scrupuleusement aux formalités judiciaires, s'agissant du commerce et de la justice consulaire et de police; les avis étaient partagés sur le bureau[33]. » Le discours des négociants cache en réalité une critique contre la justice seigneuriale et, au-delà, contre l'administration seigneuriale. Ils évoquent globalement « les vexations des officiers de Monsieur de la Trémoïlle », qui seraient à l'origine du départ des habitants vers la Bretagne et « les villes royales » :

> « Il suffit pour autoriser notre demande de jeter les yeux sur la police des villes qui sont gouvernées par des juridictions royales; les intérêts de Sa Majesté, ceux des habitants ne sans jamais confondus avec ceux des seigneurs et très souvent préférés à cause de la dépendance où sont leurs officiers; le commerce s'y fait avec honneur, les abus sont réprimés, on veille plus soigneusement sur les fraudes qui se font dans les ouvrages, le prix des denrées est fixé et le regrat ne s'y fait pas impunément et enfin la police se fait tant de jour que de nuit et la subordination y est mieux observée[34]. »

31. Les fonctions de maire sont exercées par le premier juge seigneurial; la nomination à cette charge de Gilles Lelong en 1727 ouvre une période de troubles. Après un procès opposant les Lavallois et leur seigneur, un compromis est trouvé entre eux en 1730.
32. Mémoire émanant de négociants de la ville, sans aucune indication de date... (sans doute contemporain de l'affaire de la mairie, en tout cas antérieur à la construction des halles en 1732), Bibl. mun. de Laval, Fonds Couanier de Launay, n° 611, vol. C, Microfilm bobine n° 10, p. 249.
33. *Recueil de Sentences de Pichot de la Graverie*, Bibl. mun. de Laval, ms. 211, 22 mars 1734.
34. *Mémoire des négociants de la ville...* Bibl. mun. de Laval, Fonds Couanier de Launay, n° 611, vol. C, Microfilm bobine n° 10, p. 249.

En réalité, le siège ordinaire a bien joué son rôle de police des corporations et affaires commerciales, les archives du greffe occupent plus de 30 liasses dans l'inventaire de la série B ; il est également siège des manufactures. Le règlement de la manufacture de 1739, en particulier, prévoit que les conflits survenant dans ce domaine nécessitent instruction sommaire et procédures simplifiées, mais en attribue la compétence à un juge des manufactures, qui n'est autre le juge de police du siège ordinaire :

> « Ordonne Sa Majesté, conformément à l'édit du mois d'août 1669, que tous procès et différents mus et à mouvoir tant entre les fabricants et leurs ouvriers qu'entre les marchands et lesdits fabricants... soient instruits et jugés sommairement sans ministère d'avocat ni procureur et à l'audience sur ce qui aura été dit et représenté par les parties mêmes, et où il y aurait quelques pièces à voir et que les différents fussent de nature à ne pouvoir être jugés sur le champ, que les pièces seront mises sur le bureau, pour être les différents jugés sans appointement, procédures ni autres formalités de justice et sans que pour quelque cause que ce puisse être, lesdits juges des manufactures puisent recevoir ni prendre aucuns droits[35]. »

Les nouvelles procédures n'ont sans doute pas été du goût de tous les magistrats, comme en témoignent les courriers adressés au procureur général par le procureur fiscal du siège ordinaire de Laval, inquiet du rôle attribué, dans la poursuite des ouvrages défectueux, à des professionnels désignés par leurs pairs, en l'occurrence les jurés des maîtres tisserands :

> « Il y a plusieurs dispositions qui paraissent bien extraordinaires, entr'autres celles qui portent que les contraventions qui y seront faites seront poursuivies par les jurés en exercice ; jusque-là c'était à ma requête que ces poursuites se faisaient et [que] les amendes étaient prononcées, mais à présent, il semble que mon ministère n'y est plus nécessaire ; je n'en suis pas jaloux, mais ce changement introduira bien des abus, tous ces gens là, entrant alternativement en place, se procureront tout à tour les impunités de leurs contraventions[36]. »

Les fragilités du siège seigneurial

La notion de siège ordinaire : toujours expliquer

Les officiers du siège seigneurial entretiennent une correspondance très régulière avec les plus hautes autorités judiciaires, en particulier le procureur général du parlement. Un commentaire parisien, à propos d'un procès en cours, montre la difficulté des autorités centrales à comprendre le fonctionnement de la justice à Laval :

> « On vit par cet extrait qu'y ayant eu en 1744 une plainte au juge ordinaire de Laval qui a permis d'informer et de publier monitoires et y ayant un monitoire d'obtenu, l'information a été faite par le lieutenant général de Laval sur le départ du juge. Or il faudrait savoir d'abord ce que l'on entend par le juge ordinaire. Il semble qu'on veuille parler du juge du seigneur. Si cela est, son départ n'a pu donner lieu au lieutenant général de connaître de l'accusation, du moins si par lieutenant général on entend le juge royal. Il y a deux juges à Laval, le juge du seigneur et le juge royal, ce dernier ne connaît que des cas royaux[37]. »

---

35. Article 97 du règlement de la manufacture de 1739, Arch. dép. Mayenne, B 905.
36. Lettre du procureur fiscal de Laval du 3 décembre 1739, à propos du nouveau règlement des manufactures, Bibliothèque nationale, Fonds Joly de Fleury, n° 197.
37. *Ibid.*, n° 282, f° 232.

Dans un tout autre registre, la lettre du juge de police de Laval à propos de la (re)publication, en 1760, de l'édit d'Henri II sur les déclarations de grossesse montre bien l'attention permanente dont doivent faire preuve les officiers de la justice seigneuriale. Le juge s'étonne en effet de ne pas recevoir les certificats des curés attestant de leur lecture de l'édit et tente une explication :

> « Nous apprenons aujourd'hui que dans des lettres circulaires que vous avez eu la bonté d'écrire à tous les curés, vous leur ordonnez de remettre les certificats de publication à votre substitut au siège royal des exempts. Notre siège ne pouvant regarder ces nouveaux ordres de votre part que comme un erreur échappée à votre secrétaire qui aura fait confusion entre ces deux sièges, j'ai été chargé de la part de mes confrères de prendre la liberté de vous faire de très humbles représentations sur l'adresse que vous ordonnez de ces certificats de publication ; convaincus les uns et les autres que pleinement instruit des droits de ces deux sièges vous voudrez bien nous rendre la justice que nos titres et notre possession nous font mériter[38]. »

Le juge est soucieux de rappeler les droits et les prérogatives de son siège, même lorsqu'ils s'exercent sur ce qui peut apparaître comme des détails, car il vit, comme tous ses confrères, dans la crainte permanente d'être dépossédé par le siège royal « parce que cette nouvelle attribution à votre substitut au siège royal des exempts ne manquerait pas d'être, pour ces officiers, une nouvelle matière à contestation et à conflits ne se pouvant jamais rebuter de nous en faire naître[39] ».

Des accusations classiques de formalisme et de partialité

Les justices seigneuriales sont classiquement accusées de formalisme et de partialité ; l'idée est répandue que la justice serait mieux rendue au nom du roi. Il semble que les juristes contemporains aient eu le sentiment de la fragilité des sièges seigneuriaux, ils en pronostiquent le dessaisissement progressif, voire la suppression.

Un sentiment d'imperfection partagé par les officiers eux mêmes

Leclerc du Flécheray – avocat fiscal au siège ordinaire et auteur d'un travail sur *Le Comté de Laval* – consacre un chapitre aux juridictions. Il présente les deux sièges, et insiste sur les griefs existant entre les officiers (« ils sont en perpétuel mouvement pour entreprendre les uns sur les autres »), ce qui nuit selon lui à l'autorité de la justice en général. La solution qu'il préconise pour améliorer la situation de la justice dans tout le comté est d'unir les deux sièges, en faisant une sénéchaussée royale :

> « Il ne paraît qu'un remède à cela, qui serait de rétablir les choses en leur origine, et que toute la justice s'exerçât au nom du Roi, dont la majesté fait plier les peuples sans oser murmurer, du moins publiquement. Car enfin, quelque soin qu'apporte Monsieur le duc de la Trémoïlle, qui entre souvent dans le détail de faire faire de beaux règlements tirés de ceux que Sa Majesté fait ou fait faire pour les autres villes, et bien qu'on appelle même les officiers royaux pour y donner leur avis, tout cela ne porte point le caractère royal. Les peuples ne les regardent point avec cette vénération que les inférieurs doivent aux supérieurs qui les gouvernent[40]. »

38. *Ibid*, n° 365, f° 364.
39. *Ibid.*, n° 365, f° 364.
40. *Le Comté de Laval, son histoire…*, p. 33.

Un autre juriste lavallois, Pichot de la Graverie, commence sa carrière en 1712 comme avocat au siège ordinaire. En 1728, il se fait recevoir au siège royal et explique pourquoi : « Il parait clairement que le Conseil cherche peu à peu à détruire les juridictions des seigneurs[41]. » D'une manière générale, Pichot partage le sentiment de Leclerc que ce qui est royal est plus prestigieux et s'impose davantage. Les règlements de la manufacture en sont un exemple. Il voit avec plaisir celui de 1683, qui émanait de l'autorité seigneuriale, remplacé en 1730 par un règlement royal : « On a enregistré le règlement fait au conseil du roi pour la manufacture des toiles, il est des plus authentiques et ne peut souffrir aucune difficulté dans son exécution, étant émané de l'autorité royale[42]. » Pichot saisit l'occasion de l'enregistrement, le 21 juin 1749, au siège de Laval, d'un édit qui réorganise la justice royale, pour évoquer les juridictions seigneuriales, dont l'édit en question lui paraît annoncer la suppression. Malgré son attachement à la maison de la Trémoïlle, il remarque sans plus de commentaire que dans le cas d'une suppression, dont il sent la menace depuis plusieurs années, « ce changement procurera de la perte et l'anéantissement des plus beaux privilèges [...] appartenant aux plus grands seigneurs du royaume, qui les avaient mérité par les services, le zèle et la fidélité de leurs ancêtres pour le bien du royaume et la gloire de nos rois[43] ». Mais il affirme que ces pertes, dont on pourrait dédommager les seigneurs, ne seraient que de peu de poids à côté des avantages que le public retirerait d'une telle réforme; malgré toutes les qualités dont lui-même peut faire preuve et qu'il attribue sincèrement à ses confrères magistrats, il est pour lui évident que « la justice serait rendue avec plus d'exactitude sous le nom du roi que sous celui des seigneurs ». D'une certaine manière, pour Pichot, familier des grands juristes théoriciens de la monarchie absolue, la justice ne peut être que royale. Lors de la séance de rentrée du Palais du 13 novembre 1747, il prononce un discours contenant l'éloge des anciens avocats et de leur profession, allant jusqu'à suggérer leur supériorité par rapport aux magistrats : « Les plus fameux avocats de nos jours mépriseraient et refuseraient d'être assis sur les fleurs de lys en qualité de juges pour conserver les honneurs et les avantages qu'ils retirent de leurs honorables travaux[44]. » Les termes même utilisés par Pichot (les juges assis sur les fleurs de lys) montrent la force de sa conviction que la justice est par définition royale, alors même qu'il a fréquenté le siège seigneurial de Laval pendant plus d'un demi-siècle. On ne peut s'empêcher de rapprocher son discours de la description de Laval faite par Dubuisson-Aubenay, qui évoque entre autres le Palais, ses chambres, sa décoration : « Les sièges et parois au dessus d'iceux sont tendus d'une tapisserie d'azur semée d'alérions ou aiglettes d'or, qui sont les armes de la Trimouille[45]. »

La menace des intendants

D'une manière générale, l'intendant est, logiquement, celui sur qui s'appuie le pouvoir central pour connaître les situations locales et, d'une certaine façon, contrôler les magistrats. Il reçoit des requêtes de toute nature, et s'informe de savoir pourquoi par exemple la police n'est pas bien rendue. Dans le cadre de la manufacture, l'intendant

41. *Recueil de Sentences...*, Bibl. mun. de Laval, ms. 210, 17 décembre 1728. Voir en section « Pièces justificatives ».
42. *Recueil de Sentences...*, Bibl. mun. de Laval, ms. 211, 10 mars 1731.
43. *Recueil de Sentences...*, Arch. dép. Mayenne, 1 Mi 146, R 6, 21 juin 1749. Voir en section « Pièces justificatives ».
44. *Discours...* de Pichot de la Graverie, Bibl. mun. de Laval, ms. 216.
45. LAURAIN, « Itinéraire... », *op. cit.*

est presque systématiquement saisi pour atténuer les amendes prononcées par le juge ; les officiers du siège ordinaire avaient bien perçu cette concurrence officialisée par le nouveau règlement de 1739. Le procureur fiscal écrivait alors au procureur général, le 15 janvier 1740, « ce même règlement est venu ici par le canal de Monsieur l'intendant de Tours qui fait entendre que l'exécution le regarde. Cependant, avant cette nouvelle loi, la connaissance de cette manufacture nous était attribuée comme officiers de police[46] ».

Pichot, qui perçoit assez clairement les choses, écrit : « Peu à peu, les intendants dépouilleront les juges naturels de la connaissance des principales matières[47]. » Le subdélégué joue le même rôle ; Pichot qualifie d'« incident qui regarde la juridiction » l'intervention, présentée comme un peu rapide, du subdélégué, faisant mettre en prison un individu suspecté de s'être amusé, avec d'autres jeunes gens, à détruire une charrette qui servait à la réparation des grands chemins. Non seulement la procédure, qui aboutit à l'emprisonnement du jeune homme, semble irrégulière aux officiers (il n'y a pas eu d'information, pas de mention sur le registre d'écrou), mais ils contestent sa légitimité même : « On crut devoir empêcher que le subdélégué, qui n'a aucun droit de juridiction en cette ville, n'en fit des actes au préjudice de l'ordinaire[48]. » L'année suivante, le même subdélégué intervient avec la bénédiction de l'intendant, et peut-être même à sa demande, dans une affaire de charivari où le maintien de l'ordre ne leur paraît pas assuré. La relative indulgence des magistrats de la ville à l'égard des fauteurs de trouble explique sans doute que, malgré la volonté proclamée d'arrêter les désordres, malgré l'audition d'un certain nombre de témoins, le juge de police ne parvienne à arrêter « qu'un petit garçon qui battait du tambour ». Une telle attitude n'est visiblement pas du goût du subdélégué qui, considérant « que la police était négligée dans la ville », se mêle de faire arrêter et emprisonner « les plus coupables », toujours sans aucune instruction, mais en ayant, cette fois-ci, pris ses ordres de l'intendant. Le subdélégué, autorisé par une volonté supérieure, apparaît là délié des procédures ordinaires. Pichot, premier juge lors de cette affaire, n'apprécie pas cette intervention : « l'intendant et son subdélégué n'ont aucune juridiction pour la police et ne peuvent faire d'instruction » ; il conseille au juge de police de reprendre l'affaire en main en menant lui même la procédure[49].

À côté de l'intendant et du subdélégué, d'autres personnages apparaissent susceptibles de dépouiller les officiers de la justice ordinaire d'une part de leurs compétences. En effet, la fonction d'inspecteur des manufactures[50] est encore pratiquement inconnue à Laval avant le règlement de 1739 et l'arrivée de l'un d'entre eux, à cette occasion, inquiète : « Depuis quelques jours, il est arrivé ici un homme qui se dit inspecteur des manufactures et envoyé du conseil pour veiller à l'exécution de ce règlement. Si cela a lieu, nous nous trouverons dépouillés de cette partie de nos fonctions, et par une suite nécessaire, le parlement aura le même sort[51]. » Cette dernière phrase, évidemment un

46. Lettre du procureur fiscal de Laval à propos du nouveau règlement des manufactures, Bibliothèque nationale, Fonds Joly de Fleury, n° 197.
47. *Recueil de Sentences...* de Pichot de la Graverie, Bibl. mun. de Laval, ms. 211, 10 février 1731.
48. *Ibid.*, Bibl. mun. de Laval, ms. 213, f° 257.
49. *Ibid.*, Arch. dép. Mayenne, 1 Mi 146, R 7, décembre 1756.
50. Sur le développement de cette administration : MINARD Philippe, *La Fortune du colbertisme, État et industrie dans la France des Lumières*, Paris, Fayard, 1998, 505 p. (p. 33 *sqq*).
51. Lettre du procureur fiscal de Laval, le 22 janvier 1740, à propos du nouveau règlement des manufactures, Bibliothèque nationale, Fonds Joly de Fleury, n° 197.

peu grandiloquente, met en évidence une fragilité du siège seigneurial bien plus grave que celle que lui donne sa rivalité avec les autres sièges. Comme nous l'avons vu, la concurrence avec d'autres sièges seigneuriaux n'existe pratiquement pas et se solde, de toutes façons, à son avantage ; le siège ordinaire de Laval, s'il n'a pas absorbé toutes les « justices de villages[52] », leur fournit leur personnel et abrite souvent leurs audiences. Ses conflits permanents avec le siège royal aboutissent à des procès que soutient à leur côté le duc de la Trémoïlle ; la lutte se mène avec des armes que les officiers connaissent bien, elle aiguise leur vigilance et renforce leur unité. Le siège fait preuve de facultés d'adaptation lorsqu'il s'agit de conserver dans son ressort les affaires commerciales et même la manufacture. Finalement, avec des compétences très étendues, le siège semble moins « seigneurial » qu'« ordinaire » ; rien ne semble le distinguer d'un siège de bailliage royal et ses officiers cherchent, lorsqu'ils le peuvent (dans leur calendrier par exemple), à imiter le parlement. Quelle que soit la dignité qu'ils contribuent à donner à leur siège, ils ont cependant le sentiment que la justice doit être rendue au nom du roi, l'expriment par leurs discours et par leurs actes, et ne se comportent sans doute pas différemment de leurs homologues royaux. Par contre, le développement de la monarchie administrative, soucieuse d'efficacité, met en évidence les lenteurs et les procédures complexes du siège seigneurial, comme elle le ferait des autres sièges. Les interventions de l'intendant, du subdélégué, voire de l'inspecteur des manufactures, compromettent gravement ses prérogatives, et le développement de leurs pouvoirs dans de nombreux domaines autrefois réservés aux juges le contraint à la défensive.

52. Le terme utilisé par Loyseau est repris par Leclerc du Flécheray dans *Le Comté de Laval, son histoire...*, p. 34.

Les justices seigneuriales et l'État monarchique au XVIIIe siècle : l'incorporation par le droit

Sylvain SOLEIL
Professeur d'histoire du droit, université Rennes I

Dans un précédent article (1996), il nous avait semblé intéressant de relever que, lors du dernier siècle de l'Ancien Régime, non seulement l'activité des justices seigneuriales angevines ne se ralentit pas – elle connaît même un regain dans la décennie 1780 – mais encore et surtout que cette activité apparaît contrôlée, encadrée, récupérée par les juridictions royales plutôt que combattue par elles [1]. On assiste, de la part du siège présidial d'Angers notamment (mais pas seulement, comme nous le verrons par la suite), à une surveillance des officiers seigneuriaux, de leur organisation, de leur zèle, de leurs méthodes de travail ; mais il ne s'agit pas pour autant de les étouffer parce que ces derniers jouissent et du privilège de rendre la justice et d'une situation particulière : la proximité des communautés humaines, surtout rurales [2]. Aussi peuvent-ils, mieux que les juges royaux, opérer une régulation sociale ou, selon les mots de l'époque, « policer et régir les habitants des seigneuries [3] ». Poursuivant l'analyse, nous nous proposons ici d'étudier plus particulièrement les ordonnances de police seigneuriale : à quelle autorité juridique les officiers des seigneurs se réfèrent-ils pour les fonder en droit ? Quelles normes juridiques visent-ils pour motiver leur réglementation ?

Le premier réflexe est de relier la police seigneuriale du XVIIIe siècle aux prérogatives du seigneur banal du XIe siècle dont elle ne serait qu'un prolongement [4]. On pourrait

1. SOLEIL, « Le maintien des justices seigneuriales à la fin de l'Ancien Régime : faillite des institutions royales ou récupération ? L'exemple angevin », 1996.
2. À titre d'illustration, en 1771, le procureur fiscal de la baronnie de Blaison remontre « qu'il auroit reçu un règlement concernant les dommages de campagne rendu en la sénéchaussée de Saumur le trente un aoust dernier, qui reste sans exécution en l'étendüe de notre territoire par le défaut de partie poursuivante et à cause de l'éloignement de Mr le procureur du Roy en la sénechaussée de Saumur… » (Arch. dép. Maine-et-Loire, 16 B 14, Juridiction seigneuriale de la baronnie de Blaison, règlement de police concernant les délits forestiers, 3 décembre 1771). *A contrario*, quand le comte de la Galissonnière rétablit sa justice seigneuriale en 1784, il indique que « le public peut s'attendre à une justice prompte et satisfaisante » (Arch. dép. Maine-et-Loire, E 693, Titres féodaux, titres de propriété de la terre de la Guerche, ordonnance de janvier 1784). Situation administrative de Blaison, éponyme de la juridiction : ar. Angers, c. Les Ponts-de-Cé. *Idem* pour La Guerche : ar. Cholet, c. Beaupréau, com. Andrézé.
3. Un exemple pris dans la préface de *La Conférence des ordonnances royaux… de P. Guenois* (Paris, 1603) : « Les baillifs & seneschaux ont tousiours tenu le premier lieu, mesmes avant que les Parlemens fussent instituez pour administrer la Iustice, policer, régir & gouverner les Provinces du Royaume. »
4. Voir *Les Féodalités. Histoire générale des systèmes politiques, sous la direction de Eric BOURNAZEL, et Jean-Pierre POLY*, Paris, PUF, 1998, VIII-807 p ; WERNER K. F., *Naissance de la noblesse. L'essor des élites en Europe*, Paris, Fayard, 1999, 587 p. ; *Pouvoirs et institutions dans la France médiévale, par Olivier GUILLOT, Yves SASSIER, et Albert RIGAUDIÈRE*, Paris, A. Colin, 1998-1999, t. 1 : *Des origines à l'époque féodale*, 350 p., t. 2 : *Des temps féodaux aux temps de l'État*, 1994

s'attendre à ce que les juges greffent leurs actes sur le *ius statuendi* de leurs seigneurs respectifs – comme dans le Comtat présenté par Madeleine Ferrières et Patrick Fournier[5] –, et qu'ils ordonnent « au nom du seigneur ». Or il faut reconnaître – nous aurons l'occasion d'y revenir – que c'est une démarche très exceptionnelle en Anjou : le seigneur est rarement évoqué s'agissant de la police de sa propre seigneurie. On pense alors à la coutume d'Anjou et aux usages locaux et ruraux. Il est vrai que les agents s'y réfèrent, au moins tacitement, pour la police des droits d'usage, pour fixer le prix du pain et de la viande, les bans de vendanges, l'ordre des processions[6]. Mais à y regarder de près, la très grande majorité des ordonnances de police est fondée soit sur le seul intérêt public (c'est-à-dire sans visa précis), soit sur un texte royal. Le premier cas montre, de manière implicite, que les officiers n'avaient pas à s'appuyer sur un texte pour que leur réglementation soit valable. Aussi bien tous les actes auraient pu se contenter de l'intérêt public sans référence particulière à une source juridique. Ce qui ne fait que renforcer l'intérêt du second cas : l'omniprésence du droit royal (1re partie) qui s'appuie sur certains mécanismes institutionnels, grâce auxquels les « juges subalternes » sont invités à appliquer le droit du roi (2e partie).

L'omniprésence du droit royal

Lors du classement des fonds judiciaires angevins (1993-1996), le fond des justices seigneuriales s'est sensiblement enrichi d'ordonnances, de règlements et de sentences de police, d'enquêtes, d'enregistrements, de procès-verbaux, etc., en un mot tout un ensemble de documents que nous avons classé sous le titre d'*Actes de police*[7]. Un premier regard suffit pour souligner la place considérable qu'occupent dans ces actes la législation royale, les réglementations du parlement de Paris et des sénéchaussées d'Anjou. Les juges seigneuriaux puisent dans le droit royal suivant trois logiques complémentaires. Il faut glisser assez rapidement sur les deux premières pour mieux s'intéresser à la troisième.

La législation royale : une contrainte et une garantie

Tout d'abord, dans certains domaines, les juges seigneuriaux n'ont pas le choix : ils sont tenus d'intervenir, et d'intervenir suivant les termes de la législation royale. Certains textes imposent en effet la collaboration des juges seigneuriaux avec le roi et ses agents : celle du juge de Durtal pour le tirage au sort de la milice, pour la taxation des boulangers en conséquence des « ordres du Roy, et de l'arrest du conseil d'Estat [...] et encore de l'ordonnance de monseigneur de Miromenil [...] commissaire desparty pour l'exécution des ordres de sa majesté », pour la taxation des hôteliers, puis celle de tous les

(1re éd.) et 1998, 335 p. ; et pour une synthèse récente, SOLEIL, *Introduction historique aux institutions, IVe-XVIIIe siècle*, 2002, chap. 4 et, au glossaire critique, le mot « Féodalité ».

5. Voir *supra* la contribution de Madeleine Ferrières et Patrick Fournier.

6. À Durtal, pour le jeu du pavois, un garçon chaussunier de La Chapelle-d'Aligné, puis un maçon de Lésigné, présentent au sénéchal « les règles qui sont en usage dans tous les pays ou on fait cet exercice, dont le suppliant offre faire ou faire faire la lecture a haute voix », pour éviter les « disputes et les querelles » et que tous puissent s'y conformer (Arch. dép. Maine-et-Loire, 16 B 198, Juridiction seigneuriale du comté de Durtal, police des jeux, 6 septembre 1764, 2 mai 1769). Durtal : ar. Angers, ch.-l. c.

7. À paraître : *Inventaire de la série B (de Maine-et-Loire), Cours et juridictions avant 1789*, par Sylvain Soleil et Elisabeth Verry, sous-série 16 B.

corps de métier[8]; celle du juge de Blaison pour dresser le procès-verbal des dégâts occasionnés par les inondations de la Loire en 1709[9], celle du juge de la Ville-au-Fourrier « pour satisfaire à l'arrest de nos seigneurs du parlement du 19 juillet dernier concernant les taxes de toutte espèce de fourage et autres dispositions relatives[10]... », celle du juge de la baronnie de Châteauneuf-sur-Sarthe pour contrôler et parapher les registres paroissiaux[11], celle du procureur fiscal de la juridiction de Moranne « pour l'exécution de l'arrest de nos seigneurs du parlement en date du huit janvier dernier et des articles sept, huit et neuf de l'édit du mois de juillet mil six cent quatre vingt deux... », concernant les poisons[12]. Il n'y a là rien de très exceptionnel. Sauf à refuser d'obéir aux ordres du roi, la référence au droit royal semble bien naturelle. Toutefois, elle témoigne du fait que l'État monarchique sait s'appuyer sur les agents locaux et les incorporer à son action quand son bras est trop court pour saisir les communautés rurales.

Plus intéressantes, en revanche, sont les normes auxquelles les officiers seigneuriaux font référence parce que ce sont elles qui fondent leur intervention exclusive dans certains domaines. Paradoxalement la législation royale apparaît ici comme un obstacle aux entreprises des juridictions royales; c'est un fondement sûr, un refuge en cas de difficulté. Elle permet, par exemple, de rappeler que les justiciables doivent ordinairement plaider devant leur juge seigneurial (leur « juge naturel ») plutôt que devant le juge royal[13], et surtout de protéger leur activité en matière de voirie : sur ce point, les recherches du procureur fiscal de la baronnie de Candé l'ont conduit jusqu'aux chartes de 1247!

---

8. Arch. dép. Maine-et-Loire, 16 B 197, Juridiction seigneuriale du comté de Durtal : tirage au sort de la milice, 30 mars 1692 et 6 et 24 février 1693; taxe des boulangers, 23 avril 1692, taxe des hôteliers, 2 octobre 1693; taxe des corps d'arts et métiers, le 26 février 1704. On remarque dans tous ces cas une pression royale essentiellement due aux guerres de Louis XIV qui, on le sait, ont été dévoreuses de soldats et d'argent.

9. Arch. dép. Maine-et-Loire, 16 B 14, Juridiction seigneuriale de la baronnie de Blaison, procès-verbal des inondations de Loire, 31 juillet 1709.

10. Arch. dép. Maine-et-Loire, 16 B 433, Juridiction seigneuriale de la châtellenie de la Ville-au-Fourrier, Vernoil et autres lieux. Police des fourrages, 15 août 1785, contenant l'arrêt de la cour de Parlement. Village recomposé au XIXe siècle : ar. Saumur, c. Longué-Jumelles, com. Vernoil-le-Fourier.

11. « Nous François Foyau, licentié ès loix, juge ordinaire civil, criminel et de police de la baronnie de Chateauneuf sur Sarthe en présence du procureur de cette cour, assisté de maître Jean Allard notre greffier ordinaire, sommes transportés à la sacristye de l'Eglise de Seronnes dudit Chateauneuf à l'effet de procéder à la description des registres de baptesmes, mariages, et sépultures de ladite paroisse, et ce en conséquence de notre ordonnance du jour dhier et pour satisfaire à l'ordonnance du mois d'avril 1736 qui enjoint de parapher par première et dernière page... » (Arch. dép. Maine-et-Loire, 16 B 166, Juridiction seigneuriale de la baronnie de Châteauneuf-sur-Sarthe, procès-verbal de tenue des registres de la paroisse de Seronnes, suivant l'art. 21 de la déclaration royale du 9 avril 1736, 6 octobre 1758). Châteauneuf-sur-Sarthe : ar. Segré, ch.-l. c.

12. « Nous Jacque Gaultier, procureur fiscal de la jurisdiction de Moranne où actuellement il ny a point de sénéchal en exercice, pour l'exécution de l'arrest de nos seigneurs du Parlement en date du huit janvier dernier et des articles sept, huit et neuf de l'édit du mois de juillet mil six cent quatre vingt deux, nous nous sommes, avec le greffier ordinaire de la ditte jurisdiction [...] transporté chez les marchands, épissiers et autres du bourg dudit Moranne afin d'estre informés si quelques uns d'eux usinent, vendent et debittent, au préjudice dudit édit, de l'arsenic, du réagal, de l'orpimant et du suplimé [*sublimé*; il s'agit de trois dérivés de l'arsenic], qui sont des poisons dangereux de touttes leurs substance afin de contraindre ceux desdits marchands qui pourroient se trouver en avoir de se conformer à la disposition dudit arrest... » Suivent les visites chez les marchands et épiciers de la ville (Arch. dép. Maine-et-Loire, 16 B 375; Juridiction seigneuriale de la châtellenie de Morannes, police des poisons, 26 mai 1770). Morannes : ar. Angers, c. Durtal.

13. Plainte du procureur de la cour de Rillé, suivant laquelle plusieurs justiciables vont plaider ailleurs que devant ce tribunal « ce qui est absolument contraire aux dispositions de tous les règlements et notamment celui de l'administration de la justice qui porte que personne ne poura de son propre mouvement plaider ailleurs que devant le juge dont il ressortit nuement... » (Arch. dép. Maine-et-Loire, 16 B 386, Juridiction seigneuriale de la baronnie de Rillé, remontrance du procureur fiscal, 22 juin 1780). Rillé : ar. Saumur, c. Montreuil-Bellay, com. Vaudelenay-Rillé (XIXe siècle) puis Vaudelnay.

« Vous remontre le procureur fiscal que, quoique la voierie soit une dépendance de la justice et jurisdiction ordinaire qui appartient au seigneur baron de cette ville dans l'étendue de sa baronnie, suivant les arrêts des 11 fevrier 1670, 10 septembre 1674, l'édit de 1595 enregistré le 7 decembre; les déclarations des 23 mars 1728, et 16 mars 1765, arrêts de nos seigneurs du parlement des 1er septembre 1760, 16 mars 1762, 23 août 1769, 15 juillet 1774, 15 mars, 21 novembre 1775 et 7 septembre 1776 : et les chartes de 1247, ordonnances de St Louis de 1270 [14] qui traitent particulièrement des usages d'Anjou et des cours de baronnie, qui mettent les droits de voierie au nombre des droits de justice, lettres patentes de 1272, coutumes d'Anjou, art : 39, 59 et 60, du Maine, 43, 68 et 69, arrêt du 25 mars 1720 rendu dans cette dernière coutume semblable à celle d'Anjou, qui maintient et garde M. le comte de Laval au droit de voierie; et qu'enfin l'exercice de la voierie ordinaire ait été assurée aux officiers de la juridiction ordinaire par lettres patentes données à Versailles le 29 mars 1779, arrêt d'enregistrement du 6 juillet suivant, registrés en la sénéchaussée d'Angers le 11 janvier 1780 et au siège de cette baronnie le... [15]. Cependant on feint d'ignorer les droits dudit seigneur baron de cette ville et de ses officiers; il est donc du devoir du ministère public de veiller dans l'étendue et le territoire de la sénéchaussée de cette ville à l'exécution de ces loix dont le public retirera toutes sortes d'avantages [16]. »

La législation royale : un fondement naturel

Enfin et surtout, il y a cet ensemble de règles royales qui n'oblige qu'indirectement les juges seigneuriaux mais sur lequel ils préfèrent s'appuyer dans une majorité de cas. Prenons l'exemple d'une ordonnance des officiers de la châtellenie de la Ville-au-Fourrier, Vernoil et autres lieux. Il s'agit d'un problème récurrent : l'ouverture des cabarets.

« Sur la remontrance à nous faitte par le procureur de la cour que dans l'étandüe de ce ressort, diférants particulliers se donnent la licence de passer les dimanche et feste aux cabarets et d'employer tels jours en jeux, yvrongneries, et austres dissolutions et débauches, et ce par facillité des cabarettiers et haubergiste quy à pareils jours, et mesme pandant le service divin, donnent indiféramant entrée à tous ceux quy se présantent; que de là naissent deux contravantions manifestes et punissables : la première est celle quy se fait à la loy de Dieu, et à l'hautorité des constitutions eclésiastiques quy recommandent la célébration des dimanches et festes avec dévotion en nous enseignant que tels jours sont instítués tant pour nous donner un repos spirituel, que pour imprimer davantage en nos esprits un exercice et dévot zelle de religion; la segonde est celle quy se fait aux ordonnances notament à celle de Charles neuf ès estats d'Orleans, article 25, et d'Hanry 3, ès estats de Blois en 1586, article 38, quy défandent à tous taverniers et cabarettiers de tenir leurs tavernes ouverts aux jours de dimanche et festes sollanelles [17]... »

Cet aperçu montre comment opère le procureur fiscal pour obtenir sa réglementation. Mais il ne dit pas à quel point le procédé est généralisé en Anjou, comme le montrent les exemples suivants : 1701, prairies communes, 1704, abats de bois, 1712, battue aux loups, 1715, faux tonneaux, 1732, chiens enragés, 1735 et 1742, délits de chasse, 1739 et 1768, poids et mesures, 1746-1766, prairies communes, 1747, forma-

14. Ce sont les fameux *Etablissements de saint Louis* (1273), c'est-à-dire une compilation des coutumes d'Orléans et de Touraine-Anjou.

15. Le procureur fiscal a laissé ce passage en blanc.

16. Arch. dép. Maine-et-Loire, 16 B 98, Juridiction seigneuriale de la baronnie de Candé, police de la voirie, 18 juillet 1786. Candé : ar. Segré, ch.-l. c.

17. Arch. dép. Maine-et-Loire, 16 B 433, Juridiction seigneuriale de la châtellenie de la Ville-au-Fourrier, Vernoil et autres lieux, police des cabarets.

lités de procédure, 1751, circulation des grains, 1760, ivresse, comportement dans les églises, blasphèmes, 1763 et 1773, cabarets, 1769, droits d'usage, 1770, délits de chasse, armes à feu, 1771 et 1775, délits forestiers, 1776, urbanisme et voirie, 1777, dommages causés par les moutons, 1780, droits de marché, cabarets, 1784, cabarets, délits de chasse, armes à feu, 1785, coupe des bois, voirie, chiens enragés, 1787, prix du pain [18]. Quelles conclusions peut-on tirer de cette longue liste ? Tout d'abord, la législation royale est connue [19] ; on sent intuitivement que les officiers seigneuriaux ont été amenés à faire des recherches précises pour rappeler le droit applicable sur tel ou tel point. Il faut, à ce titre, faire mention particulière de l'ordonnance des eaux et forêts (1669) qui semble avoir été explorée de fond en comble. Dans les communautés rurales, c'est sur elle (ainsi que sur les usages locaux) que l'on s'appuie pour organiser la délivrance du bois, pour encadrer la chasse, le port d'armes, les droits d'usage et le pacage, pour condamner les délits forestiers et les dégâts des animaux. Les juges seigneuriaux semblent s'être appropriés ce qui peut apparaître comme un véritable code rural, ce que le sénéchal de l'abbaye du Ronceray explique à sa façon :

> « De par Madame [...], sur la remontrance à nous faitte par le procureur de la cour, que quoique par les ordonnances de sa Majesté il soit *entierement pourveu* [*sic*] à toutes les matières qui concernent les eaües et forests, néantmoins plusieurs particuliers en abusent, en mettant sur les communes de cette paroisse plus grand nombre de bestiaux les uns que les autres [20]... »

Ensuite, on use d'un vocabulaire qui ne laisse pas de doute sur l'authenticité du recours au droit royal. Quand on fustige un comportement délictueux, on fait remarquer qu'il est « prohibé » ou « défendu » par les ordonnances, qu'il est « contraire » aux ordonnances, qu'il est fait « au mépris » de celles-ci, qu'il « contrevient » à celles-ci, qu'il est fait « sans se conformer » à celles-ci, qu'il est une « contravention », une « infraction aux droits du roi ». Dans l'autre sens, quand il s'agit de dire le droit, on précise que la réglementation est faite « en conséquence » des ordonnances, « suivant » les ordonnances, « conséquemment », « conformément » à celles-ci. On entend « s'y conformer... ». Avec ce verbe, nous sommes au cœur de l'idée de relais juridique : les officiers ont pleinement conscience de leur double devoir ; ils sont agents d'un seigneur, mais doivent se conformer au droit royal qui justifie leur activité en même temps qu'il l'encadre. En quelque sorte, ils ont besoin du roi, de sa législation et de la réglementation de ses juges royaux pour *policer* la communauté humaine qui leur est confiée par le seigneur du lieu, pour *polir* les habitants de la seigneurie – au sens où les parents *polissent* leurs enfants.

Il semble ainsi évident que les officiers seigneuriaux non seulement n'ont pas sous la main un *corpus* juridique seigneurial applicable – rares sont les textes qui se réfèrent

18. Détails en annexe à la fin de notre communication.
19. Les fonds angevins montrent que le processus d'enregistrement des actes royaux fonctionne quoique ces derniers soient beaucoup moins nombreux que dans les fonds des juridictions royales. Ainsi, en 1709 on procède à l'enregistrement de plusieurs arrêts concernant les blés et les pauvres à Durtal ; à l'enregistrement, à Blaison, de la déclaration du roi du 7 mai 1709 concernant les visites à faire dans les greniers et les magasins pour les blés, enregistrée à la sénéchaussée de Saumur le 19 mai. La sénéchaussée de Saumur en profite d'ailleurs pour transmettre tous les anciens textes royaux sur le sujet. Arch. dép. Maine-et-Loire, 16 B 197, Juridiction seigneuriale du comté de Durtal, enregistrement des actes, 2 mai 1709 ; 16 B 14, Juridiction seigneuriale de la baronnie de Blaison, enregistrement des actes, 28 mai 1709.
20. Arch. dép. Maine-et-Loire, 16 B 387, Juridiction seigneuriale de Rochefort dépendant de l'abbaye du Ronceray, police des prairies, 16 juin 1701. Rochefort : ar. Angers, c. Chalonnes-sur-Loire.

à des ordonnances seigneuriales passées –, mais encore et surtout que le seigneur a, en toute ou grande partie, perdu son droit de ban, ou mieux, que son autorité a été incorporée dans la souveraineté du roi. On comprend mieux, dès lors, pourquoi et comment le juge du marquisat de Longué peut fixer le ban de vendange de la seigneurie « *De par le Roy et le seigneur de cette justice,* de l'ordonnance de nous… Jean Marie René Rocher, licencié es loix, senechal, juge ordinaire civil, criminel et de police […] sur le requisitoire du procureur de cette justice et de plusieurs notables habitants de cette ville[21]… » ; pourquoi et comment les officiers de la seigneurie du Ronceray peuvent entamer leur « ordonnance et reglement de police pour la juridiction de Rochefort sur Loire » (1780) par les mots « De par le Roy[22] ». Il existe bel et bien, dans l'esprit de certains officiers, l'idée que l'activité seigneuriale est intégrée au corps mystique du roi voire, de manière exceptionnelle, à l'État[23]. Sur le rapport d'un garde des bois, le procureur fiscal de la baronnie de Châteauneuf explique que la coupe sauvage de bois « est très préjudiciable tant au seigneur propriétaire de ladite baronnie que contre la police de l'État, pourquoy il est très interrêssant d'arrêter le cours de ces contraventions[24]… ». Le comte de la Galissonnière rétablit sa juridiction seigneuriale en 1784 après avoir remarqué que ses sujets « étaient forcés de s'écarter de leurs foyers et d'abandonner souvent la culture, l'une des parties essentielles de l'État… ». Les seigneuries se font le relais de la législation et de la réglementation royales ; un relais d'autant mieux assuré qu'il est appuyé par certains mécanismes de subordination.

L'appui des mécanismes de subordination

On distingue au moins trois techniques qui invitent ou obligent les agents seigneuriaux à appliquer le droit royal et motiver leurs actes à partir de lui : leur serment, la reconnaissance d'une hiérarchie des agents et d'une hiérarchie des normes.

Le personnel, la formation et le serment

La récupération de l'activité des justices seigneuriales trouve une explication dans la réalité sociologique : leur personnel est en grande majorité composé d'avocats au parlement, d'avocats au siège présidial d'Angers, d'avocats à la sénéchaussée royale de Saumur ou de Baugé ; des avocats qui ont reçu une formation identique à celle des officiers royaux et qui, en tant qu'avocats, sont étroitement soumis aux officiers royaux des

---

21. Arch. dép. Maine-et-Loire, 16 B 314, Juridiction seigneuriale du marquisat de Longué, registre de police, 16 octobre 1768, f° 5 v°. Longué : ar. Saumur, ch.-l. c., com. Longué-Jumelles.
22. Arch. dép. Maine-et-Loire, E 693, Titres féodaux, seigneurie de la Guerche, 6 septembre 1780, et SOLEIL, « Le maintien des justices seigneuriales… », *op. cit.*, p. 99. On remarquera aussi qu'en de rares occasions les officiers font référence à leur seigneur. Ainsi à Blaison, où le sénéchal indique : « nous avons, de l'hotoritté de monsieur le comte de la Garaye, seigneur de cette cour, mis les bans de vendanges… » (Arch. dép. Maine-et-Loire, 16 B 14, Juridiction seigneuriale de la baronnie de Blaison, ban de vendanges, 1er octobre 1724). Le procureur fiscal, quant à lui, condamne les destructions d'arbres « qui causent un dommage très considerable au seigneur de cette cour… » (Arch. dép. Maine-et-Loire, 16 B 14, Juridiction seigneuriale de la baronnie de Blaison, ordonnance de police sur les délits forestiers, 23 janvier 1732).
23. Sur le rapport complexe entre le corps physique du roi, son corps mystique, la souveraineté et l'État (ou la couronne), voir LEYTE, *Domaine et domanialité publique dans la France médiévale, XIIe-XVe siècles*, 1996, p. 197 *sqq.*, et notre synthèse : SOLEIL, *Introduction historique…*, *op. cit.*
24. Arch. dép. Maine-et-Loire, 16 B 166, Juridiction seigneuriale de la baronnie de Châteauneuf-sur-Sarthe, jugement et règlement de police concernant les délits forestiers, 5 novembre 1773.

sièges dans lesquels ils plaident[25]. Mais une autre explication, plus institutionnelle, tient au serment qu'on exige de ces officiers seigneuriaux quand ils sont installés. En effet, on s'aperçoit que le contenu invite chaque officier seigneurial, du plus petit au plus grand, à respecter et appliquer le droit royal, mais (élément capital) qu'il n'existe pas une formule type, l'une de ces formules qui ferait penser à une simple formalité : chaque siège a mis au point un serment particulier qui peut même différer d'un type d'agent à l'autre et d'une réception à l'autre.

Ainsi à la châtellenie de Bouillé-Ménard, on reçoit le sénéchal Pierre Valet après qu'il a prêté le serment de « se bien et fidellement comporter, de garder et observer les ordonnances royaux, édits et déclarations de sa majesté, arrests de son Conseil et de nos seigneurs de parlement et les règlements de ce siège » – le présidial de Châteaugontier[26]. Quatre ans plus tard, on reçoit Jean Panetier qui prête le serment de : « garder et observer les ordonnances royaux, édits et déclarations, la coutume et les règlements de ce siège[27] ». On trouve des formules sensiblement identiques ailleurs : pour l'office de sénéchal de la châtellenie de Huillé, le serment est le suivant : « Aux charges par lui de bien et fidellement se comporter, d'exercer lesdittes fonctions en son honneur et conscience, d'observer les coutumes, loix et ordonnances de sa majesté, arrêts de son conseil et de nos seigneurs de Parlement, et de faire observer les sentences et règlements de ce siège et d'y faire porter respect[28]... »

Il faut encore remarquer qu'un garde-chasse à Huillé prête un serment un peu particulier qui rappelle l'importance de la législation royale des Eaux et Forêts : « de se bien et fidellement comporter audit état et office de garde, d'observer les ordonnances des eaux et forêsts et à suivre les règlements de ce siège[29]... ».

Enfin, il faut souligner que les avocats, qui ne sont pas des officiers, doivent aussi prêter un serment du même genre. Au siège de Huillé, ils promettent « d'observer les coutumes, loix, édits et ordonnances de sa majesté, arrêts de son conseil et de nos seigneurs de Parlement, sentences et règlements de ce siège[30]... ». À Morannes, ils prêtent serment : « d'observer les ordonnances, édits et déclarations du roi, arrêts et règlements de son conseil, arrêts et règlements de la cour de parlement, coutume de cette province, sentences et règlements du Siège royal d'Angers, sentences, règlements et usages de ce Siège[31]... ». Une conclusion s'impose. Les formules de serment détaillent

25. SOLEIL, « Le maintien des justices seigneuriales... », *op. cit.*, p. 90-91. Parfois certains juges font également valoir leur titre de conseiller du roi. Ainsi le sénéchal de la ville et baronnie de Candé (Arch. dép. Maine-et-Loire, 16 B 98, Juridiction seigneuriale de la baronnie de Candé, police des chiens enragés, 23 mai 1732).

26. Arch. dép. Maine-et-Loire, 16 B 65, Juridiction seigneuriale de la châtellenie de Bouillé-Ménard, réception de Pierre Vallet, 30 décembre 1769, f° 2. Localisation de l'éponyme : ar. Segré, c. Pouancé.

27. Arch. dép. Maine-et-Loire, 16 B 65, Juridiction seigneuriale de la châtellenie de Bouillé-Ménard, réception de Jean Panetier, 5 octobre 1773, registre des réceptions d'officiers, f° 6. Pour la réception du procureur fiscal : « à la charge par lui d'observer les édits et déclarations, édits de sa majesté, arrests de son Conseil et de nos seigneurs du conseil souverain de Blois et les règlements de ce siège » (Arch. dép. Maine-et-Loire, 16 B 65, Juridiction seigneuriale de la châtellenie de Bouillé-Ménard, réception de Pierre-François Girault, registre des réceptions d'officiers, 22 octobre 1772, f° 3). Pour la réception d'un greffier : « à la charge par lui d'observer les édits et déclarations, déclarations [*sic*] de sa majesté, arrest de son conseil et de nos seigneurs de la cour souveraine de Blois et les règlemens de ce siège » (Arch. dép. Maine-et-Loire, 16 B 65, Juridiction seigneuriale de la châtellenie de Bouillé-Ménard, réception de Jean-Baptiste Aubert, 22 octobre 1772, registre des réceptions d'officiers, f° 4).

28. Arch. dép. Maine-et-Loire, 16 B 307, Juridiction seigneuriale de la châtellenie de Huillé, registre d'audience, 5 octobre 1775, f° 1. Huillé : ar. Angers, c. Durtal.

29. *Ibid.*, 12 octobre 1775, f° 4 v°.

30. *Ibid.*, 23 mai 1775, f° 5 v°-6.

31. Arch. dép. Maine-et-Loire, 16 B 375, Juridiction seigneuriale de la châtellenie de Morannes, réception de René Martin, avocat à Morannes, le 25 janvier 1777.

les sources juridiques que l'on entend respecter et, dans certains cas, les classent : 1) la législation du roi ; 2) les arrêts du parlement ; 3) la coutume de la province ; 4) les ordonnances et règlements du siège royal le plus proche ; 5) les ordonnances et règlements de la juridiction seigneuriale elle-même. Sauf à rompre son serment (ou à l'oublier), chaque officier sait donc où va la priorité. Nous avons déjà là, quoique de manière indirecte, l'aveu d'une hiérarchie des normes que vient consacrer le caractère provisoire des ordonnances de police.

La hiérarchie des normes

En matière de police, le parlement est souverain. En dehors du roi et de son conseil, à lui seul revient le soin d'élaborer des arrêts de règlement [32]. Les sièges royaux secondaires (sénéchaussées, bailliages, présidiaux, prévôtés, juridictions de police royale urbaine) [33] et les juridictions seigneuriales doivent se contenter d'ordonnances provisoires de police. Concrètement, cela signifie que ces ordonnances sont transmises, pour examen, au parquet du parlement, et que les parlementaires, appuyés sur le parquet, peuvent y substituer leur propre réglementation, ce qui est rarement le cas. Deux formules rappellent cette subordination : on ordonne et on réglemente « sous le bon plaisir de nos seigneurs du parlement » et l'on précise parfois que l'ordonnance est applicable « jusqu'à ce que autrement en ait été ordonné par la cour [34] ». Cette subordination se greffe sur celle des agents.

La hiérarchie des agents

Au hasard des actes de police, on découvre quelques méthodes ou formules, certes rares – ce n'est en effet pas le lieu pour exposer cette soumission [35] – mais explicites : le procureur du siège de Blaison parle des conseillers de la sénéchaussée de Saumur comme

32. PAYEN, *Les Arrêts de règlement du Parlement de Paris au XVIIIe siècle. Dimension et doctrine*, 1997, et *La Physiologie des arrêts de règlement du Parlement de Paris au XVIIIe siècle*, 1999.

33. SOLEIL, *Le Siège royal de la sénéchaussée et du présidial d'Angers, 1551-1790*, Rennes, PUR, 1997, 383 p.

34. Pour les statuts des procureurs postulants : « Jean Dumesnil, licentié ès loix, sénéchal juge ordinaire des baronnies de Bécon et du Plessis Macé, À tous ceux qui ces présentes verront scavoir faisons : les procureurs postulants de nosdites juridictions désirant depuis longtems se régler entre eux, tant pour la plus parfaite union de leurs corps que pour la discipline du bureau, ils auraient, dans l'assemblée de leur communauté, rédigé leurs mémoires. [...] À ces causes, après avoir examiné leurs dits mémoires et les règlements faits pour les autres sièges voisins, nous avons sous le bon plaisir de Nos seigneurs de la cour de Parlement par l'avis desdits procureurs postulants et sur ce, le procureur fiscal desdites juridictions entendu en ses conclusions arrêté les articles suivants pour être observés en forme de règlement jusquà ce que autrement en ait été ordonné par la cour [suit la réglementation en 51 articles] » (Arch. dép. Maine-et-Loire, 16 B 2, Juridiction seigneuriale des baronnies de Bécon et le Plessis-Macé, règlement pour les procureurs postulants, 6 juin 1766 ; la formule est identique à Durtal pour les avocats, Arch. dép. Maine-et-Loire, 16 B 198, Juridiction seigneuriale du comté de Durtal, règlement pour les avocats, 12 mai 1753). Pour l'ouverture d'un marché à Blaison, le procureur fiscal « a en conséquence requis qu'il nous plût statuer par jugement de police, et sous le bon plaisir de nos seigneurs de la cour de Parlement sur l'ouverture dudit marché... » (Arch. dép. Maine-et-Loire, 16 B 14, Juridiction seigneuriale de la baronnie de Blaison, jugement de police pour l'établissement du marché et de la foire de Blaison, 8 mai 1764). Pour maintenir les cabaretiers dans le respect, le procureur fiscal « à requis qu'il nous plût en conséquence de l'arrêt de réglement de nos seigneurs de la cour des quatre janvier 1724 et dix février de la même année, statuer sur une matière aussy importante par règlement de police et sur le bon plaisir de la cour de nos seigneurs du Parlement... » (Arch. dép. Maine-et-Loire, 16 B 14, Juridiction seigneuriale de la baronnie de Blaison, ordonnance générale de police, 21 juin 1763).

35. La correspondance est un meilleur reflet, mais les documents sont rares ; néanmoins on pourra consulter la correspondance entre le procureur du roi près le Siège présidial d'Angers et les procureurs fiscaux du ressort : SOLEIL, « Le maintien des justices seigneuriales... », *op. cit.*, p. 92-93.

de « [ses] supérieurs [36] ». Les procureurs fiscaux, quant à eux, sont – c'est un principe assez connu [37] – considérés comme les substituts du procureur général près le parlement de Paris et du procureur du roi du siège royal voisin suivant une hiérarchie bien structurée. Quelques actes le montrent avec clarté. Le sénéchal de la baronnie de Blaison doit dresser procès-verbal des dégâts occasionnés par les inondations de 1709

> « [...] pour obéir à l'ordre de monsieur le procureur général au Parlement de Paris, lequel nous a été insigné de la part de monsieur le procureur du roy en la séneschaussée et siège royal de Saumur par Me Ruffin de la Morendière séneschal de la chastelenie de St Remy de la Varennes [38]... »

Le procureur fiscal de la châtellenie de Morannes demande à faire assembler les habitants de la paroisse « d'après ce qui lui est prescrit par Monseigneur le procureur général et pour l'exécution de l'arrêt de la cour du vingt trois juin dernier [39]... ». Plusieurs méthodes permettent aussi à l'intendance de Tours d'appuyer l'exécution des ordres du roi [40] : en 1693, le sénéchal a été subdélégué par l'intendant pour la taxation des hôteliers de la seigneurie de Durtal [41] ; en 1704, ce même sénéchal a été commis par le roi, suivant les ordres de du Can, subdélégué de l'intendant, lui-même mandé par Turgot [42] ; en 1781, pour faire appliquer l'arrêt du conseil du 12 mars *(qui détermine la manière dont les Gardes-Jurés, & autres Préposés à la dessert des Bureaux de Visite & de Marque, compteront du produit des droits de marque, amendes & confiscations qu'il sont chargés de percevoir)*, l'intendance de Tours écrit au juge du comté de Durtal [43] :

> « Je vous envoye plusieurs imprimés de cet arrêt in 4° et deux exemplaires en placard. Comme il est nécessaire que cette loy soit connüe des gardes jurés, vous voudrés bien leur en remettre des imprimés in 4° avec recommandation de s'y conformer, et à l'égard des imprimés en placard, il sera bon d'en faire afficher un exemplaire dans le bureau de la marque. Je ne doute pas, au reste, que le zèle que vous portés à l'administration de la police des manufactures ne vous invite à tenir la main à ce que regulièrement à la fin de

---

36. « À ces raisons, le requérant, le sieur Vallée, faisant pour le procureur fiscal, sous le bon plaisir de nos seigneurs du Parlement et en conséquence du règlement fait par les juges de Saumur nos supérieurs, nous ordonnons que leurs arrests et règlements seront executés selon leur forme et teneur... » (Arch. dép. Maine-et-Loire, 16 B 14, Juridiction seigneuriale de la baronnie de Blaison, ordonnance de police concernant les moutons, 17 février 1777).
37. Sur cette hiérarchie, voir THIBAUT-PAYEN J., *Les Morts, l'Église et l'État dans le ressort du parlement de Paris aux XVIIe et XVIIIe siècles*, Paris, Lanore, 1977, 456 p. (p. 296 *sqq.*) ; DAVID, « La Participation des gens du roi à la police du royaume pendant l'Ancien Régime », p. 156, et STOREZ-BRANCOURT, « Dans l'ombre de Messieurs les Gens du Roi : le monde des substituts », *Histoire du parquet...*, 2000, p. 174-176.
38. Arch. dép. Maine-et-Loire, 16 B 14, Juridiction seigneuriale de la baronnie de Blaison, procès-verbal des inondations de Loire, 31 juillet 1709.
39. Arch. dép. Maine-et-Loire, 16 B 375, Juridiction seigneuriale de la châtellenie de Morannes, police des prairies, 11 août 1785.
40. Les fermiers savent rappeler les juges seigneuriaux à leurs devoirs : parce que les bouchers ont été inexacts à déclarer les viandes qu'ils débitaient sous prétexte qu'il n'y avait pas de fermier dénommé pour les enregistrer, l'adjudicataire des droits sur l'inspection des boucheries de la généralité de Tours demande qu'il plaise « ordonner que l'édit du mois de febvrier, l'ordonance de monsieur l'intendant de Tour du premier avril, l'arrest du conseil du dix neuf dudit mois d'avril, l'ordonance du monsieur lintendant du vingt huict may mil sept cent quatre seront executtez, et en conséquence que les bouchers et autres seront assignez devant vous pour se purger par serment et fournir un estat au vray de la quantité de bestiaux et viandes mortes quils ont tuez et faict entrer en cette ville et d'en payer les droicts... » (Arch. dép. Maine-et-Loire, 16 B 197, Juridiction seigneuriale du comté de Durtal, ordonnance de police concernant les bouchers, 9 juin 1704).
41. Arch. dép. Maine-et-Loire, 16 B 197, Juridiction seigneuriale du comté de Durtal, taxe des hôteliers, 2 octobre 1693.
42. Arch. dép. Maine-et-Loire, 16 B 197, Juridiction seigneuriale du comté de Durtal, taxe des corps d'arts et métiers, le 26 février 1704, et remise de taxe suivant une lettre portant la mention : « affaires du Roy » du 20 novembre 1704.
43. Arch. dép. Maine-et-Loire, 16 B 198, Juridiction seigneuriale du comté de Durtal, courrier du 24 mai 1781 concernant l'application de l'arrêt du 12 mars de la même année.

chaque année, ces comptes vous soient rendus pour en envoyer un double au ministre de la finance, ainsy qu'il est porté par l'art. 2 de cet arrêt. Je suis avec une parfaite considération, monsieur, votre très humble et obéissant serviteur. »

Chaque mot de ce courrier est emprunt de l'idée que le destinataire n'est qu'un auxiliaire de l'expéditeur et que le premier doit rendre compte de son activité auprès du Contrôle général des finances.

Conclusion

Ce colloque proposait de s'interroger sur les rapports entre l'État monarchique et la seigneurie : faut-il parler d'une justice seigneuriale ou d'une justice d'État exercée par des tribunaux locaux ? L'omniprésence du droit royal dans les ordonnances et sentences de police seigneuriales d'une part, les mécanismes grâce auxquels les agents des seigneurs acceptent de servir le roi, son parlement, ses juges royaux, ses intendants d'autre part, sont un double indice de cette idée suivant laquelle le long effort de la royauté pour incorporer les seigneuries, au même titre que les villes, l'Église gallicane, etc., a pleinement réussi. Ce qui, sous un autre angle, signifie que le vieux système seigneurial n'a pas seulement perdu sa dimension politique : les seigneurs, du moins en Anjou, ont nettement abandonné le droit de policer. Plus généralement, d'ailleurs, ce sont les grands absents de ce colloque : nous avons parlé de leurs officiers, des communautés rurales et des agents royaux, mais rarement des seigneurs eux-mêmes. Si leurs justices n'apparaissent pas encore comme de simples éléments d'une justice d'État – le mot n'apparaît quasiment pas –, il est bel et bien question d'une institution relais encadrée, au plan local, par les juges royaux[44].

Ordonnances et sentences de police seigneuriale et leur référent juridique royal

1701. Le procureur fiscal de Rochefort remontre que l'on abuse des prairies communes « quoique par les ordonnances de sa majesté il soit entierement pourveu à toutes les matieres qui concernent les eaües et forests neantmoins plusieurs particuliers en abusent, en mettant sur les communes de cette paroisse plus grand nombre de bestiaux les uns que les autres… ». (Arch. dép. Maine-et-Loire, 16 B 387, Juridiction seigneuriale de Rochefort dépendant de l'abbaye du Ronceray, police des prairies, 16 juin 1701.)

1704. Le procureur fiscal du comté de Durtal requiert contre l'abat de bois et « a remonstre que par l'ordonnance des eaux et forests, titre vingt six, article trois, [cela] est deffendu ». (Arch. dép. Maine-et-Loire, 16 B 197, Juridiction seigneuriale du comté de Durtal, police des eaux et forêts, 4 novembre 1704.)

1712. Le même procureur réclame une battue aux loups suivant les ordonnances, notamment celle des eaux et forêts. (Arch. dép. Maine-et-Loire, 16 B 197, 15 avril 1712[45].)

1715. Le même procureur requiert contre un tonnelier qui fabrique de faux tonneaux « ce qui est une fraude et un abus à quoy il est nécessaire de pourvoir en ce que les marchands qui achepteroient le vin ou autre liqueur dont les dits tonneaux seroient remplys, seroient trompés, ce qui est prohibé par les ordonnances royaux ». (Arch. dép. Maine-et-Loire, 16 B 197, 8 octobre 1715.)

44. SOLEIL, « Le maintien des justices seigneuriales… », *op. cit.*, p. 91-93.

45. Voir « 1712, Police des loups » dans la section « Pièces justificatives ».

1732. Le sénéchal de la ville et baronnie de Candé s'en prend aux propriétaires de chiens enragés « faisant droit sur la remontrance du procureur de la Cour et en conséquence de l'ordonnance de Monseigneur Herrault, cy devant intendant de la généralité de Tours » du 24 mars 1725, « avons fait et faisons très expresses inhibitions et deffenses à toutes personnes de garder à l'avenir en leurs maisons aucuns chiens soupçonnés d'avoir étés mordus par ceux qui étoient enragés... ». (Arch. dép. Maine-et-Loire, 16 B 98, 23 mai 1732.)

1735. Le procureur fiscal de la baronnie de Blaison s'en prend à ceux qui chassent sur les terres de la seigneurie : « notament dans les bleds et vignes *quoy que cela soit prohibé par les ordonnances du Roy* ce qui causoit une perte assé considerable par la conduitte des chiens qu'ils y mennent. Que d'ailleurs ledit sieur procureur de la Court a apris que certains particulliers tant de cette paroisse que des circonvoisines s'imissoient d'aller à l'afust ou guet, et d'autres de tendre des daces, pièges et colets, que cela est très deffendu par les dittes ordonnances, même sous de grosses peines, joint que ces sortes d'occupations ne procèdent que de la fénéantise de tels gens ». Il requiert l'interdiction de ces pratiques : « à peine pour la première fois de prison et de cent livres d'amande, et pour la seconde d'estre poursuivy suivant l'ordonnance ». Suit le contenu de l'ordonnance qui reprend les termes de la remontrance. (Arch. dép. Maine-et-Loire, 16 B 14, ordonnance de police concernant la chasse, 8 mars 1735.)

1739. Le sénéchal du comté de Durtal ordonne la présentation de tous les boisseaux de la seigneurie « conséquament à l'edit du roy et lettres patentes sur iceluy du mois d'octobre 1669, d'arrest de la cour de vérification d'icelles du 29 avril 1670, d'autre arrest du 22 decembre 1670 que tous vassaux, sujets, bourgeois, fermiers, marchands, aubergistes, cabaretiers, boullangers, meusniers et autres de l'étendue de ce comte et ressort d'iceluy seront tenus d'aporter ou faire aporter au greffe d'iceluy les boisseaux [...] dont ils se servent dans quinzaine de la publication des présentes... ». (Arch. dép. Maine-et-Loire, 16 B 197, police des poids et mesures, 30 avril 1739.)

1742. Le procureur fiscal du même comté s'en prend à ceux qui chassent « sans aucun droit et au mépris de l'ordonnance des eaux et forests de mil six cent soixante neuf et des arrests et déclaratyons du Roy ». (Arch. dép. Maine-et-Loire, 16 B 197, police de la chasse, 1er décembre 1742.)

1746-1766 : à Durtal encore, on prend l'habitude chaque année au mois de février de réglementer l'usage des prairies « en conséquence des articles 4 du titre des droits de passage et paturages et l'article dix du titre des peines et amendes et restitutions de l'ordonnance des eaux et forests de 1669... ». (Arch. dép. Maine-et-Loire, 16 B 198, police des eaux et forêts, février 1746, 1749, 1751, 1755, 1757, 1760, 1764, 1765, 1765, 1766.)

1747. Le sénéchal des baronnies de Bécon et Serrant condamne Jean Brisset, sergent de cette cour, qui ne s'est pas conformé aux ordonnances relatives à son état : « Aujourd'huy premier septembre mil sept cent quarante sept, nous, Noël Martin, licentier en droit, avocat au Parlement de Bretaigne, sénéchal juge ordinaire civil et criminel des barronnye de Bescon et compté de Serent sur ce qui nous a été remontré par le procureur de la cour que Jean Brisset, sergent de cette cour, bien loin de se conformer aux ordonnances de sa majesté et notamment à celle de mil six cent soixante sept par laquelle sa majesté, au tistre second, article cinq, ordonne aux huissiers et sergents de mettre aux pieds de leurs exploits les sommes qu'ils ont receü des partyes, pour des raisons qui sont inconnü à luy procureur fiscal, ledit Brisset contrevient journellement aux susdites ordonnances en ce point, ainsy ils nous requiere conformément aux susdites ordonnances de réprimer la contravantion dudit Brisset de le condamner en vingt livres d'amendes et de luy faire deffance de retomber à l'avenir en pareille faulte de sa majesté et notamment à celle de mil six cent soixante sept par laquelle sa majesté, au tistre second, article cinq, ordonne aux huissiers et sergents de mettre aux pieds de leurs exploits les sommes qu'ils ont receü des partyes. Surquoy, faisant droit, faute qu'a fait ledit Brisset de se conformer aux ord[onnan]ces et en particulier à celle de mil six cent soixante sept en ce où il est ordonné aux sergents de mettre leurs receüs aux bas de leurs exploits, nous le condamnons à payer trois livres d'amandes qui seront employés aux réparations de l'audithoire ; luy faisons deffances de contrevenir désormais aux ordonnances ; luy enjoignons de s'y conformer dans la suitte sous plus grande peinne en cas de récidive de sa part ; ce qui sera exécutté en mandant et donné à Bescon au pallais ordinaire dudit lieu, l'audiance y tenante par nous juge sudit et sousigné ledit jour et an que dessus. » (Arch. dép. Maine-et-Loire, 16 B 2, Juridiction seigneuriale des baronnies de Bécon et le Plessis-Macé, 1er septembre 1747.)

1751. Le procureur du comté de Durtal, craignant à juste titre une disette dans le comté requiert contre certains villages où l'on ne veut donner du blé aux boulangers : « Ledit Procureur a cru qu'il étoit nécessaire pour parer les inconveniens qui naîtroient d'un pareil réfus, de requérir que, par forme de Police et par provision, les Déclarations du Roi des dernier Août 1699, 27 Avril & 7 Mai 1670, l'arrêt du Conseil d'Etat du 9 novembre 1698, les arrêts de Réglemens du Parlement du 8 Janvier 1693, 30 Janvier 1699, & autres, soient exécutés... » (Arch. dép. Maine-et-Loire, 16 B 198, police des blés, 23 septembre 1751, imprimé.)

1760. Les officiers de Châteauneuf-sur-Sarthe rappellent les termes des ordonnances de François Ier d'août 1536, à propos de l'ivresse, et de Louis XIV de mai 1650 sur le comportement dans les églises, les arrêts du Parlement de Paris du 15 octobre 1588 (respect des jours chômés) et du 10 février 1724 (police des cabarets) et les textes royaux punissant le blasphème. (Arch. dép. Maine-et-Loire, 16 B 166, Juridiction seigneuriale de la baronnie de Châteauneuf-sur-Sarthe, ordonnance générale de police, 26 avril 1760[46].)

1763. Le juge de la baronnie de Blaison réclame contre les cabaretiers et requiert une ordonnance : « À ces causes à requis qu'il nous plut en conséquence de l'arrêt de réglement de nos seigneurs de la cour des quatre janvier 1724 et dix février de la même année, statuer sur une matière aussy importante par règlement de police et sur le bon plaisir de la cour de nos seigneurs du Parlement. » Suit la réglementation. (Arch. dép. Maine-et-Loire, 16 B 14, Juridiction seigneuriale de la baronnie de Blaison, ordonnance générale de police, 21 juin 1763.)

1768. Le juge de Longué fait « très expresse deffense à tous marchands de vendre leur marchandisses, de quelque espèce qu'elles puissent être, avec des poids moins pesants que les poix royaux... ». (Arch. dép. Maine-et-Loire, 16 B 314, Juridiction seigneuriale du marquisat de Longué, registre de police, 27 juillet 1768, f° 5.)

1769. Le sénéchal de la baronnie de Bécon s'intéresse aux droits d'usage et de pacage dans les prairies de la seigneurie : « Ordonnance de monsieur le sénéchal des jurisdictions des baronnies de Bescon et du Plessis Macé du deux octobre 1769 renduë sur la remontrance de monsieur le procureur fiscal desdites baronnies au sujet des droits d'usage et paccage sur les landes desdites baronnies en conformité de l'ordonnance de 1669, titre 19 : Surquoi, faisant droit, nous enjoignons à tous ceux qui ont des droits et usage sur les landes desdites baronnies de Bescon et du Plessis Macé de se conformer à l'ordonnance des eaux et forêts de l'année 1669, titre 19 : en conséquence de comparoitre à notre greffe dans huitaine à partir de la publication de notre présente ordonnance pour y faire déclaration de l'espèce et quantité de bestiaux qu'ils ont droit et entendent mettre pascager sur lesdites landes, laquelle déclaration sera recuë gratuitement par notre greffier et inscrite sur un registre particulier qu'il tiendra à cet effet. » Suit la réglementation du pacage. (Arch. dép. Maine-et-Loire, 16 B 2, Juridiction seigneuriale des baronnies de Bécon et le Plessis-Macé, ordonnance de police concernant le pacage, 2 octobre 1769.)

46. SOLEIL, « Le maintien des justices seigneuriales... », *op. cit.*, p. 97-98.

1770. Le procureur fiscal de Blaison réagit contre le mépris des ordonnances, des arrêts et règlements concernant la chasse et l'usage des armes à feu : « Vous remontre le procureur fiscal que conformément à l'art. 28 du titre des chasses de l'ordonnance des eaux et forests, il est deffendu aux marchands, artisans, bourgeois et habitants des villes, bourgs et paroisses, villages et hameaux, paysans et roturiers de quelque état et qualité qu'ils soient, non possédants fiefs, seigneurie et haute justice, de chasser en quelque lieu sorte et manière et sur quelque gibier de poil ou de plume que ce puisse être à peine de cent livres d'amende pour la première fois ; que par l'art. 3 du même tit. l'usage des armes à feu est deffendu sous la même peine ; qu'au mépris des ordonnances et des arrests et réglements intervenus depuis, plusieurs particuliers et gens inconnus se seroient avisé depuis près d'un an de chasser sur les fiefs et haute justice du seigneur de la cour... » Suit la requête afin d'informer. (Arch. dép. Maine-et-Loire, 16 B 14, Juridiction seigneuriale de la baronnie de Blaison, ordonnance de police concernant la chasse, 7 octobre 1770.)

1771. Réaction identique concernant le pillage des bois en forêt de Blaison « Au mépris des ordonances des eaux et forests » : « remontroit en outre ledit sieur procureur de cour, qu'il auroit reçu un règlement concernant les dommages de campagne rendu en la sénéchaussée de Saumur le trente un aoust dernier, qui reste sans exécution en l'étendüe de notre territoire par le défaut de partie poursuivante et à cause de l'éloignement de mr le procureur du Roy en la sénéchaussée de Saumur. À ces causes, requeroit ledit sieur procureur fiscal qu'il nous plut lui décerner acte de la plainte qu'il fait desdites voïes de fait et vols commis en ladite forest de Blaison, lui permettre d'en faire informer devant nous contre les auteurs et fauteurs... » (Arch. dép. Maine-et-Loire, 16 B 14, Juridiction seigneuriale de la baronnie de Blaison, règlement de police concernant les délits forestiers, 3 décembre 1771.)

1773. Le procureur fiscal de Bécon fulmine contre les cabaretiers en requérant l'exécution des ordonnances de police de ce siège et les « arrets de réglement » du Parlement de Paris, « pourquoi il requieroit qu'en exécution desdites ordonnances et arrêts de réglement il fut fait deffenses à tous particuliers, habitans, de fréquenter les auberges et cabarets les jours de fêtes et dimanches et d'y boire pendant les heures du service divin et à heures induës à peine de dix livres d'amende... ». (Arch. dép. Maine-et-Loire, 16 B 2, Juridiction seigneuriale des baronnies de Bécon et le Plessis-Macé, police des cabarets, 3 novembre 1773.)

1775. Le procureur fiscal de Blaison revient à la charge vis-à-vis de ceux qui arrachent les feuilles des arbres des bois de la baronnie : « Sur ce qui nous à été remontré par le procureur fiscal de cette cour qu'au mépris des ordonnances des eaux et forêts, il est erusser [*sic*] dans les bois de la forêt de Longue-Isle une quantité incroyable de feuilles de toutes espèces d'arbres et de tous les âges, et que, conformément à l'ordonnance des eaux et forêts, titre des bois appartenants aux particulier, ils n'en peuvent user qu'en suivant ce qui est prescrit pour l'usance des bois de sa Majesté aux peines portées par les ordonnances. À ces causes requeroit ledit procureur qu'il fut par nous apporté un prompt remède aux malversations qui se commettent journellement en ladite forest de Longue-Isle... » Suit le contenu de la réglementation. (Arch. dép. Maine-et-Loire, 16 B 14, Juridiction seigneuriale de la baronnie de Blaison, ordonnance de police concernant les délits forestiers, 18 août 1775.)

1776. Les officiers de la juridiction du chapitre Saint-Maurice signent une ordonnance d'alignement après avoir eu avis que l'on se proposait de reconstruire l'étage d'une maison sise dans la cité, « sans se conformer aux règlements de la voyrie et notament à l'article 4 de l'édit du mois de décembre 1607 ». (Arch. dép. Maine-et-Loire, 16 B 44, Juridiction seigneuriale de l'Église d'Angers ou Chapitre Saint-Maurice, ordonnance d'alignement, 11 juillet 1776.)

1777. À Blaison, encore, on s'en prend cette fois aux moutons qui détruisent la prairie en demandant l'exécution des arrêts du Parlement et du règlement de la sénéchaussée de Saumur : « À ces raisons, le requérant, le sieur Vallée, faisant pour le procureur fiscal, sous le bon plaisir de nos seigneurs du Parlement et en conséquence du règlement fait par les juges de Saumur nos supérieurs, nous ordonnons que leurs arrests et règlements seront executés selon leur forme et teneur en conséquence, nous avons fait et faisons deffences à touttes personnes tant habitants dans l'étendue de la paroisse de Blaison qu'autres paroisses de mener conduire ou faire conduire leurs moutons en ladite prairie... » (Arch. dép. Maine-et-Loire, 16 B 14, ordonnance de police, 17 février 1777.)

1780. Les officiers de Rochefort-sur-Loire fixent les droits de marché suivant l'ordonnance d'Orléans, art. 138. (Arch. dép. Maine-et-Loire, E 693, Titres féodaux, seigneurie de la Guerche, ordonnance générale de police, 6 septembre 1780[47].)

1780. Le juge de Serrant condamne un cabaretier de Savenière pour avoir donné à boire et à manger en son auberge pendant les Vêpres, et ordonne « que les arrêts, édits et règlement du Parlement de Paris notamment celui du [la date a été laissée en blanc] août dernier, registrée sur les registres du greffe de cette juridiction [...] seront exécuté selon leur forme et teneur... ». (Arch. dép. Maine-et-Loire, 16 B 419, Juridiction seigneuriale du comté de Serrant, registre des sentences de police, 14 septembre 1780, f° 11.)

1784. Le juge de Morannes s'en prend à ces cabaretiers qui travaillent « au mépris des arrets de nos seigneurs de la cour de Parlement et des ordonnances de sa majesté et notament de celuy du douze aouts 1780 et de lettres patentes donné à Versailles au mois de janvier 1783 [...] ce qui est contre l'ordre et absolument contraire aux ordonnances royaux ». (Arch. dép. Maine-et-Loire, 16 B 375, Juridiction seigneuriale de la châtellenie de Morannes, police des boissons, 8 octobre 1784.)

1784. Le procureur fiscal de Durtal explique la disparition du gibier par « la rigueur de l'hiver & la contravention manifeste aux Art. 12, 16, 18 & 28 du tit. 30 de Chasses du mois d'Août 1669... », ce qui « porte une infraction aux Déclarations du Roi, portant règlement pour le port d'armes des 18 Décembre 1660, & 4 Décembre 1679. [...] À ces causes, requiert qu'il lui soit décerné acte de sa remontrance ; ce faisant, dire que l'Ordonnance des Eaux & Forêts du mois d'Août 1669, & les arrêts de la Cour seront exécutés en tout leur contenu, & que ce qui sera par nous ordonné soit imprimé, lu, publié affiché tant en cette Ville que dans l'étendue de ce comté, & exécuté nonobstant opposition ou appelation quelconque s'agissant de l'exécution de l'Ordonnance de 1669, & arrêts rendus en conséquence ». (Arch. dép. Maine-et-Loire, 16 B 198, police de la chasse, 27 février 1784, imprimé.)

1785. Le sénéchal de la baronnie de Candé fait délivrance d'environ trente journaux de bois de haute taille « à la charge de se conformer aux dispositions de l'ordonnance de 1669 ». (Arch. dép. Maine-et-Loire, 16 B 98, Juridiction seigneuriale de la baronnie de Candé, récolement des coupes en la forêt de Chauveaux, 26 janvier 1785.)

1785. Il exige l'exécution d'une ordonnance d'Henri II concernant les chiens enragés : « Nous juge soussigné, faisant droit sur les conclusions du procureur fiscal, ordonnons léxecution de l'ordonnance de Henry 2, de 1556, et des autres règlemens et sentences de police, en conséquence enjoignons à tous particuliers de tenir leurs chiens attachés à la maison ou de les conduire en laisse et de tuer ceux qui ne seroient avoués de personne... » (*Ibid.*, police des chiens enragés, 26 janvier 1785.)

1785. Il s'en prend à l'encombrement des rues suivant une ordonnance royale de 1720 : « Faisons aussi deffences d'établir au long des rues de cette ville aucunes formes de fumiers ou terreaux à peine de dix livres d'amende et de confiscation d'iceux fumiers et terreaux comme aussi d'établir dans les rues de cette ville aucuns asteliers nuisibles au passage sui-

47. Soleil, « Le maintien des justices seigneuriales... », *op. cit.*, p. 99.

vant l'ordonnance du roi du 22 mars 1720 sous peine de la même amende. » (*Ibid.*, police de la voirie, 22 juillet 1785.)

1785. Le procureur fiscal de cette juridiction de Candé réclame l'application d'un arrêt du Parlement, qui concerne le Berry, afin d'éviter le manque de fourrage : « Nous sénéchal soussigné, faisant droit sur le réquisitoire dudit Procureur fiscal, ordonnons l'exécution dudit arrêt de la cour du 19 juillet dernier, dans l'étendue médiate et immédiate de la sénéchaussée de cette ville et baronnie. » Suit la réglementation en 4 articles. (*Ibid.*, police du fourrage, 16 août 1785.)

1787. Pour faire cesser les plaintes concernant le prix du pain à Morannes, les boulangers réclament « de se conformer aux ordonnances de police de la ville d'Angers tant pour la fabrique des quatre espèces de pain [...] que pour le prix de chaque espèce de pain. ». À quoi faisant droit, le sénéchal ordonne que désormais soient suivies « les ordonnances de police de MM. les officiers de la police d'Angers ». (Arch. dép. Maine-et-Loire, 16 B 375, Juridiction seigneuriale de la châtellenie de Morannes, police du pain, 26 avril 1787.)

Réflexions sur les justices seigneuriales au XVIIIe siècle

Anne ZINK
Centre de recherches historiques, Paris, Maison des sciences de l'homme

J'ai souvent vu nommer « justices subalternes » ces *Justices de village*... qu'on peut aussi appeler « justices de base ». Dans les différents contextes où j'ai trouvé le terme « subalterne », il n'avait pourtant rien de péjoratif. Il signifiait seulement que la juridiction en question était placée dans le ressort d'une autre devant laquelle ses sentences allaient en cas d'appel. Claude-Joseph Ferrière dit qu'on évite d'employer ce terme pour une justice royale mais qu'on peut le faire [1]. Dans le Sud-Ouest, où les justices royales de base sont nombreuses, on ne répugne pas du tout à les classer parmi les justices subalternes puisqu'il s'agit, comme les justices seigneuriales, de juridictions à juge unique et que leurs appels, comme ceux des juridictions seigneuriales voisines, vont à la sénéchaussée.

Trois exemples des justices de base

Mes expériences de ces justices sont inégales, mais assez variées. J'avais jadis tenté de tirer le maximum des archives laissées par les juridictions appartenant au ressort des sénéchaussées qui, au moment de la Révolution, ont constitué l'actuel département des Landes [2]. À l'exception de quelques pièces, ces archives concernent le XVIIIe siècle. J'ai depuis consulté un quart des liasses provenant de l'activité au XVIIe siècle de la justice de la municipalité de Bayonne et un certain nombre de celles du XVIIIe siècle [3]. Cette « cour » composée des membres du corps de ville occupe dans l'organigramme judiciaire une place, sous bien des angles, comparable à celle des justices seigneuriales. À partir d'accords passés entre parties devant les notaires, j'ai enfin cherché à comparer et à comprendre le rôle joué par les justices locales en Haute et en Basse Auvergne en 1760 [4].

---

1. *Dictionnaire de droit et de pratique*..., 1740.
2. ZINK, *Clochers et troupeaux. Les communautés des Landes et du Sud-Ouest avant la Révolution*, 1997, chap. 5, 6 et 7. J'ai eu beaucoup de chance qu'aux Archives des Landes la série B ait déjà été classée.
3. Arch. mun. Bayonne, FF 35 à FF 112, de 1599 à 1700 ; FF 113 à FF 278, de 1700 à 1790.
4. J'ai pris les minutes de l'année 1760 chez un notaire par canton actuel du Cantal et du Puy-de-Dôme.

Une centaine de justices seigneuriales landaises, plus une juridiction municipale

Sur les 177 hautes justices des Landes que l'on peut recenser en mettant en œuvre toutes sortes de documents, 108 ont laissé des archives assez conséquentes sur le fonctionnement de leur justice pour qu'on puisse étudier les audiences et le personnel. Ces archives ne remontent pratiquement pas en deçà de 1700 car les justices de paix qui ont hérité des papiers des justices subalternes n'avaient aucun intérêt particulier à conserver des documents attestant de l'activité de juridictions disparues ; elles n'ont gardé que ce qui pouvait encore être utile aux justiciables. Si les archives judiciaires de Bayonne partent de la fin du XVe siècle, c'est que sous l'Ancien Régime, les municipalités successives de la ville, soucieuses de lui conserver ses biens, ses droits et ses privilèges, ont toujours veillé à la protection de ses archives et que les suivantes – au-delà de la Révolution et jusqu'à aujourd'hui – ont eu à cœur de maintenir en bon état des documents qui témoignaient de l'ancienneté de leur cité. La ville, par ailleurs, a toujours eu assez d'argent pour rétribuer les services d'un bon greffier et pour lui procurer du papier de bonne qualité et les services d'un relieur. Les registres d'audiences qu'on trouve dans les archives de nombreuses justices landaises, manquent pourtant à Bayonne. En revanche on peut s'appuyer sur la série bayonnaise longue de trois siècles des dossiers de procès pour dire qu'il n'y a pas de différence notable dans la logique d'un dossier entre le XVIIe et le XVIIIe siècle ; seuls changent la graphie, évidemment, et le format du papier, plus grand et mieux standardisé.

Les registres d'audiences

Les registres d'audiences sont rédigés comme des procès-verbaux. Ils donnent la date et, sinon l'heure, du moins la demi-journée au cours de laquelle se tient l'audience, le nom des parties et la nature des décisions du juge : nouvelles assignations, jugements intermédiaires et jugements définitifs, mais si succinctement qu'on ne comprend pas sur quoi portaient les affaires. Les seules décisions qui, lorsqu'elles sont données, le sont intégralement, concernent le début et la fin des vacances judiciaires, éventuellement le changement de jours d'audience, de façon à ne pas interférer avec le jour des juridictions voisines ou des marchés fréquentés par les justiciables, et les entrées en fonction du juge, le cas échéant de son lieutenant, du procureur d'office, du greffier et même des simples procureurs ; aucun avocat, en effet, ne demande à exercer son métier auprès de ces juridictions. Ce type de documents permet de suivre la carrière individuelle et parfois familiale du personnel judiciaire, la fréquence et la régularité des audiences. Ainsi, on connaît le jour d'audience des 108 juridictions des sénéchaussées landaises ; 14 d'entre elles en changent au cours du XVIIIe siècle, presque toujours en expliquant que c'est pour faciliter la vie des justiciables [5].

Les dossiers du « petit criminel »

C'est dans les petits dossiers de causes qu'on peut se faire une idée des problèmes qui surgissent parmi les justiciables et qui sont soumis à ces tribunaux. Une petite idée seulement, car dès qu'une affaire était un peu importante, au civil par le montant des

5. ZINK, *Clochers et troupeaux...*, *op. cit.*, p. 167.

intérêts en jeu, au criminel par la gravité des peines, elle pouvait partir en appel et le dossier suivait. Ne restent donc dans les archives de la juridiction de base que les dossiers du « petit criminel », puisque la justice criminelle y était gratuite et que la moindre injure verbale était donc criminalisée. Plaintes, témoignages et interrogatoires donnent un tableau vivant, mais très incomplet, de la litigiosité de la société et de l'activité de ces juridictions à un vol ou à un meurtre quand l'enquête engagée sur une mauvaise piste a débouché sur un non-lieu, mais bien d'autres causes sont passées devant elles avant de continuer leur chemin. Il n'y a malheureusement pas, dans les archives des sénéchaussées, de cahiers dans lesquels serait enregistrée la liste des causes arrivées en appel. Bayonne, comme toutes les villes a perdu la justice civile : les causes des habitants de la ville sont portées directement à la sénéchaussée[6]. Mais comme on vient de le voir, les archives de hautes justices civiles, criminelles et de police situées dans le ressort des sénéchaussées voisines n'ont elles-mêmes conservé qu'un très petit nombre de dossiers civils. Celles de la juridiction de Bayonne leur ressemblent beaucoup.

Une source auvergnate indirecte : les accords entre les parties

En Auvergne, je recours à une tout autre source : les accords passés devant notaire avant d'aller en justice, soit en cours de procès, soit avant que l'une des parties fasse appel. Contrairement à ce que j'avais trouvé dans les archives des justices des Landes et de Bayonne, il s'agit toujours de causes civiles. Il m'est néanmoins possible de comparer cette aire aux précédentes. Je me suis en effet intéressée à ces transactions dans le cadre d'une recherche qui porte – comme jadis la première partie de ma thèse – sur le droit familial et les actes de la pratique et que j'ai située, comme la précédente, en 1760, de façon à permettre les comparaisons. Comme il s'agit d'une recherche en cours, ce que je peux dire sur ce type de documents et dans cette région ne doit encore être pris que comme des hypothèses.

L'intégration des justices de base à la justice royale

L'insertion dans l'administration royale

Dans les Landes, même si les justices royales ne sont pas rares, il y a, selon l'adage « la justice est patrimoniale en France », de nombreuses justices appartenant à des particuliers. Toutes sont cependant exercées selon les mêmes règles et appliquent les lois enregistrées par le parlement de Bordeaux. À l'exception de ce qui se passe dans la sénéchaussée de Tartas, sur le cas de laquelle nous allons revenir, toutes ces justices sont directement tenues en fief du roi. Les quelques seigneuries tenues d'un autre seigneur ne contiennent que des censives et souvent même seulement des terres nobles[7]. La réfection, au XVIIe siècle, des terriers royaux, a fait cesser toute ambiguïté et elle a mis fin aux petites anomalies. Les seigneurs justiciers, comme les autres détenteurs de fiefs, prêtent foi et hommage au roi et rendent leur dénombrement. Ces actes sont accompagnés de

6. C'est l'article 71 de l'ordonnance de Moulins de 1566 qui a retiré la justice civile à celles des villes qui l'exerçaient, ne leur laissant que la justice criminelle et de police. Sur la législation, *supra* FOLLAIN, « De l'ignorance à l'intégration… », section « De Crémieu (1536) à Orléans, Roussillon et Moulins (1561-1566) ».

7. ZINK, « La monarchie féodale en Gascogne dans le dernier siècle de l'Ancien Régime », 1985b, p. 329-339, et *Clochers et troupeaux…*, *op. cit.*, p. 137.

versements de taxes qui font au moins vivre les officiers du Domaine. Mais je pense que, si l'État moderne a investi ce type de liens de sa perfection administrative, ce n'est pas seulement pour l'argent. C'est que cette allégeance avait encore un sens, même si elle pesait moins lourd que les grandes ordonnances de Charles VII à Louis XI et à Louis XV.

La normalisation par le droit d'appel

Une revendication présentée par la municipalité de Bayonne au parlement au début du XVIIIe siècle, montre comment l'appel aux cours royales limite le pouvoir des juridictions subalternes. Le corps de ville demande à pouvoir, comme naguère, condamner les filles de mauvaise vie à une peine afflictive et infamante et à pouvoir faire immédiatement exécuter la sentence ; à savoir les enfermer dans une cage de fer et les descendre à plusieurs reprises dans la rivière, non pas jusqu'à ce que mort s'ensuive, mais le temps d'une très pénible apnée [8]. Les magistrats bayonnais semblent dire que cette peine et cette procédure ont toujours eu cours dans leur ville et qu'ils ne pourraient pas y maintenir l'ordre si on les obligeait à y renoncer ou à admettre que les condamnées puissent faire appel. Ce châtiment a réellement existé à Bayonne, mais tant qu'il a été appliqué comme une simple mesure de police, sans appel au parlement, il n'a pas laissé de traces. La tournure des enquêtes tend à faire croire aussi que le parlement, qui aurait jusque-là toléré cet usage, devrait le leur conserver. En réalité, les magistrats voudraient revenir à une procédure déjà caduque mais qui les aiderait, pensent-ils, à lutter contre la prostitution envahissante qu'entraîne la présence à Bayonne de l'armée destinée à la guerre d'Espagne ; la punition traditionnelle et infligée sans le contrôle de la cour souveraine n'est signalée qu'au moment où elle a déjà disparu. Les travaux sur les Grands Jours d'Auvergne [9] et ceux de Robert Muchembled sur les dernières sorcières [10] montrent que, dans certaines provinces d'accès difficile ou récemment conquises, l'intégration de la justice aux normes du pouvoir central a pu tarder plus longtemps. La ville de Bayonne n'était dans aucune de ces situations : ménagée dans sa susceptibilité comme ville-frontière mais également surveillée à ce titre, dotée de deux châteaux royaux, d'une citadelle, d'un gouverneur et d'une garnison, elle s'était certainement depuis longtemps, en matière d'appel, conformée à la loi.

Le contrôle des juges seigneuriaux

Le juge seigneurial est nommé par le seigneur et peut être révoqué par lui. Dans les Landes, certains seigneurs vendent les offices de juge, d'autres préfèrent les donner gratuitement pour ne pas avoir le cas échéant à rembourser ; le greffe est souvent affermé. Dans deux justices seulement, j'ai vu le seigneur changer son personnel judiciaire et même, dans un de ces cas, lui dicter de nouveaux règlements de police. Dans toutes les autres seigneuries, les juges restent en place jusqu'à leur mort et c'est souvent leur fils qui leur succède : 40 juridictions sur 108 voient s'esquisser et parfois se prolonger pendant plus d'un demi-siècle une dynastie familiale [11].

---

8. Arch. mun. Bayonne, BB 34 et BB 73, année 1706.
9. LEBIGRE, *Les Grands Jours d'Auvergne, désordres et répression au XVIIe siècle*, 1976.
10. MUCHEMBLED, *Les Derniers bûchers : un village de Flandre et ses sorcières...*, 1981.
11. ZINK, *Clochers et troupeaux...*, *op. cit.*, p. 220-222.

Avant de prendre ses fonctions, le juge doit être examiné par les conseillers du roi à la sénéchaussée qui s'enquièrent de ses connaissances en droit et de ses mœurs et qui lui font prêter serment. En 1761, le procureur de la sénéchaussée de Tartas s'inquiète :

> « [...] que quoique par différentes ordonnances notamment par celle d'Orléans, article 55 et édit du mois de mars 1693, il soit défendu par exprès à tous juges des seigneurs de fiefs ou hauts justiciers de s'immiscer à en faire les fonctions que par un préalable ils ne soient examinés et reçus par le lieutenant général ou autre officier du sénéchal dans l'étendue duquel la Justice seigneuriale est située, cependant il est revenu au procureur du roi qu'il en est plusieurs dans la sénéchaussée qui sont en exercice sans en avoir rempli non pas une formalité mais une obligation aussi essentielle qu'elle est indispensable. Ces officiers en effet qui en font les fonctions sont-ils pourvus d'une commission légitime, ont-ils les qualités propres pour les exercer, c'est ce qu'on ignore [12]. »

Dans la juridiction d'Auribat [13] on trouve recopié un extrait des registres de la sénéchaussée d'Albret au siège de Tartas du 23 novembre 1767, concernant la réception de Me Jean Camy, « praticien », pourvu de l'office de « juge de l'ordinaire d'Auribat présente sénéchaussée ». Le comparant ayant fait enregistrer ses lettres de provision au greffe de la juridiction sénéchale, il « requiert d'être reçu audit office et d'en faire les fonctions [...] offrant de subir l'examen et de se faire attester suffisant et capable [14] ». Dans le registre du greffe de l'ordinaire de Momuy [15], on trouve à la date du 23 novembre 1769 l'enregistrement de la réception de Me Barthélémy Maïnadé, procureur d'office de la baronnie de Hagetmau et « pourvu du titre de juge civil, criminel et de police dans l'étendue de la baronnie de Momuy » le 18 février précédent, lequel s'est présenté au parquet et auditoire royal de Saint-Sever, devant messire Basquiat Mugriet lieutenant général, pour y faire « sa requête [...] afin d'être reçu à faire son enquête de vie et mœurs, examen et réception de serment [16] ».

La formation et le souci de bien faire

Certains juges sont en même temps avocats, c'est-à-dire gradués en droit, mais les autres, notaires ou praticien, ont appris le droit sur le tas en copiant des papiers pour leur père, en travaillant chez un notaire ou en débutant comme procureurs postulants après avoir, pendant un certain temps, suivi les audiences [17]. De la même façon que le chancelier morigène de loin les conseillers au parlement qui ne revêtent pas la robe pour aller juger et que le procureur général réprimande les officiers moyens qui jouent ou qui boivent, les procureurs du roi dans les sénéchaussées surveillent le personnel et le fonctionnement des juridictions subalternes. Les preuves directes de ce contrôle sont rares parce que la correspondance entre individus, à travers laquelle il s'exerçait, n'était pas assez continue pour former une série. Mais j'ai pourtant eu trois fois la chance de tomber sur des missives isolées, restées dans les archives de l'une de ces justices subal-

12. Arch. dép. Landes, IV B 136, 5 juin 1761, sénéchaussée de Tartas.
13. Juridiction de la sénéchaussée de Tartas.
14. Arch. dép. Landes, IV B 190, 23 novembre 1767, juridiction d'Auribat.
15. Juridiction de la sénéchaussée de Dax.
16. Arch. dép. Landes, 40 III B 2147, 1769, juridiction de Momuy.
17. À Bayonne même, ville marchande, les officiers du roi et les avocats sont peu nombreux ; les membres du corps de ville sont donc souvent des négociants qui n'ont pas étudié le droit et qui n'ont pas suivi systématiquement les audiences d'une juridiction comme l'ont fait les petits procureurs postulants des Landes. En revanche, ils ont, en tant que parties, eu affaire avec la justice, soit devant les juges consuls, soit devant les juridictions ordinaires, et ils baignent dans la culture juridique propre à l'Ancien Régime.

ternes, et qui témoignaient de l'attention que prêtaient ces responsables aux juges locaux. Dans certaines lettres de démission, recopiées dans les registres d'audiences ou dans les recommandations formulées par certains procureurs fiscaux lors des rentrées judiciaires, on trouve exprimé le souci de bien remplir sa tâche ou de ne pas mécontenter les conseillers de la juridiction supérieure. En 1742, dans la justice d'Orthe [18], le procureur récemment nommé démissionne, se voyant « hors d'état d'y vaquer avec toute l'exactitude que les cours supérieures exigent [19] ». Dans la juridiction de Gaujacq [20], des titulaires qui se succèdent rapidement justifient leur démission par l'impossibilité où ils se trouvent de bien remplir leur tâche :

> « Il a plu à feu G. de Cazenave de le pourvoir du titre de judicature qu'il a exercé avec tout l'exactitude et la régularité dont il a été possible, mais comme son âge avancé, l'éloignement qu'il y a de Momuy au présent lieu et les mauvais chemins, étant d'ailleurs chargé d'autres judicatures, ne pouvant vaquer à tout, toutes ces raisons l'empêchent de continuer à accomplir cette tâche avec la même vigilance et régularité. »

Un autre, nommé à la charge de procureur d'office en 1769, déclare :

> « Le cas de cet office mérite que le sujet soit du lieu pour veiller à la conduite des affaires qui se soulèvent tous les jours et en particulier pour l'intérêt du public, à cause de son éloignement, il déclare qu'il ne peut travailler à cet office [21]. »

Il s'agit, bien entendu, de formules convenues, mais comme l'hypocrisie – hommage du vice à la vertu – établit celle-ci en position dominante, on peut penser qu'à force de répéter que l'on souhaite bien faire, on finit par se piéger soi-même et, au XVIIIe siècle, le personnel de ces justices subalternes, tenant à donner une haute idée de son rôle, s'y conformait le plus souvent [22].

Le cas de la sénéchaussée de Tartas

Le soin avec lequel sont tenus les registres d'audience de certaines justices est peut-être dû à la volonté des conseillers des ducs de Bouillon. C'est la raison pour laquelle les ducs de Bouillon, en tant que ducs échangistes d'Albret, médiatisaient les seigneurs dont les terres se trouvaient dans leur ressort et qui ne les tenaient pas directement en fief du roi, mais du duc de Bouillon. La sénéchaussée de Tartas faisait partie des quatre sénéchaussées qu'on avait érigées dans ce duché aux dépens des sénéchaussées préexistantes. Elle était mi-royale, mi-ducale. La justice y était rendue une année au nom du roi et une année au nom du duc. Les hommes d'affaires du duc faisaient de grands efforts pour faire rentrer dans le domaine de leur maître les droits féodaux qui lui avaient échappé, par exemple les droits de boucherie. Aucun papier, ni aux Archives départementales des Landes ni aux Archives nationales, ne concerne la gestion de la justice. Mais il est possible que des instructions maintenant perdues aient été envoyées ou qu'elles aient été transmises par les inspecteurs envoyés de Paris par le conseil ducal. Le fait est que les archives qui émanent des justices de ce ressort donnent l'impression d'un

18. Grande juridiction de la sénéchaussée de Dax.
19. Arch. dép. Landes, 40 II B 1898 à 1917 c. 1735-1742, juridiction d'Orthe.
20. Juridiction de la sénéchaussée de Dax.
21. Arch. dép. Landes, 40 III B 1624, 23 et 29 avril 1770, juridiction de Gaujacq.
22. La bonne tenue des registres d'audience que je constate dans les justices dépendant d'une de mes sénéchaussées me fait supposer que la juridiction sénéchale, le procureur du roi en particulier, donnaient des instructions dans ce sens, mais je ne les ai pas trouvées.

zèle tout particulier. Les procureurs sont beaucoup plus présents. Ils sont en alerte pour interdire chacun des gestes de la vie quotidienne qui pourrait représenter un danger pour le public. Ils restent mobilisés pendant les vacances judiciaires quand il s'agit de mineurs[23]. Le travail reprend très rapidement après la Saint-Martin et, lors de la première séance, certains procureurs prennent soin d'indiquer non seulement le jour, mais les heures précises d'audience. Ce respect des formes ne signifie pas nécessairement que la justice y soit mieux rendue qu'ailleurs car le parlement de Bordeaux est là pour veiller également sur toutes les sénéchaussées de son ressort ; il nous alerte plutôt sur l'existence de traditions administratives locales qui contribuent à faire rendre les agents plus professionnels et qui peuvent répondre à l'attente du public ou des responsables.

L'attitude des populations

À l'époque moderne, les rois ont très souvent non pas aliéné, mais engagé des seigneuries dont ils étaient jusque-là seigneurs particuliers. Jusqu'au XVIIIe siècle, le seigneur engagiste est investi de tous les droits qui jusque-là appartenaient au roi. Les habitants de la seigneurie protestent, ils se cotisent pour dédommager le roi et continuer à dépendre de lui seul. Ce qu'ils craignent, c'est que le nouveau seigneur ne fasse jouer le droit de retrait féodal ou ne leur conteste l'usage des communaux, alors qu'ils ne semblent pas craindre particulièrement la perspective d'être jugé par un juge qu'il aurait nommé. Dans les cahiers de doléances de 1789, publiés, tant dans le Sud-Ouest qu'en Auvergne, les critiques négatives envers les justices de base sont très rares. Ils ne contiennent naturellement pas de critiques positives, parce qu'il n'est pas question d'inscrire dans ce genre de document que l'on est content du fonctionnement d'une institution, mais on peut lire comme des témoignages de satisfaction le vœu souvent exprimé de disposer d'un réseau plus dense de justices de proximité. Les justiciables pensaient surtout aux justices royales qui avaient disparu, soit lors de la suppression de nombreuses prévôtés en 1747, soit lors des engagements de seigneuries. Dans les deux cas, la compétence de ces anciennes justices avait été transférée à la sénéchaussée, si bien que les justiciables se plaignaient d'avoir à se déplacer.

Une intégration acquise

Mon expérience des justices landaises, et ce que j'ai pu observer à Bayonne, me permet donc d'affirmer que, dans cette aire, au XVIIIe siècle, l'intégration des justices subalternes dans la justice royale est acquise, par la possibilité de faire appel, par le respect des mêmes normes procédurales, par l'examen et la surveillance des juges seigneuriaux par la sénéchaussée, ainsi que par le lien féodal que les pratiques administratives de type moderne ont normalisé. La prétention tardive de Bayonne d'appliquer une peine afflictive sans laisser aux condamnées la possibilité de faire appel, disparaît promptement. Les justices subalternes fonctionnaient régulièrement même si toutes ne siégeaient pas chaque semaine. Elles étaient appréciées pour leur proximité et les justiciables ne faisaient pas la différence entre juges royaux et juges seigneuriaux. Dans le cas de Bayonne, que je peux observer pendant deux siècles, la qualité intellectuelle et matérielle des

23. Arch. dép. Landes, IV B 544, 5 septembre 1776, juridiction de Norton, sénéchaussée de Tartas.

archives ne change pas entre le XVIIe et le XVIIIe siècle ; je ne sais pas s'il en avait été de même, avant leur disparition, pour les documents issus de l'activité des justices landaises. Je constate qu'au XVIIIe siècle les justices rurales et celle de Bayonne suivent la même logique, la même procédure et les mêmes formules, même si le papier, la plume et l'écriture sont en général moins bons dans le plat-pays. Les différences entre les deux siècles viennent des exigences accrues du pouvoir royal.

Le recours à la justice de base

Le rôle de la justice – dénouer pacifiquement les conflits dans la société civile, prévenir et réprimer, le cas échéant, les comportements dangereux pour la collectivité – varie selon les façons de vivre et la législation des sociétés dans laquelle elle opère.

Dans les Landes

Comme le prélèvement féodal est très faible dans la région des Landes, il est exceptionnel que des causes relatives à ce sujet soient portées en justice et que le juge et le procureur aient à se souvenir qu'ils sont les agents du seigneur. La justice est donc peu sollicitée par le maintien des droits « féodaux ». Les seuls conflits entre seigneurs et communautés portent sur les « vacants ». Ils interviennent en général à l'occasion des dénombrements et ils vont alors directement, soit devant la Chambre des comptes du parlement de Pau, soit devant les bureaux des Finances[24]. Quand un seigneur justicier a, dans sa seigneurie, un conflit qui l'implique à d'autres titres que celui de seigneur, en tant par exemple que voisin ou propriétaire foncier, le procès qui en découle n'est pas jugé, même en première instance, par son juge, précisément pour éviter la suspicion, il va directement à la sénéchaussée.

Les juridictions couvrent en général plusieurs paroisses et, dans la région des bastides, le siège de certaines d'entre elles est situé dans un des bourgs qui deviendra chef-lieu de canton. Dans plusieurs de ces juridictions, le juge, à l'instigation du procureur d'office, a l'habitude d'édicter chaque année un règlement destiné à éviter les comportements qui mettraient en danger la collectivité ou qui y susciteraient des tensions. Les habitants de cette région n'ont donc aucune raison de considérer que le juge seigneurial incarne les intérêts du seigneur. Ils peuvent voir cette justice comme une institution à leur service[25].

La société apparaît aussi plus procédurière que violente. Or l'un des problèmes auquel la justice doit faire face est celui de la violence, que l'on peut souvent considérer comme une façon rapide et impulsive de se faire justice soi-même. Il est normal que le recours à la violence varie d'une région à l'autre, de même que varient d'autres formes d'expression et d'autres comportements, mais ce sont des phénomènes difficiles à mesurer[26].

---

24. ZINK, *Clochers et troupeaux…*, *op. cit.*, p. 134-142, et *Pays et circonscriptions…*, 2000, p. 79-86.
25. La perception des règlements seigneuriaux est donc différente de celle rencontrée par Serge Dontenwill, cf. sa contribution. Voir également les contributions de Jeremy Hayhoe et de Benoît Garnot sur la Bourgogne.
26. Quand je lis des collègues ou quand je parle avec eux, j'ai l'impression que la subjectivité des historiens, et tout d'abord la mienne, interviennent beaucoup en la matière. Comme je ne peux pas m'empêcher de voir le bon côté des sociétés que j'étudie, je répète sans cesse que les choses qui se passent bien, normalement, pacifiquement, ne laissent pas de traces dans les documents ; d'autres collègues, au contraire, sont contents lorsqu'ils pensent pouvoir parler de sensibilité à fleur de peau ou de brutalité. Il serait donc préférable que j'aie travaillé personnellement en

Même s'il ne s'agit que d'une impression, mes expériences de Bayonne au XVIIe siècle et des Landes au XVIIIe siècle, me font penser que les populations du Sud-Ouest recourent moins que d'autres à la violence. Elles ont donc davantage besoin de l'institution judiciaire et un certain plaisir, peut-être, à faire appel à elle. Quand, après une bagarre, on demande au chirurgien un certificat de coups et blessures, la victime, dolente, l'attend alitée ou au coin de son feu, alors qu'en dépit de cette mise en scène l'homme de l'art peine à trouver sur elle de vraies ecchymoses. Si aller en justice plaît tant aux habitants de cette aire, les petits juges locaux sont des personnages utiles et, portés par cette sympathie, ils cherchent à bien faire. C'est peut-être parce que les populations du Sud-Ouest ont volontiers recours à la justice, qu'elles ont peu recours à l'infrajustice et que les minutes notariales de la région ne comprennent qu'un petit nombre de transactions entre particuliers.

En Auvergne, la voie judiciaire ou le compromis

Un recours inégal au juge et au notaire en Haute et en Basse-Auvergne

Les transactions entre particuliers sont beaucoup plus nombreuses en Auvergne que dans le Sud-Ouest. Mais le cheminement qui y mène varie selon la partie de la province où l'on mène les recherches. Aux Archives départementales du Cantal, qui correspond à peu de chose près à la Haute-Auvergne, j'ai trouvé, dans quelques cantons du sud du département, autour d'Aurillac, de nombreux compromis passés devant notaire sur des problèmes d'héritage. Ces compromis intervenaient après que le problème ait été porté devant la justice et qu'un jugement ait été rendu par l'une de ces juridictions subalternes. À ce stade, la partie qui s'estimait lésée aurait très bien pu faire appel mais les deux parties préféraient un accord. En parcourant ces documents, je m'étais dit qu'ils offriraient une bonne approche pour étudier le rôle des justices subalternes; mais quand j'ai voulu étendre mon champ d'investigation au reste de la province, je n'ai pas trouvé l'équivalent en Basse-Auvergne, aux Archives départementales du Puy-de-Dôme. On y trouve bien des compromis, mais ils interviennent toujours sans que les parties soient allées en justice; l'infrajustice se substitue à la justice au lieu de se combiner avec elle. Il fallait comprendre la raison de cette différence de comportement.

La confiance dans la justice serait-elle en cause?

Si les habitants de Basse-Auvergne ne passent pas par la justice, est-ce à dire qu'ils n'ont pas confiance en elle et que les juridictions subalternes sont moins bonnes au nord de la province qu'au sud? Les justices de Basse-Auvergne sont nombreuses et ont souvent de petits ressorts. En Haute-Auvergne, en revanche, certaines sont relativement grandes. Elles seraient donc, peut-être, plus régulièrement tenues, et ainsi plus capables d'inspirer confiance aux justiciables. On pourrait aussi supposer que les habitants de Haute-Auvergne sont plus à l'aise avec le monde du droit que ceux de Basse-Auvergne. À partir tant de la bibliographie que des actes notariés, je serais en effet assez tentée de dire que les habitants du Cantal sont plus ouverts sur le monde extérieur que leurs compatriotes du nord : montagnards et éleveurs, ils sont plus familiers avec les échanges com-

Auvergne sur des documents judiciaires comme je l'ai fait dans les Landes, je pourrais ainsi comparer des résultats affectés du même coefficient de subjectivité; malheureusement je n'en ai pas eu l'occasion.

merciaux de longue portée et ils migrent plus et plus loin. L'explication n'est pas vraiment convaincante : certains habitants de Basse-Auvergne migrent eux aussi, tout le monde paye des impôts en numéraire, personne ne peut donc vivre en autarcie, et une justice si proche ne devait impressionner personne. Il faut donc chercher d'autres raisons.

Le droit et les usages successoraux

Les juridictions du sud de la Haute-Auvergne ont choisi comme coutume le droit écrit, ce qui signifie que, sauf dispositions contraires du *de cujus*, chaque succession doit être partagée entre les héritiers légitimes et qu'en particulier, s'il y a plusieurs enfants, ils se la partagent également. Chacun peut pourtant, par un acte fait de son vivant disposer librement de la destinée de ses biens après sa mort, à la réserve d'une fraction due à chacun des enfants et dont le taux est fixé par le code en fonction de leur nombre. C'est ce que l'on appelle leur (part) « légitime ».

On peut utiliser cette liberté, soit pour organiser un partage, au besoin inégal, entre ses enfants, soit pour instituer un ou deux des enfants héritiers de la plus grande partie des biens et pour restreindre les autres à leur légitime. Bien que le droit romain prohibe les pactes sur succession future, un usage est admis dans les provinces du Midi de la France qui s'en réclament; celui d'instituer l'héritier et de fixer les légitimes des autres enfants à l'occasion d'un contrat de mariage sur lequel on ne peut pas revenir, alors que chacun peut refaire son testament jusqu'à son dernier souffle.

La coutume qui régit le reste de la Haute-Auvergne et la plus grande partie de la Basse-Auvergne ressemble au droit écrit sur certains points et en diffère sur d'autres. En l'absence de dispositions, les enfants se partagent la succession. Par testament, on ne peut disposer que d'un quart de ses biens, le reste est partagé également entre les enfants. À l'occasion d'un contrat de mariage, en revanche, la coutume permet expressément de faire ce qu'on veut de sa succession future, à condition de laisser à chaque enfant au moins sa légitime inspirée de la légitime romaine. Comme dans l'aire de droit écrit, les parents, quand ils le peuvent, utilisent le contrat de mariage pour régler leur succession.

Bien que l'on trouve partout des successions qui ne se conforment pas à l'usage qui prévaut dans les familles voisines, dans la pratique, la majorité des pères de familles s'inspirent du modèle qui caractérise leur canton. Ainsi, la tendance à l'égalité qui l'emporte au nord et dans les plaines, se dégrade, diminue et s'efface quand on passe de la Limagne aux rebords plus élevés et quand on s'avance vers le sud. La géographie de ces usages est indifférente, sur le terrain, au substrat juridique. Mais il est évident que la coutume qui interdit de tester librement est davantage du côté du partage que le droit écrit qui demande seulement, si on veut l'éviter, que l'on prenne le temps de tester. C'est la combinaison du droit et des usages qui explique que les habitants du Cantal s'adressent à la justice avant d'aller passer un compromis devant le notaire, alors que ceux de Basse-Auvergne vont directement chez le notaire.

En Haute-Auvergne, des successions retardées qu'il faut faire débrouiller par les juges

Dans le sud-ouest du Cantal, la plupart des pères et des mères de famille choisissent de laisser la plus grande partie de leurs biens à un seul de leurs enfants et la succession est, quand on le peut, réglée lors du contrat du premier des enfants qui se marie.

Les aléas démographiques font pourtant que des parents meurent avant ce moment. En principe, le parent qui meurt jeune devrait faire son testament. Mais il y a bien des pères de famille qui, sachant que le peu qu'ils laissent suffira à peine à faire vivre leur veuve et leurs enfants, et plus encore de mères de familles qui, n'ayant jamais possédé que leur dot, ne prennent pas la peine de tester. Il y a aussi des enfants qui, après avoir hérité d'une tante célibataire, meurent sans avoir l'âge de tester. Dans beaucoup de ces cas, après le décès sans testament, le tout petit héritage reste confondu avec les biens du groupe familial et il se retrouve, à la génération suivante, entre les mains de l'héritier désigné par le parent qui a survécu.

C'est donc deux ou trois générations plus tard qu'un des descendants soulève le problème de tel bien qui est allé à l'héritier, sans que l'on y prenne garde, alors qu'il aurait dû être partagé. À ce moment-là, les ayant droits sont parfois devenus très nombreux et il ne peut plus être question d'un partage simple, puisque la part de chacun dépend du nombre des frères et sœurs de l'ascendant, dont les droits s'interposent entre ce bien et eux. Les actes notariés qui enregistrent l'accord intervenu entre parties en cours de procès ou, le plus souvent, à la suite d'un jugement prononcé en première instance, au moment où se pose la question de l'appel, sont donc nécessairement longs et compliqués [27].

Le compromis ne changeait en général pas grand-chose à la sentence obtenue parce que la justice avait bien fait son travail. Le groupe des cohéritiers se contentait de donner un petit avantage à la partie la plus déçue, à celle qui jusqu'au procès avait détenu indûment le bien. Le service rendu par le procès avait été de tirer leur affaire au clair. Ils avaient payé des frais de justice et sans doute des honoraires d'avocat ou de procureur, mais grâce au travail de ces professionnels du droit, le dossier, rendu complexe par le temps écoulé, avait été débroussaillé. À partir de là, on pouvait s'entendre, faire un petit cadeau à l'une des parties et, pour l'essentiel, suivre les suggestions de la justice seigneuriale.

En Basse-Auvergne, des successions immédiates et plus simplement arrangées

En Basse-Auvergne, les choses n'ont pas le temps de se compliquer [28]. On partage entre tous les enfants à l'exception des biens bâtis qui iront aux seuls garçons : ou bien les deux aînés des garçons se partageront l'héritage, les autres enfants n'ayant que leur légitime ; ou bien les héritiers seront l'aînée des filles et l'aîné des garçons ; ou bien tous les garçons ; ou bien tous les enfants, ce qui finit par laisser jouer le partage coutumier. S'il y a eu un testament, on donne leurs lots aux légataires et, le cas échéant son quart à l'enfant privilégié, puis on partage. Il s'y ajoute le sort de toutes les fratries dont un ou deux parents sont morts intestats avant le premier mariage, d'autant plus nombreux que le partage ne fait pas peur.

On peut dire que, dans presque toute la Basse-Auvergne, après tout décès, se pose toujours le problème d'un partage. Ces partages interviennent immédiatement quand

27. À partir d'ici, mon exposé repose sur des hypothèses, dans la mesure où je n'ai pas confirmé par assez d'exemples les leçons tirées des premiers actes analysés. Ces actes trop longs pour être donnés ici, seraient incompréhensibles si on voulait n'en donner qu'un extrait.

28. Il y a des contrats de mariage qui font de l'un des enfants l'héritier et qui ne laissent aux autres que leur légitime, mais ce type de contrat ne se généralise, quand on va du nord vers le sud, que dans la zone montagneuse la plus proche de la Haute-Auvergne. Partout ailleurs, on trouve du partage.

les cohéritiers sont adultes, quelques années plus tard quand il y a des mineurs, mais en tout cas assez rapidement pour que le tableau des ayants droit soit encore clair. Les minutes de notaire sont donc pleines de partages où l'on découpe chaque parcelle et où l'on prévoit des partages ubuesques des maisons. S'il y a des difficultés sur un partage, sur un échange de parcelles ou sur un rachat de lot entre héritiers, les données du problème sont encore fraîches dans l'esprit de chacun. Sachant ce que coûte la justice, les familles évitent d'y recourir puisqu'elles peuvent se retrouver dans leurs différents sans l'aide d'hommes de loi. À peine l'une des parties parle-t-elle d'aller devant la justice, menace qui figure dans le préambule de l'accord, que l'on cherche un compromis[29].

Il n'est donc pas nécessaire de supposer que les habitants de Basse-Auvergne ont moins confiance dans leurs justices subalternes que ceux de la Haute-Auvergne pour comprendre pourquoi, lors de problèmes de successions apparemment semblables et découverts à partir des minutes notariales, ils ont moins recours à la justice que les habitants du sud de la province, sans que soit mise en cause la qualité du fonctionnement des *Justices de village*... C'est le droit des successions qui fait que l'on a plus souvent besoin d'elles dans le sud, pour les cas rares où il fallait partager et où les aïeux n'avaient pas pensé à le faire à temps.

Le contexte juridique et local et le recours à la justice « de base »

Une supplique adressée aux états de Navarre montre, là aussi, que les problèmes que la justice doit traiter dépendent en partie de la législation locale :

> « À Nos seigneurs des Etats du Royaume de Navarre... Très humblement vous remontrent le député de la ville de Saint-Jean et le député du pays de Cize, disant que des gens intéressés dans la multiplication des procédures de composition de masse ou d'hoirie ne s'occupent depuis quelque temps qu'à la recherche des cadets ou cadettes des familles, légitimaires qui auront déjà été règlés sur leurs droits paternels et maternels dont ils auront été payés; ils leur conseillent d'en demander un supplément. L'héritier [...] effrayé des menaces d'une procédure dispendieuse de composition de masse, l'accorde ou le fixe. Peu de temps après, on revient à la charge. [...] Le même maître propriétaire, craignant la même dépense et d'y trouver sa ruine de prête à un second supplément; mais ce n'est pas assez. Ce légitimaire enhardi [...] obtient un troisième supplément. [...] Pour obvier à ce désordre, il paraîtrait convenable de délibérer que tous légitimaires qui auraient été partagés et dont les droits fixés auraient été payés, ne seront plus admis en demande de supplément, si ce n'est en par eux faisant les avances des frais judiciaires [...] Le repos des familles mérite cette précaution de la justice[30]. »

En Navarre, comme en Béarn, dans une partie de la Bigorre, dans les pays basques et dans le sud des sénéchaussées landaises, l'héritage revient obligatoirement à l'aîné des enfants. La jurisprudence a progressivement consenti aux cadets une légitime calculée comme celle du droit écrit (ce qui n'est déjà pas beaucoup) alors que les coutumes, plus ou moins expressément, ne leur accordaient que la petite part que le père voudrait bien leur constituer. Ce texte accuse les hommes de loi de pousser les cadets qui ont déjà

29. Ces compromis sont moins compliqués que ceux de Haute-Auvergne, mais ils sont également trop longs pour être cités. L'explication que je présente est, elle aussi, une hypothèse et non une certitude, faute d'avoir analysé un assez grand nombre d'actes.

30. Arch. dép. Pyrénées-Atlantiques, C 1602. Texte non daté faisant partie d'une liasse de documents semblables. La graphie est tardive et la requête est vraisemblablement postérieure à 1770. Je remercie Christian Desplat qui m'a fourni ce texte.

reçu et accepté leur « apparcellement » à demander un supplément, au risque de faire éclater l'unité de la succession voulue par la coutume. Il demande aux états de Navarre, qui ont gardé le droit de légiférer, de prendre une décision qui interdirait aux cadets de faire faire une nouvelle évaluation du montant de la succession de façon à se faire attribuer une part plus importante. Comme les exemples auvergnats, il nous montre le jeu des parties entre le recours à la justice ou le choix du compromis.

Conclusions

L'intégration des justices féodales à la justice royale est non seulement acquise mais parfaitement opérationnelle au XVIIIe siècle, alors que la nécessité de tenir des Grands Jours montre qu'il y a eu, dans certaines provinces, des dysfonctionnements jusqu'au début du règne de Louis XIV.

Une justice au service du public

Dans certaines régions, on peut pourtant se demander si les justices seigneuriales ont jamais été intégrées à la justice royale et si elles avaient pour but de servir « la justice dame et princesse des autres vertus, sans laquelle nulle [...] chose publique ne peut être entretenue en félicité et en prospérité [...] pour le bien du pays [31] » ou bien si elles n'étaient là que pour défendre les intérêts d'un seigneur. La question ne se pose pas au XVIIIe siècle dans les Landes : la faiblesse du prélèvement féodal, l'étendue du ressort des hautes justices qui couvrent en général plusieurs paroisses, l'allure urbaine des bastides, incitaient juges et procureurs à consacrer une partie de leurs soins à la justice de police qui entrait, avec la justice criminelle et la justice civile, dans leurs attributions. Les populations ne voient donc pas la différence entre eux et les juges royaux [32]. Pour bien des raisons, les justices auvergnates n'ont pas suscité le même type de questions. La comparaison avec les justices plus méridionales, sur leur rôle en matière de police, n'est donc pas possible. En revanche, l'observation indirecte de leur activité à travers les compromis passés chez les notaires, a montré qu'en matière de procédure civile l'activité des justices dépendait partout du droit local qu'il s'agisse du droit écrit ou d'une coutume et de ce qu'on en faisait dans la pratique. Ce contexte était *juridique* mais non *judiciaire.*

Des différences significatives mais pas fondamentales

Les différences d'une région à l'autre sont encore nombreuses et vivantes au XVIIIe siècle. Le vocabulaire change, les jours de congés ne sont pas les mêmes, les juridictions sont parfois si petites que leurs propriétaires renoncent à y faire exercer la justice. Dans les régions que je connais, la basse et la moyenne justices sont presque tou-

31. Article 1er du chapitre « De la Justice » des actes des états généraux assemblés à Tours en 1483-1484.
32. Cette situation n'était sans doute pas propre aux juridictions landaises. Les seigneuries justicières étudiées par Jean Bastier « dans la région de Toulouse » semblent présenter les mêmes caractères : BASTIER, *La Féodalité au siècle des lumières dans la région de Toulouse (1730-1790)*, 1975. À l'origine, on trouverait sans doute l'histoire très ancienne de la seigneurie méridionale, l'allure de l'habitat et la forme de la communauté rurale – élément qui justifie que nous n'ayons pas fait de grande différence entre Bayonne et les juridictions du plat-pays voisin.

jours jointes à la haute. Ailleurs, elles jouent un rôle qui leur est propre et qui me surprend. Il y a des formes régionales que je n'imagine même pas et sans doute des usages, dans la présentation matérielle des documents ou même dans la tournure de leur rédaction, qui surprendraient chacun d'entre nous si nous avions l'occasion de voir les archives sur lesquelles travaillent nos collègues. Mais si nous arrivons à nous comprendre – de la même façon que les parlements comprenaient les différentes sénéchaussées de leur ressort et que le Conseil privé comprenait tout le royaume – c'est les principes sur lesquels fonctionne la hiérarchie des cours de justice sont les mêmes depuis longtemps et que la procédure *normalisée* a été reçue partout. C'est pourquoi, quand des historiens réunis comme ils l'ont fait au colloque d'Angers, constatent qu'au XVIIIe siècle toutes les justices du royaume ne fonctionnent pas encore de la même façon, il ne faut ni exagérer ces différences, ni les négliger. Si elles proviennent souvent, comme je le crois, des circonstances locales, leur présence doit être mise à profit. Ces différences – qui peuvent porter sur le vocabulaire, sur le niveau ou *degré* des justices rencontrées ou bien sur la taille et l'emboîtement de leurs ressorts – doivent attirer notre attention sur les étapes de leur développement, à des siècles où il n'était pas encore question d'intégration nationale ou quand cette intégration n'en était encore qu'à ses débuts. Mais ces différences doivent avertir chacun de nous que certains des aspects des justices sur lesquelles ils travaillent et qui lui sont si familiers ne sont pas fondamentaux. L'exemple auvergnat et le document navarrais montrent aussi le rôle que peuvent jouer la législation coutumière et les structures familiales dans les demandes adressées à la justice par la société civile, tandis que de l'exemple landais, on peut dégager les rapports qui s'établissent entre les formes du peuplement, l'implantation des justices, la taille et le ressort des juridictions. Ces analyses, non seulement permettent à chacun de nous de mieux comprendre la région sur laquelle il travaille, mais, en mettant à jour, sous les différences de formes, des mécanismes et des logiques communes, elles nous feront admettre que l'intégration peut se faire en englobant des différences et que l'homogénéisation qu'elle semble exiger peut se limiter aux grandes lignes de l'organigramme, tout en y incluant localement des matériaux variés. Si l'on admet que cette variété n'est ni gênante, ni essentielle, on admettra plus facilement que tous les cas locaux, dans le fond, se ressemblent, témoignant ainsi de l'achèvement de l'intégration.

Pièces justificatives

Antoine FOLLAIN [1] *et alii*

Après le rapport de synthèse et les contributions, la section « Pièces justificatives » est la 3e entrée que nous proposons dans le monde des *Justices de village*. Nous avons inclus dès l'origine dans notre projet la publication de pièces justificatives, de sources exemplaires proposées par chaque intervenant [2]. Malgré les difficultés très spécifiques de l'édition des sources, cette entreprise nous paraît fondamentale [3].

Nous savons que des pièces figurent dans les monographies et les thèses d'histoire du droit déjà publiées. Mais elles déçoivent souvent. Dans le livre d'Amédée Combier la partie « Notes » ne comprend qu'un texte vraiment intéressant et utilisable : les « Règlements de la Justice, Terre et Seigneurie de Cerny-lès-Bucy [4] ». Dans la thèse de Giffard, la section, « Procédures » ne comprend que quatre textes tirés des archives dont trois concernent la gestion de la seigneurie : une assignation en reddition d'aveux par la cour de Guellevain en 1626, une condamnation pour aveux non rendus et une autre pour lods et ventes dus à la baronnie de Lohéac en 1759 [5]. Il n'y a donc qu'un seul acte de procédure opposant des particuliers entre eux, devant la justice des Régaires de Dol en 1787 et cet acte a sans doute été retenu à cause de l'opposition formulée par le procureur fiscal, soucieux des droits de la seigneurie sur les propriétés en cause. C'est toute l'intention de Giffard qui est en cause : démontrer que la justice seigneuriale n'était que le bras armé de la seigneurie et ne remplissait pas (ou plus) aucun service public. Les sections « Édits royaux » et « Mémoires » comprennent douze documents et sept fois plus de pages. On y trouve un « Mémoire de la sénéchaussée royale de Bazouges » en 1740 [6],

1. Maître de conférences d'histoire moderne, université d'Angers, Maison des sciences humaines.
2. Voir FOLLAIN, « De l'intérêt de publier les sources, de les critiquer et de les lire » dans le « Rapport introductif... » de *L'Argent des villages*..., 2000, p. 16-18. Pour toutes les références de cette section : *infra* CORNU et FOLLAIN, « Guide bibliographique... ».
3. Cf. FOLLAIN, « Une comptabilité villageoise normande au XVIe siècle », 1996 (publication et analyse d'une source, à l'origine du colloque d'Angers d'octobre 1998 et du livre *L'Argent des villages*...), les 21 sources publiées dans *L'Argent des villages*..., 2000, les sources publiées dans *Enquêtes rurales* n° 6, et celles publiées avec Katia Pleinchêne (« Règlements pour les communaux du comté de Beaufort... ») et avec Pierre Charbonnier (source jointe à notre contribution à *Pourvoir les finances*... Journée d'études de Bercy du 9 décembre 1999).
4. COMBIER, *Les Justices seigneuriales du bailliage de Vermandois*..., 1897, p. 150-156. Voir également en « annexe » à SOLEIL, « Le maintien des justices seigneuriales... », 1996, p. 97-100, des ordonnances générales de police de 1760 et 1780.
5. GIFFARD, *Les Justices seigneuriales en Bretagne*..., 1902, « Annexes », p. 346-362.
6. Le mémoire (trouvé en série C, Arch. dép. Ille-et-Vilaine) dénonce les vices des justices seigneuriales ou, plus exactement, les torts que font ces justices aux officiers du roi. Il est clairement question de la « clientèle » que constituent les justiciables et d'usurpations de droits de justice au détriment du roi et de ses officiers.

trois textes associés sous un chapeau « Frais des procédures criminelles[7] », le fameux édit de mars 1772 « concernant les frais de procédures en matière criminelle dans les justices seigneuriales » et un mémoire de 1776 « sur l'administration de la justice en Bretagne », adressé par un avocat au contrôleur général des finances[8]. Notre propre intention est d'inciter et d'aider à la valorisation des fonds judiciaires sans autant d'*a priori*.

Les trente « pièces justificatives » ont été proposées par les communicants et par des collègues sollicités exprès, pour illustrer le fonctionnement des justices seigneuriales et aussi la diversité et le caractère très concret de la contribution de la justice des seigneurs à la « régulation sociale ». Nous avons privilégié les sources « internes » produites par les justices seigneuriales elles-mêmes et nous les avons données le plus possible *in extenso*. Chaque texte, travaillé en collaboration, est cependant demeuré sous la responsabilité de celui qui a souhaité son édition en le faisant accompagner ou non d'une introduction et analyse.

7. Giffard voulait prouver l'absence d'intérêt à exercer la justice criminelle. Le mémoire adressé en 1768 au prince de Guéméné, au sujet de Lorient, propose soit la réunion de trois juridictions, soit l'abandon au roi de la justice criminelle (Arch. Nat. Q^1 774). L'acte de nomination du sénéchal de baronnie de Vitré en 1787 précise son obligation « de faire gratuitement toutes affaires criminelles ».

8. Mémoire sur l'indignité des juges et plus spécialement sur une particularité bretonne : le grand nombre de degrés, « quatre à cinq [...] avant d'être jugé dans un siège royal ». Le tout devait inciter le roi à supprimer des juridictions. Arch. Nat. H 614, pièce 58.

1474 et 1484
Deux procès criminels dans le Maine

Isabelle MATHIEU[9]

Source : Archives départementales de la Mayenne, 179 J 23, f° 48-59[10], seigneurie d'Hauterives[11].

Souvent taxées de lacunaires, les archives médiévales peuvent néanmoins nous réserver d'heureuses surprises. Une fois dépassées les difficultés posées par les sources judiciaires et les problèmes de paléographie, s'ouvrent à nous des textes d'une richesse certaine dont nous avons ici une illustration. Le passage relate, avec une pléthore de détails et de précisions, deux affaires judiciaires de la fin du XVe siècle. Jehan Baudelet est accusé « de s'être ensaisiné furtivement d'une robe, d'une piece de toille, d'une boursse » (f° 51 r°-58 v°) et Jehan Pont d'avoir « print par furt une jument, une piece de toille, ung lit » (54 r°-59 r°). Les deux procès pour vol se terminent par des condamnations à mort : « ceste sentence a esté mise a execucion et a esté ledit Badet pendu et estranglé au gibet ». Différents aspects de la vie au Moyen Âge peuvent donc être appréhendés à travers ces sources manuscrites, bribes de vies passées. Ces textes mêlent des informations sur les mœurs, la place importante et privilégiée des biens matériels dans la société, l'organisation et le fonctionnement d'une justice seigneuriale, et la façon dont les dépositions pouvaient être construites et consignées dans les archives judiciaires. Par ailleurs, à travers ces deux affaires, il est possible d'entrevoir le rapport qui existait entre certains délits et les peines qui étaient encourues. Nous avons affaire à d'étonnants multi-récidivistes auxquels on reproche ici leurs vols, les effractions, leur absence de remords et le fait de ne pas avoir rapporté à chaque fois les biens dérobés, enfin leur incapacité à s'amender et mettre en œuvre les procédures *para-judiciaires* qui auraient pu à chaque fois tout arranger, comme avec Pierre Chaillans : « Et en a fuie et composé avecques luy a une vache brune qu'il luy a baillé. » Mais pourquoi finissent-ils par être arrêtés et punis ? Parce qu'ils ont cumulé de petits vols ou parce qu'ils ont commis certains actes ? Le nommé Jehan Baudelet a peut-être dépassé les limites de la tolérance sociale en dérobant la « piece de toille qu'on avoit mise sur l'arbe ou cymetiere du couvent de Saint-Fransays » et Jehan Pont est condamné à mort pour un motif précis, appuyé sur un point de la coutume, et non pour ses autres larcins : « que toute personne quy emblé beste a pié roue desert pugnicion corporelle et mortelle ». Il n'y a pas les oppositions que nous croyons voir entre la vie et les biens matériels mais préservation de la vie menacée par des vols qui attentent à l'économie de subsistance et préservation des symboles cultuels dans une société profondément chrétienne…

> Aujourduy XXIe jour de feuvriez l'an mil IIII^C LXXIIII, par nous, Jehan Bouglier, bachelier en lays, senechal d'Autherives, a esté interregué Jehan Baudelet a present detenu ès prinsons de ciens, sur certains cas creminelz dont il est actusé. Fait ès presences de Thomas le Bigot, René Servant, Mathurin Mestreau, Guillaume Rousseau sergent du roy notre sire en son Chastelet a Paris et autres.
>
> Actusé de ce que on dit contre luy qu'il s'est ensaisiné furtivement d'une robe appartenant a Lucas Motereul laquelle il print ches Guillaume Merteau ou bourg de Saint-Berthevin[12].

---

9. Étudiante en doctorat d'histoire, université d'Angers.

10. Le registre de la seigneurie d'Hauterives appartient à un important chartrier du même nom qui rassemble des archives de nature fort diverse comme des titres et papiers de familles, des aveux et des remembrances d'assises. Le document nous intéressant se présente sous forme reliée ; il est composé de 72 folios papier. L'essentiel du registre est occupé par des impositions d'amendes et quelques aveux et hommages.

11. Château et fief, commune d'Argentré (Mayenne, ar. Laval, ch.-l. c.). Fief mouvant de Bazougers au XIIIe siècle. En 1209, Guillaume d'Hauterives reconnaît devant Savary d'Authenaise, seigneur de Bazougers, et ses hommes liges, tenir de lui son manoir d'Hauterives avec toutes ses dépendances, sauf le fief Sourchin, et lui devoir un service à cheval et armé, mais aux frais du seigneur, avec tous les droits de voirie et de justice. Le comte de Laval accorda en 1485, en reconnaissance de la remise de ses droits féodaux, sur l'emplacement de l'église de Saint-Vénérand, « un tiers pilier à sa justice qui bien augmente sa police ». La terre est titrée châtellenie et en avait les droits dès 1515.

12. Fief mouvant de Vaiges s'étendant *en* Meslay, Saint-Denis-du-Maine et La Cropte (Mayenne, ar. Laval).

A confessé que ou temps de vendenges derrenieres passees, du jour n'est recollant, en s'en retournant du lieu des Amynteraye en la paroisse d'Azé [13] pres Chateau-Gontiez où il estoit allé vendenger pour le sieur de la Moysiere quy l'avoit la envoyé, il se logea en la maison d'un nommé Guillaume Marteau en la paroisse de Saint-Berthevin où il cousha. Et au matin, comme il se voullut partir d'icelle maison, avisa une robe de bureau [14] quy estoit sur le lit où il avoit coushé, laquelle il print, la vestit sur une veille robe qu'il portoit, et au depens dudit Marteau de sa femme et autres gens de la maison en emporta laditte robe jousques en la maison de Robin Bedelet son pere, où il dit qu'elle est oncores a present, et oncques puis n'en fist restitucion.

A confessé que environ la Toussains dareniere passee, a ung jour dont il n'est recollant, il print par fuie ung cheval noir en une piece de pré quy est des appartenances du lieu de la Haye en la paroisse de Chaillant [15], lequel cheval paissoit en iceluy pré environ quatre heures aprés midy. Le tira dudit pré avecques ung cordeau qu'il avoit porté pour le lyer, print ung bast en la maison de son pere, le mist dessus et s'en alla sur ledit cheval jousques en la ville du Mans où il est demeurant. Et la, tint ledit cheval par l'espace de huit jours ou environ [sans] riens en dire ne revelez au sieur de la Moysiere, ne a son mestaier auquel ledit cheval appartenoit. Et en laffin desdits huit jours, ledit cheval se mourut et n'en fist aucune restitucion.

Item, a confessé que demy an a ou environ il advisa une piece de toille que on avoit mise sur l'arbe ou cymetiere du couvent de Saint-Fransays de ceste ville de Laval. Et pour ce qu'il vit qu'il n'y avoit quy se prenist garde de laditte toille se transporta oudit cymetiere a ung certain jour dont il ne se recolle. Et ainsi qu'il fut sur le tart, pres la nuyt fermant, present asaillit laditte piece de toille, la mist sur son espaulle et l'en emporta toute nuyt jousques a Chateau-Gontiez, auquel lieu il fut le lendemain environ deux heures aprés midy. Et se logea ches ung mareshal lequel il ne cognoist ès forsbourgs d'Azé, auquel mareshal il vendit laditte piecze de toille pour la somme de soixante solz tournois et trous aulnes [16] de bureau. Et dit que aprés ledit mareshal doubta que ledit actusé eust emblé laditte toille et le contraignit a luy rendre son argent et ledit bureau. Et en laffin, iceluy mareshal retint laditte toille, l'argent et le bureau. Et ledit actusé s'en alla, doubtant cheoir en main de justice. Et oyt dire ledit actusé que environ huit jours aprés ledit Pierres Dutay estoit venu ches ledit mareshal quy luy avoit rendu et restitué laditte toille, laquelle estoit de troys aulnes la livre.

A confessé que troys ans a environ, comme on peshoit l'estang de Loge en la baronnie de Maienne, comme ung jeune homme varlet du filx de Mairade quy estoit endormy en la loge où estoit coushez les pesheurs. Et print en la boursse d'iceluy serviteur cinq solz lesquelx cinq solz il dit depuis avoir fait restitucion.

A confessé avoir emblé ung grant blanc au molin de Brechet et le print en la bource d'un jeune homme en une hostelerie devers Sacé [17].

Item, a esté actusé d'avoir prins par furt deux pieces de toille estantes ès prez des Lavanderies de la ville de Laval, lesquelles toilles estantes a Jehan Salmon ou a autres personnes.

Ademye ledit cas et est content d'en croyre touz ceulx quy en sauront parler. [Signé : Bouglier, Rousseau, Mestreau, Servant.]

Aujourduy XXIIe jour de feuvriez IIII^c^ LXXIIII, par nous senechal dessusdit a esté interrogué ledit Jehan Baudelet detenu prisonnier ès prinsons dudit lieu d'Auterives. Et a cogneu que la confession qu'il fist ou jour de hier des cas cy-dessus declerez en ce present proces est vraye, et qu'il accorde lesdits cas a chacun en la forme et maniere decleree en cedit proces.

Item, a confessé que environ huit jours davant la feste de Nouel derreniere passee, il se transporta au lieu de Regardon en la paroisse de la Basonniere [18] où demeure Georget le Bourdays. Et environ une heure de nuyt entra an la grange dudit lieu où il apersceut ung charnier de boys ouquel il avoit du lart. Duquel lart, il print part furt ung costé et demy et le mist en une poche qu'il avoit portee avecques luy, l'emporta sur son coul jousques a deux traictz d'Aredillee ou

13. Azé : Mayenne, ar. et c. Château-Gontier (-Est). La seigneurie relevait nuement du comté d'Anjou et non de Château-Gontier. Ce fut au XVe siècle une des châtellenies qui, avec Durtal et Mathefelon formèrent la baronnie de Mathefelon. À partir de son union avec Ingrandes, Azé prit le titre de baronnie.

14. Le bureau désigne une grosse étoffe de laine.

15. Chailland : Mayenne, ar. Laval, ch.-l. c.

16. Mesure ancienne de 3 pieds 7 pouces 10 lignes 5/6e (1,182 m).

17. Fief et village. Commune de Bonchamp : Mayenne, ar. Laval, c. Argentré.

18. Fief. Commune de La Cropte : Mayenne, ar. Laval, c. Meslay.

environ, où il trouva le cheval qu'il embla au sieur de la Moysiere. Lequel cheval il embla comme dessus a confessé. Et sur ledit cheval chargea lart et le mena jousques en la ville du Mans en sa maison où il est demeurant. Dit que ledit lart est oncores en ensence et n'a que dire qu'il ne soit restitué.

Item, a confessé que environ huit jours davant la Toussains derreniere en s'en venant du bourg de la Baconniere a la maison de son pere, il passa par ung aistre appellé la Roche où demeure Jehan Martin en la paroisse de Saint-Hylere-des-Landes [19] et apersteut en ung verger dudit aistre du fil quy seshoit a une perche duquel fil il print par furt troys pieces lesquelles il emporta ches sondit pere, et depuis les porta, vendre a Laval et en restent la somme de troys grans blans et nom plus lesquelx il a employez en ses usaiges.

Veu les cas cy-dessus declerez, cogneuz et confessez par ledit Jehan Baudelet a present detenu ès prinsons de ciens – aprés ce qu'il a esté rendu a monseigneur par les officiers de monseigneur le conte du Mans et de monseigneur le conte de Laval ses suzerains, pour ce qu'il avoit esté prins a tiré hors des prinsons de ciens par ung nommé Bertran Gogo, sergent de mondit sieur le conte du Mans, sans ce qu'il eust povoir ne comission du faire au Mans, qu'il eust monstree ne aparue a mondit sieur et ses officiers. En l'advis de plusieurs saiges conseillers, la coustume du pais et tout ce que fait a, considerez en la matiere, nous, senechal dessusdit, par notre sentence jugement et par droit, avons declairé que ledit Baudelet pour les cas dessusdits avoit deservye et qu'il sera pendu et estranglé au gibet. Donné audit lieu d'Autherives en la presence de mondit de Jehan Tartroux procureur dudit lieu, René Servant, René Bonnet, Mathurin Mestreau et Guillaume Rousseau, le XXIIme jour de fevrier l'an mil IIII^c^ LXXIIII. [Signé : Tartroux, Bonnet, Servant, Bouglier.]

Ceste sentence a esté mise a execucion et a esté ledit Badet pendu et estranglé au gibet[20].

Le penultieme jour du moys de novembre l'an mil IIII^c^ IIII^xx^ et quatre, par nous Jehan Bouglier, bachelier en loix, seneshal d'Autherives, en presence de Jehan Tartroux procureur et enquesteur audit lieu, maistre Jehan Heurtier bachelier en lays, Pierres Cornnelle et Guillaume Bonnet conseillers en court laye, Jehan Dechalus escuier, Jehan Pasquier sergent dudit lieu, et de Laurens Veluart. A esté interrogué Jehan Pont, detenu prinsonnier ès prinsons dudit lieu, sur ce que on dit contre luy qu'il a commis et perpretré plusieurs crimes et malefices dont parlé sera cy-apres, tant en la seigneurie de ciens que ailleurs, ou le procureur de la court conclut, affin que pour lesdits cas ledit actusé soit pugny corporellement.

Et premier, actusé de ce que on dit contre luy que environ l'Angevine [21] derreniere passee il se transporta de nuyt au lieu de Saingné, ouquel lieu Jehan Raoul est demourant, print par furt une jument en pail rouge de laquelle il dispousa a son plaisir et volonté.

Item, d'avoir prins par furt au lieu de la Cheoisiere en la seigneurie de ciens, et en iceluy lieu soy estre transporté de nuyt, prins en iceluy grant nombre de laynes et autres biens appartenant a Maulore, mestaier dudit lieu.

Item, d'avoir prins par furt, environ Craresme darenier passé, une piece de toille, ung lit, ung comiertriez et deux draps de lit au lieu de [blanc] en la paroisse de Gesnes, appartenant lesdittes choses a [blanc].

Item, d'avoir prins par furt au lieu de Montagu [22] en la paroisse d'Argentré grant nombre de blé appartenant a Pierres Chaillant.

Item, d'avoir prins par furt au lieu du Vau Nepveu en la seigneurie de ciens une jumens appartenant au mestaier dudit lieu.

Item, d'avoir prins par furt au lieu de Gremices grant nombre de blé.

Dit qu'il est natif du lieu du Gast [23] en la paroisse de Bazougers et y a demouré tout son temps jousques puis XIIII ans ensa qu'il est venu demourez au lieu de la Girendiere.

A confessé que la nuyt d'entre le mardy lardiez darenier passé et le mercredy des Scendres, il et Jehan Pesliez se transporterent de nuyt au lieu de Mauluy en la paroisse de Gesnes [24]. Entrerent

19. Saint-Hilaire : Mayenne, ar. Laval, c. Chailland.
20. Noté dans la marge.
21. L'Angevine se fête le 8 septembre.
22. Château et fief d'Argentré, *op. cit.*
23. Fief. Commune de Bazougers : Mayenne, ar. Laval, c. Meslay-du-Maine.
24. Mayenne, ar. Laval, c. Montsûrs.

en la maison dudit lieu, trouverent une piece de toille en ung theliez laquelle cedit depposé, couppa, prent laditte toille, et ledit Pesliez prent ung lit, deux draps, ung traverslit, ung orillez et ung couvertouez et se rendirent au lieu de la Girendiere, departirent leur butin. Et demoura audit actusé pour sa porcion laditte toille et audit Pesliez les autres choses. Et dit qu'il ouvrit l'uys quy estoit fermé a une barre avecques la main sans aucune fraction.

A confessé que ung a[n] ou environ, il, Jehan Peslierz et Jehan Babin, se transporterent par plusieurs foiz de nuyt au lieu de Montagu en la paroisse d'Argentré. Ouquel lieu ilz prindrent par diversses foiz du blé jousques au nombre de dix septiers ou environ, dont ledit actusé eut pour sa porcion quatre septiers quatre bouesseaux comme il luy semble. Et dit que ledit blé appartenoit a Pierres Chaillant. Et en a fuie et compousé avecques luy a une vache brune qu'il luy a baillé, quy valloit bien quatre livres ou environ. Et dit qu'il ouvrit l'uys de laditte maison avecques une clef que luy bailla ledit Barbin.

A confessé que en la fin du moys de septembre darenier passé, a ung jour dont il n'est recollé, il se transporta de nuyt au lieu de Saingné en la paroisse de Sougé où Jehan Raoul est demourant, print par furt en une piece de terre nommee les Touchetes une jument rouge, la brida d'une bride qu'il avoit, monta dessus et s'en alla celle nuyt jousques oultre la forest de Vilayne. Repent le lendemain au matin ches ung nommé Vugnete demourant oultre laditte forest, de la s'en alla a coucher a Essay ches ung hostelier dont il ne seit le nom. Et le lendemain trouva ung scien cousin nommé Pierres le Faucheurs auquel il bailla laditte jument. Lequel tout incontinent la troqua avecques ung nommé Jousselin demourant audit lieu d'Essay quy luy en bailla une autre. Et pour ce que la jument dudit Jousselin valloit le mieulx, iceluy le Faucheur luy retourna cinquante solz ou environ celle somme. Dit qu'il n'a riens eu de laditte jument et n'en fist aucun pris avecques luy, bien dit que ledit le Faucheurs luy permist poiez ce que ledit Jousselin luy feroit valloir laditte jument.

A confessé que ung moys a, ou environ, il et ledit Pesliez se transporterent de nuyt au lieu de la Cheoisiere en la seigneurie de Neus, prindrent par furt une pochee de layne en paignon. Ne scait quantes livres il y en avoit. Aussi prindrent deux potz de beurre pesans XXX livres en deux potz, l'un petit et l'autre grant, et du fil de lin montant six livres ou environ. Et eut ledit actusé laditte layne et ung petit pot dudit beurre et ledit Pesliez eut le grant pot et le fil pour sa part. Et a ouy dire a ung nommé Gillet Boynru que ledit Maulore a quy estoit laditte layne l'a depuis trouvee en une haye pres la Mote Ferrant où ledit actusé l'avoit cachee[25].

A confessé que sabmedy derrenier eut quinze jours, il et ledit Pesliez se transporterent de nuyt au lieu de la Bounaisnerie en la paroisse de Ambiers[26] auquel lieu Guillaume Aubert est demourant, prindrent par furt en laditte maison une petite huche fermanté a clef, la porterent hors laditte maison en une piece de terre, laisserent cheoir laditte huche laquelle se ouvrit en cheant prindrent en icelle huche une robe a femme, troys draps de lit, deux potz de beurre et deux paquez de fil en lemuceau, departirent leur butin, eut cedit depposant pour sa part laditte robe, ung drap et douze lemuceaux de fil et ung pot de beurre. Dit aussi qu'ilz couperent une piece de toille que estoit en ung telier en laditte maison quelle toille Peslier eut en son partaige. Et entrerent en laditte maison par ung huys quy estoit fermé avecques une barre laquelle il rusa avec la main sans faire autre brys.

A confessé que le sabmedy aprés l'afaire du Gast derrenier passé il se logea au lieu de la Coupaude[27] en la paroisse de Saint-Cerené. Se leva au point du jour, print par furt audit lieu une robe a usaige donnee quelle robe il portera a Salayse et la bailla en garde a Pierres le Faucheurs son cousin. Et dit que depuis il n'y retourna.

A confessé que environ la feste de Penthecouste derreniere passee, il et Macé Prioul se transporterent de nuyt au lieu de Poche, prindrent par furt une jument en pail rouge baillé davant et la menerent assembler jousques au lieu du Tail. Et de la ledit Prioul la mena vendre a Vylayne a ung hostelier nommé Jehan Petiot, lequel hostelier l'achata la somme de cent solz. Dit qu'il actendit ledit Prioul au Tail et luy bailla dix solz de l'argent qu'il en avoit receut et autre chose n'en eut.

A confessé avoir print par furt une jument au lieu du Puiz[28] en la paroisse de Parene et la mena vendre a Julien Martigné demourant a Chaugeneteux[29] pour la somme de six livres ung

---

25. Est noté en marge le nom du complice : « Pesliez ».
26. Ou Ambrières : Mayenne, ar. Mayenne, ch.-l. c.
27. La Grande et la Petite Coupaude : fiefs. Commune de Saint-Cénéré : Mayenne, ar. Laval, c. Montsûrs.
28. Château, fiefs, bois, commune de Saint-Martin-de-Connée, département de la Mayenne.
29. Mayenne, ar. Mayenne, c. Bais.

quart, dont il receut quatre livres ung quart. Reste XL solz que ledit Martigné doit oncores. Et fist ledit larencin au moys de juign darain passé.

A confessé que, environ la feste d'Angevine darreniere passee, il se transporta au lieu du Vau Nepveu en la seigneurie de ciens, print par furt de nuyt une jument rouge gaucourte, une estoille ou front. L'a baillé a Pierres le Faucheurs son nepveu quy la vendit a Marche Maison pres Essay a ung nommé Macé Collas, demourant de la le bourg de Marche Maison. Et a oncores ledit Collas laditte jument, laquelle jument il vendit cent solz.

A confessé que, environ la feste de Saint-Cerené[30] derreniere passee, il se transporta de nuyt au lieu Deschelles en la paroisse de Bazougers, print par furt une jument en pail rouge le muffle blanc, la mena jousques a Chaugeneteaux, la vendit a Symon Teurnieau demourant audit bourg. Et croit que ledit Teurnieau la bailla depuis a ung scien frere demourant a Sourches pres Bernay[31]. Et vendit laditte jument cent cinq solz dont il a esté poié jousques a XLV solz quy luy sont oncores deuz. Dit que Pesliez savoit bien ledit cas et fut avecques luy la vendre. Et en eut XXV solz de l'argent qu'il en reseut[32].

A confessé que depuis deux moys ensa, il et ledit Pesliez se transporterent de nuyt au lieu de Pré Ront[33] en la paroisse de Saint-Cerené, entrerent en une loge où il avoit une huche fermante a clef et ouvrirent la claveme[34] avec des pinsetes que ledit Peslier avoit portees, prindrent en icelle huche ung paquet de fil destoupe, ne seut combien il y en avoit, ung pot de beurre, deux chapperoes a femme, troys cervrechefs, deux tonailles, deux draps de lit, troys boursses et avoit en l'une d'icelles sept grans blans. Eut ledit actusé pour sa part le fil, ung chaperon et deux cervrechefs et au regart de l'argent il eut la moitié et ledit Peslier eut l'autre moitié.

A confessé que environ la Saint-Jehan derreniere passee, Macé Prieur, Guillaume Dahuille et luy se transporterent a la requete dudit actusé en la ville de Chasteau-Gontier, et en passant pres le bourt de Villiers quy estoit en leur chemin, ledit actusé dist a ses compaignons qu'il alloit boyre en ung villaige quy estoit illecques pres. Et a son retour leur dist qu'il avoit veu ung grenier de boys en une loge et que en leur en retournant il fauldroit du blé quy estoit oudit grenier. Et aprés ce qu'il eut besougné ce qu'il avoit a faire audit lieu de Chasteau-Gontier, mena sesdits compaignons en la loge où estoit ledit greniez, duquel grenier il leva la claveraie avecques ses pinsetes qu'il avoit, et print du blé quy estoit en iceluy ce que bon luy sembla, le mist en deux pochees qu'il avoit emportees en chemin, et avoit laissé son bonnet en gaige. Et luy resemble qu'il en peut bien prendre neuf ou dix bouesseaux a la mesure de Laval. Chargea l'une sesdittes pochees sur ses espaulles et ledit Dahuille chargea l'autre pochee, lesquelles ilz porterent jousques a deux ou troys traiz dare de la. Et environ le lieu où ilz se aiesendir, oyrent ung cheval hennir en une pasture, lequel ilz allerent querir, chargerent lesdittes deux pochees de blé dessus et le menerent jousques au boys de Bregnillery. Et la le deschargerent et ledit actusé remena ledit cheval jousques de la le bourg de Maisoncelles[35]. Et avecques du blé il demoura en la garde dudit Prieur et ledit actusé et Dahuille allerent louer une jument de la metaierie de la granche de Sainte-Cratherine pour en enmenez ledit blé. Mais ung nommé Ferré quy estoit illecques present dist aux gens de laditte metaierie qu'il se doubtoit que ledit actusé et sesdits compaignons eussent emblé ledit blé et consailla que on ne leur baillast pas laditte jument, et que a l'aventure elle la pourvoit bien prendre en leurs mains. Dit que en celle doubte et sur ses parolles, il y avoit des gens audit lieu et entre les autres des Couvreux quy se partirent hastement, en vindirent au lieu où ledit actusé et ses compaignons avoit deschargé ledit blé lequel ilz trouverent, prindrent et emporterent. Et ledit actusé et sesdits compaignons s'enfuyrent chacun la pare où il peut aller.

Actusé d'aveir prins une jument en pail fauve au lieu de la Lauseliniere en la paroisse de Gouge-le-Bruant. A confessé que depuis Pasques derrenier passé, a ung jour dont il ne se recolle, ung nommé Macé Prieur, Jehan Peslier et luy se transporterent audit lieu de la Lauseliniere, et environ nuyt fermant trouverent en l'estre dudit lieu une jument en pail fauve, laquelle ilz prindrent par furt et la laisserent audit Prieur quy print la charge de la aller vendre. Et depuis retourna devers eulx et leur dist qu'il l'avoit vendue deux escuz. De laquelle somme il bailla audit

30. Se fête le 9 juin.
31. Ou Berné (fief).
32. Est de nouveau mentionné en marge : « Pesliez ».
33. Hameau de la commune de Saint-Cénéré, *op. cit.*
34. Il faut entendre serrure.
35. Mayenne, ar. Laval, c. Meslay.
36. Est pour la 3e fois mentionné en marge : « Pesliez ».

actusé et audit Peslier ung escu qu'ilz departirent par moitié et l'autre moitié plus retint pour luy[36]. [Signé : Heurtier, Bonnet, Cornnelle.]

Veu par nous, senechal dessusdit, ce present proces, considere les cas desclairez en iceluy commis et perpretrez par Jehan Pont cy-dessus nommé, dont il est convaincu et actraint par sa confession volontoire, consideré aussi la coustume du pais, quy est telle et la tenons pour notoire que toute personne quy emblé beste a pié roue, desert pugnicion corporelle et mortelle. Et tout ce que fait a considerez en la matiere, nous, par notre sentence et prin droit, avons condempné et condempnons ledit Jehan Pont, pour pugnicion desdits cas, a estre pendu et estranglé. Laquelle notre sentence avons donné en sa presence et aussi en la presence et par l'opinion de maistre Jehan Heurtiez bachelier en lays, Pierres Cornnelle, Guillaume Bonnet et autres. Donné a Vauflory soubz notre sign et seign de notre greffier, le penultieme jour de novembre l'an mil IIII^{c} IIII^{xx} et quatre. [Signé : Bonnet, Tartroux.]

Ceste sentence a esté executé et a esté le delinquant pendu et estranglé.

1479
Procès d'un cambrioleur en Velay

Laetitia Cornu

Source : Archives départementales du Rhône, 48 H 1379, f° 70 v°. Justice de Chantoin[37]. Traduit du latin, sauf les passages en italique.

Contre Étienne Trenchacosta. Jour et année comme dessus[38]. Là, sur dénonciation de Jehan Lerm se plaignant et disant que lui-même, Jehan Lerm, le jour 21, a été volé par quelqu'un dans sa maison et que plusieurs choses de sa maison avaient été dérobées et emportées d'une certaine façon, et requerrant Jehan Martin, sergent, pour que celui-ci fasse son office, enquête et cherche les choses du susdit Lerm par tous les lieux et places, pour que le dit Lerm puisse récupérer ses choses par lui susdites et a lui dérobées. Laquelle enquête par ledit sergent faite et fut retrouvé dans la maison du dit Étienne Trenchacosta accusé ce qui suit : soit, dans la cuisine de la dite maison du dit accusé sur une maie qui se trouvait au pied d'un lit, un certain sac dans lequel étaient trois écheveaux de fil de chanvre, des souliers de femme, une chemise de femme, une *gerbossa priva*[39], deux draps et sur la dite maie était une couverture. Item, dans une autre chambre de la dite maison furent retrouvés des vêtements tant d'homme que de femme liés ensemble en baluchon. Et le dit Lerm voyant le dit sac dit : « *aquest sac es mien* ». Et le dit Martin, fils d'Étienne Trenchacosta dit « *si es vostre prende ho* ». Et une certaine fille du dit Trenchacosta nommée Mondeta dit « *certas non es pas nostre* ». Et Contre Étienne Trenchacosta. Jour et année comme dessus[40]. Là, sur dénonciation de Jehan Lerm se plaignant et disant que lui-même, Jehan Lerm, le jour 21, a été volé par quelqu'un dans sa maison et que plusieurs choses de sa maison avaient été dérobées et emportées d'une certaine façon, et requérant Jehan Martin, sergent, pour que celui-ci fasse son office, enquête et cherche les choses du susdit Lerm par tous les lieux et places, pour que le dit Lerm puisse récupérer ses choses par lui susdites et a lui dérobées. Laquelle enquête par ledit sergent faite et fut retrouvé dans la maison du dit Étienne Trenchacosta accusé ce qui suit : soit, dans la cuisine de la dite maison du dit accusé sur une maie qui se trouvait au pied d'un lit, un certain sac dans lequel étaient trois écheveaux de fil de chanvre, des souliers de femme, une chemise de femme, une *gerbossa priva*[41], deux draps et sur la dite maie était une couverture. Item, dans une autre chambre de la dite maison furent retrouvés des vêtements tant d'homme que de femme liés ensemble en baluchon. Et le dit Lerm voyant le dit sac dit : « *aquest sac es mien* ». Et le dit Martin, fils d'Étienne Trenchacosta dit « *si es vostre prende ho* » Et une certaine fille du dit Trenchacosta nommée Mondeta dit « *certas non es pas nostre* ». Et ensuite le dit sergent remit au dit Lerm le dit sac et les dits vêtements volés par le dit Trenchacosta, sous la

37. Haute-Loire, ar. Le Puy-en-Velay, c. Bains.
38. Le 22 septembre 1479.
39. Traduction incertaine.
40. Le 22 septembre 1479.
41. Traduction incertaine.

main de la Cour, sous peine de 60 sous tournois. Que nul n'ose prendre sans licence de la Cour. Témoins Laurent Chalcornac, Jacme Blacheyre fils de Bartholomé, Simon Peyron fils d'André.

Puis, le jour 22 du dit mois de septembre, furent inventoriés dans le dit lieu les vêtements liés ensemble. Et furent ce qui suit. Soit une cotte de femme de couleur perse[42] avec les bords verts, une gonelle[43] blanche à demi manches de brunette, une ceinture de femme violette, une grande veste d'homme noire, une barrette rouge une ceinture de femme avec une aumônière aiguillier, un couteau de femme. Dans la bourse étaient six anneaux d'argent, une lisette[44] de fil d'or, une bobine de bourre de soie une cordelette rouge, une lettre de mariage avec un *obiit* dedans[45], une paire de chaussures perses de femme, deux manches perses de femme, deux fuseaux de chanvre, avec des chausses d'homme doublées, [un] bonnet blanc et de poil gris, plus une veste de femme pauvrement munie de peu de valeur. Cet inventaire fait, furent liés de nouveau selon la forme précédente. Et fut ordonné à Jehan Trenchacosta fils d'Étienne, ici présent, sous peine de 60 sous tournois de les garder et que nul ne les prenne sans licence de la Cour. Témoins Mathieu Brenac, Jehan Martin, sergent, Vidal Chalm, Bartholomé Blacheyre, Jehan Conil.

Le dit Jehan Trenchacosta, présent, interrogé par le dit comme dessus a propos des dits vêtements et dites choses trouvées à l'intérieur, si elles étaient à lui. Le dit Jehan Trenchacosta dit sous serment que non. Interrogé ensuite, d'où donc il les tenait, il répond que la femme de Jehan Roda, le lendemain de la Sainte Croix dernière, les avait déposés dans sa maison. Interrogé ensuite si on avait déposé autre chose dans sa maison, dit que non.

Acte fait dans la maison du dit Trenchacosta, jour et témoins comme dessus, et moi, Blanc [avec sa signature] Jehan Martin, sergent, Laurent Chalcornac, Jacme Blacheyre fils de Bartholomé, disent en titre qu'ils sont présents quand la cause est rendue.

1485, 1553, 1570, etc.
Le contremand dans les Vosges : un instrument au service des sujets

Jean-Claude DIEDLER

Source : Archives départementales des Vosges, G 233, « Recueil des droits et privilèges de l'insigne Église de Saint-Dié », s. d., f° 282-284. Ce recueil de 699 folios récapitule toutes les pièces dispersées dans les liasses, qui fondent les droits du chapitre. Il n'est pas daté mais le récolement des archives capitulaires a été entrepris au début des années 1710.

[1.] Contremand signifie le congé qu'un vassal prend de son seigneur pour s'aller rendre vassal d'un autre seigneur; ainsi se contremander c'est quitter une seigneurie pour aller demeurer dans une autre.

[2.] Les contremands étoient en usage dans tout le Val de St Diey comme il conste par une requeste présentée par le chapitre l'an 1485 à messieurs du Conseil de Nancy, dans laquelle il expose que au Val de St Diey les contremands sont en usage entre les sujets, tant de notre redouté prince et seigneur, monseigneur le duc, des Églises, comme des chevaliers et Église les uns sur les autres; mais on ne sçait pas les cérémonies qu'il falloit observer pour se contremander [...]; mais il est constant que si celuy qui se contremandoit manquoit à les observer, il confisquoit son corps et ses biens; cela seroit par tous les titres que nous raporterons cy dessous[46].

42. Bleu-vert.

43. Gonelle ou cotelle : sorte de tunique.

44. Ruban tissé.

45. Il s'agit d'un parchemin ou d'un papier rédigé « en mémoire », généralement d'un mort.

46. Les chanoines font remonter ce droit à la seconde bulle de Léon IX, datée de 1051 : « Si homines fratrum cujuscumque sexus fuerint de bannis eorum contigerit exire, nulli banno contra voluntatem eorum liceat illos possidere ut suos; sed liceat fratribus ubicumque fuerint illos vocare et tractare ut proprios. » Traduction : « S'il arrive que des hommes leur appartenant, quel que soit leur sexe, quittent le ban des frères [les chanoines du chapitre], il ne sera permis à aucun autre ban de les posséder contre leur volonté [des frères]; mais il sera permis aux frères de les rappeler, quel que soit l'endroit où ils se trouvent, et de les ramener par la force comme leur bien propre. » Le mot « ban » pourrait être remplacé par « seigneurie ». Notons également que la forme syntaxique utilisée « *de bannis eorum* » impose l'idée que, pour les chanoines, le ban est un lieu clos dont on ne peut sortir, comme le serait par exemple une propriété entourée de murs. L'imaginaire, ici, est intéressant à pénétrer. La bulle de Léon IX est certainement fausse mais les mêmes termes sont repris dans le privilège de l'empereur Henri VI en 1191.

47. Fraize : Vosges, ar. Saint-Dié, ch.-l. c. (actuellement Ban-sur-Meurthe).

[3.] En la mairie de Meurthe[47], au cornal d'en haut, les vassaux du chapitre pouvoient se rendre sujets du duc; et respectivement ceux du duc pouvoient se rendre vassaux du chapitre en prenant congé de leurs officiers et leur payant cinq gros, s'ils étoient à marier et ce qu'ils vouloient lorsqu'ils étoient mariez; cela se voit par un titre de l'an 1570.

[4.] En la mairie de Ste Marguerée[48], le chapitre avoit ce droit particulier que ses vassaux ne pouvoient se contremander qu'en la maison du blanc maire appartenante au duc[49]; ce droit fut conservé au chapitre par un jugement rendu aux Assises, l'an 1515.

[5.] Et au Chaumontois, les contremands étoient aussy en usage, comme il conste par un acte de l'an 1592, par lequel un particulier de Moriviller[50] se rachepte luy et sa femme, ayant été confisquez au chapitre pour n'avoir pas observé la coutume des contremands de Moriviller; il est dit dans cet acte que l'usage du contremand est qu'il faut que celuy qui se contremande avertisse le maire sous l'office duquel il veut se domicilier de signifier le contremand au maire de l'office duquel il sort; et que lors dudit contremand il doit avoir son lict déparé et son cramail[51] dependu; autrement s'il arrivoit que ledit maire à qui il a signifié le contremand, assisté de son eschevin en justice, allant à la maison de sondit homme qui sera habiter hors de son office, trouvant ledit lict paré et le cramail pendu, ledit homme et sa femme, corps et bien, seroient confisquez au seigneur [...].

[6.] Depuis que l'on a eu fait les extraicts cy dessus, on a trouvé un mémoire qui contient les cérémonies qui se doivent observer par ceux qui veuillent se servir du contremand; ce mémoire est intitulé *Les droitures de la mairie de Meurthe*; l'article des contremands est couché comme s'ensuit :

[7.] Et touchant au fait des contremands, l'homme se peut contremander neuf fois, le jour, de l'un des seigneurs à l'autre sans amande faisant et sans garder nul droit de contremand, au moien que le neuvième retourne au seigneur qu'il est party; et si tant estoit qu'il voulut garder son contremand, il faudroit qu'il aille à l'officier[52] de là où il veut servir et luy donner le droit accoutumé; et il faut que l'officier de là où il se met aille dire à l'officier de là d'où il départ qu'il ne s'ait à mesler de luy et qu'il se dévoue de la seigneurie dudit officier; et l'officier de là où il départ doit aller voir la maison, s'il a bien fait son contremand; et pour avoir bien fait son contremand, le ban doit être tombé, le cramail oté et le lict oté; et ne doit être trouvé sur la seigneurie de là où il départ depuis le soleil entrant jusqu'à soleil levant; et peut le contremand, trois fois la nuitée, durant le tems de son contremand, aller voir à la maison dont il est party ayant une chandelle ardente en sa main; et si tant étoit que le feu s'éteigne, ainsy peut recrier trois fois qu'on luy apporte du feu; et si on ne luy en apporte point, se peut il ruer ainsy le visage dessous contre terre et demeurer jusqu'au soleil levant; ce faisant, il ne doit être repris nullement de son contremand; et ne doit ledit contremand faire buée[53] sur trespied et ne seoir à table ayant les pieds dessous la table; et doit faire cela un an durant et au bout de l'an, il peut retourner auquel seigneur il luy plaira sans amande faisant; et si tant étoit qu'il contrevint à faire ce qu'est dit et contenu en cet article, il seroit déclaré vilain, serve ez seigneurs; et peuvent les bons hommes obtenir un franc[54] plutôt que faire un contremand si bon leur semble, à sçavoir d'en aller de l'un des seigneurs à l'autre, paier trait et taille ez deux seigneurs, un an et jour durant; au bout et jour de l'an, il se peut tenir auquel seigneur bon luy semble sans amande faisant [l'an] 1553.

Source : Archives départementales des Vosges, G 232, « Recueil des droits et privileges de notre Église extraits des titres qui sont presentement au thresor » par Rodolphe Thiery chanoine et chantre de Saint-Dié, s. d., f° 172 et 173. Ce recueil de 397 folios peut être daté de la seconde moitié du XVIIe siècle. Le texte ne peut être publié en entier : la consultation en est maintenant interdite. L'affadissement de la procédure en quelques décennies est notable.

48. Sainte-Marguerite : Vosges, ar. Saint-Dié, c. Saint-Dié-est.
49. Sans doute les deux maisons qui dépendent du ban d'Anould (Anould : Vosges, ar. Saint-Dié, c. Fraize).
50. Moriviller, Meurthe-et-Moselle, ar. Lunéville, c. Gerbéviller.
51. Crémaillère.
52. Le maire.
53. Lessive.
54. Une franchise.
55. Crémaillère.

Mairie de Moriviller :

[1.] [Le jour du contremand, l'homme doit avoir] despendu son cramat[55] et desparé son lit.

[2.] [Le lendemain, il] peult rependre son cramat qui peult demourer s'il veult jusqu'au jour et l'an et peult faire son feu, sa fumière[56] et sa menanderie[57] ainsi que devant. [Le temps consacré aux tâches ménagères du lendemain ne doit pas dépasser le premier coup de minuit] car se il estoit attainct apres menaire sonnant de la maison d'où ils partent, ainsy seroient ilz acquis au seigneur.

[3.] [Les jours suivants, ils peuvent aller dans leur ancienne maison, autant de fois qu'ils le veulent, pendant une année mais seulement de nuit. Il leur est interdit de s'asseoir ou de se coucher] Et peult après l'homme ou la femme prendre une chandoille en sa main et aller en sa maison pour veoir les bestes et sa menanderie.

[4.] [Quand les] gais ont changé, l'homme peut raler en sa maison mais qu'ilz n'y siessent ne n'y gisent, pour ouvrer et pour faire tout ce que bon luy semble ; et peult l'homme ou la femme aller en four toutes les fois que le four cuit ; quelle heure qu'il soit, peult porter son pain et aller quérir sans dangier ; l'homme peult aller en la maison du seigneur se il en a besoing, quelle heure qu'il soit.

1547, 1625 et 1771
« Coutumes » et « statuts » des bouchers de Longué en Anjou

Antoine FOLLAIN

Source : Archives départementales de Maine-et-Loire, 16 B 330, justice de Longué[58]. La sentence de 1771 est complexe puisqu'elle imbrique les « coutumes » de 1547, les « statuts » de

Ce sont les coutumes, le prix, les cas que les bouchers de Longué ont accoutumé garder d'ancienneté et les jurements sur ce faits qu'ils garderont les droits de monseigneur de Longué et qu'ils garderont les coutumes anciennes.

Article 1er. Premier, jurent qu'ils n'achepteront porc de mezeau, ny de maréchaux, ny de barbiers[60].

Statuts concernant les droits du seigneur de la ville de Longué que les m[aîtr]es bouchers de laditte ville garderont conformément à l'ancien usage, après avoir prestés serment de les observer fidellement suivant leur forme et teneur ainsi que s'ensuit.

Article 1er. Ils n'achepteront ny porcs attaqué de ladre, ny de pellemie, ny du tac[61].

---

56. Lessive.
57. Ménage.
58. Longué-Jumelles (communes réunies) : Maine-et-Loire, ar. Saumur, ch.-l. c. La petite ville (ou bourg ?) de Longué est donnée, en tout, pour 700 à 800 feux au XVIIIe siècle mais comprenant une grande étendue de campagne (Longué-Jumelles s'étend aujourd'hui sur près de 10 000 hectares) dont beaucoup d'herbages qui doivent expliquer l'importance de la boucherie. Nous sommes aussi tout près du comté de Beaufort, de ses vastes communaux et de ses habitants qui se plaignaient collectivement des abus de pâturages derrière lesquels se trouvaient souvent des bouchers et marchands de bestiaux... tout en trafiquant avec les mêmes bouchers, mais chacun pour soi (cf. FOLLAIN et PLEINCHÊNE, « Règlements pour les communaux... », 2000, et « Les communaux en Anjou... », 2001). Sur le marquisat de Longué et sa justice et police, voir aussi la contribution de Sylvain Soleil.
59. Le tout est de la même main. La reconnaissance seigneuriale est rédigée dans un style prétentieux, la syntaxe est incohérente mais on est aussi en droit de s'interroger sur certains mots qui ont pu être mal copiés. De même pour certains passages des statuts de 1547 et 1625. Au total, on peut s'interroger sur la valeur du greffier des années 1770 et antérieurement sur l'aide que les bouchers n'ont pas reçue pour mettre en forme leurs coutumes. Le document a des intérêts multiples. Comment est organisé et comment évolue le métier du XVIe au XVIIIe siècle ? Quels sont les rapports entre les bouchers, le seigneur et les officiers du lieu ? Quel est le vrai rôle du procureur fiscal et du magistrat ? Ne seraient-ils là que pour mettre à l'amende les contrevenants, mais seulement sur injonction des bouchers ? Les magistrats n'ont probablement été pour rien dans la définition de la norme, ni dans la rédaction des articles... qu'en tant que lettrés ils auraient pu rendre plus explicites !
60. Les monographies urbaines et les études relatives aux « sièges de police » (après 1699) attestent de la présence d'un grand nombre de porcs, notamment chez certaines professions recyclant les résidus de leur activité (barbiers, amidonniers et autres).
61. Maladies diverses : pelade, pillée, lèpre ou peste porcine, tac (ou tat, talc, etc.) des porcs et des moutons.

2. *Item.* Qu'ils n'achèteront beste de morine et s'il y a renommée de morine en un pays, qu'ils n'achèteront nulle beste jusqu'à trois taictes environ et y aura eau courante entre les taictes là où ils en achèteront et là où renommée de morine sera et s'il n'y a eau courante jusqu'à neuf morines.

2. Ils n'achepteront aucunes bestes malade, ny mesme soupçonnée de maladie s'il n'y a au moins une lieue de distance de l'endroit où reignera quelques maladies épidémiques, pourvu qu'il y ait une rivière entre, et s'il n'y en a pas, ils n'achepteront qu'à trois lieues de distance dudit lieu.

3. *Item.* Ils jurent que depuis le jour de Madelaine passera, ils ne tueront et ne feront tuer nuls couillars pour vendre à la porte de Longué jusqu'à Pasques ensuivant et depuis Pasques jusqu'à la Madelaine ils pourront vendre couillars à laditte porte.

3. Ils ne tueront depuis la Madelaine jusqu'à Pasque ny belliers ny verras mais seullement depuis Pasques jusqu'à la Madelaine.

4. *Item.* Jurent que la chair qui sera tuée qu'elle quelle soit qu'ils ne la tiendront a la porte pour vendre, ny mesme le lendemain qu'elle sera tuée et le jour après jusqu'à prime demeurera pour voir sy elle est nette, salle et dure depuis la saison de la vigille de Pasque jusqu'à la mi aoust.

4. Depuis la veille de Pasque jusqu'à la my aoust ils ne pourront vendre la chair qu'ils auront tué du jour ny le lendemain mais ils la garderont jusqu'à six heures du matin du troisième jour pour être visitée sur sa bonne ou mauvaise qualité.

5. *Item.* Jurent qu'ils ne tueront et ne feront tuer nulle thoreaux pour vendre à la porte de Longué entre Pasques et la St Michel.

5. Ils ne tueront ny ne feront tuer de taureaux depuis Pasques jusqu'à la St Michel.

6. *Item.* Ils jurent qu'ils ne cuiront et ne feront cuire par eux et par autres chair pour vendre.

6. Ils ne cuiront ny ne feront cuire pour autre aucunes chair pour vendre.

7. *Item.* Ont de coutume que nuls pasticiers ne peuvent mettre chair en paste pour vendre s'ils n'achètent desdits bouchers.

7. Aucun paticier ne mettra chair en paste s'il ne l'achepte desdits bouchers.

8. *Item.* Lesquels bouchers de Longué sy ont de coutume que sy il y a nul qui ait beste soupçonnée de morine que nuls des autres bouchers luy ait fait à sçavoir qui la soubspie de celuy qui aura la beste, la doit garder sept jours, sept nuits passés d'avant qu'ils la tuent ou vendent et des jours et sept nuits passés ils la pourront vendre.

8. Sy un boucher est soupçonné des autres bouchers d'avoir chez luy une beste attaquée de maladie, il ne la pourra tuer que sept jours et sept nuits après l'avoir gardée et l'avoir fait visiter par lesdits bouchers qui l'auront jugée saine et sauf.

9. *Item.* Sy ont de coutume par eux partout Anjou que sy aucun d'eux achepte d'aucune personne bestes aumailles et elle se meurent avant que des bouchers les ayent gardées sept jours et sept nuits que ils ne bailleront que des cuirs à ceux qui les auront vendues.

9. Sy un des bouchers achepte de qui que ce soit une beste soupçonnée de maladie et que cette beste meure avant qu'il l'ait gardée pendant sept jours et sept nuits, il ne sera pas tenu de payer la beste mais d'en donner seullement la peau à celuy qui la luy aura vendue et ce suivant l'usage étably en Anjou.

10. *Item.* Ils ont de coutume que nul ne doit partir à l'autre en nul marché qu'ils feront en la ville de Longué et Beaufort et celuy qui voudra partir où l'autre n'a maison et fait sa demeure au dedans des quartiers bournés de Longué qui sont siennes.

10. Nul boucher ne fera de marché soit en la ville de Longué soit en celle de Beaufort sy ce n'est avec les autres maîtres bouchers.

11. *Item.* Ils ont de coutume que nul ne peut vendre ny faire vendre chair sallée en la ville de Longué en foire[62] ny dehors à plus petittes pièces

11. Qui que ce soit ne vendra de chair sallée en laditte ville de Longué en foire ny au dehors à plus petites pièces qu'elle ne coûte entier s'il n'est boucher dudit Longué.

62. Longué a un marché fixé au jeudi par lettres royales de juillet 1547 et trois foires fixées originellement au jeudi après la Purification de Notre-Dame, à la Saint-Gilles et à la Saint-Martin, puis déplacées à la Saint-Marc, à la Saint-Barthélemy et à la Saint-Luc. La justice a les droits de prévôté *(sic)* dans le marché et sur les foires.

12. *Item.* Ils ont de coutume que l'on ne peut vendre aux foires de Longué chair cuite, ny la tuer pour vendre cuite s'ils ne l'achètent desdits bouchers de Longué.

13. *Item.* Ont de coutume que sy l'un d'eux a fait tuer chair pour vendre du jour au landemain qu'il ne la peut bailler à vendre à son vallet pour aller hors la ville de Longué à foire ny a marché ny autre négoce.

14. *Item.* De coutume que nul ne peut tuer chair après le couvre feu pour vendre le landemain.

15. *Item.* De coutume que nul ne peut vendre chair en la banlieue s'il n'est boucher dudit lieu de Longué.

16. *Item.* Les bouchers de Longué sy ont de coutume que s'il y a nul d'eux qui fait nulle chose contre le serment qu'il aura fait soit d'achepter porcs demezeaux de barbiers et de maréchaux ou qui vendent couillards en la saison qui leur est exceptée ou deffendue, ou qui vend ou qu'il tient ez porte pour vendre chair depuis l'heure de tierce qui est tuée le second jour d'avant que celuy ou ceux qui pourroient appartenir que aucun d'eux fasse nulle des choses dessusdittes qui peuvent deffandre le devantel à celuy qui sera forfait chacun endroit et sont tenus faire assavoir au maître qui le fasse amender et leur maître le doit corriger et punir.

17. *Item.* Ont de coutume que celuy qui sera forfait ne tuera chair ne vendra à porte ne ailleurs et ne tiendra de vantel puis qu'il aura été deffendu par les compagnons bouchers ou l'un d'eux jusques à ce qu'ils ait amandé ce qu'il aura méfait et sy il fait le contraire le maître d'eux le privera de la boucherie et de vendre chair à porte.

18. *Item.* Ils ont de coutume que leurs maistres ne peuvent faire bouchers nouveaux à Longué si ce n'est de sept ans en sept ans et les peut faire ny passer sans appeler les bouchers anciens à la déclaration desquels par leurs conscience et par leurs serments il doit passer, ceux qu'ils approuveront être suffisants et profitables pour ledit métier et pour le commun du pays, ceux qui n'aprouveront être suffisants par leurs conscience et par leurs serments, ils ne peuvent passer ne faire et doit avoir le maître desdits bouchers de chacun qui sera boucher sy son père étoit boucher ou a été une mesure de suif et la chair d'un lièvre ou s'il n'a de chair d'un lièvre treize deniers tournois et peut avoir sa volonté de ceux qui ne seront pas fils de boucher.

19. Et sy ont de coutume que ledit maître leurs doit donner le jour de St Clément à la porte de Longué où l'on veut laisser une fois à boire de vin nouveau saugé à chacun et le doit bailler de

12. Nul ne vendra de chairs cuittes aux foires de Longué ny ne tuera de beste pour en vendre la chair cuitte, s'il ne l'achepte des m[aîtr]es bouchers dudit Longué.

13. Sy un des bouchers a tué chair pour vendre du jour au landemain il ne la donnera point à vendre à son vallet, soit à Longué, au marché, à la foire ou ailleurs.

14. Aucun boucher ne tuera chair pendant la nuit pour la vendre le jour suivant.

15. Personne ne tuera chair pour vendre en boucherie s'il n'est boucher de Longué.

16. Sy l'un des bouchers viole le serment par luy fait en acheptant des porcs attaqués de ladre, de pillemie ou du tac, en vendant des belliers ou verras au tems prohibés, en vendant ou faisant vendre chair quelconque avant l'heure permisse et la visite faite, qu'enfin ils ne suivent à l'entier le contenu des articles cydessus, les autres maîtres bouchers pourront deffendre l'étau à ce contre-venant et de concert le faire condamner à l'amande et punir.

17. Sy le boucher qui sera contrevenu auxdits statuts ou un de ses compagnons n'ayant pas satisfait à l'amande à laquelle il aura été condamné, continue néantmoins de vendre il sera privé de la boucherie jusqu'à ce qu'il ait payé laditte amande.

18. Il ne sera reçu aucun boucher que de sept ans en sept ans et celuy qui se présentera ne sera reçu qu'après avoir travaillé en présence desdits m[aîtr]es bouchers qui le présenteront pour être reçu après avoir affirmé par serment la connoissance qu'ils ont de sa capacité et suffisance pour le dit métier et pour l'utilité publique, et ne pourra être reçu celuy qu'ils jugeront incapable et insuffisant. Celuy qui sera reçu m[aîtr]e boucher sera tenu de donner au maître juré desdits bouchers une mesure de suif et la chair d'un lièvre ou s'il n'a chair de lièvre luy donnera treize deniers tournois, s'il est fils de boucher mais s'il ne l'est pas ledit juré peut avoir de luy sa volonté.

19. Le maître boucher doit donner à chacun des m[aîtr]es bouchers le jour de St Clément à la porte de Longué une foys à boire de vin nouveau saugé qu'il servira de sa main. Il doit

sa propre main et leur doit leurs coutumes dessusdittes garder et deffendre envers touts et contre touts et s'ils en defaillent en aucune manière ils peuvent et doivent remontrer à justice.	garder les statuts en deffends envers touts et contre touts et s'il y manque en manière quelconque les autres bouchers doivent le remontrer à justice.
20. *Item.* Ont de coutume que femme ne peut vendre tripes en la ville de Longué sy elle n'est et a été femme de boucher et sy son mary se meurt qui aura été boucher et elle en prenne un autre qui ne soit boucher elle ne vendra plus nulles tripes.	20. La femme et la veuve d'un boucher ont le droit de vendre des tripes mais quand la veuve se remarie avec autre qu'un boucher elle perd le droit de vendre des tripes.

1625 (les unes en regard des autres), la reconnaissance par le seigneur qu'il a indûment accordé une « boucherie nouvelle[59] », puis l'identification des maîtres bouchers qui ont fait approuver leurs droits en 1547 et en 1625, et enfin la sentence rendue en faveur du métier en 1771.

63. Commencent ici deux insertions liées aux statuts de 1547 et coutumes de 1625.
64. La seigneurie de Longué a été acquise début XVIe siècle par les Bernard, sieurs d'Étiau.
65. Après le paragraphe de conclusion des coutumes de 1547 et celui de conclusion des statuts de 1625, nous revenons ici à la sentence de 1771.

66. Puy de Dôme, ar. Issoire, ch.-l. c. Nous sommes en zone de montagne et haute montagne.
67. Village de la commune du Vernet-Sainte-Marguerite relevant de la justice de Murol.
68. Village de la commune du Chambon dépendant de la justice de Murol.
69. Voir dans notre communication le commentaire du 3e procès daté du 20 juin 1584.
70. Le 8 juin.
71. Délai qui lui est laissé pour s'acquitter.

Lesquelles publications coutumes & statuts nous avons veus et fait voir à grande diligence et délibération de notre conseil et enquis et fait enqueste comment ils ont été gardés, au temps passé, parce que nous avons trouvé que ladite boucherie nouvelle avait été octroyé par erreur et ignorance du droit desdits bouchers anciens. Nous qui ne voulons porter préjudice à nulle méttier [réduisons] à néant tout l'octroy et concession que touttes lettres [ont] faittes sur quelques tenue de parolles sur le fait de ladite boucherie nouvelle, et deffendons que nul n'y fasse jamais boucherie ny ne l'impétre en notre ditte ville de Longué, ny ne use de vendre chair en détail sans licence desdits bouchers et de leurs anciens. Et en outre de certaine science et grâce espécialle approuvons, créons, louons, ratiffions et confirmons touttes les coutumes dessusdittes et voullons que perpétuellement lesdittes coutumes, statuts et privilèges possessions et articles dessusdittes soient par nous et nos successeurs et à ceux qu'ils nous auroient causé tenir et avoir fermes et stables à toujours, mais sans aller encontre par aucune manière, cause ou occasions que ce soit, sauf sy par aventure les bouchers rappetissoient par mort au autrement tant qu'il fut nécessité pour le profit commun d'en faire tant qu'ils suffisent à l'ordonnance desdits bouchers anciens sans attendre lesdits sept ans. Et restoient à nous les amandes [qui] des serments et statuts dessusdits nous pourroient être deus ou autrement par abus des bouchers dessusdits. Sy donnons en mandement au sénéchal de notre dit lieu de Longué qui est à présent ou qui sera pour le temps avenir sera ou à ses lieutenants et autres de notre dit lieu de Longué, qu'il deffende dorénavent et fasse à savoir pourquoy solennellement, que nul ne soit sy hardy de vendre chairs en détail en notre dit lieu de Longué, sy ce n'est en ladite boucherie ancienne et accoustumée et que ils les tiennent et fassent

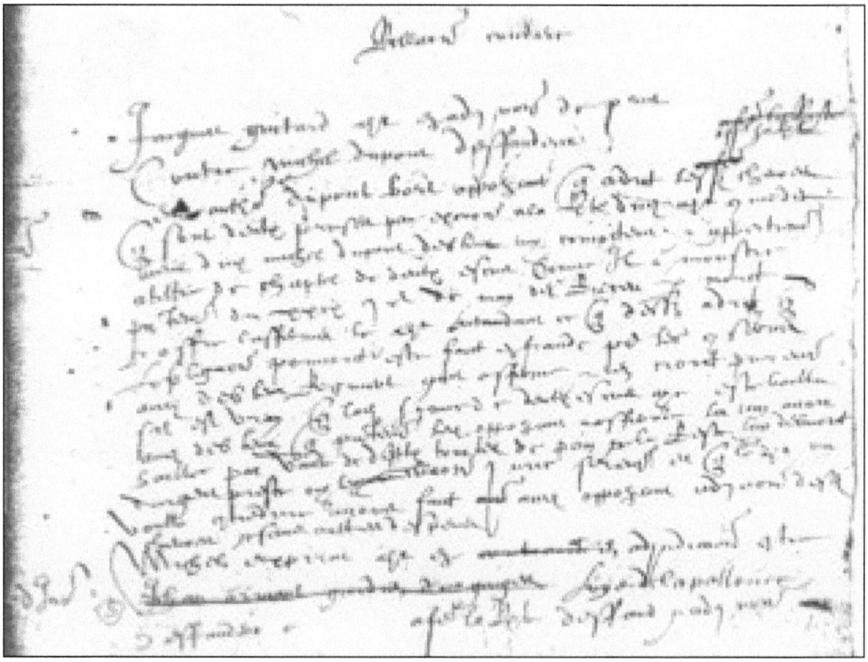

72. Cette mention est en quelque sorte en l'air car la procédure normale est interrompue par l'intervention de Anthoine Dupont Bort. Nous voyons de nouveau la conséquence de la préparation par le greffier, à l'avance, des procédures qui vont être instruites. Deux procédures se trouvent mélangées.

73. Ces deux mots ne sont pas dans le texte mais ils doivent être rétablis pour que celui-ci ait un sens.

74. L'affaire Guitard contre Dupont et Dupont Bort se télescope dans le registre avec l'affaire suivante puisque « rellation Jurie » est écrit entre « lequel » et « serement », mots appartenant au texte 5.

75. Ce 6e « procès » ne présente pas un grand intérêt mais on ne pouvait le séparer du 5e, au centre duquel il est en fait inséré…

tenir en leurs droits et liberté devant dites sans les enfraindre en aucune manière que ce soit [...] et pour ce que ce soit fermes et stable à toujours, nous avons fait metre scel à ces présentes et lacts de soye de cire verte.

Donné aujourd'huy en jugement, les statuts et ordonnances cy plus avant écrites ont été lues et publiées à haute voix aux maîtres bouchers de la chatellenie et seigneurie de céans en leurs personnes et ce à la requeste de M. Laurent Bérard procureur fiscal de la cour de céans dont luy en avons donné acte signé du greffier pour y avoir recours quand et à qui il appartiendra[63]. [1547] Donné à Longué pardevant Bertrand Blanchet licencié ès loix chatellain dudit lieu le quinzième jour de novembre l'an mil cinq cens quarante sept, constat les maîtres bouchers sont chacun de [d'eux] Gervais Dureau, Urbain Phelipeau, Blaise de Moulignon, Michau Thibault, Jean Orcau, Pierre Bouchard et Jean Robin, fait comme dessus, signé Robin greffier [1625]. Aujourd'hui mardy vingt deuxième jour d'avril mil six cent vingt cinq a été par nous Léon Locheteau sénéchal de la baronnie de Longué en présence du procureur fiscal à la cour et de notre greffier, procédé à la collection et *vidimus* de la copie de l'autre part à son original, représenté par ledit procureur, étant en son entier et non vicié, auquel ce fait a été rendu. Ce requérant Michel Sohyer maître et garde des privilèges de la boucherie aud[it] Longué Guillaume le Cordier, Louis Sanier, Ollivier Brard et Gervais Moriceau aussy m[aîtr]es bouchers dudit Longué, assisté de m[aître]e Estache le Doyen leur conseil, au lieu seigneurial d'Etiau[64] suivant notre procès verbal de ce jour, signé M. Orillez p[rocureu]r, Locheteau et Lemercier greffier[65]. Les présents statuts ont été enregistrés en conséquence de l'ordonnance de nous Jean Marie René Rocher licencié ès loix sénéchal juge ord[inai]re civil criminel et de police de la justice dudit Longué, rendue sur requeste à nous présentée par Claude Brard, Louis Moriceau l'aisné et Louis Moriceau le jeune m[aîtr]es bouchers de cette ville de Longué. Et sur les conclusions prises sur icelle requeste par les gens de cette cour en datte du 30 avril 1771, lesquelles requeste, conclusions et ordonnances sont restées ès minuttes du greffe dudit Longué pour y avoir recours quand besoin sera. À Longué, le 3 may 1771. [Signé : Rocher, sénéchal.]

1584-1587
Assises de la justice de Murol en Auvergne

Pierre CHARBONNIER

Source : Archives privées de la famille de Chabrol actuellement à Riom. La justice, au XVe siècle, couvre la petite paroisse de Murol[66] et quelques autres villages des paroisses de Saint-Victor et Chambon. Au XVIe siècle, les justices des trois seigneuries de Murol, Chambon et Varennes (hameau de la paroisse de Chambon) ont le même seigneur et sont réunies en une seule cour.

[1er procès, assise du 26 janvier 1584]
Anthoyne Ranvyer demeurant a Laval[67] d[emandeu]r p[résent] p[ersonnellement] contre Guabryel Bedotz de Chanceaulx[68] deffand[eu]r p[résent] p[ersonnellement]. A fere la re[quê]te. D'acort par le rapport des parties et le deffand[eu]r retenu en cl[am]e.

Cl[am]e Re III s[ous].

[2e procès, assise du 11 avril 1584]

76. Ce texte ne comporte pas mention de relation, peut-être est-ce la même que pour la procédure précédente...
77. Comprendre « se ».
78. L'écu sol vaut trois livres de compte.
79. Un délai de 40 jours était accordé par la loi aux héritiers pour accepter ou refuser une succession.
80. Paragraphe d'une autre écriture.
81. En marge avec un renvoi.
82. Poirin est le nom du praticien qui a officialisé la réception de l'affaire.
83. Le montant du défaut, 7 sous en principe, n'a pas été marqué.
84. Centre de recherche historique EHESS, Paris.
85. Yonne, ar. Avallon, c. Quarré-les-Tombes.
86. Lazare Millot cité dans le texte comme bailli de Chastellux fut enquêteur pour le roi en 1640-1642 et avocat du roi au bailliage d'Avallon ainsi que ses descendants jusqu'en 1668.

Rella[ti]on Ortigeir.

Honnorable homme Michel Babut Bazilhes, marchant a Besse, et honnestes femmes Margueryte et au[tre] Margueryte Royssons demandeurs en arrest et adju[dication] pre[sen]t Pagenel contre Margueryte Bernard vefve de feu Anthoine Cregut deffe[ndere]sse et adjournee pour affermer et deppozer tout ce qu'il de p[résen]t a en guarde ou au[tre]ment de Jehan Arneuf Guynget, deffe[ndere]sse. P[résen]t lad[ite] Bernard. A fere la re[quê]te. Lad[ite] Bernard a affermé avoyr en garde dud[it] Arneuf ung coffre fermé a clef dont la femme dud[it] Arneuf a la clef. Par ce aresté.

[3e procès, assise du 20 juin 1584[69]]

Du XXe jour de juing 1584 assise tenue au Pont de Murol p[ar] Monsieur M[aîtr]e Anth[oin]e Meyrand lieute[nant] g[éné]ral.

Rela[ti]on Dubroc.

Jehan Flagel demandeur p[résent] p[ersonnellement] ...... contre George Feneyr deffe[endeu]r p[résent] p[ersonnellement] et Merchadier. A fere la re[quê]te. Petit XLII sous a cause des restes de la vente et dellivrance dugne vache aluy vendue et deslivree puis deux moys en ça, laquelle somme de quarante sols deux sols t[ournoi]s led[it] deffe[ndeu]r promist deslors payer aud[it] d[emandeu]r au jor et feste saint Mary[70] dernièrement passé, au payement de laquelle somme led[it] d[emandeu]r conclud et aux despens. Deffault c[on]tre led[it] defend[eu]r affault de c[om]paress[ance]. Et appres c[om]par[aît]. Re c[on]fe[sse]. C[on]dampné a paier, a la cl[am]e et aulx despens.

Cl[am]e Re III s.

[4e procès, assise du 28 novembre 1584]

Rela[ti]on Arneufs.

Messire Guill[aum]e Marmeysse d[emandeu]r en arrest p[er]sonnel p[résent] p[ersonnellement] c[on]tre Ligier de La Pallon[cie] deffe[ndeu]r et adjourné pour tenir l'arrest au ch[âte]au de céans a peyne de l'asmande. A fere la re[quê]te. Deffauld c[on]tre le deffe[ndeu]r et apprès cest comparu et le deff[au]ld rebatu et tiendra l'arrest saufs hui[tai]ne[71], du c[on]sente[men]t dud[it] d[emandeu]r.

[5e procès, assise du 3 juillet 1587]

Rella[ti]on Couderc.

Jacques Guitard d[emandeu]r en adj[udicat]ion de pris contre Michel Dupont deffandeur. A fere la re[quê]te[72].

Et Anth[oine] Dupont Bort oppozant q[ui] a dict lesd[ites] chevres q[ui] sont deulx, prises par execu[ti]on ala re[quê]te dud[it] d[emandeu]r c[om]me des biens dud[it] Michel Dupont debteur, luy compétent et appartien[nen]t a tiltre de chaptel de deulx escus comme il a monstré p[rése]ntem[ent] (par acte[73]) du XXIXe jour de may de[rnie]r receu p[ar] Moret et offre l'affermer. Le d[emandeu]r entendant ce que des[su]s a dict q[ue] l'obliga[ti]on pourroit estre faict en fraude p[ou]r les c[on]server aud[it] debteur, requiert qu'il afferme et l'en croit purem[ent] s'il est vray q[ue] lad[ite] somme de deulx escus aye esté baillee aud[it] deb[teur], q[ue] p[rés]entem[ent] led[it] oppozant aaffermé la luy avoir baillee par vente de deulx tourtes de pain et le reste luy debvoit d'argent presté. Ouy lequel[74] serem[ent] et que led[it] d[emandeu]r n'a voullu c[on]tredire, avons faict aud[it] oppozant adju[dicati]on desd[ites] chevres et sans aultres despens.

Adju[dication].

[6e procès[75]] Rella[ti]on Jurie. Michel Expirrat d[emandeu]r en adjudica[ti]on c[on]tre Loys de La Palloncie deffandeur. A fere la re[quê]te. Deffaud et adju[dicati]on

87. Mention marginale apocryphe.

88. Le prieuré bénédictin de Charlieu, au XVIIe siècle, exerce non seulement une influence spirituelle mais aussi une forte emprise judiciaire et économique grâce à la puissance de la seigneurie ecclésiastique. Cette seigneurie comprend la ville de Charlieu – environ 435 feux et 2000 habitants en 1688 – et six paroisses proches, soit, au total, quelque 4000 habitants. Les revenus annuels du prieuré, essentiellement des dîmes, se situent autour de 20000 livres.

89. Voir à la date « 1735 » un texte de la première catégorie.

90. Au XVIIe siècle, la ville de Charlieu est encore entourée de murs et de fossés. Le chemin qui relie Beaujeu au port fluvial de Pouilly-sous-Charlieu, à travers la montagne beaujolaise, longe à un moment donné, les levées des fossés au sud de la ville.

Adju[dicati]on.

[5e et 6e procès, assise du 3 juillet 1587]

[7e procès [76], assise du 3 juillet 1587]

Honorable homme M[aîtr]e Jehan Verny d[emandeu]r en déclara[ti]on d'héritier p[résen]t Rouget c[on]tre Izabel Burande fille a feu Anthoine et a present femme a Pierre Arneufs sergent et led[it] Arneufs adjour[né] pour l'authorizer p[ou]r amprès lad[ite] declara[ti]on fete ce [77] voir c[on]damnés au paiem[ent] de la somme de quarante neufs escus soll [78] c[on]tenue en plusieurs obliga[ti]ons. A f[er]e la re[quê]te. *Facta re[ques]ta* qu'il a baillee p[ar] escript au greffe et copie audit mary amprès authoriza[ti]on par luy faicte pr[ésentemen]t. Tenu p[ou]r héritier saufs le quarantiesme [79].

Et le Xe jour d'aoust aud[it] (an) lad[ite] deffenderece p[ro]cedant de l'authorité q[ue] des[su]s en declara[ti]on d'heritier contre led[it] Verny demandeur. Sur lad[ite] declara[ti]on lad[ite] deffen[deresse] dict qu'elle ne tient ne possedde aulcungtz biens dud[it] Anth[oine] son feu pere au moien de quoy repudie la succession d'iceulx, requiert acte de lad[ite] repu[diati]on p[ou]r luy servir en temps et lieu ce q[ue] de raison, partant requiert estre abssoultz de l'instance [80].

Et avec despens [81]

[8e procès]

Du segond j[ou]r de sep[tem]bre aud[it] an [1587].

Poirin [82].

Rella[ti]on Babut.

Guillaume Martin m[aréch]al demandeur en action p[er]sonnelle p[résent] p[ersonnellement] c[on]tre François Chandeze Barbillon deffandeur. A f[er]e la re[quê]te. Petit VIII soubz d'ouvrage par luy faict a son uzage de ma[ré]chal puis c[er]tain temps en ça et promesse de paier. Conclud

91. Le chemin concerné joue un rôle économique important au XVIIe siècle, à plus forte raison au XVIIIe siècle. Son rôle est lié principalement à l'essor du commerce des vins. Il s'agit des vins du Mâconnais et, de plus en plus, de ceux du Beaujolais, expédiés dans la région parisienne par la voie fluviale, c'est-à-dire la Loire, le canal de Briare et la Seine. La voie la plus courte et la plus commode pour relier le Beaujolais à la Loire est donc le chemin Beaujeu-Pouilly. Charlieu, situé à 7 kilomètres à l'est de ce port fluvial, joue le rôle de ville-étape où se trouvent des entrepôts et d'où s'organise le transbordement des marchandises sur les bateaux qui en assurent le transport vers l'aval, cf. DONTENWILL, « L'économie d'une petite ville et l'organisation de l'espace à l'époque préindustrielle : le cas de Charlieu en Lyonnais au XVIIIe siècle », 2000.
92. Le terme « guichet » signifie ici porte de ville.
93. Comme on le voit, l'objet du délit à l'origine des remontrances du procureur fiscal est l'empiétement des voitures sur les levées des fossés qui longent le chemin. Ce qui est attribué à la négligence et à la « malice » correspond peut-être à une nécessité : un chemin en trop mauvais état, avec des ornières ou bien un chemin trop étroit pour que les voitures puissent se croiser sans difficulté.
94. Delafont et Thévenard, nommément cités, sont des marchands commissionnaires, intermédiaires entre les vendeurs de vin du Mâconnais ou du Beaujolais et les « marchands voituriers par eau » qui prennent en charge le transport fluvial au départ du port de Pouilly. Ces commissionnaires assurent le transport terrestre des entrepôts de Charlieu à Pouilly.
95. L'essentiel du texte est constitué par les doléances du procureur fiscal qui conclut en indiquant, sous forme de requête, les éléments qui doivent faire l'objet de l'ordonnance. L'ordonnance proprement dite est brève : elle ne fait que reprendre les termes de la requête du procureur fiscal à un détail près : une légère aggravation de la sanction (25 livres d'amende au lieu de 20 livres) à l'encontre des contrevenants.
96. Mot mal lu. Apparemment l'ordonnance a été soumise à Thévenard et Delafont en particulier, en même temps qu'elle était portée à la connaissance du public.
97. On retrouve ici la référence à l'« intérestz publiq » qui sert souvent de justification aux règlements seigneuriaux. Pour imposer leur ordre, les seigneurs opposent volontiers l'intérêt public aux intérêts particuliers. On a donc, dans ce cas, l'exemple caractéristique d'une ordonnance qui touche directement la vie quotidienne dans ses aspects matériels. Apparemment, l'objet de cette ordonnance est purement local : il s'agit d'éviter que les voitures abîment les levées des fossés entourant la ville. En réalité, cette question s'intègre dans un problème général et de grande portée : le commerce entre Saône et Loire qui concerne directement Charlieu comme ville-étape. C'est, sur son territoire, le rôle de la justice seigneuriale locale de veiller à ce que ce trafic se déroule dans les meilleures conditions possibles.

et deffaud c[on]tre led[it] deffand[eu]r par faulte de compareyssance amprès ce q[ue] led[it] Babut a rapporté l'avoir adjourné parlant a sa personne adce jourdhuy heure de neufs heures de matin en ce lieu de Murol, p[résen]t Michel Cougoul.

D[éfau]t Re...[83].

1623
Procès-verbal d'exécution capitale en Bourgogne

Francine ROLLEY[84]

Source : Archives départementales de l'Yonne, E452, minutes du notaire Verbois à Quarré-les-Tombes, procès-verbal d'exécution capitale par l'exécuteur de la justice de Chastellux[85]. La seigneurie de Chastellux était l'une des plus anciennes seigneuries du Morvan. Le château principal se trouvait en Bourgogne, dans le bailliage d'Avallon, ressort du parlement de Dijon, mais les Chastellux possédaient de nombreuses terres en Nivernais qui relevaient du bailliage de Saint Pierre-le-Moutiers et du parlement de Paris. Leurs justices, souvent exercées par des officiers cumulant ces fonctions seigneuriales avec des offices royaux, ont toujours été d'une assez grande qualité[86]. Peu avant l'exécution capitale relatée ici, en 1621, Chastellux avait été érigé en comté « en récompense des services d'Hercule de Chastellux, gentilhomme de la Chambre du Roi et capitaine d'un régiment, et de ceux de ses ancêtres », et proche à la fois de Richelieu et de Condé.

Ce jourd'hui dix-septième d'août mil six cent vingt et trois au lieu de Chastellux par-devant nous Lazare Millot, avocat au bailliage d'Avallon, bailly et juge gruier dudit comté de Chastellux a comparu M. Antoine Dubuisson procureur fiscal audit comte, lequel a dit que par arrest rendu

98. Meurthe-et-Moselle, ar. Nancy, c. Haroué (Ceintrey et Voinemont) et c. Vézelise (Pulligny).

99. Exemple de listes de sujets aux plaids annaux du 10 janvier 1703, selon la « Déclaration des habitants sujets en toutes les seigneuries de Pulligny » relevant de « celle de Messeigneurs les Rhingraves », 22 noms dont 4 nouveaux entrants, pour « les sujets de la seigneurie de Messieurs de Bassompierre », 68 noms, pour « les sujets de Boulac dits de Berman », 28 noms, pour « les sujets communs », 6 noms. À cette occasion sont évoquées des difficultés... mais l'expression est bien faible pour dire à quel point les seigneurs tenaient à cette sujétion. Exemple : « Ce jourd'hui onze janvier 1703, comparut en la tenue des plaids annaux, le sieur Jean-Louis Berman, seigneur en partie dudit Pulligny, lequel s'est opposé à ce que le nommé Humbert Régnier ait à prendre autre seigneurie audit lieu que celle du douzième de Boulac, attendu que défunt Jean Régnier, son père, s'était assujetti à ladite seigneurie... » Dans ce cas, le choix effectué en son temps par le père entraîne la sujétion des descendants. Arch. dép. Meurthe-et-Moselle, BJ 7 365, 1703, f° 2 r°-4 r° et f° 6 r°.

100. Voir plus loin notre seconde pièce justificative, classée aux années 1724 et 1725.

101. Le pluriel est incontournable. Exemple de création des maires en 1704 : « Nous, Joseph Hassaire, procureur d'office [...] nous étant transporté au grand four banal [...] lieu accoustumé à tenir les plaids annaux, à l'effet de vaquer à la nomination et création des officiers pour rendre et administrer la justice, conserver l'autorité et droit des seigneurs et dames dudit lieu, en présence de M. Georges Mainbourg, Gaspard Cachet, lequel a pouvoir de Cueillet, Froidebise, Vintry (?), Jean-François Ferret, Jean-Louis Berman, Jean Berman... [tous les co-seigneurs ne sont pas présents] avons désigné pour maire de Messeigneurs les Rhingraves : Nicolas Rémy; pour maire de Messeigneurs de Bassompierre : Humbert Hassaire; contesté; autre proposition : Vautrin Poissonnot, en attente, pour maire de Messieurs de Berman : Nicolas Bourgeois... » Suivent les cas des greffiers communs et sergents communs, puis les prestations de serments et l'évocation des sujets des seigneurs, et enfin la nomination des gardes des champs. Arch. dép. Meurthe-et-Moselle, BJ 7 325, 1704, f° 4 r°-8 v°. Avant 1707, les sujets d'une seigneurie plaident devant le maire de leur seigneur. En 1692 par exemple : « Avons ordonné que les sujets de la seigneurie de Bassompierre ne plaideront [...] que par devant le maire établi de la part des seigneurs de la seigneurie de Bassompierre à peine d'amende de cinq francs à chaque fois qu'ils plaideront par devant les autres maires, déclarant en outre que toutes les sentences que lesdits sujets ont obtenues par devant autre maire que celui par nous établi sont de nul effet et valeur. » Acte signé de Mainbourg, l'un des coseigneurs, Arch. dép. Meurthe-et-Moselle, BJ 7 325, mars 1692, f° 2 v°.

au Parlement le douzième jour dudit mois d'aoust Jehan Gabas et Anthoine Savre auraient estés condamnés sçavoir ledit Gabas absent a estre rompu en figure et ledit Savre a estre pendu et estranglé par l'exécuteur de la haute justice et que l'exécution dudit arrest nous aurait este renvoyé. Regardant qu'aujourd'hui vaut ledit renvoy a procéder à ladite exécution affin d'en certiffier a la Cour conformément audit arrest. A quoy seulement lesdits arrests furent prononces audit Savre prisonnier aux prisons dudit Chastellux par M. Claude Monin greffier ordinaire audit comté, et après ladite prononciation avons remis ledit Savre entre les mains de l'exécuteur de la haute justice pour en faire l'exécution réelle. Lequel l'ayant à cet effet mené et conduit au pied d'une potance érigé au bout du pont dudit Chastellux, avait verbalement fait lire et publier lesdits arrests à haute et intelligible voix par ledit Monin greffier en présence de plusieurs personnes et ci fait ledit exécuteur de la haute justice a mis et attache sur son échaffault dressé proche ladite potance une figure représentant la personne dudit Gabas absent, et donne sur icelle avec une barre en fer les coups sur les places et lieux désignés par ledit arrest au vu dudit Savre et a l'instant jeté ladite figure sur une roue [quatre mots illisibles] son tableau où est l'effigie dudit Gabas a été rompue sur une roue suivant la teneur dudit arrest et soussigné ladite exécution faite.

Ledit exécuteur de la haute justice a monté ledit Savre ayant la hart au cou au-dessus de ladite potance, à laquelle l'ayant attaché il l'aurait pendu et estranglé jusqu'a ce que la mort s'en soyt ensuyvye.

En foy de quoy avons signé notre présent procès verbal et fait signer ledit Monin greffier l'an et jour susdit.

Commission pour l'absence du greffier ordinaire [signé Robin].

7 août 1623 procès-verbal d'exécution Antoine Savre et Jean Gabas [87].

1688
Police des chemins en Lyonnais

Serge DONTENWILL

Source : Archives départementales de la Loire, B 1336, justice seigneuriale du prieuré de Charlieu [88]. Parmi les règlements et ordonnances de seigneurie, deux catégories peuvent être distinguées. En premier lieu, les « ordonnances générales de police ». Ces textes comprennent plusieurs articles sous la forme d'injonctions et d'interdictions destinées à régler l'ensemble de la vie collective et assurer un bon fonctionnement de la société seigneuriale sous l'autorité du maître [89]. En second lieu, les ordonnances particulières. Celles-ci portent sur un objet précis, généralement à la suite d'un délit. La justice seigneuriale répond à la plainte d'une particulier ou, plus souvent, à la requête du procureur fiscal qui joue le rôle de ministère public, comme c'est le cas de la présente ordonnance.

Claude de la Ronzière sieur de la Douze advocat en Parlement juge bailly de Charlieu et dépendances, scavoir que sur ce que Me Nicolas Joseph Deshayes aussy advocat en Parlement procureur fiscal dud[it] Charlieu que quoy que au long et au bas des fossés de cette ville du costé de midy, tendant de la place de la Boeyre vers les moulins et au grand chemain de Roanne et de Pouilly [90] il y ayt un chemin d'une largeur et espace suffisante pour le passage des chardz, charrettes et chevaux, néantemoins par une malice et contrariété affectée, quelques soings qu'aient pu prendre les habitants voisins dudit quartier, les bouviers, voituriers et autres personnes conduisant des vins, chanvres et autres marchandises de Belleville, Beaujeux et autres lieux au port de Pouilly sur Loire [91] qui tand vis-à-vis le guichet [92] le grand chemin ordinaire, montent avec leurs charrettes chargées de marchandisez et de vin sur la chaussée élevée desdits fossez et passent tout le long sur ladite levée, au moyen de quoy, y ayant passé depuis environ un mois plus de cinq cents charois,

102. Au sens de : « qui ravissent le bétail ».
103. L'ordonnance de police reprend les termes de la requête, en ajoutant ce qui suit.
104. Vaucluse, ar. Carpentras, c. Carpentras-Sud.
105. « Beste mularde », poulain mulier, autrement dit une mule; « asinine », petit d'âne.
106. Mélange de blé et de seigle dans des proportions imprécises.

ladite levée de fossé est presque toute éboulée et s'il est souffert que lesdits bouviers, chartiers et voituriers continuent d'y passer, ladite levée sera entièrement destruicte[93], ce qui porteroit un très notable préjudice au publique, à quoy estant nécessaire de remédier instamment et nous a ledit sieur procureur fiscal requis à ce que deffense fussent faites à tous bouviers, chartiers, même et notamment à sieurs André Delafont et François Thévenard[94] leurs commis ou prepposéz chargé desdites voitures de faire passer aucuns chards et marchandises sur ladite levée de fossé à peyne de vingt livres d'amande et de tous despens, dommages, alencontre de chacuns bouviers contrevenants et des sieurs Thévenard et Delafont pour chacun de ces bouviers quy auront contrevenu à nos deffenses et qu'ils n'auront pas empêché, pour laquelle amande ils serontz contraintz sollidairement et qu'au faict de notre ordonnance, laquelle sera affichez partout où besoing sera [et] sera passé outre nonobstant opposition et appelle quelconques[95]. Nous avons fait et faisons deffence tant auxdits Tévenard et Delafont et bouviers qu'à toutes autres personnes de faire passer aucuns chardz, charrettes, bestes de charges et autres bestiaux sur ladite levée à peyne de vingt cinq livres d'amande pour chacuns des contrevenants, pour laquelle amande lesd[its] bouviers, chartiers et autres contrevenants seront contraintz sollidairement aveq lezd[its] Tévenart et Delafont et sera notre présente ordonnance exhibée[96] auxd[its] Thévenard et Delafont par notre greffier soussigné et sera proclamée ès lieux publics et affichée partout où besoing sera car attendu qu'il s'agit d'intéresstz publiq[97] et fait de police. Fait et prononcé ce jour d'huy vingt quatrième mars mil six cens quatre vingt et huit. [Signé : Deshayes, de la Ronzière de la Douze, et Ressort, greffier.]

1689
La justice des « maires » en Lorraine

Jean GALLET

Source : Archives départementales de Meurthe-et-Moselle, BJ 8 548, année 1689. La justice de « Pulligny, Ceintrey et Voinement[98] » appartenait à plusieurs coseigneurs regroupés par « seigneuries » ; à Pulligny par exemple, la seigneurie des « Rhingraves », celle de « Bassompierre », celle de « Boulac dite de Berman » et la « seigneurie commune ». Pour chaque seigneurie, il y avait des officiers et des sujets[99]. Avant 1707, c'est le maire qui rend la justice. Il s'agit là d'un cas d'injure et menaces[100].

Plaise à Messieurs les maires[101] et gens de justice de Pulligny, à la requête de Nicolas Rémy, hôtelier du lieu, disant que le 18e du présent mois d'octobre 1689, Louis Petitjean, Me chirurgien, aurait venu nuitamment en son logis [...] où estant il entra à la cuisine et chambre où étaient les sieurs maire Régnier Poirson, Jean Olry, maire [...] lequel parlant à la femme dudit Rémi, qui recouchait son enfant, lui demanda du vin, laquelle lui fit réponse qu'il était trop tard, qu'il était heure indue, et qu'elle ne voulait tirer ni à lui ni à d'autres, le dit Petitjean commença à jurer par

107. Nous voyons les deux en action : « Le 27 janvier 1707, nous Pierre Vaquard, avocat à la Cour, exerçant à Vézelise, juge garde des seigneuries de Pulligny, Ceintrey Voinemont, pour Messieurs les Rhingraves, pour telles portions qu'ils ont dans les seigneuries sans que les actes des officiers des coseigneurs puissent nuire ou préjudicier aux droits des seigneurs Rhingraves... » et « Nous, Claude joseph Bigel, avocat à la Cour, exerçant à Haroué, juge garde pour tous les seigneurs de Pulligny, Ceintrey, Voinemont, à la réserve des seigneurs les Rhingraves », janvier 1707, Arch. dép. Meurthe-et-Moselle, BJ 7 365, f° 1 v°, et f° 2.

108. Après la réforme de 1707, les maires conservent la responsabilité des plaids et nomination. Exemple : « Nous sommes transportés au four banal [...] pour tenir les plaids annaux et pour vaquer à la nomination et création des officiers et gens nécessaires *pour administrer la police dans le lieu et à la campagne, et faire généralement tout ce qui sera en leur devoir* conformément à l'ordonnance de Son Altesse royale et aux usages établis dans le lieu *pour la manutention des droits des seigneurs* », Arch dép. Meurthe-et-Moselle, BJ 7 365, le 24 janvier 1707. Dans cet autre exemple – une contestation à propos d'un fermage en 1716 – on voit que les maires ne font plus qu'enregistrer les plaintes : « Entre dom Claude André, Prieur [...] demandeur, contre François Ferry, laboureur [...] Le demandeur réclame cinq imaux de grains par journal. Le défendeur soutient que le canon [le bail] l'oblige à payer dix-sept francs six gros par an en tout. Le demandeur réplique qu'il n'y a jamais eu de convention. » Et les maires, Vautrin Poirson et N. Hussaire, de conclure : « Sur quoi, il sera fait droit par le Sieur Juge-garde » (Arch dép. Meurthe-et-Moselle, BJ 10 008, 1716, f° 1-5).

109. Rappelons que l'« assassinat » s'applique à des violences et non à un meurtre.

le nom Dieu, par le sang Dieu, qu'il en voulait avoir, disant que par le nom Dieu, il mettrait le feu dans la maison, ce qu'il réitéra par diverses fois, disant qu'il ne savait ce qu'il ferait encore au surplus. Et le 22 dudit octobre, ledit Petitjean étant venu au logis dudit Rémi [...] il réitéra encore les mêmes paroles et propos, tant dans la maison que dehors, paroles que le suppliant ne peut souffrir ni supporter, si les menaces dudit Petitjean s'ensuivaient, cela serait capable de le ruiner de fond en comble. [...] Le procureur d'office : Ce considéré, Messieurs, il vous plaise permettre au suppliant faire assigner par devant vous ledit Petitjean, et, si preuve est faite, le voir condamné à l'amende, des injures atroces. [...] Soit parties assignées à jeudi en huit, à huit heures du matin à notre domicile. Fait à Pulgni, le 27 août 1689. [Signé : Régnier Poirson, maire.]

1712
La police des loups en Anjou

Sylvain SOLEIL

Source : Archives départementales de Maine-et-Loire, 16 B 197, juridiction seigneuriale du comté de Durtal, 15 avril 1712.

Sur ce qui nous a esté remontré par le procureur des eaux et forest de ce comté que les loups font un grand ravage dans la forest de Chambriers et aux environs de mannière que les bestiaux ne peuvent aller au pâturage sans danger et que tous le publicq se plaint des courses continuelles de ses animaux ravissants [102] ; que suivant les ordonnances, il est enjoint en pareilles occasions de fairre assembler les habitans du pays pour fairre des batües et poursuivre les loups. A ces causes, requiéroit ledit procureur qu'il nous plust, suivant les ordonnances, ordonner que les habitans des paroisses de Nostre Dame de Saint Pierre, Gouis, Saint Léonard, Lezigné, La Chapelle Saint Laud, Marcé, Beauneau et Montigné s'assembleront dans la ditte forest de Chambriers devant la maison des révérends pères Récollets du couvent de St François, le dimanche vingt quatriesme avril présent mois et an, sur les huit heures du matin avec gaules et bastons, sans aucunes armes à feu à la rézerve de ceux qui seront indiqués particulièrement, pour fairre les batües nécessaires dans les cantons qui seront marqués [...[103]] avec deffense que nous avons fait et faisons à toutes personnes qui se trouveront à ladite assemblé de tirer sur les bestes rousses et noire soubz les peinnes de l'ordonnance et au deffault que feront les dits habitans de se trouver à ladite assemblée sans excuze légitimes ordonné qu'il sera procédé à la condemnation des amandes portées par les ordonnances contre chascun des deffaillants devant la porte de ladite esglise du couvent de St François après les avoir appellés par leur nom à haulte voix ; ce qui sera executté non obstant oppozition ou appellations quels conques faïttes ou à faire et sans préjudice d'icelle attandu qu'il s'agist de l'exécution de l'ordonnance et du bien public...

1721 et 1763
La procédure de « dénonce » en Comtat

Patrick FOURNIER

Source : Archives départementales de Vaucluse, 1 B 2503, f° 512 et f° 675 v°, cour baronnale de Mazan [104]. Voir également la source classée à l'année 1779.

Du mercredy 5e mars 1721. Dénonce contre Pierre Ferrier fils à feu Claude. A dénoncé Jacques Villon moyennant serm[ent] par luy presté en mains de moy greff[ier] les écritures touchées d'avoir veu et trouvé ce jourd'huy environ les onze heures et midi ledit Ferrier passant avec une

110. Et à plusieurs reprises.
111. Côte-d'Or, ar. Beaune, ch.-l. c.

beste mularde et une asinine [105] chargées de fumier dans une terre semée de consegail [106] et d'avoine que ledit dénonceant possède au terroir de Mazan au quartier du chemin de Caromb, confrontant vigne de Monsieur Esprit Eymonier, maçon, terre de Richard Bruneau de Carpentras, terre de Vincent Bol, terre de Monsieur Courbet prêtre et ses autres, sans avoir ledit Ferrier aucun droit de passage dans la susdite pièce dudit dénoncent, et l'avoir arraisonné. Sic C.

Du vendredi 3e 9bre 1763. Dénonce contre Maurice Dudon. A dénoncé moyenant serement Joseph Imbert par luy presté en mains de moydit greff[ier] les écritures touchées, avoir trouvé ledit Dudon mecredy dernier environ les six heures du soir qui luy cueilloit des raisains dans une terre vigne de la contenence de quatre minées ou environ scituée dans le terroir dudit Mazan et quartier du Puol confrontant terre de Mr Bagnol, terre de Mr Joseph Ronat, un viol et ses autres et luy avoir osté lesdits raisins et l'avoir arraisonné conformément à l'ordonnance.

1724, 1725 et 1728
La justice seigneuriale en Lorraine après 1707

Jean GALLET

Source : Archives départementales de Meurthe-et-Moselle, BJ 8548, année 1724. Il s'agit comme précédemment de la justice de « Pulligny, Ceintrey et Voinement » appartenant à plusieurs coseigneurs. Mais nous sommes après janvier 1707, où « Il n'y aura qu'un seul juge suivant l'ordonnance de Son Altesse Royale ». Au début cependant, il y eut deux juges, un « juge garde » pour les Rhingraves, et un « juge garde » pour les autres coseigneurs [107], puis un seul juge gradué. Les coseigneurs conservèrent leurs maires, mais ils ne rendaient plus la justice. Celle-ci était rendue par un gradué, le « juge-garde », ou par trois gradués pour les sentences de mort [108]. Il s'agit en 1724 de coups et blessures.

Vu par nous, Jean-Joseph Aubry, avocat à la Cour, demeurant à Nancy, juge garde des terres et seigneuries de Pulligny, Ceintrey, Voinemont, la requête à nous présentée le 28 janvier dernier par Joseph Marchal, régent d'école à Pulligny, comme poursuivant les droits de son fils Joseph Marchal, son fils, mineur. Le 27 sur les 5 heures du soir, à l'issue des prières [...] son fils voulut sortir de l'église, et lorsqu'il fermait la porte, seraient survenues plusieurs personnes qui lui tombèrent sur le corps, lui tirèrent les cheveux, lui donnèrent coups de poings et de bâtons, le tirèrent depuis la porte de l'église jusqu'à la porte du cimetière, etc. ce qui ne peut se regarder que comme un assassinat [109] prémédité [...] tendant à ce qu'il vous plaise permettre de faire informer... Nous susdits, avons ordonné que Elisabeth Enotte, femme à Mr Nicolas Huittard, ci-devant greffier à Pulligny, Anne Huttard leur fille et Jean et Nicolas Huttard leurs fils, seront assignés à comparoir, par devant nous au greffe dudit Pulligny, le samedi 19 courant, à neuf heures du matin. [Signé : Aubry.]

Source : Archives départementales de Meurthe-et-Moselle, BJ 9 040, f° 7-10, année 1725, injures et menaces.

Entre Louis Arnould, fermier des moulins de Pulligny, demandeur, contre Dominique Mangin, marchand et boucher. Le demandeur accuse le défendeur d'avoir dit qu'il avait porté deux bichets de blé qu'il n'en avait presque point de farine et très peu de son [...] demande qu'il soit condamné à réparer. Le procureur d'office qui a vu la requête du demandeur en réparation d'injures, l'acte de cause et les défenses du défendeur, estime qu'il y a lieu d'ordonner que Dominique Mangin mettra un acte au greffe dudit Pulligny au bas de la sentence qu'il vous plaira rendre, par lequel il déclarera qu'il tient les demandeurs pour gens de bien et d'honneur, incapables de malverser dans la mouture des grains, qu'il paiera cinquante francs d'amendes, dommages et intérêts, que la sentence sera lue à l'issue de la messe. Vu le présent acte [...] avons ordonné que ladite déclaration

112. Les sentences de Pichot de la Graverie occupent 7 tomes conservés aux Archives municipales de Laval (t. 1, 1712-1729, ms. 210 ; t. 2, 1730-1739, ms. 211 ; t. 3, 1739-1745, ms. 212 ; t. 4, 5, et 6, 1745-1750, 1751-1755, et 1756-1765, ms. 213) et aux Archives départementales (t. 7, à partir de 1762, 1 Mi 146, R7, n° 34 ; et t. 4, *ibid.*, n° 32 ; t. 6, *ibid.*, n° 33).

tiendra lieu de satisfaction, et avons condamné le défendeur, en dix francs de dommages et intérêts et à l'amende ordinaire. Faire lire notre présente sentence à l'issue de la messe, aux frais du défendeur. Jugé ce 29 novembre 1725. [Signé : Aubry, juge garde.]

Source : Archives départementales de Meurthe-et-Moselle, BJ 8 548, 1re liasse, année 1728. Cette troisième sentence montre qu'après 1707, pour les condamnations à mort, il faut bien trois gradués.

Vu par nous, Jean-Joseph Aubry, avocat à la Cour, Juge garde des terres et seigneuries de Pulligny, Ceintrey, Voinémont, et nous, Joseph Félix et Nicolas François Ray, aussi avocats à la Cour, la procédure criminelle instruite à requête du sieur procureur d'office desdites terres [...] contre Charlotte V..., détenue dans les prisons de la justice dudit Ceintrey, accusée de vols. [...] Interrogatoires, informations, dépositions de témoins, confrontations, visites de chirurgiens, réquisitoire, Nous avons déclaré ladite Charlotte V..., suffisamment atteinte et convaincue d'avoir volé [...] [110] et d'avoir accompagné deux hommes armés qui ont forcé serrures et portes et volé. Pour réparation de quoi nous l'avons condamnée à être livrée ès mains de l'exécuteur des hautes œuvres pour être pendue et étranglée jusqu'à ce que la mort s'ensuive à un poteau qui sera dressé à cet effet sur la place publique dudit Ceintrey, pour y rester attachée pendant trois heures et après quoi, son corps être inhumé en terre sainte. Jugé à Ceintrey, le 3 septembre 1728. [Signé : Aubry, Félix, Ray.]

1726
Une sentence préparatoire en Bourgogne

Benoît GARNOT

Source : Archives départementales de Côte-d'Or, B II 647/6, Nuits [111]. Texte fourni d'après le mémoire de DEA de Sandrine Pierre, université de Dijon, 1999.

Du vendredi vingt-troisième aoûst mil sept cent vingt-six, à Nuits, en l'hôtel et pardevant nous Jean Dabaye, avocat à la cour, demeurant à Nuits, bailli des terres de La Berchère, Boncourt, Vosne, Fagey et dépendances. Maître Jean Roberdet, procureur d'Antoine Moingeard, vigneron à Vosne, demandeur aux fins de la requête de trentième may mil sept cent vingt-six et exploit de Moissenet, du 1er juin, contrôllé à Nuits, le troisième par Joly Morelet, et de son audience aujourd'huy. Contre Michel Bornier, recteur d'école, demeurant audit Vosne, desfendeur, comparant par Maître Philibert Sarrazin, son procureur.

Partyes ouyes, nous disons avant de faire droit que le demandeur fasse preuve que ledit Bornier a pris et enlevé avec ses enfants ou ses écoliers, du bois qui étoit exploité dans un canton par ledit demandeur, qui l'avoit acheté du nommé Jacques Loppin, vigneron à Concœur, dans les communaux dudit lieu, pendant le carême dernier, que d'autres particuliers ayant voulu en prendre aussi, il s'y est opposé en disant qu'il l'avoit acheté, et que ledit Bornier parlant de Moingeard, dit qu'il les ont vux nuitamment voller des paisseaux dans les vignes d'autruy pour les porter dans les siennes, et que si le faisoit parler, il le feroit rougir par rapport au vol desdits paisseaux, sauf aux dépens de preuve du fait contraire, le tout dans le temps et à la forme de l'ordonnance pour après les dittes preuves à nous rapportés, leur estre fait droit. Faisons signer sur le registre : Debaye, Chipon.

Mandons auprès du sergent de cette justice ou autre, requis de tout exploit nécessaire en exécution de la présente et d'en certifier. [Signé : Chipon] Reçu pour tout, 6 sols 10 deniers.

Ledit Moingeard requiert que la sentence préparatoire d'autre part, soit signifiée audit Bornier à ce qu'il déclare que conformément à icelle, il fera procéder demain, trente de ce mois, à l'audition des témoins qu'il a diligenté pour remplir ladite sentence préparatoire, ce qui sera signifié à son procureur constitué, à qui il donne l'audition desdits témoins à l'audience de demain pour qu'il s'y trouve, si bon luy semble. Signifié, approuvé à Sarrazin, procureur, le 29 aoûst 1726.

113. Le fermier Croissant aurait fait insérer la clause du pesage au « Grand Poids » dans le bail des étaux; il assigne Lebreton et femme, bouchers.

1727
Destitution d'un juge de police opposé à son seigneur

Frédérique PITOU

Source : *Recueil de Sentences... de Pichot de la Graverie*, 1712-1729, Bibliothèque municipale de Laval, ms. 210. Pichot de la Graverie (1690-1768) est avocat au siège ordinaire de Laval depuis 1712. Son *Recueil de Sentences...* est une véritable chronique judiciaire et quelquefois urbaine[112].

Le 22 février 1723 Me Jean Ambroise Hardy fils de Me René Hardy a été installé dans la charge de juge de police ordinaire du comté pairie de Laval à condition de ne l'exercer que lorsqu'il serait majeur ou qu'il aurait une dispense. Je le présentais à l'audience et je fis un discours à sa louange et à celle de Mr son père. On peut le voir dans mes plaidoyers fol. 1007; il a été destitué le 14 août 1727, voir ci-après fol. 1484.

Il est arrivé dans ce mois de décembre plusieurs contestations et difficultés au sujet de la perception des droits de péage, fenestrage, et pour ceux du minage et mesurage des grains. Les fermiers de la billette et droits de pancarte avaient fait donner plusieurs assignations à des cordonniers ayant boutique dans la ville, à plusieurs marchands regratiers vendant de la chandelle, du suif, du beurre, des sabots et autres denrées pour payer. Les uns et les autres soutinrent qu'ils ne devaient rien, parce qu'ils n'étaient pas dans le cas de la coutume qui n'accordait aux seigneurs de fief les droits de péage et de petites coutumes que pour les marchands forains. Mr Salmon, avocat fiscal entièrement dévoué aux intérêts de la maison de la Trémoille soutenait la prétention du fermier et s'appuyait sur la pancarte qu'il prétendait encore être favorable aux habitants attendu qu'on n'y avait point employé plusieurs anciens droits rapportés dans le grand coutumier. On lui répondait que la pancarte n'avait été qu'un ouvrage fabriqué pour l'intérêt du seigneur et qu'on y avait inséré des droits qui n'étaient point dus, qu'on avait doublé et triplé les droits de péage, en un mot que ce n'était point un titre valable, qu'elle n'avait jamais été homologuée au Parlement, qu'elle n'avait été exécutée depuis que par quelques particuliers qui intimidés d'un procès considérable avaient pu payer quelques droits par force, mais que tout le public s'était affranchi de ces droits injustes, en un mot qu'il avait prescrit contre cette sujétion suivant la déclaration de 1683 qui admettait la prescription de 10 ans lorsque les droits de péage n'avaient point été perçus ou qu'on avait négligé d'apposer la billette. Il fut ordonné qu'il en serait délibéré à la chambre en présence des anciens avocats et Mr Salmon fit un grand mémoire pour le soutien des droits de péage et de la pancarte et prétendait qu'on en devait payer plusieurs autres auxquels il donnait les noms de fenestrage et étalage. On en fit un contraire pour la liberté publique dans lequel on faisait connaître en quoi consistaient les véritables droits de péage, l'injustice des prétentions du fermier, l'irrégularité de la pancarte, l'opposition qu'on y avait faite, en refusant de payer les droits y rapportés, en un mot la faveur de la liberté et la prescription de ces droits. L'assemblée s'étant faite à la chambre, Mr Hardy juge de police rapporteur déclama contre l'irrégularité de la pancarte, l'injustice et la dureté des fermiers, et tous les juges, à l'exception de Mr Lelong étaient d'avis de débouter le fermier, mais on remarqua que cette sentence n'aurait pas grand effet parce qu'il n'y avait que le fermier partie, et que Monseigneur, ni Mr le procureur fiscal n'avaient point pris son fait et cause. Mr Jean Hardy avocat avait fait le mémoire ou factum contre le fermier et avait voulu plaider cette cause d'apparat, mais comme Mr l'avocat fiscal craignait le succès il s'y opposa. Je dois faire inscrire le mémoire dans mon recueil pour s'en servir à l'occasion.

Le 19 avril 1727 il est arrivé de grandes contestations au sujet du règlement de la cuisson du pain. Mr Hardy juge de police ayant été informé que les fourniers poussaient trop loin le prix de la cuisson du pain et que quelques-uns uns d'entre eux prenaient jusqu'à 3 sols par boisseau quoique l'ancien règlement ne leur donnât que 18 deniers par boisseau, ce qu'ils faisaient pour se rédimer de l'augmentation de leurs nouvelles fermes poussées trop loin, proposa de faire un nouvel essai. Il fut nommé des commissaires pour cet effet et le jour ayant été marqué et l'essai ayant été fait en présence du commissaire et du procureur fiscal, il en fut dressé procès verbal, mais le procureur fiscal trop dévoué aux intérêts de la seigneurie et abandonnant ceux du public refusa de le signer, à l'instigation du sieur Salmon, avocat fiscal, encore plus dévoué aux intérêts

114. Yonne, ar. Auxerre, c. Vermenton.

de la monseigneur, ce qui retarda le règlement et donna lieu aux fourniers de faire une sommation aux officiers de faire ledit règlement pour à quoi parvenir M^r le juge de police fit assembler les officiers et commissaires nommés ledit jour 19 avril, ils résolurent que M^r l'avocat et procureur fiscal ne seraient point présents à la décision et qu'ils donneraient leurs conclusions par écrit et ensuite se retireraient, ce qui ayant déplu auxdits sieurs Salmon et Frin ils ne voulurent point s'y trouver ni donner leurs conclusions par écrit et Mr Lelong trouvant l'occasion de brouiller prit leur parti et représenta qu'on agissait contre l'usage et qu'on ne pouvait se dispenser de souffrir qu'ils assistassent au règlement ce qui donna lieu à plusieurs contestations et invectives et Mr Lelong voyant qu'il était seul de son avis se retira et menaça d'en dresser procès verbal et à l'instant M^r le juge de police président ayant envoyé sommer M^r le procureur fiscal de venir donner ses conclusions, et le greffier ayant rapporté qu'il refusait de venir, ils nommèrent Me René Seigneur ancien avocat pour procureur fiscal lequel ayant donné ses conclusions, il fut procédé au règlement de la cuisson du pain et il fut dit qu'on paierait 18 deniers par boisseau aux fourniers, je dois faire inscrire dans mon recueil les procès verbaux dressés à ce sujet et le règlement.

Le 5 mai 1727. Monseigneur le comte de Laval étant en droit d'avoir le grand Poids et d'obliger des habitants de cette ville d'y aller peser lorsque les pesées et lots sont au-dessus de 25 livres, Mr Salmon, l'avocat fiscal, toujours trop dévoué aux intérêts de la seigneurie aurait essayé en 1724 d'obliger les bouchers à faire peser toutes leurs viandes quel qu'en soit le poids [...] depuis et afin de parvenir au même but on avait donné la ferme des étaux conjointement avec celle du grand Poids [...[113]]. La cause ayant été plaidée le 5 mai je fis connaître qu'il ne dépendait pas de mes parties d'exécuter une clause qui regardait les intérêts des habitants qui les assujettissait à un droit de contribution qu'ils ne devaient point, que par conséquent elle était contraire à l'intérêt public, nulle et vicieuse et qu'on devait la regarder comme si elle n'avait point été apposée [...] au surplus pour faire connaître combien cette clause était contraire aux intérêts du public qu'il ne s'agissait que de supputer à quoi pouvaient aller les droits qui en seraient payés et qu'on croyait qu'ils excédaient plus de 800 livres par an que le fermier aurait d'augmentation ce qui était une vexation des plus violentes. Mr Salmon avocat fiscal voulant soutenir son ouvrage donna ses conclusions favorables au fermier mais on n'eut aucun égard à ses idées et le fermier fut débouté de ses demandes et condamné aux dépens. On signifia un appel dès le lendemain; j'aurais souhaité qu'on eut résilié le bail, lequel n'aurait pu ensuite être redonné que devant M^r le juge de police qui aurait tenu la main à la justice si on avait voulu pousser trop loin le prix de la ferme.

Le 4 août 1727 il est arrivé une chose des plus extraordinaires en cette ville. Mr Hardy juge de police agissant avec trop de fermeté pour soutenir les droits du public contre Monseigneur le duc de la Trémoille et ayant rendu plusieurs sentences qui déboutaient M^r le procureur fiscal de ses remontrances et demandes, ou les fermiers du comté ainsi qu'on peut le remarquer en le recueil ci-dessus, et ayant surtout voulu s'opposer aux entreprises du sieur Salmon avocat fiscal trop dévoué aux intérêts du seigneur fut menacé de destitution, mais au lieu de changer de conduite il agit encore avec plus de rigueur et ne manqua aucune occasion d'arrêter les injustes demandes des fermiers, et de rendre exactement la justice, ce qui ayant redoublé les plaintes des fermiers et

115. Mention en marge : « il faut nommer tous les habitants ».

116. Même liste que *supra.*

117. En 1735, la juridiction de la vicomté de Mably et dépendances située à environ 6 kilomètres au nord de Roanne, correspond à un espace qui comprend la seigneurie de Mably-Cornillon, c'est-à-dire la plus grande partie du bourg de Mably, et le fief de Cornillon avec son château, ainsi que le hameau et la seigneurie de Maltaverne. Vers le milieu du XVIIIe siècle, la paroisse de Mably est peuplée de quelque 700 habitants. Elle est située dans l'élection de Roanne, tandis que Maltaverne qui se trouve un peu plus au nord dans la paroisse de Briennon est une enclave bourguignonne du ressort de Semur-en-Brionnais. Il n'y a donc aucune coïncidence entre les limites de circonscription ou de paroisse et les limites du territoire seigneurial. En 1739, la comtesse de la Feuillade, héritière du duché de Roannais acquiert la vicomté de Mably de Monsieur de Bais de Damas, marquis de Digoine. Dès lors, la justice de Mably et dépendances est intégrée dans le duché de Roannais, cf. Arch. médiathèque Roanne, E 278.

118. Titre souvent utilisé dans la province de Forez pour désigner le juge seigneurial.

119. Ces assises ont réuni les habitants domiciliés dans la partie de la paroisse de Mably dépendant de la justice de la vicomté de Mably-Cornillon.

120. On retrouve ici, en situation, les rôles respectifs du juge qui préside, du procureur fiscal qui a pris l'initiative de la réunion pour réaffirmer les droits du pouvoir seigneurial et les obligations des justiciables, ainsi que de l'huissier qui s'est chargé de la convocation des chefs de feu.

de ceux qui étaient passionnés pour la maison de la Trémoille, le Conseil prit la résolution de le destituer, et envoya une procuration au sieur de Châteauvieux Girard de Vitré pour lui faire signifier, à la requête de Mr de la Trémoille, qu'il le remerciait de son service, lui déclarait qu'il n'eut plus à exercer les fonctions de juge de police et pour le rembourser du prix de sa charge. Cette dénonciation lui fut signifiée par un huissier le 14 août 1727 sous les offres de lui rembourser le prix de sa charge, on faisait élection de domicile pour 24 heures au château, où le sieur Hardy se transporta le même jour afin de n'être pas obligé de se pourvoir pour le remboursement du prix principal de sa charge, qu'il reçut, en donnant quittance et remit ses provisions, j'y étais présent, on peut voir à ce sujet Louet et Bodereau [...]. Tout le public désapprouva le procédé injuste de cette destitution et elle acquit beaucoup de bienveillance et d'honneur à Mr Hardy qui paraissait n'être ainsi traité que pour avoir soutenu les intérêts du public, je ne puis pourtant m'empêcher de remarquer que quelques bonnes intentions qu'il eût eu, il avait manqué de politique et n'avait et n'aurait pas du en entreprendre tant à la fois ni agir ouvertement contre tous les fermiers sans aucune plainte judiciaire de la part des particuliers ou habitants; on peut voir la signification qui lui fut faite en mon recueil où elle est transcrite. Ce qu'il y a de certain, c'est que cette destitution a frappé un coup mortel contre tous les officiers du siège, a diminué l'estime du public pour leurs charges, n'étant plus regardés que comme des ministres forcés et esclaves de la volonté ou des intérêts du seigneur, elle n'a pas moins fait de préjudice au siège et à la juridiction parce que le public commençait à prendre confiance dans les lumières et l'intégrité de Mr Hardy qu'on connaissait être très laborieux et attentif aux devoirs de sa charge et de la justice, on le recherchait pour rapporteur, en un mot on espérait plus de lui seul que de tous les autres officiers, et les arbitrages étaient moins fréquents. Il a depuis continué à soutenir les intérêts du public, s'est acquis la confiance des habitants, est devenu fameux consultant, et a fait un grand préjudice à la juridiction.

Le 30 août 1727. J'ai remarqué que Mr Hardy juge de police avait été destitué de sa charge, comme cette destitution était des plus injustes et des plus violentes, il n'y avait pas d'apparence que personne se présentât pour prendre sa charge. En effet ne s'étant trouvé personne, le conseil

---

121. Le terme « habitant » désigne généralement les propriétaires; celui de « granger » les exploitants pour autrui « à partage de fruits », c'est-à-dire des métayers qui ont conclu avec le propriétaire-bailleur un « bail à grangeage » sur la base du partage des récoltes; quant à la qualification de « locataire », elle s'applique habituellement aux journaliers qui louent un logement modeste à un propriétaire ou qui disposent, éventuellement, d'une petite rente.
122. Cette disposition existe partout. Elle est quasiment rituelle dans les règlements d'assise.
123. Cette formule paraît signifier que les litiges entre justiciables doivent être obligatoirement soumis, en première instance, à la justice de leur seigneur.
124. « Le fusil brisé c'est-à-dire démontable pour être facilement caché sous les vêtements est l'arme par excellence des braconniers » (SALVADORI, « La chasse, une limite du droit français d'Ancien Régime », 1996b p. 284).
125. En autorisant, voire en encourageant la chasse aux animaux réputés nuisibles, en particulier les loups, les seigneurs se conforment aux ordonnances royales de 1601 et 1669. Voir l'article « Chasse » du *Dictionnaire ou traité de police générale...*, de Fréminville, 1758, p. 193; et la section « De la venaison » du *Traité de police...* de Delamare, 1722, t. 2, p. 755 *sq*. Remarquons, au passage, la contradiction : d'un côté les autorités admettent que les paysans puissent se servir d'armes à feu pour chasser les animaux réputés nuisibles et féroces, mais par ailleurs, les règlements proscrivent le plus souvent le port d'armes par les roturiers, par crainte des violences avec arme et du braconnage.
126. Il s'agit ici, de toute évidence, des domaines et bois du seigneur.
127. La peur des dégâts susceptibles d'être commis dans les récoltes par les animaux errants est très présente dans les ordonnances seigneuriales.
128. Apparemment, les paysans sont peu portés à entretenir les chemins. Cette tâche, pourtant d'utilité publique, est volontiers perçue comme une corvée seigneuriale.
129. Suivent les noms de 78 justiciables et le texte de l'ordonnance seigneuriale dont les termes correspondent exactement aux dispositions contenues dans les remontrances du procureur fiscal. Les 78 justiciables recensés se répartissent : 11 « habitants », 48 « grangers » et 1 « vigneron pour autrui », 14 « locataires », 1 artisan (un tailleur), 3 veuves. La grande majorité des justiciables est composée de « grangers ». L'exploitation des terres en faire-valoir indirect domine nettement en raison de l'importance des cinq domaines seigneuriaux, mais surtout de la proximité de la ville de Roanne. De nombreux notables urbains non-résidents (aristocrates, marchands et hommes de loi) possèdent des terres dans le finage de Mably dont l'exploitation est assurée par des « grangers » justiciables de la seigneurie de Mably-Cornillon.

de Mr de la Trémoille la donna par commission à Mr Lelong juge civil pour en faire les fonctions, et Mr Salmon avocat fiscal ayant présenté ses provisions à l'audience de ce jour pour les faire enregistrer, Mr Berset juge criminel et Mr Legeay lieutenant particulier qui tenaient l'audience avec Mr Lelong se levèrent brusquement et se retirèrent de l'audience, en sorte que Mr Lelong n'eut pas même le temps de requérir de les enregistrer, ce qui obligea Mr Lelong de prononcer lui-même l'enregistrement et l'avocat fiscal protesta contre M[r] le juge criminel et M[r] le lieutenant de tout ce qui pourrait en arriver et de prise à partie lesquelles protestations furent seulement rapportées dans l'installation et ne furent point faites en présence et en parlant à M[r] le juge criminel et à M[r] le lieutenant particulier. On ne s'adressa point aux avocats pour prononcer cet enregistrement parce qu'on prévoyait bien qu'ils ne l'auraient pas fait, et on continua après de plaider devant Mr Lelong. La question est de savoir si Mr Lelong est bien reçu. J'ai depuis proposé la question aux plus fameux avocats de Paris lesquels ont été d'avis qu'il y aurait de la témérité à soutenir un tel procès qui serait très douteux et qui selon toutes les apparences serait décidé en faveur du sieur Lelong et du seigneur.

1731
Procès-verbal d'assemblée enregistré par le greffe seigneurial

Francine Rolley

Source : Archives départementales de l'Yonne 9 B 591. Texte extrait des minutes du greffe de la justice de Lucy-sur-Cure [114], justice seigneuriale de l'abbaye bénédictine de Crisenon, relevant en appel du bailliage d'Auxerre. Malgré l'existence du Contrôle des Actes, le greffe seigneurial enregistrait encore des actes de nature très diverse, en témoignent ceux passés devant le notaire local ou devant le garde-scel de la prévôté voisine de Vermenton. Il s'agit ici de l'enregistrement des décisions prises par les habitants de la communauté réunis en assemblée extraordinaire en février 1731, afin de résoudre le problème du payement de la taille de l'année précédente et de faire libérer les collecteurs emprisonnés à Auxerre.

Cejourd'huy dimanche dix huitième fevrier mil sept cent trente un, par devant nous Simon Sonnet, antien pratitien aux bailliage de Lucy-sur-cure exerçant la justice pour l'absence de ceux quy nous préceddent, ont comparu Maistre Jean Calmeau procureur fiscal an ce siège et Claude Moreau sindique de la paroisse dudit Lucy-sur-Cure, lesquels ont dits et remontré que les nommé Edme Joudellat et Jean Ganache consorts et collecteur de la paroisse dudy Lucy l'année dernière que l'un des deux collecteur sont présantement retenue dans les prisons royal de la ville d'Auxerre pour le deffault des payements non fait audit collecteur par lesdits habitants de ladite communauté attendu leur misserre, lesquels ont ce jourd'huy à l'issüe de la Messe paroissiale dudit lieu convoquer assemblée à la place ordinaire aux son de la cloche lesquels habitans sortant tous comparans par Jean et Edme les Bruchots lesnel et jeune, Simon les Berneau lesnel et jeune, Nicolas Joudelat, Olivier Poinsot, Simon Tillien, Piere Poinsot, Jean Moreau, Nicolas Jacob, Edme Poinsot, Jean Rougeot, Étienne Huot, Vincent Cruchot, Étienne Guilly, Pierre Tissier, Edme Huot [115] après avoir conferré tous ensemblement ont dit d'une unisme et misme voix qu'ils ne peuvent trouver autre moyen de faire payement de leurs dite taille que celuy de consentir et ils consentent lesdits collecteurs resoive le restant du payement de l'adjudication faitte à Monsieur Pillard de la Gaitte d'une pièce de bois contenant trente arpents à luy vendüe situées aux finages dudit Lucy lieudit Entre les deux vaul, le tout ainsy qu'il est expliqué par l'adjudication qui en a été faite au siège des eaux et forêts d'Auxerre apprès le payement qu'ils leur en sera faitte ; il en sera tenu comte par lesdits collecteurs à chacun desdits habitans quy les mettront en recu sur leurs rolle chacun audroy et sur leurs cotte, lesquels recus seront mis en présence et par notredit procureur fiscal et Maistre François Rouzier habitans audit lieu, lesquels lesdits habitans prient voulloir assister et accompagner lesdits collecteurs pour tirer le reste dudit payement dudit sieur Pillard de la Gaitte et autre pour luy par eux donné quittance et décharge. A quoy lesdits habitans consente et donne plein pouvoir tante audit collecteurs quaux dits Calmeau et Rozier ; surquoy vüe le consentement et pouvoir donné auxdits susnommés par lesdits habitans nous leur avons fait acte de leur pouvoir

130. Côte-d'Or, ar. Dijon, c. Genlis.

et consentement, et auxdits collecteurs Calmeau et Rouzier de leur acceptation. Apprès qu'ils auront tirez lesdits payement du restant de ladite adjudication l'adjudicataire en demeurera quitte et déchargé. Il sera tenu comte auxdits habitans chacun audroy soy quy cera my resüe sur ledit rolle chacun sur sa cotte aupresant, et par les susnommé dont tous ce que dessus ont dits lesdits habitans etre constans et déclaré de ceux qui ne scavait signé à la reserve desdits soussignés la minute est signé J. Calmeau, F. Moreau [116]...

1735
Assises de la vicomté de Mably et dépendances (en Roannais)

Serge DONTENWILL

Source : Archives de la médiathèque de Roanne, fonds du Duché de Roannais, E71, pièce 34 « Extrait des actes et registres du greffe de la juridiction et vicomté de Mably [...] et dépendances [117] ».

Ce jour d'huy vingt sixième du mois d'aoust mil sept cent trente cinq devant nous Charles Marie Dussauzey avocat en parlement vicegérant [118] de la juridiction de la vicomté de Mably, Cornillon, Commières, Maltaverne et dépendances, est comparu au Bourg de Mably [119] et sous les halles dud. lieu Me Pierre Remond no[tai]re royal de la Bénissons-Dieu, procureur fiscal desdittes terres et juridictions, qui nous a dit et remontré que pour les deust de sa charge et pour la conservation des droits de justice de Mre Nicolas Debais de Damas, chevallier marquis de Digoine, ayde major des gardes du Corps du Roy, maistre de camp de cavallerie de l'ordre des militaires de St Louis et dame Barbe Michelle Le Robert de Grangemont son épouse, dame comtesse de Mably, Cornillon, Commières et Maltaverne, il a par exploit de Paul, huissier, du vingt quatre du présent mois, duement controllé le mesme jour [120], fait assigner par devant nous à ce jourd'huy deux heures de relevées, lieu susdit, tous les habitants, grangers, locataires [121] et autres demeurants audit Mably, aux fins de voir dire et prononcer par forme de police que deffences leur sont faittes de jurer et blasphémer le saint nom de dieu ; de fréquenter les cabarets les festes et dimanches pendant le service divin [122] ; de se tirer en première instance les uns et les autres [123], ny de répondre aux assignations ailleurs qu'en cette juridiction ; de chasser et de pescher en quelque sorte d'engin que ce soit sans la permission desd[its] seigneur et dame ; d'avoir dans leur maison fusils brisés [124] et filasses, et au cas qu'ils ayent des fusils pour se garantir des loups ou sangliers, qu'ils ne seront chargés qu'à bâles, sous peine de trois livres d'amende et de confiscation des armes qui se trouveront chargées autrement [125] ; d'usurper aucune chose de leur domaine et de mener paître leurs bestiaux dans leurs bois taillis et autres, à peine de vingt livres d'amende contre chaque contrevenant [126] ; et que injonction sera faitte à tous les justiciables de se déffaire d'hui à la Saint Michel prochaine des chèvres, lequel tems passé il sera permis de les tuer en quelque endroit qu'on les trouve ; que ceux qui ont des chiens seront tenus de leur mettre au colier billot de bois d'une longueur de deux pieds et gros de deux bons pouces, à deffaut de quoy qu'il sera permis de les tuer [127] ; comme aussi injonction leur sera faite de réparer les chemins chacun audroit [de] soy, sans qu'ils puissent les changer de lieu à autres, sous pareilles peines et amandes que dessus, et ce dans quinzaine à compter de la publication qui sera faitte de notre ordonnance qui sur ce interviendra, faute de quoy faire et led[it]. tems passé, qu'il sera permis au requérant de faire faire lesdites réparations aux frais des contrevenants, pour raison de quoy exécution leur sera délivrée par notre greffier sur la quittance des ouvriers pour en exiger la restitution et pour autrement voir procédder ainsy que de raison [128], requérant acte de la présentation des comparants, et à deffaut contre les noncomparants, et pour le proffit que les fins et conclusions

---

131. Laissé en blanc. Il s'agit du moins d'avril 1749. Considérant excessif le morcellement judiciaire, la chancellerie a fait exécuter des enquêtes en 1728 et 1740. Plusieurs expériences de « réunions » de juridictions royales inférieures ont été réalisées dans les années 1740 et une mesure générale a été prise quelques mois avant ce passage du *Recueil...* (en avril 1749). Les craintes de Pichot de la Graverie étaient-elles fondées ? Il avait en tout cas raison sur les difficultés d'application induites par la question du remboursement des offices qui, de fait, différa les « réunions » et rendit la situation de la justice royale confuse, reportant du même coup la question de la justice seigneuriale.

132. « Piade » désigne les traces de piétinement observées au sol.

prises cy dessus par ledit exploit soient faittes et adjugées, et qu'au fait du jugement qui interviendra et sera passé outrelle ce, comme s'agissant de fait de police; et que lesdits règlements seront parfaitement publiés afin que personne n'en ignore, signé Resmond. Desquelles remontrances et réquisitions nous avons donné acte, ensemble de la comparution des cy après nommés [129]. [...] A été nôtre dite ordonnance lue et publiée à haute voix auxdits justiciables et avons signé avec nôtre greffier. [Signé : Dussauzey et Auclerc.]

1747
« Jugement de police » de la voirie en Bourgogne

Benoît GARNOT

Source : Archives départementales de Côte-d'Or, B II 707/6, Magny-sur-Tille [130]. Texte fourni d'après le mémoire de maîtrise de Sandrine Pierre, université de Dijon, 1996.

Sur les plaintes faites par Nicolas Barbe, actuellement procureur de communauté, que dans une ruelle entre lesdits Drigon et François Barbe, qui conduit au moulin, il s'est fait par négligences des erreurs, qui rendent l'endroit impraticable. Que pareillement, dans le grand chemin d'entrée du village, il y a plusieurs endroits aussy impraticables, savoir entre la grange de Monsieur de Chanrenault et le verger de Bénigne Pothier. Un autre plus bas joignant Monsieur Chanrenault et au bas de la planche de la grande rue et un autre endroit joignant le verger de Monsieur Drigon, qu'il avait différentes fois des délibérations et que cependant lesdits habitant étoient demeurés sans actions, et qu'il ne nous plaisoit de leur faire de très expresses injonctions de s'employer au rétablissement de tous les endroits endommagés cy-dessus, les choses demeureroient toujours au même état. Ouï ledit procureur d'office qui a requis que les anciennes délibérations fussent exécutées et qu'il y soit pourvu d'une manière, en faisant un rôle, d'y tirer un nombre d'habitants qui y travaillent chaque jours et sans discontinuer, que le procureur de communauté seroit tenu de les conduire et ils seront tenus d'obéir à son commandement, en conséquence, avons condamné les habitants à réparer dans un mois les chemins cy-dessus énoncés, auquel effet, enjoignons au procureur de communauté d'y tenir la main et faisant faire un rôle aux habitants qui seront par luy commandés chaque jour pour travailler auxdites réparations et enjoignons auxdits habitants de luy obéir pour raison de ce, à peine de trois sols d'amende contre chaque refus dont le procureur de communauté en sera responsable sur la seule déclaration et sur le rôle qu'il nous représentera des habitants qu'il aura commandés. Donnons au procureur de communauté de nous certifier dans ledit temps dudit jugement à peine de 10 sols d'amende, qui sera exécuté nonobstant appellations et autres empeschements quelconques pour lesquels ne sera différé, attendu qu'il s'agit du jugement de police.

1749
Justice seigneuriale et justice royale dans le Maine

Frédérique PITOU

Source : *Recueil de Sentences... de Pichot de la Graverie*, Archives départementales de la Mayenne, 1 Mi 146, R 6. Pichot de la Graverie est, à partir de 1745, premier juge au siège ordinaire de Laval.

Le 17 décembre 1728, je me suis fait recevoir avocat au siège royal, plusieurs considérations m'y ont engagé, les marques de distinction et de prévenance que m'ont toujours données M^rs^ les officiers du siège royal, m'ayant appelé comme gradué au jugement des procès civils et criminels et m'ayant convié plusieurs fois de plaider devant eux, et offert une indemnité pour les taxes qui

133. Côte-d'Or, ar. Beaune, c. Beaune-Nord.
134. Seine-Maritime, ar. Rouen, c. Caudebec-lès-Elbeuf.
135. L'accord a toute chance d'être provisoire : il ne peut y avoir de solution définitive à de telles questions.

pourraient être imposées à l'avenir sur les avocats, ce que j'ai cru devoir refuser, d'ailleurs les matières bénéficiales deviennent plus fréquentes, et quoique je fisse les écritures, n'étant point le maître de l'instruction j'y avais très peu de satisfaction; enfin il parait clairement que le conseil cherche peu à peu à détruire les juridictions des seigneurs, si vrai que depuis un mois, M[r] le garde des sceaux a donné ordre au bureau de la chancellerie d'adresser toutes les lettres de bénéfice d'âge, restitution et bénéfice d'inventaire aux juges royaux. En un mot l'état présent des affaires de la ville et les contestations indispensables au sujet de plusieurs droits prétendus par les officiers de Mr de la Trémoille donneront lieu à demander le renvoi suivant la coutume dans les cas de l'exemption, et méritent qu'on soutienne l'intérêt du public et des particuliers et qu'on plaide au siège royal, outre qu'il est de la politique pour l'intérêt et la satisfaction des avocats d'être les maîtres de porter plusieurs affaires à l'un ou à l'autre siège suivant les occurrences et l'utilité des parties. Mr Hardy de Lévaré ancien juge de police s'est fait recevoir avocat à la même audience. On nous a dispensé de prêter serment parce que nous étions avocats en parlement et on a ordonné que nos matricules seraient enregistrés sur le registre. L'entérinement des lettres de rescission, bénéfice d'âge et autres a été depuis jugé appartenir aux officiers dudit siège ordinaire, voir mon recueil Janneaux. [...] Le 21 juin 1749. On a enregistré un édit du...[131] qui supprime les prévôtés et autres juridictions royales établies dans les villes où il y a des présidiaux et sénéchaussées afin qu'il n'y ait qu'une seule juridiction royale dans chaque ville, il contient plusieurs dispositions très prudentes pour les fonctions des juges supprimés et pour leur remboursement. Mais il me parait devoir être regardé comme le prélude et l'avant coureur de la réformation et suppression des juridictions seigneuriales dont on menace depuis plusieurs années, si les grandes juridictions seigneuriales du duché et comté pairie se trouvent comprises ce changement procurera de la perte et l'anéantissement de plus beaux privilèges prérogatives et droits utiles appartenant aux plus grands seigneurs du royaume qui les avaient mérité par les services le zèle et la fidélité de leurs ancêtres pour le bien du royaume et la gloire de nos rois. Il faut pourtant convenir que si on dédommageait les seigneurs de la perte qu'ils souffrent par la suppression de leur juridiction, le public en retirerait de grands avantages, parce que ce serait éviter une infinité de procès et de conflits de juridiction et que la justice serait rendue avec plus d'exactitude sous le nom du roi que sous celui des seigneurs.

1771
Procédure d'estimation en Comtat

Patrick FOURNIER

Source : Archives départementales de Vaucluse, 1 B 2503, f° 942., cour baronnale de Mazan. Procédure d'estimation extraite du cahier de mandat du greffe.

Du mercredi 19e juin 1771 entre Jerosme Gounet, demendeur en fait de dénonce et domage, contre Jean Joseph Labourel, fermier de la boucherie du mouton*. Les an et jour susditd par devant Mr Barthélémy Conil, viguier de cette jurisdiction, moydit no[taire] et greff[ier] et en présence des tesmoins à la fin nommés furent présents sieur Fiacre Boyer, expert nommé de la part desdits Jérosme Gounet et sieur Jérosme Royer, expert nommé par ledit Labourel, lesquels ensuite de la commission à eux donnée et du commendement à eux fait le jour d'hier ont dit et

136. Le syndic n'est pas mentionné alors qu'il se trouve parmi les signataires sous le nom de Georges Fréret. On note par contre que, selon les usages et selon le mode de gouvernement des paroisses normandes, les trésoriers sont mis en avant.

137. Les Fréret étant très nombreux à Sotteville, les surnoms sont indispensables.

138. Le droit de « banon » est défini de toute ancienneté dans la Coutume de Normandie. Un arrêt du parlement, rendu le 16 novembre 1655, a confirmé ces restrictions du calendrier pour les moutons accusés d'abîmer les prairies. Un autre arrêt, rendu le 26 octobre 1670, a confirmé la proportion d'un mouton par arpent. La formule « jurisprudence nouvelle » n'a pas vraiment de sens. Les mêmes règles sont répétées de temps à autres par le Parlement, les bailliages royaux et les justices seigneuriales.

139. Le 15 septembre.

rapporté, disent et rapportent s'être à la réquisition des parties et de leur consentement acheminés et transportés en une terre dudit Gounet scituée dans le terroir dudit Mazan et quartier de la Combe Sarret, confrontant terre dudit Jérosme Royer, terre de Marc Sigcard, le viol allant à notre Dame du Bon Remède et ses autres pour liquider ledit domage causé par le bétail lanud aux oliviers qui se trouvent complantés dans la susdite terre en touts les endroits et examiné le susdit domage [blanc], icelui l'ont estimé et estiment à cinq livres roy, et que le susdit domage a été causé par bétail lanud, ce qu'il luy a apparu par la piade[132] **, et tel ont dit être leur rapport qu'ils ont fait moyenant serement qu'ils ont presté entre les mains dudit sieur vig[uier], les écritures touchées, se reterçages (sic) pour leurs actes, peines et vacations vingt quatre sols roy pour chacun. De quoy et de tout ce dessus ont requis acte qu'a eté fait et passé audit Mazan dans l'exercice du greffe en présence de sieur Dominique Coudroy et François Gabriel Rol, habitants dudit Mazan, tesmoins requis soub[sig]nés avec ledit sieur vig[uier], et lesdits experts ont dit ne scavoir écrire.

De ce enquis, Conil viguier appreuve les adictions, Coudray François Gabriel. Et de moy François Benezit notaire et greffier qui Benezit.

* en présence de la femme dudit Gounet et dudit Laboure ** et examiné les rejetons desdits oliviers qui ont été mangés.

1775
Plaintes d'une communauté bourguignonne

Benoît GARNOT

Source : Archives départementales de Côte-d'Or, B II-302-7, Pommard[133]. Texte fourni d'après le mémoire de maîtrise de Marie-Laure Charitat, université de Dijon, 1998.

A Monsieur, Monsieur Berbizote procureur du roi en la chatellenie de Pommard, Volleney et dépendance supplie humblement les habitants de la communauté de Pommard, et dise qu'ils ont loneure de vous representer au jourd'hui pour la segonde fois, qu'il c'est trouvé depuis il y a environ trois mois un nouvos cabaretier établis à Pommard qui van du vin et des liqueur nuitament et même pendant le service divin qui est la débauche de tous les jeunes gens qui sont dans l'innocence de la jeunesse et notament dans le vin et la fumée de ses liqueurs qui fait la désolation des pères et des mères de famille et même des gens qui sont obliger de tenir des compagnons chacun dans leur état, que il vous avet été demandé dans la premiere requeste que le propriétaire qui lui avait aloué la maison répondace [...] pour lui atendus qu'il est venu dans ce pays sans fournir de certificat de l'endroit ou il sort, que depuis le temps du rappelle de l'âge de nos plus anciens nous nous persuadons tous que vous avez bien jusqu'à présant contenus par vos ordonnances tous les cabaretiers de ce vilage, et puisque nous ne croyons pas que vous ayez de votre greffe des informations à ce sujet, que cette somme est capable d'altérer de jour en jour les plus belles familles du pays, vous n'en devez point ignorer les aparences, elles sont trop bien découverte à vos [...] sans celle que vous ne voyez pas [...]. Pourquoy Monsieur, nous vous supplions en général de vouloir bien regarder ses informations comme supplise et injustice que l'on fait à tous ces jeunes gens et père de famille, que c'est à leur tendre un piège et un filet avec du vin et des liqueurs pour les arresté, tous ses motifs, Monsieur mérite bien une de vos plus grande atention que ci du jour de la première plainte, il avoit été ordonné par vous de mettre par terre le buisson de sa gargotte par provision en attendant une décision de son jugement, la segonde information ne seroit pas arrivée; il paroît fort par la petite fortune de cet homme qu'il ne craint point vos ordonnance et qu'il les méprises parce qu'il n'a rien à perdre; l'on doute néanmoins que le propriétaire de la maison ne soit party avec lui, atendu qu'il paraît que cet homme ne paraît pas qu'il soit en état de se mettre en aucune avance et que ce dit propriétaire se trouve presque toujours au bataille qui s'y forme et qu'il donne des ordre pour donner du vin quand ses garçon en demande nuitament, pourquoy demendons Monsieur que cette information d'au jourd'hui soit renvoyé la partie informante soit indemnisé sur le traité qu'ils ont fait comme ne connaissant pas encore d'où

140. Côte-d'Or, ar. Dijon, c. Mirebeau-sur-Bèze.
141. La fin de la ligne est en blanc.

partois le défaut de cette affaire. Nous espérons Monsieur que vous aurez égard à tous ces motifs ou sans quoy nous serions obligé d'envoyer nos requête à Monsieur le procureur général, mais nous espérons de vous l'équité de cette affaire et ferez justice.

1776
Délibération extra-judiciaire d'une communauté normande

Antoine FOLLAIN

Source : Archives départementales de Seine-Maritime, G 8621, Sotteville-sous-le-Val[134]. La délibération porte en marge le *visa* du contrôleur et la taxe de 4 sols. Une telle validation n'est pas systématique et distingue les actes à usage interne des actes pouvant engager la communauté vis-à-vis de l'extérieur. L'action judiciaire apparaît ici comme un élément du conflit et pas forcément comme le plus important. L'intérêt bien compris des uns et des autres est, une fois agitée la menace d'un « grand procès », de s'en dégager. Le conflit va d'ailleurs se terminer par un arrangement et un règlement qui ne sera même pas sanctionné par un magistrat[135].

Ce jourd'huy dimanche quinze décembre mil sept cens soixante seize issue des vespres de Sotteville sous le Val, nous propriétaires, trésoriers et habitants de la ditte paroisse[136] assemblés dans l'église au son de la cloche en la manière accoutumée, sur les trois annonces faites au prosne par M. le curé ce jourd'huy et les deux dimanches précédents. Nous étant fait représenter la délibération prise par quelques habitants de la dite paroisse le 16 juin dernier, lecture faite d'icelle contenant arrêté que le pâturage des moutons dans les prairies y fait tort et en conséquence autorise Pierre Freret dit la mangeaille et Jacques Freret dit la galantine[137], nommés commissaires, d'intenter action aux laboureurs propriétaires de troupeaux de moutons, pour voir dire que deffenses leurs seront faittes de continuer de faire pâturer leurs moutons dans les prairies, sur le prétexte qu'ils ont la dent venimeuse. Considérant que cette délibération a donné lieu à un grand procès pendant à la haute justice de Sotteville et Igoville, dont l'événement [*sic*] est d'autant plus incertain que l'on prétend qu'il est constant que, loin que le mouton fasse dommage au pâturage de la prairie, il y fait au contraire beaucoup de bien, que la jurisprudence nouvelle le confirme et autorise la possession dans laquelle ont toujours été les laboureurs de faire pâturer leurs moutons dans les prairies[138]. Considérant d'un autre côté que si les laboureurs peuvent faire pâturer leurs moutons dans les prairies, ce ne doit être qu'en se conformant aux règles et obligations qui leur sont imposés par les règlements, à quoi particulièrement ceux de cette paroisse ne se conforment pas, et à quoi il est important de les assujetir, il existe un abus qu'il faut réprimer parce qu'ils font constamment tort à la communauté et c'est de cet abus dont on auroit dû s'occuper lors de laditte délibération du 16 juin dernier : 1er Les moutons ne devraient entrer dans les prairies qu'à la Sainte-Croix en septembre[139] jusqu'à la mi-mars tandis qu'ils y pâturent aussitôt qu'il y a quelques prairies de récoltées. 2e Les laboureurs ne devraient avoir qu'un mouton par arpent de terrain qu'ils cultivent pour la paroisse et ils en ont davantage. 3e Les moutons devraient rentrer à la bergerie après le soleil couchant et ils pâturent souvent la nuit avancée. 4e Enfin, cette paroisse est particulièrement exposée aux débordements de la Seine qui, presque tous les ans, couvrent les prairies et terres du marais, ce qui arrive ordinairement en janvier, quelques fois plus tard, quelques fois plus tôt, les moutons retournant à la prairie aussitôt que l'eau est retirée, il est certain que ce terrain étant mou et abreuvé souffre considérablement du pied du mouton. Dans ces circonstances, après avoir mûrement réfléchi sur ce que dessus, avons d'une voix unanime délibéré pour éviter l'évènement d'un procès douteux et dispendieux, qu'il nous est préférable de nous en tenir à faire exécuter ce qui suit : 1er Que les propriétaires de moutons ne pourront laisser entrer les moutons dans les prairies depuis la mi-mars jusqu'à la Sainte-Croix en septembre parce que de la Sainte-Croix en septembre jusqu'à la mi-mars ils pourront les y faire pâturer

142. Faut-il s'en étonner ? Après tout, la justice *foncière* lorsqu'elle recueille les déclarations des « sujets » de la seigneurie les « *condamne* de [leur] consentement » au paiement des cens et rentes, *supra* la contribution d'Annie Antoine et notre rapport de synthèse.

143. Maine-et-Loire, ar. Segré, ch.-l. c.

144. Actes de différentes écritures. Le premier, de la main de Houillot, atteste donc de sa capacité à écrire.

comme par le passé. 2e Qu'ils ne pourront avoir qu'un mouton par arpent de terrain qu'ils cultivent dans la paroisse. 3e Qu'ils seront tenus de les faire rentrer à la bergerie le soleil couchant. 4e Qu'aussitôt que la rivière aura débordé, le pâturage en prairies sera interdit aux moutons, jusqu'à la Sainte-Croix en septembre ensuivant. Le tout pour les peines portées par les règlements. Pourquoi autorisons le dit sieur Fréret dit la mangeaille et Jacques Freret dit la galantine, commissaires nommés par ladite délibération du 16 juin d[ernie]r, de transiger sur le procès aux conditions ci-dessus avec les dits propriétaires de troupeaux de moutons, lesquels seront tenus de payer les frais qui ont été légitimement faits jusqu à ce jour, sous condition expresse qu'il en sera usé pour le pâturage des vaches dans les prairies comme par le passé, sinon, et au refus desdits laboureurs propriétaires de moutons d'accéder à ce que dessus, lesdits commissaires autorisés de continuer les poursuites du procès. Délibéré ce dit jour et an. [Suivent 18 signatures, dont celle de Guy Fréret « fondé de la procuration de monsieur l'abbé de Saint-Ouen » et celle du curé.]

1778
Rapport d'enquête d'un garde seigneurial bourguignon

Benoît GARNOT

Source : Archives départementales de Côte-d'Or, B II 448/7, Beire-le-Chatel[140]. Texte fourni d'après le mémoire de maîtrise d'Élodie Petermann, université de Dijon, 1999.

Contre Jean Dorey manouvrier à Beire pour avoir coupé 17 pieds de bois de chaine aux bois communaux en la coupe joignant l'endroit où l'on en a coupé pour fournir la salpétrie, au rapport de Bertin garde qui ayant été averti par Prudent Chambrette dudit Beire le 28 février dernier que l'on commettoit ledit délit audit contoir de bois, il s'y transporta avec ledit Chambrette et accompagné de Pierre Roy et Claude Lenoir échevins en exercice audit Beire, audit contoir et ont trouvé lesdites pièces de bois sur place, et comme il y avoit de la neige sur terre, ils ont connu que le délit avoit été commis par deux personnes, dont l'un étoit chaussé de sabots cloués dessous et l'autre en soulier, et leur a paru sur la neige que l'un d'eux étoit blessé par le sang qu'ils aperçurent sur la neige, en suivant leurs trace jusqu'au bois du four où Mademoiselle Malpoix fait ébrancher et fagoter des chaines et ils ont trouvé Jean Dorey qui étoit effectivement blessé au pouce et saignoit et son fils qui étoit chaussé en sabots ferrés et coiffé d'un bonnet rouge tel qu'il l'avoit vu ledit Chambrette lorsqu'ils coupoient.

1779
Dénonces suivies d'une assignation à comparaître en Comtat

Patrick FOURNIER

Source : Archives départementales de Vaucluse, 1 B 2503, f° 1026-1027 et f° 1027 v°-1028, cour baronnale de Mazan.

Dénonce contre Jean Joseph et Pierre Laborel, père et fils, boucher de mouton. L'an 1779 et le douze du mois d'aoust, vus les actes et par d[evant] Mr le l[ieutenan]t de viguier a comparu Antoine Silvestre, fermier de la boucherie du mouton, lequel a déclaré d'avoir trouvé il y a environ une heure deux cens onze moutons gardez à baston planta par le sieur de Jean Rol de S[ain]t-Pierre-de-Vassols et le fils de Pierre Teton du même lieu dans la terre d'Alexis Reynaud, fils de Louis, sise audit Mazan et au quartier du chemin de Modène, confrontant ledit chemin et terre de...[141] et ses autres et les avoir dénoncé en présence de Jean Baptiste Borel, Vincent Reynaud et le [sieur] Pichot comme troupeau étranger qui a encouru la confiscationd et sur cela lesdits gardiens ont répondu que lesdits moutons appartiennent auxdits Laborels, bouchers de la brebis dudit Mazan, de laquelle déclaration et dénonciation en a requis acte que luy a été concédé en

145. Val-d'Oise, ch.-l. ar.

présence de Mr Pierre François Louis et Joseph Rémi Bonil, quartiniers dudit Mazan sur ce requis et signé.

En ladite cause. L'an susdit 1779 et le treize août a raporté Joseph Boyer, sergent dudit Mazan, du mandement de Mr le juge et à la requette dudit Antoine Silvestre avoir assigné lesdits Laborel père et fils à comp[araître] par d[eva]nt ledit s[eigneu]r juge ou Mr son l[ieutenan]t à Carpentras dans son étude à neuf heures matin de demain pour se voir déclarer l'amande par eux encourue à occasion d'un troupeau lanud de deux cent onze bêtes gardés à baston planta dans le terroir dudit Mazan, app[arte]nant audits Laborel père et fils, et trouvé par ledit sieur instant, conformément au statut dudit Mazan, sauf la confiscation dudit troupeau si le cas y échoit et au[tre].

Dénonce contre Jean Pezenas. Du 14e août 1779 dans l'exercice du greffe et par d[eva]nt Mr le vig[uier] de cette cour est comparu Michel Roque, lequel assisté et autorisé de Me Alexandre Morand, tisseur à toiles ici p[rése]nt, a déclaré moyennant serment prêté en mains dudit [sieu]r vig[uie]r les écritures touchées avoir trouvé le jour d'hier environ les huit ou neuf heures matin deux vaches dépassants dans un verger dudit Morand d'environ trois éminées et gardées à baston planta par Jean Pézenas, situé ledit verger dans ce terroir dudit Mazan et quartier de Blahine, confrontant terres d'Alexis Canas, des hoirs de Claude Royer, de Jean Nicoulet et ses autres, et l'avoir dénoncé et arraisoné.

En ladite cause. Dudit jour a raporté Joseph Boyer, sergent dudit Mazan, du mandement de Mr le vig[uier] et à la requette dudit Morand avoir assigné ledit Jean Pezenas par billet à lui expédié à comp[araîtr]e par devant ledit sieur vig[uier] dans l'exercice du greffe à dix heures matin de mardy prochain pour se voir condamner au payement de la dénonce à lui faite pour avoir été trouvé gardant deux vaches dans le verger dudit instant au quartier de Blahine et autres.

1784
Procédure judiciaire et nomination d'un sergent en Anjou

Antoine FOLLAIN

Source : Archives départementales de Maine-et-Loire, 16 B 98. Cette liasse a pour avantages de montrer comment se déroulent à la fin du XVIIIe siècle une procédure civile, l'audition de témoins et la nomination d'un sergent seigneurial, ainsi que d'attester l'usage de curieuses formules juridiques. Ce recrutement passe par une requête à la suite de laquelle le procureur fiscal prend l'initiative comme « demandeur » et agit « à l'encontre » de l'impétrant qualifié de « défendeur ». C'est donc la forme d'un procès [142].

À monsieur, monsieur le sénéchal juge civil criminel de police des eaux bois forêts et voyrie de la ville et baronnie de Candé [143]. Supplie humblement Mathurin Houillot originaire de cette ville et y demeurant paroisse Saint-Denis, disant qu'il a plut à monsieur le baron de Candé de lui accorder un mandemant de sergent en cette jurisdiction ; à ces causes il requiert que : ce considéré, monsieur, il vous plaise voir cy attaché ledit mandement ce faisant, recevoir, admettre et installer le suppliant en l'office de sergent dont il s'agist, ce qu'octioyant vous feret justice. À Candé le quinze avril mil sept cent quatre vingt quatre. [Signé : Houillot [144].]

Veut la requête, soit communiqué au procureur fiscal à Candé le quinze avril mil sept cent quatre vingt quatre. [Signé : Charlery, juge.]

Vu la requeste ci-dessus, signée Houillot, répondue d'une ordonnance de raison communiquée de ce jour et la commission de sergent de cette jurisdictions accordée au suppliant par le seigneur baron de Candé ; dujourdhui, je requiers qu'avant de faire droit, il soit informé à ma requête des vie, mœurs et religion dudit Houillot pour, après l'information, être par moi requis et par monsieur

146. Extraits tirés des pages 2 (introduction) 18-27 (2e section) et 31 (conclusion). L'auteur, André-Jean-Baptiste (1751-1794) est à ne pas confondre avec celui du *Code rural*… publié en 1749-1752 par Antoine-Gaspard Boucher-d'Argis (1708-1791). Les années 1788-1790 ont vu la publication de plusieurs brochures d'audience nationale et probablement de nombreuses brochures provinciales.

147. La brochure anonyme *De l'Administration de la justice dans les campagnes*… (sans lieu, sans date et sans auteur) et le *Cahier*… de Boucher d'Argis sont d'accord pour garantir aux seigneurs la possession de leur justice : « Quoi

le sénéchal ordonné ce qui appartiendra. À Candé, le quinze avril mil sept cent quatre vingt quatre. [Signé : Ragaru, procureur fiscal de Candé.]

Veu les conclusions du procureur fiscal, nous ordonnons que provisoirement à sa requête il sera informé des religion, vie et mœurs dudit Houillot, pour passé de cette information être par nous fait et statué ce qui appartiendra. Donné à Candé par nous juge de la baronnie dudit lieu le seize avril mil sept cent quatre vingt quatre. [Signé : Charlery.]

Information et audition de témoins faite à Candé en notre hôtel par nous René François Charlery sénéchal seul juge ordinaire civil, criminel, de police, voirie, des eaux, bois et forêts, de la ville et baronnie de Candé, ayant avec nous Me Antoine Potel notre greffier ord[inai]re, à la requeste de Me Guillaume Ragaru procureur fiscal de cette baronnie dem[andeur] à l'encontre de Mathurin Houillot deff[endeur], à laquelle a été vacqué comme s'ensuit.

Du dix sept avril mil sept cent quatre vingt quatre. Me François Guichard prestre vicaire de la paroisse Saint-Denis de cette ville y dem[eurant] témoins à nous produite et appellé à la requeste du dem[andeur] par exploit dudit Guérin dont il nous a représenté copie. Duquel le serment pris ayant la main sur la poitrine, a promis et juré de dire la vérité, a déclaré estre âgé de cinquante an ou environ, lecture à luy faite des conclusions du dem[andeur] a dit connoistre le dem[andeur] ainsy que le deff[endeur], n'estre leur parent, allié, ny domestiques. Enquis, dépose connoistre ledit Houillot deff[endeur] pour honneste homme, qu'il n'a pas connoissance que sa conduite soit reprochable et qu'il rempli ses devoirs de crétien, profesant la religion catolique apostolique et romaine. Et c'est tout ce que le déposant a dit scavoir. Lecture à luy faite de sa déposition, a dit qu'elle est véritable, qu'il y persiste, a refusé taxe et a signé. [Signé : Guichard, chapelain vicaire de Candé, Potel, Charlery.]

Le s[ieu]r Alexandre Petit m[aîtr]e perruquier en cette ville, y dem[euran]t, témoins à nous produit et appellé à la requeste dudit dem[andeur] par exploit dudit Guérin, dont il nous a représenté copie. Duquel le serment pris, ayant la main levée devant nous, a promis et juré de dire vérité, a dit estre âgé de cinquante cinq ans ou environ. Lecture à luy faite de la requeste dudit deff[endeur] et des conclusions du dem[andeur] a dit les connoistre, n'estre leur parent, allié, serviteur, ny domestique. Enquis, dépose connoistre ledit Houillot pour honneste homme. Lecture faite de sa déposition, a dit qu'elle est véritable, qu'il y persiste sans vouloir y ajouter ny diminuer, a refusé taxe et a signé. [Signé : Petit, Potel, Charlery.]

Soit la présente information communiquée au procureur fiscal. Arresté audit Candé par nous sénéchal juge susdit et sousigné, lesdits jours et an que de l'autre part. [Signé : Charlery.]

Vu la commission de sergent de cette baronnie accordée au sieur Mathurin Houillot par le seigneur baron de Candé, du quatorze [de] ce présent mois; la requeste du suppliant, répondue d'ordonnance de monsieur le sénéchal de me soit communiqué étant au pied [de la requête] du quinze; mes conclusions du même jour tendantes à ce qu'il soit informé à ma requête de vie et mœurs et religion dudit Houillot; l'exploit à témoins du sieur Guérin huissier royal du dix sept; l'information du même jour, avec l'ordonnance de me soit communiqué; le tout vu et considéré, je n'ai moyen d'empêcher que le dit Houillot ne soit reçu à la place de sergent de cette baronnie, en prêtant néanmoins devant monsieur le sénéchal le serment ordinaire accoustumé de servir et fidellement comporter au fait de la dite place, à la charge de faire registrer lesdites provisions au greffe de cette baronnie, pour y avoir recours en cas de besoin. Fait et arrêté à Candé le dix neuf avril mil sept cent quatre vingt quatre par moi Guillaume Ragaru, licencié ès loix, avocat et procureur fiscal des sénéchaussée, ville et baronnie de Candé, ancienne baronnie d'Anjou. [Signé : Ragaru.]

Veu par nous René François Charlery sénéchal juge ordinaire civil criminel des eaux, bois forêts, police et voierie de la ville et baronnie de Candé, la requête à nous présentée par Maturin Houillot tendant à être receu en l'office de sergent de cette baronnie en conséquence du brevet à luy octroïé par le seign[eu]r d'icelle; répondue de notre ordonnance de soit communiqué au procureur fiscal du quinze de ce mois; les conclusions du procureur du même jour tendantes à ce qu'à sa requête il soit informé des vie, mœurs et religion dudit Houillot; l'exploit à témoin fait par Guérin, sergent, le dix sept suivant, controllé en cette ville le mesme jour par Marquis;

qu'on en dise, ces justices sont une propriété » (*De L'Administration...*, p. 9) mais la brochure développe les conditions et arguments qui pourraient conduire à retirer cette propriété aux seigneurs.

l'information des vie et mœurs et religion dudit Houillot, faitte devant nous le mesme jour dix sept de ce mois; les conclusions définitives du procureur fiscal du dix neuf; le tout veu et considéré, serment pris dudit Houillot d'observer les ordonnances du roi, les règlemens de la cour de parlement, et de se bien et fidellement comporter au fait de sa commission dudit office, nous l'y avons receu sous les deffenses expresses que lui faisons de faire aucune saisie, exécution et vente de meubles appartenants à des mineurs non pourvus de tuteur, à la requête des collecteurs soit du sel ou de la taille, à peine de destitution. Donné à Candé par nous, juge susdit et soussigné, le vingt avril mil sept cent quatre vingt quatre. [Signé : Charlery.]

1785
« L'affaire des placards » d'Argenteuil…

Olivier JOUNEAUX

Source : Archives départementales de Val-d'Oise, B 208, greffe d'Argenteuil[145]. Cette « affaire des placards » est insérée dans son contexte et commentée dans la thèse. Les rieurs n'ont pas été identifiés du fait de l'affichage nocturne, de la contrefaçon de leur écriture et d'un silence complice… On ne peut dire s'il s'agissait de plaideurs déçus, d'autres officiers (il y a de nombreuses dissensions internes dans la basoche locale…) ou d'habitants du bourg d'Argenteuil excédés par les grands airs des personnages brocardés… Sont publiés ci-dessous l'un des placards et la « remontrance » du procureur fiscal suivie par la permission d'informer.

Aujourd'hui il fait bon plaider le barraux est bien orné. Le bailly et Masson sont deux fripons. L'un commet le crime et l'autre achète le jugement pour avoir droit. Ce petit gautier élève de garelle sont deux escros sans pareil. Liennard est un faussaire je crois. Pour les bien nommé c'est la bande à pouillayé. Veux t-on s'amusé aujourd'huy pour en entendre le récit, il faut voir ce petit bré et liré comme il ce font rire de ce plaidoyer, David le Marchand drab voulut avec ces gros pouce ce mesler de pauvre bêste de tes confrerre tu es badin tous les trois ferais mieux de resté chacun chez eux.

À Monsieur le Bailly d'Argenteuil ou Monsieur le lieutenant. Vous remonstre le Procureur fiscal, qu'il lui a été remis aujourd'hui deux placards injurieux aux officiers de justice de ce bailliage, et à plusieurs habitans de ce lieu, lesquels placards ont été trouvés affichés hier matin en ce dit lieu rue des vaches, et en la grande rue de ce lieu à la porte du nommé Regnard épicier au coin de la dite rue des vaches. L'un de ces placards commence par ces mots : *Argenteuil, aujourd'hui il fait bon plaider* et finit par ceux ci, *tous les trois ferais mieux de resté chacun chez eux.* Et l'autre placard commence par ces mots : *Argenteuil il fait bon plaider* et finit par ceux ci *Et celui ci par les habits.* Il est intéressant pour le bon ordre de connoitre les auteurs de ces libelles diffamatoires, dont le caractère d'écriture quoi que contrefait parroit être de deux mains diférentes, affin de faire prononcer contr'eux les peines auxquelles les ordonnances les condamnent. Pourquoi le dit procureur fiscal requiert qu'il vous plaise Monsieur luy donner acte de la plainte qu'il rend à justice desdits faits, circonstances et dépendances et lui permettre d'en faire informer, pour connoître les auteurs de ces libelles joints au présent réquisitoire, tant en administrant témoins, que par comparaison d'écritures, même d'obtenir et faire publier monitoire aux termes de droit pour avoir révélation de ceux qui ont fabriqué les dits libelles diffamatoires et qui les ont affichés ou qui peuvent y avoir co-opéré en façon quelconques, pour ladite information faite et à lui communiquée estre par lui pris telles conclusions qu'il appartiendra. [Signé : Lecauchois et

148. La 3e partie « Des abus qui concernent les Huissiers… » est intéressante à rapprocher de la section « Une crise de confiance encore plus sensible au niveau des officiers subalternes » de la communication de Philippe JARNOUX, « Le personnel des justices seigneuriales en Basse Bretagne… ».

149. Boucher d'Argis avait publié en 1788 : *De la bienfaisance de l'ordre judiciaire…* où il demandait que l'on donnât des défenseurs gratuits aux pauvres.

Guide bibliographique.
Justice seigneuriale et justice de proximité en France de la fin du Moyen Âge au début du XIXᵉ siècle

Laetitia CORNU, Antoine FOLLAIN *et alii*

Docteur en histoire, université Lyon II /

Maître de conférences d'histoire moderne, université d'Angers, Maison des sciences humaines

Cette dernière section des *Justices de village...* est – après le rapport problématique, les contributions et les sources – la 4ᵉ pièce mise à disposition des chercheurs [1]. Nos lecteurs sauront sur quoi ils peuvent compter et en quelles régions, sur quelles périodes et sur quelles problématiques il est envisageable ou prioritaire de travailler.

Analyse de la bibliographie

La plus ancienne référence découle d'un concours lancé par la Société des Études historiques pour le Prix Raymond, sur le sujet « L'État et le fonctionnement des justices seigneuriales à la fin de l'Ancien Régime d'après les documents d'archives ». Le livre de Combier sur les justices du Vermandois (région de Saint-Quentin) est l'édition de l'inavoué 1ᵉʳ prix d'un concours qui ne reçut que... deux mémoires. Le second était sur la Basse-Bourgogne et d'un certain « Mauvezin, professeur au collège d'Auxerre ». Les « œuvres [étaient] d'assez égal mérite pour que la Société ait pu les couronner toutes deux » (le moyen de faire autrement?) mais « l'un néanmoins l'emportait par une telle richesse documentaire et une si grande variété d'informations » qu'il fut seul édité. Si Combier ne fut pas le seul candidat, il fut le plus *sérieux*... et le plus avantagé par l'avance prise lors de précédentes recherches [2].

1. Nous avons écarté une quantité de petits articles fondés sur une seule description (la prison par exemple), sur un thème à la mode pendant quelques années (les procès d'animaux par exemple) ou sur une seule procédure attirant l'attention par son aspect sanguinaire ou pittoresque. Les titres sont rarement neutres (« Une sentence de la justice de... ») et plus souvent journalistiques (« Crime sanglant à... »). Parmi les avertissements, signalons qu'il est vain de chercher la suite de la thèse d'histoire du droit de l'université de Paris (1927) d'Antoine HAJJE, *Histoire de la justice seigneuriale en France : Les origines romaines. I.-La justice privée dans les domaines des empereurs...* car l'auteur ne l'a jamais donnée. Bien d'autres livres ont été écartés au profit par exemple de maîtrises, certes difficiles à se procurer, mais qui constituent une part importante de l'élan donné *en certaines universités* à la recherche sur la justice seigneuriale. Nous espérons évidemment que l'effort sera amplifié par l'édition des *Justices de village...*
2. *Infra* sa notice bibliographique. Les informations sur Mauvezin viennent de l'introduction de Jacques Flach au livre de Combier, p. XI. Nous n'avons trouvé aucune trace du mémoire de Mauvezin (ni dans les divers dépôts d'archives bourguignons ni auprès des sociétés savantes) et il n'est cité dans aucune bibliographie, ni générale, ni bourguignonne (il est vrai que Pierre de Saint Jacob *snobe* également Combier qui a pourtant ouvert la voie), ni spécialisée dans la justice. Nous avons poussé la recherche jusqu'à repérer deux autres publications probablement liées. Une minuscule

Une bibliographie déséquilibrée

L'analyse de la bibliographie dépend évidemment des contours que nous lui avons donnés : s'agit-il des titres qui portent *sur* la justice seigneuriale, son organisation, son fonctionnement, son activité ? Des travaux qui *utilisent* des archives des justices seigneuriales ? Tels thèmes d'après les archives de telles juridictions. S'agit-il des titres qui sont fondés *entre autres* sur des archives de justices seigneuriales mais qui n'en font pas une source privilégiée ? Ou encore des travaux qui comportent une interrogation sur une éventuelle spécificité de la régulation des conflits par la justice seigneuriale ? Enfin, quelle place accorder à l'autorégulation des conflits et aux provinces où les communautés sont « seigneur d'elle-même » ?

Ce problème mis de côté, les titres recensés font apparaître que l'histoire sociale fait pâle figure face aux historiens du droit et des institutions. De plus, beaucoup d'études portent plutôt sur la seigneurie dans son ensemble. Ce n'est pas que nous tenions à séparer radicalement la justice des autres aspects de la seigneurie, mais dans les ouvrages et articles en question, la police et la justice sont toujours traités comme un aspect très secondaire. On y trouve des passages sur l'organisation judiciaire, l'administration locale et la procédure civile et criminelle propres (surtout) aux hautes justices, mais l'essentiel concerne les prélèvements et la contrainte économique que faisait peser la seigneurie sur la production agricole. Si nous centrons nos réflexions sur les titres explicitement judiciaires, un deuxième caractère apparaît : l'intérêt disproportionné pour la criminalité et les interrogations contemporaines projetées sur le passé[3]. L'inventaire des thèses atteste de plusieurs autres déséquilibres[4].

Le renouvellement de l'intérêt est manifeste depuis les années 1990. La justice seigneuriale semble avoir basculé du côté de l'histoire sociale, mais seulement grâce aux thèses américaines[5]. Ce renouvellement est maintenant prolongé par six thèses françaises en cours[6]. Si les thèses d'histoire du droit paraissent de facture classique au vu de leur titre (*Organisation et fonctionnement d'une justice seigneuriale en marches communes*, François-Xavier Brochard) et si, en histoire sociale, *La justice seigneuriale dans le Forez* ne dit rien des intentions du doctorant (Valérie Rousson), un titre comme *Modes de vie, sensibilités, comportements et mentalités* annonce de la part de Cyrille Bon un projet plus anthropologique et probablement bénéficiaire de l'effort collectif de recherche coordonné par Benoît Garnot.

étude sur deux justices ardennaises : s. n., *Les Basses justices de Chooz et de Yoncq*, s. l., s. n., 1896 (Chooz : Ardennes, ar. Charleville-Mézières, c. Givet, et Yoncq : ar. Sedan, c. Mouzon) et le mémoire de Gaston Gauthier qui donna lieu à une publication un peu plus consistante : *Les Registres de deux basses justices seigneuriales...*, 1897.

3. Exemple : le travail d'Aline Paupe sur les « délits de la chair... » (1998) fort intéressant en lui-même (et c'est pourquoi nous le citons) mais qui accorde à l'extraordinaire que pouvait être une certaine « déviance sexuelle » une place qui correspond aux interrogations de notre époque, mais que nous donnerions plutôt à l'ordinaire « divagation des bestiaux ».
4. Nous avons hésité à mettre dans cette liste la thèse de Jean Guilmain (histoire du droit, 1937) qui n'est qu'une étude de la procédure (finalement écartée) et aussi la thèse de Jean Bouessel du Bourg (histoire du droit, 1984) qui porte sur la justice seigneuriale mais qui est également très juridique (référence finalement conservée).
5. Leurs auteurs ne partagent guère les sentiments des historiens français quant à la seigneurie et la Révolution. L'un des docteurs américains définit même sa thèse comme « révisionniste » vis-à-vis de la justice seigneuriale sans probablement mesurer à quel point l'emploi du mot est maladroit. Disons que les Américains se sont demandés (comme nous le faisons *supra* dans le rapport introductif et de synthèse) si la justice seigneuriale avait objectivement une utilité et fonctionnait de manière raisonnablement efficace.
6. Une 7e thèse de l'université Paris IV (Véronique Imbert, *Justice seigneuriale et vie rurale à la fin du Moyen Âge...*) est probablement abandonnée (sujet déposé en 1989).

Année	Discipline	Auteur	Géographie	Chronologie
1902	Histoire du droit	André Giffard	Bretagne	1661-1791
1919	Histoire du droit	René de la Proyart de Baillescourt	Nord-Cambrésis	Moyen Âge
1933	Histoire du droit	Pierre Lemercier	Île-de-France	1580-1789
1942	Histoire du droit	Jacques-Henry Bataillon	Île-de-France	XVIIIe siècle
1966	Histoire du droit	Pierre Villard	Marche (Creuse et Haute-Vienne)	XVIIIe siècle
1984	Histoire du droit	Jean Bouessel du Bourg	Bretagne	1700-1789
1994	Histoire	Olivier Jouneaux	Île-de-France	XVIIe et XVIIIe siècles
1995	Histoire du droit	Patrice Teyssier	Velay, Vivarais et Gévaudan	XVIIIe siècle
1996	Ph. D. Histoire	Anthony James Crubaugh [7]	Aunis-Saintonge	1750-1800
1997	Ph. D. Histoire	Zoé Schneider [8]	Haute-Normandie	1670-1740
2001	Ph. D. Histoire	Jeremy Hayhoe	Bourgogne du nord	1750-1790

Thèses soutenues.

Sujet déposé en…	Discipline	Auteur	Géographie	Chronologie
1994, université de Dijon	Histoire	Lionel Vinour	Duché de Bourgogne	XVe siècle
1995, université Toulouse I	Histoire du droit	Viviane Genot [9]	Auvergne	XVIIIe siècle
1998, université de Nantes	Histoire du droit	François-Xavier Brochard	Entre Bretagne et Poitou [10]	XVIIIe siècle
2001, université de Saint-Étienne	Histoire	Valérie Rousson	Forez	XVIIIe siècle
2001, université de Dijon	Histoire	Cyrille Bon	Bourgogne	XVIIIe siècle
2002, université d'Angers	Histoire	Isabelle Mathieu	Maine et Anjou	XVe siècle

Thèses en cours.

La bibliographie complète confirme les déséquilibres et n'atteste pas d'une production historique vraiment intense en histoire moderne. La question chronologique reste posée, y compris pour les nouvelles thèses, c'est-à-dire l'absence des XVIe et XVIIe siècles. Il serait pourtant plus intéressant d'étudier *le siècle de Loyseau.* Le siècle des Lumières et du triomphe de la justice royale est certes plus riche en archives, mais nous avons probablement moins à y trouver. Quant aux recherches médiévales, elles se distinguent par leur rareté. Bernard Guénée avait magistralement ouvert la voie, avec son étude sur le bailliage de Senlis (1963), mais il n'a été que peu suivi. De l'aveu des participants au

7. L'auteur est très critique sur le fonctionnement de la justice seigneuriale et de la justice en général qui aurait été incapable de répondre aux attentes de la population. D'où l'importance de la dimension chronologique de ses travaux (a/c de 1750). En effet, ne serait-ce pas l'intégration à la justice royale qui aurait paralysé la justice seigneuriale en alourdissant la procédure ? Sa thèse est que la justice de paix est venue *servir* les populations *et* réaliser une vieille ambition de l'État : pénétrer les sociétés rurales. Comme souvent pour les travaux américains, ceux de Crubaugh sont *quasi* inconnus en France. Or la contribution de Jeremy Hayhoe à nos *Justices de village…* atteste de l'intérêt de leur apport à notre histoire nationale.
8. *Idem.* Nous réservons pour une autre publication l'analyse des travaux de Zoé Schneider.
9. La soutenance devrait intervenir fin 2002.
10. Il s'agit précisément des « Marches communes » des deux provinces.

colloque, la difficulté de lecture des registres de « basse justice » serait à l'origine du désamour des médiévistes pour ces questions. Nous croyons plutôt qu'il s'agit de l'absence d'une dynamique de recherche portant sur ces questions – d'où l'importance des références de Laetitia Cornu aux travaux britanniques.

Historiens du droit et de la société : deux pratiques professionnelles...

La bibliographie montre des différences de pratiques entre les historiens du droit et des institutions et leurs collègues des Facultés des lettres et sciences humaines. Les premiers n'apparaissent souvent qu'une fois dans la bibliographie, y compris pour leur thèse qui n'est ni déclinée en articles de dimensions assez respectables pour être signalés, ni approfondie. Les carrières les invitent en effet à diversifier leurs thèmes et à travailler indifféremment sur le Moyen Âge, l'époque moderne et le droit contemporain. Les recherches entreprises par les juristes dans les fonds des justices seigneuriales ont toujours tourné court. Les historiens de la société, tout au contraire, déclinent et approfondissent. Autre différence : il arrive que les historiens du droit présentent dans des congrès des communications qui ne sont pas vraiment publiées[11]. La transmission se fait de l'orateur aux seuls auditeurs du lieu et du moment. Il n'en reste que des titres de communication, que nous n'avons pas jugé utile de référencer. C'est l'inverse pour les historiens de la société dont les communications à des colloques donnent systématiquement lieu à des publications conséquentes.

... et parfois deux conceptions de l'Histoire

Les historiens du droit ont une approche qui peut nous surprendre et que nous avons trouvé exposée assez clairement par Jean Hilaire à propos du thème « Vers une justice de proximité[12] ? ». Il s'agissait de son introduction aux Journées régionales d'histoire de la justice tenues à Poitiers en novembre 1997 :

> « Des thèmes de ce genre replacent l'histoire au centre des questions que pose la justice de proximité, ne serait-ce déjà que pour fournir des repères au moment de définir un concept. Il s'agit en effet d'étudier des types de juridictions ou des expériences de justice qui tendent vers un service plus proche, plus rapide, et en conséquence supposé moins onéreux. De telles études permettent encore d'apporter de ces différentes formes de justice une évaluation dépassionnée à partir de cette question : s'il y a eu une justice de proximité quelles en ont été l'étendue et l'efficacité en fonction du mode de vie ? En définitive peut-elle être considérée comme une panacée ? [...] *Devant cette perspective d'éclairer systématiquement le présent* une interrogation s'impose : n'est-ce pas trop demander à l'Histoire ? A-t-elle les moyens de cette ambition ? Cela met en cause implicitement la documentation et la méthode[13]... »

Pas de réserves sur ces deux points. Nous avons par contre jugé utile de mettre en italiques un passage qui annonce ce que Jean Hilaire dit plus fermement dans la suite :

11. Exemple : la communication donnée par M. Duval aux Journées d'histoire du droit de 1959 à Nantes, sur le thème « Des inféodations de moyenne justice dans l'Ouest de la France au XVIe siècle », réduite à une page et demi dans la *Revue d'histoire du droit* (1960, n° 3).
12. *Journées régionales d'histoire de la justice...*, 1999. Le recueil comprend un 2e thème « La justice en Poitou ». Sur les 20 communications, 6 recoupent nos préoccupations.
13. HILAIRE, « La recherche dans les sciences juridiques et la justice de proximité », 1999, p. 11-13.

> « On ne peut en effet aboutir à une synthèse valable qu'à partir de nombreux sondages, d'un grand nombre d'études très détaillées et cela même pour les juridictions modestes puisque celles-ci relèvent précisément du concept de justice de proximité. *En revanche, les travaux de synthèse devraient être utilisables systématiquement dans une perspective contemporaine en rapport avec les questions que pose la justice de notre temps. Ils devraient présenter une histoire que j'appellerai verticale, partant du droit contemporain et remontant aussi haut qu'il est nécessaire pour éclairer le présent*[14]. »

Notre ambition n'est pas d'être « utilisables systématiquement dans une perspective contemporaine » et si nous n'avons fait aucune concession sur le plan scientifique, nous avons beaucoup de modestie quant à l'utilité sociale des actes du colloque *Les Justices de village*... Nous avons par contre suivi nos collègues juristes en incluant dans notre bibliographie quelques titres très contemporains mais très utiles à la compréhension du monde judiciaire. Leur propre pratique de l'histoire est également précieuse par son nivellement de la durée. Ainsi, ils savent mieux que les historiens de la société, dont l'objet d'étude est tronçonné en périodes, que la justice d'État a *toujours* été promise à la réforme puisqu'incapable de se conformer à la représentation que l'on a d'elle. Les raisons ont *toujours* été les mêmes : les garanties, le coût, la lenteur et l'éloignement. Les garanties, par exemple, sont données aux justiciables par la procédure et par le droit. Or plus la procédure est scrupuleuse et plus la justice est lente. Donner aux justiciables la proximité en même temps que les garanties rend le coût du système exorbitant. Ainsi le système judiciaire ne peut-il que chercher un équilibre. Dans le contexte actuel, où le pouvoir et les juges pensent nécessaire d'engager une réforme de la justice qui consisterait, entre autres, à réinstituer une justice de proximité, les historiens du droit sont de plus en plus présents. Leurs interrogations portent d'abord sur la justice de paix aux XIXe-XXe siècles, mais la Révolution les intéresse par son expérience de justice sans procédure et l'Ancien Régime par le fonctionnement de la justice seigneuriale et par les formes d'arrangements et d'arbitrages. Il s'agit en effet de comprendre ce qui est conjoncturel dans les insuffisances de la justice au XXIe siècle et ce qui tient à la nature même de la justice. L'histoire est pour nos collègues un laboratoire expérimental qui les met en situation d'observer une vraie justice de proximité et de mesurer son étendue, son efficacité, ses contraintes et son efficience, modulés par l'analyse du contexte.

Les prolongements dans le XIXe siècle

Les titres des années 1800 et surtout ceux relatifs à la Révolution et au XIXe siècle concernent surtout les justices de paix. Nous considérons que leurs archives sont révélatrices d'une conflictualité en partie occultée sous l'Ancien Régime. De plus, le personnel de ce que nous pourrions appeler les *Justices de canton* a un rapport direct avec celui des *Justices de village* car il est issu, en partie, de la justice seigneuriale. L'élection des juges des seigneurs – ou au moins l'absence de contestation à leur égard – a pu confirmer la bonne opinion des populations. Dans le cas contraire, il s'agissait peut-être d'une sanction formulée contre leur activité passée. Nous avons repéré plus de 500 publications du XIXe siècle relatives aux « usages locaux », des simples recueils des

14. *Ibid.* La distinction entre les études de cas et les synthèses fait, par exemple, qu'il y a peu de différences entre les contributions de Serge Dontenwill et d'Éric Gasparini, conçues dans le même esprit. C'est bel et bien au niveau des synthèses que divergent les historiens de la société et du droit. Jean Hilaire concluait son intervention par ce rappel : « S'il est un domaine où chaque époque aborde l'histoire en relation avec ses propres problèmes c'est bien celui de la justice. »

commissions cantonales aux ouvrages de juristes [15]. Il n'était pas dans nos intentions de les donner ici. N'ont été retenus que des ouvrages jugés (arbitrairement ?) les plus utiles.

Sources imprimées

Les grandes références sont connues des spécialistes et fréquemment citées. Il s'agit, par ordre alphabétique des auteurs, des *Œuvres de maître Jean Bacquet...* (1re éd. 1608) où l'on trouve son *Traicté des droits de Justice, haute moyenne et basse*, jamais édité à part ; du *Code rural ou Maximes et réglements concernant les biens de campagne, notamment les Fiefs, Franc-aleux, Censives, Droits de justice... les Bannalités, Corvées, la Taille royale et seigneuriale, les Dixmes ecclésiastiques et inféodées, les Baux... l'Exploitation des terres... par Antoine-Gaspard Boucher d'Argis* (nouvelle édition « revue, corrigée et augmentée », 1774) ; du *Nouveau coutumier général, ou corps des coutumes generales et particulieres de France... mis en ordre par Charles A. Bourdot de Richebourg* (1724) ; du *Traité des droits seigneuriaux et des matières féodales, par M. François de Boutaric* (1re éd. 1745) ; du *Traité de la police... par M. Delamare* (1719) avec une *Continuation...* (1738) ; de la *Collection de décisions nouvelles et de notions relatives à la jurisprudence présente, par Me Jean-Baptiste Denisart...*, (1re éd. 1754-1756) ; de l'*Introduction à la pratique, contenant l'explication des principaux termes de pratique et de coutume, avec les jurisdictions de France... par M. Claude de Ferrière...* (1679) ; de la *Nouvelle institution coutumière qui contient les règles de tout le droit coutumier... par M. Claude de Ferrière* (1692-1702) ; du *Traité des fiefs, suivant les coutumes de France et l'usage des provinces de droit écrit, par maître Claude de Ferrière...* (1680) ; du *Dictionnaire de droit et de pratique... par Claude-Joseph de Ferrière...* (1740-1755) ; du *Dictionnaire ou traité de la police générale des villes, bourgs, paroisses et seigneuries de la campagne, ... par Me Edme de La Poix de Fréminville* (1758) ; du *Traité général du gouvernement des biens et affaires des communautés d'habitans des villes, bourgs, villages et paroisses du royaume... par Me Edme de La Poix de Fréminville* (1760) ; du *Répertoire universel et raisonné de jurisprudence civile, criminelle, canonique et bénéficiale... mis en ordre et publié par M. Guyot...* (1775-1783) ; du *Code des seigneurs hauts justiciers et féodaux ou Maximes concernant les fiefs et droits féodaux, les justices seigneuriales et les droits qui appartiennent aux seigneurs à cause de leur justice en pays coutumier par Me Jean Henriquez* (1780) ; du *Traité des justices de seigneur et des droits en dépendants, conformément à la jurisprudence actuelle des différents tribunaux du royaume, suivi des pièces justificatives qui ont trait à la matière, par Jacquet, avocat au Parlement de Paris* (1764) ; du *Traité de la jurisdiction des présidiaux, tant en matière civile que criminelle, avec un recueil chronologique des principaux édits, ordonnances... concernant les présidiaux, par M*** [Daniel Jousse] *conseiller au présidial d'Orléans* (1757) ; du *Traité du gouvernement spirituel et temporel des paroisses... par M. Jousse* (1769) ; des œuvres de Charles Loyseau [16] ; et du *Traité historique et pratique des droits seigneuriaux... par Me Joseph Renauldon* (1765).

À ce corps des études juridiques nous pouvons ajouter des œuvres de circonstance, les « avis » donnés en 1788-1790 sur la réforme de la justice dont la lecture pourrait se faire en parallèle avec celle des cahiers de doléances [17] : l'anonyme *De l'Administration*

15. Comme celui d'Arthur Bailly, juge de paix et membre du Comité de jurisprudence de la *Revue des justices de paix*, sur les *Usages locaux suivis comme loi* [*sic*] *dans les quatre cantons de Reims précédés de l'explication des notions juridiques qui s'y rapportent*, Reims, imprimerie Henri Matot fils, 1925, 103 p.
16. *Supra* François Brizay et Véronique Sarrazin, « Le Discours de l'abus... ».
17. *Supra* « Les condamnations de 1789 » dans notre rapport de synthèse. Les éditions de cahiers ont été recensées dans : Moriceau, *La Terre et les Paysans...*, 1999a, p. 48-55.

de la justice dans les campagnes..., s. l. n. d. (1790 ?) ; le *Cahier d'un magistrat du Châtelet de Paris, sur les justices seigneuriales et l'administration de la justice dans les campagnes* (par André-Jean-Baptiste Boucher d'Argis, en 1789) ; les *Réflexions sur l'administration de la justice, sur la formation de tribunaux ordinaires et municipaux, afin de rendre la justice gratuite, et d'éviter les abus qui règnent spécialement dans les justices seigneuriales, par M. Challan* (1789) ; les *Idées sur l'administration de la justice dans les petites villes et bourgs de France, pour déterminer la suppression des jurisdictions seigneuriales, par M. Fouquau de Pussy* (1789) ; le *Projet de décret concernant les droits supprimés sans indemnité et les justices seigneuriales aliénés au nom de l'Etat présenté à l'Assemblée Nationale au nom des Comités des Domaines et de Féodalités, réunies par* [Alexis François] *Pison du Galland* (1791) ; et l'*Opinion présentée au Comité des Droits Féodaux, sur l'abolition des justices seigneuriales et des droits qui en dérivaient, par M.* [René Louis Marie] *Vieillart, député du bailliage de Rheims* (1790) ; sans prétendre clore la liste.

Colloques et ouvrages collectifs

Nous avons distingué trois sections. La première est la plus sélective car nous avons craint de nous égarer dans l'histoire des doctrines politiques et juridiques et dans l'histoire institutionnelle. Pour une histoire générale de l'État moderne (a/c du XIVe siècle, ou seulement du XVIe ?) voir les manuels et les ouvrages rattachés aux questions des concours « La France de Louis XIV » (1979-1980) et « Les monarchies espagnole et française du milieu du XVIe siècle à 1714 » (2000-2002) ainsi que la bibliographie *quasi officielle* publiée dans *Historiens et géographes*[18]. La deuxième correspond à l'orientation majeure de l'histoire de la justice et la dernière à l'orientation donnée au colloque d'Angers. La répartition des colloques de Dijon (cités ou ignorés) pourrait être contestée.

Histoire de l'État et des institutions judiciaires, gens de justice

Guide des recherches dans les fonds judiciaires de l'Ancien Régime conservés aux Archives nationales, par Henri-François BUFFET, *Michel* ANTOINE, *Suzanne* CLÉMENCE, *Ferriol de* FERRY, *et alii*, Paris, Imprimerie nationale, 1958, 417 p.

Genèse de l'État moderne, Prélèvement et Redistribution, Actes du colloque de Fontevraud, 1984, Paris, éd. du CNRS, 1987, 250 p.

Histoire comparée de l'administration, IVe-XVIIIe siècle. Actes du 14e colloque d'histoire franco-allemand, Tours, 27 mars-1er avril 1977, Zurich, Artémis, 1980, XXXIV-734 p.

Histoire du parquet. Actes du colloque de Paris du 14 mai 1998, édités sous la direction de Jean-Marie CARBASSE, Paris, PUF, 2000, 333 p.[19].

Intermédiaires [Les] économiques, sociaux et culturels au village, colloque ruraliste du 22 mars 1986, in Bulletin du Centre d'histoire économique et sociale de la région lyonnaise, 1986, n° 1-2, 106 p.

Juges, notaires et policiers délinquants, XIVe-XXe siècle, actes. édités par Benoît GARNOT, Dijon, EUD, 1997, 205 p.

État [L'] ou le roi. Les fondations de la modernité monarchique en France, XIVe-XVIIe siècles, actes de la table ronde du 25 mai 1991 à l'École normale supérieure, Paris, textes réunis par Neithard BULST, *Robert* DESCIMON *et Alain* GUERREAU, Paris, Éd. de la Maison des sciences de l'homme, 1996, 174-8 p.

Officiers [Les] « moyens » à l'époque moderne, France, Angleterre, Espagne, Actes du colloque « Les officiers « moyens » à l'époque moderne : pouvoir, culture, identité », Limoges, 1997, édités par Michel CASSAN, Limoges, PULIM, 1998, 400 p.[20].

18. Bibliographie réalisée par Bartolomé Bennassar et Arlette Jouanna, in *Historiens et géographes*, n° 370, mai-juin 2000, p. 115-142, spécialement sur la monarchie française, « les moyens du gouvernement central », « Institutions », « Ouvrages de synthèse », etc., p. 121-124.
19. Bibliographie p. 313-321 ; contrat avec la Mission de recherche Droit et justice.
20. Constitue le « zéro » de la série *Les Officiers « moyens »*. Le « I » a été publié dans le 23e Cahier du CRH (comme le « II »). Sa thématique est hors de notre propos.

Officiers [Les] « moyens » (II), officiers royaux et officiers seigneuriaux, actes de la table ronde des 16-17 mars 2001 organisée par Christophe Blanquie, Michel Cassan et Robert Descimon, in *Cahiers du Centre de recherches historiques*, octobre 2001, n° 27, 199 p.

Parlements [Les] de province. Pouvoirs, justice et société du XVe au XVIIIe siècle. Actes du colloque de Toulouse (1994), édités par Jacques Poumarède et Jack Thomas, Toulouse, Framespa, 1996, 808 p.

Prosopographie des élites françaises XVIe-XXe siècles, par Charle Christophe, Jean Nagle, Marc Perrichet, et alii, Paris, Cnrs, 1980, 178 p.

Prosopographie et genèse de l'État moderne. Actes de la table ronde organisée par le CNRS et l'École normale supérieure de jeunes filles, Paris, 22-23 octobre 1984, édités par Françoise Autrand, Paris, Ens, 1986, 358 p.

Droit, justice et criminalité

Archives [Les] du délit, empreintes de société. Actes du colloque de Paris « Archives judiciaires et histoire sociale », 24-25 mars 1988, édition préparée sous la direction d'Yves-Marie Bercé et Yves Castan, Toulouse, Éditions universitaires du Sud, 1990, 117-3 p.

Confluences des droits savants et des pratiques juridiques. Actes du colloque de Montpellier, 1977, Milan, Giuffrè, 1979, 583 p.

Déviance [De la] à la délinquance, XVe-XXe siècle, sous la direction de Benoît Garnot, Dijon, Eud, 1999, 148 p.

Douze ans de recherches sur l'histoire du crime et de la justice criminelle (1978-1990). Hommage à Yves Castan (Paris, 11-12 janvier 1991, Maison des Sciences de l'Homme), numéro spécial du *Bulletin de l'International Association for the History of Crime and Criminel Justice*, n° 14, 1991, 170 p.

Faute [La], la répression et le pardon, actes du 107e congrès national des Sociétés savantes, Brest, 1982, Section de philologie et d'histoire jusqu'à 1610, Paris, Cths, 1984, 476 p.[21].

Fléchier et les Grands jours d'Auvergne. Actes de la journée d'étude du 3 octobre 1977, Université Blaise-Pascal-Clermont-Ferrand, édités par Emmanuèle Lesne-Jaffro, Tbingen, G. Narr., 2000, 137 p.[22].

Histoire [L'] contemporaine et les usages des archives judiciaires (1800-1939) actes du colloque d'Angers des 11-13 décembre 1997, édités sous la direction de Frédéric Chauvaud et de Jacques-Guy Petit, Paris, Honoré Champion, 1998, 490 p.

« Histoire de la violence », *Revue historique*, n° 606, 1998, p. 237-408[23].

Histoire et criminalité de l'antiquité au XXe siècle : nouvelles approches, actes du colloque de Dijon-Chenôve (3-4-5 octobre 1991), édités par Benoît Garnot et Rosine Fry, Dijon, Eud, 1992, 542 p.

Justice [La] au Moyen Âge : sanction ou impunité ? Communications présentées au colloque du Cuerma [Aix-en-Provence], Marseille, J. Lafitte, 1986, 350 p.[24].

Justice [La] royale et le Parlement de Paris (XIVe-XVIIe), études réunies par Yves-Marie Bercé et Alfred Soman, [table ronde du 6 avril 1994] *in Bibliothèque de l'École des Chartes*, t. 153, juillet-décembre 1995, p. 255-436.

Justice et justiciables, Mélanges Henri Vidal réunis par la Société d'histoire du droit et des institutions des anciens pays de droit écrit, Montpellier, Faculté de droit d'économie et de gestion, 1994, 364 p.

Ordre moral et délinquance de l'antiquité au XXe siècle, actes du colloque de Dijon (1993), édités par Benoît Garnot et Rosine Fry, Dijon, Eud, 1994, 517 p.

Règlement [Le] des conflits au Moyen Âge, actes du 31e congrès de la Société des historiens médiévistes de l'enseignement supérieur public (Angers, juin 2000), Paris, Publications de la Sorbonne, 2001, 396 p.[25].

Settlement [The] of Disputes in Early Medieval Europe, edited by Wendy Davies et Paul Fouracre, London, Cambridge University Press, 1992, 304 p.

Violence [La] dans le monde médiéval, communications présentées au 19e colloque du Cuerma [Aix-en-Provence], *mars 1994, Senefiance*, n° 36, 1994, 602 p.

21. Aborde surtout le grand criminel et fort peu la litigiosité.

22. Voir également *Mémoires de Esprit Fléchier (1632-1710) sur les grands-jours d'Auvergne en 1665, annotés et augmentés d'un appendice par M. Pierre-Adolphe Chéruel, précédés d'une notice par M. Charles-Augustin Sainte-Beuve*, Paris, Hachette, 1856, XLIX-452 p. [reprint : 1962] ; *Mémoires de Fléchier sur les Grands jours d'Auvergne, édition présentée et annotée par Yves-Marie Bercé*, Paris, Mercure de France, 1984, 363 p. [autres éditions avec d'autres commentateurs en 1844, 1930, 1964, 1968, etc.].

23. Articles réunis par Benoît Garnot.

24. Touche peu à notre sujet, lequel est à ras de terre.

25. Les trois quarts des contributions sont très éloignées du XVe siècle et de la France.

Administration et justice de proximité, anthropologie et conflictualité locale

Abolition [L'] de la féodalité dans le monde occidental. Actes du colloque international sur l'abolition de la féodalité et les conditions de sa suppression dans le monde occidental, Toulouse, 12-16 novembre 1968, Paris, Éditions du CNRS, 1971, 2 vol., XIV-946 p.

Argent [L'] des Villages. Comptabilités paroissiales et communales, fiscalité locale du XIIIe au XVIIIe siècle. Actes du colloque d'Angers des 30-31 octobre 1998 édités par Antoine FOLLAIN, Rennes, Association d'histoire des sociétés rurales, 2000, 438 p.

Chronicle [A] of all that happens : voices from the village court in mediaeval England, edited by Olson SHERRI, Toronto, Pontifical Institute of Mediaeval Studies, 1996, 253 p.

Communautés [Les] villageoises en Europe occidentale du Moyen Âge aux Temps Modernes, Quatrièmes Journées internationales d'histoire de l'abbaye de Flaran (1982), Auch, Centre culturel de l'abbaye de Flaran, 1984, 272 p.

Coutume [La] au village dans l'Europe médiévale et moderne. Actes des vingtièmes Journées internationales d'histoire de l'abbaye de Flaran, septembre 1998. Études réunies par Mireille MOUSNIER et Jacques POUMARÈDE, Toulouse, Presses universitaires du Mirail, 2001, 258 p.

France [Une] coutumière, enquête sur les « usages locaux » et leur codification, XIXe-XXe siècles, sous la direction de Louis ASSIER-ANDRIEU, Paris, Éditions du CNRS, 1990, 207 p.[26].

Histoire notariale et actes notariés. Problèmes de méthodologie. Actes de la table ronde du 20 mai 1988, textes présentés par Jean-Luc LAFFONT, Frédéric OGE, et René SOURIAC, Toulouse, Presses universitaires du Mirail, 1989, 176 p.

Infrajudiciaire [L'] du Moyen Âge à l'époque contemporaine, actes du colloque de Dijon (1995) édités par Benoît GARNOT et Rosine FRY, Dijon, EUD, 1996, 477 p.[27].

Journées régionales d'histoire de la justice, Poitiers, 13-15 novembre 1997, Paris, PUF, 1999, 415 p.[28].

Justices [Les] de village, administration et justice locales du XVe siècle à la Révolution, actes du colloque d'Angers des 30-31 octobre 2001 « Justice seigneuriale et régulation sociale », édités par François BRIZAY, Antoine FOLLAIN, et Véronique SARRAZIN, Rennes, PUR, 2002.

Petite [La] délinquance du Moyen Âge à l'époque contemporaine, actes du colloque de Dijon (1997) édités par Benoît GARNOT et Rosine FRY, Dijon, EUD, 1998, 507 p.

Peuple [Le] au siècle des Lumières : échec d'un dressage culturel, Paris, Imago, 1990, 244 p.

Police champêtre et justice de proximité, actes de la table ronde du 2 mai 2001, Annales du Midi, numéro spécial, 2003 (à paraître).

Porter plainte. Stratégies villageoises et institutions judiciaires en Île-de-France (XVIIe-XVIIIe siècles), numéro spécial de *Droit et cultures*, 1990, n° 19, p. 5-148[29].

Statuts [Les] communaux, source d'histoire rurale, édité par Madeleine FERRIÈRES, in Études vauclusiennes, n° LXI-LXII, janvier-décembre 1999, 112 p.

Usages judiciaires et institutions coutumières dans le bailliage de Châtel-sur-Moselle [Vosges] 1430-1723, Nancy, Centre lorrain d'histoire du droit, 1985, 162 p.

Victimes [Les], des oubliées de l'histoire ? Actes du colloque de Dijon (1999) édités par Benoît GARNOT, Rennes, PUR, 2000, 535 p.

Livres et articles

Nous avons limité la place consacrée à l'histoire des doctrines politiques et juridiques et à l'histoire institutionnelle. L'accent mis sur la litigiosité (cf. le rapport de synthèse) nous amène à ignorer la plupart des études criminelles y compris, par exemple, la sorcellerie[30]. Nous n'avons voulu retenir que les auteurs et les publications les plus remar-

26. Projet exposé dans : ASSIER-ANDRIEU Louis, « Une enquête sur la codification des usages locaux et la construction du droit. Chronique de recherche », *Histoire de la Justice*, n° 1, 1988, p. 19-23. Recherche contractuelle avec la Mission Droit et justice. Voir également à ABERDAM.
27. Comprend quatre parties (« L'ampleur… », « Les occasions… », « Les institutions non-judiciaires » et « Les modalités privées ») et à chaque fois des « Débats », p. 129-139, p. 189-194, p. 349-357 et p. 457-464.
28. Journées organisées par l'Association française pour l'histoire de la justice. Derrière ce titre se trouvent deux thèmes (« Justice de proximité » et « Justice en Poitou ») et plusieurs communications intéressant directement la justice seigneuriale.
29. Recueil des travaux de l'équipe constituée autour du professeur Hugues Neveux à l'université de Nanterre. Équipe dispersée après sa retraite et son décès (1998) dont *Porter plainte…* constitue (avec la thèse d'Olivier Jouneaux) le legs méthodologique. Voir à BURRIAT et à JOUNEAUX.
30. Bibliographie sélective dans DIEDLER, « Un procès de sorcellerie… », 1997.

quables et les synthèses[31]. Mais nous constatons une différence entre les études judiciaires médiévales beaucoup plus *criminalistes*[32] et les études des modernistes qui permettent plus facilement de dissocier le *grand* criminel de la petite délinquance. Nous ne donnons pas non plus de bibliographie très complète sur le droit civil[33], la « reproduction familiale[34] », l'exploitation agricole[35] (donc les raisons de se quereller entre voisins) ni sur l'administration locale[36]. Plutôt que de hiérarchiser les titres (ouvrages généraux et aspects particuliers) procéder par discipline (histoire du droit, histoire sociale) ou valoriser les critères scientifiques (thèses, mémoires, et autres publications) nous avons opté pour un référencement alphabétique par auteur. Enfin, si la bibliographie est centrée sur les XVe-XVIIIe siècles, des titres qui remontent plus loin dans le Moyen Âge ont été inclus par Laetitia Cornu et Antoine Follain a ouvert sur le XIXe siècle.

ABERDAM Serge, « Histoire des usages locaux, 1789-1924. Ambiguïtés et guide d'exploitation », *Une France coutumière...*, 1990, p. 43-68 ; « Les usages locaux : en user avec précaution », *Enquêtes rurales*, n° 3, 1997, p. 35-47[37].

ACHARD Auguste [abbé], *Une Ancienne justice seigneuriale en Auvergne. Sugères [Puy-de-Dôme] et ses habitants*, Clermont-Ferrand, éditions de Bussac, 1929, V-295 p.

ALAUZIER [d'] Louis, « Les viguiers de Figeac du début du XIVe siècle au milieu du XVIe siècle », *Bulletin philologique et scientifique du CTHS*, 1963, p. 457-464.

ANTOINE Annie, *Fiefs et villages du Bas-Maine au XVIIIe siècle. Étude de la seigneurie et de la vie rurale*, Mayenne, Éditions régionales de l'Ouest, 1994, 540 p. ; « Justice foncière et contrôle social dans le Maine, l'Anjou et la Bretagne au XVIIIe siècle », *Les Justices de village...*, 2002, p. 269-284.

ARBASSIER Charles, *L'Absolutisme en Bourgogne. L'intendant Bouchu et son action financière d'après sa correspondance inédite (1667-1671)*, Paris, Picard, 1919, 192 p.[38].

ARNAUD-DUC Nicole, « La recherche des débiteurs de l'entretien des enfants abandonnés pendant l'Ancien Régime à Aix-en-Provence, ou comment détourner un texte répressif à ses fins civiles », *L'Infrajudiciaire...*, 1996, p. 165-174.

ASTAING Antoine, « Le contrôle des juges par l'autorité administrative. L'exemple du Bas-Languedoc au XVIIIe siècle », *Recueil de mémoires et travaux publiés par la Société d'histoire du droit et des institutions des anciens pays de droit écrit*, fasc. 17, 1996, p. 193-222.

AUBIN Gérard, *La Seigneurie en Bordelais au XVIIIe siècle d'après la pratique notariale*, Rouen, Publication de l'université de Rouen, 1989, 473 p.[39].

---

31. Pour suivre l'évolution récente des études criminelles, voir à GAUVARD pour l'histoire médiévale, MUCHEMBLED pour les XVIe-XVIIe siècles, et GARNOT pour le XVIIIe siècle.

32. En raison des archives parvenues jusqu'à nous ? Ou parce que la société médiévale et du XVIe siècle était vraiment plus violente ?

33. Voir les *Histoire de la justice...* et *Histoire du droit...* et les éditions de cours de nos collègues des Universités ou Facultés de droit.

34. Des auteurs constituent l'entrée principale dans un secteur de la bibliographie, comme Jean-Paul Poisson (*infra* sa notice) et Jean-Luc Laffont sur le notariat (voir également *Les Actes notariés, source de l'histoire sociale...*, colloque de Strasbourg en 1978, édité en 1979, la table ronde de Toulouse *Histoire sociale et actes notariés...*, éditée en 1989, et les actes de *Notaires, notariat et société...*, colloque de Toulouse, en 1989, édité en 1990). Citons également les noms de Bernard Derouet sur la « reproduction familiale », de Jean-Claude Farcy sur la justice à l'époque contemporaine, ou encore les époux Coquard sur la justice de la paix, spécialement à l'époque révolutionnaire.

35. Sur l'histoire agraire, voir MORICEAU, *La Terre et les Paysans...*, 1999a. Monographies et synthèses régionales, p. 70-97, régime féodal et conflits, p. 129-131 et 134-136, communauté, biens communaux et usages, p. 136-140 et p. 231-235.

36. Sur l'histoire comparée du village, voir FOLLAIN *et alii*, « Guide bibliographique », *L'Argent des Villages*, 2000, p. 377-436. Nous y faisons référence dans plusieurs des notes suivantes.

37. Travaux initiés par : *Aux origines du « Code rural » : 1789-1900, un siècle de débat, mémoire publié par l'Institut national de la recherche agronomique, Laboratoire d'études économiques sur les industries agricoles et alimentaires de Nantes, 1982*, Paris, INRA, 1984, 119 f. (introuvable ailleurs).

38. Thèse d'histoire du droit, université de Strasbourg, 1919-1920.

39. Thèse d'histoire du droit, université Bordeaux I, 1981, 2 vol. de XXVII-958 p. Ne consacre en propre (dans l'édition) à la justice seigneuriale que les pages 171 à 179. On la retrouve dans « Revendications, résistances et conflits »

AUBIN Raoul, *L'Organisation judiciaire d'après les cahiers de 1789*, Paris, Jouve & Cie, 1928, 247 p. [40].

AUDRAN-DELHEZ Christiane, « À la force! S'efforcer d'approcher les archives criminelles des justices seigneuriales en Bretagne (1515-1630) », *La Petite délinquance...*, 1998, p. 19-36.

AUDUTEAU Didier, *La Justice seigneuriale de Berson au XVIIIe siècle*, mémoire de DEA, université Paris II, 1984, 78 p. ; « La justice seigneuriale de Berson », *Les Cahiers du Vitrezais*, n° 42, 1985, p. 159-167 [41].

AUTEXIER Marie-Louise, *Les Droits féodaux et les droits seigneuriaux en Poitou de 1559 à 1789*, Fontenay-le-Comte, Imprimerie Lussaud, 1947, 289 p. [42].

BABEAU Albert, *Le Village sous l'Ancien Régime*, Paris, Didier, 1878, VIII-368 p. ; rééd. Paris, Librairie académique, 1879, 393 p., et 1882, 415 p.

BAGOT Fernand, « Les juridictions seigneuriales dans l'ancien duché de Rohan », *Actes du 86e congrès national des Sociétés savantes, Montpellier, 1961*, in *Bulletin de philologie...*, 1961, p. 465-476.

BALLU Philippe, « Justices seigneuriales et justice de paix : rupture ou continuité? », *Bulletin de la Société archéologique et historique de l'Orléanais*, n° 122, 1999, p. 33-54.

BARBEROUX Gérard, *Vie juridique, économique et sociale d'une communauté de Basse Provence au dernier siècle de l'Ancien Régime* [Allauch], thèse d'histoire du droit, université d'Aix-Marseille, 1970, 667 p.

BARBICHE Bernard, *Les Institutions de la monarchie française à l'époque moderne, XVIe-XVIIIe siècle*, 2e éd. revue et corrigée, Paris, PUF, 2001, 430 p. [43].

BARDET Jean-Pierre, « La société et l'abandon », *Enfance abandonnée et société en Europe, XIVe-XXe siècles. Actes du colloque international de Rome, 30-31 janvier 1987*, Rome, École française de Rome, 1991, p. 5-26.

BAREAU R., *Les Arrêts de règlement du parlement de Bretagne*, Rennes, PUR (à paraître) [44].

BARRAQUÉ Jean-Pierre, *Le Martinet d'Orthez : textes médiévaux inédits. Violence, pactes et pouvoir judiciaire en Béarn à la fin du Moyen Âge*, Biarritz, Atlantica, 1999, 309 p. ; « Du bon usage du pacte : les passeries dans les Pyrénées occidentales à la fin du Moyen Âge », *Revue historique*, n° 614, 2000, p. 307-335.

BART Jean, *La Liberté ou la terre : la mainmorte en Bourgogne au siècle des Lumières*, Dijon, Faculté de droit et de science politique, 1984, 226 p. ; — et CLÈRE Jean-Jacques *et alii*, « La communauté rurale dans le Centre-Est au XVIIIe siècle », *Les Communautés rurales...*, 1984, p. 519-551 [45].

BARTHÉLEMY Dominique, *Les Deux âges de la seigneurie banale : pouvoir et société dans la terre des sires de Coucy. Milieu XIe-milieu XIIe siècle*, Paris, Publications de la Sorbonne, 1984, 598 p.

BASDEVANT-GAUDEMET Brigitte, *Aux origines de l'État moderne, Charles Loyseau, 1564-1627, théoricien de la puissance publique*, Paris, Economica, 1977, IX-306 p. [46].

BASTIER Jean, *La Féodalité au siècle des lumières dans la région de Toulouse (1730-1790)*, Paris, Bibl. Nat., 1975, 312 p. ; « Droits féodaux et révolution agraire en Rouergue à la veille de la Révolution », *Annales du Midi*, n° 163, 1983, p. 261-287 ; « Le Parlement de Toulouse et les justices subalternes au XVIIIe siècle », *Les Parlements de Province...*, 1996, p. 407-423.

BATAILLARD Charles, *Tableau des principaux abus existant dans le monde judiciaire au XVIe siècle*, Paris, Société impériale des antiquaires de France, 1857, 54 p. ; *Les Origines de l'histoire des procureurs et des avoués depuis le Ve siècle jusqu'au XVe*, Paris, Cotillon, 1868, 488 p. ; — et MUSSE Ernest, *Histoire des procureurs et des avoués (1483-1816)*, Paris, Hachette, 1882, 876 p.

BATAILLON Jacques-Henry, *Les Justices seigneuriales du bailliage de Pontoise à la fin de l'Ancien Régime*, Paris, Librairie du recueil Sirey, 1942, 202 p. [47].

BATANY Jean, « Punitions, impunités et fonctions sociales : théories morales et récits », *La Justice au Moyen Âge...*, *op. cit.*, p. 43-62.

BAY Céline, *Les Mentalités et les comportements populaires à Arnay-le-Duc à la fin du XVIIIe siècle (d'après la justice seigneuriale, 1750-1790)*, mémoire de maîtrise, université de Dijon, 1998, 153 p.

p. 313-320, et dans « Reprise en main des justices » p. 412-413, mais le thème est l'emprise économique et les sources principales sont les archives notariales et non les sources judiciaires.

40. Thèse d'histoire du droit, université de Paris.
41. En Gironde. Pas de thèse.
42. Thèse d'histoire du droit, université de Poitiers.
43. La plus récente des synthèses institutionnelles, avec celle de CARBASSE, LEYTE, et SOLEIL (*infra* à CARBASSE). Il y a dans les sections « droit » des bibliothèques une dizaine de synthèses écrites par les historiens du droit *et des institutions* mais elles ont pour inconvénient de traiter leur sujet et rien que lui, donc la justice d'État, en ignorant totalement la justice *privée* et toute son activité.
44. Thèse d'histoire du droit, université Rennes I, 2000.
45. Voir également à FORTUNET *et alii.*
46. Thèse d'histoire du droit, université Paris II : *Aux origines de l'État moderne. Loyseau, 1564-1627, théoricien de la puissance publique*, 1975.
47. Thèse d'histoire du droit, université de Paris.

BEAUCHET-FILLEAU Henri, *Mémoire sur les justices royales, ecclésiastiques et seigneuriales du Poitou*, Poitiers, F.-A. Saurin, 1885, 48 p.

BÉCHARD Stéphanie, *Inventaire des archives de la famille Alloués de la Fayette et spécialement de Christophe Alloués, juge seigneurial dans le Velay/Forez dans la 2e moitié du XVIIIe siècle*, mémoire de maîtrise, université d'Angers, 1998, 94 p.

BELL David A., « The "Public Sphere," the State, and the World of Law in Eighteenth-Century France », *French Historical Studies*, n° 17, 1992, p. 912-934.

BELLAMY John G., *Crime and Public Order in England in the Later Middle Ages*, London, Routledge and Kegan Paul, 1973, 211 p.

BENOÎT Arthur, *Les Plaids annaux de la baronnie de Sarreck (Meurthe). Étude sur les justices seigneuriales au XVIIIe siècle*, Metz, Roupear-Pallez, 1869, 55 p.

BENTON John F., « Philip the Fair and the Jours of Troyes », *Studies in Medieval and Renaissance History*, n° 6, 1969, p. 279-344.

BERCÉ Yves-Marie, « La noblesse rurale du Sud-Ouest sous Louis XIII : de la criminalité aux troubles sociaux », *Annales du Midi*, 1964, p. 41-59[48]; « Aspects de la criminalité au XVIIe siècle. Crimes des champs dans la France d'Ancien Régime », *Revue historique*, janvier-mars 1969, p. 33-42; *Histoire des Croquants et des soulèvements populaires au XVIIe siècle dans le Sud-Ouest de la France*, Paris, Droz, 1975, VIII-973-12 p. [1974a]; *Croquants et nu-pieds. Les soulèvements paysans en France du XVIe siècle au XIXe siècle*, Paris, Gallimard-Julliard, 1974, 248 p. [1974b]; *Fête et révolte, étude des mentalités populaires du XVIe au XVIIIe siècle*, Paris, Hachette, 1976, 253 p.; « Comportements et mentalités à travers les sources judiciaires limousines, XVIIe-XIXe siècle », *Bulletin de la Société d'histoire moderne et contemporaine*, n° 12, 1980, p. 77-81; « Les origines d'une politique paysanne, XVIe-XIXe siècle », *Le Paysan. Actes du 2e colloque d'Aurillac*, Paris, éd. Christian, 1989, p. 253-268; « Les pouvoirs locaux en Champagne à la fin des guerres de Religion », *La Champagne et ses administrations à travers le temps, colloque de Châlons-sur-Marne, 4-6 juin 1987*, Lyon, La Manufacture, 1990, p. 154-167[49].

BERGER Gérard, « Un bailliage marginal et aberrant en Forez vellave sous l'Ancien Régime : le bailliage de Chauffour », *Cahiers de la Haute-Loire*, 1976, p. 149-177.

BESNIER Georges et GÉNESTAL Robert, *Instrucions et ensaignemens : style de procéder d'une justice seigneuriale normande (1386-1390)*, Caen, Jouan, 1912, 79 p.

BILLAÇOIS François, « Pour une enquête sur la criminalité dans la France d'Ancien Régime », *Annales ESC*, mars-avril 1967, p. 340-347.

BIMBENET-PRIVAT Michèle, *Écrous de la justice de Saint-Germain-des-Prés au XVIe siècle. Inventaire analytique des registres Z2 3393, 3318, 3394, 3395 (années 1537 à 1579)*, Paris, Archives nationales, 1996, 291 p.

BISE David, *Les Mentalités et les comportements populaires à Savigny-les-Beaune à la fin du XVIIIe siècle (d'après la justice seigneuriale. 1748-1790)*, mémoire de maîtrise, université de Dijon, 1999, 174 p.

BISSON Paul, *L'Activité d'un procureur général au parlement de Paris à la fin de l'Ancien Régime : les Joly de Fleury. L'influence familiale et sociale sur Armand Thomas Hue de Miromesnil, Premier Président du Parlement de Normandie et garde des Sceaux*, Paris, SEDES, 1961, 333 p.; *Les Joly de Fleury : procureurs généraux au Parlement de Paris au XVIIIe siècle*, Paris, Société d'édition d'enseignement supérieur, 1964, XII-335 p.

BLANQUIE Christophe, *Les Présidiaux de Richelieu : justice et vénalité, 1630-1642*, Paris, Christian, 2000, VI-323 p.; *Justice et finance sous l'Ancien Régime : la vénalité présidiale*, Paris, L'Harmattan, 2001, 334 p.; « Royaux et seigneuriaux. Les officiers du présidial de Nérac », *Les Officiers moyens...*, 2001, p. 125-138.

BLAQUIÈRE H., « Carte des juridictions royales de Lannepax et seigneuriales de Gondrin, Lagraulet, Lamothe-Gondrin et Lauraët en 1749 », *Gascogne gersoise. Actes des 12e et 15e congrès de la Fédération historique du Sud-Ouest*, numéro spécial du *Bulletin de la Société historique du Gers*, 1959, trimestres 3-4, p. 279-284.

BLETON-RUGET Annie, « L'infrajustice institutionnalisée : les justices de paix des cantons ruraux du district de Dijon pendant la Révolution », *L'Infrajudiciaire...*, 1996, p. 291-311.

BLOCH Marc, *Les Caractères originaux de l'histoire rurale française*, 3e éd., Paris, A. Colin, 1988, XVII-261 p. et t. II, *Supplément établi par Robert DAUVERGNE d'après les travaux de l'auteur*, Paris, A. Colin, 1988, 319 p.[50].

BLUCHE François et SOLNON Jean-François, *La Véritable hiérarchie sociale de l'ancienne France. Le tarif de la première capitation (1695)*, Genève, Droz, et Paris, Champion, 1983, 210 p.

BOEHLER Jean-Michel, *Une Société rurale en milieu rhénan : la paysannerie de la plaine d'Alsace (1648-1789)*, Strasbourg, Presses universitaires de Strasbourg, 1995, 3 vol., 2469 p.[51].

48. À partir des archives des Grands Jours du Poitou.

49. Voir *supra* : *Archives du délit...*, 1990, et *La Justice royale et le Parlement de Paris...*, 1995.

50. Notice complète : FOLLAIN, « Guide bibliographique... », *op. cit.*, p. 389.

51. Thèse d'histoire, université Strasbourg II, 1993; spécialement le 2e tome, 3e partie, chap. V, « Équilibres et tensions », p. 1469-1552, 4e partie, chap. II, « Une culture paysanne... », p. 1892-1961, et dans le 3e tome, « Bibliographie ».

BON Cyrille, *Les Mentalités et les comportements populaires à Meursault au XVIIIe siècle d'après la justice seigneuriale (de 1718 à 1790)*, mémoire de maîtrise, université de Dijon, 1999, 230 p. ; *Modes de vie, sensibilités, mentalités et comportements populaires des habitants du bailliage de Beaune au XVIIIe siècle d'après les archives judiciaires et notariales (de 1700 à 1790)*, mémoire de DEA, université de Dijon, 2000, 250 p.[52].

BONNAUD-DELAMARE R., « Les plaids annaux à Lixheim au XVIIIe siècle », *Zeitschrift des Savigny... [Weimar]*, t. 80, 1963, p. 118-156.

BONNEY Richard, *Political Change in France under Richelieu and Mazarin 1624-1661*, Oxford, Oxford University Press, 1978, VI-508 p. ; *The Limits of Absolutism in Ancien Régime France*, Aldershot, Variorum, 1995, XII-338 p.[53].

BONVALOT Edouard-Théodore, *Les Plus principales et générales coutumes du duchié de Lorraine*, Paris, éd. Bonvalot, 1878, 133 p. ; *Les Féautés en Lorraine*, Paris, L. Larose et Forcel, 1883, 24 p.[54] ; *Histoire du droit et des institutions de Lorraine et des Trois Évêchés du traité de Verdun à la mort de Charles II : 843-1785*, Paris, F. Pichon, 1889, VII-386-XXIV p. Réédition 1895 et Genève, Slatkine-Champion, 1980.

BORDES Maurice, *L'Administration provinciale et municipale en France au XVIIIe siècle*, Paris, SEDES, 1972, 378 p.[55].

BORDES Thierry, *Les Fauteurs de troubles à Meudon, 1680-1752. Les familles*, mémoire de maîtrise, université Paris X – Nanterre, 1991, 165 p.

BOUDET Marcel, « La haute justice de Préaux », *Recueil des Sociétés savantes de Haute-Normandie*, 1965, p. 59-68.

BOUESSEL DU BOURG Jean, *Observations sur la criminalité et le fonctionnement des justices seigneuriales en Bretagne au XVIIIe siècle (1700-1789) : l'exemple du duché pairie de Penthièvre*, thèse d'histoire du droit, université Rennes I, 1984, 2 t., 392-859 p.

BOUGUET Dominique, « La Sociabilité conflictuelle dans le canton de Loches, d'après les archives de la justice de paix de 1790 à l'an III », *Actes du 111e congrès national des Sociétés savantes, Poitiers, 1986, Section histoire moderne et contemporaine*, Paris, CTHS, 1987, t. 1, fasc. 2, p. 159-170[56].

BOULET-SAUTEL Marguerite, « Police et administration en France à la fin de l'Ancien Régime. Observations terminologiques », *Histoire comparée de l'administration (IVe-XVIIIe siècles), Actes du 15e colloque historique franco-allemand, Tours, 1977, Beihefte der Francia*, n° 9, 1980, p. 47-51 ; « Crimes, délits et répression dans la société classique », *XVIIe siècle*, n° 126, janvier-mars 1980, 76 p. ; « Fait divers et justice sous l'Ancien Régime : l'affaire Barenton », *Études offertes à Pierre Jaubert*, Talence, Presses universitaires de Bordeaux, 1992, p. 89-97[57].

BOURIN-DERRUAU Monique, *Villages médiévaux en Bas-Languedoc : genèse d'une sociabilité* (Xe-XIVe siècle), Paris, L'Harmattan, 1987, t. 1 : *Du Château au village* (Xe-XIIe siècles), 338 p, t. 2 : *La Démocratie au village* (XIIIe-XIVe siècle), 470 p.

BOUTELET Bernadette, « Étude par sondage de la criminalité du bailliage de Pont-de-l'Arche, XVIIe-XVIIIe siècles. De la violence au vol, en marche vers l'escroquerie », *Annales de Normandie*, décembre 1962, p. 235-262[58].

BOUTHORS Alexandre J.-L., « Coutumes locales du bailliage d'Amiens rédigées en 1507 », *Mémoires de la Société des antiquaires de Picardie. Documents inédits concernant la province, tomes I et II*, 1845-1853, 536 et 841 p.[59] ; *Usages locaux du département de la Somme, I. La Vaine pâture, II. La Jouissance des biens communaux, III. La Jouissance de l'usufruitier*, Amiens, impr. de T. Jeunet, 1857, 3 fasc., n. p. ; *Les Proverbes, dictons et maximes du droit rural traditionnel, considérés comme moyen de vérifier les usages locaux*, Paris, A. Durand, 1858, 215 p. ; *Les Usages locaux du département de la Somme, précédés d'un essai d'application des usages ruraux du Nord de la France au projet de Code rural*, Amiens, A. Caron, 1861, CVIII-335 p. [1861a] ; *Essai d'application des usages locaux du Nord de la France au code rural*, Amiens, A. Caron, 1861, 104 p. [1861b] ; *Les Sources du droit rural cherchées dans l'histoire des communaux et des communes*, Paris, A. Durand, 1865, VIII-598 p.

BOUTRUCHE Robert, *La Crise d'une société : seigneurs et paysans du Bordelais pendant la guerre de Cent Ans*, Paris, Les Belles Lettres, 1947, LI-597 p. ; *Seigneurie et féodalité. Le premier âge des liens d'homme à homme*, Paris, Aubier, 1959, 422 p.

BRÉCHON Franck, « Autour du notariat et des nouvelles pratiques de l'écrit dans les régions méridionales aux XIIe et XIIIe siècles », *Comprendre le*

52. La thèse est fondée sur des archives plus diversifiées : *Modes de vie, sensibilités, comportements et mentalités populaires des habitants du bailliage de Beaune au XVIIIe siècle d'après les archives judiciaires et notariales, 1700-1790.*
53. Recueil d'articles publiés de 1976 à 1994 en anglais et en français.
54. Extrait de la *Nouvelle Revue historique de droit français et étranger*, mars-avril 1883.
55. Notice complète : FOLLAIN, « Guide bibliographique... », *op. cit.*, p. 390.
56. D'après un mémoire de maîtrise, université de Tours, 1984, 183 p.
57. L'auteur coordonne également la *Bibliographie annuelle en langue française d'histoire du droit.*
58. Avec une introduction de Pierre Chaunu proposant une synthèse fulgurante, infirmée ou relativisée par la plupart des études criminelles qui ont suivi.
59. Comprend dans le 1er tome une « Théorie des prestations seigneuriales... ».

XIIIe siècle, études offertes à Marie-Thérèse Lorcin*, Lyon, PUL, 1995, p. 161-172.

BRÉEMERSCH Pascale, « Justice, juges de paix et ordre public dans les cantons de Fressin et de Montreuil (Pas-de-Calais) », *Du Directoire au Consulat, 1. Le lien politique local dans la Grande Nation*, Villeneuve-d'Ascq, Centre de recherche sur l'histoire de l'Europe du Nord-Ouest, 1999, p. 289-305.

BRENNAN Thomas, « Police and Private Order in Early Modern France », *Criminal Justice Review*, n° 13, 1988, p. 1-14.

BRESSAN Thierry, « La mainmorte dans la France du XVIIIe siècle. Le cas des provinces du Centre », *Histoire et Sociétés rurales*, n° 6, 2e semestre 1996, p. 51-76[60] ; « La critique de la condition mainmortable en France à la veille de la Révolution (1779-1789) », *Annales Historiques de la Révolution Française*, 1997, p. 75-91 [1997a] ; « L'idée d'affranchissement général dans la principauté de Montbéliard (seconde moitié du XVIIIe siècle) », *Mémoires de la Société d'histoire du droit des anciens pays bourguignons*, n° 54, 1997, p. 129-152 [1997b].

BRESSON-LE MINOR Anne, *Le Vol domestique au XVIIIe siècle d'après les arrêts du Parlement de Paris*, thèse d'histoire du droit, université Paris II, 1978, IV-247 p.

BRIZAY François et SARRAZIN Véronique, « Le *Discours de l'abus des justices de village* : un texte de circonstance dans une œuvre de référence », *Les Justices de village...*, 2002, p. 109-122.

BROSSELIN Arlette, *La Forêt bourguignonne, 1660-1789*, Dijon, Éditions universitaires de Dijon, 1987, III-366 p.

BRUNET Michel, *Le Roussillon : une Société contre l'État (1780-1820)*, Toulouse, Presses universitaires du Mirail et Éché, 1986, rééd. Perpignan, Libres del Trabucaire, 1990, 569 p. ; *Les Pouvoirs au village : aspects de la vie quotidienne dans le Roussillon du XVIIIe siècle*, Perpignan, Éd. Libres del Trabucaire, 1998, 223 p. ; *Contrebandiers, mutins et fiers-à-bras : les stratégies de la violence en pays catalan au XVIIIe siècle*, Perpignan, Éd. Libres del Trabucaire, 2001, 205 p. ; « Les criées générales en Roussillon au XVIIIe siècle : pouvoir seigneurial ou autonomie municipale ? », *La Coutume au village...*, 2001, p. 191-199 ; « Conflits et complicités : baillis seigneuriaux et consuls des communautés en Roussillon au XVIIIe siècle », *Les Justices de village...*, 2002, p. 187-196.

BUC Philippe, « Rituel politique et imaginaire politique au haut Moyen Âge », *Revue historique*, n° 620, 2001, p. 843-883.

BURRIAT Jean-Pierre, *Société et criminalité à Issy et Vaugirard au XVIIIe siècle. Villageois et Parisiens : images de dépendance et d'hostilité (1760-1767)*, mémoire de maîtrise, université Paris X – Nanterre, 1978, 327 p. ; —, DITTE Catherine et FERRAND Luc, « Stratégies villageoises et institutions judiciaires en Île-de-France (XVIIe-XVIIIe siècles). Introduction générale », *Porter plainte...*, 1990, *op. cit.*, p. 13-22.

CABOURDIN Guy, *Terre et hommes en Lorraine (1550-1635). Toulois et comté de Vaudémont*, Nancy, université Nancy II, 1977, 2 vol., 765 p. ; « Les relations des communautés villageoises de Lorraine avec les seigneurs, XVIe siècle-XVIIIe siècle », *Les Communautés villageoises...*, 1984, p. 259-261 [1984a] ; *La Vie quotidienne en Lorraine aux XVIIe et XVIIIe siècles*, Paris, Hachette, 1984, 319 p. [1984b] ; *Terre et hommes en lorraine, 1550-1635*, t. 1 : *Les gens, le temps et l'argent*, t. 2 : *Paysans d'autrefois*, Nancy et Metz, Presses universitaires de Nancy et éd. Serpenoise, 1984, 2 vol., 175 et 175 p. [1984c] ; « Léopold, duc de Lorraine et de Bar, et la vénalité des offices civils (1698-1729) », *La France d'Ancien Régime, Études réunies en l'honneur de Pierre Goubert*, Société de démographie historique, Toulouse, Privat, 1985, p. 109-117 ; *L'Encyclopédie illustrée de la Lorraine, Les temps modernes, 2, De la paix de Westphalie à la fin de l'Ancien Régime*, Ed. Serpenoise, Presses universitaires de Nancy, 1991, VIII-232 p.

CAPPEAU Arnaud, « Les conflits de voisinage à la campagne (1800-1914). Propositions pour une histoire au ras du sol », *Cahiers d'Histoire*, 2000, n° 1, p. 47-69 ; *Une montagne en conflit. Société et violences en Queyras au XIXe siècle*, Grenoble, PUG, 2001, 204 p.[61].

CARBASSE Jean-Marie, « La responsabilité des communautés en cas de méfaits clandestins dans les coutumes du Midi de la France », *Diritto commune e diritti locali nella storia del' Europa, atti del convegno di Varenna, 12-15 qiugno 1979*, Milan, Giuffrè, 1980, p. 141-152 ; *Histoire du droit pénal et de la justice criminelle*, Paris, PUF, 2000, 445 p. ; —, COMBACEAU Jean et TROPER Michel, *La Coutume*, Paris, PUF, 1986, 192 p. ; —, LEYTE Guillaume et SOLEIL Sylvain, *La Monarchie française du milieu du XVIe siècle à 1715. L'esprit des institutions*, Paris, Sedes, 2001, 278 p.

CARRIER Nicolas, « Une justice pour rétablir la concorde : la justice de composition dans la Savoie de la fin du Moyen Âge (fin XIIIe-début XVIe siècle) », *Le Règlement des conflits au Moyen Âge...*, 2001, p. 237-257.

60. Avec cartes de la « Géographie coutumière », inventaire des sources imprimées et bibliographie de la « mainmorte tardive ». Cf. thèse d'histoire, université Paris VII : *Le Procès de la condition mainmortable en France et dans les États voisins (1661-1798)*.

61. Thèse d'histoire, université Grenoble II.

CASSAGNE Bernard, « Les tentatives d'usurpation du droit de justice sur la paroisse de Bègles [Gironde] par la famille de Ségur de Francs, 1658-1736 », *Travaux du Centre de recherche sur les origines de l'Europe moderne*, 1983, n° 3, p. 19-35.

CASSAN Michel, « Pour une enquête sur les officiers "moyens" de la France moderne », *Annales du Midi*, n° 213, 1996, p. 89-112[62] ; « Officiers "moyens", officiers seigneuriaux. Quelques perspectives de recherche », *Les Officiers moyens...*, 2001, p. 71-83.

CASTAN Nicole, « La justice expéditive », *Annales ESC*, mars-avril 1976, p. 331-362 ; « Délinquance traditionnelle et répression critique à la fin de l'Ancien Régime dans les pays du Languedoc », *Annales Historiques de la Révolution française*, n° 228, 1977, p. 182-203 ; « Une justice à l'épreuve : crime et justice en languedoc, 1750-1790 », *Annales historiques de la Révolution française*, n° 238, 1979, p. 654-660 [1979a][63] ; « Pézenas : une juridiction seigneuriale urbaine à la fin de l'Ancien Régime », *Études sur Pézenas*, 1979, n° 1, p. 17-28 [1979b] ; *Justice et répression en Languedoc à l'époque des Lumières*, Paris, Flammarion, 1980, 313 p. [1980a] ; *Les Criminels de Languedoc : les exigences d'ordre et les voies du ressentiment dans une société prérévolutionnaire (1750-1790)*, Toulouse, Association des publications de l'université Toulouse-le-Mirail, 1980, VIII-362 p. [1980b] ; — et CASTAN Yves, *Vivre ensemble. Ordre et désordre en Languedoc au XVIIIe siècle*, Paris, Gallimard-Julliard, 1981, 287 p. ; « Une économie de justice à l'âge moderne : composition et dissension. Recours, besoin et sens de la justice devant l'institution judiciaire française au 18e siècle », *Histoire, Économie et Société*, 1982, p. 361-368.

CASTAN Yves, *Honnêteté et relations sociales en Languedoc (1715-1780)*, Paris, Plon, 1974, 699 p. ; « Procédures criminelles et évolutions mentales en Languedoc au XVIIIe siècle », *Revue du Tarn*, n° 96, 1979, p. 573-581 [1979a] ; *Magie et sorcellerie à l'époque moderne*, Paris, Albin Michel, 1979, 297 p. [1979b] ; « Communautés languedociennes d'Ancien Régime et gestion locale de la justice », *Communautés rurales et pouvoirs...*, 1980, p. 135-145 ; « Gestion criminelle et protectorat judiciaire dans la France d'Ancien Régime : le Parlement de Toulouse au XVIIIe siècle », *Les Parlements de Province...*, 1996, p. 329-340.

CATARINA Didier, « Justices et seigneuries en Languedoc à l'époque moderne », *La Terre et les pouvoirs...*, Montpellier, Archives départementales, 1992, p. 167-176 ; *Les Justices ordinaires inférieures et subalternes de Languedoc : essai de géographie judiciaire, 1667-1789*, thèse d'histoire, université Montpellier III, 1998, 529 p.

CAZENAVE Annie, « La ronce et le grain. La violence dans le Sabarthès au XIVe siècle », *La Violence dans le monde médiéval...*, 1994, p. 95-106.

CHARBONNIER Pierre, *Une autre France : la seigneurie rurale en Basse Auvergne du XIVe au XVIe siècle*, Clermont-Ferrand, Institut d'Études du Massif central, 1980, 669-1293 p. ; « La crise de la seigneurie à la fin du Moyen Âge, vue de l'autre France », *Seigneurs et seigneuries au Moyen Âge, Actes du 112e congrès national des Sociétés savantes*, Clermont-Ferrand, 1992, Paris, CTHS, 1993, p. 111-121 ; « Les justices seigneuriales d'Auvergne à la fin du Moyen Âge », *Mélanges Pierre Braun*, Limoges, PULIM, 1998, p. 145-160 ; « La paix au village. Les justices seigneuriales rurales au XVe siècle en France », *Le Règlement des conflits au Moyen Âge...*, 2001, p. 281-303 ; « Les justices seigneuriales de village en Auvergne et Bourbonnais du XVe au XVIIe siècle », *Les Justices de village...*, 2002, p. 93-108.

CHARITAT Marie-Laure, *Les Mentalités et les comportements populaires à Pommard et Volnay au XVIIIe siècle (d'après la justice de la châtellenie. 1700-1790)*, mémoire de maîtrise, université de Dijon, 1998, 233 p.

CHARNAY Annie, « Les juridictions royales inférieures et les justices seigneuriales », *Gazette des Archives*, n° 158-159, 1992, p. 224-234 ; « La juridiction de Fronton au début du XVIe siècle : une garenne de larrons », *Toulouse et le Midi toulousain...*, Toulouse, Amis des archives, 1994, p. 43-50 ; *Paroles de voleurs : gens de sac et de corde en pays toulousain au début du XVIe siècle*, Paris, Honoré Champion, 1998, 419 p.[64].

CHASSIN DU GUERNY René, *Études sur l'organisation de la Seigneurie de Quintin*, Rennes, s. n., 1905, XXVIII-145 p.[65].

CHASSIN DU GUERNY Yves, et DURAND-TULLOU Adrienne, « Statuts de quelques communautés du Bas-Languedoc aux XVIe et XVIIe siècles d'après les sources notariales », *Libertés locales et vie municipale... Actes du 59e congrès des fédérations historiques du Languedoc méditerranéen et du Roussillon, Millau, 1987*, Montpellier, FHLMR, 1988, p. 147-157.

CHAUVAUD Frédéric, *Les Passions villageoises au XIXe siècle : les émotions rurales dans les pays de*

62. Numéro spécial « Élites militaires et élites judiciaires aux XVIe et XVIIe siècles ».

63. Exposé de la soutenance de thèse (1978).

64. Coauteur du *Répertoire numérique détaillé des justices seigneuriales du Lyonnais (1529-1791) sous-série 2 B* des Archives départementales du Rhône (1990) et de *Justices seigneuriales du Beaujolais (1406-1790), répertoire numérique de la sous-série 4 B* des Archives départementales du Rhône (1997).

65. Thèse d'histoire du droit, 1904-1905.

Beauce et du Hurepoix et du Mantois, Paris, Publisud, 1995, 271 p.[66] ; — et YVOREL Jacques, *Le Juge, le tribun et le comptable : histoire de l'organisation judiciaire entre les pouvoirs, les savoirs et les discours, 1789-1930*, Paris, Anthropos, 1995, 413 p.

CHÊNE Christian, *L'Enseignement du droit français en pays de droit écrit (1679-1793)*, Genève, Droz, 1982, 365-3 p.[67] ; « Remarques sur la police rurale dans la coutume du Rouergue », *Commune e diritti locali, Convegno di Varenna, 1979*, Milan, Giuffrè, 1980, p. 169-186 ; « L'arrestographie, science fort douteuse », *7e Journées internationales d'histoire du droit écrit*, in *Recueils et mémoires travaux société d'histoire du droit*, fasc. 13, 1985, p. 179-187.

CHEVRIER Georges, « Sur les origines des cours de justice féodales », *Annales de Bourgogne*, avril-juin 1949, p. 100-109 ; « Les transformations des sources de la mainmorte dans la doctrine et la jurisprudence comtoises du XVIe à la fin du XVIIIe siècle », *Mémoires de la Société pour l'histoire du droit des anciens pays bourguignons, comtois et romand*, fasc. 13, 1950-1951, p. 19-48 ; « Composition pécuniaire et réparation civile du délit dans la Bourgogne ducale du XIVe au XVIe siècle », *id.*, fasc. 21, 1960, p. 127-137.

CHEYETTE Frédéric, « La justice et le pouvoir royal à la fin du Moyen Âge français », *Revue d'histoire du droit*, 1962, n° 3, p. 373-394.

CHIANÉA Gérard, *La Condition juridique des terres en Dauphiné au 18e siècle (1700-1789)*, Paris, La Haye, Mouton, 1969, 368 p. ; « Le contentieux entre particuliers en Dauphiné, vu par Hugues Dutrait des Hayes, avocat à Grenoble au XVIIIe siècle », *Recueil, mémoires et travaux de la Société d'histoire du droit*, fasc. 12, 1983, p. 29-33.

CHIFFOLEAU Jacques, *Les Justices du pape. Délinquance et criminalité dans la région d'Avignon au XIVe siècle*, Paris, Publications de la Sorbonne, 1984, 333 p.

CHURCH William F., « The Decline of the French Jurists as Political Theorists, 1660-1789 », *French Historical Studies*, n° 5, 1967, p. 1-40.

CLAVERIE Élisabeth et LAMAISON Pierre, *L'Impossible mariage. Violence et parenté en Gévaudan, XVIIe, XVIIIe, XIXe siècles*, Paris, Hachette, 1982, 361 p.

CLEMENS-DENYS Catherine, « Les apaiseurs de Lille à la fin de l'Ancien Régime », *Revue du Nord*, n° 309, 1995, p. 13-28[68].

CLÉMENT Christelle, « Les juristes délinquants : quelques exemples dans le bailliage de Châtillon-sur-Seine (1750-1755) », *Juges, notaires et policiers délinquants...*, 1997, p. 129-140 ; « Les délits ordinaires dans le bailliage de Châtillon-sur-Seine au XVIIIe siècle : l'exemple des litiges de voisinage », *La Petite délinquance...*, 1998, p. 145-152 [1998a] ; « Le règlement des conflits dans le Châtillonnais : les audiences civiles des justices seigneuriales du bailliage de la Montagne au XVIIIe siècle », *Annales de Bourgogne*, n° 278, 1998, p. 179-190 [1998b].

COCULA Anne-Marie, « La contestation des privilèges seigneuriaux dans les fonds des Eaux et forêts, l'exemple aquitain dans la seconde moitié du XVIIIe siècle », *Mouvements populaires et conscience sociale...*, Paris, Maloine, 1985, p. 209-215.

COGNAULT Jérôme, *Le Bureau de paix et de conciliation du district de Tours (1791-1792)*, mémoire de maîtrise, université de Tours, 1990, 128 p.

COLLAS Alain, *Pouvoir légal et pouvoir réel : les officiers du roi dans les bailliages de Blois, Bourges, Chartres, Orléans, et Tours, 1407-1562*, thèse de 3e cycle, université de Tours, 1982, XIII-266 p.

COLLOMP Alain, *La Maison du père. Famille et village en Haute-Provence aux XVIIe et XVIIIe siècles*, Paris, PUF, 1983, 340 p.

COLOMBET Albert, « Une justice seigneuriale à la fin de l'Ancien Régime : Vantoux et ses grands jours », *Mémoires de la Société d'histoire du droit des anciens pays bourguignons*, 1936, p. 195-207 ; « Le curé, homme de confiance du seigneur », *Annales de Bourgogne*, n° 17, 1945, p. 274-280 ; « Les délinquances forestières en Basse-Bourgogne depuis la réformation de 1711-1718 », *Revue historique*, n° 526, 1978, p. 345-388.

COMBE Paule, *Mémoire inédit du chancelier Daguesseau sur la réformation de la justice, avec une étude préliminaire*, Valence, Imprimeries réunies, 1928, 199 p.[69].

COMBIER Amédée, *Les Plumitifs du grand bailli de Vermandois*, Laon, Imprimerie de H. Jacob, 1878, 66 p. ; *Le Juge unique des justices de villages et le juge unique de l'avenir*, Amiens, Impr. de Delattre-Lenoel, 1883, 23 p.[70] ; *Les Justices subalternes du Vermandois*, Abbeville, Imprimerie du Cabinet historique de l'Artois et de la Picardie, 1885-1895, 140 et 129 p. ; *Les Justices seigneuriales du bailliage de Vermandois sous l'Ancien Régime d'après les documents inédits conservés au greffe du Tribunal civil de Laon et aux Archives départementales de l'Aisne*, Paris, A. Fontemoing, 1897, XV-160 p.

CONSEIL Karine, *Recherches sur les justices de paix du district de Caudebec; cantons de Bolbec, Caudebec, Fauville, Yvetot, Duclair et Motteville de 1790 à*

66. Thèse d'histoire, université Paris X – Nanterre, 1982.
67. Thèse d'histoire du droit, université Montpellier I, 1978.
68. Recoupe la question de l'inspiration de la justice de paix.
69. Thèse d'histoire du droit, université de Grenoble, 1928.
70. Référence à la justice de paix. Sous-titré « Première partie » mais il n'y pas eu de deuxième.

l'an VII, mémoire de maîtrise, université de Rouen, 1994, 140 p. ; « Justices de paix et police dans le district d'Yvetot (Seine-Inférieure) sous le Directoire », *Du Directoire au Consulat, 1. Le lien politique local dans la Grande Nation*, Villeneuve-d'Ascq, Centre de recherche sur l'histoire de l'Europe du Nord-Ouest, 1999, p. 309-313.

CONSTANT Jean-Marie, *Nobles et paysans en Beauce aux XVIe et XVIIe siècles*, Lille, Service de reproduction des thèses, 1981, VI-598 p. ; « Les idées politiques paysannes : études comparées des cahiers de doléances (1576-1789) », *Annales ESC*, juillet-août 1982, p. 717-728 ; « Culture et politique au village pendant les guerres de Religion : l'exemple des cinquante paroisses du bailliage de Chartres ayant écrit un cahier de doléances en 1576 », *Église, Éducation, Lumières... Mélanges Quéniart*, Rennes, PUR, 1999, p. 349-356.

CONSTANT M., « La justice dans une châtellenie savoyarde au Moyen Âge : Allinges-Thonon », *Revue historique de droit français*, n° 50, 1972, p. 374-397.

COQUARD Claude et DURAND-COQUARD Claud[in]e, « La justice de paix, un pouvoir local nouveau : éléments de recherche à travers l'exemple de deux cantons de l'Allier », *Pouvoir local et Révolution, la frontière intérieure*, Rennes, Presses universitaires de Rennes, 1995, p. 297-323 ; « Une pratique électorale inédite : les juges de paix et leurs auxiliaires de justice en 1790 et 1792 dans le département de l'Allier », *Siècles. Cahiers du Centre d'histoire des entreprises et des communautés* (Clermont-Ferrand), 1996, n° 4, p. 61-87 ; « Société rurale et Révolution : l'apport des actes de la justice de paix de l'Allier (1791-fin de l'an VI) », *Annales Historiques de la Révolution française*, janvier-mars 1999, p. 189-200 ; « Heurs et malheurs devant le juge de paix », *Le Bonheur est une idée neuve. Hommage à Jean Bart*, Dijon, Publications du Centre Georges Chevrier, 2000, p. 163-178 ; *Société rurale et justice de paix : deux cantons de l'Allier en Révolution, Bellenaves et Ebreuil, de 1791 à l'an VI*, Clermont-Ferrand, Presses universitaires Blaise Pascal, 2001, 492 p.[71].

CORNOT Thierry, *Une seigneurie, une communauté, une paroisse au XVIIIe siècle : Dannemarie sur Crête*, mémoire de maîtrise, université de Besançon, 1982, 192 p.

CORNU [-BOURGEOIS] Laetitia, *Économie et vie rurales sur le Plateau du Vivarais, XIVe et XVe siècles*, mémoire de maîtrise, université Lyon II 1991, 200 p. ; « La nature et les hommes des hauts plateaux du Vivarais, XIVe-XVe siècles », *Les Cahiers d'histoire*, 1992, n° 2, p. 121-136 ; *Analyse critique des Estimes de 1464, la société rurale des Monts du Vivarais*, mémoire de DEA, université Lyon II, 1992, 90 p. ; « Conflits villageois au Moyen Âge en Velay : Boussillon [Haute-Loire] à la fin du XVe siècle », *Les Cahiers d'histoire*, 1996, n° 1, p. 7-24 ; *Les Communautés rurales du Velay face aux crises de la fin du Moyen Âge*, thèse de doctorat d'histoire, université Lyon II, 1998, 575 p. ; « Vols de bois et divagations de chèvres... Le quotidien de la justice seigneuriale en Velay, au XVe siècle », *Les Justices de village...*, 2002, p. 59-74 [2002a] ; —, FOLLAIN Antoine *et alii*, « Guide bibliographique... », *ibid.*, 2002, p. 393-428 [2002b].

CORVISIER André, « Un lien entre villes et campagne, le personnel des hautes Justices de Haute Normandie au XVIIIe siècle », *Recueil offert à M. de Bouard, numéro spécial des Annales de Normandie*, 1982, p. 157-169[72].

CORVOL Andrée, « Forêts et communautés en Basse-Bourgogne au XVIIIe siècle », *Revue historique*, n° 519, 1976, p. 15-30 ; « L'affouage au XVIIIe siècle : intégration et exclusion dans les communautés d'Ancien Régime », *Annales ESC*, mars-avril 1981, p. 390-407 ; *L'Homme et l'arbre sous l'Ancien Régime, essai d'économie forestière en Basse-Bourgogne*, Paris, Economica, 1984, 757 p.[73] ; « Ambiguïté et complémentarité des systèmes répressifs en milieu forestier. Jalons pour une histoire des gardes forestiers », *Actes du séminaire de recherche de Nancy, 20-21 septembre 1984*, Paris, IHMC-INRA, 1985, p. 21-27.

COTTIGNIER Sébastien, *Société, criminalité et justice d'après les registres de l'audience de 1438 à 1458*, mémoire de maîtrise, université Lille III, 207 p.

CREISSAC Laure, *Les Justiciables et la justice criminelle de la seigneurie de Montpeyroux (Hérault) de 1664 à 1790*, mémoire de DEA d'histoire du droit, université Montpellier I, 1997, 127 p.[74].

CRÉPIN Marie-Yvonne, « Une juridiction de proximité : le siège de police sous l'Ancien Régime », *Journées régionales...*, 1999, p. 15-28.

CROIX Alain, *Moi, Jean Martin, recteur de Plouvelec... Curés journalistes de la Renaissance à la fin du XVIIe siècle*, Rennes, Apogée, 1993, 218 p.

CRUBAUGH Anthony James, « Local Justice and Rural Society in the French Revolution », *Journal*

71. Thèse d'histoire, université de Dijon, 1998.

72. Synthèse des mémoires de maîtrise rouennais suivants : M. Delassus, *Recherches sur la haute justice de l'abbaye du Valasse au XVIIIe siècle*, 1972 ; M. Lécole, *La Haute justice de Grainville la Teinturière*, 1978 ; M. François, *La Haute justice de Valmont au XVIIIe siècle*, 1978 ; A. Labourie, *La Haute justice de Mesnières en Bray*, 1972 ; L. Lefrançois, *La Haute justice de Montville*, 1972 ; Ph. Roussel, *Fresles et sa haute justice au XVIIIe siècle*, 1976 ; L. Sénécal, *Les Hautes justices de Sotteville et Saint-Étienne au XVIIIe siècle*, 1974 ; M. Vandenhende, *La Haute justice de Franqueville*, s. d.

73. Thèse d'histoire, université Paris IV, 1983.

74. Pas de thèse.

of Social History, 2000, n° 2, p. 327-350 ; *Balancing the Scales of Justice. Local Courts and Rural Society in Southwest France, 1750-1800*, University Park, Pennsylvania, Pennsylvania State University Press, 2001, XX-257 p.[75].

CULANT-FAYOLET Jean-Christian DE, *La Rédaction des coutumes et usages locaux, survivance du passé dans le monde d'aujourd'hui*, thèse d'histoire du droit, université de Poitiers, 1965, X-416 p.[76].

CURZON Alfred DE, *L'Enseignement du droit français dans les universités de France aux XVIIe et XVIIIe siècles*, Paris, L. Tenin, 1920, 155 p.

DALIBERT Maurice, *Le Droit normand actuel. Applicabilité et application en droit français actuel des règles anciennes du droit privé normand, en dehors du jeu des droits acquis et des manifestations individuelles de volonté ; et usages locaux normands*, Caen, imprimerie de H. Delesques, 1917, VIII-280 p.[77].

DAVID Jacqueline, « Les solidarités juridiques de voisinage, de l'ancien droit à la codification », *Revue historique de droit français et étranger*, 1994, n° 3, p. 333-366 ; « La Participation des gens du roi à la police du royaume pendant l'Ancien Régime », *Histoire du parquet...*, 2000, p. 105-137.

DEBILLY Xavier, « La petite délinquance en milieu rural au XVIIIe siècle : l'exemple d'Ampuis », *La Petite délinquance...*, 1998, p. 153-164.

DELAIGUE Philippe, « Une justice de proximité : création et installation des juges de paix (1790-1814) », *Histoire de la Justice*, n° 8-9, 1995-1996, p. 31-47.

DELAPORTE Raymond, *La Sénéchaussée de Châteauneuf-du-Faou, Huelgoat et Landeleau et les juridictions seigneuriales du ressort*, Paris, s. n., 1905, 240 p. ; *Les Sergents prévôts et voyers féodés en Bretagne des origines au début du XVe siècle*, Rennes, Impr. commerciale, 1938, 202 p.[78].

DELASELLE Nicolas, *Une justice seigneuriale à Coulanges-la-Vineuse et au Val-de-Mercy au XVIIIe siècle*, mémoire de maîtrise, université de Dijon, 1992, 187 p. ; « Une justice... », *Bulletin de la Société des sciences de l'Yonne*, n° 128, 1996, p. 141-168 ; « L'infrajudiciaire dans les actes d'assemblées de douze paroisses de l'Auxerrois sous l'Ancien Régime », *L'Infrajudiciaire...*, 1996, p. 419-426 ; « Les coups et blessures dans la délinquance traitée par les justices seigneuriales au XVIIIe siècle : le passage du criminel au civil », *La Petite délinquance...*, 1998, p. 464-478.

DELUMEAU Jean, *Le Péché et la peur. La culpabilisation en Occident, XIIIe-XVIIIe siècle*, Paris, Fayard, 1983, 741 p. ; *Rassurer et protéger. Le sentiment de sécurité dans l'occident d'autrefois*, Paris, Fayard, 1989, 667 p. ; *L'Aveu et le pardon. Les difficultés de la confession, XIIIe-XVIIIe siècle*, Paris, Fayard, 1990.

DERLANGE Michel, *Les Communautés d'habitants en Provence au dernier siècle de l'Ancien Régime*, Toulouse, Publications de l'université Toulouse-Le Mirail, 1987, 636 p.[79].

DESAIVE Jean-Paul, « Du geste à la parole : délits sexuels et archives judiciaires (1690-1750) », *Communications*, n° 46, 1987, p. 119-133 ; « Patrimoine et pressions familiales : sources littéraires et textes d'archives », *L'Infrajudiciaire...*, 1996, p. 373-382.

DESCIMON Robert, « Les paradoxes d'un juge seigneurial, Charles Loyseau (1564-1627) », *Les Officiers « moyens »...*, 2001, p. 153-176.

DEVÈZE Michel, « Le pâturage au XVIe siècle dans la moitié nord de la France d'après les coutumes », *Actes du congrès des Sociétés savantes, Bulletin philologique et historique (jusqu'à 1610)*, Paris, CTHS, 1969, p. 29-41 ; *La Forêt et les communautés rurales, XVIe au XVIIIe siècle, Recueil d'articles*, Paris, Publications de la Sorbonne, 1982, XXVIII-500 p.[80].

DEWALD Jonathan, *Pont-Saint-Pierre* [Eure], *1398-1789 : Lordship, Community, and Capitalism in Early Modern France*, Berkeley, University of California Press, 1987, XX-326 p.

DEYON Pierre, « Quelques remarques sur l'évolution du régime seigneurial en Picardie (XVIe-XVIIIe siècle) », *Revue d'histoire moderne et contemporaine*, 1961, p. 271-280 ; *L'État face au pouvoir local : un autre regard sur l'histoire de la France*, Paris, Éditions locales de France, 1996, 243 p.

DICKINSON John Alexander, « La justice seigneuriale en Nouvelle-France : le cas de Notre-Dame-des-Anges », *Revue d'histoire de l'Amérique française*, XXVIII, 1974-1975, p. 323-346[81] ; « L'activité judiciaire d'après la procédure civile. Le bailliage de Falaise, 1668-1790 », *Revue d'histoire économique et sociale*, 1976, n° 2, p. 145-168 ; *Justice et justiciables : la procédure civile à la Prévôté de Québec, 1667-1759*, Laval, Presses de l'université Laval, 1982, 289 p.

DIEDLER Jean-Claude, *Violence et Société. La haute vallée de la Meurthe (ca. 1550-ca. 1660)*, thèse de l'université de Franche-Comté, 1993, 2 t., 588 p. ;

75. Ph. D. université de Columbia, 1996 : *From Seigneurial Courts to the Justice of the Peace : Local Justice and Rural Society in Provincial France (1750-1800)*.
76. Chronologie originale : de l'Ancien Régime à la loi de 1924.
77. Thèse d'histoire du droit, université de Caen.
78. Thèse d'histoire du droit, université de Rennes.
79. Notice complète : FOLLAIN, « Guide bibliographique... », *op. cit.*, p. 398-399.
80. Notice complète : FOLLAIN, « Guide bibliographique... », *op. cit.*, p. 400.
81. Prolongement d'une « thèse de maîtrise » de l'université de Laval au Québec (1972).

Démons et sorcières en Lorraine : le bien et le mal dans les communautés rurales de 1550 à 1560, Paris, Messene, 1996, 235 p. ; « Un procès de sorcellerie en Lorraine au début du XVIIe siècle », *Histoire et Sociétés rurales*, n° 7, 1997, p. 133-172 ; « Justice seigneuriale et régulation sociale à Moyemont : le plaid et le contremand (1490-1790) », *Les Justices de village...*, 2002, p. 75-92.

DINGES Martin, « Négocier son honneur dans le peuple parisien au XVIIIe siècle : la rue », *L'Infrajudiciaire...*, 1996, p. 393-404.

DITTE Catherine, *Société et criminalité à Issy et Vaugirard au XVIIIe siècle. Image et utilisation de la justice : la mise en scène dans la plainte*, mémoire de maîtrise, université Paris X – Nanterre, 1986 ; « La mise en scène dans la plainte : sa stratégie sociale. L'exemple de l'honneur populaire », *Porter plainte...*, 1990, p. 23-48.

DONTENWILL Serge, « Crise économique, crise démographique et crise sociale au milieu du XVIIe siècle, l'exemple du Roannais », *Bulletin du Centre d'études foréziennes*, n° 5, 1972, p. 167-196 ; *Une Seigneurie sous l'Ancien Régime : L'Étoile en Brionnais, du XVIe au XVIIIe siècle (1575-1778)*, Lyon et Roanne, Centre d'histoire économique et sociale de la région lyonnaise et Horvath, 1973, 291-4 p.[82] ; *Du Terroir au pays et à la région. Les espaces sociaux en Roannais à l'époque préindustrielle (milieu du XVIIe siècle, fin du XVIIIe siècle). Essai d'histoire géographique*, Saint-Étienne, Presses de l'Université, 1997, 433 p.[83] ; « L'économie d'une petite ville et l'organisation de l'espace à l'époque préindustrielle : le cas de Charlieu en Lyonnais au XVIIIe siècle », *Actes du colloque de l'Association d'histoire des petites villes, Mamers, novembre 2000*, à paraître ; « Le rôle des assises et règlements de seigneurie dans la régulation sociale aux XVIIe et XVIIIe siècles. Le cas du Centre-Est de la France », *Les Justices de village...*, 2002, p. 219-238.

DORMOIS Jean-Pierre, « Le magistrat au village, l'installation de la justice royale sur la périphérie française : Héricourt, 1676-1790 », *Histoire, Économie et Société*, 1985, n° 4, p. 519-540 ; « L'Ancien Régime était-il injuste? La justice et les hommes dans la seigneurie d'Héricourt [Haute-Saône], 1676-1789 », *Bulletin de la Société d'émulation de Montbéliard*, n° 109, 1986, p. 391-437.

DOUCET Roger, *Les Institutions de la France au XVIe siècle, 1, Les Cadres géographiques, les institutions centrales et locales, 2, La Seigneurie, les services publics, les institutions ecclésiastiques*, Paris, A. et J. Picard, 1948, 2 vol., 971 p.

DROUOT Lucien, « Les droits de justice des seigneurs d'Olliergues sur Augerolles [Puy-de-Dôme] », *Mélanges offerts à Pierre François Fournier...*, Clermont-Ferrand, La Française d'édition, 1985, p. 39-45.

DRUARD Jean, *Le Droit de chasse en Bourgogne sous l'Ancien Régime*, Dijon, s. n., 1924, 147 p.[84].

DUBLED Henri, « La justice au sein de la seigneurie foncière en Alsace du XIe au XIIIe siècle », *Moyen Âge*, n° 3, 1960, p. 217-258.

DUBY Georges, « Recherches sur l'évolution des institutions judiciaires pendant le Xe et le XIe siècle dans le sud de la Bourgogne », *Le Moyen Âge*, n° 52, 1946, p. 149-194 ; *Guerriers et paysans VIIe-XIIe siècle. Premier essor de l'économie européenne*, Paris, Gallimard, 1973, 310 p. ; *L'Économie rurale et la vie des campagnes dans l'Occident médiéval, IXe-XVe siècle*, Paris, Montaigne, 1962, rééd. Paris, Flammarion, 1977, 2 vol., 290 et 287 p.

DUFOURCQ Norbert, *Nobles et paysans aux confins de l'Anjou et du Maine. La seigneurie des d'Espaigne de Venevelles à Luché-Pringé* [Sarthe], Paris, Picard, 1988, 214-16 p.

DUMA Jean, « L'ordre du prince. *Grands* et justice dans la France du XVIIIe siècle », *Paris et ses campagnes... Mélanges Jacquart*, Paris, Publications de la Sorbonne, 1994, p. 363-373 ; *Les Bourbon-Penthièvre (1678-1793). Une nébuleuse aristocratique au XVIIIe siècle*, Paris, Publications de la Sorbonne, 1995, 744 p. ; « Aristocratie et justice seigneuriale au XVIIIe siècle », *Journées régionales...*, 1999, p. 53-72.

DUMONT Charles Emmanuel, *Justice criminelle des duchés de Lorraine, de Bar, du Bassigny et des Trois Évêchés*, Nancy, Imprimerie de Dard, 1848, 2 t., 281-XCIV et 358-XXXVII p.

DUPONT-BOUCHAT Marie-Sylvie, « Culpabilisation et conscience individuelle. L'individu, l'Église et l'État à l'époque moderne », *Les Origines de l'État moderne en Europe. L'individu dans la théorie politique et dans la pratique*, Paris, PUF, 1996, p. 143-171 ; « Le crime pardonné. La justice réparatrice sous l'Ancien Régime », *Criminologie*, 1999, n° 1, p. 32-56 ; — et ROUSSEAUX Xavier, « Le prix du sang : sang et justice du XIVe au XIXe siècle », *Affaires de sang, mentalités, histoire des cultures et des sociétés*, Paris, Imago, 1988, p. 43-72.

DURAND Yves, *Cahiers de doléances des paroisses du bailliage de Troyes pour les états généraux de 1614*, Paris, PUF, 1966, 361 p. ; *Les Solidarités dans les sociétés humaines*, Paris, PUF, 1987, 280 p. ; *La Société française au XVIIIe siècle, institutions et société*, Paris, CDU-SEDES, 1992, 332 p.

DUTHU Alexandra, *Les Mentalités et les comportements populaires à Lantenay et à Pasques, 1740-1790 (d'après la justice seigneuriale locale)*, mémoire de maîtrise, université de Dijon, 2000, 190 p.

82. Thèse de 3e cycle, université Lyon II, 1971.
83. Thèse d'histoire, université Lyon II, 1996.
84. Thèse d'histoire du droit, université de Dijon.

DYONET Nicole, « Gestes et paroles de la vie quotidienne au XVIIIe siècle : les ressources des archives judiciaires », *Les Archives du délit...*, 1990, p. 29-45 ; « Relations de droit et relations de fait. Les officiers de maréchaussée et les justices seigneuriales, municipales et royales au XVIIIe siècle », *Les Officiers moyens...*, 2001, p. 51-70.

EDELSTEIN Melvin, « Le bonheur est dans la conciliation : les élections des juges de paix en Côte-d'Or (automne 1790-10 brumaire an IV) », *Le Bonheur est une idée neuve. Hommage à Jean Bart*, Dijon, Publications du Centre Georges Chevrier, vol. 15, 2000, p. 163-178.

EGRET Jean, *Le Parlement de Dauphiné et les affaires publiques dans la deuxième moitié du XVIIIe siècle*, Paris, Arthaud, 1942, 2 vol., XXX-331 et 419 p. rééd. Roanne, Horvath, 1988 ; *Louis XV et l'opposition parlementaire : 1715-1774*, Paris, A. Colin, 1970, 254 p. ; *La Pré-révolution (1787-1788)*, Paris, PUF, 1962, 400 p.

ELIAS Norbert, *La Civilisation des mœurs*, Paris, Calmann-Lévy, 1973, 342 p.

ELLUL Jacques, *Histoire des institutions (XVIe-XVIIIe siècle)*, Paris, PUF, 1956, réédition et mise à jour, 1989, 629 p.

EMMANUELLI François-Xavier, *État et pouvoirs dans la France des XVIe-XVIIIe siècles : la métamorphose inachevée*, Paris, Nathan, 1992, 328 p.[85].

ESCAT Marcel, « Une justice seigneuriale : Siorac-en-Périgord [Dordogne] », *Bulletin de la Société d'art et d'histoire de Sarlat*, n° 57, 1994, p. 46-52.

ESTAINTOT Robert comte de, *Un procès entre deux seigneurs hauts justiciers (Valmont et Cany-Caniel) au XVIIIe siècle*, Rouen, A. Lestringant, 1891, 57 p ; *Recherches sur les hautes justices féodales existant en 1789 dans les limites du département de la Seine-Inférieure*, Rouen, A. Lestringant, 1892, 55 p.

FAGE René, *Une Ancienne Justice. La cour d'appeaux de Ségur*, Limoges, Chapoulaud, 1880, 147 p.

FALLOUX Catherine, « Un exemple de justice seigneuriale : Morannes [Maine-et-Loire] au XVe siècle », *Cahiers du Baugeois*, n° 30, 31 et 32, 1996, p. 23-45, 58-85 et 50-72.

FARCY Jean-Claude, « Les archives judiciaires et l'histoire rurale : l'exemple de la Beauce au XIXe siècle », *Revue historique*, n° 524, 1977, p. 313-352 ; « Peut-on mesurer l'infrajudiciaire ? », *L'Infrajudiciaire...*, 1996, p. 109-127 ; *Histoire de la justice française de la Révolution à nos jours : trois décennies de recherche*, Paris, PUF, 2001, 494 p.

FARGE Arlette, *La Vie fragile. Violences, pouvoirs et solidarités à Paris au XVIIIe siècle*, Paris, Hachette, 1986, 358 p. ; « Faire ou non scandale : une des formes du lien social à Paris au XVIIIe siècle », *Pensées et Hommes*, n° 7, 1988, p. 27-33 ; « Les archives du singulier. Réflexions à propos des archives judiciaires comme matériau de l'histoire sociale », *Histoire sociale, histoire globale. Actes du colloque de l'IHMC (1989)*, Paris, EHESS, 1993, p. 183-189 ; *Le Cours ordinaire des choses dans la cité du XVIIIe siècle*, Paris, Seuil, 1994, 148 p.[86] ; — et ZYSBERG André, *Les Théâtres de la violence à Paris au XVIIIe siècle*, Paris, Seuil, 1992, 311 p.

FAROUK Ahmed, « Plaintes et sentences dans le bailliage de Versailles, 1690-1790 », thèse de 3e cycle, université Paris IV, 1982, 196 p. ; « Rupture et mutation de la justice royale : le bailliage royal de Versailles au XVIIIe siècle », *Histoire, Économie et Société*, 1983, n° 2, p. 303-335.

FARR James Richard, *Authority and Sexuality in Early Modern Burgundy (1550-1730)*, New York, Oxford university presse, 1995, VIII-252 p.

FEDOU René, *Les Hommes de loi lyonnais à la fin du Moyen Âge*, Paris, 1964, 526 p ; « Les sergents à Lyon aux XIVe et XVe siècles : une institution, un type social », *Bulletin philologique et historique du CTHS*, 1964, p. 283-292.

FENET Jean, « Un procès historique deux fois séculaire : la lutte entre le bailliage présidial de Bourg, et les seigneurs hauts-justiciers de Bresse, au sujet du ressort des justices seigneuriales de 1601 à la Révolution », *Mémoires de la Société d'histoire du droit des anciens pays bourguignons*, n° 2, 1935, p. 188-202.

FERRAND Luc, *Société et criminalité à Issy et Vaugirard au XVIIIe siècle. Conflits et représentations dans un monde villageois dense, 1760-1767*, mémoire de maîtrise, université Paris X – Nanterre, 1986 ; « Villageois entre eux », *Porter plainte...*, 1990, p. 49-72.

FERRIÈRES Madeleine, « Présentation... », *Les Statuts communaux...*, 1999, p. 5-9 ; « Une enquête sur les statuts de Vaucluse. Les statuts de Gigondas (1592) », *Histoire et Sociétés rurales*, n° 16, 2e semestre 2001, p. 177-204 ; « Présentation... », *Police champêtre...*, 2003 (à paraître) ; — et FOURNIER Patrick, « Statuts communaux et justices seigneuriales dans le Comtat Venaissin (XVIe-XVIIIe siècle) », *Les Justices de village*, 2002, p. 171-186.

FESTY Octave, *Les Délits ruraux et leur répression sous la Révolution et le Consulat, étude d'histoire économique*, Paris, Marcel Rivière, 1956, 199 p.

FIGUEIRA Anne, *Les Mentalités et les comportements populaires à Courtivron au XVIIIe siècle (d'après la justice seigneuriale, 1700-1785)*, mémoire de maîtrise, université de Dijon, 1995, 130 p. ; *Essai sur les « comportements et mentalités populaires » dans le bailliage dijonnais aux XVIe, XVIIe, XVIIIe siècles d'après les archives des justices seigneuriales*, mémoire de DEA, université de Dijon, 1996, 110 p.

85. Notice complète : FOLLAIN, « Guide bibliographique... », *op. cit.*, p. 403.
86. Extraits d'archives judiciaires.

FLANDIN-BETTY Pierre, « Notes sur la justice ordinaire de Cavaignac-en-Quercy, vicomté de Turenne, du XIIe au XVIIIe siècle », *Bulletin de la Société d'études du Lot*, 1965, fasc. 3, p. 183-210.

FLEURQUIN Alexandre, *De l'Administration du village sous l'Ancien Régime*, Paris, V. Giard et E. Brière, 1899, 246 p.[87].

FOISIL Madeleine, *La Révolte des nu-pieds et les révoltes normandes de 1639*, Paris, PUF, 1970, 368 p. ; *Le Sire de Gouberville. Un gentilhomme campagnard au XVIe siècle*, Paris, Aubier-Montaigne, 1981, 288 p.

FOLLAIN Antoine, *Les Juridictions royales subalternes en Normandie du XVIe au XVIIIe siècle, bailliages et vicomtés de Caux, d'Evreux, de Gisors et de Rouen*, mémoire de DEA, université de Rouen, 1989, 408 p. ; *Les Solidarités rurales : le public et le privé dans les communautés d'habitants en Normandie du XVe siècle à 1800*, thèse d'histoire, université de Rouen, 1993, 1381 p. ; « Une comptabilité villageoise normande au XVIe siècle », *Histoire et Sociétés rurales*, 1996, n° 6, p. 127-142 ; « Les juridictions subalternes, 1. Sièges et ressorts des bailliages et vicomtés en Normandie sous l'Ancien Régime », *Annales de Normandie*, 1997, n° 3, p. 211-226 ; « Les communautés rurales en Normandie sous l'Ancien Régime. Identité communautaire, institutions du gouvernement local et solidarités », *Revue d'histoire moderne et contemporaine*, octobre-décembre 1998, p. 691-721 ; « Les juridictions subalternes, 2. Entre service et commerce, honneur et perversité de la justice aux XVIe et XVIIe siècles », *Annales de Normandie*, 1999, n° 5, p. 539-566 [1999a] ; « Les communautés rurales en France. Définitions et problèmes (XVe-XIXe siècle) », *Histoire et Sociétés rurales*, n° 12, 2e semestre 1999, p. 11-62 [1999b] ; « Les paysans, la terre et l'impôt à Camembert au XVIIe siècle. Un système fiscal bloqué ? », *Enquêtes rurales*, n° 6, 1999, p. 39-82 [1999c] ; « De la justice seigneuriale à la justice de paix », *Rapport d'étape du Contrat de recherche de l'HIRES avec la Mission droit justice*, 2002 (à paraître) [2002a] ; « Justice seigneuriale, justice royale et régulation sociale du XVe au XVIIIe siècle : rapport de synthèse », et « De l'ignorance à l'intégration. Déclarations, édits et ordonnances touchant la justice seigneuriale aux XVIe et XVIIe siècles », *Les Justices de village...*, 2002, p. 9-58 et p. 123-144 [2002b et 2002c] ; « Policer et juger soi-même : la meilleure ou la pire des choses ? Les questions de pâture en Anjou, des communautés aux municipalités et des juridictions d'Ancien Régime à celles de la France contemporaine », *Police champêtre...*, 2003 (à paraître) ; — et PLEINCHÊNE Katia, « Règlements pour les communaux du comté de Beaufort en Vallée d'Anjou, du XVe au XVIIIe siècle », *Histoire et Sociétés rurales*, n° 14, 2e semestre 2000, p. 217-242 ; *id.*, « Les communaux en Anjou du XVe au XIXe siècle : de la commune pâture à la vaine pâture et au partage », *Annales de Bretagne et des Pays de l'Ouest*, 2001, n° 1, p. 21-52.

FONT-RÉAULX Jacques DE, « Saumane aux alentours de 1500 d'après les registres de justice », *Bulletin philologique et historique du CTHS. Actes du 30e congrès national. Nice, 1965*, Paris, CTHS, 1966, p. 427-435.

FORTUNET [DE LOISY] Françoise, *Charité ingénieuse et pauvre misère. Les baux à cheptel simple en Auxois aux XVIIIe et XIXe siècles*, Dijon, EUD, 1986, 392 p.[88] ; « Le prix de la liberté : les baux à cheptel simple en Auxois sous le directoire », *Mémoires de la Société d'histoire du droit des anciens pays bourguignons*, n° 43, 1986, p. 155-162 ; « L'expérience d'une justice au quotidien : être juge de paix et conciliateur », *Hommages à Gérard Boulvert*, Nice, Service d'édition scientifique, 1987, p. 221-231 ; « Époisses à la fin de l'Ancien Régime : une communauté immobile ou Révolution Silencieuse ? », *ibid.*, n° 46, 1989, p. 179-186 ; « Du malheur des femmes *en puissance de maris* au siècle des Lumière », *ibid.*, n° 47, 1990, p. 171-174 ; —, FOSSIER Marcel, KOZLOWSKI Nathalie et VIENNE Suzanne, *Pouvoir municipal et communauté rurale à l'époque révolutionnaire en Côte-d'Or de 1789 à l'an IV*, Dijon, Presses universitaires, 1981, 169 p.

FOSSIER Robert, *La Terre et les hommes en Picardie jusqu'à la fin du XIIIe siècle*, Louvain, Nauwelaerts, 1968, 2 t., 828 p. rééd. CRDP d'Amiens, 1987, 353 p.

FOUCAULT Michel, *Surveiller et punir. Naissance de la prison*, Paris, Gallimard, 1975, 342 p.

FOURET Claude, *La Violence, l'amour et le pouvoir. La criminalité à Douai de 1496 à 1520*, thèse de 3e cycle, université Lille III, 1984, 341 p. ; « Douai au XVIe siècle : une sociologie de l'agression », *Revue d'histoire moderne et contemporaine*, 1987, p. 3-30.

FOURNIER Georges, « Le Parlement de Toulouse et les communautés d'habitants du Languedoc au XVIIIe siècle », *Les Parlements de Province...*, 1996, p. 523-536.

FOURNIER Patrick, « Statuts communaux et législation provinciale à l'époque moderne dans le Comtat Venaissin et la principauté d'Orange : l'exemple du droit et des usages agricoles de l'eau », *Les Statuts communaux...*, 1999, p. 17-29 ; « L'application de la norme champêtre en Roussillon : l'exemple de la juridiction des surposés de l'horte », *Police champêtre...*, 2003 (à

87. Thèse d'histoire du droit, université de Paris, 1899.
88. Thèse d'histoire du droit, université de Dijon, 1978.

paraître) ; — et FERRIÈRES Madeleine, « Statuts communaux et justices seigneuriales dans le Comtat Venaissin (XVe-XVIIIe siècle) », *Les Justices de village...*, 2002, p. 171-186.

FOURQUIN Guy, *Seigneurie et Féodalité au Moyen Âge*, Paris, PUF, 1970, 242 p.

FRÊCHE Georges, *Toulouse et la région Midi-Pyrénées au siècle des Lumières. Vers 1670-1789*, Paris, Cujas, 1974, 983 p.[89].

FUHRMANN Joëlle, « Punition de la violence par la violence : cruauté des sanctions dans le droit pénal médiéval en Allemagne », *Senéfiance*, n° 36, numéro spécial *La Violence dans le monde médiéval*, 1994, p. 219-234.

GALLET Jean, *La Seigneurie bretonne, 1450-1680. L'exemple du Vannetais*, Paris, Publications de la Sorbonne, 1983, 647 p. ; « Pouvoirs de commandement dans les seigneuries bretonnes des temps modernes », *Actes du 105e congrès national des Sociétés savantes, Caen, 1980, Section philologie et histoire*, t. 1, Paris, CTHS, 1984, p. 211-229 ; « Deux seigneuries du Saulnois à la veille de la Révolution, Arraye et Vergaville », *Annales de l'Est*, 1985, n° 4, p. 227-260 ; *Le Bon plaisir du baron de Fénétrange*, Nancy, Presses universitaires de Nancy, 1990, 262 p. ; *Seigneurs et paysans bretons du Moyen Âge à la Révolution*, Rennes, Ouest-France université, 1992, 340 p. ; *Seigneurs et paysans en France, 1600-1793*, Rennes, éditions Ouest-France, 1999, 309 p. [1999a] ; « Les transformations de la seigneurie en France », *Histoire, Économie et Société*, 1999, n° 1, p. 63-82 [1999b] ; « Les justices seigneuriales dans les duchés de Lorraine et de Bar sous le règne de Léopold Ier (1698-1729) », *Les Justices de village...*, 2002, p. 239-258.

GARAPON Antoine, *L'Âne portant des reliques. Essai sur le rituel judiciaire*, Paris, Le Centurion, 1985, 211 p. ; *Bien juger. Sur le rituel judiciaire*, Paris, Odile Jacob, 1997, 335 p.[90].

GARNOT Benoît, « Délits et châtiments en Anjou au XVIIIe siècle », *Annales de Bretagne et des Pays de l'Ouest*, 1981, n° 3, p. 283-304 ; « La délinquance en Anjou au XVIIIe siècle », *Revue historique*, n° 554, 1985, p. 305-315 ; « Une illusion historiographique : justice et criminalité au XVIIIe siècle », *Revue historique*, n° 570, avril-juin 1989, p. 361-379 ; *Le Peuple au siècle des Lumières : échec d'un dressage culturel*, Paris, Imago, 1990, 244 p. ; « Pour une histoire nouvelle de la criminalité au XVIIIe siècle », *Revue historique*, n° 584, 1992, p. 289-303 [1992a] ; « L'historiographie de la criminalité pour la période moderne », *Histoire de la criminalité...*, 1992, p. 25-29 [1992b] ; *Histoire de la justice depuis l'an mil*, Paris, Nathan, 1993, 128 p. ; « L'insécurité des personnes au XVIIIe siècle », *Utinam*, 1994, n° 9, p. 31-39 [1994a] ; *Vivre en prison au XVIIIe siècle : lettres de Pantaléon Gougis, vigneron chartrain, 1758-1762*, Paris, Publisud, 1994, 233 p. [1994b] ; « La législation et la répression des crimes dans la France moderne », *Revue historique*, n° 593, 1995, p. 75-90 ; « Présentation », et « L'ampleur et les limites de l'infrajudiciaire dans la France d'Ancien Régime (XVIe-XVIIe-XVIIIe siècles) », *L'Infrajudiciaire...*, 1996, p. 69-76 [1996a et 1996b] ; « La perception des délinquants en France du XIVe au XIXe siècle », *Revue historique*, n° 600, 1996, p. 349-363 [1996c] ; « Le bon magistrat et les mauvais juges à la fin du XVIIe siècle », *Juges, notaires...*, 1997, p. 17-32 ; « Deux approches des procès pour injures en Bourgogne au XVIIIe siècle », *La Petite délinquance...*, 1998, p. 431-441 [1998a] ; « La violence et ses limites dans la France du XVIIIe siècle : l'exemple bourguignon », *Revue historique*, n° 606, 1998, p. 237-254 [1998b] ; « L'histoire de la criminalité en France à l'époque modern », *Annales de l'Est*, 1998, n° 2, p. 251-257 [1998c] ; « Une communauté rurale face à la loi et à la justice à la fin du XVIIIe siècle », *Église, Éducation, Lumières... Mélanges Quéniart*, Rennes, PUR, 1999, p. 357-362 [Côte-d'Or, Curgy-le-Château] ; *Crime et justice aux XVIIe et XVIIIe siècles*, Paris, Imago, 2000, 208 p. [2000a] ; « Justice, infrajustice, parajustice et extrajustice dans la France d'Ancien Régime », *Crime, histoire et sociétés/Crime, History and Societies*, 2000, n° 1, p. 103-120 [2000b] ; *Justice et société en France aux XVIe, XVIIe et XVIIIe siècles*, Paris, Ophrys, 2000, 249 p. [2000c] ; « Justices seigneuriales et régulation sociale : l'exemple bourguignon au XVIIIe siècle », *Les Justices de village...*, 2002, p. 197-204.

GASPARINI Éric, « La justice seigneuriale en Gévaudan à la veille de la Révolution : l'exemple du Fau de Peyre », *Mémoires de la Société pour l'histoire du droit et des institutions des anciens pays bourguignons, comtois et romands*, 1999, p. 181-198 ; « Justice seigneuriale et régulation sociale : l'exemple de quelques seigneuries comtoises dans la seconde moitié du XVIIIe siècle », *Les Justices de village...*, 2002, p. 259-268.

GASPARRI Françoise, *Crimes et châtiments en Provence au temps du roi René : procédure criminelle au XVe siècle*, Paris, Le Léopard d'or, 1989, 467-10 p. ; « La criminalité en Provence au XVe siècle », *Histoire et criminalité...*, 1992, p. 167-173.

GAUTHIER Gaston, « Les registres de deux basses justices seigneuriales (XVIe et XVIIIe siècles) », *Bulletin de la Société nivernaise des lettres...*, 1898, n° 3, p. 233-251, et Nevers, Impr. de G. Vallière, 1897, 19 p.[91].

89. Notice complète : FOLLAIN, « Guide bibliographique... », *op. cit.*, p. 406.

90. Thèse d'histoire du droit, université Paris II, 1982.

91. Juridictions de Séchamps et Saint-Sulpice-le-Chatel (justices établies à Sichamps : Nièvre, ar. Cosne-Cours-sur-Loire, c. Prémery).

GAUVARD Claude, *Une question d'État et de Société : violence et criminalité en France à la fin du Moyen Âge*, thèse d'histoire, université Paris I, 1989, 1807 p. ; « *De grace especial* », *Crime, État et Société en France à la fin du Moyen Âge*, Paris, Publications de la Sorbonne, 1991, 1025 p ; « Violence citadine et réseaux de solidarité, l'exemple français aux XIVe et XVe siècles », *Annales ESC*, sept-oct. 1993, p. 1113-1126 ; « Les sources judiciaires à la fin du Moyen Âge peuvent-elles permettre une approche quantitative du crime ? », *Commerce, finances et société (XIe-XVIe siècle), recueil de travaux d'histoire médiévale offerts à M. le professeur Henri Dubois*, Paris, Publications de la Sorbonne, 1993, p. 469-448 ; « Discipliner la violence dans le royaume de France aux XIVe et XVe siècles : une affaire d'État ? », *Disziplinierung im Alltag des Mittelalters und der frühen Neuzeit*, Vienne, 1999, p. 173-204 ; « Mémoire du crime, mémoire des peines : justice et acculturation pénale en France à la fin du Moyen Âge », *Saint-Denis et la royauté. Études offertes à Bernard Guénée...*, Paris, Publications de la Sorbonne, 1999, p. 691-710 ; « L'honneur du roi. Peines et rituels judiciaires au Parlement de Paris à la fin du Moyen Âge », *Les Rites de la justice au Moyen Âge...*, Paris, Le Léopard d'or, 2000, p. 99-123 ; « Avant-propos » et « Conclusion », *Le Règlement des conflits au Moyen Âge...*, 2001, p. 7-9 et 369-391.

GAVEAU Fabien, « Délinquance et pâturage dans le nord de la Côte-d'Or : l'accident, l'usage et le délit (1830-1850) », *La Petite délinquance...*, 1998, p. 361-371 ; « De la sûreté des campagnes. Police rurale et demandes d'ordre en France dans la première moitié du XIXe siècle », *Crime, Histoire & Sociétés*, 2000, n° 2, p. 53-76 [2000a] ; « De l'art d'être victime. Préjudice et rhétorique dans les campagnes de la France du Nord et de l'Est dans la première moitié du XIXe siècle », *Les Victimes...*, 2000, p. 147-155 [2000b].

GEARY Patrick J., « Vivre en conflit dans une France sans État : typologie des mécanismes de règlements des conflits, 1050-1200 », *Annales ESC*, 1986, p. 1107-1133.

GENOT Viviane, *Une Justice seigneuriale en Haute-Auvergne de 1758 à 1786 : Ladinhac*, mémoire de DEA, université Toulouse I, 1994, 274 p. [92].

GIFFARD André, *Les Justices seigneuriales en Bretagne aux XVIIe et XVIIIe siècles (1661-1791)*, Paris, A. Rousseau, 1902. XXVIII-376 p. reprint Brionne, Gérard Monfort, 1979 [93].

GIRARDOT [-CLÉMENT] Christelle, *La Justice seigneuriale de Frôlois à la fin de l'Ancien Régime (1770-1789)*, mémoire de maîtrise, université de Dijon, 1994, 230 p. ; *Les Justices seigneuriales du bailliage de Châtillon-sur-Seine au XVIIIe siècle (études par sondages)*, mémoire de DEA, université de Dijon, 1995, 310 p.

GLEIZE Fabienne, *La Justice seigneuriale de Besse au dernier siècle de l'Ancien Régime* (1755-1790), mémoire de maîtrise, université de Clermont-Ferrand, 1978, 203 p.

GLITA Pierre, *Crimes et délits en forêt de Meudon, 1680-1752*, mémoire de maîtrise, université Paris X – Nanterre, 1991, 182 p.

GONTHIER Nicole, « Les bannis en Lyonnais à la fin du Moyen Âge », *Les marginaux et les autres*, Paris, Imago, 1990, p. 35-48 ; « L'histoire de la criminalité dans les périodes médiévales : essai d'historiographie », *Histoire de la criminalité...*, 1992, p. 21-24 ; *Délinquance, justice et société dans le Lyonnais médiéval, de la fin du XIIIe au début du XVIe siècle*, Paris, Arguments, 1993, 383 p. ; « Faire la paix : un devoir ou un délit ? Quelques réflexions sur les actions de pacification à la fin du Moyen Âge », *L'Infrajudiciaire...*, 1996, p. 37-54 ; *Le Châtiment du crime au Moyen Âge, XIIe-XVIe siècles*, Rennes, PUR, 1998, 215 p.

GOUBERT Pierre, « Les officiers royaux des présidiaux, bailliages et élections dans la société française du XVIIe siècle », *XVIIe siècle*, 1959, n° 2, p. 54-75 ; *Beauvais et le Beauvaisis de 1600 à 1730. Contribution à l'histoire sociale de la France du XVIIe siècle*, Paris, SEVPEN, 1960, 2 vol., LXXII-953 p. et 119 p. ; *L'Ancien Régime*, t. 1 : *La société*, Paris, A. Colin, 1969, 271 p. ; « Sociétés rurales françaises du XVIIIe siècle : vingt paysanneries contrastées. Quelques problèmes », *Conjoncture économique. Structures sociales, Hommage à Ernest Labrousse*, Paris-La Haye, Mouton, 1974, p. 375-387 ; *La Vie quotidienne des paysans français au XVIIe siècle*, Paris, Hachette, 1982, 319 p. ; — et ROCHE Daniel, *Les Français et l'Ancien Régime*, Paris, A. Colin, 1991, 2 t., 383 et 392 p. ; — et DENIS Michel, *1789. Les Français ont la parole : cahiers de doléances des États généraux*, Paris, Julliard, 1964, 267 p. rééd. 1973 et 1989.

GOURON André, « Coutumes et commentateurs : essai d'analyse quantitative », *Droit privé et institutions régionales. Études historiques offertes à Jean Yver*, Paris, PUF, 1976, p. 321-332 ; *Droit et coutume en France aux XIIe et XIIIe siècles*, Adershot (Grande-Bretagne), Variorum, 1993, X-336 p. [94] ; — et TERRIN Odile, *Bibliographie des coutumes de France, éditions antérieures à la Révolution*, Genève, Droz, 1975, 297 p.

92. Thèse d'histoire du droit en cours : *Les Justices seigneuriales de Haute-Auvergne au Siècle des Lumières (1695-1791)*, université Toulouse I.

93. Thèse d'histoire du droit, université de Paris. Passe pour le « modèle du genre ». Un genre qui serait donc surtout préoccupé d'aspects généraux (juridiques) et qui se serait beaucoup servi des archives du parlement et de l'intendance...

94. Recueil d'articles publiés entre 1985 et 1992.

GREENSHIELDS Malcom Ross, *An Economy of Violence in Early Modern France : Crime and Justice in the Haute Auvergne (1587-1664)*, University Park, The Pennsylvania State University Press, 1994, X-262 p.

GRESSET Maurice, *Gens de Justice à Besançon. De la conquête par Louis XIV à la Révolution française (1674-1789)*, Paris, Bibliothèque nationale, 1978, 873 p. ; « Gens de justice et criminalité en Franche-Comté, l'état de la recherche », *Annales de l'Est*, 1988, p. 259-263 ; *L'Introduction de la vénalité des offices en Franche-Comté, 1692-1704*, Paris, Les Belles Lettres, 1989, 186 p.

GUÉNÉE Bernard, *Tribunaux et gens de justice dans le bailliage de Senlis à la fin du Moyen Âge (vers 1300, vers 1550)*, Paris, Les Belles Lettres, 1963, XIV-589 p ; « Catalogue des gens de justice de Senlis et de leurs familles (1380-1550) », *Comptes-rendus et mémoires de la Société d'histoire et d'archéologie de Senlis*, 1979-1980, p. 20-84, et 1981-1982, p. 3-96.

GUILLAUME Emmanuel, *Justice seigneuriale et vie quotidienne dans la vallée du Mont-Dore au XVIIIe siècle*, Clermont-Ferrand, La Française d'édition et d'imprimerie, 1992, 186 p.[95].

GUILLAUME Olivier, *Les Seigneurs justiciers dans les Vosges*, mémoire de maîtrise, université Nancy II, 1990, 237 p.

GUILLEMET Dominique, « Proximité de la justice et justice de proximité dans les îles du Ponant aux XVIIe et XVIIIe siècles : justices seigneuriales et amirauté », *Journées régionales...*, 1999, p. 327-357[96].

GUILLEMINOT Solange, « La Justice d'Ancien Régime au XVIIIe siècle. 11 000 cas dans le présidial de Caen », *Histoire, Économie et Société*, 1988, n° 2, p. 187-208 ; *La Conflictualité dans le présidial de Caen au XVIIIe siècle*, thèse d'histoire, université de Caen, 1999, 73 vol., 3500 p.

GUILLERMET Karine, *Une justice seigneuriale en Bourgogne : Genlis, de 1737 à 1748*, mémoire de maîtrise, université de Dijon, 1995, 160 p.

GUILMAIN Jean, *Le Procès civil dans les justices seigneuriales d'après Philippe de Beaumanoir (1283)*, Bordeaux, Impr. de Buère, 1937, 181-27 p.[97].

GUTTON Jean-Pierre, *La Société et les pauvres, l'exemple de la généralité de Lyon, 1534-1789*, Paris, Les Belles Lettres, 1971, 504 p. ; « Reinages, abbayes de jeunesse et confréries dans les villages de l'ancienne France », *Cahiers d'histoire*, 1975, p. 443-453[98] ; *Villages du Lyonnais sous la monarchie (XVIe-XVIIIe siècles)*, Lyon, PUL, 1978, 172 p. ; *La Sociabilité villageoise dans l'ancienne France, solidarités et voisinages du XVIe au XVIIIe siècle*, Paris, Hachette, 1979, 294 p. réédité en 1998 ; « La fête au village », *Hommage à Maurice Bordes, Annales de la Faculté des lettres et sciences humaines de Nice*, n° 45, 1983, p. 167-189[99].

GUYON Gérard-D., « L'information criminelle et la détention avant jugement du Moyen Âge au XVIIIe siècle », *Les Atteintes à la liberté de l'inculpé... Actes du VIIe congrès de l'Association française de droit pénal*, Bordeaux, Presses de l'université de Bordeaux I, 1984, p. 49-73 ; « Utopie religieuse et procès pénal, l'héritage historique : Ve-XVe siècle », *Le Procès. Archives de la philosophie du droit*, t. 39, 1994, p. 105-124[100] ; « Proximité des procédures et proximité des peines dans la justice pénale de l'ancien droit », *Journées régionales...*, 1999, p. 73-105.

HAMADA Mi[t]chio, « Une seigneurie et sa justice en Beaujolais aux XVIIe et XVIIIe siècles : Saint-Lager », *Bulletin du Centre d'histoire économique de la région lyonnaise*, 1985, n° 2, p. 19-31[101].

HANAWALT Barbara A., « Community Conflict and Social Control : Crime and Justice in the Ramsey Abbey Villages », *Medieval Studies*, n° 39, 1977, p. 402-423 ; *Crime and Conflict in English Communities 1300-1348*, Cambridge, Massachusetts, Harvard University Press, 1979, XIII-358 p.

HANLON Gregory, *L'Univers des gens de bien : culture et comportements des élites urbaines en Agenais-Condomois au XVIIe siècle*, Talence, Presses universitaires de Bordeaux, 1989, V-387 p.[102] ; « Les rituels de l'agression en Aquitaine au XVIIIe siècle », *Annales ESC*, mars-avril 1985, p. 244-268.

HAYHOE Jeremy, *Judge in Their Own Cause. Seigneurial Justice in Northern Burgundy, 1750-1790*, Ph. D., université de Maryland [USA], 2001, 617 p.[103] ; « La police aux "Grands-Jours"

95. Initialement paru dans le *Bulletin historique et scientifique de l'Auvergne*, n° 710-711, juillet-décembre 1991, avec un choix de documents.
96. Thèse d'histoire, université de Poitiers, 1987 : *Insularité et archaïsmes : paysans et seigneurs à Belle-Île-en-Mer, 1660-1760.*
97. Thèse d'histoire du droit, université de Bordeaux, 1937.
98. Dans les régions considérées, ils sont souvent placés sous autorité seigneuriale.
99. Même remarque. Notice complète : FOLLAIN, « Guide bibliographique... », *op. cit.*, p. 428.
100. Sur les éléments religieux du procès pénal. Thème cher aux ethno-anthropologues, revu par un historien du droit.
101. Tiré d'une thèse de 3e cycle de l'université Lyon II, 1984, apparemment perdue dans l'incendie de 1999. Un autre résumé de la thèse a été publié dans *Socio-Economic History*, vol. 64, n° 4 sous le titre « Seigneurial Justice in Eighteenth-Century Beaujolais : the Jurisdiction of Saint-Lager and Its *Environs* ».
102. Thèse de 3e cycle, université Bordeaux III, 1983.
103. L'auteur référence de nombreuses publications anglo-saxonnes sur la justice en France.

dans la Bourgogne du nord : pouvoir des seigneurs ou auto-régulation ? », *Les Justices de village...*, 2002, p. 205-218 ; « Litigations over Communal Farming in Northern Burgundy, 1750-1790 », *Agricultural History Review*, 2003 (à paraître).

HENRION DE PANSEY Pierre-Paul-Nicolas, *De la compétence des juges de paix...*, Paris, T. Barrois père, 1813, in-8°, XVI-576 p. ; *Du Pouvoir municipal et de la police intérieure des communes, par le président Henrion de Pansey, 3e édition, augmentée d'un discours prononcé à la rentrée de la Cour de cassation par M. le premier président, de la loi sur l'organisation municipale et d'une introduction par M. Parent Réal*, Paris, T. Barrois père et B. Duprat, 1833, in-8°, XXIII-377 p. ; *Du Pouvoir municipal, de sa nature, de ses attributions et de ses rapports avec l'autorité judiciaire*, Paris, T. Barrois père, 1820, in-8°, 103 p. [104].

HENRY Philippe, *Crime, justice et société dans la principauté de Neuchâtel au XVIIIe siècle (1707-1806)*, Neuchâtel, éd. de la Baconnière, 1984, 808 p.

HENWOOD Annie, « Les archives de la justice de Maule, XVIIe-XVIIIe siècles », et « Les archives des justices de Juziers et de Fontenay-Saint-Père, XVIIe-XVIIIe siècles », *Annales historiques du Mantois*, n° 9-101, 1980-1981, p. 65-82 et p. 83-99.

HICKEY Daniel, et PITRE Marc, « Rendre justice dans une communauté rurale de l'Ancien Régime : Grignan et l'affaire Bertholon en 1702 », *Cahiers d'histoire*, 1999, n° 3, p. 375-397.

HILAIRE Jean, « Communautés rurales et pratiques juridiques à la lisière de pays de droit écrit (à propos d'un registre saintongeais du XVe siècle) », *Revue de la Saintonge et de l'Aunis*, 1982, p. 45-79 ; « Coutumes et droit écrit : recherche d'une limite », *Mémoires de la société pour l'histoire du droit et des anciens pays bourguignons, comtois et romands*, 1984, p. 153-175 ; « Coutumes rédigées et gens des champs (Angoumois, Aunis et Saintonge) », *Revue d'histoire du droit*, 1987, n° 4, p. 545-573 ; « Coutumes rédigées et gens des champs (Angoumois, Aunis, Saintonge) », *Revue d'histoire du droit*, 1987, p. 545-573 ; *La Vie du droit : coutumes et droit écrit*, Paris, PUF, 1994, 308 p. ; « La recherche dans les sciences juridiques et la justice de proximité », *Journées régionales...*, 1999, p. 3-13.

HUFTON Olwen, « Attitudes towards Authority in Eighteenth-Century Languedoc », *Social History*, 1978, n° 3, p. 281-302 ; « Le paysan et la loi en France au XVIIIe siècle », *Annales ESC*, mai-juin 1983, p. 679-701.

HUMBERT[-CONVAIN] Sylvie, « Justice de paix et République en Flandres », *Justice et République(s)...*, Lille, Ester éditions, 1993, p. 111-135 ; « Des apaiseurs aux juges de paix : une continuité en Flandre », *Le Juge de paix. Actes de la table ronde tenue à Lille le 22 mars 1993*, Lille, Centre d'histoire judiciaire, 1995, p. 5-30 ; « Les juges de paix du Nord, garants des lois et règlements municipaux », *Du Directoire au Consulat, 1, Le lien politique local dans la Grande Nation*, Villeneuve-d'Ascq, Centre de recherche sur l'histoire de l'Europe du Nord-Ouest, 1999, p. 233-243.

IMBERT Gilbert, *Actes notariés et chicanes villageoises : recueil d'actes notariés dressés à Nouvelle-en-Rouergue aux XVIIe et XVIIIe siècles*, Toulouse, Amis des Archives, 1992, 232 p.

ISBLED Bruno, « Criminalité et justice criminelle au milieu du XVIIe siècle à Saint-Germain-des-Prés », *Position des thèses de l'École des Chartes*, 1984, p. 55-64.

JACQUART Jean, *La Crise rurale en Île-de-France, 1550-1670*, Paris, A. Colin, 1974, 800 p. ; « Deuxième partie, Immobilisme et catastrophes », *Histoire de la France rurale*, Paris, Seuil, 1975, t. II, p. 185-353, rééd. coll. « Point Histoire », 1992 ; « Réflexions sur la communauté d'habitants », *Bulletin du Centre d'histoire économique et sociale de la région lyonnaise*, 1976, n° 3, p. 1-25 ; *Paris et l'Île-de-France au temps des paysans, XVIe et XVIIe siècles. Recueil d'articles*, Paris, Publications de la Sorbonne, 1990, 398 p. [105].

JACQUOT François, *Justice et vie quotidienne dans la prévôté de Montbozon à la fin de l'Ancien Régime (1780-1790)*, mémoire de maîtrise, université de Besançon, 1994, 102 p.

JARNOUX Philippe, « Le personnel des justices seigneuriales en Basse Bretagne au XVIIIe siècle », *Les Justices de village...*, 2002, p. 297-310.

JEANCLOS Yves, *L'Arbitrage en Bourgogne et en Champagne du XIIe au XVe siècle. Étude de l'influence du droit savant, de la coutume et de la pratique*, Dijon, Centre de recherches historiques, 1977, X-347 p. [106].

JESSENNE Jean-Pierre, « Le pouvoir des fermiers dans les villages d'Artois (1770-1848) », *Annales ESC*, 1983, p. 702-734 ; *Pouvoir au village et Révolution. Artois, 1760-1848*, Lille, Presses universitaires de Lille, 1987, 308 p. ; « La mise en place des administrations locales dans le Pas-de-Calais en 1790 : adhésions et conflits » et « Conclusions », *Pouvoir local et Révolution, la frontière intérieure*, Rennes, PUR, 1995, p. 223-248 et p. 564 [1995a] ; « Du sujet au citoyen. La participation rurale aux affaires publiques de l'Ancien Régime au consulat », *L'Histoire rurale en France..., Histoire et Sociétés rurales*, n° 3, 1er semestre 1995, p. 123-136 [1995b].

104. Auteur avant la Révolution d'une reprise du *Traité des fiefs de Dumoulin, analysé et conféré avec les autres feudistes...* (1773) et de *Dissertations féodales...* (1789).

105. Dont : « Réflexions sur la communauté... », p. 157-181, et « Un procès au village », p. 183-189.

106. Thèse d'histoire du droit, université Paris II, 1971.

JONES Walton Glyn, « Keeping the Peace : English Society, Local Government, and the Commissions of 1341-1344 », *American Journal of Legal History*, n° 18, 1974, p. 307-320.

JOUNEAUX Olivier, « Villageois et autorités », *Porter plainte…*, 1990, p. 101-118 ; « Villageois et autorités locales dans un pays de vignoble : l'exemple de quelques communautés rurales de la région parisienne (1750-1790) », *La Culture paysanne (1750-1830), numéro spécial des Annales de Bretagne*, 1993, n° 4, p. 533-544 ; *Villageois et autorités locales aux XVIIe et XVIIIe siècles. L'exemple de villages viticoles de la périphérie parisienne*, thèse d'histoire, université Paris X – Nanterre, 1994, 420 p. ; « Ordre, désordre et irrespect dans les villages d'Île-de-France aux XVIIe et XVIIIe siècles », *Les Justices de village…*, 2002, p. 145-170.

KAEUPER Richard W., « Law and Order in Fourteenth-century England : the Evidence of Special Commissions of Oyer and Terminer », *Speculum*, n° 54, 1979, p. 734-784 ; *Guerre, justice et ordre public. La France et l'Angleterre à la fin du Moyen Âge*, Paris, Aubier, 1994, 488 p.

KERVOELLEN Christian, *Deux seigneuries du Saulnois : Arraye et Vergaville*, mémoire de maîtrise, université Nancy II, 1985, 246 p. ; « Deux seigneuries du Saulnois », *Annales de l'Est*, 1986, n° 1, p. 3-34.

KOCH A. C., « L'origine de la haute et de la moyenne justice dans l'Ouest et le Nord de la France », *T. Rechtsgesch*, 1953, fasc. 4, p. 420-458.

LAFON Jacqueline, *La Révolution française face au système judiciaire d'Ancien Régime*, Genève-Paris, Droz, 2001, 464 p.

LALLEMAND-GAY Marie-Thérèse, « De la juridiction seigneuriale à la juridiction populaire dans les chartes de franchise du comté de Bourgogne », *Justice populaire. Actes des journées de la Société d'histoire du droit…, Lille, 1989*, Hellemmes, éd. Ester, 1992, p. 115-140.

LAMARRE Christine, « Quelques observations sur le fonctionnement des bailliages en Bourgogne et Lyonnais au XVIIIe siècle », *Ordre moral et délinquance…*, 1994, p. 429-436.

LANHERS Yvonne, « Crimes et criminels au XIVe siècle », *Revue historique*, n° 240, 1968, p. 325-338.

LAPASSET M., « La morale en action d'une petite société rurale au XVIIIe siècle (d'après les archives de la justice seigneuriale de l'abbaye d'Hauvilliers [Marne]) », *Éducation et culture en Champagne*, numéro spécial des *Études champenoises*, 1974, n° 4, p. 11-24.

LARRONDE Claude, *Saubanha* [Vic-en-Bigorre, Hautes-Pyrénées] *une seigneurie particulière*, Tarbes, Société académique des Hautes-Pyrénées, 1985, 195 p.

LAURANSON-ROSAZ Christian, « Les justices seigneuriales en Forez à la fin de l'Ancien Régime », *Bulletin du Centre de recherches historiques*, université de Saint-Étienne, 1988-1989, p. 37-78 [107] ; — et JEANNIN Alexandre, « La résolution des litiges en justice durant le haut Moyen Âge : l'exemple de l'apennis à travers les formules, notamment celles d'Auvergne et d'Angers », *Le Règlement des conflits…*, 2000, p. 21-33.

LAURENT Emmanuel, *Les Seigneurs justiciers du duché de Bar en 1708*, mémoire de maîtrise, université Nancy II, 1990, 2 vol., 143-166 p.

LAVOYE Rodrigue, « Les statistiques criminelles et le visage du justicier : justice royale et justice seigneuriale en Provence au Moyen Âge », *Provence historique*, fasc. 115, 1979, p. 3-20.

LEBIGRE Arlette, *Les Grands Jours d'Auvergne, désordres et répression au XVIIe siècle*, Paris, Hachette, 1976, 198 p. ; *La Justice du Roi. La Vie judiciaire de l'Ancienne France*, Paris, Albin Michel, 1988, 316 p. ; « Juristes et justice au quotidien aux XVIe et XVIIe siècles : la justice au quotidien », *La Justice au quotidien, Annales de Clermont-Ferrand*, vol. 29, 1993, p. 61-68 ; *L'Affaire des poisons : 1679-1682*, Bruxelles, Complexe, 1999, 173 p.

LECLERCQ Paulette, « Délits et répression dans un village de Provence (La Roquebrussanne) fin XVe début XVIe siècle », *Moyen Âge*, n° 34, 1977, p. 539-555.

LEGALL Yvon, « Montaigne et la justice : la proximité relève-t-elle de l'âge d'or ? », *Journées régionales…*, 1999, p. 29-51 [108].

LEGUAI André, *De la Seigneurie à l'État : le Bourbonnais pendant la guerre de Cent Ans*, Moulins, Impr. réunis, 1969, 435 p.

LELONG Jean, *La Vie et les œuvres de Charles Loyseau (1564-1627)*, Paris, F. Pichon et Durand-Auzias, 1909, 323 p. [109].

LEMAÎTRE Nicole, *Le Scribe et le mage. Notaires et société rurale en Bas-Limousin aux XVIe et XVIIe siècles*, Ussel, Musée du pays d'Ussel, et Paris, de Boccard, 2000, 410 p. [110].

107. D'après *Les Justices seigneuriales en Forez à la fin de l'Ancien Régime*, mémoire de DEA d'histoire du droit, 1973. La thèse d'histoire du droit porte sur une autre période et une autre thématique (*L'Auvergne et ses marges : Velay, Gévaudan, du VIIIe au XIe siècle…*, université Paris X – Nanterre, 1984).

108. Sur l'art de juger au XVIe siècle, requérant à la fois de la proximité et une distance.

109. Thèse d'histoire du droit, université de Paris, 1908-1909.

110. L'auteur (p. 185) revendique pour ses héros une position au « rez-de-chaussée judiciaire […] expression de M. Gresset » (*in* « Le notariat bisontin au dernier siècle de l'Ancien Régime (1692-1789) », *Les Actes notariés, source de l'histoire sociale… supra* Introduction de ce présent guide). *Le Scribe et le mage…* comprend le livre de raison des Terrade (notaires royaux) à la fin du XVIe siècle et dans la 1re moitié du XVIIe siècle (p. 305-312).

LEMERCIER Pierre, *Les Justices seigneuriales de la région parisienne de 1580 à 1789*, Paris, F. Loviton, 1933, 307 p.[111].

LEMONNIER-LESAGE Virginie, *Les Arrêts de règlement du Parlement de Rouen, fin XVIe-XVIIe siècles*, Paris, éd. Panthéon-Assas, 1999, 186 p.[112].

LE ROY LADURIE Emmanuel, *Les Paysans de Languedoc*, Paris-La Haye, SEVPEN, 1966, 2 vol., 1034 p., rééd. Paris, EHESS, 1985 ; *Les Paysans de Languedoc*, Paris, Flammarion, 1969, 383 p. ; « L'arbre de justice, un organigramme de l'État au XVIe siècle », *Revue de la Bibliothèque nationale*, 1985, n° 18, p. 18-35 ; *L'État royal de Louis XI à Henri IV, 1460-1610* et *L'Ancien Régime, 1610-1789*, Paris, Hachette, 1987 et 1991, 357 p. et 400 p.

LERICHE Reine, *Justiciers et justiciables en Bretagne à la fin du Moyen Âge, (1365-début XVIe)*, thèse d'histoire, université de Nantes, 1998, 350 p.

LE TALLEC Jean, *La Vie paysanne en Bretagne centrale sous l'Ancien Régime d'après les archives de la seigneurie de Corlay (Côtes-d'Armor)*, 2e éd. revue, corrigée et augmentée de notes complémentaires, Spezet, Coop Breizh, 1997, 270 p.

LEYTE Guillaume, *Domaine et domanialité publique dans la France médiévale, XIIe-XVe siècles*, Strasbourg, Presses universitaires de Strasbourg, 1996, 444 p.

LIGOU Daniel, « Les États de Bourgogne et les problèmes fiscaux à la fin du XVIIIe siècle », *Mélanges Antonio Marongiu. Études présentées à la Commission internationale pour l'histoire des assemblées d'États*, Bruxelles, édition de la librairie encyclopédique, 1968, p. 97-128 ; « Le personnel de l'Intendance et des États de Bourgogne. Aux origines du fonctionnarisme moderne », *Actes du 111e congrès national des Sociétés savantes. Section d'histoire moderne et contemporaine. Les pouvoirs régionaux : Représentants et élus...*, Paris, CTHS, 1987, p. 65-77.

LISBENEY Jacques, « La justice de Fontaine-lès-Dijon au XVIIIe siècle », *Mémoires de la société d'histoire du droit des anciens pays bourguignons*, t. 5, 1938, p. 207-209.

LOISEAU Victor, *De la Juridiction des maires de village, ou traité des contraventions de police, d'après les codes pénal et d'instruction criminelle, avec des formules claires et faciles basées sur ces codes*, Paris, Longchamps, 1812, 2e éd. revue, corrigée et augmentée, 1813, VIII-295 p.

LONCHAMPT Éléonor, *Précis des lois et de la jurisprudence sur la police rurale, sur la chasse et sur la pêche*, Paris, chez l'auteur, 1829, in-12, IV-351 p., rééd. 1838, in-12, IV-456 p. ; *Dictionnaire des justices de paix*, Paris, Vve C. Béchet, 1832, in-8°, 564 p. ; *Dictionnaire des justices de paix et des tribunaux de simple police*, Paris, E. Legrand et Videcoq, 1842, in-8°, 602 p. et Paris, Videcoq, 1852, 3e éd. ; *Formulaire d'actes à l'usage des juges de paix, des greffiers de justice de paix, des greffiers de police, des arbitres et des experts*, Paris, chez l'auteur, 1840, in-12, XVI-288 p.

LORCIN Marie-Thérèse, *Les Campagnes de la région lyonnaise aux XIVe et XVe siècles*, Lyon, impr. Bosc, 1974, XXXI-548 p. ; « Les paysans et la justice dans la région lyonnaise aux XIVe et XVe siècles », *Le Moyen Âge*, n° 74, 1968, p. 269-300.

LORGNIER Jacques, « Solutions coutumières ou procès ? De la difficulté d'hériter aux confins de la Picardie et de l'Artois », *Revue du Nord*, n° 294, 1992, p. 143-149 ; *La Maréchaussée. Histoire d'une révolution judiciaire et administrative*, t. 1 : *Les Juges bottés*, t. 2 : *Quand le gendarme juge*, Paris, L'Harmattan, 1994, 2 vol., 445-408 p.[113] ; — et MARTINAGE René, « L'activité judiciaire de la maréchaussée de Flandres, 1679-1790 », *Revue du Nord*, n° 242, 1979, p. 593-608.

LORILLON Sébastien, *Mentalités et comportements à Saint-Seine-l'Abbaye à la veille de la Révolution (1783-1788) d'après la justice seigneuriale*, mémoire de maîtrise, université de Dijon, 1998, 96 p.

LOUBRIAT Sophie, « Robe judiciaire et justice en robée : histoire d'un costume professionnel », *Vêtement et société. Actes du colloque du CNRS, musée de l'Homme, 9-11 mars 1983*, numéro spécial de *Ethnographie*, n° 92-94, 1984, p. 227-236.

MACKRELL John, « Criticism of Seigniorial Justice in Eighteenth-Century France », *French Government and Society 1500-1850, Essays in Memory of Alfred Cobban*, Bristol, The Athlone Press of University of London, 1973, p. 123-145.

MAILLARD Brigitte, « Les hautes justices seigneuriales, agents actifs des régulations sociales dans les campagnes de la moyenne vallée de la Loire au XVIIIe siècle ? », *Les Justices de village...*, 2002, p. 285-296.

MAJEWSKI Edwige, *Les Assises seigneuriales sous l'Ancien Régime, XVIIe-XVIIIe siècles, les exemples du Lyonnais, du Forez, du Beaujolais et de la Bresse*, mémoire de maîtrise, université Lyon II, 1975, 84 p.

MALAUSSENA Paul-Louis, « Justice pénale et comportements villageois dans une seigneurie provençale au XIIIe siècle », *Mémoires et travaux de l'Association méditerranéenne d'histoire et d'ethnologie*, n° 2, 1982 p. 7-53[114].

111. Thèse d'histoire du droit, université de Paris, 1933.

112. DEA de l'université Paris II, 1998.

113. Thèse d'histoire du droit, université Lille II, 1980 : *La Maréchaussée, une institution de justice et de police en Flandres de 1679 à 1790.*

114. Repris dans *Nice historique*, 1994, n° 4, p. 193-215.

MALMEZAT Jean, *Le Bailli des montagnes d'Auvergne et le présidial d'Aurillac comme agents de l'administration royale*, Paris, Recueil Sirey, 1941, 296 p. [115].

MANDROU Robert, *Introduction à la France moderne. Essai de psychologie collective (1500-1640)*, Paris, Albin Michel, 1961, 400 p. [116]; *Magistrats et sorciers en France au XVIIe siècle : une analyse de psychologie historique*, Paris, Seuil, 1968, 576 p.; *Possession et sorcellerie au XVIIe siècle, textes inédits*, Paris, Fayard, 1979, 348 p.

MARION Marcel, *Le Garde des Sceaux Lamoignon et la réforme judiciaire de 1788*, Paris, Hachette, 1905, 269 p.

MARTIN Daniel, « Justice parisienne et justice provinciale au XVIIIe siècle. L'exemple de l'Auvergne », *Bulletin de la Société d'histoire moderne*, n° 15, 1976, p. 3-12; « Approche de la mentalité paysanne dans ses rapports avec la justice seigneuriale : les assises annuelles », *Histoire et clandestinité. Actes du colloque de Privas*, in *Revue du Vivarais*, 1979, p. 113-124; « Élevage et délinquance en Auvergne au XVIIIe siècle », *L'Élevage et la vie pastorale dans les montagnes de l'Europe, actes du colloque international de Clermont-Ferrand*, 1984, Clermont-Ferrand, Publications de l'Institut d'Études du Massif central, 1984, p. 325-333; « Une source de la vie quotidienne d'autrefois, les archives des justices seigneuriales », *Les Archives de délit...*, 1990, p. 93-97; « Un observatoire privilégié de la petite délinquance en milieu urbain au XVIIIe siècle : les papiers des lieutenants généraux de police », *La Petite délinquance...*, 1998, p. 45-54.

MARTIN François-Olivier, *L'Organisation corporative de la France d'Ancien Régime*, Paris, Librairie du Recueil Sirey, 1938, XIII-565 p. [117]; *La Police économique de l'Ancien Régime. Cours donnés en 1944-1945*, édition : Paris, Loysel, 1988, 386 p.; *Les Lois du Roi. Cours donnés en 1945-1946*, éditions : Paris, Loysel, 1988, 371 p., et Paris, LGDJ, 1997, 422 p.; *Histoire du droit français des origines à la Révolution*, Paris, Domat-Monchrestien, 1947, XI-763 p. reprint Paris, Éditions du CNRS, 1984, XI-763 p.; *Les Ordres, les pays, les villes et communautés d'habitants. Cours donnés en 1948-1949*, Paris, Loysel, 1988, 456 p.; *L'Absolutisme français. Cours donnés en 1950-1951*, Paris, Loysel, 1988, 359 p., et Paris, LGDJ, 1997, 548 p. [118]; *L'Administration provinciale à la fin de l'Ancien Régime. Cours donnés entre 1921 et 1951*, Paris, Loysel, 1988, 419 p., et Paris, LGDJ, 1997, 436 p.

MASON [Abbé], *Bobigny (lez-Paris) : la seigneurie, la commune et la paroisse de l'an 450 jusqu'à nos jours*, Paris, Honoré Champion, 1887, 2-477-3 p.

MATHIEU Isabelle, *Le Règlement des conflits en Anjou en milieu rural (fin XIVe-milieu XVIe siècle)*, mémoire de maîtrise, université d'Angers, 2000, 291 p.

MAZA Sarah, « Le tribunal de la nation. Les mémoires judiciaires et l'opinion publique à la fin de l'Ancien Régime », *Annales ESC*, 1987, p. 73-90.

MESNAGER Catherine, *Violence et comportements populaires à Chamblanc au XVIIIe siècle (d'après la justice seigneuriale)*, mémoire de maîtrise, université de Dijon, 1997, 190 p.

MESTRE Jean-Louis, *Un Droit administratif à la fin de l'Ancien Régime : le contentieux des communautés de Provence*, Paris, LGDJ, 1976, XV-597 p. [119]; *Introduction historique au droit administratif français*, Paris, PUF, 1985, 294 p.

MEYER Jean, *La Noblesse bretonne au XVIIIe siècle*, Paris, Imprim. nat., 1966, 2 vol., CV-1293 p., rééd. Paris, EHESS, 1985.

MEYZIE Vincent, « Officiers moyens et inférieurs de justice. Deux conflits révélateurs en Limousin et Périgord au XVIIIe siècle », *Les Officiers moyens...*, 2001, p. 23-37.

MORAND François, *Les Derniers baillis et procureurs d'office ou fiscaux des justices seigneuriales ressortissant au siège de la sénéchaussée en Boulonnais*, Boulogne-sur-Mer, Impr. Vve Aigre, 1883, 119 p.

MOREAU P., « La tutelle des mineurs au XVIIIe siècle d'après les actes de la justice seigneuriale de Genlys et des Maillys », *Mémoires de la Société pour l'histoire du droit et des institutions des anciens pays bourguignons...*, fasc. 2, 1946-1947, p. 149-162.

MOREL Octave, « Les Assises ou Grands Jours dans les justices seigneuriales de Bresse à la fin de l'Ancien Régime (1768-1788) », *Annales de la Société d'agriculture et d'émulation de l'Ain*, t. 58, 1933, p. 230-244; *id.*, 1935, 79 p.

MORICEAU Jean-Marc, *La Terre et les Paysans* aux XVIIe et XVIIIe siècles. *Guide d'histoire agraire*, Rennes, Association d'histoire des sociétés rurales, 1999, 319 p. [1999a]; *Les Fondements agraires de la France moderne, XVIe-XVIIIe siècles. L'Élevage sous l'Ancien Régime*, Paris, Sedes, 1999, 256 p. [1999b].

MOULIÉ Patrick, « La criminalité forestière en Béarn et sa répression à la fin du XVIIIe siècle », *Pyrénées*, n° 121-122, 1980, p. 25-35.

115. Thèse d'histoire du droit, université de Paris, 1941.
116. Nouvelle édition revue et augmentée d'inédits..., 1998, XVI-650 p.
117. Avec le sens très large donné par l'auteur à « organisation corporative », comprenant par exemple les communautés d'habitants; voir également « Le Déclin et la suppression des corps en France... », *L'Organisation corporative du Moyen Âge à la fin de l'Ancien Régime..., Recueil de travaux de l'Université de Louvain*, 1937, fasc. 44, p. 151-198.
118. Édition enrichie par « Les Parlements contre l'absolutisme... ».
119. Thèse d'histoire du droit, université Toulouse I, 1973.

MOYARD Frédéric, « Une petite justice seigneuriale au XVIIe siècle : Berzaudun », *Provence historique*, fasc. 114, 1978, p. 349-369.

MOUSNIER Roland, « La participation des gouvernés à l'activité des gouvernants dans la France des XVIIe et XVIIIe siècles », *Gouvernés et gouvernants. Actes du congrès de 1962 de la Société Jean Bodin, organisé avec la Commission internationale pour l'histoire des assemblées d'États*, in *Recueils de la Société Jean Bodin pour l'histoire comparative des institutions*, Bruxelles, éditions de la Librairie encyclopédique, *3e partie, Bas Moyen Âge et temps modernes, volume 1*, 1965, p. 235-298; « Recherches sur les syndicats d'officiers pendant la Fronde. Trésoriers généraux de France et élus dans la Révolution », *XVIIe siècle*, 1959, n° 42-43, p. 76-117; *La Plume, la faucille et le marteau. Institutions et société en France du Moyen Âge à la Révolution*, Paris, PUF, 1970, 406 p. [120]; *La Vénalité des offices sous Henri IV et Louis XIII*, Paris, PUF, 1971, 727 p., 2e éd. revue et augmentée; *Les Institutions de la France sous la monarchie absolue, 1598-1789*, t. 1 : *Société et État*, t. 2 : *Les Organes de l'État et la société*, Paris, PUF, 1974-1980, 586 et 670 p.

MUCHEMBLED Robert, *Culture populaire et culture des élites dans la France moderne (XVe-XVIIIe siècle) : essai*, Paris, Flammarion, 1978, 398 p.; *La Sorcière au village, XVe-XVIIIe siècle*, Paris, Gallimard, 1979, 240-16 p.; *Les Derniers bûchers : un village de Flandre et ses sorcières sous Louis XIV*, Paris, Ramsay, 1981, 277 p.; « La violence et la justice dans le monde rural, XVe-XVIIIe siècle », *Nos ancêtres les paysans dans le Nord...*, Lille, CRDP, 1983, p. 114-119; « Lay Judges and the Acculturation of the Masses (France and the Southern Low Countries), Sixteenth to Eighteenth Centuries », *Religion and Society in Early Modern Europe, 1500-1800*, London, ed. Kaspar von Greyerz, 1984, p. 56-66; « Violence et société, comportements et mentalités populaires en Artois, 1400-1660 », *Revue du Nord*, n° 266, 1985, p. 829-834 [121]; « Anthropologie de la violence dans la France Moderne (XVe-XVIIIe siècles) », *Revue de synthèse*, 1987, n° 1, p. 31-55 [1987a]; « Les coutumes de la violence. Approches d'une géographie de la criminalité de sang dans la France du XVIIe siècle », *Sociétés villageoises et rapports villes-campagnes au Québec et dans la France de l'Ouest (XVIIe-XIXe siècles)*, Québec-Rennes, PUR, 1987, p. 359-367 [1987b]; *Sorcières, justice et société aux XVIe et XVIIe siècles*, Paris, Imago, 1987, 276 p. [1987c]; *L'Invention de l'homme moderne : sensibilités, mœurs et comportements collectifs sous l'Ancien Régime*, Paris, Fayard, 1988, 513 p.; *La Violence au village. Sociabilité et comportements en Artois du XVe siècle au XVIIe siècle*, Paris, Brepols, 1989, 420 p.; « Un historien aux archives, itinéraire d'une recherche dans les fonds judiciaires d'Ancien Régime », *Gazette des Archives*, n° 158-159, 1992, p. 241-248 [1992a]; *Le Temps des supplices. De l'obéissance sous les rois absolus, XVe XVIIIe siècle*, Paris, A. Colin, 1992, 259 p. [1992b]; *Société, cultures et mentalités dans la France moderne, XVIe-XVIIIe siècle*, Paris, A. Colin, 1994, 187 p.; « Les Théâtres du crime. Villes et campagnes face à la justice aux XVIe-XVIIIe siècles », *Violence en Limousin à travers les siècles*, Limoges, PULIM, 1998, p. 91-111.

MUTEL André-Paul, *Les Seigneuries de Saint-Priest et Saint-Étienne, XIIIe-XVIIIe siècle, contribution à l'histoire des institutions seigneuriales*, thèse de 3e cycle d'histoire du droit, université Lyon II, 1975, XVI-144 p.; « La justice de Saint-Étienne. Contribution à un essai de géographie des justices seigneuriales », *Revue historique de droit français et étranger*, 1990, n° 4, p. 471-488.

NAGLE Jean, « L'officier *moyen* dans l'espace français de 1568 à 1665 », *L'État moderne. Genèse, bilans et perspectives, actes du colloque de Paris, 19-20 septembre 1989*, Paris, éd. du CNRS, 1990, p. 163-174; « L'enquête de 1573 sur les offices », *Bulletin de la Société d'histoire moderne et contemporaine*, 1994, n° 3-4, p. 27-35; « Présidial et justice seigneuriale au XVIIe siècle. Le Châtelet contre Saint-Germain-des-Prés », *Les Officiers moyens...*, 2001, p. 9-22.

NASSIET Michel, « Noblesse et offices de justice en Bretagne au XVIe siècle », *Bulletin de la Société d'histoire moderne*, 1994, n° 3-4, p. 9-16; *Noblesse et pauvreté. La petite noblesse en Bretagne, XVe-XVIIIe siècle*, Rennes, Société d'histoire et d'archéologie de Bretagne, 1993, 526 p. [122].

NEUFVILLE Stéphane, *Enquêtes et projets pour un Code de police (vers 1730)*. mémoire de maîtrise, université Paris IV, 1992, 227 p.; *Ville, État et police. L'exemple de Limoges, vers 1630-1730*, mémoire de DEA, université Paris IV, 1997, 186 p. [123].

NEVEU-DEROTRIE Eugène-Joseph-Armand, *Commentaire sur les lois rurales françaises expliquées par la jurisprudence et la doctrine des auteurs, suivi d'un essai sur les usages locaux*, Paris, Cosse et N. Delamotte, 1845, 602 p.

NEVEUX Hugues, « Communautés villageoises et seigneuries au XVIe siècle », *Essais sur la campagne à la Renaissance, mythes et réalités, actes du colloque de la Société française des seiziémistes, 11-12 décem-*

120. Recueil d'articles et mémoires.
121. Exposé de soutenance de thèse, université Paris I, 1985.
122. Thèse d'histoire, université Paris IV, 1989.
123. Synthèse sur la lieutenance de police en province. Étude conçue en opposition à la très étudiée lieutenance parisienne. L'auteur n'a pas poursuivi vers une thèse.

bre 1987, Paris, Société française des seiziémistes, 1992, p. 49-53 ; « La justice, norme ambiguë de la paysannerie européenne (XVe-XVIIIe siècle) », *Recueil d'études offert à Gabriel désert*, Caen, éd. des Annales de Normandie, 1992, p. 109-121 [124].

NICOLAS Jean, « Le paysan et son seigneur en Dauphiné à la veille de la révolution », *La France d'Ancien Régime, études réunies en l'honneur de Pierre Goubert...*, Toulouse, Privat, 1984, vol. II, p. 497-507 ; « Pouvoirs et contestation populaire à l'époque du second absolutisme (bilan provisoire d'une enquête) », *L'État moderne. Genèse. Colloque de Paris, 1989*, Paris, CNRS, 1990, p. 185-198 ; *La Rébellion française. Mouvements populaires et conscience sociale, 1661-1789*, Paris, Seuil, 2002, 505 p.

NOËL Jean-François, « Une justice seigneuriale en Haute-Bretagne à la fin de l'Ancien Régime : La châtellenie de la Motte-de-Gennes », *Annales de Bretagne et des Pays de l'Ouest*, n° 83, 1976, p. 127-164.

NOVALLI Christelle, *La Criminalité en Normandie au XVIIIe siècle d'après les jugements de la Tournelle du Parlement de Rouen*, thèse d'histoire, université de Rouen, 2000, 521 p.

PARESYS Isabelle, *Aux marges du royaume : Violence, justice et société en picardie sous François Ier*, Paris, Publications de la Sorbonne, 1998, 393 p. [125].

PARIS André, « Une justice seigneuriale témoin et acteur de la lutte pour l'individualisme agraire. Le bailliage et comté de Pontchartrain dans la 1re moitié du XVIIIe siècle », *Actes du 101e congrès national des Sociétés savantes..., Section histoire moderne*, Paris, Bibl. Nat., 1975, p. 393-410.

PAUPE Aline, *Quelques délits de la chair... Perception et répression des délits contre les mœurs dans les seigneuries des Franches-Montagnes et de Sainte-Ursanne au XVIIIe siècle*, Porrentruy, Cercle d'études historiques de la Société jurassienne d'Émulation, 1998, 115 p. [126].

PAVOT Catherine, « L'autorité judiciaire de la prévôté-comté de Valenciennes sur les échevinages ruraux dans la 2e moitié du XIVe siècle », *Études offertes à Gérard Sivéry..., Revue du Nord*, n° 322, 1997, p. 807-820.

PAYEN Philippe, *Les Arrêts de règlement du Parlement de Paris au XVIIIe siècle. Dimension et doctrine*, Paris, PUF, 1997, 526 p. [127] ; *La Physiologie des arrêts de règlement du Parlement de Paris au XVIIIe siècle*, Paris, PUF, 1999, 502 p.

PÉLAQUIER Élie, *De la Maison du père à la maison commune. Saint-Victor-de-la-Coste, en Languedoc rhodanien (1661-1791)*, Montpellier, publications de l'université Paul Valéry, 1996, 2 vol., 583 p. et 581 p. ; « Les chemins du contrôle social entre famille et communauté : le cas de Saint-Victor-de-la-Coste en Bas-Languedoc au XVIIIe siècle », *Crime, Histoire et Société*, 1997, n° 2, p. 29-50 [128].

PELLEGRIN Nicole, *Les Bachelleries : organisations et fêtes de la jeunesse dans le Centre-Ouest, XVIe-XVIIIe siècle*, Poitiers, Société des antiquaires de l'Ouest, 1982, 400-4 p. [129].

PÉNIGAUD Murielle, *La Justice seigneuriale des ducs de La Rochefoucauld à la veille de la Révolution*, mémoire de maîtrise, université de Limoges, 1994, 270 p.

PENNERATH Jean-Yves, *Les Justiciers dans le bailliage d'Allemagne en 1708*, mémoire de maîtrise, université Nancy II, 1990, I-XVII-178 et 137 p.

PERROT Ernest-Valentin, *Les Cas royaux. Origine et développement de la théorie aux XIIIe et XIVe siècles*, Paris, A. Rousseau, 1910, IV-370 p. [130].

PETERMANN Élodie, *Étude de la communauté de Beire-le-Châtel d'après les registres des Grands jours de justice*, mémoire de maîtrise, université de Dijon, 1999, 140 p.

PÈVERI Patrice, « Voisinage et contrôle social au XVIIIe siècle. Les cartouchiens sous le regard des honnêtes gens », *Mentalités*, n° 4, avril 1990, p. 89-104.

PIANT Hervé, « Une justice de proximité sous l'Ancien Régime : la prévôté de Vaucouleurs », *Bulletin de la Société d'histoire et archéologie de la Meuse*, 1994-1995, n° 30-31, p. 177-207 ; « La confiance perdue : hommes de loi, délinquants et opinion publique à Vaucouleurs au XVIIIe siècle », *Juges, notaires et policiers...*, 1997, p. 67-88 ; « La petite délinquance entre infrajudiciaire, procédure civile et répression pénale. L'injure et sa réparation dans la prévôté de Vaucouleurs sous l'Ancien Régime », *La Petite délinquance du Moyen Âge à...*, 1998, p. 441-454 ; *Le Tribunal de l'ordinaire : justice et société dans la prévôté de Vaucouleurs sous l'Ancien Régime v. 1670-1790*, thèse d'histoire, université de Dijon, 2001, 745 p.

124. Notice complète : FOLLAIN, « Guide bibliographique... », *op. cit.*, p. 422.
125. Thèse d'histoire, université Paris I, 1995. Fondée sur les lettres de rémission, la thèse illustre l'effort législatif et juridictionnel (*supra* « De l'ignorance à l'intégration... ») et rapporte les circonstances des homicides pour lesquels est demandé le pardon du roi.
126. Mémoire de licence, université de Neuchâtel [Suisse], 1990.
127. Thèse d'histoire du droit, université Paris II, 1993.
128. Importante bibliographie. Notice complète : FOLLAIN, « Guide bibliographique... », *op. cit.*, p. 424.
129. Avec choix de documents et bibliographie. Thèse de 3e cycle, université Paris I, 1979. Les sociétés de jeunesse ont surtout été repérées (et ne peuvent être étudiées) que dans les provinces où elles sont liées à la justice et police seigneuriale.
130. Thèse d'histoire du droit, université de Paris.

PIERRE Sandrine, *Une justice seigneuriale : Magny-sur-Tille (1747-1757)*, mémoire de maîtrise, université de Dijon, 1996, 212 p.; *Les Justices seigneuriales au sein du bailliage de Nuits-Saint-Georges au XVIIIe siècle*, mémoire de DEA, université de Dijon, 1999, 378 p.

PILLET Frédéric, *La Haute justice du marquisat de Rochecot. Activité d'une justice seigneuriale en Touraine*, université de Tours, mémoire de maîtrise, 1986, 276 p.

PITOU Frédérique, *Laval au XVIIIe siècle : marchands, artisans, ouvriers dans une ville textile*, Laval, Société d'archéologie et d'histoire de la Mayenne, 605 p.; « Violence et discours au XVIIIe siècle : si ne t'aimais pas je te tuerais tout à fait... », *Annales de Bretagne et des Pays de l'Ouest*, 1998, n° 4, p. 7-35. « Les magistrats et les causes des *gens de campagne* », *Histoire et Société rurales*, n° 17, 1er semestre 2002 [à paraître, 2002a]; « La justice seigneuriale à Laval au XVIIIe siècle », *Les Justices de village...*, 2002, p. 311-324 [2002b].

PLATELLE Henri, « Mœurs populaires dans la seigneurie de Saint-Amand d'après les documents judiciaires de la fin du Moyen Âge », *Revue Mabillon*, n° 191, 1958, p. 20-39; *La Justice de la seigneurie de Saint-Amand, son organisation judiciaire, sa procédure et sa compétence du XIe au XVIe siècle*, thèse complémentaire, université de Paris, 1962, 431 et 194 p.; *La Justice seigneuriale de l'abbaye de Saint Amand : son organisation judiciaire, sa procédure et sa compétence du XIe au XVIe siècle*, Paris, Nauwelaerts, et Louvain, Publications universitaires de Louvain, 1965, 464 p.

PLESSIX-BUISSET Christiane, *Le Criminel devant ses juges en Bretagne aux XVIe et XVIIe siècles*, Paris, Maloine, 1988, 572 p. [131]; « La délinquance dans les auberges en Bretagne au XVIIIe siècle », *Actes du congrès de Josselin (1994)* in *Mémoires de la Société historique et archéologique de Bretagne*, 1995, p. 177-194.

PLOUX François, « L'arrangement dans les campagnes du Haut-Quercy (1815-1850) », *Histoire de la Justice*, n° 5, 1992, p. 95-115.

POISSON Jean-Paul, *Notaires et société : travaux d'histoire et de sociologie notariales*, Paris, Economica, 1985, vol. 1, et 1990, vol. 2., XII-736 p. et IX-597 p. [132].

POITRINEAU Abel, « Aspects de la crise des justices seigneuriales dans l'Auvergne du XVIIIe siècle », *Revue historique de droit français et étranger*, n° 39, 1961, p. 552-571; « Le four banal en France : apparences et réalités », *Cahiers d'histoire*, n° 1, 1977, p. 91-70; « Des accidents aux homicides : la mort inopinée en Auvergne aux XVIIe et XVIIIe siècles », *La France d'Ancien Régime, études réunies en l'honneur de Pierre Goubert...*, Toulouse, Privat, 1984, vol. II, p. 547-586.

POMARAT Michel, « L'affaire de Saint-Privat-d'Allier : un tyranneau de village et les lenteurs de la justice », *Bulletin historique... publié par la Société académique du Puy-en-Velay*, t. 61, 1985, p. 5-40.

PORTEAU-BITKER A., « L'emprisonnement dans le droit laïque du Moyen Âge », *Revue historique de droit français, 4e série*, n° 46, 1968, p. 211-245.

PROYART DE BAILLESCOURT René DE, *La Justice seigneuriale et la justice municipale en Cambrésis à l'époque féodale*, Paris, Larose, 1919, XI-119 p. [133].

PUTNAM Bertha H., « The transformation of the Keepers of the Peace into the Justices of the Peace, 1327-1380 », *Transactions of the Royal Historical Society, 4e série*, 12, 1929, p. 19-48; *Proceedings Before the Justices of the Peace in the Fourteenth and Fifteenth Centuries, Edward III to Richard III*, Londres, Spottiswoode, Ballantyne & Co, 1938, 590 p; « The Keepers and Justices of the Peace », *English Government at work, 1327-1336*, vol. III, ed. J. F. WILLARD, W. A. MORRIS et W. H. DUNHAM, Cambridge, Mediaeval academy of America, 1940.

QUÉNIART Jean, *Le Grand Chapelletout. Violence, normes et comportements dans la Bretagne rurale au 18e siècle*, Rennes, Apogée, 1993, 181 p.; « Recteurs et régulation sociale en Bretagne au XVIIIe siècle », *L'Infrajudiciaire...*, 1996, p. 231-240; « Les délinquances de voisinage », *La Petite délinquance...*, 1998, p. 135-144.

Registres des justices de Choisy-le-Temple [Seine-et-Marne] *et Châtenay* [Val-d'Oise], *1448-1478. Éditions des registres Z^2 761 et 902 des Archives nationales*, Paris, Honoré Champion, 2000, 279 p. [134].

REINHARDT Steven, *Justice in the Sarladais, 1770-1790*, Baton Rouge, Louisiana State University Press, 1991, XXI-301 p.

RENAUT[-CHAUVIN] Marie-Hélène, « Les usages judiciaires dans une seigneurie ecclésiastique : Saint-Dié aux XVIe-XVIIe siècle », *Histoire de la Justice*, n° 4, 1991, p. 25-51 [135].

131. Thèse d'histoire du droit, université Rennes I, 1979.
132. Recueils de publications 1951-1990.
133. Thèse d'histoire du droit, université de Paris.
134. Publication incluant : *Registres des causes civiles et criminelles de la justice de Choisy-le-Temple à Charny édités et commentés par Marie-Claire CHAVAROT*, Paris, Centre d'études d'histoire juridique, 1992, 198 p. La nouveauté réside dans l'édition du registre d'audience de la justice de Châtenay de 1448 à 1457. Les deux documents sont proches des audiences auvergnates des années 1580 éditées par Pierre Charbonnier (*supra* section « Pièces justificatives »).
135. Thèse d'histoire du droit, université Nancy II, 1988; le cas d'une seigneurie et justice *quasi* indépendante, opposée à l'État lorrain en construction.

REULOS Michel, « La notion de justice et l'activité administrative du roi en France », *Histoire comparée de l'administration...*, 1980, p. 33-46.

RICOLO Céline, *La Seigneurie de Corcelles-les-Cîteaux au XVIIIe siècle : de la délinquance d'une société rurale*, mémoire de maîtrise, université de Dijon, 2000, 154 p.

RIOLLOT Jean, *Le Droit de prévention des juges royaux sur les juges seigneuriaux. Origines et développement de ce droit dans l'ancienne France en matière purement judiciaire*, Paris, Rousseau, 1931, 288 p. [136].

ROBIN Régine, *La Société française en 1789 : Semur-en-Auxois*, Paris, Plon, 1970, 522 p. ; « Fief et seigneurie dans le droit et dans l'idéologie juridique à la fin du XVIIIe siècle », *Annales historiques de la Révolution française*, n° 206, 1971, p. 552-602.

ROCHE Daniel, *La Culture des apparences. Une histoire du vêtement, XVIIe-XVIIIe siècles*, Paris, Fayard, 1989, 549 p. [137].

ROLLEY Francine, « Une frontière introuvable. Officiers royaux et officiers seigneuriaux dans deux bailliages bourguignons au XVIIe siècle », *Les Officiers moyens...*, 2001, p. 87-105.

ROOT Hilton-Lewis, « En Bourgogne, l'État et la communauté rurale, 1661-1789 », *Annales ESC*, 1982, p. 288-302 ; « Seigneuries et communautés villageoises : les litiges à la veille de la Révolution », *Mémoires de la Société pour l'Histoire du Droit et des Institutions des anciens pays bourguignons...*, 43, 1986, p. 187-212 ; « État et communautés villageoises dans la France moderne : en Bourgogne aux XVIIe et XVIIIe siècles », *Revue d'histoire moderne et contemporaine*, n° 39, avril-juin 1992, p. 303-323 [138].

ROSAPELLY Norbert, *Les Usages locaux et la justice de paix du canton de Vic-Bigorre* [Hautes-Pyrénées], Tarbes, imprimerie de J. Lesbordes, 1911, 129 p.

ROUET Gilles, « La Justice de paix en France : une expérience de la conciliation », *L'Histoire contemporaine et les usages des archives judiciaires...*, 1998, p. 205-226.

ROUSSEAUX Xavier, « L'activité judiciaire dans la société rurale en Brabant wallon (XVIIe-XVIIIe siècle) : indice de tensions sociales ou instrument de pouvoir ? », *Les Structures du pouvoir dans les communautés rurales en Belgique et dans les pays limitrophes (XIIe-XIXe siècle), Actes du XIIIe colloque international de Spa*, Bruxelles, Crédit communal, 1988, p. 311-344 ; « Existe-t-il une criminalité d'Ancien Régime ? Réflexions sur l'histoire de la criminalité en Europe », *Histoire de la criminalité...*, 1992, p. 123-166 ; « Entre accommodement local et contrôle étatique. Pratiques judiciaires et non judiciaires dans le règlement des conflits en Europe médiévale et moderne », *L'Infrajudiciaire du Moyen Âge à l'époque contemporaine...*, 1996, p. 87-107 [1996a] ; « De la négociation au procès pénal : la gestion de la violence dans la société médiévale et moderne (500-1800) », *Droit négocié, droit imposé ?*, Bruxelles, Publications des Facultés universitaires Saint-Louis, p. 273-312 [1996b] ; — et LÉVY René, « État et justice pénale : un bilan historiographique et une relecture », *International Association for History of Crime and Criminal Justice, Bulletin*, n° 14, octobre 1991, p. 106-149 [139].

ROUX Blanche, *Justice et justiciables à Bellac (Haute-Vienne), 1784-1789, à partir des registres plumitifs d'audiences du greffe civil de Bellac*, mémoire de maîtrise, université de Limoges, 1991, 108 p.

ROYER Jean-Pierre, *Histoire de la Justice en France de la monarchie absolue à la République*, Paris, PUF, 1995, 788 p.

SABATIER Gérard, *Le Vicomte assailli : économie rurale, seigneurie et affrontements sociaux en Languedoc des montagnes (Velay, Vivarais, Gévaudan) aux XVIIe et XVIIIe siècles, préface de Pierre Goubert*, Saint-Vidal, Centre d'étude de la vallée de la Borne, 1988, 449-36 p. [140].

SAINT JACOB Pierre DE, *Les Paysans de la Bourgogne du nord au dernier siècle de l'Ancien Régime*, Paris, Les Belles Lettres, 1960, XL-644 p., rééd. Rennes, Association d'histoire des sociétés rurales, 1995 ; *Documents relatifs à la communauté villageoise en Bourgogne du milieu du XVIIe siècle à la Révolution*, Paris, Les Belles Lettres, 1962, XXXII-159 p. [141].

SALLMANN Jean-Michel, *Étude sur l'Ancien Régime agraire. La question des biens communaux en Artois de la fin du XVIIe au début du XIXe siècle*, thèse de l'École des Chartes, 1974, 324 p. [142].

SALVADORI Philippe, « La chasse, une limite du droit français d'Ancien Régime », *L'Infrajudiciaire...*, 1996, p. 383-392 [1996a] ; *La Chasse sous l'Ancien Régime*, Paris, Fayard, 1996, 462 p. [1996b] [143] ; « À propos du braconnage en Languedoc dans la seconde moitié du XVIIIe siècle », *La Petite délinquance du Moyen Âge à l'époque contemporaine...*, 1998, p. 351-360.

136. Thèse d'histoire du droit, université de Paris.
137. Voir également à : GOUBERT.
138. Notice complète : FOLLAIN, « Guide bibliographique... », *op. cit.*, p. 428.
139. Auteur d'une thèse inédite sur la Belgique : *Taxer ou châtier ? L'émergence du pénal. Enquête sur la justice nivelloise (1400-1650)*, thèse de doctorat en histoire, université catholique de Louvain, 1990.
140. Rassemble plusieurs études parues séparément de 1966 à 1984.
141. Notice complète : FOLLAIN, « Guide bibliographique... », *op. cit.*, p. 429.
142. Notice complète : FOLLAIN, « Guide bibliographique... », *op. cit.*, p. 429.
143. Thèse d'histoire, EHESS, 1993.

Table des matières

Liste des auteurs 7

Antoine FOLLAIN
Justice seigneuriale, justice royale et régulation sociale du XVe au XVIIIe siècle : rapport de synthèse 9

Laetitia CORNU
Vols de bois et divagations de chèvres...
Le quotidien de la justice seigneuriale en Velay, au XVe siècle 59

Jean-Claude DIEDLER
Justice seigneuriale et régulation sociale à Moyemont : le plaid et le contremand (1490-1790) 75

Pierre CHARBONNIER
Les justices seigneuriales de village en Auvergne et Bourbonnais du XVe au XVIIe siècle 93

François BRIZAY et Véronique SARRAZIN
Le Discours de l'abus des justices de village *:*
un texte de circonstance dans une œuvre de référence 109

Antoine FOLLAIN
De l'ignorance à l'intégration.
Déclarations, édits et ordonnances touchant la justice seigneuriale aux XVIe et XVIIe siècles 123

Olivier JOUNEAUX
Ordre, désordre et irrespect dans les villages d'Île-de-France aux XVIIe et XVIIIe siècles 145

Madeleine FERRIÈRES et Patrick FOURNIER
Statuts communaux et justices seigneuriales dans le Comtat Venaissin (XVIe-XVIIIe siècle) 171

Michel BRUNET
Conflits et complicités : baillis seigneuriaux et consuls des communautés en Roussillon au XVIIIe siècle 187

Benoît GARNOT
Justices seigneuriales et régulation sociale : l'exemple bourguignon au XVIIIe siècle 197

Jeremy HAYHOE
La police aux « Grands-Jours » dans la Bourgogne du nord : pouvoir des seigneurs ou auto-régulation ? 205

Serge DONTENWILL
Le rôle des assises et règlements de seigneurie dans la régulation sociale aux XVIIe et XVIIIe siècles. Le cas du Centre-Est de la France 219

Jean GALLET
Les justices seigneuriales dans les duchés de Lorraine et de Bar sous le règne de Léopold Ier (1698-1729) 239

Éric GASPARINI
Justice seigneuriale et régulation sociale : l'exemple de quelques seigneuries comtoises dans la seconde moitié du XVIIIe siècle 259

Annie ANTOINE
Justice foncière et contrôle social dans le Maine, l'Anjou et la Bretagne au XVIIIe siècle 269

Brigitte MAILLARD
Les hautes justices seigneuriales, agents actifs des régulations sociales dans les campagnes de la moyenne vallée de la Loire au XVIIIe siècle ? 285

Philippe JARNOUX
Le personnel des justices seigneuriales en Basse Bretagne au XVIIIe siècle 297

Frédérique PITOU
La justice seigneuriale à Laval au XVIIIe siècle 311

Sylvain SOLEIL
Les justices seigneuriales et l'État monarchique au XVIIIe siècle : l'incorporation par le droit ... 325

Anne ZINK
Réflexions sur les justices seigneuriales au XVIIIe siècle 341

Antoine FOLLAIN *et alii*
Pièces justificatives 355

Laetitia CORNU, Antoine FOLLAIN *et alii*
Guide bibliographique. Justice seigneuriale et justice de proximité en France de la fin du Moyen Âge au début du XIXe siècle 393